普通高等教育“十一五”规划教材（高职高专教育）

PUTONG
GAODENG JIAOYU
SHIYIWU
GUIHUA JIAOCAI

建筑装饰施工技术与管理

（第二版）

主编　严金楼
编写　许　光
主审　纪士斌

中国电力出版社
CHINA ELECTRIC POWER PRESS

内 容 提 要

本书为普通高等教育“十一五”规划教材（高职高专教育），是根据高职高专教学特点，结合工程实际编写的一本实用性强，内容新颖、丰富的建筑装饰施工管理类教材。

全书分为装饰施工技术和装饰施工管理两部分。装饰施工技术主要包括墙面、门窗、顶棚、楼地面、涂料、墙柱面贴面、隔断施工等内容；装饰施工管理主要包括装饰施工准备、流水施工原理、网络计划技术、装饰施工组织设计及管理等内容。同时，本书增加了装饰施工过程的衔接、收口处理方法，装饰施工与楼宇智能化，设备安装工程的配合协调方法及卫生间、厨房施工方法等新内容。阐述了当前装饰工程施工过程中亟待解决的问题。

本书主要作为高职高专建筑装饰工程技术、环境艺术设计、建筑工程技术等专业教材，也可作为建筑装饰企业岗位培训教材，同时还可供相关工程技术人员学习参考。

图书在版编目(CIP)数据

建筑装饰施工技术与管理/严金楼主编．—2版．—北京：中国电力出版社，2009.12（2019.8重印）

普通高等教育“十一五”规划教材．高职高专教育

ISBN 978-7-5083-9374-2

Ⅰ．建…　Ⅱ．严…　Ⅲ．①建筑装饰-工程施工-施工技术-高等学校：技术学校-教材 ②建筑装饰-工程施工-施工管理-高等学校：技术学校-教材　Ⅳ．TU767

中国版本图书馆CIP数据核字(2009)第155727号

中国电力出版社出版、发行

（北京市东城区北京站西街19号　100005　http：//www.cepp.sgcc.com.cn）

三河市航远印刷有限公司印刷

各地新华书店经售

*

2004年5月第一版

2009年12月第二版　　2019年8月北京第八次印刷

787毫米×1092毫米　16开本　22.75印张　555千字

定价 **56.00** 元

前　言

为贯彻落实教育部《关于进一步加强高等学校本科教学工作的若干意见》和《教育部关于以就业为导向深化高等职业教育改革的若干意见》的精神，加强教材建设，确保教材质量，中国电力教育协会组织制订了普通高等教育“十一五”教材规划。该规划强调适应不同层次、不同类型院校，满足学科发展和人才培养的需求，坚持专业基础课教材与教学急需的专业教材并重、新编与修订相结合。本书为修订教材。

本书依据高职高专建筑装饰技术专业教学基本要求编写而成。编写中力求做到内容精炼、体系完整、紧密结合实际，并能反映国内外先进技术水平及工程施工中亟待掌握的基本理论知识、工艺及施工方法，力求从现场施工角度进行编写。

由于高职高专类学生的培养应以动手能力见长，毕业后能尽快适应工程实际，独立承担工程任务。因此本书充分体现高职高专教育的特色，在理论上以够用为度，突出应用性，书中内容力求与工程实践紧密联系，使理论与实践有机结合。鉴于“装饰施工技术与管理”实践性强、涉及面广、发展快，本书除涉及装饰工程中常用的饰面做法、管理方法外，还介绍了近年来我国在装饰工程上比较成熟的新知识、新技术、新成果和新工艺。

本书由严金楼主编，并编写了书中的第一至八章和第十四、第十五章；许光编写了第九至十三章。

本书由纪士斌主审，在编写过程中还得到兄弟院校的老师提出的许多宝贵意见，在此一并表示深切的谢意。

由于编者水平有限，编写时间仓促，书中缺点和错误在所难免，恳切希望诸位同仁和广大读者批评指正。

编　者

2009 年 8 月

前　言

[illegible]

[illegible]

[illegible]

[illegible]

[illegible]

[illegible]

编　者

[illegible]

第一版前言

本书根据电力教育协会组织编写的高职高专“十五”规划教材编写操作意见并结合高职高专建筑装饰技术专业教学基本要求编写而成。编写中力求做到内容精炼、体系完整、紧密结合实际，并能反映国内外先进技术水平及工程施工中亟待掌握的基本理论知识、工艺及施工方法，力求从现场施工角度进行编写。

由于高职高专类学生的培养应以动手能力见长，毕业后能尽快适应工程实际，独立承担工程任务。因此本书充分体现高职高专教育的特色，在理论上以够用为度，突出应用性，教材的内容力求与工程实践紧密联系，使理论与实践有机结合。鉴于“装饰施工技术与管理”实践性强、涉及面广、发展快，本书除涉及装饰工程中常用的饰面做法、管理方法外，还介绍了近年来我国在装饰工程上比较成熟的新知识、新技术、新成果和新工艺。

本教材由严金楼主编，并编写了书中的第1～8章和第14～15章；许光编写了第9～13章。

本书由纪士斌主审，在编写过程中还得到兄弟院校的老师提出的许多宝贵意见，在此一并表示深切的谢意。

由于编者水平有限，编写时间仓促，书中缺点和错误在所难免，恳切希望诸位同仁和广大读者批评指正。

编 者

2003年8月

目 录

第一章　墙面灰浆类装饰

墙面（包括柱面）装饰在装饰工程中是一个重要组成部分，是人们主要接触和观赏的部位。它具有占整个工程的量大、施工工期长、用工多、饰面类型多、工艺方法多、与其他工种交叉施工多等特点，尤其是近年来，随着新型装饰材料的不断问世，新的施工工艺和新的技术不断产生，对墙、柱装饰施工的要求不断提高，装饰效果对整个装饰工程的影响也越来越大。因此，必须重视对墙面的装饰施工。

本章主要根据墙（柱）面装饰工程性质讲述抹灰类装饰工程、石碴类饰面工程及外墙喷、滚、弹涂等施工。

第一节　抹灰类装饰

抹灰类装饰施工根据部位不同，分为室内抹灰和室外抹灰；根据使用材料及其装饰效果不同，分为一般抹灰、装饰抹灰和特种砂浆抹灰。抹灰层一般由起黏结作用与初步找平的底层、起找平作用的中层及起饰面作用的面层组成。

各层抹灰的厚度，应根据基层材料、砂浆品种、工程部位、质量标准以及各地气候情况来确定。每遍厚度一般控制如下：

(1) 抹水泥砂浆每遍厚度为5～7mm。

(2) 抹石灰砂浆或混合砂浆每遍厚度为7～9mm。

(3) 抹灰面层为麻刀灰，其厚度不大于3mm，纸筋灰、石膏灰的厚度不大于2mm。

(4) 混凝土表面采用腻子刮平时，宜分遍刮平，总厚度为2～3mm。

(5) 板条、金属网用麻刀灰、纸筋灰抹面每遍厚度为3～6mm。

水泥砂浆和水泥混合砂浆的抹灰层，应待前一层抹灰层凝结后，方可涂抹后一层；石灰砂浆抹灰层，应待前一层七八成干后，方可涂抹后一层。

抹灰砂浆品种，一般应按设计要求选用。如无设计要求，通常抹在中层的砂浆强度等级一般不能高于底层的砂浆强度等级，以免引起抹灰层起壳、开裂等质量问题。

抹灰所用的砂浆品种，应根据抹灰基层的种类及抹灰层所处部位和环境决定。有防水要求或湿度较大的房间、车间等，应选用水泥砂浆。对要求不高、水泥用量少的，则掺加一定量石灰膏，以增加砂浆的和易性。

一、一般抹灰饰面

一般抹灰是指用水泥、石灰、石膏、砂等为主要基料混合而成的石灰砂浆、水泥混合砂浆、水泥砂浆、聚合物水泥砂浆、麻刀灰、纸筋灰及石膏灰等材料涂抹在建筑物的墙、顶、柱等表面上的一种传统工艺。一般抹灰按建筑物使用标准不同分以下三级：

(1) 普通抹灰。普通抹灰适用于简易住宅、大型设施、厂房等建筑。其一般做法要求是：一层底子灰，一层罩面灰，表面接槎平整。

（2）中级抹灰。中级抹灰适用于一般住宅、办公楼、公共和工业建筑物。其一般做法要求是：一层底子灰，一层中层灰，一层罩面灰；要求设置标筋，分层赶平，表面应洁净，线条顺直、清晰，接槎平整。

（3）高级抹灰。高级抹灰适用于大型商业厅、宾馆等公共建筑物及有特殊要求的高级建筑物。其一般做法要求是：一层底子灰，数层中层灰和一层罩面灰。抹灰时，要设置标筋，找方正、水平和垂直；表面压光，线条平直、清晰、直观、不乱纹。

抹灰工程的施工顺序，一般遵循“先室外后室内，先上面后下面，先顶棚后墙地”的原则。

先室外后室内，是指先拆除脚手架，堵上脚手眼，复核外墙窗的位置（包括上下窗顺直，每扇窗外平面与外墙粉刷标志点间距必须一致），完成室外抹灰。然后，再进行室内抹灰。

先上面后下面，是指在屋面工程完成后室内外抹灰最好从上往下进行，以便于保护成品。当采取立体交叉流水作业时，也可以采取从下往上施工的方法，但必须采取相应的成品保护措施。

先顶棚后墙地，是指室内抹灰一般可采取先完成顶棚抹灰，再开始墙面抹灰，最后进行地面抹灰，但对于高级装饰工程要根据具体情况确定。

（一）施工准备

1. 材料准备

（1）水泥：

1）一般水泥。强度等级不低于 32.5MPa 的普通硅酸盐水泥。

2）白水泥或彩色水泥。

储存的水泥应防止受潮，出厂日期超过三个月应重新测试性能。

（2）石灰膏：细腻洁白，不含未熟化颗粒。经生石灰加水熟化过滤，放在沉淀池中，上面应保留一层水加以保护，防止其干燥、冻结和污染。冻结、风化、干硬的石灰膏不得使用。

（3）石膏：它的主要成分是半水石膏。建筑石膏与适当的水混合，最初可形成可塑的浆体，但很快就失去塑性，进而成为坚硬的固体，这个过程就是硬化过程。

（4）粉煤灰：具有一定水硬性，能提高砂浆和易性。

（5）砂：砂是指在自然条件下形成的山砂、河沙等。在抹灰工程中常采用的是洁净坚硬的中砂或中粗砂；使用前应过筛，不得含有杂质，含泥量不得超过 3%。

（6）石屑：粒径基本同砂的细骨料，主要用于配制外墙喷涂饰面的聚合物水泥砂浆。常用的有松香石屑、白云石屑等。

（7）膨胀珍珠岩：它的颗粒结构呈蜂窝泡沫状、质量轻，主要有保温、隔热、吸声、不燃等特性。因此，膨胀珍珠岩可与水泥、石灰膏及其他胶结材料做成保温、隔热、吸声灰浆。

（8）麻刀：要求均匀、坚韧、干燥、不含杂质；使用前剪成 20～30mm 长，随用随打松，每 100kg 石灰膏约掺 1kg 麻刀。

（9）纸筋：纸筋常用粗草纸泡制，使用前应浸透、捣烂，再按 100kg 石灰膏掺 2.75kg 纸筋的比例加入淋灰池。

（10）草秸：稻草、麦秸应坚韧、干燥、不含杂质。将其断成长度不大于 30mm 的碎段，经石灰水浸泡处理 15d 后使用。每 100kg 石灰膏掺稻草（或麦秸）8kg。

(11) 其他材料：聚乙烯醇缩甲醛胶（商品名为107胶，民用建筑工程室内装修时不应采用）、木质素磺酸钙（减水剂）、甲基硅醇钠（憎水剂，具有防水、防风化和防污染的能力，提高饰面的耐久性）。

(12) 颜料。

2. 常用机具准备

铁抹子、木抹子、阴阳角抹子、捋角器、长舌抹子、托灰板、筛子、木杠（大杠2.5m，中杠2m）、靠尺、托线板和线锤、钢筋卡子、方尺、分格条、水平尺、长毛刷、排笔、钢丝刷、笤帚、喷壶、墨斗、粉线包、砂浆搅拌机、纸筋灰搅拌机、粉碎淋灰机等。部分工具如图1-1和图1-2所示。

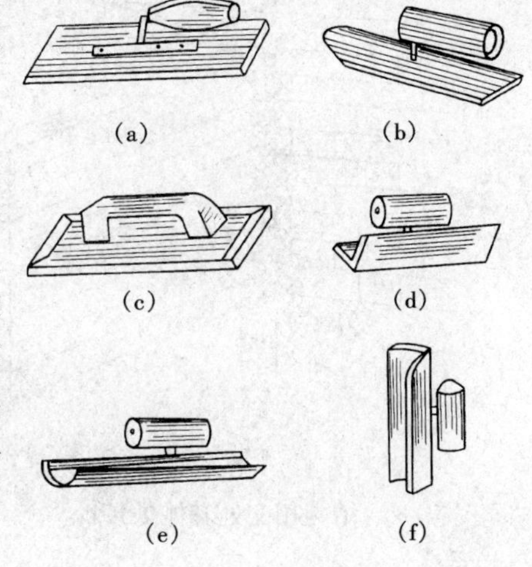

图1-1　抹子

(a) 方头铁抹子；(b) 圆头铁抹子；(c) 木抹子；(d) 阴角抹子；(e) 圆弧阴角抹子；(f) 阳角抹子

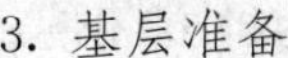

3. 基层准备

(1) 基层处理：

1) 基层表面的残灰、污垢、碱膜、沥青渍、黏结砂浆附着物等均应清除干净，并用水喷洒湿润。

2) 混凝土墙、混凝土梁头、砖墙或加气混凝土墙等基层表面的凸凹处要剔平或用1：3水泥砂浆分层补齐，模板铁线应剪除。

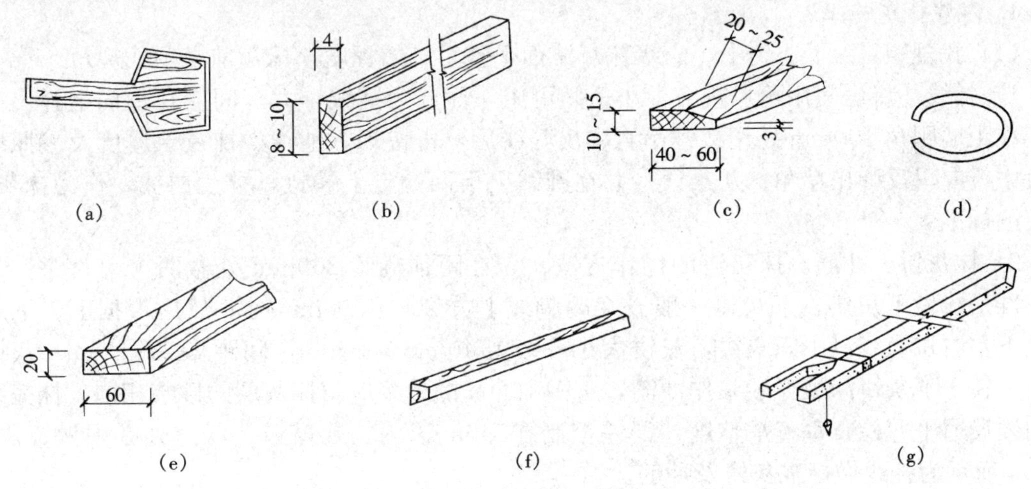

图1-2　木制工具图

(a) 托灰板；(b) 木杠；(c) 八字靠尺；(d) 钢筋卡子；(e) 靠尺板；(f) 分格条；(g) 托线板

3) 板条墙或顶棚板条留缝间隙过窄处，应予以处理，一般要求达到7～10mm（单层板条）。

4) 金属网应铺钉牢固、平整、不得有翘曲、松动现象。

5) 在木结构与砖石结构、木结构与钢筋混凝土结构相接处的基体表面抹灰，应先铺设金属网，并绷紧牢固。金属网与各基体的搭接宽度从缝边起每边不小于100mm，并应铺钉牢固，不翘曲，如图1-3所示。

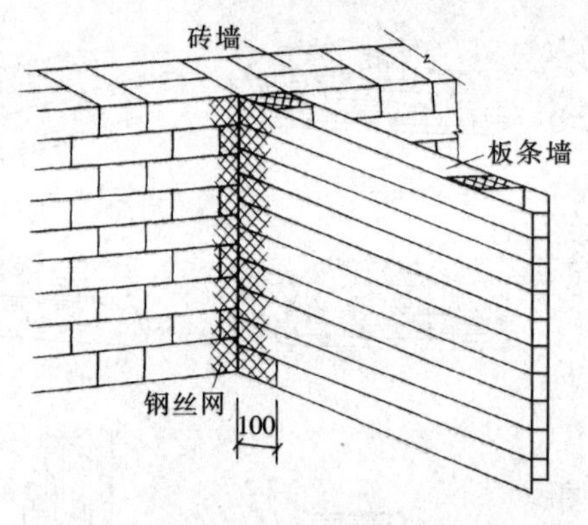

图 1-3　砖结构与木结构相交处基体处理

6）平整光滑的混凝土表面如设计无要求时，可不抹灰，用刮腻子处理。如设计有要求或混凝土表面不平，应进行凿毛后方可抹灰。

（2）墙面喷水：为了确保灰砂浆与基层表面黏结牢固，防止抹灰层空鼓、裂缝、脱落等质量问题，在抹灰前除必须对抹灰基层表面进行处理外，在抹灰前一天，还应对墙体浇水湿润。

浇水方法是：将水管对着砖墙上部缓缓左右移动，使水缓慢从上部沿墙面流下，使墙面全部湿润一遍，渗水深度达到 8～10mm 为宜。

在常温下进行外墙抹灰，墙体一定要浇两遍水，以防止底层灰的水分很快被墙面吸收，影响底层砂浆与墙面的黏结力。加气混凝土表面孔隙率大，其毛细管为封闭性和半封闭性，阻碍了水分渗透速度。它同砖墙相比，吸水速度慢 3～4 倍，因此应提前两天进行浇水，每天两遍以上，使渗水深度达到 8～10mm。混凝土墙体吸水率低，抹灰前浇水可以少一些。

此外，各种基层浇水程度，还与施工季节、气候和室内外操作环境有关，因此应根据实际情况酌情掌握。

（二）施工方法

1. 内墙抹灰施工

（1）找规矩：为了达到中、高级抹灰墙面平整垂直的程度，抹灰前必须找规矩。

1）弹线。将房间用角尺规方，小房间可用一面墙为基线，大房间应在地面上弹出十字线。在距墙阴角 100mm 处用线锤吊直弹出竖线后，再按规方地线、抹灰层厚度及参照墙体建设中线向里反弹出墙角抹灰准线，并在准线上下两端钉上铁钉，挂上白线，作为抹灰饼、冲筋的标准。

2）抹灰饼、冲筋。抹灰饼的操作方法：先在距顶棚约 200mm 处做两个上灰饼，并以此为准吊线做下灰饼，下灰饼一般设在踢脚线上方 200～300mm 处，然后根据上、下灰饼再上下左右拉通线设中间灰饼，灰饼大小一般为 40mm×40mm，间距 1.2～1.5m。灰饼收水后，在上下灰饼间填充砂浆作冲筋，灰饼和冲筋的砂浆应与抹灰层的砂浆相同。抹完冲筋后用硬尺通平并检查垂直平整度，误差控制在 1mm 以内。凡窗口、垛角处必须做标志块。图 1-4 所示为挂线做标准灰饼及冲筋。

3）阴阳角找方。中级抹灰要求阳角找方。对于除门窗口外还有阳角的房间，则首先要将房间大致规方。其方法是先在阳角一侧墙做基线，用方尺将阳角先规方，然后在墙角弹出抹灰准线，并在准线上下两端挂通线做标志块。高级抹灰要求阴阳角都要找方，阴阳角两边都要弹基线。为了便于作角和保证阴阳角方正垂直，必须在阴阳角两边做标志块、标筋。

4）门窗洞口做护角。室内墙面、柱面的阳角和门洞口的阳角抹灰要求线条清晰、挺直，并防止碰坏，因此不论设计有无规定，都需要做护角。护角做好后，也能起到标筋作用。护角应抹 1∶2 水泥砂浆，一般高度由地面起不低于 2m，护角每侧宽度不小于 50mm。抹护角时，以墙面标志块为依据，首先要将阳角用方尺规方，靠门框一边，以门框离墙面的空隙为准，另一边以标志块厚度为据。最好在地面上划好准线，按准线粘好靠尺板，并用托线吊

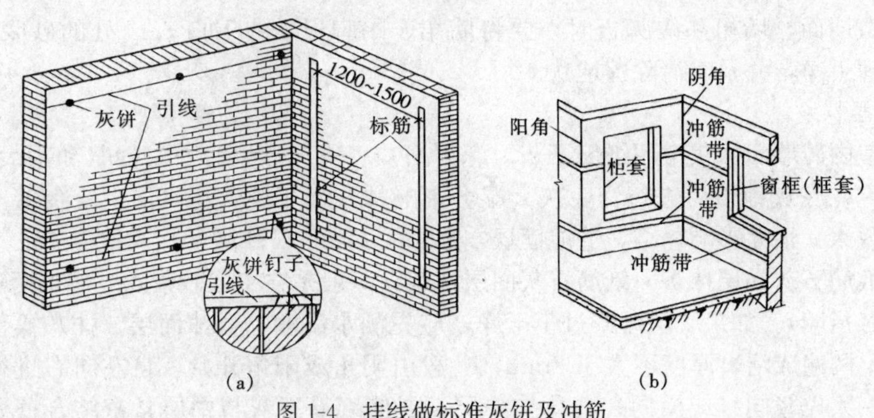

图 1-4 挂线做标准灰饼及冲筋

(a) 灰饼、标筋位置示意；(b) 水平横向标筋示意

直，方尺找方。然后，在靠尺板的另一边墙角面分层抹 1∶2 水泥砂浆，护角线的外角与靠尺板外口平齐，一边抹好后，再把靠尺板移到已抹好护角的一边，用钢筋卡子稳住，用线锤吊直靠尺板，把护角的另一面分层抹好。然后，轻轻地将靠尺板拿下，待护角的棱角稍干时，用阳角抹子和水泥浆捋出小圆角。最后，在墙面用靠尺板按要求尺寸沿角留出 5cm，将多余砂浆以 40°斜面切掉（切斜面的目的是为墙面抹灰时便于与护角接槎）。墙面和门框等处落地灰应清理干净。

窗洞口一般虽不要求做护角，但同样也要方正一致、棱角分明、平整光滑，其操作方法与做护角相同。窗口下面应按大墙面标志块抹灰，侧面应根据窗框所留灰口确定抹灰厚度，同样应使用八字靠尺找方吊正，分层涂抹，阳角处也应用阳角抹子捋出小圆角。

（2）底层及中层抹灰：在标志块、标筋及门窗口做好护角后，底层与中层抹灰即可进行，这道工序也叫“刮糙”。其方法是将砂浆抹于墙面两标筋之间，底层要低于标筋，待砂浆收水后再进行中层抹灰，其厚度以垫平标筋为准，并使其略高于标筋。

中层砂浆抹后，即用中、短木杠按标筋刮平。使用木杠时，人站成骑马式，双手紧握木杠，均匀用力，由下往上移动，并使木杠前进方向的一边略微翘起，手腕要活。凹陷处补抹砂浆，然后再刮，直至平直为止。紧接着用木抹子搓磨一遍，使表面平整密实。

墙的阴角，先用方尺上下核对方正，然后用阴角器上下抽动扯平，使室内四角方正，如图 1-5 所示。

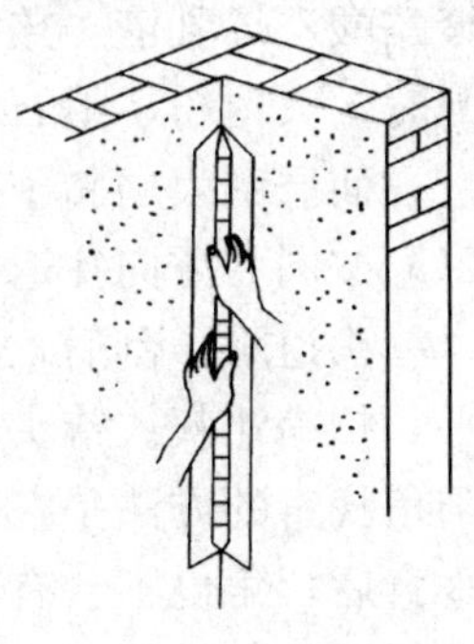

图 1-5 阴角的扯平找直

在一般情况下，标筋抹完就可以装挡刮平。但要注意，如果筋软容易将标筋刮坏产生凸凹现象，也不宜在标筋有强度时再装挡刮平，因为待墙面砂浆收缩后，会出现标筋高于墙面的现象，而产生抹灰面不平等质量通病。

当层高小于 3.2m 时，一般先抹下面一步架，然后搭架子再抹上一步架。抹上一步架，可不做标筋，而是在用木杠刮平时，紧贴在已经抹好的砂浆上作为刮平的依据，但要做好上下接槎处的平整度。

（3）抹墙裙、踢脚板：先按设计弹出上口水平线，用 1∶2 水泥砂浆或水泥混合砂浆抹底层，一天后用 1∶2 水泥砂浆抹面层，面层应用原浆压光，比墙面抹灰层突出 3～5mm。用八字靠尺在线上用铁抹子切齐，修边清理。

如果是后做地面、墙裙和踢脚板时，要将墙裙、踢脚板准线上口 5cm 处的砂浆切成直楂，墙面要清理干净，并及时清除落地灰。

2. 面层抹灰

一般室内砖墙面抹灰常用纸筋石灰、麻刀石灰、水泥砂浆、石灰砂浆和刮大白腻子等。面层抹灰应在底灰稍干后进行，底灰太湿会影响抹灰面平整，还可能“咬色”；底灰太干，易使面层脱水太快而影响黏结，造成面层空鼓。

（1）纸筋石灰面层抹灰。纸筋石灰面层抹灰，一般是在中层砂浆六七成干后进行（手捺不软，但有指印）。如果底层砂浆过于干燥，应先洒水湿润，再抹面层。抹灰操作一般使用钢皮抹子，两遍成活，厚度不大于 2mm，一般由阴角或阳角开始，自左向右进行，两人配合操作，一人先竖向（或横向）薄薄抹一层，要使纸筋石灰与中层紧密结合；另一人横向（或竖向）抹第二层，抹匀，并要压平溜光。压平后，如用排笔或茅柴帚蘸水横刷一遍，使表面色泽一致，再用钢皮抹子压实、揉平、抹光一次，面层则会更为细腻光滑。阴阳角分别用阴阳角抹子捋光，随手用毛刷子蘸水将门窗边口阳角、墙裙和踢脚板上口刷净。纸筋石灰罩面的另一种做法是：二遍抹后，稍干就用压子式塑料抹子顺抹子纹压光，经过一段时间，再进行检查，起泡处重新压平。

（2）麻刀石灰面层抹灰。麻刀石灰面层抹灰的操作方法，与纸筋石灰面层抹灰相同。但麻刀与纸筋纤维的粗细有很大区别，纸筋容易捣烂，能形成纸浆状，故制成的纸筋石灰比较细腻，用它做罩面灰厚度可以达到不超过 2mm 的要求；而麻刀的纤维比较粗，且不易捣烂，用它制成的麻刀石灰抹面厚度按要求不超过 3mm 比较困难，如果厚了则面层易产生收缩裂缝，影响工程质量，为此应采取上述两人操作方法。

（3）石灰砂浆面层抹灰。石灰砂浆面层抹灰应在中层砂浆五至六成干时进行。如中层较干时，须洒水湿润后再进行。操作时，先用铁抹子抹灰，再用刮尺由下向上刮平，然后用木抹子搓平，最后用铁抹子压光成活。

（4）刮大白腻子。近年来，有不少地方内墙面面层不抹罩面灰，而采用刮大白腻子。其优点是操作简单、节约用工。面层刮大白腻子，一般应在中层砂浆干透、表面坚硬呈灰白色，且没有水迹及潮湿痕迹、用铲刀刻划显白印时进行。大白腻子配合比为大白粉：滑石粉：聚醋酸乙烯乳液：羧甲基纤维素溶液（浓度 5%）＝60：40：（2～4）：75（质量比）。调配时，大白粉、滑石粉、羧甲基纤维素溶液应提前按配合比搅匀浸泡。

面层刮大白腻子一般不少于两遍，总厚度 1mm 左右。操作时，使用钢片或胶皮刮板，每遍按同一方向往返刮。

头道腻子刮后，在基层已修补过的部位应进行复补找平，待腻子干后，用 0 号砂纸磨平，扫净浮灰。待头遍腻子干燥后，再进行第二遍，要求表面平整、纹理质感均匀一致。阴阳角找直的方法是在角的两侧平面满刮找平后，再用直尺检查，当两个相邻的面刮平并相互垂直后，角也不会有碎弯了。若是钢筋混凝土墙面，一般在钢筋混凝土基层墙面上直接刮大白腻子，而取消了底中层灰，做法同上。

（5）分层做法及施工要点。根据墙体基层（基体）的不同，一般抹灰的分层做法及施工要点如表 1-1 所示。

3. 外墙抹灰

（1）找规矩：外墙面抹灰与内墙抹灰一样要挂线做标志块、标筋。但因外墙面有檐口地面，抹灰看面大，门窗、阳台、明柱、腰线等看面都要横平竖直，而抹灰操作则必须一步架一步架地往下抹。因此，外墙抹灰找规矩要在四角先挂好自上而下垂直通线（多层及高层房屋，应用钢丝线垂下），然后根据大致决定的抹灰厚度，每步架大角两侧最好弹上控制线，再拉水平通线，并弹水平线做标志块，竖向每步架做一个标志块，然后做标筋。

表 1-1　　一般抹灰的分层做法及施工要点

名　称	分层做法	厚度(mm)	操作要点
普通砖墙抹石灰砂浆	1. 1∶3石灰砂浆打底找平 2. 纸筋灰、麻刀灰或玻璃丝灰罩面	10～15 2	1. 底子灰先由上往下抹一遍，接着抹第二遍，由下往上刮平、用木抹子搓平 2. 底子灰五六成干时抹罩面灰，用铁抹子先竖着刮一遍，再横抹找平，最后压一遍
普通砖墙抹水泥砂浆	1. 1∶3水泥砂浆打底找平 2. 1∶2.5水泥砂浆罩面	10～15 5	1. 同上1，表面须划痕 2. 隔一天罩面，分两遍抹，先用木抹子搓平，再用铁抹子揉实压光，24h后洒水养护 3. 基层为混凝土时，先刷水泥浆一遍
墙面抹混合砂浆	1. 1∶0.3∶3(或1∶1∶6)水泥石灰砂浆打底找平 2. 1∶0.3∶3水泥石灰砂浆罩面	13 5	基层为混凝土时，先洒水湿润，再刷水泥浆一遍，随即抹底子灰
混凝土基层，大模板或大板混凝土基层	1. 石膏腻子[(石膏∶聚醋酸乳液∶甲基纤维素溶液(浓度为5%)=100∶5～6∶60(质量比)]填缝补角 2. 大白腻子[大白粉∶滑石粉∶乳液∶浓度5%的甲基纤维素溶液=60∶40∶(2～4)∶75]满刮三遍	0～1 2～3	1. 基层表面均匀喷107胶(胶∶水=1∶20)使胶水深入基体表面1～1.5mm 2. 用钢片刮板或胶皮刮板将基层表面0.5以上的蜂窝凹陷，及高低不平处用石膏腻子刮实 3. 满刮大白腻子时，要用胶皮刮板分遍刮过，操作时按同一方向往反刮，刮板要拿稳，吃灰量要一致，注意上下左右接槎处平整，不留槎痕，两刮板间要干净，不允许留浮腻子，甩槎都赶到阴角处，且要找直阴角和阳角，要用直尺和方尺检查，不要有碎弯 4. 头道腻子刮后即要用0号砂纸打磨至平整光滑，二遍腻子同样要磨平
混凝土墙、石墙抹纸筋灰	1. 刷水泥浆一遍 2.1∶3∶9水泥石灰砂浆打底找平 3. 纸筋灰、麻刀灰或玻璃丝灰罩面	13 2	操作方法同上
加气混凝土墙抹石灰砂浆	1.1∶3∶9水泥石灰砂浆打底 2.1∶3石灰砂浆找平 3. 纸筋灰、麻刀灰或玻璃丝灰罩面	3 13 2	抹灰前先洒水湿透，操作方法同上3

（2）粘分格条：为避免罩面砂浆收缩后产生裂缝，影响墙面质量及美观，一般均设分格线（条）。粘贴分格条要在底层灰抹完后进行（底层灰要求用刮尺赶平）。按已弹好的水平线和分格尺寸用墨斗或粉线包弹出分格线，竖向分格线用线锤或经纬仪校正垂直，横向要以水平线为依据校正其水平。分格条在使用前要用水泡透，这样既便于粘贴又能防止分格条使用时变形；另外，分格条因本身水分蒸发而收缩也较易起出，又能使分格条两侧的灰口整齐。根据分格线的长度将分格条尺寸分好，然后用铁抹子将素水泥浆抹在分格条的背面，水平分格线宜粘贴在水平线的下口，垂直分格线粘贴在垂线的左侧，这样便于观察。粘贴完一条竖向或横向的分格条后，应用直尺核正其平整，并将分格条两侧用水泥浆抹成呈八字形斜角（若是水平线应先抹下口）。当天抹面的分格条，两侧八字形斜角可抹成 45°；当天不抹面的“隔夜条”，两侧八字形斜角应抹得陡一些，成 60°角，如图 1-6 所示。

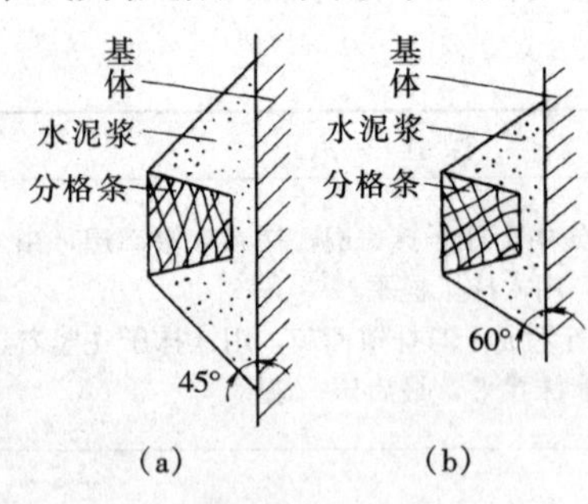

图 1-6　分格条
（a）呈 45°斜角；（b）呈 60°斜角

面层抹灰与分格条平，然后按分格条厚度刮平、搓实，并将分格条表面的余灰清除干净，以免起条时因表面余灰与墙面砂浆黏结而损坏墙面。当天粘的分格条在面层成活后即可起出。起分格条一般以分格线的端头开始，用抹子轻轻敲动，分格条即自动弹出，如起条较困难时，可在分格条端头钉一小钉，轻轻地将其向外拉出。“隔夜条”不宜当时起条，应在罩面层达到强度之后再起。分格条起出后应将其清理干净，收存待用。分格线处用水泥浆勾缝。分格线不得有错缝和掉棱掉角，其缝宽和深浅应均匀一致。

外墙面采取喷涂、滚涂、喷砂等饰面层时，由于饰面层较薄，墙面分格条可采用粘布条法或划缝法。

1）粘布条法：在底层，根据设计尺寸和水平线弹出分格线后，用聚乙烯醇缩甲醛胶粘贴胶布条，然后做面层，等面层初凝时，立即把胶布慢慢扯掉，即露出分格缝。然后修理分格缝两边的飞边。

2）划缝法：等饰面做完后，待砂浆初凝时，弹出分格线。沿着分格线按贴靠尺板，用划缝工具（见图 1-7）沿靠尺板边进行划缝，深度 4～8mm（或露出垫层）。

（3）外墙一般抹灰饰面做法：

1）混合砂浆：外墙的抹灰层要求有一定的防水性能，一般采用水泥混合砂浆（水泥∶石灰∶砂子＝1∶1∶6）打底和罩面（或打底用1∶1∶6，罩面用 1∶0.5∶4），在基体处理、四大角与门窗洞口护角线、墙面的标志块、标筋等完成后即可进行。其底层、中层抹灰方法同内墙面。在刮尺赶平，砂浆收水后，应用木抹子以圆圈形打磨。如面层太干，应一手用茅柴帚洒水，一手用木抹子打磨，不得干磨，否则会造成颜色不一致，经打磨的饰面则必使表面平整、密实，抹纹顺直，色泽均匀。

2）抹水泥砂浆：外墙抹水泥砂浆一般配合比为水泥∶砂＝1∶3。抹底层时，必须把砂浆压入砖缝内，并用木抹子压实刮平，然后用笤

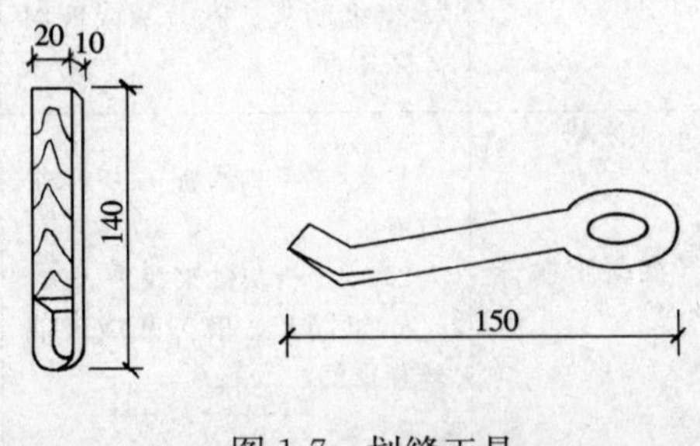

图 1-7　划缝工具

帚在底层上扫毛，并要浇水养护。底层砂浆抹后第二天，先弹分格线，粘分格条。抹时先用1∶2.5水泥浆薄薄刮一遍，再抹第二遍，先抹平分格条，然后根据分格条厚度用木杠刮平，再用木抹子搓平，用钢抹子压光，最后用刷子蘸水按同一方向轻刷一遍，然后起出分格条，并用水泥浆把缝勾齐。"隔夜条"需在水泥砂浆达到强度之后再起出来。如底灰较湿，面层收水慢，应撒上1∶2干水泥砂粘在面灰上，待干水泥砂吸水后，将这层水泥砂浆刮掉再压光，一般水泥砂浆面层做好后24h，再浇水养护7d以上。

另外，外墙面抹灰时，在窗台、窗楣、雨篷、阳台、檐口等部位应做流水坡度。设计无要求时，可做10%的泛水，下面应做滴水线或滴水槽。滴水槽的宽度均≮10mm，要求棱角整齐、光滑平整、起到挡水作用。

4. 机械喷涂抹灰

（1）施工准备：一般抹灰与手工抹灰工艺相同。根据施工工程量需要选定机喷配套设备，并予以组装以满足施工要求。

施工常用机具：手推车、砂浆搅拌机、振动筛、灰浆输送泵、输送钢管、空气压缩机、输浆胶管、空气输送胶管、分叉管、大泵（小泵）、喷枪头。

基层处理、做标志块及标筋方法与手工抹灰相同，但标筋一般是冲横筋，上下间距2m左右。

（2）施工方法：

1）喷底灰。喷灰有大泵喷涂与小泵喷涂两种。采用柱塞直给式、隔膜式及灰气联合砂浆输送泵的即是大泵喷涂，采用大泵喷涂抹灰，每小时可喷涂3～3.5m^3的砂浆。因其出灰量大、效率高，机械喷涂劳动组织较大，故其设备较复杂，为便于移动，采取把砂浆搅拌机、砂浆输送泵、空气压缩机、砂浆斗、振动筛和电器设备等都装于一辆车，组成喷灰作业组装车，如图1-8所示。

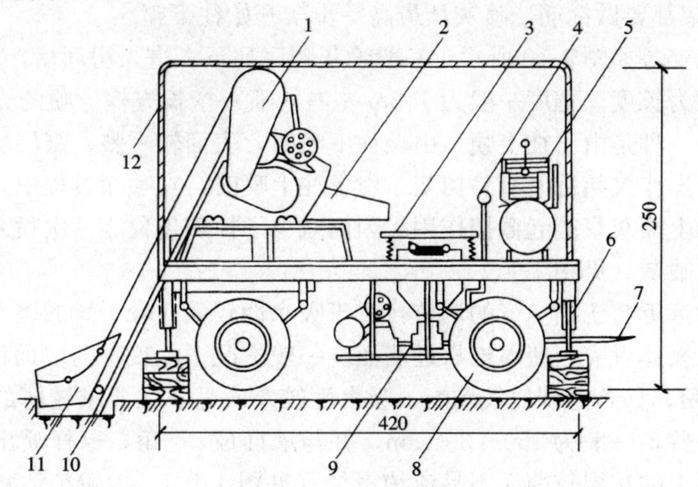

图1-8　喷灰作业组装车

1—砂浆机；2—储浆槽；3—振动筛；4—压力表；5—空气压缩机；6—支腿；7—牵引架；8—行走轮；9—砂浆泵；10—滑道；11—上料斗；12—防护棚

在喷涂前应把组装车按施工平面图就位，根据工艺流程要求分别安装好输浆管（外墙采用金属管道，室内采用橡胶管道）和灰溜子，以便施工中落地灰的重复使用（见图1-9）。

喷涂抹灰的底层砂浆稠度，用于混凝土基体表面时为 90～100mm，用于砖墙表面时为100～120mm。

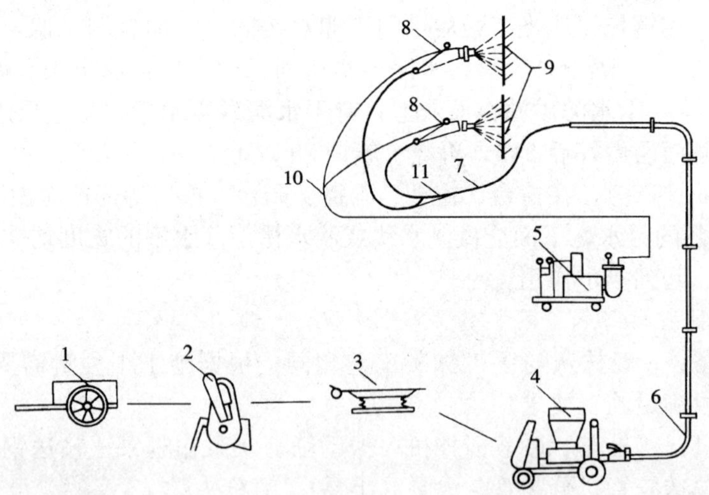

图 1-9 机械喷涂抹灰工艺流程

1—手推车；2—砂浆搅拌机；3—振动筛；4—灰浆输送泵；5—输浆钢管；
6—空气压缩机；7—输浆胶管；8—喷枪头；9—基体；10—空气输送胶管；11—分叉管

内墙机喷前，应先做好墙裙、踢脚板、门窗护角。这样做的优点是：保证墙裙、踢脚板、门窗护角与基层的黏结质量，并减少清理用工。但墙裙、踢脚板门窗护角的厚度，以墙面标志块为依据，在技术上要求较高，喷灰时，对成品要注意保护。喷灰步架操作顺序是先喷下半部灰浆，后喷上半部灰浆，在喷上半部砂浆后，刮杠依下半部已刮平的为标准。层高大于 3.2m，每步架都要做标筋，喷灰从最高一步架开始往下喷。

喷灰时，持枪姿势如图 1-10 所示。一般喷灰顺序如下：进入房间后，从门的右侧开始，先以上下两筋之间为长度，宽度一般为 1.2m 左右，喷一个长方框。喷的方法有两种，一种是由上往下喷，另一种是由下往上喷。由上往下喷时，表面较平整，灰层均匀，厚度容易掌握，无鱼鳞状，但操作欠熟练时容易掉灰。由下往上喷时，在喷涂过程中，已喷在墙上的灰浆，对连续喷涂的上面灰浆能起截挡作用，因而减少了掉灰现象。一次喷灰不宜过厚为达到要求厚度，应多次喷灰（见图 1-11）。

喷嘴距离墙的远近与压缩空气的调节：对于吸水性较强或较干燥的墙面及对灰层厚的墙面，喷灰时，喷枪操作者应当使喷枪靠近墙面。一般情况下，喷嘴与墙面保持 100～150mm 的距离，并成 90°角；如若遇到比较潮湿、吸水性较差或是灰层要求较薄的墙面，喷枪口与墙面的距离应远一些，一般为 150～300mm，并与墙面成 65°角，这样喷出的灰浆扩散面较大一些，喷到墙面上的灰层较薄而不易流淌滑掉（见图 1-10）。为避免沾污门窗及管道，在临近这些部位喷灰时，喷枪要靠近墙面，使喷出的灰浆尽量避开门窗及管道，一般应保持 8～10cm 的距离，同时应将气量适当调小，持喷枪越过管道时应力求在一处跨越，以免过多地沾污管道的其他部位，给清理工作增加困难。

此外，压缩空气的调节也很重要。空气量过小，砂浆与墙面黏结差；空气量过大，则会造成砂浆从墙面飞溅。抹灰层较薄，基层较湿，空气量宜放小些；若抹灰层较厚，基层较干，吸水性较强的墙面，空气量就需大一些。在从一个房间转移到另一个房间时，要关闭气管。

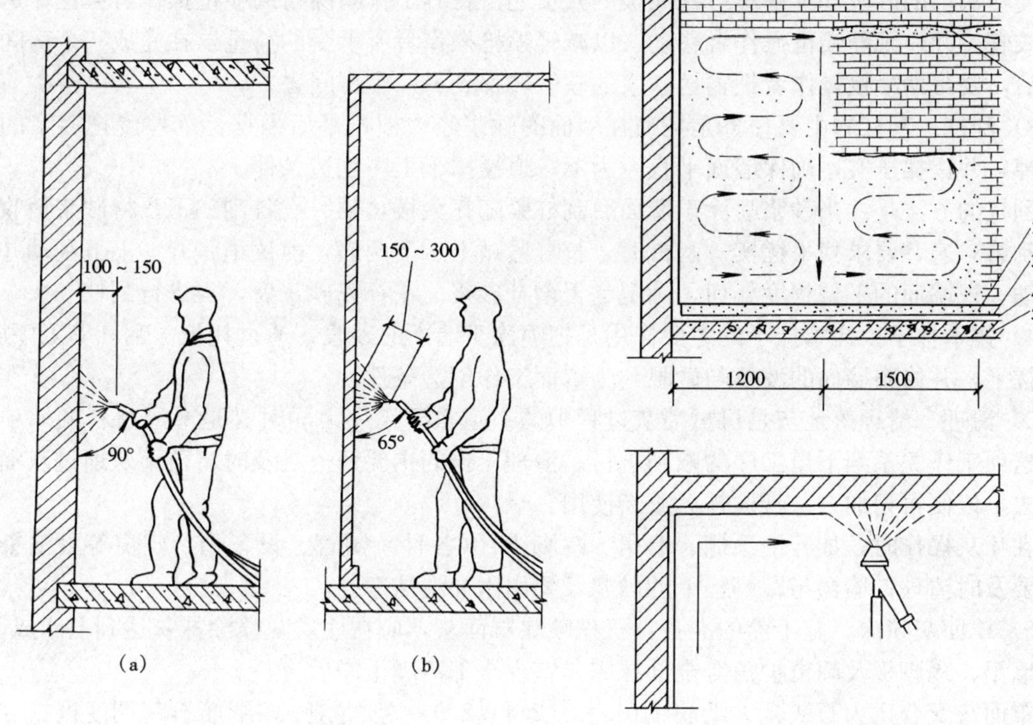

图 1-10 喷枪角度示意

(a) 吸水性大的立墙；(b) 吸水性小的立墙

图 1-11 喷灰路线示意

1—标筋；2—踢脚板底层抹灰；3—踢脚板；4—地面；5—楼板

当同一房间内的墙由不同材料组成时，如承重墙是混凝土、隔墙是黏土砖，应先喷吸水性小的墙面，而后喷吸水性大的墙面，使墙面能够同时干燥，便于罩面。

采用挤压式砂浆输送泵喷灰，便是小泵喷灰。小泵喷灰因其出灰量小、设备较简单、且输送距离短，在多层建筑物内喷涂作业时，可逐层移动泵体，比较灵活，所以组装车可设也可不设。

小泵喷墙面，其操作顺序为先远后近，先上后下，按标筋决定厚薄，要求两遍成活。喷每一遍后用大板托匀，不必找平喷第二遍，然后托匀、刮平、压光。另外，在喷涂砖缝凹入较深的墙面时，喷枪的角度应为10°～15°，喷嘴与喷射面的距离为200～300mm；应从上向下喷涂，使砂浆不止一次喷满缝隙，待砂浆稍收水后再喷平，以防砂浆收缩出现裂缝。喷顶棚都采用小泵，操作顺序为先远后近。对预制空心板顶棚，首先要把边角及板缝喷一遍，而后再统一喷平。要根据不同楼层的喷射压力来调整喷嘴与喷射面的距离，掌握喷层的厚薄一致。喷嘴与喷射面的最佳距离为130～170mm，风量要适当。找平和压光的时间，必须根据气温和砂浆的凝结时间确定：压搓得太快，附着性不好，容易大面积掉落；反之，压搓得过慢，砂浆凝结变硬，则不易搓平压光。

2）托大板。托大板紧跟喷涂操作，其主要任务是将喷涂于墙面的砂浆取高补低，初步找平，为下一步的刮杠工序创造条件，这也是减少落地灰的关键工序。

托大板的方法是：在喷完一长块之后，先把下部横筋清理出来，把大板沿下边的横筋斜向往上托一板，再把上面横筋清理出来，沿上部横筋斜向托一板，最后在中部往上平托一板，使喷灰层的砂浆基本平整。托大板的人员还需在其工作间隙帮助喷枪操作者握住输送砂浆的胶管，并应跟随喷枪操作者移动，以减轻喷枪操作者所承受的荷重。在完成一个房间的喷涂后，要帮助喷枪操作者把输送砂浆的软管转移到另一个房间去。

3）刮杠。刮杠的主要任务是把喷在墙面的砂浆经大板托平后根据标筋厚度把多余的砂浆刮掉，并搓揉压实，确保墙面平直，为下一道搓抹子工序创造条件。

刮杠的方法是：当砂浆喷涂于墙面后刮杠紧随托大板，第一次各刮一下，待砂浆稍收水后再刮第二遍，要求找平搓实。刮杠时，长杠紧贴上、下两筋，前棱稍张开，上下刮动并向前移动。视墙面的平整程度如何，确定是否增补砂浆。在补完砂浆后，再进行刮杠一次。

4）搓木抹子。搓木抹子的主要作用是把喷涂于墙面的砂浆，通过托板、刮杠等工序后，最后搓平，并修整墙面的波纹与砂眼，为罩面工作创造条件。

5）清理。清理落地灰是机械喷灰过程中的一道重要工序，同时又是节约材料的一项措施。这项工作关系到下道工序的顺利进行。清理工作的主要任务是及时将落地灰通过灰溜子运下去，以便再稍加石灰膏搅拌后重新使用。

在喷灰操作时，如若使顶棚、墙裙、踢脚线、（各种）明管、设备箱、门窗等处沾染了砂浆要及时清理；墙裙与踢脚板上的砂浆，要用水冲洗洁净。

6）罩面灰喷涂。施工前的准备：机械喷涂罩面灰，应在底层灰喷涂抹灰达到七八成干，水泥墙裙、踢脚板及门窗护角等全部抹完，室内全部清理干净后进行。

罩面灰配合比为石灰膏：纸筋＝100：（2.4～2.9）（质量比），纸筋石灰稠度根据底灰浇水湿润程度而有所不同，用砂浆稠度测定仪或现场沉锥测定，沉入度应为 90～120mm。搅拌完的纸筋石灰应放在大灰槽内静置 16～24h，以防止压光后罩面层龟裂。

喷涂前 20～40min，应在底层灰上洒水湿润，但表面不应有水珠。

操作方法：一般一次喷 2mm 厚。喷墙面时，喷枪嘴距墙面 200～300mm。喷门窗口角时喷枪嘴距墙壁面 100～150mm，为避免喷在门窗框上，喷枪距墙要近，喷枪和门窗框面夹角要小，喷气量也要小，喷枪灰束中心线和墙面夹角以 60°～90°为宜，以使其散射面小一些。其工艺流程如以住宅为例，一般以一台机器四个房间为一个流水段。在距墙 500～600mm 处放好矮马凳、搭好脚手板。先喷上部 1/3 墙面，沿墙宽分为若干条，每条宽 800mm，按顺序逐条由上向下或由下向上横向往复拐弯喷涂。每个房间由门右侧开动，并向右转一周再由门的左侧结束退出。第一个房间上部 1/3 喷完后，即转入第二个房间喷上部 1/3，方法同上，依此类推。操软刮尺者要随即将喷在墙面上的罩面灰由下向上刮平，阴阳角和门窗口角的罩面灰可用铁抹子刮平，并用塑料抹子找平及压实，一般应压 3～4 遍，最后用铁压子压光。上部 1/3 墙面压光后，应拆除架子，以便进行下部 2/3 墙面的罩面灰喷涂和抹压。

喷涂人员必须与刮平压实压光操作人员密切配合，如刮平压实压光操作人员跟不上，喷涂人员应稍停等待，否则罩面灰硬化后，无法操作。

7）机械喷涂抹灰施工的注意点。

①严格控制砂浆配合比和稠度：喷涂抹灰所用灰浆稠度为 90～110mm，石灰浆配合比为石灰膏：砂＝1：（3～3.5），混合砂浆配合比以水泥：石灰膏：砂＝1：1：4 最为适宜。

掺适量塑化剂可改善砂浆的和易性，应保证砂浆有充分的搅拌时间。

②注意管路清洗：喷涂必须分层连续进行，喷涂前应先进行运转、疏通和清洗管路，然后压入少量石灰润滑管道，以保证畅通。每次喷涂接近结束时，也要加少量石灰膏，再压送清水冲洗管道中残留砂浆，以保持管道内壁光滑，最后送入气压约 0.4MPa 的压缩空气吹刷数分钟，以防砂浆在管道中结块，影响下次使用。

二、装饰抹灰饰面

装饰抹灰相对于一般抹灰具有质感丰富、颜色多样、装饰效果鲜明等特点。装饰抹灰通常是在一般抹灰底层和中层基础上做各种罩面而成。

水泥石灰类装饰抹灰主要有拉毛抹灰、甩毛抹灰、搓毛抹灰、扫毛抹灰、拉条抹灰、仿石抹灰和假面砖抹灰等。

（一）拉毛抹灰

拉毛抹灰按其施工方法和所用工具不同，可分拉毛和搭毛两种：拉毛是涂抹砂浆，用铁抹子或木蟹轻压，顺势轻轻拉起，而形成的饰面层；搭毛是用棕刷蘸灰浆锤击在墙面上，并随手拉起即形成毛面，如个别毛头不均匀，随时补拉 1～2 次。

拉毛的面层当采用纸筋灰罩面，随抹底子灰随即用毛棕刷往墙上垂直拍拉，拉毛长度为 4～20mm。

当面层采用水泥石灰砂浆罩面时，拉毛用麻刷子，将砂浆向墙面一点一带，带出毛疙瘩来。

（二）甩毛抹灰

甩毛抹灰施工是用竹丝刷等工具将罩面灰浆甩洒在墙面上的一种饰面做法。也有先在基层上刷水泥浆，再甩上不同颜色的罩面灰浆并用抹子轻轻压平形成两种颜色的套色做法。

施工工具主要是木抹刀、钢抹刀、竹丝刷、扫帚。

（三）搓毛抹灰

搓毛抹灰是罩面灰初凝时用硬木抹子由上至下搓出一条细而直的纹路，也可水平方向搓出一条 L 形细纹路，当纹路明显搓出后即停。搓毛抹灰的工艺要求与操作方法较简单，易掌握，但装饰效果不如拉毛和洒毛，适用于一般的外装饰墙面。其底层和中层抹 1∶1∶6 水泥石灰砂浆，并使用同样水泥石灰砂浆罩面搓毛。抹灰方法与砖墙抹水泥砂浆相同。搓毛时，如墙面过干应边洒水边用木抹子搓毛，不允许干搓，否则颜色会不一致。木抹子要握紧并与墙面放平，由上向下进行，搓时抹纹要顺直，不要乱搓，应搓得均匀一致。

（四）扫毛抹灰

扫毛抹灰是用竹丝扫帚把按设计组合分格的面层砂浆扫出不同方向的条纹，做成仿假石的装饰抹灰。扫毛抹灰可做成假石以代替天然石饰面，工序简单、施工方便、造价低，适用于影剧院、宾馆的内墙和庭院的外墙饰面。

扫毛抹灰一般做法：打底前应将墙面冲洗湿润，操作时贴灰饼，抹标筋。底层和中层用 1∶1∶6 水泥石灰混合砂浆，厚度与分格条平，分格条按照设计要求弹线，用素水泥浆嵌粘，分格条把抹灰面分割为假石面层。面层同样用 1∶1∶6 水泥石灰混合砂浆，用木抹子搓平罩面灰，待稍吸水后，用短竹丝扫帚顺扫方格长度，将面层扫出条纹。扫出的条纹要横平竖直、纹理均匀、质感良好，要能做到以假乱真。扫毛罩面砂浆稠度要根据试验来确定，稠度小则扫毛条纹细，稠度大则条纹不整齐。分格块与分格块之间条纹方向交叉，一块横、一块竖，相互垂直；墙面、柱面的分格，大块和小块要搭配好，使其符合环境、层高、墙面的大小及使用等要求。待扫毛完毕后，即可起出分格条，待面层干燥后，扫去浮砂、灰尘，即可涂刷面漆。面漆采用涂料或乳胶漆。分格块之间也可刷不同颜色。

（五）拉条抹灰

拉条抹灰一般有细条形、粗条形、半圆形、波形、梯形、方形等多种形式，是一种较新的施工工艺。拉条抹灰是采用条形模具上下拉动，使墙面抹灰呈规则的形状。它可代替拉毛、洒毛等传统吸声墙面，具有美观大方、不易积灰和成本低等优点。

1. 施工工具

（1）条形模具：拉条抹灰前可根据设计要求的条形，用木板做成条形模具。为便于上下拉动，在模具口处可包以镀锌铁皮，如图 1-12（a）所示。此外，还有一种特制的条形滚压模具，如图 1-12（b）所示，用这种工具可以很方便地在墙面上滚压拉出清晰的条纹，而且操作比较简便。

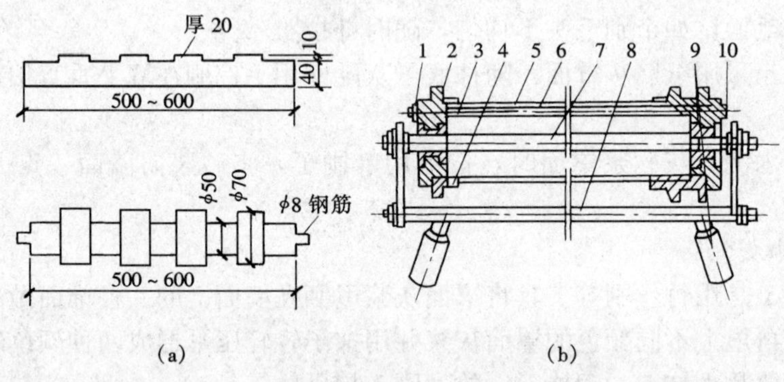

图 1-12　拉条抹灰模具

（a）条形模具；（b）滚压模具

1—压盖；2—轴承；3、4—套圈；5—滚筒；6—拉杆；7—轴；8—拉杆；9—手柄；10—连接片

（2）其他：木抹子、墨斗、木灰托、毛刷、芒帚、小线模等。

2. 施工方法

（1）材料及砂浆配合比：拉条抹灰的基层处理及底、中层抹灰与一般抹灰相同，黏结层和面层则根据所拉条形采用不同的砂浆。如拉细条时，黏结层各罩面可采用一种 1∶2∶0.5（水泥∶细砂∶细纸筋石灰）的混合砂浆；做粗条形时，黏结层用 1∶2.5∶0.5（水泥∶中粗砂∶细纸筋石灰）的混合砂浆，罩面用 1∶0.5（水泥∶细纸筋石灰）的砂浆。

（2）操作要点：在底层砂浆上先划分竖格，竖格宽度可按条形模具宽度确定，弹上墨线。按线粘贴靠尺板，作为拉条的导轨。导轨靠尺板可一侧粘贴，也可在模具两侧粘贴。靠尺板应垂直，表面要平整。在底层砂浆达到七成干时，浇水湿润底灰后抹黏结层砂浆，用模具由上至下沿导轨拉出线条，然后薄薄抹上一层罩面灰，再拉线条。

拉条抹灰操作时，每一竖线必须一次成活，以保证线条垂直、平整、密实光滑、深浅一致、不显接槎。为避免拉条抹灰操作时产生断裂等质量通病，黏结层和面层砂浆的稠度要适宜，以便于操作。另外，可在砂浆中掺入适量的 107 胶或聚醋酸乙烯，以改善砂浆的性能，防止出现因砂子太少而易开裂的通病。

(六) 仿石抹灰

仿石抹灰，又称"仿假石"，是在基层上涂抹面层砂浆，分出大小不等的横平竖直的矩形格块，用竹丝扎成能手握的竹丝帚，用人工扫出横竖毛纹或斑点，有如石面质感的装饰抹灰。它适用于影剧院、宾馆内墙面和厅院外墙面等装饰抹灰。

仿石抹灰的基层处理和底层抹灰、中层抹灰的操作方法与一般抹灰相同。其中层要刮平、搓平、划痕。墙面分格尺寸可大可小，一般可分成 250mm×300mm、250mm×500mm、500mm×500mm、500mm×800mm 等几种组合形式。内墙仿石抹灰，可离开顶棚 60mm 左右，下面与踢脚板相连；外墙上口用突出腰线与上面抹灰分开，下面可直接到底。

采用隔夜浸水的 60mm×15mm 分格木条，根据墨线用纯水泥浆镶贴木条。

抹面层灰以前，先要检查墙面干湿程度，并喷水湿润。

面层抹灰后用刮尺沿分格条刮平，用木抹子搓平。等稍收水后，用竹丝帚扫出条纹。扫好条纹后，立即起出分格条，随手将分格缝飞边砂粒清净，并用素灰勾好缝。

(七) 假面砖抹灰

假面砖是用彩色砂浆抹成，相当于外墙面砖分块形式与质感的装饰抹灰面。假面砖抹灰用的彩色砂浆，一般按设计要求的色调调配数种，并先做出样板，确定标准配合比。一般多配成土黄、淡黄或咖啡等颜色。

假面砖的基层处理和底层抹灰、中层抹灰（一般中层灰为 1∶3 水泥砂浆）的操作方法与一般抹灰相同。其面层砂浆涂抹前，浇水湿润中层，先弹水平线（可按每步架为一个水平工作段，上、中、下弹三条水平线，以便控制面层划沟平直度）然后抹 1∶1 水泥砂浆垫层，厚度 3mm，接着抹面层砂浆 3～4mm 厚。面层稍收水后，用铁梳子或铁皮刨子沿靠尺板由上向下划纹，深度不超过 1mm。然后根据面砖的宽度用铁钩子或铁皮刨子沿靠尺板横向划沟，深度以露出垫层灰为准，划好横沟后将飞边砂粒扫净。

三、特种砂浆抹灰

(一) 钡砂（重晶石）砂浆抹灰

钡砂（重晶石）是天然硫酸钡（$BaSO_4$）。钡砂砂浆是一种放射性防护材料，用它作为掺和料制成砂浆的面层对 X 射线有阻隔作用，常用于 X 射线探伤室、X 射线治疗室、同位素实验室等墙面抹灰。

1. 使用材料

(1) 水泥：32.5MPa 普通硅酸盐水泥（不宜用其他掺混合材的水泥）。

(2) 砂子：一般洁净中砂，不宜用细砂。

(3) 钡砂：粒径 0.6～1.2 mm，无杂质。

(4) 钡粉：细度全部通过 0.3mm 筛孔。

2. 配合比

钡砂（重晶砂）砂浆的配合比，如表 1-2 所示。

表 1-2　钡砂（重晶石）砂浆配合比

材料名称	水	水　泥	砂　子	钡　砂	钡　粉
配合比（质量比）	0.48	1	1	1.8	0.4
每 1m³ 用量（kg）	252.5	526	526	947	210.4

3. 施工方法

（1）在拌制砂浆时水应加热到 50℃左右。

（2）按比例先将重晶石石粉与水泥拌和，然后再与砂子、钡粉拌和加入 50℃水搅拌均匀。

（3）抹灰前墙面基层要认真清除尘污，凹凸不平处预先用 1∶3 水泥砂浆补齐或凿平，并喷水湿润。

（4）抹灰厚度每层一般不得超过 3～4mm，每天抹一层，一般应根据设计厚度分 7～8 次抹成。要一层竖抹一层横抹分层施工，每层抹灰要连续施工，不得留施工缝。在抹灰过程中如发现裂缝，必须铲除重抹。每层抹完后半小时要再压一遍，表面要划毛，最后一层必须待收水后用铁抹子压光。

（5）阴阳角要抹成圆弧形，以免棱角开裂。

（6）每天抹灰后，昼夜喷水不少于 5 次，整个抹灰完毕后须关闭门窗一周，地面要浇水，使室内有足够的湿度，并用喷雾器喷水养护。

（二）膨胀珍珠岩砂浆抹灰

1. 使用材料

（1）水泥：32.5MPa 强度等级的普通硅酸盐水泥或矿渣硅酸盐水泥。

（2）膨胀珍珠岩：宜用Ⅰ级（<80kg/m³）或Ⅱ级（80～120kg/m³）。

（3）石灰膏。

（4）聚醋酸乙烯。

（5）泡沫剂：掺量为 1%～3%，能提高砂浆的和易性。其配制方法为：先按 1∶4.5（氢氧化钠∶水）配成氢氧化钠溶液，并将氢氧化钠溶液加热至沸点；然后按 1∶0.36（氢氧化钠溶液∶松香粉，松香粉需过 3mm 筛）缓慢加入松香粉，随加随搅拌，并继续熬煮 1～15h，至松香完全溶化、颜色均匀、没有颗粒沉淀为止，冷却备用（在熬制过程中蒸发掉的水分应补充）。为了使加气剂用量准确，在使用前可另加 9 倍水进行稀释后再用。

2. 配合比

膨胀珍珠岩砂浆的配合比见表 1-3。

表 1-3 **膨胀珍珠岩砂浆配合比**

做法	水泥	石灰膏	膨胀珍珠岩	聚醋酸乙烯	纸筋	泡沫剂
用于纸筋灰罩面的底层灰（体积比）		1	4～5			
用于纸筋灰罩面的中层灰（体积比）	1	1 1	4 6			适量
用于罩面灰（松散体积比）（质量比）	1	1 0.1～0.2	0.1 0.03～1.05	0.003	0.1	

3. 施工方法

膨胀珍珠岩砂浆抹灰的操作方法，基本上与一般石灰砂浆或石灰膏罩面相同，所不同的是：

（1）采取分底、中、面层抹灰时，基层需适当润湿，但不宜过湿，因为膨胀珍珠岩灰浆具有良好的保水性；采用直接抹罩面灰时（一般用于加气混凝土条板、大模板混凝土墙面），基层涂刷 1∶5～6 的 107 胶或聚醋酸乙烯乳液水（如基层表面有油迹，应先用 5%～10%火碱水溶液清洗两三遍，再用清水冲刷干净）。

（2）抹底层灰浆厚度宜在 15～20mm，分层操作；中层灰浆厚度宜在 50～80mm。为避免干缩裂缝，在底层灰浆抹完后，须隔夜方可抹中层灰。灰浆稠度宜在 10cm 左右，不宜太稀。待中层灰浆稍干时用木抹子搓平，待 6～7 层干时，方可罩纸筋灰面层。

（3）采用直接抹罩面灰时，要随抹随压，至表面平整光滑为止，厚度越薄越好，一般以 2mm 左右为宜。

4. 注意事项

（1）在灰浆制作时，应将水泥和膨胀珍珠岩按一定的配合比干拌均匀，然后加水拌和。水不宜过多，否则膨胀珍珠岩由于质轻而上浮，易产生离析现象。加水量以灰浆外观松散，手握成团不散，挤不出水泥浆或只能挤出少量水泥浆为宜。

（2）当采用喷涂法施工时，喷前先将水泥和膨胀珍珠岩按一定比例干拌均匀，然后送入喷射机内进一步搅拌，在风压作用下经输送管送至喷枪，水与干拌物料在喷枪口混合后由喷嘴喷出。

（3）喷涂时要随时注意调整风量、水量。当施工对象为墙面、屋面时，喷嘴与基层表面的角度以 90°为宜；喷顶棚时，以 45°为宜。一次喷涂厚度可达 30mm，多次喷涂可达 80mm。当采用水泥石灰膨胀珍珠岩灰浆时，宜分两遍喷涂，两次喷涂间隔时间约 24h。水泥石灰膨胀珍珠岩灰浆两遍喷涂的总厚度不宜超过 30mm。

第二节 石碴类装饰抹灰

石碴类装饰抹灰，主要用于外墙（除现制水磨石面不便施工外），它具有色泽明亮鲜艳、颜色稳定、质感丰富、耐久性好等特点。常用的石碴类装饰抹灰，主要有水刷石、干粘石、斩假石、水磨石、粘彩色瓷粒、机喷石、机喷砂及彩釉砂等抹灰。

材料准备：水泥可用普通水泥和白水泥。石碴有大八厘（粒径 20、15、8mm）、中八厘（粒径 6mm）、小八厘（粒径 4mm）和半粒石（粒径 2mm），另外还有破碎八厘石碴的干脚料，即石屑，它们都是由天然大理石岩和花岗岩破碎而成。石碴灰使用的其他材料有砂子、石灰膏、107 胶（或聚醋酸乙烯）和减水剂，这些材料要结合具体做法而定，做法不同其用料也不同。

一、水刷石

水刷石是石碴类材料饰面的传统做法。其特点是采取适当的艺术处理，如分格分色、线条凸凹等，能使饰面达到天然美观、明快庄重的艺术效果。水刷石饰面造价不高，而耐久性和装饰效果都较好，因此，长期以来在我国各地被广泛采用。水刷石一般多用于建筑物外墙、檐口、腰线、窗楣、窗套、柱子、壁柱、阳台、雨篷、勒脚、花台等部位。但是由于水刷石操作费工，劳动强度大、技术要求较高，湿作业多，目前已逐渐被干粘石、机喷石等装饰工艺代替。

（一）施工准备

1. 基层准备

水刷石装饰抹灰的基层处理方法同一般抹灰。但因水刷石装饰抹灰层总的厚度较一般抹灰为厚，若基层处理不好，抹灰层极易产生空鼓或坠裂，因此，应认真将基层表面松散部分去掉再洒水润湿。抹好的中层砂浆要划毛，并在其上弹线分格，粘分格条，具体操作方法与一般抹灰相同。水刷石分层做法详见表 1-4。

表 1-4 水刷石分层做法

种类	基层	分层做法（体积比）	厚度（mm）	适用范围
水刷石	砖墙基层	①1∶3 水泥砂浆抹底层 ②1∶3 水泥砂浆抹中层 ③刮水灰比为 0.37～0.40 的泥浆一遍为结合层 ④水泥石粒浆或水泥石灰膏石粒浆面层（按使用石粒大小）： a. 1∶1 水泥大八厘石粒浆（或 1∶0.5∶1.3 水泥石灰膏石粒浆） b. 1∶1.25 水泥中八厘石粒浆（或 1∶0.5∶1.5 水泥石灰膏石粒浆） c. 1∶1.5 水泥小八厘石粒浆（或 1∶0.5∶2.0 水泥石灰膏石粒浆）	5～7 5～7 20 15 10	一般多用于建筑物外墙、檐口、腰线、窗楣、窗套、门套、柱子、壁柱、阳台、雨篷、勒脚、花台
	混凝土墙基层	①刮水灰比为 0.37～0.40 水泥浆或洒水泥砂浆 ②1∶0.5∶3 水泥石灰砂浆抹底层 ③1∶3 水泥砂浆抹中层 ④刮水灰比为 0.37～0.40 水泥浆一遍为结合层 ⑤水泥石粒浆或水泥石灰膏石粒浆面层（按使用石粒大小）： a. 1∶1 水泥大八厘石粒浆（或 1∶0.5∶1.3 水泥石灰膏石粒浆） b. 1∶1.25 水泥中八厘石粒浆（或 1∶0.5∶1.5 水泥石灰膏石粒浆） c. 1∶1.5 水泥小八厘石粒浆（或 1∶0.5∶2.0 水泥石灰膏石粒浆）	 0～7 5～6 20 15 10	
	加气混凝土墙基层	①涂刷一遍 1∶3～4 聚乙烯醇缩甲醛胶水溶液 ②2∶1∶8 水泥石灰砂浆抹底层 ③1∶3 水泥砂浆抹中层 ④刮水灰比为 0.37～0.40 水泥浆一遍为结合层 ⑤水泥石粒浆或水泥石灰膏石粒浆面层（按使用石粒大小）： a. 1∶1 水泥大八厘石粒浆（或 1∶0.5∶1.3 水泥石灰膏石粒浆） b. 1∶1.25 水泥中八厘石粒浆（或 1∶0.5∶1.5 水泥石灰膏石粒浆） c. 1∶1.5 水泥小八厘石粒浆（或 1∶0.5∶2.0 水泥石灰膏石粒浆）	 7～9 5～7 20 15 10	

2. 材料准备

水泥：强度等级不低于 32.5MPa 的普通硅酸盐水泥。

砂：中砂，使用前过 5mm 孔径筛子。

石碴：洁净、坚实，按粒径、颜色分堆，粒径为大八厘、中八厘和小八厘。

石灰膏：不含杂质，过 3mm 筛子淋成的石灰膏。

颜料：耐碱，耐光性好的矿物颜料。

其他材料：107 胶，TJ302 界面处理剂。

（二）面层操作方法

1. 抹面层石粒浆

待中层抹灰六七成干并经验收合格后，按设计要求弹线，贴分格条，然后洒水润湿，紧接着刷水灰比为 0.37～0.40 的素水泥浆一道，随即抹面层石粒浆。水泥石子浆的配合比视石子颗粒大小而定：如为大八厘石子（粒径 8mm），则水泥∶石子＝1∶1（体积比，以下同）；中八厘石子（粒径 6mm）为 1∶1.25；小八厘石子（粒径 4mm）为 1∶1.5。要求水泥用量以正好填充石子间的空隙为好，水泥石子浆的稠度以 50～70mm 为宜，面层厚度一般为石子粒径的 2.5 倍。石粒应颗粒均匀、坚硬，色泽一致、洁净。抹面层时，应一次成活，随抹随用铁抹子压紧、揉平，但不要把石粒压得过死。每一块方格内应自下而上进行，抹完一块后，用直尺检查其平整度，不平处应及时修补，并压实平整。同一平面的面层要求一次完成，不宜留施工缝；如必须留施工缝，应留在分格条的位置上。

抹阳角时，先抹的一侧不宜用八字靠尺，需将石碴浆稍抹过转角，然后再抹另一侧。在抹另一侧时需用八字靠尺将角靠直找齐，这样可避免因两侧都用八字靠尺而在阳角处出现的明显接槎。

2. 修整

罩面后水分稍干，墙面无水光时，先用铁抹子溜一遍，将小孔洞压实、挤严，分格条边的石粒要略高 1～2mm，然后用软毛刷蘸水刷去表面灰浆，阳角部位要往外刷，并用抹子轻轻拍平石碴，再刷一遍，然后再压，以保证罩面分遍拍平压实，石碴分布均匀、紧密。

3. 刷洗面层

待面层六七成干后（用刷子刷石碴不掉时），即可刷洗面层。冲洗是确保水刷石质量的重要环节之一，冲洗不净会使水刷石表面颜色发暗或明暗不一。

喷刷分两遍进行：第一遍先用软毛刷蘸水刷掉面层水泥浆露出的石碴；第二遍紧跟着用手压喷浆机或喷雾器将四周相邻部位喷湿，然后按由上往下的顺序喷水，使石碴露出表面 1/3～1/2 粒径，达到清晰可见、分布均匀即可。

喷水要快慢适度；过快，则混水浆冲不净，表面易呈现花斑；过慢，则会出现塌坠现象。喷水时，要及时用软毛刷将水吸去，防止石粒脱落。分格缝处也要及时吸去滴挂的浮水，以防止分格缝不干净。门窗应先刷底部后刷大面，以保证大面清洁美观。如果水刷石面层过了喷刷时间而开始硬结，要先用 3%～5%盐酸稀释溶液洗刷，然后再用清水冲净，否则，会将面层腐蚀成黄色斑点。

冲刷时要做好排水工作，不要让水直接顺墙面往下淌。一般是将罩面分成几段，每段都抹上阻水的水泥浆挡水，在水泥浆上粘贴油毡或牛皮纸将水外排，使水不直接往下淌。冲洗大面积墙面时，应采取先罩面先冲洗、后罩面后冲洗的方法。罩面时由上往下，这样既可保证上部罩面洗刷方便，又可避免了下部罩面受到损坏。

喷刷后，随即起出分格条，并用素水泥浆将缝修补平直。

外墙窗台、窗楣、雨篷、阳台、压顶、檐口及突腰线等部位，也与一般抹灰一样，应在上面做流水坡度，下面做滴水槽或滴水线。滴水槽的宽度和深度均应不小于 10mm。

二、干粘石

干粘石是将彩色石粒直接粘在砂浆层上的一种饰面做法，也是由水刷石演变而来的一种装饰工艺。其外观效果可与水刷石相比。干粘石的操作比水刷石简单、工效高、造价低，又能减少湿作业，因而对于要求一般装饰的建筑可以推广采用。干粘石的适用范围与水刷石相同，但存在着石碴黏结不够牢固、用手摸和被雨水冲刷易掉粒的现象，房屋首层不宜采用干粘石。干粘石与水刷石一样，常用于砖、钢筋混凝土或加气钢筋混凝土等墙体饰面，其常见分层做法见表 1 5。

（一）施工准备

1. 基层准备

干粘石的基体处理及底层，中层抹灰方法与水刷石相同。

干粘石分格条要求与水刷石相同。其宽度一般不小于 20mm，只起线型作用时可以适当窄一些。

表 1-5　　**干粘石分层做法**

基体	分层做法	厚度（mm）	示意图
砖墙	①1：3 水泥砂浆抹底层 ②1：3 水泥砂浆抹中层 ③刷水灰比为 0.40～0.50 的水泥浆一遍 ④抹水泥：石膏：砂子：107 胶水＝100：50：200：（5～15）聚合物水泥砂浆黏结层 ⑤小八厘彩色石粒（或中八厘彩色石粒）	5～7 5～7 4～5 （5～6，当采用中八厘石粒时）	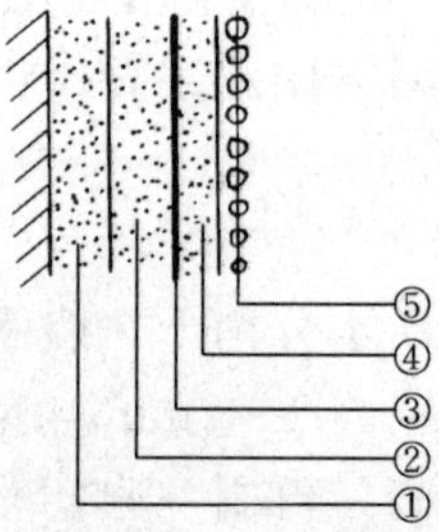
混凝土墙	① 刮水灰比为 0.37～0.40 水泥浆或洒水泥砂浆 ②1：0.5：3 水泥混合砂浆抹底层 ③1：3 水泥砂浆抹中层 ④刷水灰比为 0.40～0.50 水泥浆一遍 ⑤抹水泥：石灰膏：砂子：107＝100：50：200：（5～15）聚合物水泥砂浆黏结层 ⑥小八厘彩色石粒（或中八厘彩色石粒）	7～9 5～6 4～5 5～6 （当采用中八厘石粒时）	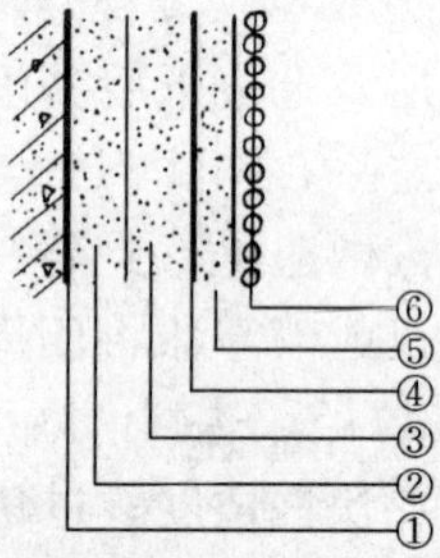
加气混凝土墙	①涂刷一遍 1：3～4（107 胶：水）溶液 ②2：1：8 水泥混合砂浆抹底层 ③2：1：8 水泥混合砂浆抹中层 ④刷水灰比为 0.40～0.50 水泥浆一遍 ⑤抹水泥灰：石灰膏：砂子：107 胶＝100：50：200：（5～15）聚合物水泥砂浆黏结层 ⑥小八厘彩色石粒（或中八厘彩色石粒）	7～9 5～7 4～5 5～6 （当采用中八厘石粒时）	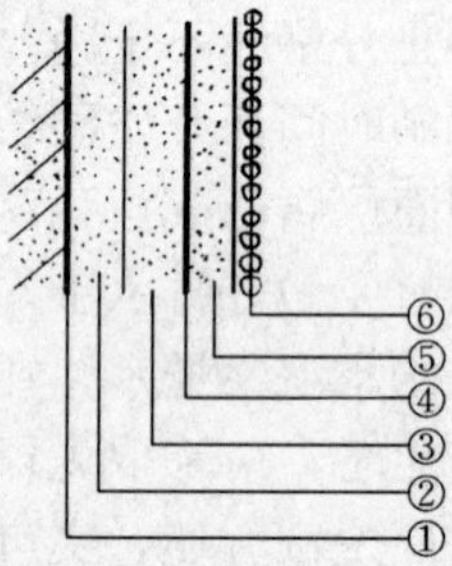

2. 材料准备

所需材料与水刷石相同。

（二）施工过程

1. 弹线，分格，粘分格条，留滴水槽

按图纸要求的尺寸弹线、分格、并按要求宽度设置分格条，分格条表面应做到横平竖直、平整一致，条的两侧用素水泥膏勾成八字，将条固定。

并按部位要求粘设滴水槽，其宽、深应符合设计要求。

2. 抹黏结层

黏结层涂抹前，应根据中层砂浆的干湿程度，先洒水润湿，接着刷水泥浆一遍，随即涂抹黏结层砂浆，黏结层砂浆的稠度不大于 80mm。黏结层砂浆一定要抹平，不显抹纹。按分格大小，一次抹一块或数块，避免在块中甩搓。

3. 甩石碴

黏结层抹好后，待干湿情况适宜即可用手甩石碴。甩石粒时一手拿 400mm×350mm×60mm 底部钉有 16 目筛网的木框，内盛洗净晾干的石碴（干粘石一般多采用小八厘石碴，过 4mm 筛子，去掉粉末杂质），一手拿木拍，用拍子铲起石碴，并使石碴均匀分布在拍子上，然后反手往墙上甩，甩射面要大，用力要平稳有劲，使石碴均匀地嵌入黏结层砂浆中。如发现有不匀或过稀现象时，应用抹子和手直接补贴，否则会使墙面出现孔坑或裂缝。

在黏结砂浆表面均匀地粘上一层石碴后，用抹子或油印橡胶滚轻轻压一下，使石碴嵌入砂浆的深度不少于 1/2 粒径，拍压后石碴表面应平整坚实。拍压时用力不宜过大，否则会把灰浆拍出，造成翻浆糊面，影响美观；若用力过小，则石子或砂黏结不牢，容易掉粒。

甩石碴时，未粘上墙的石碴到处飞溅，造成浪费。操作时，可用 1000mm×500mm×100mm 木板框下钉 16 目筛网的接料盘，放在操作面下接散落的石碴；也可用 ϕ6mm 钢筋弯成 4000mm×500mm 长方形框，装上粗布作为盛料盘，直接将石碴装入，紧靠墙边，边甩边接。

4. 起分格条修整

干粘石墙面达到表面平整，石碴饱满均匀时，即可将分格条取出，注意不要掉石碴。如局部石碴不饱满，可立即刷 107 胶水溶液，再甩石碴补齐。分格条取出后，随手用小溜子和素水泥浆将分格缝修好勾平，达到顺直清晰。

三、斩假石

斩假石又称剁斧石，是在水泥石屑浆面上用剁斧、齿斧和各种凿子等工具剁成有规律的石纹，类似天然花岗岩一样。其按表面形状可分为平面斩假石、线条斩假石、花饰斩假石等三种。斩假石的装饰效果好，多用于外墙面、勒脚、室外台阶、园林建筑等处。斩假石常见分层做法详见表 1-6。

（一）施工准备

1. 材料准备

除当要求装饰彩色假石时，应采用白色或彩色水泥外，其余材料均同水刷石。

2. 机具准备

除一般抹灰常用的工具外，还有斩假石施工专用工具：单刃斧、双刃斧、手锤、齿斧、扁凿、尖锤、弧口齿、齿凿、钢丝刷等。如图 1-13 所示。

表 1-6　斩假石分层做法

种类	基层	分层做法	厚度（mm）	适用范围
斩假石	砖墙基层	①1∶3 砂浆抹底层 ②1∶2 水泥砂浆抹中层 ③刮水灰比为 0.37～0.40 水泥浆一遍 ④1∶1.25 水泥石粒（中八厘中掺 30%石屑）	5～7 5～7 — 10～11	同水刷石
	混凝土墙基层	①刮水灰比为 0.37～0.40 的水泥浆或洒水泥砂浆 ②1∶0.5∶3 水泥石灰砂浆抹底层 ③1∶2 水泥砂浆抹中层 ④刮水灰比为 0.37～0.40 的水泥浆一遍 ⑤1∶1.25 水泥石粒（中八厘中掺 30%石屑）	— 0～7 5～7 — 10～11	同水刷石

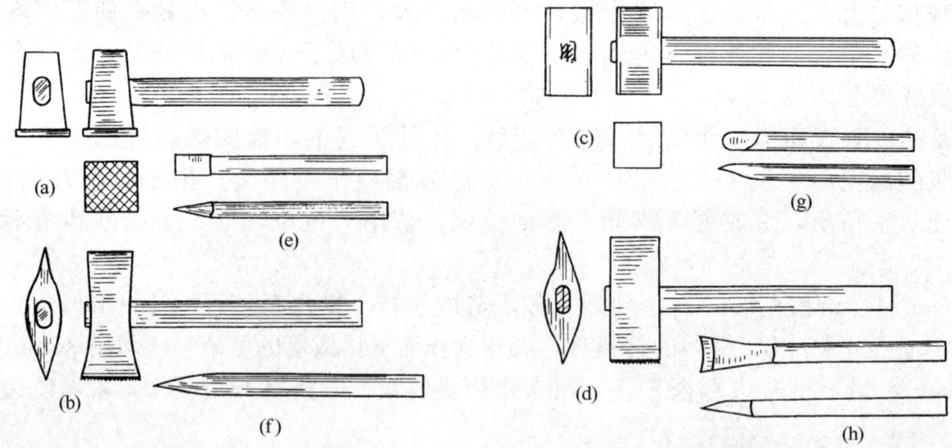

图 1-13　斩假石主要斩琢工具

（a）棱点锤；（b）双刃斧（斩斧）；（c）手锤；（d）齿斧；（e）扁凿；（f）尖锤；（g）弧口凿；（h）齿凿

3. 基层准备

斩假石施工工艺在抹面层石碴前做法均同一般抹灰，底层和中层表面应划毛。待抹灰中层六七成干后，再浇水润湿中层抹灰并满刮水灰比为 0.37～0.40 的素水泥浆一道。当设计有分格要求者，按设计图弹线、分格、贴分格条。

（二）施工方法

1. 抹面层灰

面层石粒浆常用粒径为 2mm 的白色米粒石，内掺 30%粒径为 0.3mm 左右的白云石屑。面层石粒浆的配比一般为 1∶（1.25～1.5），稠度为 50～60mm。

面层石粒浆一般分两遍成活，厚度不宜过大，一般为 10～11mm。先薄薄地抹一层砂浆，待稍收水后再抹一遍砂浆与分格条平，并用刮子赶平。待第二层收水后，再用木抹子打磨拍实，上下顺势溜直，不得有砂眼、空隙，并要求同一分格区内的水泥石粒浆必须一次抹完。石粒浆抹完后，即用软毛刷蘸水顺经纹清扫一遍，刷去表面浮浆至露石均匀。面层完成后不得受烈日曝晒或遭冰冻，24h 后应洒水养护。常温下一般养护 2～3d，气温较低时应养护 4～5d。

2. 斩剁面层

在常温下，面层抹好 2～3d 后，即可试剁。试剁以墙面石粒不掉、容易剁痕、声音清脆为准。斩剁前，应先弹顺线，相距约 100mm，按线操作，以免剁纹跑斜；斩剁时，必须保持墙面的湿润。斩剁顺序一般遵循“先上后下，先左后右，先剁转角和四周边缘、后剁中间墙面”的原则。转角和四周应剁水平纹，中间剁垂直纹，先轻剁一遍，再盖着前一遍的剁纹剁深痕。剁纹深浅要一致，深度一般以不超过石粒粒径的 1/3 为宜。墙角、柱边的斩剁，宜用锐利的小斧轻剁，以防掉边缺角。

斩剁完成后，墙面应用水冲刷干净，并按要求修补分格缝。

斩假石的另一种做法是：用 1∶2.5 水泥砂浆打底，抹面层灰前先刷水泥浆一道。面层抹灰使用 1∶2.5 水泥白云石屑浆抹 8～10mm 厚，面层收水后用木抹子搓平，然后用压子压实、压光。水泥终凝后，用抓耙依着靠尺按同一方向抓。这种做法为“拉斩假石”。

“拉斩假石”所用抓耙的齿为锯齿形，用5～6mm厚铁皮制作，齿距的大小和深浅可按实际要求确定（也可用废锯条代替）。这种方法操作简单，成活后表面呈条纹状，纹理清晰，劳动强度大大降低，工效明显提高。

当采用彩色斩假石施工时，水泥中应掺加适量的矿物颜料，材料应一次备齐，并与水泥按比例预先全部干拌均匀备用，其他施工方法与前所述的斩假石相同。

四、机喷石、机喷石屑、机喷砂

干粘石人工甩石粒，劳动强度大，效率低，近年来试验采用机喷粘石，也称“机喷石”（简称“喷石”），即用压缩空气带动喷斗喷射石粒代替手工甩石粒，使部分工序实现了机械操作，提高了工效，减轻了劳动强度，石粒也粘得更牢固。不仅如此，在机喷石的基础上，目前又创造出机喷石屑（简称“喷石屑”）、机喷吵（简称“喷砂”）等装饰新工艺。机喷石分层做法见表1-7。

表1-7　机喷石分层做法

种类	基层	分层做法	厚度（mm）	适用范围
机喷石、机喷石屑、机喷砂	砂墙基层	①②③同干粘石（砖墙） ④抹水泥：石灰膏：砂子：107胶＝100：50：200：（5～15）聚合物水泥砂浆黏结层 ⑤机械喷黏小八厘石粒、米粒石或石屑、粗砂	5～5.5（小八厘石粒）、2.5～3（米粒石）、2～2.5（石屑）	同干粘石
	混凝土墙基层	①②③④同干粘石（混凝土墙） ⑤抹水泥：石灰：砂子：107胶＝100：50：200：（5～15）聚合物水泥砂浆黏结层 ⑥机械喷粘小八厘石粒、米粒石或石屑、粗砂	（5～5.5或2.5～3.2～2.5）	
	加气混凝土墙基层	①②③④同干粘石（加气混凝土墙） ⑤⑥同机喷石（混凝土墙）		

（一）机喷石

（1）材料准备：除增加布条及木质素磺酸钙外，其余同干粘石。

（2）工具准备：

1）喷斗（见图1-14）。

2）空气压缩机（排气量6m³/min，工作压力0.6～0.8MPa），一台空气压缩机可带两个喷石粒斗。

3）喷气输送管，即采用内径为8mm的乙炔胶管（长度按需要）。

4）其他工具，如装石粒簸箕、油印橡胶辊、接石粒的钢筋粗布盛料盘等。

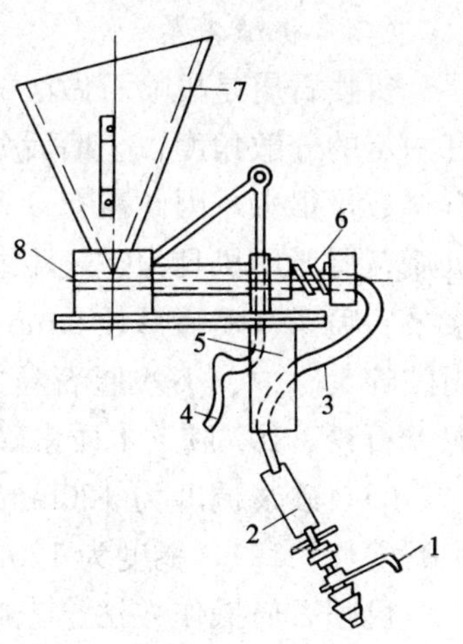

图1-14　喷斗
1—转芯阀（调气量）；2—皮线；3—输气管；4—扳机；5—受柄；6—顶簧器；7—白铁皮漏斗；8—喷嘴

（3）施工方法：在墙面基层处理、浇水润湿、分格弹线后，以弹好的线为准，抹素水泥浆，然后将浸泡湿透的布条平直地粘贴在已抹平压光的素水泥浆上，并按分格布条分出的区格，先满刮素水泥浆一遍（水灰比为0.37～0.40），接着涂抹黏结层砂浆。为了有充足的时间操作，砂浆中最好还掺入水泥量的0.3%的木质素磺酸钙，砂浆厚度4～5mm。抹好的黏结砂浆，应不留抹子痕迹。

黏结砂浆抹完一个区格后，即可喷射石粒，一人手持喷枪，一人不断地向喷枪的漏斗装石粒，先喷边角，后喷大面。喷大面时应自下而上，以免砂浆流坠，喷枪应垂直于墙面，喷嘴距墙面150～250mm。喷完石粒，待砂浆刚收水时，用油印橡胶辊从上往下轻轻滚压一遍。阳角处，为了防止出现黑边及不规则现象，可采取如图1-15所示的方法，以保证阳角质量。滚压完，即可揭掉布条，然后修理分格缝两边的飞粒，随手勾好分格缝。

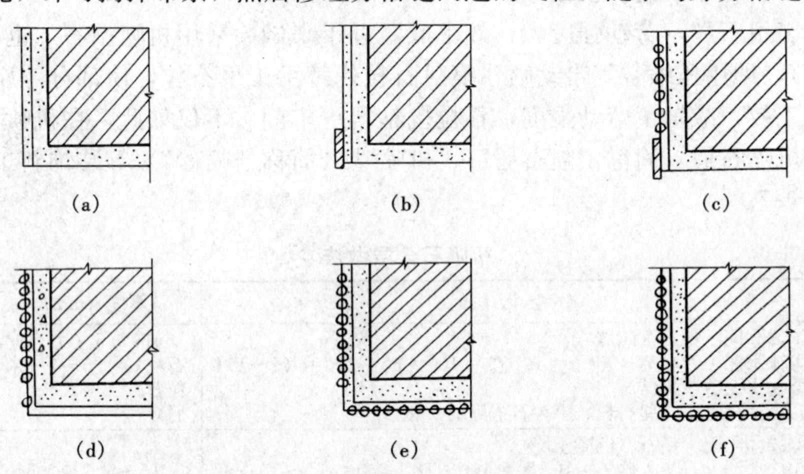

图1-15　阳角喷石粒顺序示意图

(a) 抹一面墙（包括阳角处）砂浆；(b) 放贴有布条的靠尺板；(c) 一面喷石滚压；(d) 拿掉靠尺板（布条留在砂浆上），抹另一面；(e) 取掉布条，刷少量107胶水溶液；(f) 喷石、滚压、修理

（二）机喷石屑

机喷石屑是机喷石做法的发展。机喷石虽然初步实现了机械操作，但石料由喷斗嘴喷出有一定的分散角度，上墙后分布密度不如手甩粘石密集，另外手持式喷斗受重量限制，装用石料数量很少，因此需有一人配合不断向斗内装石粒。而机喷石屑则解决了上述两个问题。机喷石屑所用机具为空气压缩机（排气量0.6m^3/min、工作压力0.4～0.6MPa）、挤压式砂浆泵、喷斗（喷嘴口径8mm）、小型砂浆搅拌机或携带式砂浆搅拌器；所用材料为石屑（使用破碎大、中、小八厘石粒的下脚料，粒径为2～3mm），粒结砂浆［较重要工程用白水泥∶石粉∶107胶∶木质素磺酸钙∶甲基硅醇钠 = 100∶（100～150）∶（7～15）∶0.3∶(4～6)，砂浆稠度为120mm左右，一般工程用普通水泥∶石粉或砂子∶107胶 = 100∶150∶（5～15），稠度为120mm左右］。

机喷石屑操作方法：先喷或刷107胶水溶液作基层处理（当基体为砂浆或混凝土时，107胶∶水 = 1∶3；当基体为加气钢筋混凝土时，107胶∶水 = 1∶2）。然后根据设计要求弹线分格，粘钉分格条。黏结砂浆可用手抹或机喷，按预先分格逐块喷抹，厚度应为2～3mm。再用挤压式砂浆泵喷涂黏结砂浆，两遍成活，手抹时应尽量不留抹子痕迹。在喷抹黏结砂浆后，适时用喷斗从左到右、自下而上喷粘石屑。注意喷嘴与墙面垂直，距离30～50mm，空压机的压力、气量要适当，墙面要表面均匀密实、满粘石屑。如黏结砂浆层表面干燥，应补抹砂浆，切忌刷水。最后喷一层憎水剂罩面层以增强饰面耐久性，罩面层要求均匀、不宜过厚。

第三节 外墙喷涂、滚涂、弹涂施工

外墙喷涂、滚涂、弹涂砂浆的装饰抹灰，即在普通砂浆中掺入适量的有机聚合物，以改善原来材料方面的某些不足所进行的抹灰。用于聚合物水泥砂浆的有机聚合物主要有聚乙烯醇缩甲醛胶（即107胶）、聚甲基硅醇钠、木质素磺酸钙等。

聚乙烯醇缩甲醛胶水泥砂浆主要能提高饰面层与基层的黏结程度，减少或防止饰面层开裂、风化、脱落等现象，改善砂浆的和易性，减轻砂浆的沉淀、离析等现象。冬季施工时早期受冻不开裂，而且后期强度仍能增长，因此，宜于冬季施工以降低砂浆容量、减慢吸水速度。但存在的缺点是：由于其缓凝作用析出的氢氧化钙易引起颜色不匀，因此当低温施工时有析白现象。

由于这一技术采用机械化施工，具有效率高、劳动强度低、省工省料、造价低等优点。

一、外墙喷涂

喷涂是用挤压式砂浆泵或空气压缩机通过喷枪将砂浆喷于抹灰中层而形成的饰面面层喷涂施工的基层处理，底层抹灰和中层抹灰的操作方法与一般抹灰相同，喷憎水剂罩面与喷砂要求相同。

（一）施工准备

1. 材料准备

1）水泥：不低于3.25MPa强度等级的普通水泥或白水泥。一个工程所用水泥应用同一批产品，数量应充足。

2）石灰膏、中粗砂（含泥量不大于3%）、石屑（粒径在2mm左右的白云石屑、松石屑）、颜料、107胶、六偏磷酸钠、木质素磺酸钙、甲基硅酸钠、聚乙烯醇缩丁醛、酒精等。

应先将水泥与颜料按配合比干拌均匀，装纸袋备用，整个工程材料一次配齐。

2. 机具准备

主要机具有空气压缩机（排气量0.6m^3/min，工作压力60～80MPa）、挤压式砂浆输送泵、小型机械搅拌桶、耐压胶管（管径25mm）、喷斗、喷枪等（见图1-16）。

（二）施工方法

1. 粘贴分格条

喷涂前，应按设计要求将门窗和不喷涂的部位采取遮挡措施，以防污染，分格缝宽度如无特殊要求，以20mm左右为宜。分格缝做法有两种：一种在分格缝位置上用107胶粘贴胶布条，待喷涂结束后，撕去胶布条即可。另一种不粘贴胶布条，待喷涂结束后，在分格缝位置压紧靠尺，用铁皮刮子沿着靠尺刮去喷上去的砂浆，露出基层即可。对分格缝要求位置准确、横平竖直、宽窄一致、无明显接槎痕迹。

2. 喷涂

喷涂分波面喷涂、粒状喷涂和花点喷涂三种。其材料品种、颜色和配合比应符合设计要求。如无特殊要求，一般采用如下两种配比：一种配比是白水泥∶砂∶107胶＝1∶2∶0.1，再掺入适量的木质素磺酸钙；另一种配比是普通水泥∶石灰膏∶砂：107胶＝1∶1∶4∶0.2，再掺入适量的木质素磺酸钙。要求配比正确、颜色均匀、稠度符合要求。

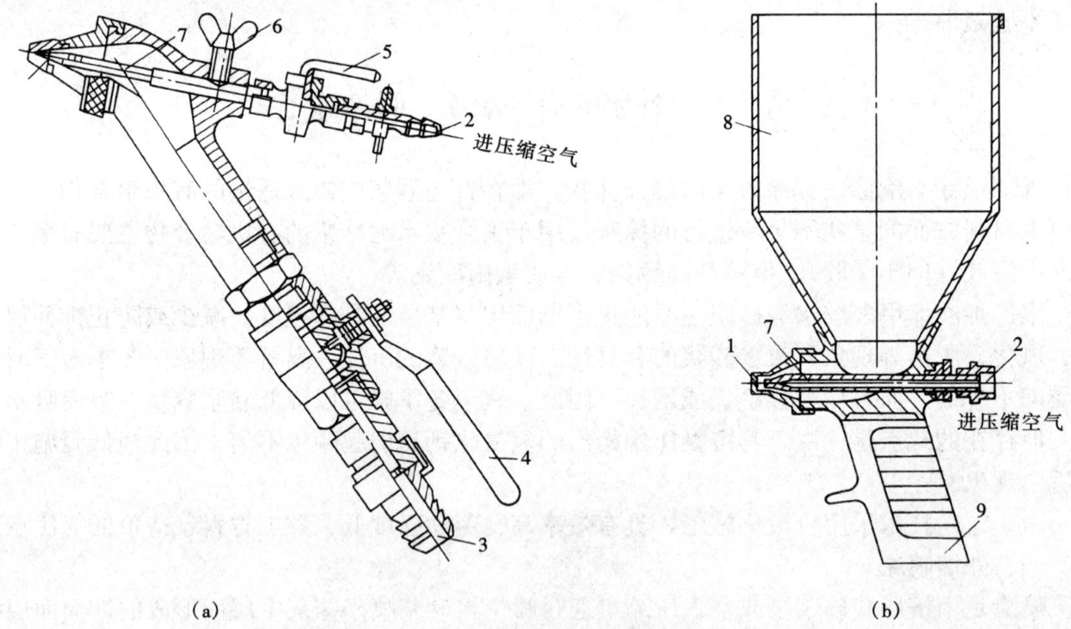

图 1-16 外墙喷涂抹灰工具

(a) 喷枪；(b) 喷斗

1—喷嘴；2—压缩空气接头；3—砂浆胶管接头；4—砂浆控制阀；5—压缩空气控制阀；6—顶丝；7—喷管；8—砂浆斗；9—手柄

(1) 波面喷涂。波面喷涂一般分三遍成活，厚度 3～4mm。第一遍使基层变色；第二遍喷至以墙面出浆不流为宜；第三遍喷至全部出浆、表面呈均匀波纹状，不挂坠，并且颜色一致。波面喷涂一般采用稠度为 130～140mm 砂浆。喷涂时，喷枪应垂直墙面，距离墙面约 500mm，挤压式砂浆泵的工作压力为 0.1～0.15MPa，空气压缩机的工作压力为 0.3～0.5MPa。

(2) 粒状喷涂。粒状喷涂采用喷斗分二遍成活，厚度为 3～4mm。第一遍满喷，要求满布基层表面并有足够的压色力；第二遍喷涂要求在第一遍收水后进行，操作时要开足气门，并快速移动喷斗喷布碎点，以表面布满细碎颗粒、颜色均匀不出浆为准。

粒状喷涂有喷粗点和喷细点两种情况。在喷粗点时，砂浆稠度要稠，气压要小；喷细点时，砂浆要稀，气压要大。操作时，喷斗应与墙面垂直，距离墙面约为 400mm。

(3) 花点喷涂。花点喷涂是在波面喷涂的基础上再喷花点，其工艺与粒状喷涂第二遍做法相同。施工前应根据设计要求先做样板，当花点的粗细、疏密和颜色满足要求后，方可大面积施工。施工时，应随时对照样板调整花点，以保证整个装饰面的花点均匀一致。

二、外墙滚涂

外墙滚涂抹灰是将聚合物水泥砂浆抹在墙体表面上，用滚子滚出花纹，再喷罩甲基硅醇钠疏水剂形成饰面层。

(一) 材料准备

材料基本与喷涂相同，砂浆配比为白水泥∶砂＝1∶2 或普通水泥∶砂∶107 胶＝1∶0.5～1∶0.2，再掺入适量的木质素磺酸钙。砂浆稠度一般要求在 110～120mm，要搅拌均匀。砂在拌和前必须过筛，除去砂中粗粒，保证滚涂饰面的质量。

（二）机具准备

除一般抹灰工具外，还应有滚涂用辊子，常用的有胶辊、多孔聚氨酯辊和多孔泡沫辊等，辊子长150～250mm。

（三）施工方法

墙面底、中层抹灰与一般抹灰相同，中层用1∶3水泥砂浆，表面搓平密实（对于混凝土墙面和预制阳台栏板等，如偏差太大，一般可不打底）。然后根据设计要求，分格弹线，再贴分格条。

滚涂有干滚和湿滚之别。干滚为滚子不蘸水的滚法。湿滚则要掌握底层干湿度，吸水较快时要适当洒水湿润，洒水量从滚涂时砂浆不流为宜。操作时一人在前面涂抹灰浆，抹子紧压刮一遍，再用抹子顺平，另一人拿滚子滚拉，并紧跟涂抹人。用滚子注意运行不要太快，用力要均匀，上下左右滚匀，要随时对照试样调整花纹，取得花纹一致；滚拉要求上下顺直，一气呵成，并经常清洗滚筒，保持干净，使之不沾砂浆；滚的方向一定要由上往下拉，使滚出的花纹有一自然色浆。在涂完24h后，待面层干燥后喷涂有机硅水溶液一次，使表面均匀湿润。

（四）施工注意点

（1）滚涂面层厚为2～3mm，底面顺直平正。滚涂时若砂浆过干，则不得在面上洒水，应在灰桶内加水将灰浆拌和，且稠度一致。使用时，若发现砂浆沉淀应拌匀再用，否则会产生“花脸”现象。

（2）每日按分格分段施工，不能留接槎缝，不得事后修补，否则将造成花纹和颜色不一致现象，辊子要直上直下运行平稳。辊子结构如图1-17所示。

（3）最后一遍喷涂时辊子必须自上而下运行，使花纹有自然向下坡，以免日后积尘污染

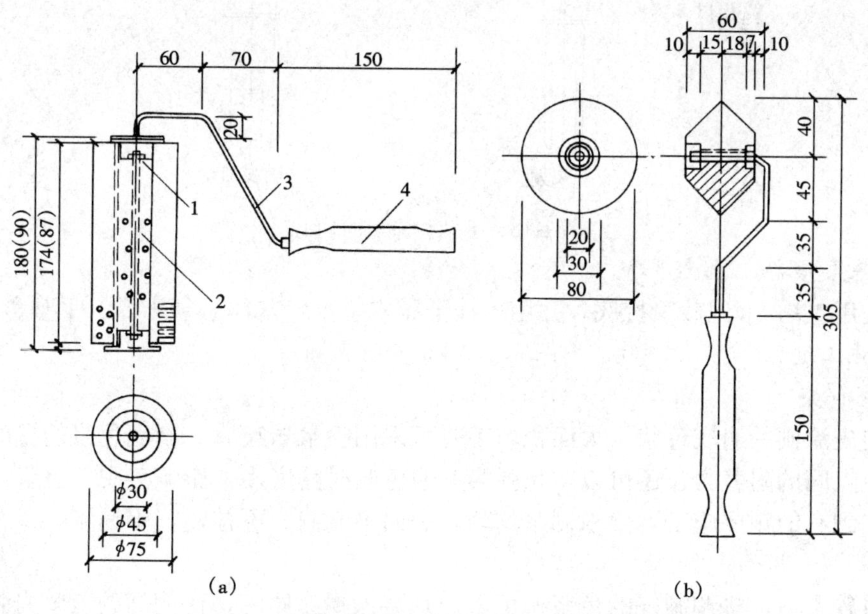

图1-17 辊子

（a）滚涂墙面用辊子；（b）滚涂阴角用辊子

1—串钉和铁垫；2—硬薄塑料；3—ϕ8镀锌管或钢筋棍；4—手柄

墙面。

三、外墙弹涂

弹涂是在墙面涂刷一遍聚合物水泥色浆后，用弹涂器分几遍将不同色彩的聚合物水泥浆弹涂其上，结成3～5mm大小不等的扁圆形花点，再喷罩一层甲基硅醇钠，形成与干粘石的大小近似、颜色不同、互相交错的圆粒状色点，或深、浅色相互衬托，形成一种彩色的装饰面层。

（一）材料准备

材料有普通水泥、白水泥、颜料及107胶。

刷涂层及弹涂层的颜色及颜料用量应根据设计要求和样板试配而成。

弹涂砂浆的配合比，采用白水泥刷底色浆，配比为，白水泥：颜料：107胶：水＝100：适量：13：80；弹花点的配比为，白水泥：颜料：107胶：水＝100：适量：10：45；若采用一般普通水泥刷底色浆，配比为，普通水泥：颜料：107胶：水＝100：适量：20：90；弹花点的配比为，普通水泥：颜料：107胶：水＝100：适量：14：55。

（二）机具准备

手动（见图1-18）和电动弹涂器。

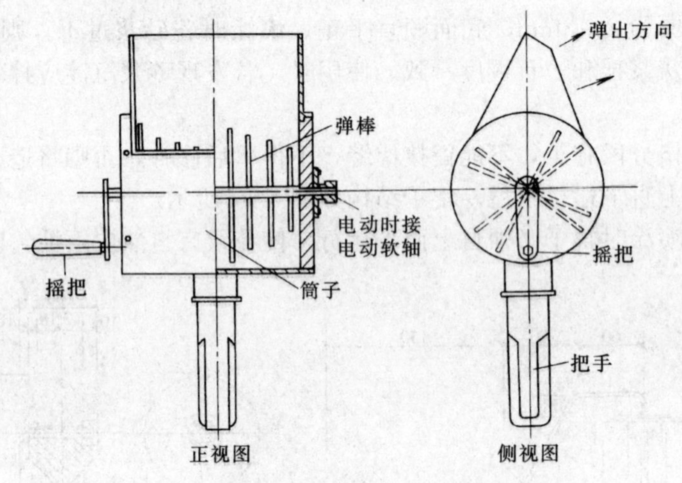

图1-18　手动弹涂器的构造

（三）基层准备

基体先用1：3水泥砂浆打底，并用木抹子压实搓平。基体必须干燥、平整、棱角规矩。

（四）施工过程

1. 刷底色浆

弹涂前先涂刷一遍底色浆，大面积施工时可采用喷浆器喷涂。刷底色浆的目的是增加基层与水泥色点间的附着力，还可以防止弹第一遍色浆时露底多，影响美观。色浆一般按自上而下、由左到右的顺序施工，要求刷浆均匀，表面不流淌、不挂坠、不漏刷。

2. 弹浆

待色浆较干后，将调制好的色浆按色彩分别装入弹涂器内，比例高的色浆先弹，比例小的色浆后弹。色浆应按设计要求配制，做出样板后方可大面积弹浆。弹涂时应垂直于墙面，与墙面距离保持一致，使弹点大小均匀，颗粒丰满。弹浆分多遍施工而成：第一道弹浆应分多次弹匀，并避免重叠；第二道弹浆在第一道弹浆收水后进行，要把第一道弹点不匀及露底处覆盖；最后进行局部修弹。

弹涂层干燥后，再喷刷一遍防水剂，以提高饰面的耐久性能。

第四节 装饰线抹灰

灰线抹灰一般常见于一些标准较高的公共建筑和民用建筑的门窗口阳角、门头灯座、檐口、女儿墙压顶、腰线、间隔墙门套、室内天棚阴角、梁底、柱端及吊灯周围等处，它通过不同的起伏、曲直、厚薄的线条造型来达到装饰美化的效果。灰线抹灰的操作工艺较为复杂，特别是作为手工操作，其技术性较强、用料严格并要求精工细作。

装饰线脚抹灰有整体抹灰和预制粘贴两种做法。装饰线脚的式样很多，线条有繁有简，形状有大有小。现场整体抹灰通常都是采用专用抹模具来完成装饰线条的。

一、材料准备

预制粘贴：预制石膏线脚、木线脚、木楔、钉、木螺丝等。

整体抹灰：纸筋灰、水泥纸筋灰或石膏灰浆；黏结层用1∶1∶1细纸筋灰混合砂浆；垫灰层用1∶2.0∶0.5细纸筋石灰混合砂浆（砂子过3mm筛孔的筛子）；罩面灰石膏∶石灰膏=3∶2。

二、工具准备

预制粘贴：螺丝刀、冲击钻等。

整体抹灰：靠尺，活模、死模和圆形灰线活模三种，如图1-19、图1-20、图1-21所示。

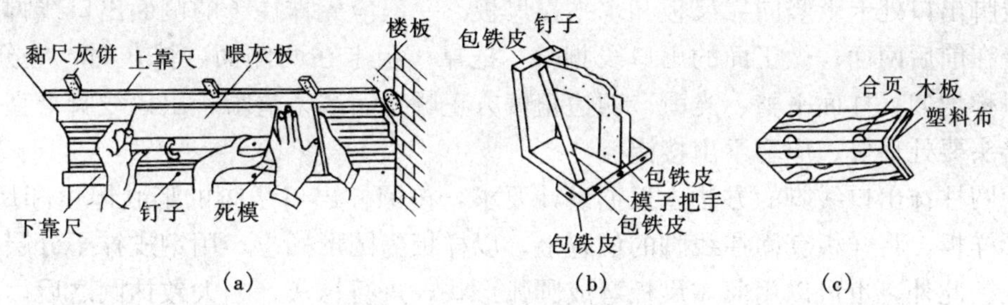

图1-19 灰线死模示意图

（a）死模操作示意；（b）死模；（c）合页式喂灰板

（1）死模：又称“死马”，适用于顶棚四周和墙面交接处设置的灰线，以及较大的灰线抹灰。它是卡在上下两根固定的靠尺上推拉出线条的。

（2）活模：又称“活马”，适用于梁底及门窗角灰线。它是靠在一根靠尺（或上靠尺）上，用两手握模捋出线条来。

（3）圆形灰线活模：适用于室内顶棚上的圆形灯具灰线和外墙面门窗洞顶部半圆形装饰等灰线。它的一端做成灰线形状的木模，另一端按圆形灰线半径长度钻一钉孔。操作时，将有孔的一端用钉固定在圆形灰线的中心点上，另一端木模即可在半径范围内移动，扯制圆形灰线。

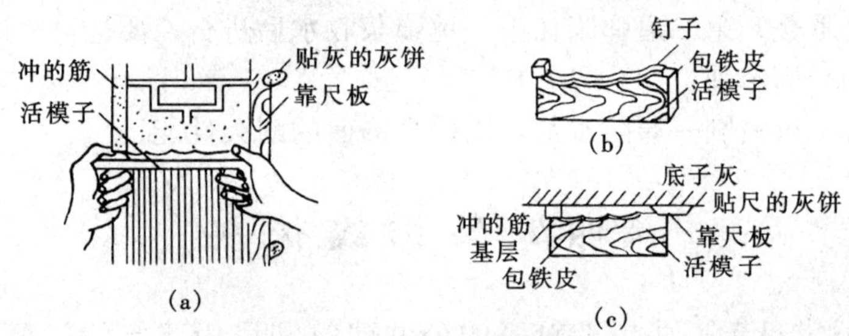

图 1-20 灰线活模示意图

(a) 活模操作示意；(b) 死模；(c) 活模、冲筋、靠尺板的关系

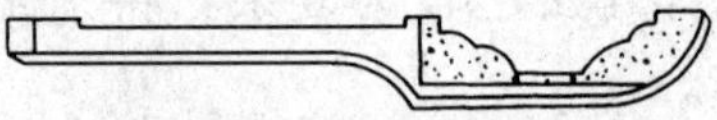

图 1-21 圆形灰线活模示意图

三、施工方法

（一）预制线条

预制线条（石膏、木质）在安装时，做好相邻两线条拼接处、转角处的拼缝；拼缝要严密，线条平滑、顺直，看不出接缝。因此，安装施工前，在墙上弹好拟安装线脚边线；在靠近边线上边，每隔 500mm 用冲击钻钻好孔，打上木楔。在线条边上用白胶与墙相粘接，再用钉子把线条与墙身钉接。

（二）整体式灰线施工

1. 简单灰线抹灰的操作方法

方柱、圆柱出口线脚，应在柱子基层清理完、弹线找规矩、底层及中层抹灰完成后进行；一般不用模型，使用水泥混合砂浆或在石灰砂浆里掺石膏抹出线脚。

（1）方柱抹出口线脚的方法。首先，按设计要求的线条形状、厚度和尺寸大小，在柱边角处和线脚出口处卡上竖向靠尺板和水平靠尺板。一般应先抹柱子的侧面出口线脚，将靠尺板临时卡在前后两面；做正面的出口线脚时，把靠尺板卡在两侧面。抹灰时，应分层进行，要做到对称均匀，柱面平整、光滑，四边角棱方正顺直、线条清晰，出口线脚平直，与顶棚或梁的接头要处理好、应看不出接槎。

（2）圆柱抹出口线脚的方法。根据设计要求，按圆柱出口线脚的形状厚度和尺寸大小，制作圆形样板，将样板套固在线脚的位置上，以样板为圆形标志，用钢皮抹子分层将灰浆抹在圆柱上。此外，也可以用薄靠尺板弯成圆弧形状，进行抹灰。当大致抹圆之后，再用圆弧抹子抹圆，出口线脚柱面要做到形圆、线脚清晰、颜色均匀，与平顶或梁接头处理要严密、应看不出接槎。

圆形灰线一般多用于顶棚灯具周围，用活模扯制。操作前，应先根据顶棚抹灰层厚度，将顶棚底层及中层灰抹好，留出灯位灰线部分。也可先抹一条比灯位稍宽的圆形冲筋，作为扯灰线和活模运行的依据。扯灰线前，应先找准中心点；然后，将活模钉在中心点上，并使其能灵活转动；随后使用活模绕中心往返扯动，将灰线扯抹成形。

2. 多线条灰线抹灰的操作方法

多线条灰线依其部位不同，分别使用死模和活模操作。

（1）死模双尺操作法。找规矩的方法与一般抹灰基本相同，但灰线抹灰的房间、四周墙面要先找方，不仅阳角要方正，阴角也要规方。同时，要找出顶棚抹灰的厚度并弹出上水平线。先抹墙面和顶棚底层、中层灰，靠顶棚处留出灰线的尺寸不抹，以便于在中层灰上粘贴靠尺板，这样可以避免以后抹底层和中层灰时把灰线碰坏。

墙面底层、中层灰抹完后，按死模尺寸，确定墙面贴靠尺板（称下靠尺）的位置，在立墙四周弹一道水平标准线，并将下靠尺按此线贴好（简称稳尺）。稳尺的方法是用纸筋石灰：水泥＝1：1的水泥混合砂浆灰饼，或用石膏灰粘贴靠尺板；也可以把靠尺板稳平后，找出砖缝位置，用钉子钉上，这样会更稳妥一些。下靠尺稳好后，要四周校正一遍，把死模坐在房间四周的下靠尺上，用线垂挂直线找正死模的垂直平正角度后，靠模头外侧定出上靠尺的位置，然后按四角位置再弹水平线，依线粘贴上靠尺。如果是板条顶棚，可用板条或竹条夹住上靠尺。上下靠尺粘贴要牢固，要水平一致。死模坐入后，要上下灰口适当。死模推拉时要不卡不松，如有阻碍和偏差可校正上靠尺。靠尺两端要留出大于死模宽度的尺寸，以便安放和取出死模。

灰线扯制要分层进行，以免砂浆一次涂抹过厚而造成起鼓开裂。待粘贴靠尺的灰饼干硬后，先薄薄抹一层1：1：1的水泥石灰砂浆（略掺麻刀），使其与混凝土顶棚黏结牢固。接着用1：1：4的水泥石灰砂浆（略掺麻刀），一层层地抹第二道垫层灰，垫层灰厚度应根据灰线尺寸决定。死模要随时推拉，超过灰线面的多余砂浆要及时刮掉，低凹的地方应添加砂浆，直至灰线表面砂浆饱满平直。成型时，要把死模倒拉一次，以便于抹第三道出线灰和第四道罩面灰时不卡模。

第二天先用1：2的石灰砂浆（砂子要过3mm筛孔的筛子）抹一遍出线灰，再用普通纸筋石灰罩面。扯制罩面灰的方法与出线灰基本相同，但上灰应使用喂灰板。扯制罩面灰时，一人在前，将罩面灰放在喂灰板上，双手托起来使灰浆紧贴灰线的出线灰上，并将喂灰板顶住死模模口进行喂灰；一人在后推死模，等基本推出棱角时，再用细纸筋石灰（桩光灰）罩面推到使灰线棱角整齐光滑为止（分两遍推抹罩面灰的厚度不超过2mm）。然后将模取下，刷洗干净。

扯模及喂灰操作动作要协调，步子要稳，使喂灰板依靠模的推动前进。在扯罩面灰时，要分遍连续操作。死模只能往前推，不能往后拉。无论是扯制出线灰或罩面灰，模头及模底板下面小木条都要始终紧靠上、下靠尺板，用力要均匀，使死模平稳地沿轨道缓缓向前。

如果是抹石膏灰线，在底层、中层及出线灰抹完并六七成干时稍洒水，用4：6的比例配好石灰石膏浆罩面，灰浆要控制在7～10min用完。

（2）死模单尺操作法。这种方法是只用下靠尺，不用上靠尺。上靠尺用事先已抹好的顶棚中层砂浆的冲筋压光条代替。这种方法可少贴上靠尺，但操作时较双靠尺难掌握。一般简单灰线多用这种方法操作。其操作准备与双靠尺基本相同。

操作时，要将死模下端卡在靠尺上，左手把死模紧靠在顶棚抹灰层上，用右手推死模行走，推模要稳；其他操作与双靠尺操作方法相同。

（3）活模的操作方法。活模的操作方法与死模单尺操作基本相同。活模一边靠在靠尺板上，一边紧贴在标志筋上，捋出线条。

（4）灰线接头的操作方法。灰线接头也称“合拢”，是难度较大的一项操作，它要求与四周已扯制好的灰线镶接互相贯通，其棱角、尺寸大小及凹凸形状成为一个整体。为此，不但要求操作技术熟练，而且事先还须细心领会灰线每个细小组成部位的结构，掌握接角处的特点。

1）接阴角的方法。当房间四周灰线抹完之后，拆除靠尺，切齐甩槎，然后开始连接每两条灰线的接头，使之在阴角处合拢。连接的方法是先用抹子抹灰线的各层灰，当抹上出线灰及罩面灰后，分别都用灰线接角直尺一边连接已成活的灰线作为规矩，一边刮接角的灰使之成型。成型之后再用铁皮或竹皮修理，使之不显接槎，最后用排笔清刷。要求接头阴角的交线与立墙阴角的交线在一个平面之内。

2）接阳角的方法。接阳角之前，首先要找出垛、柱阳角距离来确定灰线位置，统称“过线”。过线的方法是用方尺套在已成型灰线的墙面上。用小线锤安在顶棚灰线的外口（要与线口齐），吊在方尺水平线的上端，接着用铅笔划在方尺水平线上，就成为垛、柱靠顶棚上面所需要的尺寸。再将方尺安在垛、柱上，紧挨顶棚，划一条线，然后用方尺一头与已成型灰线的上端放平，一头与短线比齐，再用铅笔划一长条直至成型灰线，一头至垛、柱最外处。在垛、柱的另一面，用同样的方法求出所需要的线（总称“灰线上口线”），过下口线只需将两边的成型线下口用方尺套在垛、柱上，与成型灰线最下面划齐。注意在操作时要严格控制，不要越出上下的划线。首先将两边靠阴角处与垛、柱结合齐，再接阳角（垛、柱）。抹灰要与成型灰线相同，大小一致。抹后应仔细检查；要求阴阳角方正，并要成一直线。

第五节　抹灰工程质量要求及检验方法

一、一般规定

（一）各分项工程的检验批应按下列规定划分

（1）相同材料、工艺和施工条件的室外抹灰工程，每 500～1000m^2 应划分为一个检验批，不足 500m^2 也应划分为一个检验批。

（2）相同材料、工艺和施工条件的室内抹灰工程，每 50 个自然间（大面积房间和走廊按抹灰面积 30m^2 为一间）应划分为一个检验批，不足 50 间也应划分为一个检验批。

（二）检查数量应符合下列规定

（1）室内每个检验批应至少抽查 10%，并不得少于 3 间；不足 3 间时应全数检查。

（2）室外每个检验批每 100m^2 应至少抽查一处，每处不得小于 10m^2。

二、一般抹灰工程

一般抹灰工程质量验收内容适用于石灰砂浆、水泥砂浆、水泥混合砂浆、聚合物水泥砂浆和麻刀石灰、纸筋石灰、石膏灰等一般抹灰工程。

一般抹灰工程分为普通抹灰和高级抹灰，当设计无要求时按普通抹灰验收。

（一）主控项目

（1）抹灰前基层表面的尘土、污垢、油渍等应清除干净，并应洒水润湿。

检验方法：检查施工记录。

（2）一般抹灰所用材料的品种和性能应符合设计要求。水泥的凝结时间和安定性复验应合格。砂浆的配合比应符合设计要求。

检验方法：检查产品合格证书、进场验收记录、复验报告和施工记录。

（3）抹灰工程应分层进行。当抹灰总厚度≥35mm 时，应采取加强措施。不同材料基体交接处表面的抹灰，应采取防止开裂的加强措施。当采取加强网时，加强网与各基体的搭接宽度应不小于 100mm。

检验方法：检查隐蔽工程验收记录和施工记录。

(4) 抹灰层与基层之间及各抹灰层之间必须黏结牢固，抹灰层应无脱层、空鼓，面层应无爆灰和裂缝。

检验方法：观察；用小锤轻击检查；检查施工记录。

(二) 一般项目

(1) 一般抹灰工程的表面质量要求：

1) 普通抹灰表面应光滑、洁净、接槎平整，分格缝应清晰。

2) 高级抹灰表面应光滑、洁净、颜色均匀、无抹纹，分格缝和灰线应清晰美观。

检验方法：观察；手摸检查。

(2) 护角、孔洞、槽、盒周围的抹灰表面应整齐、光滑；管道后面的抹灰表面应平整。

检验方法：观察。

(3) 抹灰层的总厚度应符合设计要求；水泥砂浆不得抹在石灰砂浆层上；罩面石膏灰不得抹在水泥砂浆层上。

检验方法：检查施工记录。

(4) 抹灰分格缝的设置应符合设计要求，宽度和深度应均匀，表面应光滑，棱角应整齐。

检验方法：观察；尺量检查。

(5) 有排水要求的部位应做滴水线（槽）。滴水线（槽）应整齐顺直，滴水线应内高外低，滴水槽的宽度和深度均应≥10mm。

检验方法：观察；尺量检查。

(6) 一般抹灰工程质量的允许偏差和检验方法：允许偏差应符合表1-8的规定。

表1-8　一般抹灰的允许偏差和检验方法（GB 50210—2001）

项次	项　　目	允许偏差（mm）		检　验　方　法
		普通抹灰	高级抹灰	
1	立面垂直度	4	3	用2m垂直检测尺检查
2	表面平整度	4	3	用2m靠尺和塞尺检查
3	阴阳角方正	4	3	用直角检测尺检查
4	分格条（缝）直线度	4	3	拉5m线，不足5m拉通线，用钢直尺检查
5	墙裙、勒脚上口直线度	4	3	拉5m线，不足5m拉通线，用钢直尺检查

注 1. 普通抹灰，本表第3项阴角方正不检查。
2. 顶棚抹灰，本表第2项表面平整度可不检查，但应平顺。

三、装饰抹灰工程

装饰抹灰工程质量验收内容适用于水刷石、斩假石、干粘石、假面砖等装饰抹灰工程。

(一) 主控项目

(1) 抹灰前基层表面的尘土、污垢、油渍等应清除干净，并应洒水润湿。

检验方法：检查施工记录。

(2) 装饰抹灰工程所用材料的品种和性能应符合设计要求。水泥的凝结时间和安定性复验应合格。砂浆的配合比应符合设计要求。

检验方法：检查产品合格证书、进场验收记录、复验报告和施工记录。

(3) 抹灰工程应分层进行。当抹灰总厚度大于或等于35mm时，应采取加强措施。不同材料基体交接处表面的抹灰，应采取防止开裂的加强措施；当采取加强网时，加强网与各基体的搭接宽度不应小于100mm。

检验方法：检查隐蔽工程验收记录和施工记录。

（4）各抹灰层之间及抹灰层与基体之间必须黏结牢固，抹灰层应无脱层、空鼓和裂缝。

检验方法：观察；用小锤轻击检查；检查施工记录。

（二）一般项目

（1）装饰抹灰工程的表面质量规定：

1）水刷石表面应石粒清晰、分布均匀、紧密平整、色泽一致，应无掉粒和接槎痕迹。

2）斩假石表面剁纹应均匀顺直、深浅一致，应无漏剁处；阳角处应横剁并留出宽窄一致的不剁边条，棱角应无损坏。

3）干粘石表面应色泽一致、不露浆、不漏粘，石粒应黏结牢固、分布均匀，阳角处应无明显黑边。

4）假面砖表面应平整、沟纹清晰、留缝整齐、色泽一致，应无掉角、脱皮、起砂等缺陷。

检验方法：观察；手摸检查。

（2）装饰抹灰分格条（缝）的设置应符合设计要求，宽度和深度应均匀，表面应平整光滑，棱角应整齐。

检验方法：观察。

（3）有排水要求的部位应做滴水线（槽）。滴水线（槽）应整齐顺直，滴水线应内高外低，滴水槽的宽度和深度均不应小于10mm。

检验方法 ：观察；尺量检查。

（4）装饰抹灰工程质量的允许偏差和检验方法应符合表1-9的规定。

四、清水砌体勾缝工程

清水砌体勾缝工程质量验收内容适用于清水砌体砂浆勾缝和原浆勾缝工程。

（一）主控项目

（1）清水砌体勾缝所用水泥的凝结时间和安定性复验应合格。砂浆的配合比应符合设计要求。

表1-9　装饰抹灰的允许偏差和检验方法（GB 50210—2001）

项次	项　目	允许偏差（mm）				检验方法
		水刷石	斩假石	干粘石	假面砖	
1	立面垂直度	5	4	5	5	用2m垂直检测尺检查
2	表面平整度	3	3	5	4	用2m靠尺和塞尺检查
3	阴阳角方正	3	3	4	4	用直角检测尺检查
4	分格条（缝）直线度	3	3	3	3	拉5m线，不足5m拉通线，用钢直尺检查
5	墙裙、勒脚上口直线度	3	3	—	—	拉5m线，不足5m拉通线，用钢直尺检查

检验方法：检查复验报告和施工记录。

（2）清水砌体勾缝应无漏勾。勾缝材料应黏结牢固、无开裂。

检验方法：观察。

（二）一般项目

（1）清水砌体勾缝应横平竖直，交接处应平顺，宽度和深度应均匀，表面应压实抹平。

检验方法：观察；尺量检查。

（2）灰缝应颜色一致，砌体表面应洁净。

检验方法：观察。

思考练习题

1-1　抹灰工程的施工准备工作有哪些？

1-2　抹灰饰面分为几类？各类都包括什么做法？

1-3　一般抹灰各层的作用是什么？各层的厚度一般为多少？砂浆厚度与什么因素有关？

1-4　中级抹灰有哪几个主要施工步骤？与高级抹灰做法上和质量要求上有什么区别？

1-5　内墙抹灰找规矩的意义是什么？试述其步骤。

1-6　一般抹灰基层处理有些什么要求？

1-7　装饰抹灰面层主要有哪些种类？试述其主要工艺过程。

1-8　机械喷涂抹灰的工艺流程有哪些？

1-9　水刷石、干粘石做法有什么不同？

1-10　试述外墙喷涂、滚涂、弹涂主要施工工艺过程。

1-11　试述一般抹灰工程质量的允许偏差和检验方法。

第二章　门 窗 安 装 工 程

门窗是贯穿室内外的关键部位，也是装饰工程中的一个重要组成部分。除了门窗安装的位置、大小、开启方向、材质、功能应满足不同的使用要求外，门窗的造型、贴脸线条的材质、形式和门窗洞口镶边框装饰对提高整个装饰效果也至关重要。

普通门窗为木门窗、塑钢门窗、铝合金门窗和钢门窗等。

根据不同的用途可分为普通门窗、隔声门窗、保温门窗、防火门窗、防爆门窗、防射线门窗和屏蔽门窗等。

按结构形式可分为推拉门窗、平开门窗、弹簧门、自动门、卷帘门、转门和折叠门等。

第一节　木 门 窗 安 装

木门窗主要是由框、扇两部分组成。门扇分为实门和木玻璃门两类；实门又分为蒙（胶合）板门和镶板门。木玻璃门分为落地玻璃门和部分玻璃门。

一、木门窗的制作

（一）施工准备

1. 材料准备

（1）木材：

1）木材应采用窑法干燥的木材，含水率应≤12%。当受条件限制时除东北落叶松、云南松、马尾松、桦木等易变形的树种外，可采用气干材料。其制作时的含水率不应大于当地的平均含水率。

2）木门窗及其他细木制品如有允许限值以内的死节及直径较大的虫眼等缺陷时，应用同一树种的木塞加胶填补；对于清油制品，木塞的色泽和木纹应与制品一致。

3）在木门窗及其他细木制品的结合处和安装小五金处，均不得有木节和已填补的木节。

4）木门窗及其他细木制品，应采用变形量小的东北松、花旗松和厚木夹板、细木工板、中密度纤维板等材料。

5）门窗及其他细木制品制成后，应立即刷一层底油（干性油），防止受潮变形。

6）门窗及其他细木制品与砖石砌体、混凝土或抹灰层接触处，埋入砌体或混凝土中的木砖均应进行防腐处理，除木砖外其他接触处应设置防潮层。

（2）胶结剂：潮湿地区，Ⅰ级品应采用耐水的酚醛树脂漆；Ⅱ、Ⅲ级品可采用半耐水的脲醛树脂胶。

2. 主要机具准备

粗细刨、花色刨、手锯、电动锯、机刨、锤、斧、电钻、凿子、墨斗、尺等。

（二）施工方法

1. 配料、截料的施工

（1）在配料、截料时，需要特别注意精打细算。配套下料，不得大材小用、长材短用；采用马尾松、木麻黄、桦木、杨木等易腐朽、虫蛀的树种时，整个构件应作防腐、防虫药剂处理。

（2）要合理确定加工余量。宽度和厚度的加工余量，一面刨光者留 3mm，两面刨光者留 5mm。长度在 500mm 以下的构件，加工余量可留 30～40mm。

（3）门窗框料有顺弯时，其弯度一般不应超过 4mm。扭弯者一般不准使用。

（4）青皮、倒楞若在正面，且裁口时能裁完者，方可使用。青皮、倒楞者在背面，且超过木料厚的 1/6 和长的 1/5 ，一般不准使用。

2. 门窗框、扇画线施工

（1）画线前应检查已刨好的木料。检查合格后，应将料放到画线机或画线架上，准备画线。

（2）画线时应仔细看清图纸要求与样板样式、尺寸、规格必须完全一致，并先做样品，经审查合格后再正式画线。

（3）画线时要选光面作为表面，有缺陷的放在背后，画出的榫、眼、厚、薄、宽、窄尺寸必须一致。

（4）用画线刀或线勒子画线时须用钝刃，避免画线过深，影响质量和美观。画好的线，最粗不得超过 0.3mm，务求均匀、清晰。不用的线要立即废除，避免混淆。

（5）画线顺序，应先画外皮横线，再画分格线，最后画顺线，同时用方尺画两端头线、冒头线、棂子线等。

（6）门窗框及厚度＞50mm 的门窗扇应采用双夹榫连接。冒头料宽度＞180mm 时，一般画上下双榫。榫眼厚度一般为料厚的 1/5～1/3；中冒头大面宽度＞100mm 者，榫头必须大进小出。门窗棂子榫头厚度应为料厚的 1/3。半榫眼深度一般≤料宽度的 1/3，冒头拉肩应和榫吻合。

（7）门窗框的宽度超过 120mm 时，背面应推凹槽，以防卷曲。

3. 钻孔

（1）钻孔的凿刀应和孔的宽窄一致，凿出的孔，顺木纹两侧要直，不得错岔。

（2）钻通孔时，应先钻背面，后钻正面。凿眼时，孔的一边线要凿半线、留半线。手工凿孔时，孔内上下端中部宜稍微突出些，以便拼装时加楔打紧，半孔深度应一致，并比半榫深 2mm。

（3）成批生产时，要经常核对、查孔的位置尺寸，以免产生误差。

4. 拉肩、开榫

（1）拉肩、开榫要留半个墨线。拉出的肩和榫要平、正、直、方、光，不得变形。

（2）开出的榫要与孔的宽、窄、厚、薄一致，并在加楔处锯出楔子口。半榫的长度要比孔的深度短 2mm。拉肩不得伤榫。

5. 裁口、起线

（1）起线刨、裁口刨的刨底应平直，刨刃盖要严密，刨口不宜过大，刨刃要锋利。

（2）起线刨使用时应加导板，以使线条平直，操作时应一次推完线条。

（3）裁口遇有节疤时，不准用斧砍，要用凿剔平然后刨光；阴角处不清时要用单线刨清理。

（4）裁口、起线必须方正、平直、光滑，线条清秀，深浅一致，不得戗槎、起刺或凹凸不平。

6. 门窗拼装成形

（1）拼装前对部件应进行检查。要求部件方正、平直，线脚整齐分明，表面光滑，尺寸、规格、式样符合设计要求，并用细刨将遗留墨线刨去、刨光。

（2）拼装时，下面用木楞垫平，放好各部件，榫眼对正，用斧轻轻敲击打入。

（3）所有榫关闭均需加楔。楔宽和榫宽一样，一般门窗框每个榫加两全楔，木楔打入前应粘胶鳔。

（4）紧榫时应用木垫板，并注意随紧随找平、随规方。

（5）窗扇拼装完毕，构件的裁口应在同一平面上。镶门芯板的凹槽深度应保证镶入后尚余 2～3mm 的间隙。

（6）制作胶合板门（包括纤维板门）时，边框和横楞必须在同一平面上，面层与边框及横楞应加压胶结；应在横楞和上、下冒头各钻两个以上的透气孔，以防受潮脱胶或起鼓。

（7）普通双扇门窗，刨光后应平放，刻刮错口（打迭），刨平后成对作记号。

（8）门窗框靠墙面应刷防腐涂料。

（9）拼装好的成品，应在明显处编写号码，用楞木四角垫起，离地 200～30mm，水平放置，加以覆盖。

二、木门窗安装

（一）木门窗安装的作业条件

（1）结构工程已完成并经验收合格。

（2）室内墙面已弹好 500mm 水平线。

（3）门窗框、扇在安装前应检查窜角、翘扭、弯曲、劈裂、崩缺、榫槽间结合处无松离，如有问题，应进行修理。

（4）门窗框进场后，应将靠墙的一面涂刷防腐涂料，刷后分类码放。

（5）准备安装木门窗的砖墙洞口已按要求预埋防腐木砖，木砖中心距不大于 1200m 并应满足每边不少于 2 块木砖的要求；单砖或轻质砌体应砌入带木砖的预制混凝土块。

（6）砖墙洞口安装带贴脸的木门窗，为使门窗框与抹灰面平齐，应在安框前做出抹灰标筋。

（7）门窗框安装在室内、外抹灰前进行；门窗扇安装应在饰面完成后进行。

（二）木门窗框的安装

1. 先立门窗框（立口法）

（1）立门窗框前须对成品加以检查，进行校正规方，钉好斜拉条（不得小于 2 根），无下坎的门框应加钉水平拉条，以防在运输和安装过程中变形。

（2）立门窗框前要事先准备好撑杆、木橛子、木砖或倒刺钉，并在门窗框上钉好护角条。

（3）立门窗框前要看清门窗框在施工图上的位置、标高、型号，窗框规格和门扇开启方向，门窗框是里平、外平或是立在墙中等，按图立口。

（4）立门窗框时要注意拉通线，撑杆下端要固定在木橛子上。

(5) 立框子时要用线锤找直吊正，并在砌筑砖墙时随时检查有否倾斜或移动。

2. 后塞门窗框（塞口法）

(1) 立后塞门窗框前，要预先检查门窗洞口的尺寸、垂直度及木砖数量，如有问题，应事先修理好。

(2) 门窗框应用钉子固定在墙内的预埋木砖上，每边的固定点应不小于两处，其间距应不大于1.2m。

(3) 在预留门窗洞口的同时，应留出门窗框走头（门窗框上、下坎两端伸出口外部分）的缺口，在门窗框调整就位后，封砌缺口。当受条件限制，门窗框不能留走头时，应采取可靠措施将门窗框固定在墙内木砖上。

(4) 后塞门窗框时需注意水平线要直。多层建筑的门窗在墙中的位置，应在一直线上。安装时，横竖均拉通线。当门窗框的一面需镶贴脸板，则门窗框应凸出墙面，凸出的厚度等于抹灰层的厚度。

(5) 寒冷地区门窗框与外墙间的空隙，应填塞保温材料。

（三）木门窗扇的安装

(1) 安装前应检查门窗扇的型号、规格、质量是否合乎要求，如发现问题应事先修好或更换。

(2) 安装前应先量好门窗框的高低、宽窄尺寸，然后在相应的扇边上画出高低宽窄的线。双扇门要打迭（自由门除外），先在中间缝处画出中线，再画出边线，并保证梃宽一致，上下冒头处要画线刨直。

(3) 画好高低、宽窄线后，用粗刨刨去线外部分，再用细刨刨至光滑平直，使其合乎设计尺寸要求。

(4) 将扇放入框中试装合格后，按扇高的1/8～1/10，在框上按合页大小画线，并剔出合页槽，槽深一定要与合页厚度相适应，槽底要平。

(5) 门窗扇安装的留缝宽度，应符合有关标准的规定。

（四）木门窗小五金的安装

(1) 有木节处或已填补的木节处，均不得安装小五金。

(2) 安装合页、插销、L铁、T铁等小五金时，先用锤将木螺钉打入长度的1/3，然后用改锥将木螺钉拧紧、拧平，不得歪扭、倾斜。严禁将木螺钉全部打入。采用硬木时，应先钻2/3深度的孔，孔径为木螺钉直径的0.9倍，然后再将木螺钉由孔中拧入。

(3) 合页距门窗上、下端宜取立梃高度的1/10，并避开上、下冒头。安装后应开关灵活。门窗拉手应位于门窗高度中点以下，窗拉手距地面高度以1.5～1.6m为宜，门拉手距地面高度以0.9～1.05m为宜，门拉手应里外一致。

(4) 门锁不宜安装在中冒头与立梃的结合处，以防伤榫。门锁位置一般宜高出地面90～95cm。

(5) 门窗扇嵌L铁、T铁时应隐蔽，作凹槽，安装完后应低于表面1mm左右。门窗扇为外开时，L铁、T铁应安在内面；内开时，应安在外面。

(6) 上、下插销要安在梃宽的中间，如采用暗插销，则应在外梃上剔槽。

第二节 铝合金门窗安装

铝合金门窗材料是经过挤压成型和经过表面处理制成的铝合金材料，然后再与连接件、密封件、开闭五金件一起装配而成。各种门窗型材的壁厚、重量、刚度略有差别，但它们都具有质轻、物理性能好、色彩美观、便于组装、使用中变形小等特点。铝合金门窗根据用料可分为38、42、50、54、60、64、70、78、80、90和100系列等。

一、施工准备

（一）材料准备

各种必需的材料有铝合金型材、门锁、不锈钢螺钉、铝制拉铆钉、连接铁板、地弹簧、玻璃、尼龙毛条、压条、橡皮条、玻璃胶、木楔子等。

型材表面质量应满足下列要求：

（1）型材表面应清洁、无裂纹、起皮和腐蚀现象，装饰面不允许有气泡。

（2）普通精度型材装饰面上若有碰伤、擦伤和划伤，其深度应≤0.2mm；由模具造成的纵向挤压痕深度应≤0.1mm。对于高精度型材的表面缺陷深度，装饰面应≤0.1mm。

（3）型材经表面处理后，其氧化膜厚度应>10μm，并着银白色、金黄色、青铜色、古铜色和黄黑色等颜色，色泽应均匀一致。其面层不允许有腐蚀斑点和氧化膜脱落等缺陷。

选用的附件，除不锈钢外，应做防腐处理，以防止与铝合金型材发生接触腐蚀。

（二）机具准备

应准备的机具有曲线锯、切割机、手电钻、射钉枪、拉铆枪、扳手、半步扳手、角尺、吊线锤、灰线袋、打胶筒、锤子、水平尺、玻璃吸手、螺丝刀、锉刀等。

（三）作业条件

（1）安装时间：铝合金门窗框的安装，应在主体结构基本结束后进行；铝合金门窗扇的安装，宜在室内外装饰基本结束后进行，以免土建施工时将其破坏。

（2）门窗洞口质量检查：由于门窗框采用后塞法施工，因此铝合金门窗安装前应对洞口进行检查，要求实际洞口尺寸稍大于门窗框尺寸，其差值视采用不同装饰材料而有所区别。在一般情况下，门窗洞口尺寸应符合表2-1的规定。

表2-1 门窗洞口尺寸

墙面装饰类型	宽 度（mm）	高 度（mm）	
一般粉刷面	门窗框宽度+50	窗框高度+50	门框高度+25
玻璃马赛克贴面	+60	+60	+30
大理石贴面	+80	+80	+40

门窗洞口的尺寸允许偏差：宽度和高度为±5mm；对角线长度为±5mm；洞口下口面水平标高为±5mm；垂直度偏差为1.5/1000；洞口中心线与建筑物基准轴线偏差为±5mm。

此外，有预埋件的门窗洞口，还应检查预埋件的数量、位置以及埋设方法是否符合设计要求，如有问题应及时处理。图2-1所示为铝合金门窗安装节点及缝隙处理示意图。

（3）检查铝合金门窗框、扇质量：应检查门窗框、扇的尺寸是否符合设计要求，有无变形和扭曲，并检查方正。

（4）检查各种配件：应检查各种配件的数量、品种、规格是否符合施工要求。

二、铝合金门的制作与安装

（一）门扇制作

1. 选料下料

选料时要求考虑表面色彩、料型、壁厚等因素，以保证足够的刚度、强度和装饰性。每一种铝合金型材都有其特点和使用部位，如推拉、平开、自动门等所采用的型材规格各不相同。确认门窗的材料及其使用部位后，要按设计尺寸进行下料。门扇下料时，要在门洞口尺寸中减掉安装缝隙的尺寸、门框尺寸，其余按扇数均分调整大小；要先计算，画简图，然后再按图下料。下料原则是：竖梃通长满门扇高度尺寸，横档截断，即按门扇宽度减去两个竖梃宽度。切割时，要将切割机安装合金锯片，严格按下料尺寸切割。

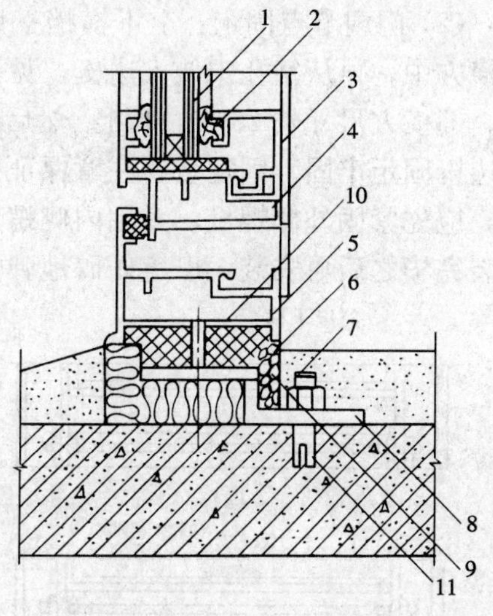

图 2-1 铝合金门窗安装节点及缝隙处理示意图

1—玻璃；2—橡胶条；3—压条；4—内扇；5—外框；6—密封膏；7—砂浆；8—地脚；9—软填料；10—塑料垫；11—膨胀螺栓

推拉门参照推拉窗组装方法进行施工。下面以地弹门为例说明其做法。地弹门门框料多选用76mm×44mm、100mm×44mm 的扁方管铝合金型材，门扇料多选用 46 系列铝合金型材。图 2-2 所示是 46 系列铝合金地弹门的装配图，下面先按图所示，说明门扇制作方法。

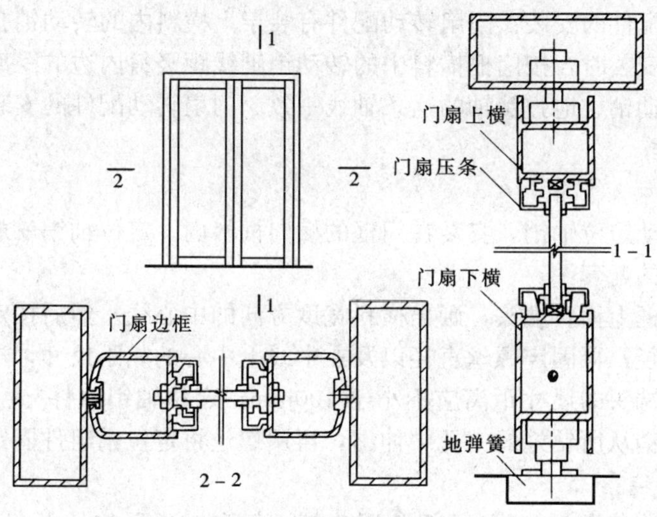

图 2-2 46 系列铝合金地弹门装配图

2. 门扇制作

（1）竖梃钻孔：在竖梃上拟安装横档部位内侧用手电钻钻孔，用来安装钢筋螺栓，具体可见图 2-3，孔径略大于钢筋直径。角铝连接部位靠上或靠下，视角铝规格而定。角铝规格可用 22mm×22mm，钻孔可在上下 10mm 处，钻孔直径小于自攻螺丝。两边梃的钻孔部位应一致，否则将使横档不平。

（2）门扇节点固定：上下横档一般用套螺纹的钢筋螺栓来固定。先将钢筋螺栓穿在上、下横方中，再从钻孔中伸入边梃，见图 2-3（b）。一般的，钢筋螺栓长度只要比门扇内边尺寸，即横方尺寸长 25mm 即可。然后用半步扳手将螺母拧紧，这样就可以将上下横方与两个边梃固定牢固。固定量要注意保证横方与边梃的垂直。下横方若按图 2-3（a）所示，固定时，应先紧固外侧螺母，并用内侧螺母进行锁紧。要注意钢筋螺栓应在地弹簧连杆与下横方安装完毕之后再安装，以免妨碍地弹簧连杆与地弹簧座的对接。

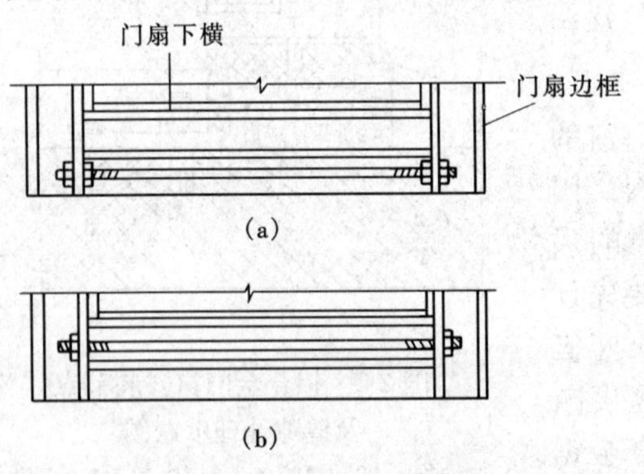

图 2-3　门扇下横料安装
（a）下横方钢筋螺栓内外螺母固定法；
（b）上、下横方钢筋螺栓外螺母固定法

中横方可直接通过角铝来固定。从角铝上切割下一小段角铝即为铝角码，其长度应稍小于横方型材内的净宽。在门扇所有节点固定前，应先用一小段与中冒头型材横截面相同的框料作模，将其放在拟安装中冒头的位置处，把铝角码放入模内靠紧，用手电钻把铝角码和边梃一并钻孔，再用自攻螺丝将铝角码固定在边梃上。在安装上、下横方的同时将中冒头套在角铝上，将上、下冒头固定完毕之后，再用电钻将中冒头与铝角码一并钻孔，用自攻螺丝挤紧。

（3）锁孔和拉手安装：在拟安装的门锁部位用手电钻钻孔，再伸入曲线锯切割成锁孔形状。在门边梃上，门锁两侧要对正，为了保证安装精度，一般在门扇安装后再安装门锁。

（4）门扇转动配件的安装：门扇转动配件有装于上横料内的转动销孔组件和装于下横料内的地弹簧连杆。安装时，按门框横料中的转动销轴线距竖料内边的距离给这两个门扇转动件定位，使其与转动销、地弹簧轴的这条轴线一致。门扇转动配件的安装见图 2-2。

（二）门框制作

1. 安装门扇转动定位销

门扇的上部转动定位轴销，安装在门框的横向框料内。定位轴销就放在地弹簧的同一包装盒内，是地弹簧的配套件。

安装时先在门框上横料端头，画出横料宽度方向的中心线。然后按定位销组件上的定位销直径调整螺丝直径，再固定螺丝直径以及在中线上中心的相距尺寸，进行划线钻孔。定位销的轴心线距横杆端头的尺寸距离应不小于 100mm，定位轴销组件与门框上横料用螺丝进行固定。先把定位销从所钻好的销孔中伸出，再用螺丝将定位销组件固定在门框上横料内。

2. 门框钻孔组装

门框横竖料的连接用 3mm 厚的铝角码连接，每个铝角码的长度按框料内截面尺寸定。在安装门的上框和中框部位的边框上，钻孔安装铝角码，其位置必须准确，以保证横竖框料的垂直度。然后将中、上横框套在角铝上，用手电钻钻孔后再用自攻螺丝固定。

3. 设连接件

在门框上，左右设扁铁连接件。连接件与门框可用自攻螺丝或铆钉来固定，安装间距为 150～200mm，视门料情况和与墙体的间距而定。扁铁做成平的或“π”字形的，它与墙体的连接方法有很多种。

（三）铝合金门安装

1. 弹安装准线

根据图纸和建筑提供的洞口中心线和水平标高，在门洞口墙体上弹出门框安装位置线，同一层楼水平标高误差应不大于±2.5mm，各洞口中心线从顶层到底层偏差应不大于±5mm。周边安装缝应满足装饰要求，一般应不小于20mm。

2. 门框就位

（1）铝框上若有保护胶膜，安装前后不应撕掉或损坏。

（2）框子应安装在洞口的安装线上，正、侧面垂直度、水平度和对角线调整合格后，用对拔楔临时固定。木楔应垫在边、横框能受力的部位，以防框子被挤压变形。

（3）组合门窗框应先按设计要求进行预拼装，然后按先安装通长拼樘料、后安装分段拼樘料、最后安装基本门框的顺序进行。门框横向及竖向组合应采用套插。搭接应形成曲面组合，搭接量一般应不小于8mm，以避免因门冷热伸缩和建筑物变形而引起的门与门之间的裂缝。缝隙应用密封胶条密封。

（4）组合门框拼樘料如需加强时，其加固型材应经防锈处理，连接部位应采用镀锌螺钉，如图2-4所示。

（5）若门框采用明螺丝连接，应用与门同颜色的密封材料将其掩埋密封。

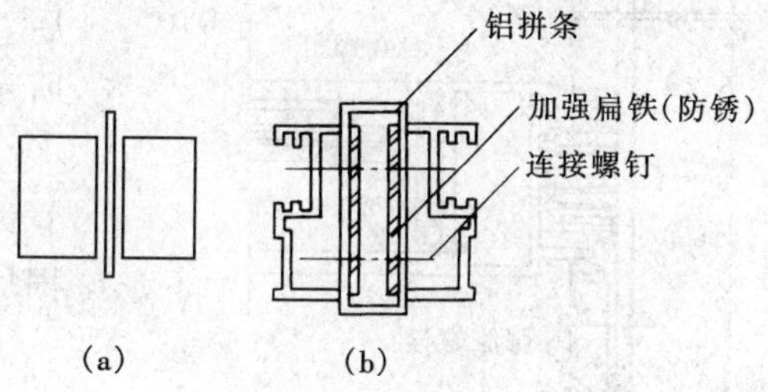

图2-4 组合门框拼樘料加强示意图

(a) 组合简图；(b) 组合门拼樘料加强

3. 门框固定

（1）当洞口系预埋铁件，安装门框时铝框上的镀锌铁脚可直接用电焊焊牢于预埋件上。焊接操作时，严禁在铝框上接地打火，并应用石棉布保护好铝框，且在施焊过的镀锌铁脚上涂上防锈漆。

如洞口墙体已预留槽口，可将铝框上的连接铁脚埋入槽内，用C25级细石混凝土或1∶2水泥砂浆浇填密实。

（2）当门洞口为混凝土墙体但未预埋铁件或预留槽口时，其门框连接铁件可用射钉枪射入$\phi4\sim\phi5$mm射钉紧固，如图2-5所示。经过镀锌处理的连接铁件应事先用镀锌螺钉铆固在铝框上。

如门洞口墙体为砖砌结构，应用冲击电钻钻入不小于$\phi10$mm的深孔，并用膨胀螺栓紧固连接件，如图2-6所示。但不宜采用射钉连接。

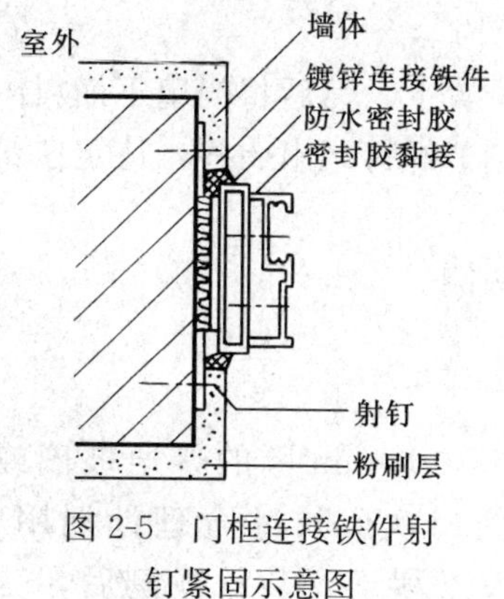

图2-5 门框连接铁件射钉紧固示意图

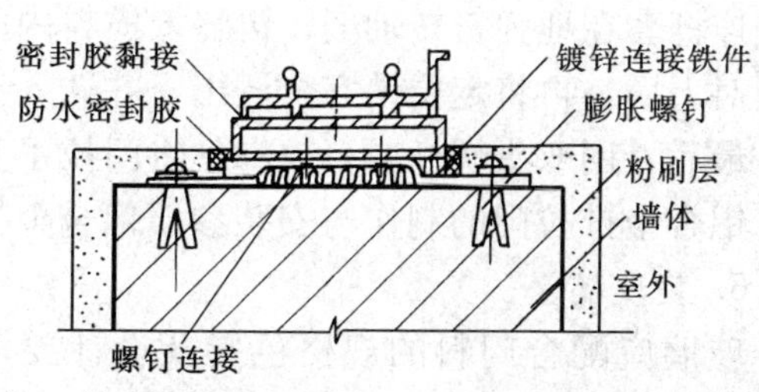

图2-6 膨胀螺栓紧固连接件

（3）地弹簧安装，采用地面预留洞口。门扇与地弹簧安装尺寸调整后，应浇筑C25级细石混凝土固定。

（4）铝门框埋入地面以下深度应为20～50mm。

（5）组合门框间立柱的上下端应各嵌入框底的墙体（或梁）内25mm以上。转角处的主柱其嵌固长度应在35mm以上。

（6）门框连接件采用射钉、膨胀螺栓、钢钉等紧固时，其紧固体离墙（或梁、柱）边缘不得小于50mm，且应错开墙体缝隙，以防紧固失效。

4. 填缝与清洗

（1）门框与洞口墙体应采用弹性连接。门框固定好后，复查平整垂直度，框周缝隙宽度宜在20mm以上。缝隙内应分层填入矿棉或玻璃毡条等软质填料（或填以聚氨酯发泡剂，使其不渗水且尺寸稳定性好）。拔去木楔，进行洞口四周抹灰饰面，框边须留5～8mm深的槽口，待粉刷干燥后，清除浮灰、渣土，嵌填防水密封胶，如图2-7所示。

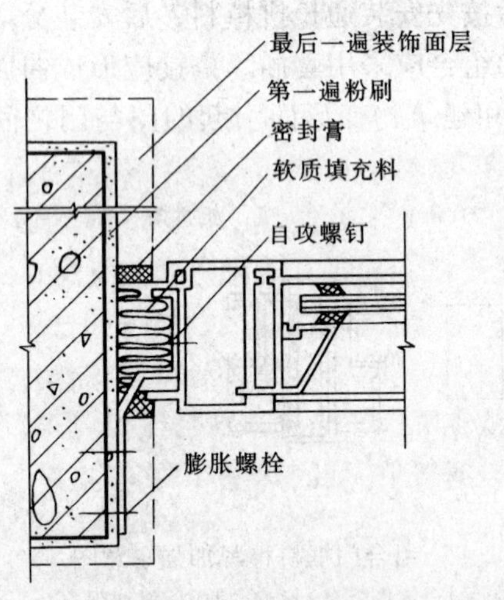

图2-7　铝门框填缝

（2）铝门框上如沾上水泥浆或其他污染物，应立即用软布清洗干净；切忌用金属工具刮洗，以防损坏其表面涂膜层。

5. 装扇

扇与框是按照同一站洞口尺寸制作的，一般情况下都能安装上，但要求周边严密、开闭灵活。所以门扇的制作最好是在门框制作安装完毕之后进行。

固定门可不另做扇，而是在靠地面处竖框之间安装踢脚板或下框料，在两侧及上部用安装固定玻璃的铝型材料直接将玻璃固定好。

活动门扇的安装应先在门框上横料内安装上转动定位轴销。地弹簧座的安装一般是在地面上凿坑或留坑，将地弹簧座放入凹坑中用水泥浆或C25细石混凝土灌实，然后抹贴坑口面层。地弹簧埋设后其表面要与地面平齐。如果安装时地面的饰面层还未做，则地弹簧座上的表面就要按地面标高线来安装固定，这是安装地弹簧时要注意的第一点；第二点要注意的是地弹簧座的转动轴轴线要与门框上横料的定位销轴心线一致；保持一致的方法是吊垂线，吊锤的尖端要正好指在地弹簧轴的中心点上。

安装门扇时，要把地弹簧的转轴用扳手拧至门扇开启的位置上，然后将门扇下横料内地弹簧连杆套在地弹簧转轴上，再将上横料内的转动定位销用调节螺钉调出一些，待定位销孔与锁对上后，再将定位销完全调出，并插入定位销孔中。

最后，用双头螺杆或自攻螺丝将门拉手安装在门扇边框两侧。

铝合金推拉门的制作与安装参照铝合金推拉窗的安装。

6. 装玻璃

玻璃应配合门料的规格色彩及设计要求选用。在安装5～10mm厚的普通玻璃或彩色玻璃及10～22mm厚的中空玻璃时。首先要按照门的内口实际尺寸合理计划用料，尽量少产生边角废料。裁割前，可以比实际尺寸少3mm，以利于安装；裁割后，分类堆放，小面积安装可随裁随安。安装时，先撕去门框的保护胶纸，在型材安装玻璃的部位填塞橡胶带，用玻璃吸手安装平板玻璃，前后垫实，使缝隙一致，然后再塞入橡胶条密封。也可用铝压条拧十字圆头螺丝固定，或用专用铝压条卡压固定，参见图 2-8 所示的 90 系列双扇推拉窗装配图。

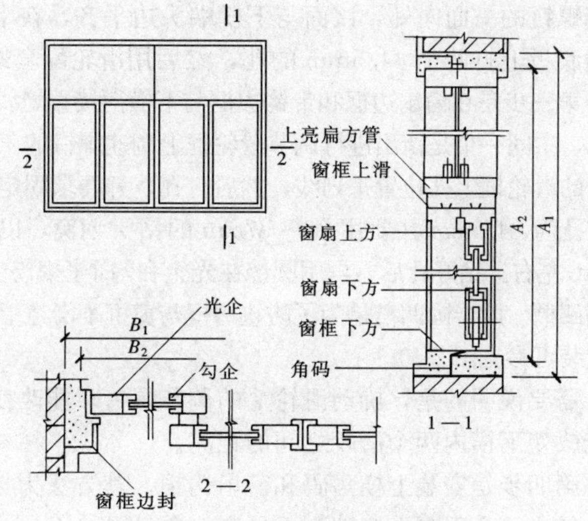

图 2-8　90 系列双扇推拉窗装配图

大片玻璃与框扇的接缝处，要用玻璃胶筒打入玻璃胶。在整座门安装好后，要以干净抹布擦洗表面，待清理干净后再交付使用。

三、铝合金窗的制作与安装

（一）铝合金窗扇的制作

1. 按设计选料、下料

在根据设计要求选定用料后，就可以下料了。下料是铝合金窗制作的第一道工序，也是重要的工序。如果下料不准，会造成尺寸误差、组装困难或无法安装。下料误差或下料错误也会造成铝材的浪费。所以下料尺寸必须准确，其误差值应控制在 2mm 范围内。

下料时，用铝合金切割机切割型材，切割机的刀口位置应在划线以外，并留出划线痕迹。

由于窗扇在装配后既要在上、下滑道内滑动，又要进入边封的槽内，通过窗插或窗锁把窗扇锁住。窗扇锁定时，两窗扇的带钩边框之钩边正好相碰，但又要能封口。所以窗扇开料要十分小心，使窗扇与窗框配合恰当。

窗扇的边框光企和带钩边框勾企为同一长度，其长度为窗框边封的长度再减去 45～50mm。

窗扇的上、下横为同一长度，其长度为窗框宽度的一半再加上 5～8mm。

窗框的下料是切割两条边封铝型材和上、下滑道铝型材各一条。两边封的长度等于全窗高减去上亮部分的高度。上、下滑道的长度等于窗框宽度减去两个边封铝型材的厚度。

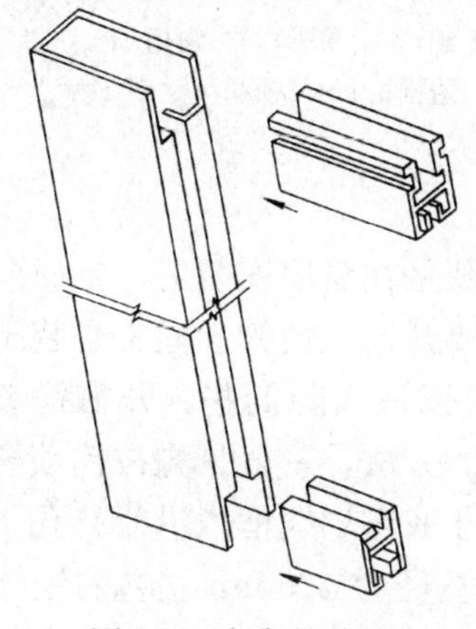
图 2-9　窗扇的连接

窗的上亮通常是用 25.4mm×90mm 的扁方管做成“口”字形。“口”字形的上下两条扁方管长度为窗框的宽度，“口”字形两边的竖扁方管长度为上亮高度减去两个扁方管的厚度。

2. 窗扇组装

第一步，在窗扇组装连接前，先要在窗扇的边框上、下两端处进行切口处理，以便将上、下方插入其切口内进行固定。上端开切 51mm 长，下端开切 76.5mm 长，如图 2-9 所示。

第二步，是在下横的底槽中安装滑轮，每条下横的两端各装一只滑轮。其安装方法如下：

把铝合金窗滑轮放进下横一端的底槽中，使滑轮上有调节螺钉的一面向外，该面与下横端头边平齐，在下横底槽板上划线定位，再按划线位置在下横底板上打两个 $\phi4.5$mm 的孔，然后用滑轮配套螺钉，将滑轮固定在下横内。

第三步是在窗扇边框和带钩边框与下横衔接端划线打孔。共打三个孔，上、下两个是连接固定孔，中间一个是留出进行调节滑轮框上调速螺钉的工艺孔。这三个孔的位置，要根据固定在下横内的滑轮框上孔位置来划线，然后打孔，并要求固定后边框下端要与下横底边平齐。边框下端固定孔为 $\phi4.5$mm 并要用 $\phi6$～$\phi7$mm 的钻头划窝，以便能让固定螺钉与侧面齐平；工艺孔为 $\phi8$mm 左右。钻好孔后，再用圆锉在光企和勾企框固定孔位置下边的中线处，锉出一个 $\phi8$mm 的半圆凹槽。此半圆凹槽是为了防止边框与窗框下滑道上的滑轨相碰撞。窗扇下横与窗扇边框的连接组装可参见图 2-10。

需要说明的是，旋动滑轮上的调节螺钉，能改变滑轮从下横槽中外伸的高低尺寸。而且也能改变下横内两个滑轮之间的距离。

第四步是安装上横角码和窗扇钩锁。其方法为：截取两个铝角码，将角码放入上横的两头，使之一个面与上横端头面平齐，并钻两个孔（角码与上横一并钻通），用 M4 自攻螺钉将角码固定在上横内。再在角码的另一个面上（与上横端头平齐的那个面）的中间钻一个孔。根据此孔的上下左右尺寸位置，在扇的边框和带钩边框上打孔并划窝，以便用螺钉将边框与上横固定。其安装方式见图 2-11。注意所打的孔一定要与自攻螺钉相配，如螺钉是 M4 自攻螺钉，钻孔钻头应为 $\phi3$～$\phi3.2$mm。

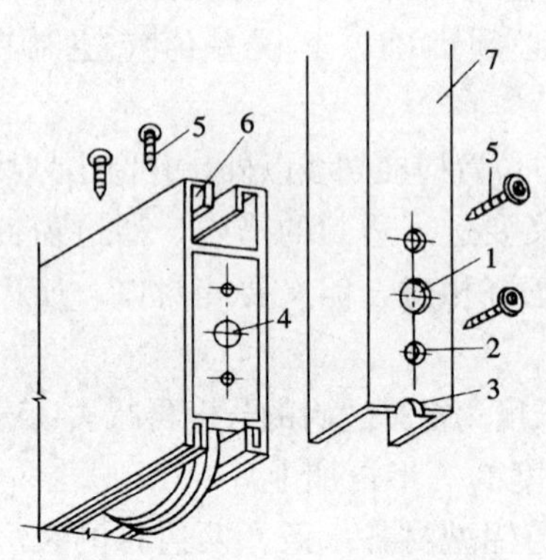

图 2-10 窗扇下横与窗边框的连接组装

1—调节滑道；2—固定孔；3—半圆槽；4—调节螺钉；5—滑轮固定螺钉；6—下横；7—边框

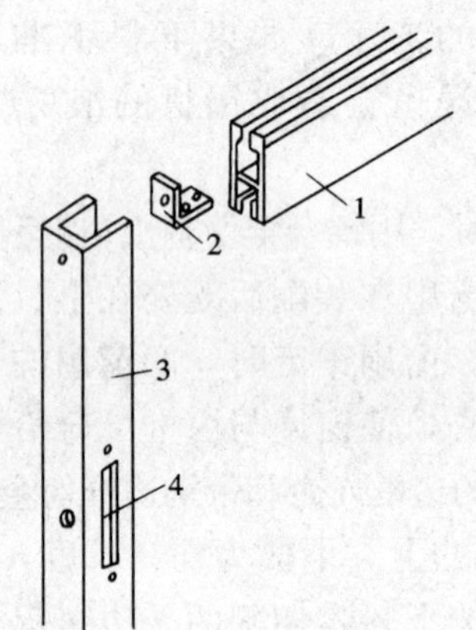

图 2-11 窗扇上横的安装

1—上锁；2—角码；3—窗扇边框；4—窗锁洞

安装窗钩锁前，先要在窗扇边框上开锁口，开口的一面必须是在窗扇安装后，且面向室内的一面。而且窗扇有左右之分，所以开口位置要特别注意不要开错。窗钩锁通常是装于窗扇边框的中间高度，若窗扇高>1.5m，则装窗钩锁的位置也可以适当降低些。开窗钩锁长条形锁口的尺寸，要根据钩锁可装入边框的尺寸来定。开锁口的方法，一般是先按钩锁可装入部分的尺寸，在边框上划线，用手电钻在划线框内的角位打孔或在划线框内沿线打孔。再把多余部分取下，用平锉修平即可。然后在边框侧面再挖一个直径为 $\phi25$mm 左右的锁钩插入孔，孔的位置正对锁内钩之处，最后把锁身放入长方形孔内。通过侧边的锁钩插入孔检查锁内钩是否正对圆插入孔的中心位置上。如果完全对正后，则用手按紧锁身，再用手电钻，通过钩锁上、下两个固定螺钉孔，在窗扇边框的另一面上钻孔，以便用窗锁固定螺钉贯穿边框厚度来固定窗钩锁（见图 2-11）。

第五步是安装密封毛条。窗扇上的密封毛条有两种：一种是长毛条，一种是短毛条。长毛条装于上横顶边的槽内以及下横底边的槽内；而短毛条是装于带钩边框的钩部槽内。另外，窗框边封的凹槽两侧也需装短毛条，可在安装毛条工序中与窗扇毛条一并装好。两种毛条的安装位置见图 2-12。有时短毛条与安装槽会有松脱现象，可用玻璃胶局部贴。为了毛条安装方便，也可在下料前或下料后立即将相应的毛条装上，然后再进行窗扇组装。

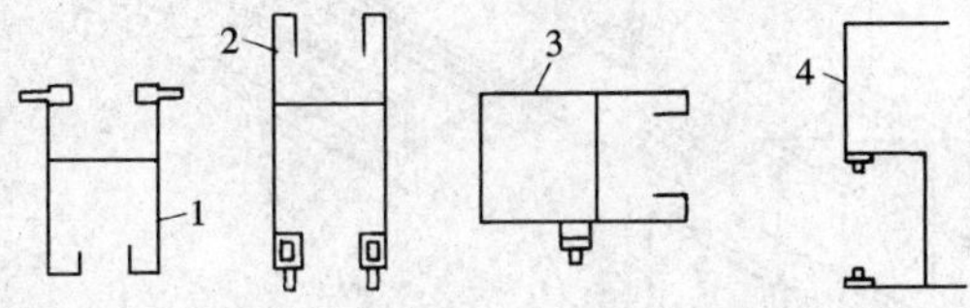

图 2-12　密封毛条的安装位置

1—上横；2—下横；3—带钩边框；4—窗框边封

（二）窗框及上亮的组装

1. 上亮的组装

上亮部分的扁方管型材，通常采用铝角码和自攻螺钉进行连接（见图 2-13）。这种方法既可隐藏连接件，又不影响外表美观，衔接牢固，简单实用。铝角码多采用厚为 2mm 左右的直角铝角条，每个角码需要多长就切割多长。角码的长度最好能同扁方管内宽相符，以免发生接口松动现象。

两条扁方管在用铝角码固定连接时，应先用一小段同规格的扁方管做模子（长 20m 左右）。在横向扁方管上要衔接的部位用模子定好位，将角码放在模子内并用手捏紧，用手电钻将角码与横向扁方管一并钻孔，再用自攻螺钉或抽芯铝铆钉固定（见图2-14）。

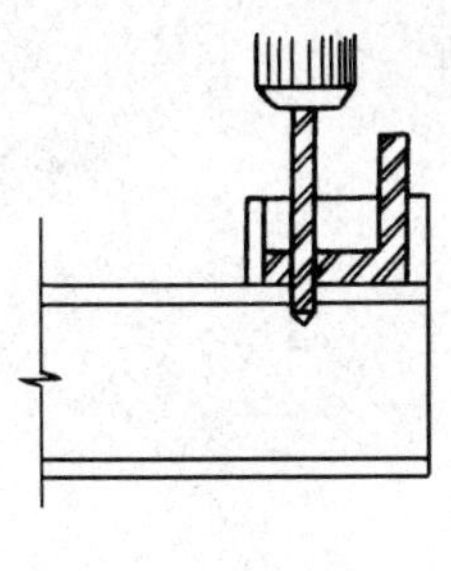
图 2-13　安装前的钻孔方法

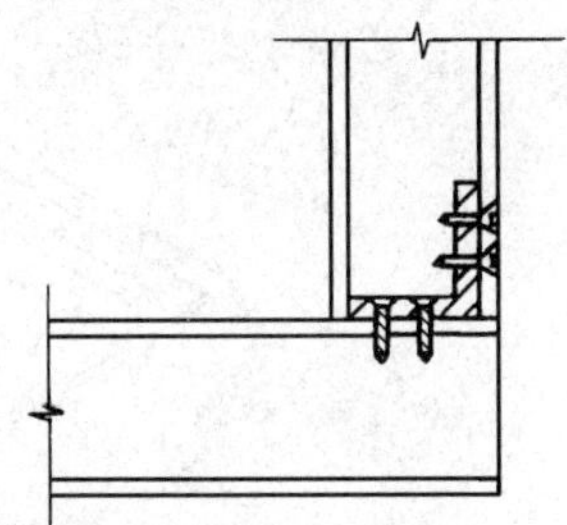
图 2-14　上亮扁方管连接

然后取下模子，再将另一条竖向扁方管放到模子的位置上，在角码的另一个方向上打孔，固定便成。一般角码的每个面上打两个孔就够了。

上亮的铝型材在 4 个角位处衔接固定后，再用截面尺寸为 10mm×10mm 或 12mm×12mm 的铝槽做固定玻璃的压条。安装压条前，先在扁方管的宽度上画出中心线，再按上亮内侧长度切割 4 条铝槽。按上亮内侧高度减去两条铝槽截面高的尺寸，切割 4 条铝槽条。安装压条时，先用自攻螺钉把铝槽紧固在中心线外侧，然后再留出大于玻璃厚度 0.5mm 的距离，安装内侧铝槽，但自攻螺钉先不要上紧，等最后装上玻璃时再固紧。

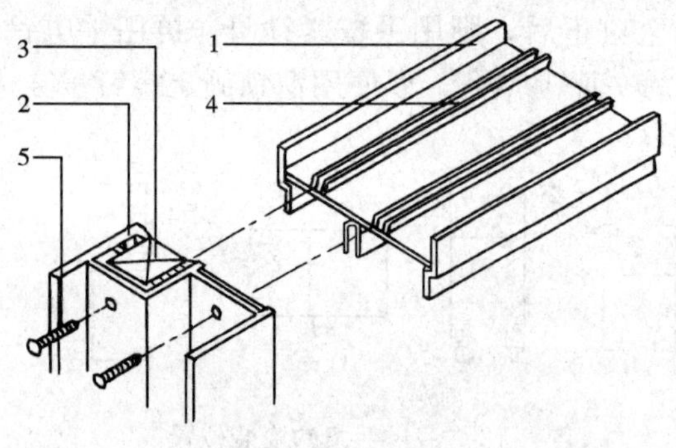

图 2-15 窗框上滑道部分的连接组装

1—上滑道；2—边封；3—碰口胶垫；4—上滑道上的固紧槽；5—自攻螺钉

2. 窗框的组装制作

首先测量出在上滑道上面两条固紧槽孔的距离和高低位置尺寸，然后按这两个尺寸在窗框边封上部衔接处划线打孔，孔径在 ϕ5mm 左右。钻好孔后，用专用的碰口胶垫，放在边封的槽口内，再将 M4×35mm 的自攻螺钉，穿过边封上打出的孔和碰口胶垫上的孔，旋进上滑道上面的固紧槽孔内（见图2-15)。在旋紧螺钉的同时，要注意上滑道与边封对齐，各槽对正，最后再上紧螺钉。然后在边封内装毛条。

按同样方法先测量出下滑道下面的固紧槽孔距、侧边距离和其距上边的高低位置尺寸，然后按这两个尺寸在窗框边封下部衔接处划线打孔，孔径也是 ϕ5mm 左右，钻好孔后，用专用的碰口胶垫放在边封的槽口内，再将 M4×35mm 的自攻螺钉，穿过边封上的孔和碰口胶垫上的孔，旋进下滑道下面的固紧槽孔内（见图 2-16)。注意固定时不要将下滑道的位置装反，下滑道的滑轨面一定要与上滑道相对应才能便于窗扇在上下滑道上滑动，而且要与边框的凹槽位置对应。

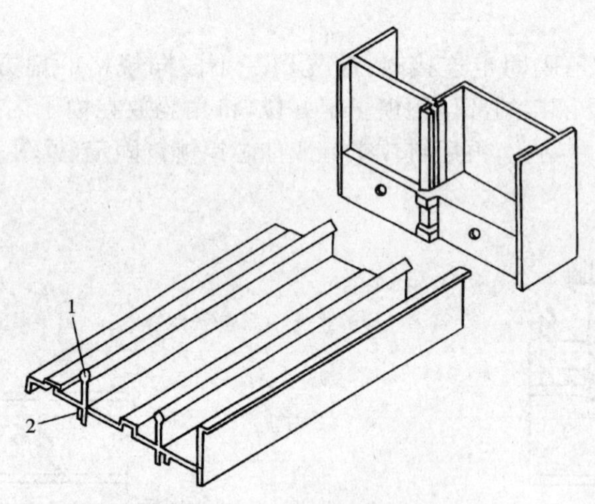

图 2-16 窗框下滑道部分的连接组装

1—下滑道的滑轨；2—下滑道下的固定紧槽孔

窗框的 4 个角衔接起来后，用直角尺测量并校正一个窗框的直角度，最后上紧各角上的衔接自攻螺钉。将校正并紧固好的窗框立放在墙边，防止撞碰。

3. 上亮与窗框的连接

先切两小块 12mm 木块，将其放在窗框上滑道的顶面；再将口字形上亮框放在上滑道的顶面，并将两者前后、左右的边对正。然后从上滑道的下面向上打孔，把两者一并钻通，用自攻螺钉将上滑道与上亮框扁方管连接起来，如图 2-17 所示。

至此，推拉窗的制作才算完毕。

（三）铝合金窗的安装

推拉窗常安装于砖墙中，一般是先将窗框部分安装固定在砖墙窗洞内，再安装窗扇与上亮玻璃。

1. 窗框与砖墙的连接

砖墙的窗洞先用水泥砂浆修平整，窗洞尺寸要比铝合金窗框尺寸大，四周各边均要大25～40mm。

在铝合金窗框上安装角码或木块，每条边上各安装两个。角码需用水泥钉钉固在窗洞墙内，如图2-18所示。

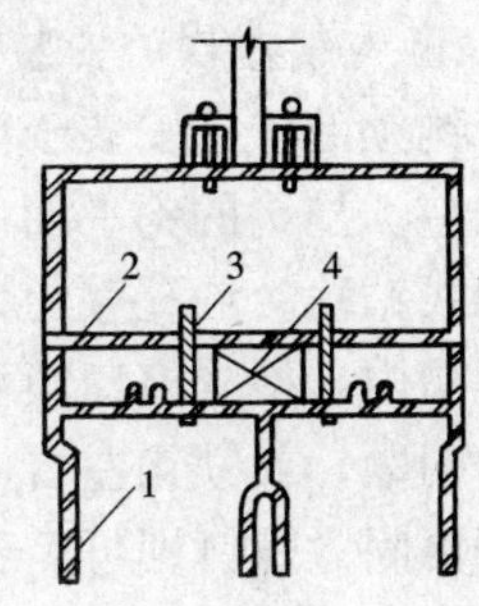

图2-17 上亮与窗框的连接
1—上滑道；2—上亮框扁方管；3—自攻螺钉；4—木垫块

对装入窗洞中的铝合金窗框，进行水平和垂直度校正。校正完毕后用木楔把窗框临时固紧在窗洞中，然后用保护胶带纸，把窗框周边贴好，以防用砂浆在周边塞口时造成铝合金表面受损伤。再按铝合金门安装中的“填缝、清洗”方法进行填缝处理和框面清洗。

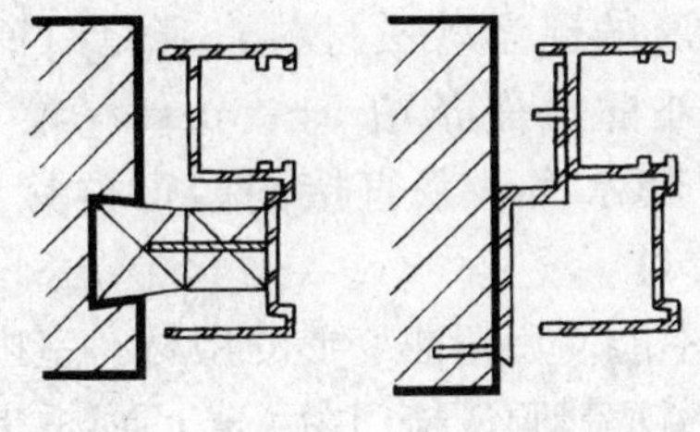
图2-18 窗框与砖墙的连接安装

2. 窗扇的安装

洞口饰面固结后，撕下保护胶带纸，便可进行窗扇的安装。窗扇安装前，应先检查一下窗扇上的各条密封毛条有否少装或脱落。如果有脱落应用玻璃胶或其他橡胶类胶水黏结，然后用螺丝刀拧旋边框侧的滑轮调节螺钉，使滑轮向下横槽内回缩。这样就可托起窗扇，使其顶部插入窗框的上滑道槽中，使滑轮卡在下滑道的滑轮轨道上，然后拧旋滑轮调节螺钉，使滑轮从下横内外伸。外伸量通常以下横内的长毛条刚好能与窗框下滑道面相接触为准，以便使下横上的毛条起到较好的防尘效果，同时使窗扇在滑轨上移动顺畅。

3. 玻璃安装

上亮玻璃的尺寸必须比上亮内框尺寸小5mm左右，玻璃安装后不能与内框相接触。因为玻璃在阳光的照射下，会受热膨胀。如果安装的玻璃与窗框接触，受热膨胀后往往会造成玻璃开裂。

上亮玻璃安装较简单，安装时只要把上亮铝压条取下一侧（内侧），安上玻璃后，再装回上亮扁框上，拧紧螺钉即可。在安装窗扇玻璃时，要先检查玻璃尺寸。通常玻璃尺寸的长宽方向均比窗扇内侧的长宽尺寸大25mm。然后从窗扇一侧将玻璃装入窗扇内侧的槽，并紧固连接好边框。其安装方法如图2-19（a）所示。

最后，在玻璃与窗扇槽之间用塔形橡胶条或玻璃胶密封，见图2-19（b）。

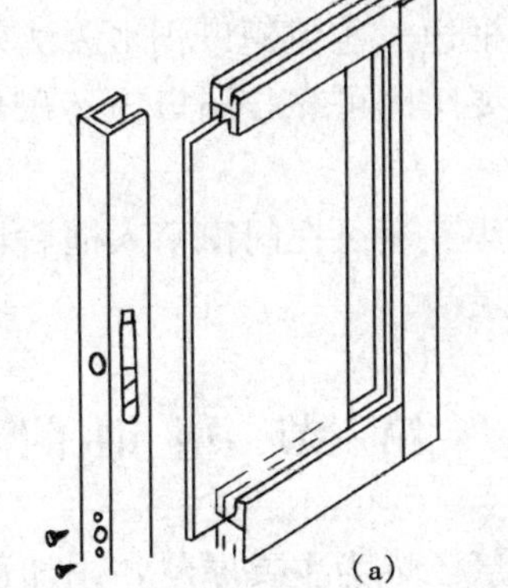

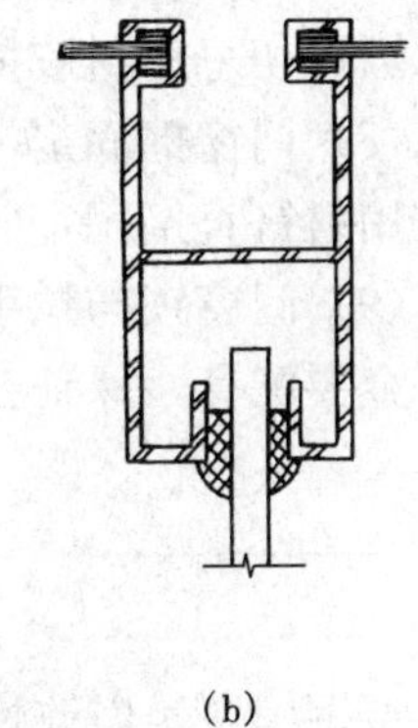

图2-19 玻璃安装
（a）玻璃装入窗扇方法；（b）玻璃与窗扇槽之间用塔形橡胶条或玻璃胶密封大样图

4. 窗钩锁挂钩的安装

窗钩锁的挂钩安装于窗框的边封凹槽内。挂钩的安装位置尺寸要与窗扇上挂钩锁洞的位置相对应。挂钩的钩平面一般可位于锁洞孔的中心线处，根据这个对应位置，在窗框边封凹槽内划线钻孔。钩孔直径为 ϕ4mm，用 M5 的自攻螺钉将锁钩临时固紧，然后移动窗扇到窗框边封槽内，检查窗扇锁可否与锁钩相接而将窗锁定。如果不行，则需检查是否是锁钩位置高低的问题，或锁钩左右偏斜的问题。若是高低问题，则只要将锁钩螺钉拧松，向上或向下调整好再固紧螺钉即可。若是偏斜问题，则需测一下偏斜量，再重新钻孔固定，直至能将窗扇锁定。

（四）铝合金门窗安装要点

（1）注意选用合适的型材系列，减轻重量，降低造价，满足强度、耐腐蚀及密闭性要求。

（2）铝合金门窗的尺寸一定要准确。尤其是框扇之间的尺寸关系，并保证与洞口的安装缝隙。

（3）门窗框四周应为弹性连接，至少应填充 20mm 厚的保温软质材料，避免门窗框四周形成冷热交换区。粉刷门窗套时，应在门窗框内外框边嵌条留 5～8mm 深槽口。槽口内用密封胶嵌填密封，胶体表面应压平、光洁。严禁水泥砂浆直接同门窗框接触，以防腐蚀。

（4）制作框扇的型材表面不能有沾污、碰伤的痕迹，不能使用扭曲变形的型材。室内外粉刷未完成前切勿撕掉门窗框保护胶带。粉刷门窗套时应用塑料膜遮掩门窗。若门窗框上沾上灰浆应及时用软质布抹除，切忌用硬物刨刮。

（5）铝合金门窗安装后要平整方正，安装门窗框时一定要吊锤线和对角卡方。塞缝前，要检查平整垂直度，在塞缝有一定强度后再拔去木楔。安框时，要考虑窗头线（贴脸）及滴水板与框的连接，这些连接部位应在内部和外部装饰前或同时做上。

（6）横向及竖向带形门窗之间的组合杆件必须同相邻门窗套插、搭接，形成曲面组合，其搭接宽度应＞8mm，并用密封胶密封，防止门窗因受冷热和建筑变化而产生裂缝。

（7）推拉窗下框、外框和轨道根应钻排水孔，横竖框相交丝缝注硅酮胶封严。窗台应放流水坡，切忌密封胶掩埋框边，避免槽口积水无法外流。

（8）门窗框固定一定要牢固可靠，洞口为砖砌体时，应用钻孔或凿洞的方法固定铁脚，不宜用射钉直接固定。

（9）门窗锁与拉手等小五金可在门窗扇入框后再组装，这样有利于对正位置。使用的全部五金要配套，保证开闭灵活。

第三节 塑钢门窗安装

塑钢门窗是以改性聚氯乙烯为主要原料，添加适量的助剂和改性剂，经挤压机挤出各种截面的空腹门窗材料。因塑料的变形大、刚度差，一般在空腔内加入型钢，以提高抗弯曲能力。

塑钢门窗具有色泽鲜、抗老化、保温隔热、密封、绝缘、抗冻、耐腐蚀和隔声性能好等优点，而且线条清晰、挺拔、造型美观、表面光洁细腻，所以，塑钢门窗在工程上日益得到广泛的应用。

一、施工准备

（一）材料准备

塑钢门窗框、扇，为工厂制成品，并有各种配件。其他材料有膨胀螺栓、镀锌固定铁件、螺钉、钢钉、密封条、密封膏等。

（二）机具准备

塑钢门窗安装机具主要有冲击钻、锤子、螺丝刀、钢尺、线坠、木楔等。

（三）作业条件准备

同铝合金门窗。

二、塑钢门窗安装方法

（一）抄平放线

为了保证门窗安装位置准确、外观整齐，安装门窗时要抄平放线，先通长拉水平线，用墨线弹在侧壁上。多层楼从顶层洞口找中，吊垂线弹窗中线；单个门窗可现场用线坠吊直。

（二）安装定位

1. 门窗框与墙体的连接

（1）连接件法：先将塑钢门窗放入门窗洞口内，找平对中后用木楔临时固定。然后，将固定在门窗框异型材靠墙一面的锚固铁件用螺钉或膨胀螺丝固定在墙上，如图 2-20 所示。

（2）直接固定法：在砌筑墙体时先将木砖预埋入门窗洞口内。当塑钢门窗框安入洞口并定位后，用螺钉直接穿过门窗框与预埋铁膨胀管连接，从而将门窗框直接固定于墙体上。

2. 安装定位

（1）如图 2-21 所示，把门窗框放进洞口的安装线上，用对拔木楔临时固定。校正正、侧两面的垂直度和对角线及水平度，合格后用木楔塞在边框、中竖框、中横框等能受力的部位。框子固定后应及时开启窗扇，检查开关灵活度。如有问题须及时调整。

此外，门窗定位后，还可取下扇并做好标记暂作存放备用。待玻璃安装完毕之后，再按原有标记的位置将扇安在框上。

（2）用膨胀螺栓（$\phi5\times30$mm 自攻螺钉，$\phi8$mm

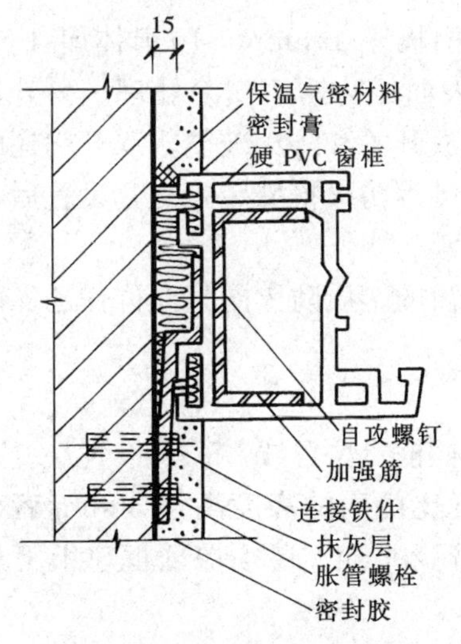

图 2-20 塑钢门窗框安装连接

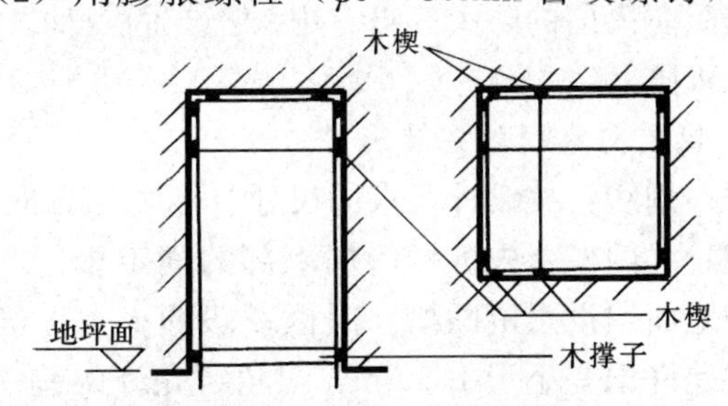

图 2-21 塑钢窗框安装示意图

铁膨胀管）固定连接件。一只连接件上不得少于 2 只螺丝。如洞口已预埋木砖，则用 2 只木螺丝将连接件紧固在木砖上。

3. 框与墙间缝隙处理

（1）由于塑料的膨胀系数较大，故要求塑料门窗框与墙体间应留出一定宽度的缝隙以适应塑料伸缩变形的安全余量。

（2）框与墙间的缝隙宽度，可由总跨度、膨胀系数、年最大温差计算出最大膨胀量，再乘以要求的安全系数求出，一般取 10～20mm。

（3）框与墙间的缝隙，应用泡沫塑料条或油毡卷条填塞。填塞不宜过紧，以免框架变形；过松，则密封不严（或用聚氨酯发泡剂填塞，不渗水、尺寸稳定性好）。门窗框四周的内外接缝应用密封材料嵌填严密；也可采用硅橡胶嵌缝条，但不宜采用嵌填水泥砂浆的做法。

（4）不论采用何种填缝方法，均要求做到以下两点：

1）嵌填封缝材料应能承受墙体与框间的相对运动，且能保持密封性能。

2）嵌填封缝材料不应对塑料门窗框有腐蚀、软化作用；沥青类材料可能使塑料软化，故不宜使用。

（5）嵌填、密封完成后，就可以进行墙面抹灰。工程有要求时，最后还需加装塑料盖口条。

4. 安装五金配件

塑料门窗安装五金配件时，必须先钻孔，然后用自攻螺丝拧入，严禁直接锤击钉入。

第四节 特殊门窗安装

特殊门窗是指具有特殊用途、特殊构造的门窗。如防火门、隔声门、卷帘门（窗）、自动铝合金门、金属转门、（自动）无框玻璃门等。

一、防火门的安装

1. 钢质防火门的构造与防火等级

钢质防火门条采用优质冷轧钢板加工成型。门框料钢板厚 1.5mm，门扇体厚 45mm，钢板厚 1mm，按耐火极限等级填充页岩棉等耐火材料，表面经防锈漆喷涂处理。另外，可根据需要配装轴承合页、高级防火门锁、闭门器、电磁释放开关和防火玻璃。双开门还配暗插销和关门顺序器等。在与烟感、光感、温感报警器和喷淋等防火报警装置配套设置后，遇有火情，可自动报警、自动关门、自动灭火，防止火势蔓延。

钢质防火门的防火等级有甲、乙、丙三种，带有玻璃窗的钢质防火门只允许作乙、丙两个耐火极限等级。

2. 钢质防火门的安装

（1）划线：按设计要求的尺寸、标高和方向，画出门框框口位置线。

（2）立门框：先拆掉门框下部的固定板。凡框内高度比门扇的高度高于 30mm 者，洞口两侧地面须设预留凹槽。门框一般埋入±0.00 标高以下 20mm，还须保证框口上下尺寸相同，允许偏差小于 1.5mm，对角线允许误差小于 2mm。

将门框用木楔临时固定在洞口内，经校正合格后，再固定木楔，并将门框铁脚与预埋铁件焊牢。

(3) 安装门扇及附件：门框周边缝隙，用1∶2水泥砂浆或强度不低于10MPa的细石混凝土嵌塞牢固，应保证与墙体结成整体；经养护凝固后，再粉刷洞口及墙体。

粉刷完毕后，安装门扇、五金配件及有关防火装置。门扇关闭后，门缝应均匀平整，开启自由轻便，不得有过紧、过松和反弹现象。

二、隔声门的安装

1. 隔声门的类型

隔声门主要起隔声作用。常用于音像室、播音室、会议室等有隔声要求的房间。隔声门要求用吸声材料做成门扇，门缝用海绵橡胶条等具有弹性的材料封严。常见的隔声门主要有下列三种：

(1) 填芯隔声门：用玻璃棉丝或岩棉填充在门扇芯内，门扇缝口处用海棉橡皮条封严。

(2) 外包隔声门：在普通木门扇外包裹一层人造革，人造革内填塞岩棉，并将通长的人造革压条用泡钉钉牢，四周缝隙用海绵橡皮条粘牢封严。

(3) 隔声防火门：在门扇木框架中嵌填岩棉等吸声材料，外部用石棉板、镀锌铁皮及耐火纤维板镶包，四周缝隙用海绵橡皮条粘牢封严。

2. 隔声门的安装

(1) 制作隔声门时，门扇芯内应用超细玻璃棉丝或岩棉填塞，但不宜挤压密实，应保持其松软状态，以确保其隔声效果。

(2) 门扇与门框之间的缝隙，应用海绵橡皮条等弹性材料嵌入门框上的凹槽中，粘牢卡紧。海绵橡皮条的截面尺寸，应比门框上的凹槽宽度大1mm，并凸出框边2mm，以保证门扇关闭后能将缝隙处挤紧打严。

(3) 双扇隔声门的门扇搭接缝，做成双L形缝口。在搭接缝的中间，应设置海绵橡皮条。门扇关闭时，搭接缝两边将海绵橡皮条挤紧，门扇之间应留2mm宽的缝隙，接头处的木材与木材之间不应直接接触。

(4) 外包隔声门宜用人造革进行包裹。在人造革与木门扇之间应填塞岩棉毯，然后用双层人造革条规则地压在门扇表面，再用泡钉钉牢，人造革表面应包紧、绷平。

(5) 在隔声门扇底部与地面间应留5mm宽的缝隙，然后将3mm厚的橡皮条用通长扁铁压钉在门扇下部，与地面接触处的橡皮条应伸长5mm，以封闭门扇与地面间的缝隙。

(6) 有防水要求的隔声防火门，门扇可用耐火纤维板制作，两面各镶钉5mm厚的石棉板，再用26号镀锌铁皮满包，外露的门框部分亦应包裹镀锌铁皮。

(7) 隔声门的五金，应与隔声门的功能相适应，如合页应选用无声合页，自动闭门器等。

三、卷帘门窗的安装

(一) 卷帘门窗的特点及适用范围

1. 特点

卷帘门窗具有造型美观新颖、结构紧凑先进、操作简便、坚固耐用、刚性强、密封性好、不占地面面积、启闭灵活方便和防风、防尘、防火、防盗等特点。

2. 类型

(1) 根据传动方式的不同，卷帘门窗可分为四种：

1) 电动卷帘门窗。

2) 遥控电动卷帘门窗。

3) 手动卷帘门窗。

4) 电动手动卷帘门窗。

(2) 根据外形的不同，卷帘门窗可分为四种：

1) 全鳞网状卷帘门窗。

2) 直管横格卷帘门窗。

3) 帘板卷帘门窗。

4) 压花帘板卷帘门窗。

(3) 根据材质的不同，卷帘门窗可分为五种：

1) 铝合金卷帘门窗。

2) 电化铝合金卷帘门窗。

3) 镀锌铁板卷帘门窗。

4) 不锈钢钢板卷帘门窗。

5) 钢管及钢筋卷帘门窗。

(4) 根据门扇结构的不同，卷帘门可分为两种：

1) 帘板结构卷帘门窗。其门扇由若干帘板组成，根据门扇帘板的形状，卷帘门的型号有所不同。其卷帘门窗的特点是：防风、防砂、防盗，并可制成防烟、防火的卷帘门窗。

2) 通花结构卷帘门窗。其门扇由若干圆钢、钢管或扁钢组成。卷帘门的特点是美观大方、轻便灵活。

(5) 根据性能的不同，卷帘门窗可分为以下三种：

1) 普通型卷帘门窗。

2) 防火型卷帘门窗。

3) 抗风型卷帘门窗。

(二) 防火卷帘门的构造

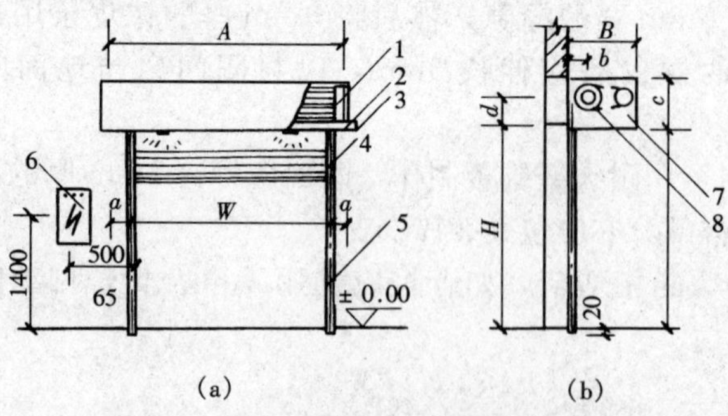

图 2-22 防火卷帘门立、剖面示意图

(a) 立面图；(b) 剖面图

1—卷筒体；2—水幕喷淋；3—供水系统；4—帘板；5—导板；6—电控箱；7—防火罩；8—电机传动机构

防火卷帘门由帘板、卷筒体、导轨、电机传动等部分组成。帘板为1.5mm厚的冷轧带钢轧制成的C形板重叠联锁，具有刚度好、密封性能优的特点，也可采用钢质L形串联式组合结构。另外，配置温感、烟感、光感报警系统和水幕喷淋系统，遇有火情自动报警、自动喷淋，门体自控下降、定点延时关闭，使受灾区域人员得以疏散、财产得以及时转移。整个系统防火综合性能显著。其结构图如图2-22所示。

防火卷帘门一般都安装在洞口墙体、柱体的预埋铁件上。

（三）防火卷帘门的安装

1. 安装方式

卷帘门的安装方式有以下三种：

（1）洞内安装：卷帘门装在门窗洞边，帘片向内侧卷起。

（2）洞外安装：卷帘门装在门窗洞外，帘片向外侧卷起。

（3）洞中安装：卷帘门装在门窗洞中，帘片可向内侧或外侧卷起，根据用户要求而定。

2. 安装调试

防火卷帘门的安装与调试顺序如下：

（1）按设计型号，查阅产品说明书和电气原理图。检查产品表面处理和零部件。测量产品各部位基本尺寸。检查门洞口是否与卷帘门尺寸相符；导轨、支架的预埋件位置、数量是否正确等。

（2）测量洞口标高，弹出两导轨垂线及卷筒中心线。

（3）将垫板电焊在预埋铁板上，用螺丝固定卷筒的左、右支架，安装卷筒。卷筒安装后应转动灵活。

（4）安装减速器和传动系统。

（5）安装电气控制系统。

（6）空载试车。

（7）将事先装配好的帘板安装在卷筒上。

（8）安装导轨。按图纸规定位置，将两侧及上方导轨焊牢于墙体预埋件上，并焊成一体，各导轨应在同一垂直平面上。

（9）安装水幕喷淋系统，并与总控制系统联结。

（10）试车。先手动运行，再用电动机启闭数次，调整至无卡住、阻滞及异常噪声等现象为止，全部调试完毕，安装防护罩。

（11）粉刷或镶砌导轨墙体装饰面层。

（四）普通卷帘门窗

普通卷帘门窗一般有两种类型：一种是由若干帘板组成的帘板结构，其型号根据门窗扇帘板形状而定。此种门窗扇具有防风、防砂、防盗等功能，应用比较普通。另一种是门扇由扁钢、圆钢和钢管组成的通花结构。此种门窗形式美观大方，启闭轻便灵活。

卷帘门窗启闭通常采用手动、电动兼手动或自动开启方式。正常情况下门窗采用电动开闭，若遇临时停电或其他情况则采用手动开闭。

普通卷帘门窗安装方式与防火卷帘门基本相同，如图 2-23 所示。

四、中分式微波自动门和金属转门安装

（一）中分式微波自动门的安装

微波自动门是采用国际流行的微波感应方式的一种新型自动门。当人或其他活动目标进入微波传感器的传感范围时，门扇即自动开启；当目标离开传感范围时，门扇又会自动关闭。停电时，这种门可作手动门使用，轻巧灵活。这种门适用于宾馆、饭店、机场、医院、高级净化车间及计算机房等建筑。

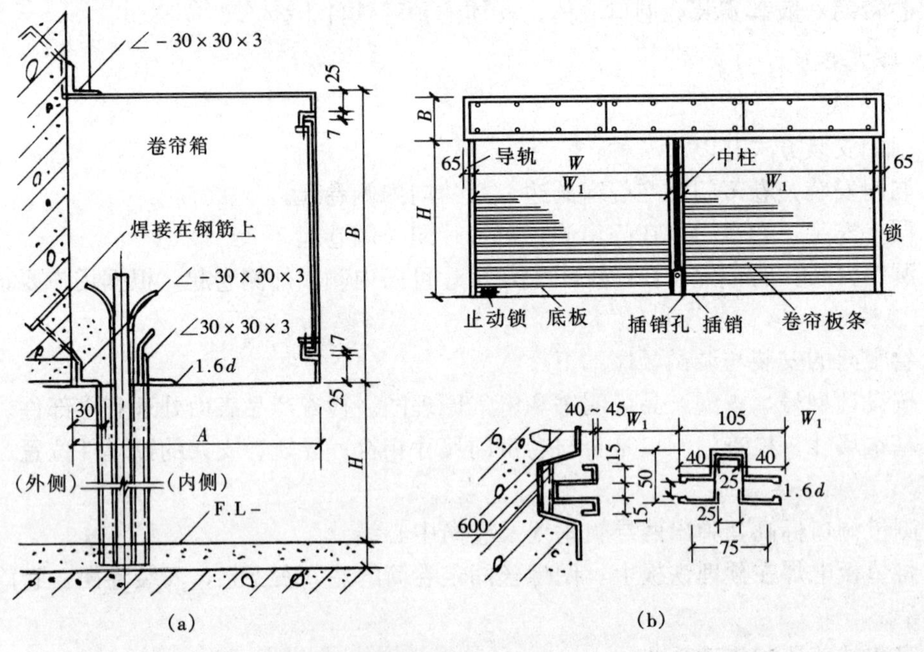

图 2-23　普通卷帘门窗安装图例

(a) 纵剖面详图；(b) 导轨、中柱面

1. 安装

(1) 地面导向轨道的安装。铝合金自动门和全玻璃自动门在地面上装有导向性下轨道。在土建施工地坪时，应在下轨道的设计位置预埋 50～75mm 见方的木条一根，自动门安装时，一撬出木条便可埋设上轨道。下轨道的长度为开启门宽的 2 倍。图 2-24 为自动门下轨道埋设示意图。

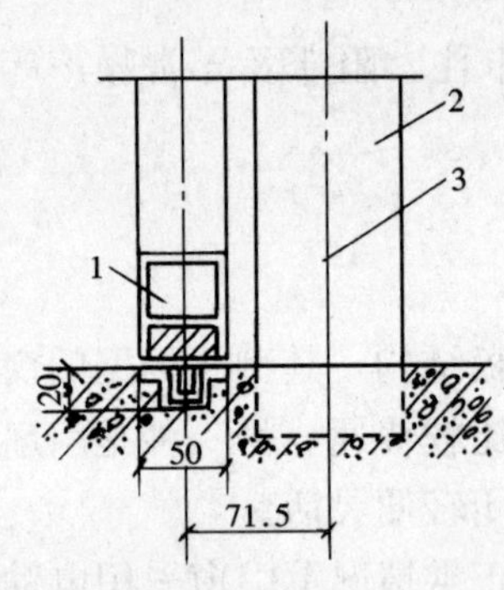

图 2-24　自动门下轨道埋设示意图

1—自动门扇下帽；2—门柱；3—门柱中心线

(2) 横梁安装。在自动门的上部设有通长的机箱层，用以安置自动门的机电装置。支承机箱层的主梁施工是安装工作中的重要环节，主梁应具有支承机箱层所需的足够强度和稳定性。图 2-25 所示为机箱横梁常用的两种支撑节点，其中图 (a) 适用于一般砖结构，图 (b) 适用于混凝土结构。

2. 安装要点

(1) 门洞留设宽度应考虑不仅是两扇自动玻璃移门的宽，还应加上玻璃门扇移进后的宽度，这才是中分式微波自动门的洞口总宽度。

(2) 一般原设计门洞上均有混凝土过梁，而过梁底标高正好是门上平，往往门上的机箱横梁必须避开原混凝土梁，因此在门安装前应经过考察，定下机箱横梁安装方案。

(3) 有的门上无雨篷等遮沿挡雨之物，下雨天雨水会扫入门上机箱使微波失去对门开闭的控制功能。因此，有必要做好门上机箱的防水保护。

(二) 金属转门的安装

金属转门有铝质和钢质两种。铝转门是采用铝镁硅合金挤压成型，经阳极氧化成银白、古铜等颜色，外形美观，耐大气腐蚀性好。钢转门中，一种是采用 20 号碳素结构钢无缝异

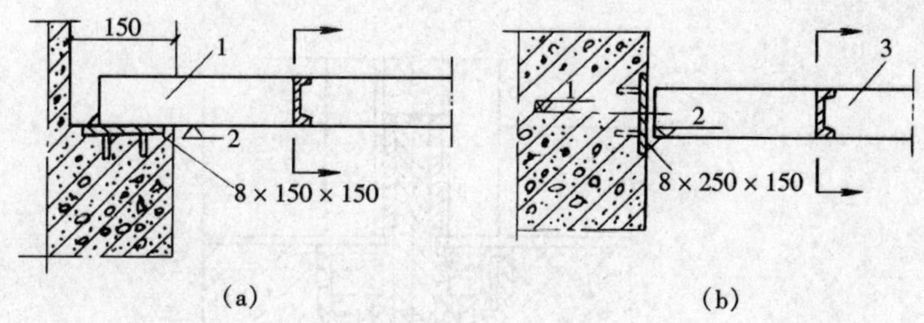

图 2-25　机箱横梁支撑节点

(a) 砖结构：1—机箱层横梁（18 号槽钢）；2—门扇高度；

(b) 混凝土结构：1—门扇高度＋90mm；2—门扇高度；3—18 号槽钢

型管冷拉成各种转门、转壁框架，然后喷涂各种油漆而成；另一种是用不锈钢制成。

金属转门适用于宾馆、机场商场等中、高档民用与公共建筑设施的启闭，控制人的流量并兼有保温作用。

1. 金属转门的特点

金属转门的构造和使用具有以下特点：

(1) 铝合金转门采用合成橡胶密封固定玻璃，具有良好的密封、抗震和耐老化性能。活扇与转壁之间采用聚丙烯毛刷条。

钢转门的玻璃通常使用玻璃胶固定。玻璃一般为 5～6mm 厚的平板玻璃。

(2) 门扇一般为逆时针转动，转动平稳灵活，维修和清洁都比较方便。转壁分为圆弧形玻璃和铝合金装饰板两种。

(3) 转门需关闭时，只要将门扇插销插入预埋的插壳内即可。

转门扇旋转轴的下部设有或调节阻尼装置，以控制门扇的转速，保持旋转平稳。

2. 金属转门的安装

(1) 检查预留门洞是否符合要求。

1) 设计时，应根据需要确定转门扇的回转半径及高度，并同时选用转门壁的装饰材料及转门的制作材料。

2) 施工时应按要求预留洞口，并按设计要求预埋木砖或铁件。

(2) 开箱检查金属转门各部件的质量。

(3) 安装金属转门框。一般转门如果与弹簧门、铰链门或其他固定扇组合，可先安装其他组合部分。门框的安装方法与钢木门框安装方法类似，将门框嵌入洞口后在左右、上下、前后的设计位置与预埋件固定并抄平对中。

(4) 装转轴，固定底座。

1) 底座下需垫实，不得有下沉现象，临时点焊上轴承座。

2) 安装转轴，转轴必须垂直于地平面。

(5) 装圆转门顶与转壁。转壁不得预先固定，以便在安装活扇时可调整其与活扇之间的空隙。

(6) 安装与调整门扇。

1) 装活扇保持 90°夹角，旋转转门。

2) 保证上下间隙，调整转壁位置。

3) 保证门扇与转壁之间的间隙。转门扇的高度及松紧调节如图 2-26 所示。

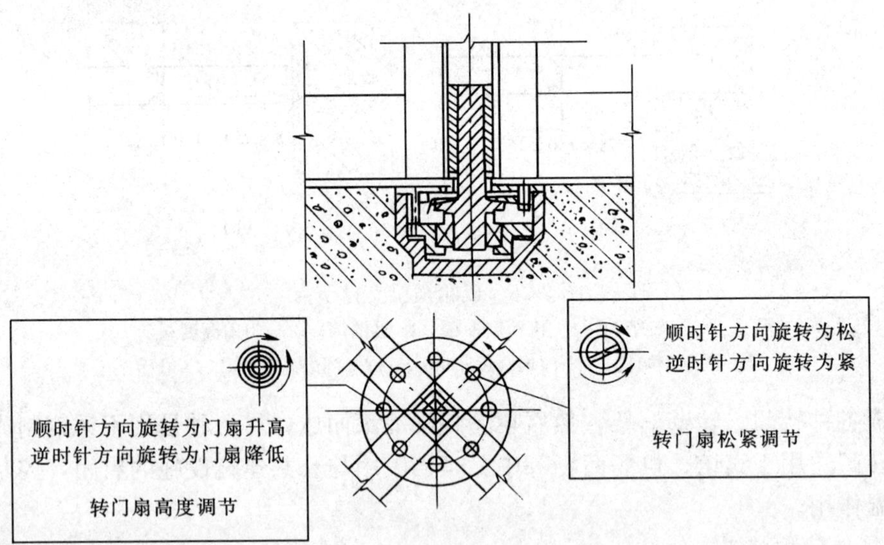

图 2-26　转门扇的高度及松紧调节示意图

（7）门扇和转壁调整合格后，先焊牢轴承座、混凝土固定底座，埋插销下壳，最后固定转壁。

（8）安装玻璃。

（9）非不锈钢钢门喷涂油漆。

3. 安装要点

（1）一般地平按设计要求都是室内外有高差的，如室内比室外高 20mm，而金属转门是半个圆平面在室内，另半个圆平面在室外（尤其室外是长廊的建筑）。施工时不能在转门两个半圆中间分高差，因此，必须做好转门内外地平高差的衔接工作。

（2）金属转门的部分设备是在门下的，而地下往往结构设计有地梁。因此，在安装转门时要考虑地下部分设备的安装而又不能损伤地梁的结构。

（3）转门框尤其是玻璃门框上、下平面与结构（如上面与梁或楼底板，下面与地坪）相接处应采用柔性连接（如嵌玻璃胶或防水胶），以免结构变形、压裂玻璃。

五、无框玻璃门的安装

无框玻璃门由于其门扇没有做扇框，这样大大提高了门扇的透光率，从而显得明快、开敞、豪华。其常见形式如图 2-27所示。

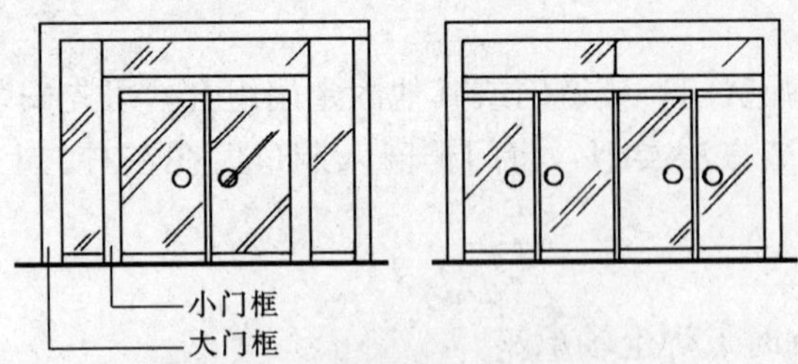

图 2-27　无框玻璃门的常见形式

目前无框玻璃门已开始大量应用于宾馆、饭店、大厦等营业、办公性建筑中。尤其在中分式微波自动门及金属转门旁一般都应安装无框玻璃门。当自动门及转门在维修、停电或有其他应急情况时可使用无框玻璃门。另外，它们装在一起也比较协调。

无框玻璃门由于没有做扇框，所以玻璃本身不仅具有铝合金门中的玻璃作用，还要承受诸多外力，因此对玻璃的要求非常高，一般都采用 10mm 或 12mm 厚的浮法玻璃。从安全角度考虑，最好采用经过钢化处理的玻璃。

无框玻璃门常做成无框玻璃地弹门，主要由玻璃扇、上码头、下码头、拉手、门锁、地弹簧、钢架门框几部分组成。如图 2-28 所示。

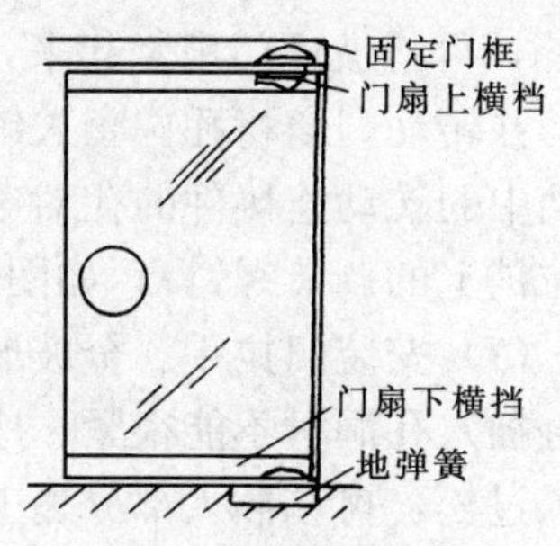

图 2-28　无框玻璃门构造

上码头、下码头又称上横档、下横档，它与拉手常为不锈钢、铜或铝合金制品，市场均有销售。一般安装施工时，不另行加工。地弹簧也为工厂制品。

由于玻璃规格品种的限制，其门扇的高度一般不超过 2100mm；若采用大规格的玻璃，其高度也可增加到 2600mm。其宽度一般为 900mm 和 1000mm。

无框玻璃门安装：

（1）门扇安装前，应先将地面上的地弹簧和门扇顶面横梁上的定位销安装固定完毕，两者必须是同一安装轴线。安装时，应用吊垂线检查，做到准确无误，地弹簧转轴与定位销为同一中心线。

（2）在玻璃门扇的上、下金属横档内划线，按线固定转动销的销孔板和地弹簧的转动轴连接板。具体操作可参照地弹簧产品安装说明。

（3）玻璃门扇的高度尺寸，在裁割玻璃板时应注意包括插入上、下横档的安装部分。一般情况下，玻璃的高度尺寸应小于测量尺寸 5mm 左右，以便于安装时进行定位调节。

（4）把上、下横档（多采用镜面不锈钢成型材料）分别装在厚玻璃门扇上下两端，并进行门扇高度的测量。如果门扇高度不足，即其上、下边距门横框及地面的缝隙超过规定值，可在上、下横档内加垫胶合板条进行调节，如图 2-29 所示。

（5）门窗高度确定后，即可固定上下横档。在玻璃板与金属横档内的两侧空隙处，由两边同时插入小木条，轻敲稳定，然后在小木条、门扇玻璃及横档之间形成的缝隙内注入玻璃胶，如图 2-30 所示。

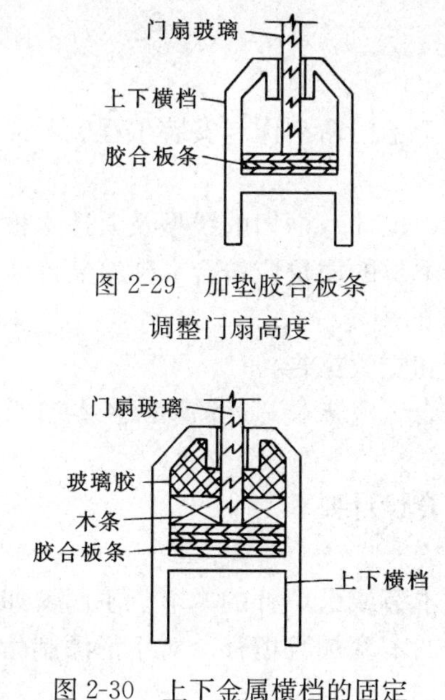

图 2-29　加垫胶合板条调整门扇高度

图 2-30　上下金属横档的固定

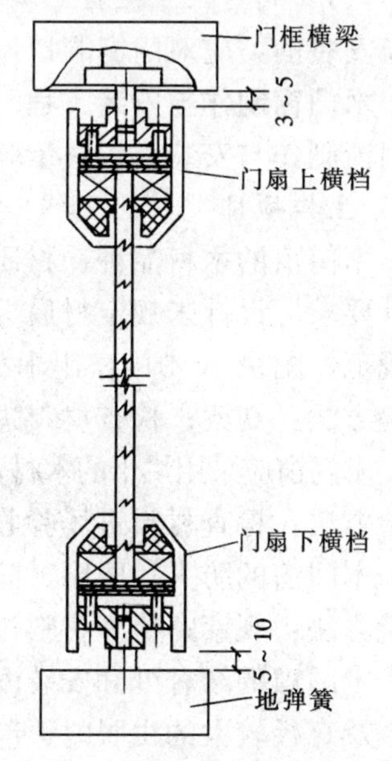

图 2-31　门扇定位安装

（6）进行门扇定位安装。先将门框横梁上的定位销本身的调节螺钉调出横梁平面 1～

2mm，再将玻璃门扇竖起来，把门扇下横档内的转动销连接件的孔位对准地弹簧的转动销轴，并转动门扇将孔位套入销轴上，然后把门扇转动 90°使之与门框横梁成直角，把门扇上横档中的转动连接件的孔对准门框横梁上的定位销，将定位销插入孔内 15mm 左右（调动定位销上的调节螺钉），如图 2-31 所示。

（7）安装门拉手。全玻璃门扇上的拉手孔洞，一般是事先订购时就加工好的，拉手连接部分插入孔洞时不能很紧，应略有松动。安装前，在拉手插入玻璃的部分涂少许玻璃胶；若插入过松，可在插入部分裹上软质胶带。拉手组装时，其根部与玻璃贴靠紧密后再拧紧固定螺钉。

第五节　门窗安装质量要求及检验方法

一、一般规定

（一）各分项工程的检验批应按下列规定划分

（1）同一品种、类型和规格的木门窗、金属门窗、塑料门窗及门窗玻璃每 100 樘应划分为一个检验批，不足 100 樘也应划分为一个检验批。

（2）同一品种、类型和规格的特种门，每 50 樘应划分为一个检验批，不足 50 樘也应划分为一个检验批。

（二）检查数量应符合下列规定

（1）木门窗、金属门窗、塑料门窗及门窗玻璃，每个检验批应至少抽查 5%，并不得少于 3 樘，不足 3 樘时应全数检查；高层建筑的外窗，每个检验批应至少抽查 10%，并不得少于 6 樘，不足 6 樘时应全数检查。

（2）特种门每个检验批至少抽查 50%，并不得少于 10 樘，不足 10 樘时应全数检查。

（三）门窗洞口尺寸检验

门窗安装前，应对门窗洞口尺寸进行检验。

二、木门窗制作与安装工程

木门窗制作与安装工程质量验收内容适用于木门窗制作与安装工程。

（一）主控项目

（1）木门窗的木材品种、材质等级、规格、尺寸、框扇的线型及人造木板的甲醛含量应符合设计要求。设计未规定材质等级时，所用木材的质量应符合《建筑装饰装修工程施工质量验收规范》附录 A 木门窗用木材的质量要求的规定。

检验方法：观察；检查材料进场验收记录和复验报告。

（2）木门窗应采用烘干的木材，含水率应符合《建筑木门、木窗》（JG/T 122）的规定。

检验方法：检查材料进场验收记录。

（3）木门窗的防火、防腐、防虫处理应符合设计要求。

检验方法：观察；检查材料进场验收记录。

（4）木门窗的结合处和安装配件处不得有木节或已填补的木节。木门窗如有允许限值以内的死节及直径较大的虫眼时，应用同一材质的木塞加胶填补。对于清漆制品，木塞的木纹和色泽应与制品一致。

检验方法：观察。

（5）门窗框和厚度大于50mm的门窗扇应用双榫连接。榫槽应采用胶料严密嵌合，并应用胶楔加紧。

检验方法：观察；手扳检查。

（6）胶合板门、纤维板门和模压门不得脱胶。胶合板不得刨透表层单板，不得有戗槎。制作胶合板门、纤维板门时，边框和横楞应在同一平面上，面层、边框及横楞应加压胶结。横楞和上、下冒头应各钻两个以上的透气孔，透气孔应通畅。

检验方法：观察。

（7）木门窗的品种、类型、规格、开启方向、安装位置及连接方式应符合设计要求。

检验方法：观察；尺量检查；检验成品门窗的产品合格证书。

（8）木门窗框的安装必须牢固。预埋木砖的防腐处理，木门窗框固定点的数量、位置及固定方法应符合设计要求。

检验方法：观察；手扳检查；检查隐蔽工程验收记录和施工记录。

（9）木门窗扇必须安装牢固，并应开关灵活，关闭严密，无倒翘。

检验方法：观察；开启和关闭检查；手扳检查。

（10）木门窗配件的型号、规格、数量应符合设计要求，安装应牢固，位置应正确，功能应满足使用要求。

检验方法：观察；开启和关闭检查；手扳检查。

（二）一般项目

（1）木门窗表面应洁净，不得有刨痕、锤印。

检验方法：观察。

（2）木门窗的割角、拼缝应严密平整。门窗框、扇裁口应顺直，刨面应平整。

检验方法：观察。

（3）木门窗上的槽、孔应边缘整齐、无毛刺。

检验方法：观察。

（4）木门窗与墙体间缝隙的填嵌材料应符合设计要求，填嵌应饱满。寒冷地区外门窗（或门窗框）与砌体间的空隙应填充保温材料。

检验方法：轻敲门窗框检查；检查隐蔽工程验收记录和施工记录。

（5）木门窗批水、盖口条、压缝条、密封条的安装应顺直，与门窗结合牢固、严密。

检验方法：观察；手扳检查。

（6）木门窗制作的允许偏差和检验方法应符合表2-2的规定。

表2-2　木门窗的允许偏差和检验方法（GB 50210—2001）

项次	项　目	构件名称	允许偏差（mm）		检　验　方　法
			普通	高级	
1	翘曲	框	3	2	将框、扇平放在检查平台上，用塞尺检查
		扇	2	2	
2	对角线长度差	框、扇	3	2	用钢尺检查，框量裁口里角，扇量外角
3	表面平整度	扇	2	2	用1m靠尺和塞尺检查
4	高度、宽度	框	0；−2	0；−1	用钢尺检查，框量裁口里角，扇量外角
		扇	＋2；0	＋1；0	
5	裁口、线条结合处高低差	框、扇	1	0.5	用钢直尺和塞尺检查
6	相邻棂子两端间距	扇	2	1	用钢直尺检查

（7）木门窗安装的留缝限值、允许偏差和检验方法应符合表 2-3 的规定。

表 2-3 木门窗安装的留缝限值、允许偏差和检验方法（GB 50210—2001）

<table>
<tr><th rowspan="2">项次</th><th rowspan="2" colspan="2">项　目</th><th colspan="2">留缝限值（mm）</th><th colspan="2">允许偏差（mm）</th><th rowspan="2">检 验 方 法</th></tr>
<tr><th>普通</th><th>高级</th><th>普通</th><th>高级</th></tr>
<tr><td>1</td><td colspan="2">门窗槽口对角线长度差</td><td></td><td></td><td>3</td><td>2</td><td>用钢尺检查</td></tr>
<tr><td>2</td><td colspan="2">门窗框的正、侧面垂直度</td><td></td><td></td><td>2</td><td>1</td><td>用 1m 垂直检测尺检查</td></tr>
<tr><td>3</td><td colspan="2">框与扇、扇与扇接缝高低</td><td></td><td></td><td>2</td><td>1</td><td>用钢直尺和塞尺检查</td></tr>
<tr><td>4</td><td colspan="2">门窗扇对口缝</td><td>1～2.5</td><td>1.5～2</td><td></td><td></td><td rowspan="6">用塞尺检查</td></tr>
<tr><td>5</td><td colspan="2">工业厂房双扇大门对口缝</td><td>2～5</td><td>—</td><td></td><td></td></tr>
<tr><td>6</td><td colspan="2">门窗扇与上框间留缝</td><td>1～2</td><td>1～1.5</td><td></td><td></td></tr>
<tr><td>7</td><td colspan="2">门窗扇与侧框间留缝</td><td>1～2.5</td><td>1～1.5</td><td></td><td></td></tr>
<tr><td>8</td><td colspan="2">窗扇与下框间留缝</td><td>2～3</td><td>2～2.5</td><td></td><td></td></tr>
<tr><td>9</td><td colspan="2">门扇与下框间留缝</td><td>3～5</td><td>3～4</td><td></td><td></td></tr>
<tr><td>10</td><td colspan="2">双层门窗内外框间距</td><td></td><td></td><td>4</td><td>3</td><td>用钢尺检查</td></tr>
<tr><td rowspan="4">11</td><td rowspan="4">无下框时门地面间留缝</td><td>外　门</td><td>4～7</td><td>5～6</td><td></td><td></td><td rowspan="4">用塞尺检查</td></tr>
<tr><td>内　门</td><td>5～8</td><td>6～7</td><td></td><td></td></tr>
<tr><td>卫生间门</td><td>8～12</td><td>8～10</td><td></td><td></td></tr>
<tr><td>厂房大门</td><td>10～20</td><td>—</td><td></td><td></td></tr>
</table>

三、金属门窗安装工程

金属门窗安装工程质量验收内容适用于钢门窗、铝合金门窗、涂色涂锌钢板门窗等金属门窗安装工程。

（一）主控项目

（1）金属门窗的品种、类型、规格、尺寸、性能、开启方向、安装位置、连接方式及铝合金门窗的型材壁厚应符合设计要求。金属门窗的防腐处理及填嵌、密封处理应符合设计要求。

检验方法：观察；尺量检查；检查产品合格证书、性能检测报告、进场验收记录和复验报告；检查隐蔽工程验收记录。

（2）金属门窗框和副框的安装必须牢固。预埋件的数量、位置、埋设方式、与框的连接方式必须符合设计要求。

检验方法：手扳检查；检查隐蔽工程验收记录。

（3）金属门窗扇必须安装牢固，并应开关灵活、关闭严密，无倒翘。推拉门窗扇必须有防脱落措施。

检验方法：观察；开启和关闭检查；手扳检查。

（4）金属门窗配件的型号、规格、数量应符合设计要求，安装应牢固，位置应正确，功能应满足使用要求。

检验方法：观察；开启和关闭检查；手扳检查。

（二）一般项目

（1）金属门窗表面应洁净、平整、光滑、色泽一致、无锈蚀；大面应无划痕、碰伤；漆膜或保护层应连续。

检验方法：观察。

(2) 铝合金门窗推拉门窗扇开关力应不大于100N。

检验方法：用弹簧秤检查。

(3) 金属门窗框与墙体之间的缝隙应填嵌饱满，并采用密封胶密封。密封胶表面应光滑、顺直、无裂纹。

检验方法：观察；轻敲门窗框检查；检查隐蔽工程验收记录。

(4) 金属门窗扇的橡胶密封条或毛毡密封条应安装完好，不得脱槽。

检验方法：观察；开启和关闭检查。

(5) 有排水孔的金属门窗，排水孔应通畅，位置和数量应符合设计要求。

检验方法：观察。

(6) 铝合金门窗安装的允许偏差和检验方法应符合表2-4的规定。

表2-4　　铝合金门窗安装的允许偏差和检验方法（GB 50210—2001）

项次	项　目		允许偏差（mm）	检验方法
1	门窗槽口宽度、高度	≤1500mm	1.5	用钢尺检查
		＞1500mm	2	
2	门窗槽口对角线长度差	≤2000mm	3	用钢尺检查
		＞2000mm	4	
3	门窗框的正、侧面垂直度		2.5	用垂直检测尺检查
4	门窗横框的水平度		2	用1m水平尺和塞尺检查
5	门窗横框标高		5	用钢尺检查
6	门窗竖向偏离中心		5	用钢尺检查
7	双层门窗内外框间距		4	用钢尺检查
8	推拉门窗扇与框搭接量		1.5	用钢直尺检查

四、塑料门窗安装工程

塑料门窗安装工程质量验收内容适用于塑料门窗安装工程。

（一）主控项目

(1) 塑料门窗的品种、类型、规格、尺寸、开启方向、安装位置、连接方式及填嵌密封处理应符合设计要求，内衬增强型钢的壁厚及设置应符合国家现行产品标准的质量要求。

检验方法：观察；尺量检查；检查产品合格证书、性能检测报告、进场验收记录和复验报告；检查隐蔽工程验收记录。

(2) 塑料门窗框、副框和扇的安装必须牢固。固定片或膨胀螺栓数量与位置应正确，连接方式应符合设计要求。固定点应距窗角、中横框、中竖框150～200mm，固定点间距应不大于600mm。

检验方法：观察；手扳检查；检查隐蔽工程验收记录。

(3) 塑料门窗拼樘料内衬增强型钢的规格、壁厚必须符合设计要求，型钢应与型材内腔紧密吻合，其两端必须与洞口固定牢固。窗框必须与拼樘料连接紧密，固定点间距应不大于600mm。

检验方法：观察；手扳检查；尺量检查；检查进场验收记录。

（4）塑料门窗扇应开关灵活、关闭严密，无倒翘。推拉门窗扇必须有防脱落措施。

检验方法：观察；开启和关闭检查；手扳检查。

（5）塑料门窗配件的型号、规格、数量应符合设计要求，安装应牢固，位置应正确，功能应满足使用要求。

检验方法：观察；手扳检查；尺量检查。

（6）塑料门窗框与墙体间缝隙应采用闭孔弹性材料填嵌饱满，表面应采用密封胶密封。密封胶应黏结牢固，表面应光滑、顺直、无裂纹。

检验方法：观察；检查隐蔽工程验收记录。

（二）一般项目

（1）塑料门窗表面应洁净、平整、光滑，大面应无划痕、碰伤。

检验方法：观察。

（2）塑料门窗扇的密封条不得脱槽。旋转窗间隙应基本均匀。

（3）塑料门窗扇的开关力应符合下列规定：

1）平开门窗扇平铰链的开关力应不大于 80N；滑撑铰链的开关力应不大于 80N，并不小于 30N。

2）推拉门窗扇的开关力应不大于 100N。

检验方法：观察；用弹簧秤检查。

（4）玻璃密封条与玻璃及玻璃槽口的接缝应平整，不得卷边、脱槽。

检验方法：观察。

（5）排水孔应畅通，位置和数量应符合设计要求。

检验方法：观察。

（6）塑料门窗安装的允许偏差和检验方法应符合表 2-5 的规定。

表 2-5　塑料门窗安装的允许偏差和检验方法（GB 50210—2001）

项次	项目		允许偏差（mm）	检验方法
1	门窗槽口宽度、高度	≤1500mm	2	用钢尺检查
		＞1500mm	3	
2	门窗槽口对角线长度差	≤2000mm	3	用钢尺检查
		＞2000mm	5	
3	门窗框的正、侧面垂直度		3	用 1m 垂直检测尺检查
4	门窗横框的水平度		3	用 1m 水平尺和塞尺检查
5	门窗横框标高		5	用钢尺检查
6	门窗竖向偏离中心		5	用钢直尺检查
7	双层门窗内外框间距		4	用钢尺检查
8	同樘平开门窗相邻扇高度差		2	用钢直尺检查
9	平开门窗铰链部位配合间隙		+2；−1	用塞尺检查
10	推拉门窗扇与框搭接量		+1.5；−2.5	用钢尺检查
11	推拉门窗扇与竖框平行度		2	用 1m 水平尺和塞尺检查

五、特种门安装工程

特种门安装工程质量验收内容适用于防火门、防盗门、自动门、全玻门、旋转门、金属卷帘门等特种门安装工程。

（一）主控项目

（1）特种门的质量和各项性能应符合设计要求。

检验方法：检查生产许可证、产品合格证书和性能检测报告。

（2）特种门的品种、类型、规格、尺寸、开启方向、安装位置及防腐处理应符合设计要求。

检验方法：观察；尺量检查；检查进场验收记录和隐蔽工程验收记录。

（3）带有机械装置、自动装置或智能化装置的特种门，其机械装置、自动装置或智能化装置的功能应符合设计要求和有关标准的规定。

检验方法：启动机械装置、自动装置或智能化装置，观察。

（4）特种门的安装必须牢固。预埋件的数量、位置、埋设方式、与框的连接方式必须符合设计要求。

检验方法：观察；手扳检查；检查隐蔽工程验收记录。

（5）特种门的配件应齐全，位置应正确，安装应牢固，功能应满足使用要求和特种门的各项性能要求。

检验方法：观察；手扳检查；检查产品合格证书、性能检测报告和进场验收记录。

（二）一般项目

（1）特种门的表面装饰应符合设计要求。

检验方法：观察。

（2）特种门的表面应洁净，无划痕、碰伤。

检验方法：观察。

（3）推拉自动门安装的留缝限值、允许偏差和检验方法应符合表 2-6 的规定。

表 2-6　推拉自动门安装的留缝限值、允许偏差和检验方法（GB 50210—2001）

项次	项　目		留缝限值（mm）	允许偏差（mm）	检 验 方 法
1	门槽口宽度、高度	≤1500mm		1.5	用钢尺检查
		>1500mm		2	
2	门槽口对角线长度差	≤2000mm		2	用钢尺检查
		>2000mm		2.5	
3	门框的正、侧面垂直度			1	用 1m 垂直检测尺检查
4	门构件装配间隙			0.3	用塞尺检查
5	门梁导轨水平度			1	用 1m 水平尺和塞尺检查
6	下导轨与门梁导轨平行度			1.5	用钢尺检查
7	门扇与侧框间留缝		1.2～1.8		用塞尺检查
8	门扇对口缝		1.2～1.8		用塞尺检查

（4）推拉自动门的感应时间限值和检验方法应符合表 2-7 的规定。

表 2-7 推拉自动门的感应时间限值和检验方法（GB 50210—2001）

项次	项目	感应时间限值（s）	检验方法
1	开门响应时间	≤0.5	用秒表检查
2	堵门保护延时	16～20	用秒表检查
3	门扇全开启后保持时间	13～17	用秒表检查

（5）旋转门安装的允许偏差和检验方法应符合表 2-8 的规定。

表 2-8 旋转门安装的允许偏差和检验方法（GB 50210—2001）

项次	项目	允许偏差（mm）		检验方法
		金属框架玻璃门	木质旋转门	
1	门扇正、侧面垂直度	1.5	1.5	用 1m 垂直检测尺检查
2	门扇对角线长度差	1.5	1.5	用钢尺检查
3	相邻扇高度差	1	1	用钢尺检查
4	扇与圆弧边留缝	1.5	1.5	用塞尺检查
5	扇与上顶间留缝	2	2.5	用塞尺检查
6	扇与地面间留缝	2	2.5	用塞尺检查

六、门窗玻璃安装工程

门窗玻璃安装工程质量验收内容适用于平板、吸热、反射、中空、夹层、夹丝、磨砂、钢化、压花等玻璃安装工程。

（一）主控项目

（1）玻璃的品种、规格、尺寸、色彩、图案和涂膜朝向应符合设计要求。单块玻璃大于 $1.5m^2$ 时应使用安全玻璃。

检验方法：观察；检查产品合格证书、性能检测报告和进场验收记录。

（2）门窗玻璃裁割尺寸正确。安装后的玻璃应牢固，不得有裂纹、损伤和松动。

检验方法：观察；轻敲检查。

（3）玻璃的安装方法应符合设计要求。固定玻璃的钉子或钢丝卡的数量、规格应保证玻璃安装牢固。

检验方法：观察；检查施工记录。

（4）镶钉木压条接触玻璃处，应与裁口边缘平齐。木压条应互相紧密连接，并与裁口边缘紧贴，割角应整齐。

检验方法：观察。

（5）密封条与玻璃、玻璃槽口的接触应紧密、平整。密封胶与玻璃、玻璃槽口的边缘应黏结牢固、接缝平齐。

检验方法：观察。

（6）带密封条的玻璃压条，其密封条必须与玻璃全部贴紧，压条与型材之间应无明显缝隙，压条接缝应不大于 0.5mm。

检验方法：观察；尺量检查。

（二）一般项目

（1）玻璃表面应洁净，不得有腻子、密封胶、涂料等污渍。中空玻璃内外表面均应洁净，玻璃中空层内不得有灰尘和水蒸气。

检验方法：观察。

（2）门窗玻璃不应直接接触型材。单面镀膜玻璃的镀膜层及磨砂玻璃的磨砂面应朝向室内。中空玻璃的单面镀膜玻璃应在最外层，镀膜层应朝向室内。

检验方法：观察。

（3）腻子应填抹饱满、黏结牢固；腻子边缘与裁口应平齐。固定玻璃的卡子不应在腻子表面显露。

检验方法：观察。

思 考 练 习 题

2-1　木门窗的制作和安装要点有哪些？

2-2　钢门窗是怎样安装的？安装时要注意哪些问题？

2-3　铝合金门窗的型材表面质量应满足什么要求？

2-4　铝合金门窗的制作与安装主要工艺过程有哪些？

2-5　铝合金门窗施工注意事项有哪些？

2-6　简述塑钢门窗安装施工方法。

2-7　防火卷帘门安装与调试施工顺序是什么？

2-8　金属门窗安装工程质量的主控项目有哪些？

第三章 顶棚装饰工程施工

顶棚是处于建筑内部的上部位置，是室内装饰的重要部分。其形式根据室内标高、要求、具体情况分为直接式和悬吊式两种。

直接式顶棚是在楼板底面或房顶下部直接喷浆和抹灰，或粘贴其他装饰材料，一般用于标高较低、装饰性要求不高、无空调通风等各种管线穿越的顶棚。悬吊式顶棚是由吊筋一端固定在楼板底或屋顶下部另一端悬挂顶棚的龙骨上，悬吊式顶棚具有保温、隔热、吸声、隐蔽穿越楼板下各种管线、安装照明、通风、防水设备和电的终端设备等一系列功能，同时可以设计成各种造型以增加室内的美观，对有空调的建筑，也是节约能耗的一个重要途径。

悬吊式顶棚结构形式可分为整体式吊顶、活动式装配吊顶、隐蔽式装配吊顶、开敞式吊顶等。

顶棚装饰直接影响整个空间的装饰效果，处理得当可以为人们的生活、工作创造舒适的环境。

第一节 直接式顶棚

直接式顶棚是在楼板底面进行直接喷浆和抹灰或粘贴其他装饰材料。对于直接粘贴式的顶棚一般有两种做法：一是将装饰材料（如压型钢板、干抹灰板）在支模时铺于模板上，然后现浇混凝土，使装饰板材粘贴于混凝土上，拆模后即成为装饰面层；二是在结构基面上，用胶粘剂把装饰面层（如石膏板、墙纸、塑料板等）粘贴上。

直接抹灰装饰顶棚：

(1) 嵌缝抹黏结剂：对板底进行清理后，将板缝用水泥砂浆修补，待其干后，刷水刮素水泥浆一道。

(2) 抹平：一般分两次完成，第一遍抹 1∶0.5∶4.5 或 1∶1∶6 混合砂浆，8～10mm 厚，从房间的短边开始（预制板楼面，则垂直于板缝方向），用铁抹子将混合砂浆刮抹于板底，然后用木抹子搓平搓毛，待其有一定强度后再抹 1∶1∶6 混合砂浆 5mm 厚，用木搓子搓平搓毛。在潮湿房间可抹水泥砂浆。

(3) 做装饰线脚：在顶棚与墙体交接处、顶棚中心安放灯具处，在顶棚抹灰的同时做一些线脚，简单的线脚如半圆角，用抹灰工具阴角抹子即可做出。较复杂的线脚要用死模或活模做出。

(4) 抹面层灰：面层抹麻刀灰、纸筋灰、石膏灰等罩面灰，方法同内墙面，要求施抹平整、光滑，为下一步涂料装饰提供良好基底。

施工注意事项：

(1) 钢筋混凝土楼板顶棚抹灰前，应用清水润湿，并刷聚合物水泥浆或界面处理剂一道，还应在四周墙上弹出控制抹灰厚度的水平线；先抹四周后抹中间，分批找平。

(2) 木板条基层顶棚的板条间隙应控制在 8mm 之内，并无松动挠曲现象。抹底灰时，抹子运行方向应与板条长向垂直，待底灰六七成干时分三遍罩面，并压实赶光。

(3) 顶棚的高级抹灰，应加钉间距为400mm左右的麻钉，钉上缠绕着长350～450mm的麻丝，麻丝成梅花状布置，并分遍按放射状梳理抹进中层砂浆内。

(4) 凡有灰线的房间，灰线宜在顶棚基层灰抹完后进行。

第二节 悬吊式顶棚

一、活动式装配顶棚的施工工艺

(1) 根据设计图纸，结合具体情况，一般将龙骨及吊点位置弹到楼板底。

(2) 确定天棚标高：将标高线弹到墙面或柱面，然后将角铝或其他封口材料固定在墙面或柱面上（封口材料的底面与标高线重合）。

(3) 固定吊杆：同结构一端的固定，常用的方法是用射钉枪或胀管螺栓将吊杆固定。悬吊宜沿主龙骨方向，间距不宜大于1200mm。在主龙骨的端部或接长处，需加设吊杆。

(4) 安装主次龙骨：主次龙骨宜从一个方向同时安装。安装时，根据已确定的主龙骨位置及确定的标高线，大致将其就位；然后，再满拉纵横标高控制线，进行龙骨调平和调直；如果面积较大，还应考虑起拱；调平宜从一端调向另一端。边龙骨应沿墙面或柱面标高线钉牢。固定时一般常用高强水泥钉，钉的间距不宜大于50mm；如果基层材料强度较低，紧固力不够，应采取相应的措施，改用胀管螺栓或加大钉的长度等办法。边龙骨也称封口角铝，其作用是对吊顶毛边等的封口，使边角部位整齐顺直。

活动式吊顶常采用铝合金吊顶龙骨。如用于明龙骨吊顶时，次（中，小）龙骨和边龙骨采用铝合金龙骨，而承担负荷的主龙骨一般采用钢制的。

(5) 铺放饰面板：在龙骨调平调直的基础上，可将饰面板（石膏板、矿棉吸声板等）放在主、次龙骨组成的框框内，饰面板搭在龙骨的肢上。摆放时，注意板的图案与色彩，并保持板面与龙骨外露部分干净。饰面板不应有破损，尺寸应完整。

二、隐蔽式装配顶棚施工工艺

无论何种顶棚面板，均需同龙骨固定，不过不同板材，在固定的办法上可能会有差别。龙骨实际上是顶棚的骨架，龙骨的断面及安装，固定办法很多，但不论何种断面、由什么材料制成，都要解决安全、简便这两个问题。所说的安全，主要是指骨架要满足顶棚功能上的要求，简便就是要利于安装。

下面主要介绍顶棚施工的程序与步骤。

1. 检查结构及设备施工情况

顶棚施工前，应对照顶棚设计图，检查结构尺寸是否同建筑设计相符。除了复核结构空间尺寸外，特别要注意以下几个问题。

(1) 检查符合结构、设备的建筑尺寸有否误差，阴阳角是否方正。

(2) 结构是否有需处理的质量问题。如钢筋混凝土的蜂窝麻面，有无超过规范所规定的要进行处理的裂缝等结构上所遗漏的问题。因为上述这些问题，都要进行处理，若不处理，对顶棚施工是有影响的。

(3) 设备管线是否安装完毕，如果是交叉施工，对于某些部位进行妥善安排，也是可以的，但对于大多数工程部位来说，这种大面积施工，是不宜提倡的。

2. 放线

放线，主要是弹好顶棚标高线、龙骨布置线和吊杆悬挂点。标高线一般是弹到墙面或柱面，龙骨及吊杆的位置则弹到楼板上。

吊杆的间距是根据龙骨的断面及使用的载荷综合确定。龙骨断面大，刚度好，那么，吊杆的间距可相应大一些。如果在实际工程中，使用非标准龙骨及配件，那么，龙骨的断面及吊杆，均应经过受力计算后方能确定。如果选用标准龙骨及配件，生产厂家一般都有说明，按具体要求施工即可。图 3-1 是上人顶棚龙骨安装示意，图 3-2 是不上人顶棚龙骨施工安装示意。

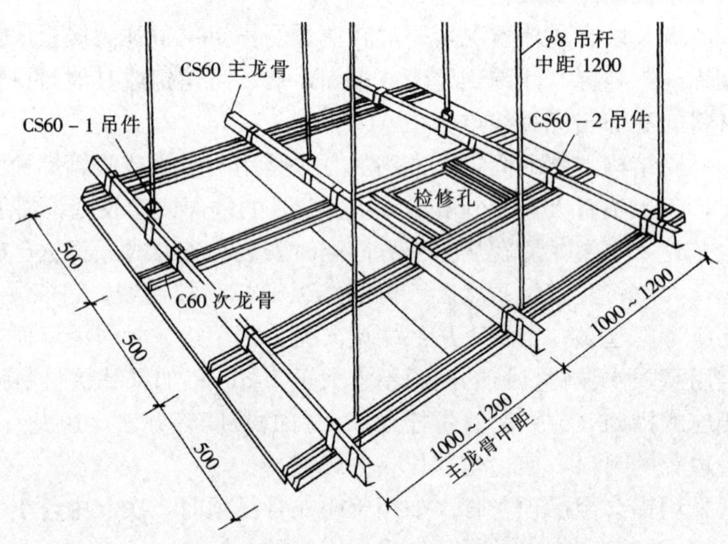

图 3-1　上人顶棚龙骨安装示意图

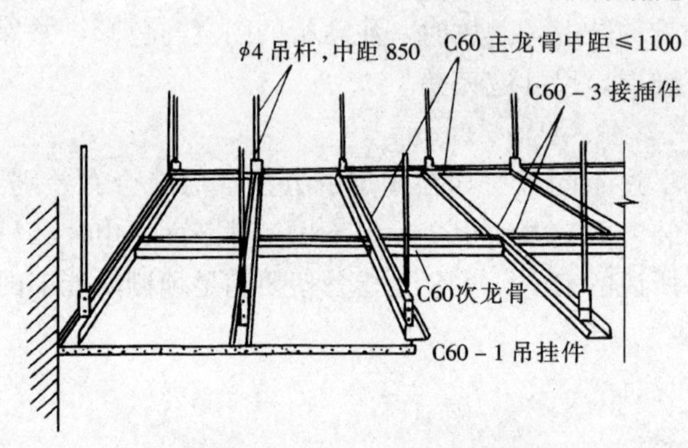

图 3-2　不上人顶棚龙骨施工安装示意图

3. 固定吊杆

吊杆的选择，应根据顶棚的形式灵活处理，可用钢筋，也可用型钢一类的型材。如果选用的不是标准图集的构件，那么，吊杆的大小及连接构件，应经过设计与计算，看其抗拉强度是否满足安全的要求。如果选用标准图集，吊杆的规格及固定办法已经计算，只要按标准图案所标注的尺寸及规格选用即可。

选用与设计吊杆，主要是安全问题，其次是悬吊方便、调节灵活，只有这样才能做到安全、实用。在隐蔽式顶棚中，顶棚本身的自重大小、是否上人或是否有其他活荷载，是决定顶棚构造的关键因素，本身自重大，再有一点检修荷载，在固定办法上，起码以能承受使用的荷载为准则。

吊杆的施工主要包括：与结构的固定，断面的选择，吊杆与龙骨的连接。吊杆与结构的固定办法基本上有下面三种形式：

（1）板或梁上预留吊钩或预埋件吊杆直接焊在预埋件上，或用螺栓固定。

（2）在吊点的位置，用冲击钻孔后固定胀管螺栓，然后将胀管螺栓同吊杆焊接。此种办法可省去预埋件，比较灵活。

（3）用射钉枪固定射钉，如果选用尾部带孔的射钉，将吊杆穿过尾部的孔即可。如果选用不带孔的射钉，宜先将一个小角钢固定在楼板上，另一条边钻孔，将吊杆穿过角钢的孔即可固定。图 3-3 所示为吊杆同楼板固定。

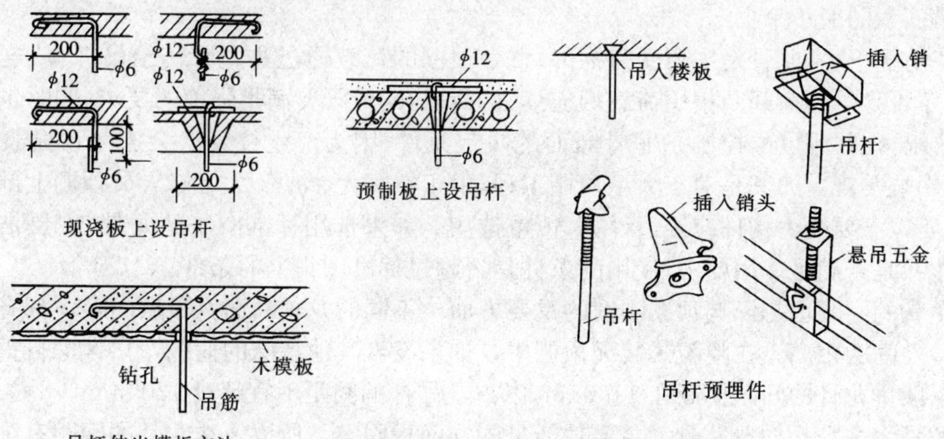

图 3-3 吊杆同楼板固定

吊杆同龙骨的连接，可以采用焊接，也有的采用吊挂件。吊挂件分为上人顶棚的吊挂件与不上人顶棚的吊挂件两种。图 3-4 是吊挂件安装示意。

焊接固然很牢固，但维修或更换时较麻烦。吊挂件则不然，它是工厂的成品，随龙骨配套供应，安装一般比较简单牢固，如上面提到的两种吊挂件，安装时已经定型化，套住即可。吊挂件的型式主要是根据龙骨的断面来设计，不同的龙骨断面，需不同的吊挂件，安装的办法也有所差别。

上人顶棚同不上人顶棚在悬挂系统上也有区别，图 3-4 所示的便是上人顶棚吊装件安装，即要挂住龙骨同时也要阻止龙骨摆动，所以，用一个吊环将龙骨箍住。图 3-5 所示的不上人顶棚龙骨悬吊与安装，是用一个特制的挂件卡在龙骨的槽中，使之达到悬挂的目的。

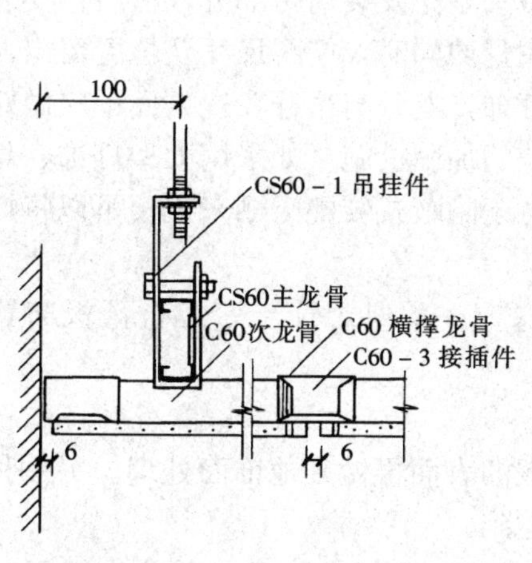

图 3-4 上人顶棚吊挂件安装图

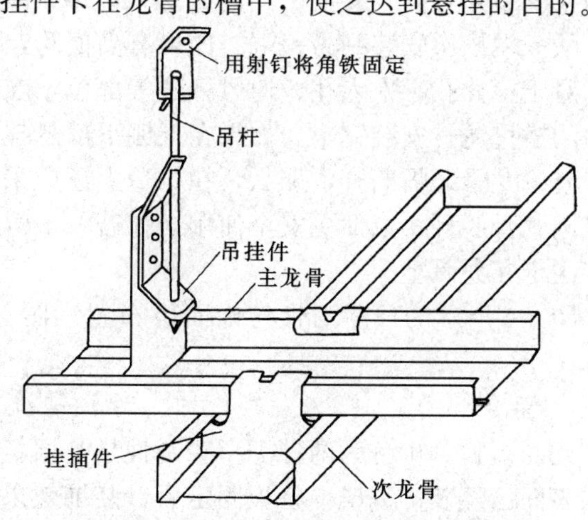

图 3-5 不上人顶棚龙骨悬吊与安装

4. 安装与调平龙骨

吊杆一般吊在主龙骨上，如果没有主、次龙骨之分，那么吊杆就吊在通长的龙骨上。

在龙骨的安装程序上因为主龙骨在上，所以，吊挂件同主龙骨相连，然后再将次龙骨用连接件与主龙骨固定，在主、次龙骨的安装程序上，可先将主龙骨与吊杆安装完毕，然后再安装次龙骨。也可主、次龙骨一齐安装，二者同时进行。至于采用哪种形式，主要视不同部位及所吊面积的大小来决定。

一般情况下，主龙骨是主要受力构件，整个顶棚的荷载通过主龙骨传给吊杆，从这个角度分析，主龙骨是均布荷载及集中荷载的连续梁，所以，龙骨既要满足强度的要求，同时也要满足刚度的要求，往往刚度的控制是龙骨断面的决定条件，因为产生挠度将会影响顶棚表面的平整，直接影响美观。尤其是对于大型顶棚工程，由于空间大、跨度大、检修人员顶棚上部活动的机会多，所以主要受力构件应经过计算、慎重选用。如果选用标准图集的龙骨，主要是核对一下该种体系是否满足使用要求，使用的条件是否超过标准图集上的条件。

主龙骨的间距也是影响顶棚刚度的重要方面，不同的龙骨断面及吊点间距，都有可能影响主龙骨之间的距离。在隐蔽式装配顶棚中，如果没有其他特殊的荷载，只考虑自重及上人检修，一般主龙骨的间距控制在 1100mm 以内，吊杆的间距不宜超过 1200mm。

次龙骨大多数是构造龙骨，主要功能是同饰面板固定，所以，次龙骨的间距有饰面板的规格所决定，并设置相应尺寸的横撑龙骨，以便将板的四周都固定在龙骨上。

对于单块面积较大的板材，如纸面石膏板、胶合板一类的大块板材，次龙骨的间距应适当控制。如若间距太大，板在使用一段时间后，由于自重的因素，可能会产生挠度。过密的布置次龙骨，也没有必要，一般情况下，宜控制在 500mm 左右。

主、次龙骨的连接，组成一个骨架，对于采用非标准图集上的龙骨，通常用焊接或用螺栓连接。采用标准图集龙骨，各种连接件已经配套。如图 3-1 所示，CS60-1、C60-2 便是不同的连接件。

安装与调平龙骨宜在同一时间完成，因为在安装龙骨前，已经拉好标高控制线，根据标高控制线，使龙骨就位。调平主要是调整主龙骨。主龙骨标高正确，次龙骨不会发生什么问题。

在安装龙骨前，先把房间的四边尺寸及四角角方复核一下，一般是按照预先弹好的位置，从一端依次安装到另一端。如果有高低跨，常规做法是先安装高跨部分，然后再安装低跨。对于检修孔、上人孔、通风箅子等部位，在安装龙骨的同时，应将尺寸及位置留出，将封边的横撑龙骨安装完毕。如果在天棚下部悬挂大型灯饰，龙骨与吊杆在这方面都应做好配合。有些龙骨还需断开，那么，在构造上还应采取相应的加固措施。如采用大型灯饰、悬挂最好同龙骨脱开，以便更安全使用。如若一般灯具，对于隐蔽式装配天棚来说，可以将灯具直接固定在龙骨上。

图 3-6 所示的顶棚龙骨与饰面板布置。图 3-7 是 CS60 系列龙骨与穿孔石膏板布置示意图。

5. 固定板材

饰面板材，可分为两种类型。一种是基层板，在板的表面再做其他饰面处理。另一种是板的表面已经装饰完毕，将板固定后，装饰效果已经达到。

饰面板的固定，根据龙骨的断面及饰面板边的处理及饰面板的类型，可分为以下三种情况。

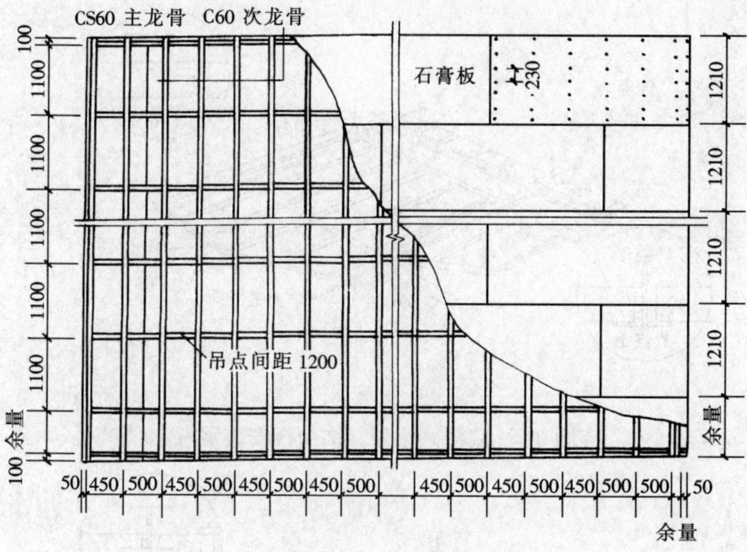

图 3-6　顶棚龙骨与饰面板布置图

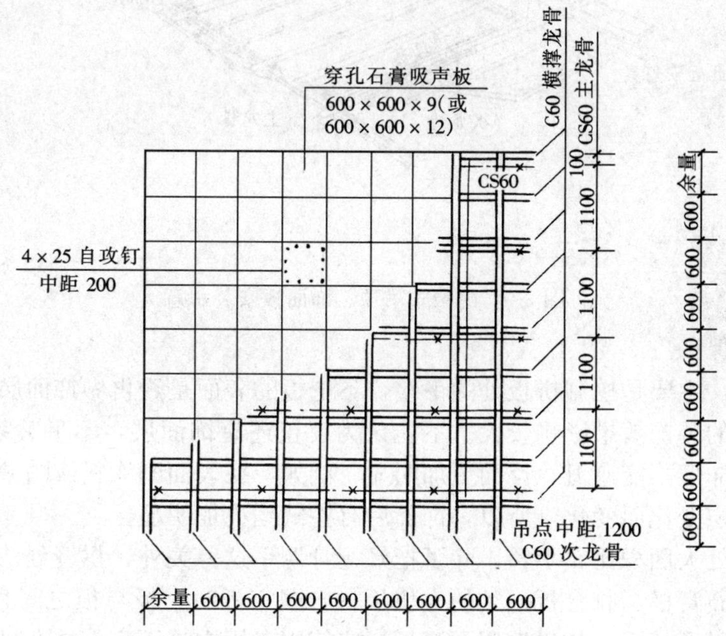

图 3-7　穿孔石膏板与龙骨布置

（1）饰面板（或基层板）用镀锌自攻螺钉固定在金属龙骨上，孔眼用腻子补平，再用与板面颜色相同的色浆涂刷。

（2）用胶将饰面板粘到龙骨上。

（3）将饰面板加工成企口暗缝的形式，龙骨的两条肢插入暗缝内，也不用胶，靠两条肢将板担住，如图 3-8、图 3-9 所示。

板与板之间，有离缝与密缝处理。密缝主要控制缝格的顺直，要想做到这一点，除了接通长缝格控制线外，特别要注意板的尺寸误差，尺寸误差较大的板使用前必须经过修正，否

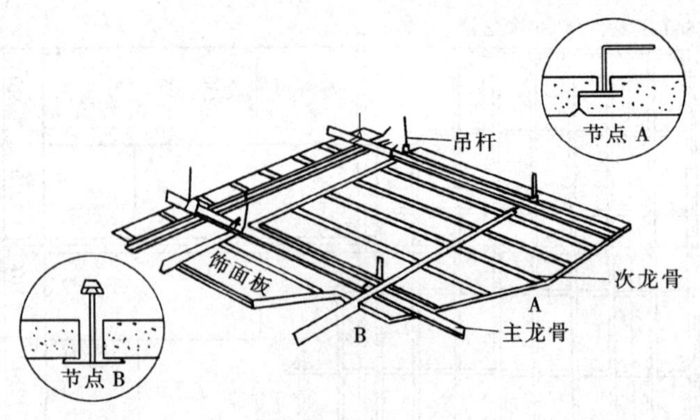

图 3-8 隐蔽式吊顶、饰面板安装示意

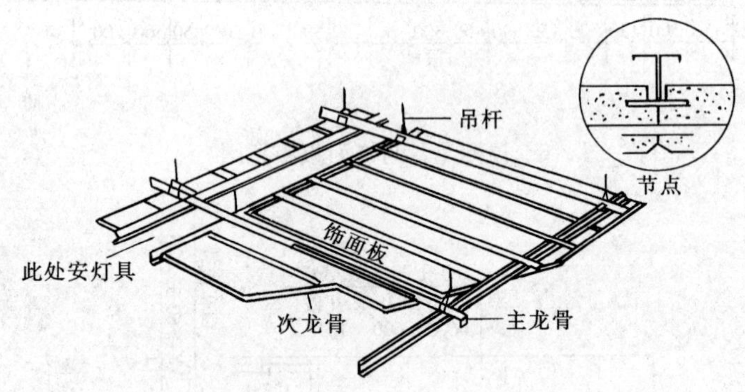

图 3-9 隐蔽式吊顶、饰面板安装示意

则缝格顺直难于保证。

密缝的处理，主要是控制拼板处的平整，不论板的表面是否再做饰面层，接缝处明显不平的现象对顶棚的装饰效果影响较大。不能认为反正还有饰面层，不平关系不大，殊不知，有些饰面做法，非但不能遮丑，反而更加明显。例如，在表面刷涂料或贴壁纸，因为饰面层很薄，易于随基层变化而变化，所以，饰面后有些缺陷更加明显。

要获得拼缝处大面积比较平整，除了把好龙骨调平这一关外，拼缝处认真施工也非常重要。对于像纸面石膏板、胶合板一类的大块板材，固定板时，板与板之间宜留出 3mm 左右的间隙，然后用腻子补平。如果选用石膏板，应使用专用嵌缝石膏，并在拼板处贴一层穿孔扫缝纸，在正常情况下，将石膏板缝处理妥当，要经过不少于四道做法的程序。

大块的板材，使用的长边应垂直于次龙骨，具体布置如图 3-7 所示。

6. 板面的饰面处理

如果选用的板材已经装饰，就不存在饰面的问题。饰面的做法可谓花样繁多，但在众多的饰面做法中，用得较多的应首推裱贴壁纸。

如果选用镜面材料镶贴，要特别注意表面材料的固定问题，除了用胶粘贴以外，还需用钉紧固或用压条周边压紧。如果选用镜面玻璃，应该使用安全玻璃。镶贴不同规格的材料，固定办法都有可能发生变化，但是不论用何种办法，均应注意安全、牢固。

7. 饰面板企口暗缝固定

用螺钉将板半固定在龙骨上的办法，因其工艺简单、板材周边不用切口处理、安全方便，因而获得广泛使用。如果将板的四周割成企口，将龙骨的边缘嵌进企口中，进而将板固定。此种办法，安装亦很简单，有些表面装饰已经完毕的板材，多用这种办法。板边处理与安装示意图如图 3-10 所示。

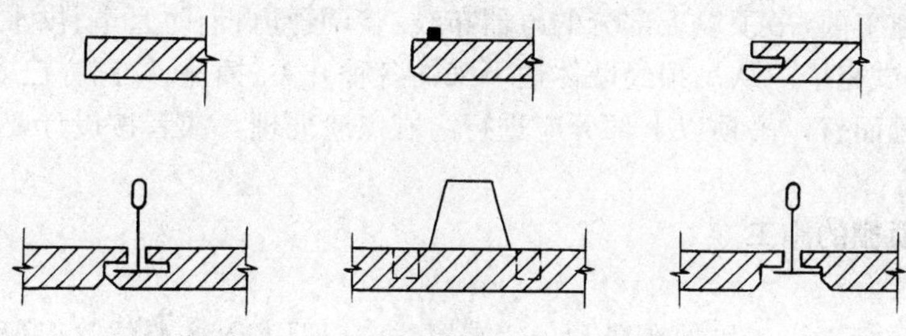

图 3-10 板边处理与安装示意

第三节 开敞式顶棚

开敞式顶棚，它的吊顶饰面是开敞的，如图 3-11 所示，有的与室内灯光照明相结合，对顶棚的装饰效果影响较大。

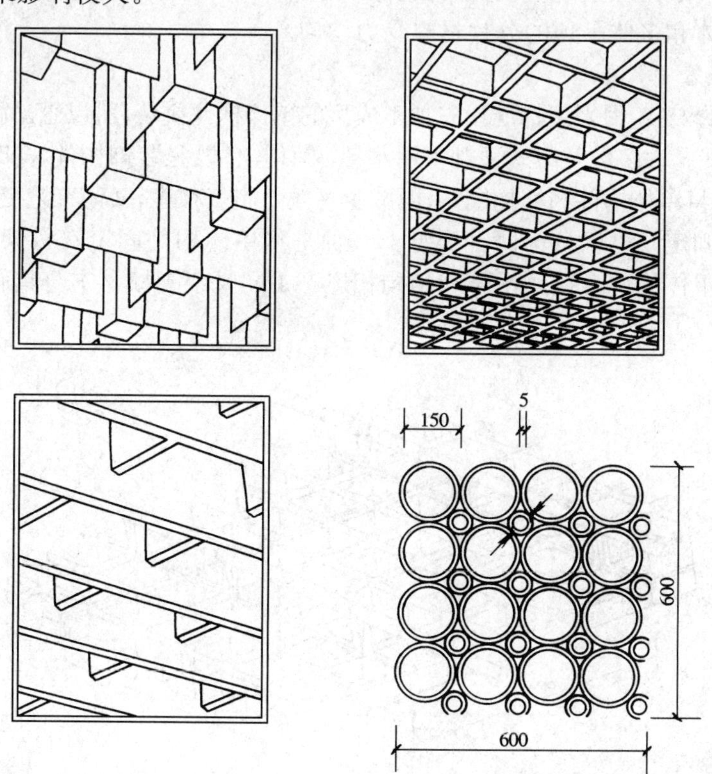

图 3-11 开敞式吊顶示意图

开敞式顶棚采用标准的预先加工成型的单体构件拼装，所以，悬吊与就位同其他类型顶棚相比要简单一些。大多数开敞式顶棚不用龙骨，单位构件既是装饰构件，同时也能承受本身自重。所以，可直接将单位构件与结构固定，即减少了龙骨施工的程序，又使工艺变得简单。因为开敞式顶棚是开口的，上部设备与管道的维修一般不用爬到顶棚上面，站到下面，通过开口部位便可进行工作。

单体构件的固定，可以分为两种类型。一种是将单位构件固定在骨架上；另一种是将单体构件直接用吊杆与结构相连，不用骨架支撑，本身具有一定的刚度。

在顶棚吊顶施工前，吊顶以上部分的电器布线、空调管道、消防管道、供水排水管道必须安装就位，并基本调试完毕。从吊顶经墙体通下来的各种开关、插座、线路亦已安装就绪。

对开敞式顶棚而言，吊顶以上部分应进行涂刷黑漆处理，或者按设计要求的色彩进行涂刷处理。

一、开敞式顶棚的施工

（一）放线

放线主要包括标高线、吊挂布局和分片布置线，以及龙骨中心线，以保证板面平整，同时要复核室内墙纵横尺寸及四角是否是直角。

由于材料和工艺的局限，单体和多体吊顶也需要分吊装而每个分片可以在地面事先组装和饰面处理。分片布置线就是根据吊顶的结构形式、材料尺寸和材料的刚度来确定分片的大小和位置。

分片布置线一般先从室内吊顶直角位置开始逐步展开。吊挂点的布局需根据分片布置线来设定，以使单体和多体吊顶的分片材料受力均匀。

（二）顶棚安装

开敞式顶棚的安装，因采用标准预先加工成型的单体构件拼装，所以悬吊就位同其他类型的天棚相比要简单些。大多数开敞式顶棚不用龙骨，单体构件既是装饰构件，同时也能承受本身自重。所以，可直接将单体构件与结构固定，既减少了龙骨施工程序，又使工艺变得简单。

单体构件的固定，可以分为两种类型。一种是将单体构件固定在骨架上，如图 3-12 所示，另一种是将单体构件直接用吊管与结构相连，不同骨架支撑，本身具有一定的刚度，如图 3-13 所示。

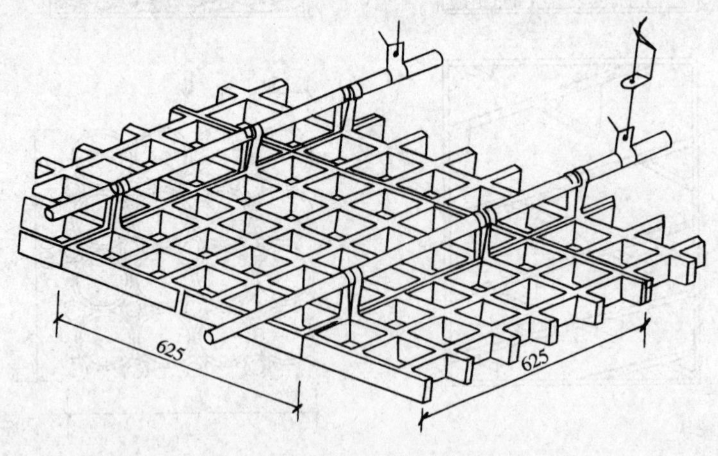

图 3-12　安装示意

1. 吊装

（1）地面拼装：根据施工图所设计的单体和多体结构式样以及材料品种，进行拼装工作。

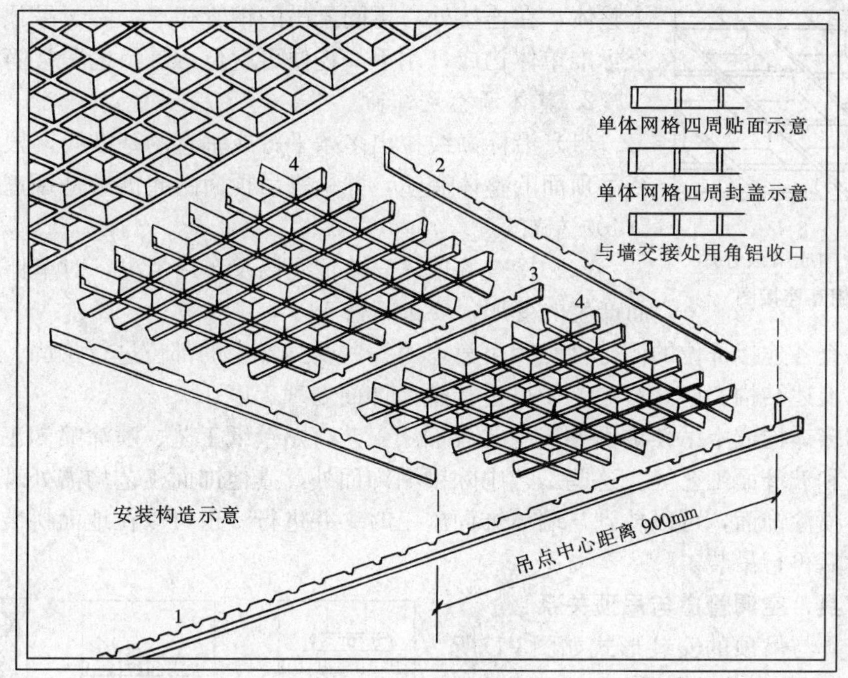

图 3-13　安装构造示意

1—吊管 1800mm；2—横插管 1200mm；3—横插管 600mm；4—单体网格构件 600×600mm

（2）吊杆固定：同第二节所述。

（3）面板安装：

1）从一个墙角开始，将分片吊顶托起，高度略高于标高线，并临时固定该分片吊顶架。

2）用棉线或尼龙线沿标高线拉出交叉的吊顶平面基准线。

3）根据基准线调平该吊顶分片。如果吊顶面积较大，可以使吊顶面有一定量起拱。

4）将调平的吊顶分片进行固定。间接固定方法如图 3-14 所示。直接固定可用吊点铁丝或铁件，与固定在吊顶构件上的连接件进行固定连接。直接固定方法如图 3-15 所示。

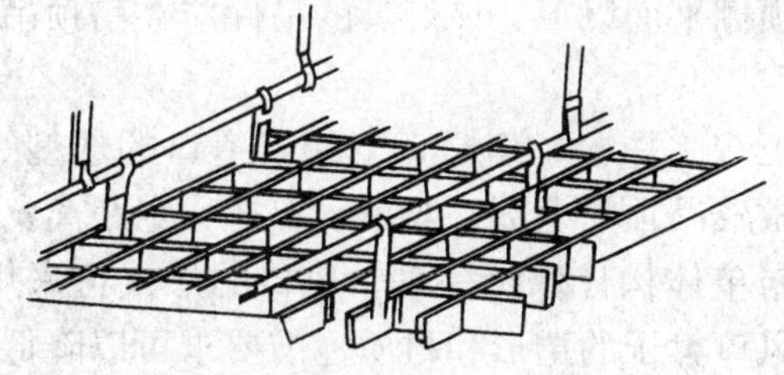

图 3-14　间接固定方法

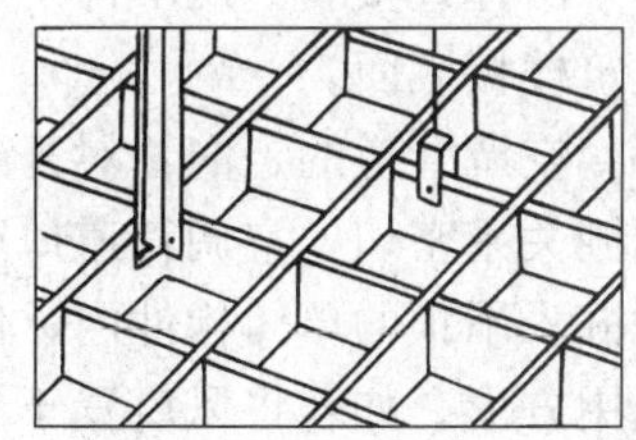

图 3-15　直接固定方法

悬吊构成吊顶还有其他一些方式，具体采用何种办法，关键在于材料的断面尺寸，以及材料强度、刚度等特性。

5）构成吊顶分片间相互连接时，首先将两个分片调平，使拼接处对齐，再用连接铁件进行固定。拼接的方式通常为直角拼接和顶边连接，如图 3-16 所示。

6）用铝合金装饰板加工成型的单体构成，安装是将每一种标准单体构成用卡具连成一

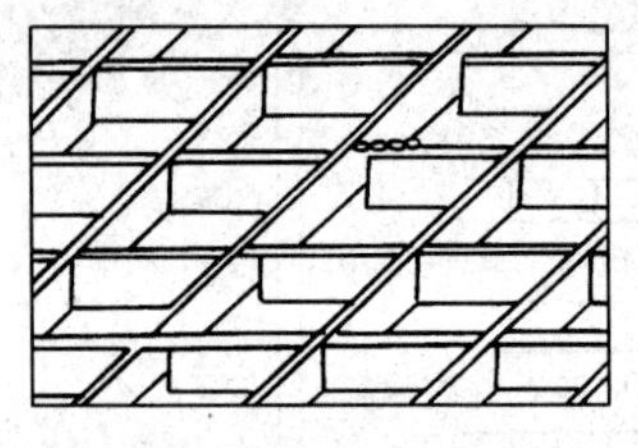

图 3-16　构成吊顶分片间的相互连接图

个整体，在连接处，再同悬吊的钢管相连。由于吊顶质量轻，一个标准单体构成，用手一托便可就位，悬吊也非常简单。

2. 整体调整及饰面

（1）沿标高线拉出多条平行或垂直的基准线，根据基准线进行吊顶面的整体调整，并检查吊顶面的起拱量是否正确（一般为3/400左右）。

（2）检查各单体安装情况以及布局情况，对单体本身因安装而产生的变形，要进行修正。

（3）检查各连接部位的固定件是否可靠，对一些受力集中的部位进行加固。

（4）在上述结构工序完成后，便可进行整体饰面处理工序。

单体和多体构成木吊顶饰面方式主要有油漆工艺、贴壁纸工艺、喷涂喷塑工艺、镶贴不锈钢板工艺和玻璃面工艺等。这些工艺中除镶贴饰面外，其他饰面工艺均需处理底面层。贴壁纸饰面与喷涂饰面，可以放到与墙体饰面施工时一并进行。也可以在地面拼装时先进行饰面处理，然后再行吊装。

二、灯具、空调管道与吊顶关系

各种灯具与吊顶的安装形式如图3-17所示。灯具的布置与安装常采用以下几种形式：

（1）内藏式安装：将灯具布置在吊顶的上部，并与吊装表面保持一定距离。这种作法往往在吊顶吊装前就应安装。

（2）嵌入式安装：这种布置是将灯具嵌入单体构成的网格内，灯具与吊顶面保持水平，或者灯具的照明部分伸出吊顶平面。这种形式可在吊顶完成后进行，但灯具的尺寸规格应与吊顶框格尺寸尽量一致。

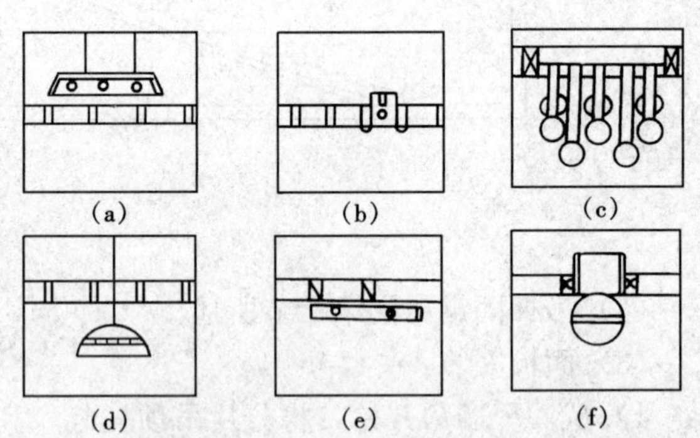

图 3-17　灯具与吊顶的安装形式

(a) 内藏式；(b) 嵌入式；(c)、(f) 嵌入外露式；(d) 悬挂式；(e) 吸顶式

（3）吸顶式安装：可将灯具固定在顶棚平面上。

（4）吊挂式安装：用吊件将灯具悬吊在顶棚平面以下。该灯具的吊件应在吊顶吊装前固定在建筑楼板底面。

（5）空调管道的走向：对开敞式吊顶并无多大影响，但是，空调管道口的选型及布置，则与顶棚关系密切。空调管道口可以置于开敞式吊顶的上部，与吊顶保持一定距离；也可以将风口嵌入吊顶的单体构件内，使风口箅子与单体构件保持一平。风口的形式可采用圆形，也可选用方形。如若将风口置于吊顶上部，风口箅子的选形和材质标准要求可以降低，安装施工也较简单；如若将风口箅子嵌入单体构件内，与吊顶面保持一平，风口箅子的造型、色泽与材质要求标准要高一些，应与吊顶的装饰效果相协调。开敞式吊顶空调管道口的一般布置方式如图 3-18 所示。

三、安装要点

（1）在确定吊顶骨架的结构尺寸及龙骨位置线时，要根据吊顶的长宽边尺寸（方板，方孔规格尺寸）确定。四周留边时，留边尺寸要对称均匀。当四周靠墙边缘部分不符合方格的模数时，可改用同色彩的条板或石膏板。

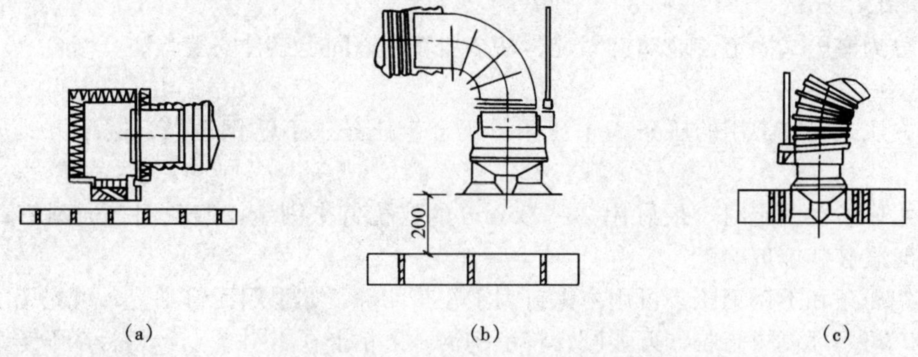

图 3-18 开敞式吊顶空调管道布置方式

(a)、(b) 风口设于吊顶面上部；(c) 风口箅子嵌入单体构件内，与吊顶面一致

(2) 单位构件安装，重点控制整齐问题。因为开敞式顶棚，就是通过单位构件的有规律组合，而取得一定的装饰效果；如不顺、不齐，将达不到要求的装饰效果。要控制好整齐，除必须控制构件加工质量及产品验收外，在施工中拉线、顺线控制上也是能保证整齐的。

(3) 在板条接长部位，为避免接缝过于明显，应在条板、框架切割时，控制好切割的整齐，同时应将切口部位用锉刀修平，然后再用相同颜色的胶黏剂将接缝处黏合。

第四节 玻 璃 顶 棚

以玻璃作为采光屋面的主要材料，是我国目前采光屋面设计和制作的主要方式。它的优点是采光效率较高，炎热和寒冷地区可以同时选择玻璃顶棚（一般炎热地区可采用阳光能量获得率低的玻璃、而寒冷地区可采用阳光能量获得率高的玻璃），布置比较灵活、照度比较均匀、易与外界空间交流，视觉比较开阔。但也存在一些问题，如阳光直射使室内产生强烈眩光及热辐射等。

玻璃顶棚的构造分为两大类，一种是以各种金属型材或钢筋混凝土梁架为骨架，嵌装各种玻璃或有机玻璃并用密封胶密封防水。

另一种是以有机玻璃经热压加工制成各种穹形、拱形、多角锥形的采光罩体，并与各种防水围框和紧固件配套。它既可以单独使用，也可以按设计要求组合成大小不等、形式多样的采光屋面。

一、装饰玻璃镜吊顶

（一）对基面要求

吊顶结构已完成，基面应为板面结构，通常是木夹板基面。如果采用嵌压式安装基面，可以是纸面石膏板基面。基面要求平整、无鼓肚凹凸现象。

（二）弹线

根据装饰玻璃镜面尺寸和骨架尺寸，在顶面基面板上弹线，确定镜面的排列方式。因为压条应固定在顶棚骨架上，并根据骨架来安排压条的位置和数量。同时把非标准尺寸的玻璃尽量排在边缘靠墙部位。

（三）固定安装

安装分为嵌压式固定、玻璃钉固定、黏结加玻璃钉固定三种安装方法。

1．嵌压式固定安装

（1）嵌压式安装常用的压条为木压条、铝合金压条、不锈钢压条。嵌压方式如图3-19所示。

（2）木压条在固定时，最好用20～25mm的钉枪钉来固定，避免用普通圆钉，以防止在钉压条时震破装饰玻璃镜。

（3）铝压条和不锈钢压条可用木螺钉固定在其凹部。如采用无钉工艺，可先用木衬条卡住玻璃镜，再用环氧树脂胶（万能胶）将不锈钢压条粘卡在木衬条上，然后在不锈钢压条与玻璃镜之间的角位处封玻璃胶，如图3-20所示。

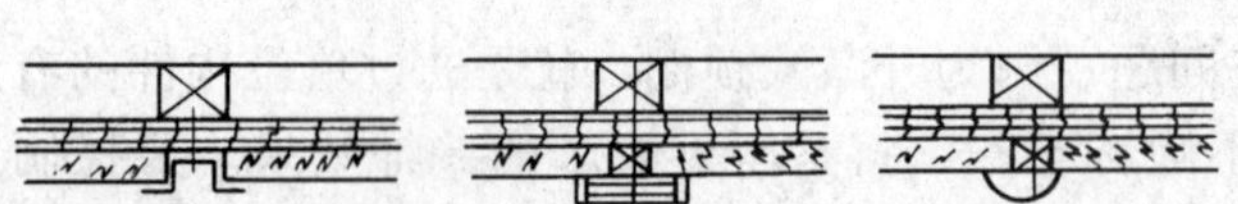

图3-19 嵌压式固定玻璃镜的几种形式

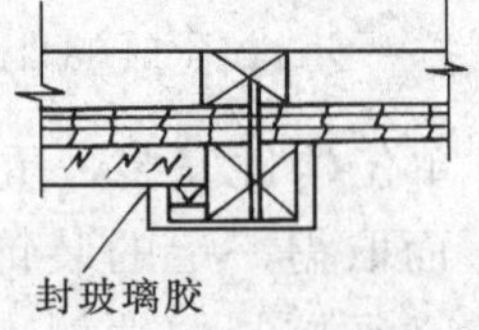

图3-20 嵌压式无钉工艺

2．玻璃钉固定安装

（1）玻璃钉需要固定在木骨架上，安装前应按木骨架的间隔尺寸在玻璃上打孔，孔径小于玻璃钉端直径3mm。每块玻璃板上需钻出4个孔，孔位均匀布置，并不能太靠镜面的边缘，以防镜面开裂。

（2）装饰玻璃安装应逐块进行。镜面就位后，先用直径2mm的钻头，通过玻璃镜上的孔位，在吊顶骨架上钻孔，然后再拧入玻璃钉。拧入玻璃钉后应对角拧紧，以玻璃不晃动为准，最后在玻璃钉上拧入装饰帽，如图3-21所示。

（3）装饰玻璃镜在两个面垂直相交时的安装方法有角线托边和线条收边等几种，如图3-22所示。

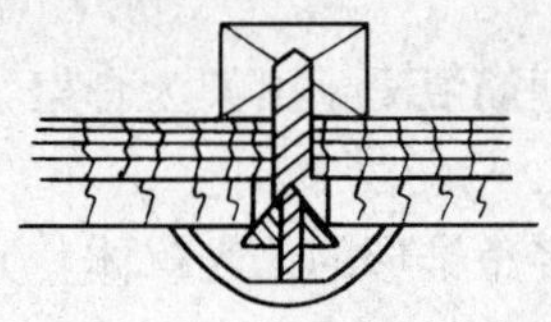

图3-21 玻璃钉固定安装

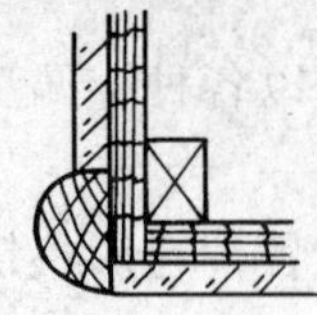

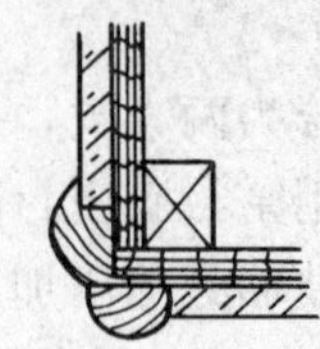

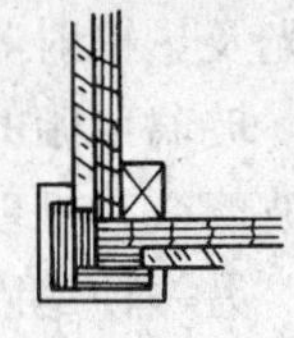

图3-22 玻璃镜在垂直面的衔接方式

3．黏结加玻璃钉双重固定安装

在一些重要场所或玻璃镜面积大于1m^{2}的吊顶面安装，经常用黏结后加玻璃钉的固定方法，以保证万一玻璃镜在开裂时也不致下落伤人。玻璃镜黏结方法如下：

（1）将镜的背面清扫干净，除去尘土和砂粒。

（2）在镜的背面涂刷一层白乳胶，用一张薄牛皮纸粘贴在镜背面，并用塑料片刮平整。

（3）分别在镜背面的牛皮纸上和顶面木夹板面涂刷环氧树脂胶（万能胶），当胶面不粘手时，把玻璃镜按弹线位置贴到顶面木夹板上。

（4）注意：粘贴玻璃镜时，不得直接用环氧树脂胶涂在镜面背后，以防止对镜面涂层的腐蚀损伤。

(5) 用手抹压装饰玻璃镜，使其与顶面黏结紧密，并注意边角的粘贴情况。

(6) 最后，用玻璃钉将镜面再固定4个点。固定方法如前述。

二、玻璃砖采光顶棚

(一) 翻样

(1) 先按设计要求进行翻样，排列玻璃砖与密肋的详细尺寸和图案。图案的排列常用两种形式：一种是按玻璃砖纵横平列，另一种是按斜形线排列，如图3-23所示。

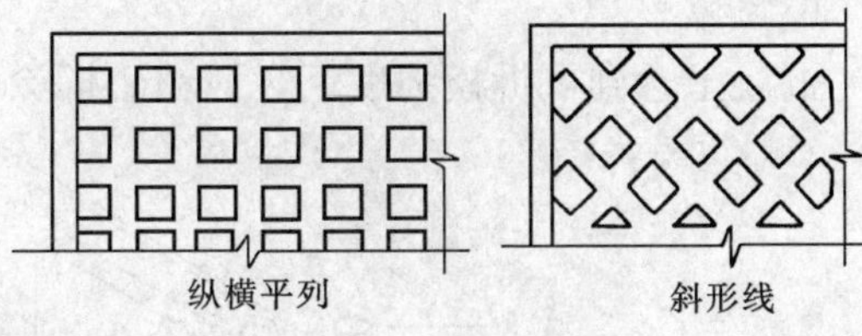

图3-23　玻璃砖的排列

(2) 玻璃砖铺排前应剔选，裂缝掉角的不能使用，必须将玻璃砖清洗干净。

(二) 施工方法

施工工艺流程：

支模 → 绑扎钢筋 → 铺排砖 → 捣制混凝土 → 养护 → 拆模

1. 支模

(1) 要求模板的位置、截面尺寸形状、标高符合设计图纸要求，并保证在浇筑混凝土完毕后，上述的位置变化不超过允许范围。

(2) 支模时，使用的立柱、斜撑应有足够的强度。支完模时，保证模板的刚度和稳定性。同时对地基进行处理，受荷后不能有变形或沉降不均匀等现象。

(3) 模板接缝应严密，不得漏浆。对于接缝不严处应采用钉油毡、铺塑料薄膜、盖铁皮等方法处理，以保证不漏浆。

(4) 支模时，应注意涂抹隔离剂，最好用皂角或用塑料薄膜作隔离剂。

模板支好，并经水平或起拱检验无误，再在模板上按图案要求弹线。

2. 绑扎钢筋

按弹线位置绑扎钢筋，钢筋的纵横轴线平直不得扭曲，防止影响玻璃砖铺排。钢筋规格间距按设计要求布置。

3. 铺排玻璃砖

按弹线位置铺排玻璃砖，边铺边在玻璃砖四周用泥纸筋灰粘嵌，作临时固定，铺排玻璃砖应由一端开始逐步后移，铺后严禁踩踏。

4. 现浇混凝土

(1) 现浇混凝土前，应先穿搭好马道脚手，其宽度应满足工人操作、混凝土小车行走和材料的堆放坚固稳定，构造简单。

(2) 混凝土强度等级应符合设计要求，石子粒径不大于2.5cm，砂子的含泥量不大于1%。

(3) 现浇混凝土时要注意的问题：一是只能在密肋内缓缓喂料，不得任意倾倒；二是喂料后先用铁插在四周手工插捣稳定后，再用带插片的振动器小量振捣密实即可；三是现浇混凝土时，玻璃砖面应临时遮盖，浇后应随时清理密肋部位和玻璃砖面（见图3-24）。

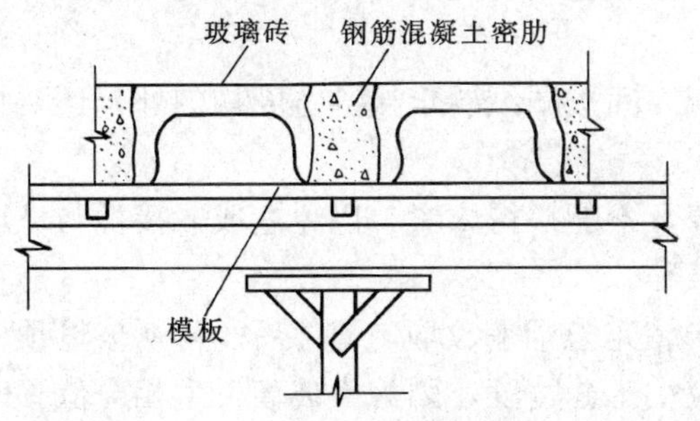

图3-24　玻璃砖顶棚施工图

5. 养护

混凝土现浇完毕，应进行养护，一般不少于7d或更长时间。

6. 拆模

混凝土达到可拆模强度后，应精心拆除模板，拆模时不得用棒撬玻璃砖的任何部位，并要防止模板反弹损坏玻璃砖。

三、点式玻璃顶棚

点式玻璃顶棚较玻璃砖顶棚及框式玻璃顶棚视觉更为开阔，轻巧美观，具有现代气息。图3-25所示为新颖点式玻璃顶棚。它由钢骨架通过驳接爪连接件与预先在四角开好孔的夹胶钢化玻璃连接，玻璃与玻璃之间灌注防水胶（硅酮胶）防水，形成一个整体。

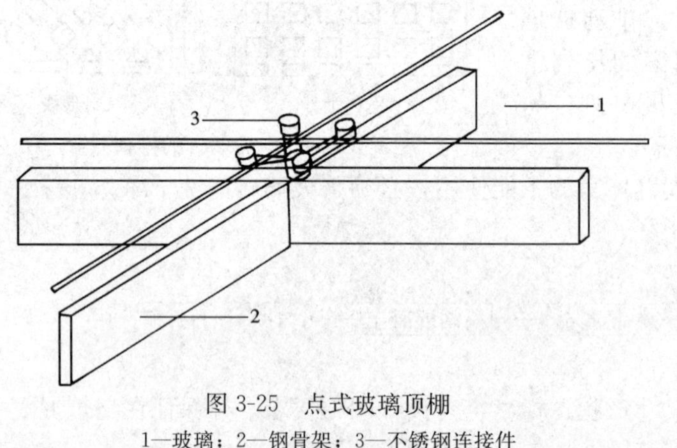

图3-25 点式玻璃顶棚

1—玻璃；2—钢骨架；3—不锈钢连接件

（一）安装

1. 骨架安装

骨架要按照拟安装玻璃的平面（或曲面）形状、轴线位置、标高线进行安装。在骨架上面每隔一定距离留一安装驳接爪的孔。

2. 玻璃安装

待钢骨架安装完后，在钢骨架上安装不锈钢驳接爪，在待安装的玻璃接缝位置处拉好十字交叉线，控制好待安装玻璃的位置及平面位置，用驳接爪与玻璃相连，到全部玻璃安装完后再进行一次玻璃缝隙大小及玻璃平整度调整。再在待打胶的缝隙底采用无黏结胶带在缝隙两边玻璃上粘上胶带纸，在缝隙上打胶，待胶凝固后撕去胶带纸，两边玻璃上贴保护胶纸，为避免密封胶污染玻璃。

（二）施工注意事项

（1）由于每块玻璃的连接孔都是按设计图位置在玻璃钢化前预先钻好。且孔与驳接爪连接的上下左右微调范围仅1～2mm。因此在骨架安装时轴线及标高一定要严格控制，否则会造成玻璃按要求位置安装的困难。

（2）房屋由于温差沉降、风力、地震力等因素会引起结构变形和位移，因此，骨架与房屋结构之间应采取“柔性连接”。

（3）玻璃与驳接爪连接除要控制好玻璃与玻璃之间按图纸要求接缝宽度均匀外，还要控制好玻璃与玻璃之间平整度。

（4）驳接爪与玻璃预留孔的连接要有一定间隙，不能拼得太紧，以免造成驳接爪与玻璃的安装应力；否则，钢化玻璃稍受外力扰动就会破碎。

（5）玻璃缝间硅酮密封胶施工，待玻璃全部安装完毕调平、均匀缝隙后，再从玻璃顶棚的一角或一边开始，打胶要均匀。嵌缝胶的厚度应小于缝宽度，因为当玻璃发生相对位移时胶被拉伸，胶缝越厚，边缘的拉伸变形越大，越易开裂。

四、耐力板和玻璃卡普隆板采光顶棚

耐力板即聚碳酸酯有机玻璃，是一种坚韧的热塑性塑料，具有很高的抗冲击强度和很高的软化点。

玻璃卡普隆板是由丙烯酸酯有机玻璃挤压成型，纵向加肋，肋间形成空间。这种双层中空有机玻璃的保温性能好。

（一）高分子塑料板的特点

相对于玻璃来讲,高分子塑料板重量轻、抗冲击性好、抗风压能力强、抗紫外线能力强、弯曲性能好,因此外形变化多种多样。由于它可以用常用工具加工,因此安装维修方便,另外它还有良好的阻燃性、不产生有毒气体、隔热性能、防水性能好、透光性能好等特点。

（二）高分子塑料板的类型

对采光罩体的外形结构角度来说，有机采光件可分为两大类型。

（1）金字塔形：由与投影底边数量相等的棱边组成。一般两相邻棱边组成的斜面和底平面之间成45°角，它有正四棱锥、正三棱锥、梯形、长方形、正方形以及五棱锥等形状。这种类型采光罩体的外形群体艺术感强。

（2）球面形：由圆弧球面所组成。根据投影面上的圆的半径尺寸大小，有从球缺一直到半球的多种规格的产品。它的外形美观而华丽。

（三）施工方法

（1）在土建施工时必须按照设计要求，预埋好固定钢结构用的预埋件。

（2）T形螺栓和铁脚的固定，应在 x，y，z 三个方向精确找正。外表面、水平高度、拱架间距安装精确度应符合设计图纸要求。

（3）按设计要求制作钢结构拱架，钢结构的焊缝应符合设计图纸要求，焊接部位，应及时涂刷防锈漆。

（4）采光板材安装的结构中有两种基本形式：

1）图3-26是采用耐力板为特点的结构示意图。这种结构不需要硅胶密封，设有渗水槽，安全不漏水，外形美观，安装方便。

2）图3-27是采用铝合金型材做盖板、硅胶密封的结构图。这种结构需用定制的铝合金型材，施工技术容易掌握。

（5）收口铝型材的紧固件间距不大于1500mm，上，下铝压条的紧固件间距不大于2000mm。安装过程热伸缩缝应符合设计图纸要求。十字、丁字接口处，应用硅酮密封胶封闭。嵌装密封条应使用整料。有接口时，应用密封胶封闭。

紧固件应采用不锈钢自攻螺钉，钉帽、垫片与铝材之间应设置三元乙丙橡胶密封垫。阳光板的安装，应留有热膨胀间隙3～5mm。嵌入铝型材的嵌压量应不小于20mm。

（6）冷凝水排泄孔的直径及布置间距应符合设计图纸要求。当阳光板有UV涂层时，应将涂层置于室外一侧。

（7）板材的清洗，应用布、海绵和肥皂或指定清洁剂进行清洗。不允许用丁基、异丙醇清洗防紫外线涂层的阳光板。禁止使用苯、汽油、丙酮四氯化碳作清洗剂，禁止使用强碱或硬质清洗器清洗板材。

（8）对钢结构表面进行防腐或防火涂料处理，然后可以在土建屋面作防水层施工。

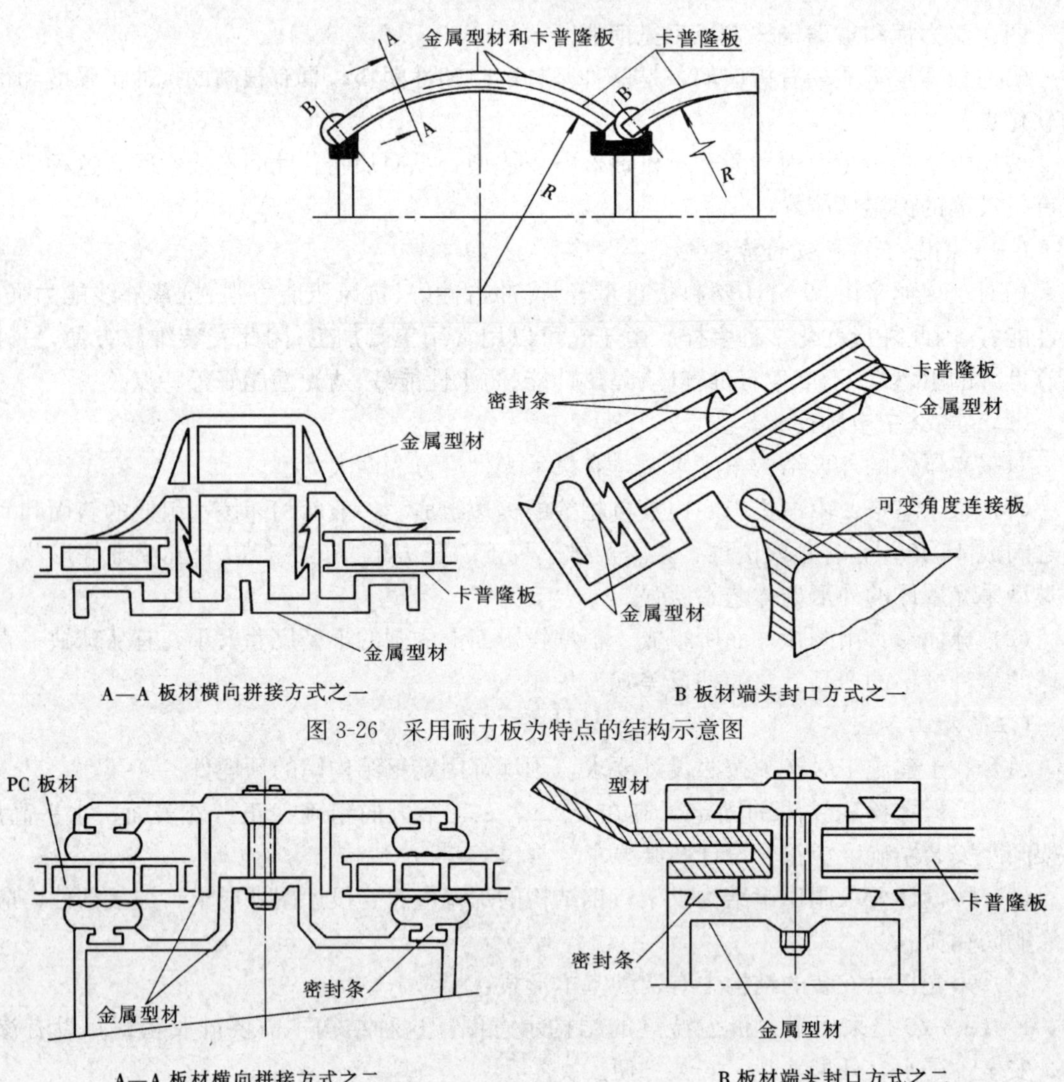

图 3-26 采用耐力板为特点的结构示意图

图 3-27 采用铝合金型材做盖板、硅胶密封的结构示意图

第五节 顶棚装饰工程质量要求及检验方法

一、一般规定

1. 各分项工程的检验批应按下列规定划分

同一品种的吊顶工程每 50 间（大面积房间和走廊按吊顶面积 30m² 为一间）应划分为一个检验批，不足 50 间也应划分为一个检验批。

2. 检查数量应符合下列规定

每个检验批至少抽查 10%，并不得少于 3 间；不足 3 间时应全数检查。

二、暗龙骨吊顶工程

暗龙骨吊顶工程质量验收内容适用于以轻钢龙骨、铝合金龙骨、木龙骨等为骨架，以石膏板、金属板、矿棉板、木板、塑料板或格栅为饰面材料的暗龙骨吊顶工程。

（一）主控项目

（1）吊顶标高、尺寸、起拱和造型应符合设计要求。

检验方法：观察；尺量检查。

（2）饰面材料的材质、品种、规格、图案和颜色应符合设计要求。

检验方法：观察；检查产品合格证书、性能检测报告、进场验收记录和复验报告。

（3）暗龙骨吊顶工程的吊杆、龙骨和饰面材料的安装必须牢固。

检验方法：观察；手扳检查；检查隐蔽工程验收记录和施工记录。

（4）吊杆、龙骨的材质、规格、安装间距及连接方式应符合设计要求。金属吊杆、龙骨应经过表面防腐处理；木吊杆、龙骨应进行防腐、防火处理。

检验方法：观察；尺量检查；检查产品合格证书、性能检测报告、进场验收记录和隐蔽工程验收记录。

（5）石膏板的接缝应按其施工工艺标准进行板缝防裂处理。安装双层石膏板时，面层板与基层板的接缝应错开，并不得在同一根龙骨上接缝。

检验方法：观察。

（二）一般项目

（1）饰面材料表面应洁净、色泽一致，不得有翘曲、裂纹及缺损。压条应平直、宽窄一致。

检验方法：观察；尺量检查。

（2）饰面板上的灯具、烟感器、喷淋头、风口篦子等设备的位置应合理、美观，与饰面板的交接应吻合、严密。

检验方法：观察。

（3）金属吊杆、龙骨的接缝应均匀一致，角缝应吻合，表面应平整、无翘曲、无锤印。木质吊杆、龙骨应顺直，无劈裂、变形。

检验方法：检查隐蔽工程验收记录和施工记录。

（4）吊顶内填充吸声材料的品种和铺设厚度应符合设计要求，并应有防散落措施。

检验方法：检查隐蔽工程验收记录和施工记录。

（5）暗龙骨吊顶工程安装的允许偏差和检验方法应符合表 3-1 的规定。

表 3-1　暗龙骨吊顶工程安装的允许偏差和检验方法（GB 50210—2001）

项次	项　目	允许偏差（mm）				检　验　方　法
		纸面石膏板	金属板	矿棉板	木板、塑料板、格栅	
1	表面平整度	3	2	2	2	用 2m 靠尺和塞尺检查
2	接缝直线度	3	1.5	3	3	拉 5m 线，不足 5m 拉通线，用钢直尺检查
3	接缝高低度	1	1	1.5	1	用钢直尺和塞尺检查

三、明龙骨吊顶工程

明龙骨吊顶工程质量验收内容适用于以轻钢龙骨、铝合金龙骨、木龙骨等为骨架，以石膏板、金属板、矿棉板、塑料板、玻璃板或格栅等为饰面材料的明龙骨吊顶工程。

（一）主控项目

（1）吊顶标高、尺寸、起拱和造型应符合设计要求。

检验方法：观察；尺量检查。

（2）饰面材料的材质、品种、规格、图案和颜色应符合设计要求。当饰面材料为玻璃时，应使用安全玻璃或采取可靠的安全措施。

检验方法：观察；检查产品合格证书、性能检测报告和进场验收记录。

（3）饰面材料的安装应稳固严密。饰面材料与龙骨的搭接宽度应＞龙骨受力面宽度的2/3。

检验方法：观察；手扳检查；尺量检查。

（4）吊杆、龙骨的材质、规格、安装间距及连接方式应符合设计要求。金属吊杆、龙骨应进行表面防腐处理；木龙骨应进行防腐、防火处理。

检验方法：观察；尺量检查；检查产品合格证书、进场验收记录和隐蔽工程验收记录。

（5）明龙骨吊顶工程的吊杆和龙骨安装必须牢固。

检验方法：手扳检查；检查隐蔽工程验收记录和施工记录。

（二）一般项目

（1）饰面材料表面应洁净、色泽一致，不得有翘曲、裂缝及缺损。饰面板与明龙骨的搭接应平整、吻合，压条应平直、宽窄一致。

检验方法：观察；尺量检查。

（2）饰面板上的灯具、烟感器、喷淋头、风口箅等设备的安装位置应合理、美观，与饰面板的交接应吻合、严密。

检验方法：观察。

（3）金属龙骨的接缝应平整、吻合、颜色一致，不得有划伤、擦伤等表面缺陷。木质龙骨应平整、顺直，无劈裂。

检验方法：观察。

（4）吊顶内填充吸声材料的品种和铺设厚度应符合设计要求，并应有防散落措施。

检验方法：检查隐蔽工程验收记录和施工记录。

（5）明龙骨吊顶工程安装的允许偏差和检验方法应符合表3-2的规定。

表3-2　明龙骨吊顶工程安装的允许偏差和检验方法（GB 50210—2001）

项次	项　目	允许偏差（mm）				检验方法
		石膏板	金属板	矿棉板	木板、塑料板、格栅	
1	表面平整度	3	2	3	2	用2m靠尺和塞尺检查
2	接缝直线度	3	2	3	3	拉5m线，不足5m拉通线，用钢直尺检查
3	接缝高低差	1	1	2	1	用钢直尺和塞尺检查

思考练习题

3-1　直接式顶棚施工时应注意些什么？

3-2　悬吊式顶棚有哪几种类型？各个类型的特点是什么？

3-3　试述隐蔽式装配顶棚的施工工艺。
3-4　悬吊式顶棚的主龙骨主要受哪些力作用？为什么龙骨要满足强度、刚度要求？
3-5　饰面板的接缝有哪几种形式？各有什么要求？
3-6　上人顶棚与不上人顶棚龙骨、吊杆及连接件有什么不同？
3-7　开敞式顶棚施工工艺过程有哪些？
3-8　简述装饰玻璃镜吊杆安装时的弹线要求及安装固定方法。

第四章　楼地面装饰工程施工

楼地面是房屋建筑底层地坪与楼层地坪的总称。同其他装饰工程一样，它也必须满足使用条件和装饰要求，也就是应具有足够的强度、耐磨、耐冲击和表面平整、光洁、便于清扫等。对于首层地坪，尚需有一定的防潮功能，有的建筑还应达到隔声、保温及弹性要求。

楼地面由面层、垫层和基层三个层组成。地面常按面层材料和做法分类，如整体式楼地面、板块楼地面、木质面层楼地面、塑料面层楼地面、涂料面层楼地面和地毯地面等。

第一节　基层和垫层施工

一、施工准备

按照设计要求对基层进行处理；依据统一标高施工前在四周墙身弹好 500mm 水平线。各单元的地面标高除根据地面建筑设计要求对室内与走道、走道与卫生间等标高的不同要求来控制基层标高外，还要根据每个单元所采用的面层材料的不同来控制基层标高和垫层厚度，如室内和走道高差 20mm，而不同室内单元面层采用条木地板、花岗石或地毡，则垫层上标高就各不相同。地漏周围用水泥砂浆或细石混凝土稳固、堵严；穿过地面的立管加钢套管，并用膨胀性水泥砂浆或细石混凝土将套管四周填塞；地面垫层中各种预埋管线已完成，检查各种管线重叠交叉部位、对于管线重叠造成的叠层局部较薄处的部位，应采取防裂措施，如铺设钢筋网片等，再用细石混凝土稳牢。各种地插座安放位置应准确，并用 1∶3 水泥砂浆窝牢；检查预埋件、预留孔洞的位置和尺寸是否符合设计要求；门框已立好，再一次检查找正；对于弹簧门、金属转门及微波自动门在垫层施工时，要根据门的工艺要求埋设弹簧、设备箱盒及轨道等。墙、顶抹灰已做完，屋顶防水工作已做好。

二、基层施工

地面的基层多为土，应分层填筑，分层夯实。淤泥、腐殖土、冻土、耕植土、膨胀土和有机物含量大于 8%的土，均不得用作地面的填土，以免引起地面的不均匀沉陷，继而引起面层开裂。回填土的含水量应按最佳含水量控制，以便得到最佳密实度。

地基土经夯实后表面应平整，用 2m 靠尺检查，土表面的凹凸不平度不大于 10mm，标高应符合设计要求，水平偏差不大于 20mm。

楼面的基层是楼板，预制板楼面应做好板缝灌浆嵌缝堵塞工作，现浇整体楼面应做好面层找平工作并将楼面清扫干净。

三、垫层施工

垫层有刚性垫层、半刚性垫层及柔性垫层三种。

1. 刚性垫层

刚性垫层指水泥混凝土、碎砖混凝土、水泥矿渣混凝土和水泥石灰炉渣混凝土等各种低强度等级混凝土垫层。

混凝土垫层厚度一般为 60～100mm，浇筑前清理基层、检测弹线、并洒水湿润表面。

浇筑大面积混凝土垫层时，应纵横每 6～10m 设中间水平桩，以控制厚度，并根据变形缝位置、不同材料面层的连接部位或设备基础位置情况进行分仓，分仓距离为 3～4m。混凝土浇筑后应用平板振捣器赶平，并用木抹子搓平。

2. 半刚性垫层

半刚性垫层一般有灰土垫层、石灰炉渣垫层和碎砖三合土垫层。

灰土垫层是用熟石灰和黏土或亚黏土拌制而成，应做在不受地下水浸湿的地基上。灰土的配比一般为石灰：黏土＝3：7，石灰在使用前三天用水熟化过筛；土不含有有机物，使用前过筛，颗粒≤15mm。灰土应拌和均匀，加水适度，虚铺厚度为 150～250mm，夯实至 100～150mm，夯实晾干后方可进行下道工序。

碎砖三合土垫层是用石灰、炉渣拌和而成，厚度应≥60mm。炉渣粒径应≤40mm，且不超过铺筑厚度的 1/2，拌和时严格控制加水量，铺设后压实拍平。

3. 柔性垫层

柔性垫层包括用土、砂、石、炉渣等散状材料经压实的垫层，适当浇水后用夯夯实。

第二节　整体楼地面施工

一、水泥砂浆地面

水泥砂浆地面一般宜用大于 32.5MPa 强度等级的普通硅酸盐水泥和硅酸盐水泥与中砂或粗砂配制，配合比为 1：（2～2.5）（体积比），铺筑厚度为 15～20mm。

1. 抹灰饼和标筋（或称冲筋）

根据水平基准线再把楼地面面层上皮的水平基准线弹出。面积不大的房间，可根据水平基准线直接用长木杠抹标筋，施工中进行几次复尺即可。面积较大的房间，应根据水平基准线，在四周墙角处每隔 150～200mm 用 1：2 水泥砂浆抹标志块，标志块大小一般是 80～100mm 见方。待标志块结硬后，再以标志块的高度做出纵横方向通长的标筋以控制面层的厚度。标筋用 1：2 水泥砂浆，宽度一般为 80～100mm。做标筋时，要注意控制面层厚度及坡度方向，面层的厚度应与木门框的锯口线吻合。

2. 搅拌砂浆

面层水泥砂浆的配合比应不低于 1：2，其稠度（以标准圆锥体沉入度计）≤35mm，砂浆应是干硬性的，用手捏成团稍出浆即可。水泥砂浆必须用搅拌机拌和均匀，颜色一致。应注意掌握水泥砂浆的配比：水泥量偏少时，地面强度低、表面粗糙、耐磨性差、容易起砂；水泥偏多，则收缩量大、地面容易产生裂缝。应尽量减少砂浆的拌和用水量。较干硬的砂浆操作费力，但能保证工程质量；反之，用水量大，会降低地面强度，增加干收缩量而导致开裂或起砂。

3. 刷水泥浆结合层

在铺设水泥砂浆之前，应涂刷水泥浆一层，其水灰比为 0.4～0.5（涂刷之前将抹灰饼后的余灰清扫干净，再洒水湿润），不要涂刷面积过大，随刷随铺面层砂浆。

4. 铺水泥砂浆

涂刷水泥浆之后紧跟着要铺水泥砂浆，在灰饼之间（或标筋之间）将砂浆铺均匀，然后用木刮杠按灰饼（或标筋）高度刮平。刮时要从房间里面由里往外刮到门口，符合门框锯口线标高。

木刮杠刮平后，立即用木抹子搓平，从内向外退着操作，并随时用2m靠尺检查其平整度。木抹子抹平后，立即用铁抹子压第一遍，直到出浆为止，如果砂浆过稀表面有泌水现象时，可均匀撒一遍干水泥和砂（1∶1）的拌和料（砂子要过3mm筛），再用木抹子用力抹压，使干拌料与砂浆紧密结合一体，吸水后用铁抹子压平，但要特别注意：如表面无多余的水分，不得任意撒干水泥，否则会引起面层干缩开裂。如有分格要求的地面，在面层上弹分格线，用劈缝溜子开缝，再用溜子将分缝内压至平、直、光。上述操作均在水泥初凝之前完成。

面层水泥初凝后，人踩上去，有脚印但不下陷时，用铁抹子压第二遍，边抹压边把坑凹处填平，要求不漏压，表面压平、压光。有分格的地面压过后，应用溜子溜压，做到缝边光直压平、缝隙清晰、缝内光滑顺直。

在水泥终凝前进行第三遍压光（人踩上去稍有脚印），铁抹子抹上去不再有抹纹时，用铁抹子把第二遍抹压时留下的全部抹纹压平、压实、压光（必须在终凝前完成）。

水泥砂浆地面压光要三遍成活。每遍抹压的时间要掌握得当，才能保证施工质量。面层的压光工序应在表面初步收水后，水泥终凝前完成。若压光时间拖得过迟，会破坏水泥砂浆已开始形成的结构组织，容易造成起灰和脱皮；如抹压太早，则不易做到表面光洁密实。

5. 养护和成品保护

水泥砂浆面层抹压后，应在常温湿润条件下养护。养护要适时，如浇水过早易起皮，如浇水过晚则会使面层强度降低而加剧其干缩和开裂倾向。夏天一般是24h后养护，春秋季节应在48h后养护。养护一般不少于7d。最好是在铺上锯木屑（或以草垫覆盖）后再浇水养护，浇水时宜用喷壶喷洒，使锯木屑（或草垫等）保持湿润即可。如采用矿渣水泥时，养护时间应延长到14d。

在水泥砂浆面层强度达不到5MPa之前，不准在上面行走或进行其他作业，以免损坏地面。

二、细石混凝土地面

细石混凝土有两种常用做法：一为在结构层上做一层1∶2.5水泥浆找平层，在找平层上再做厚30～35mm细石混凝土；第二种做法是在现浇结构层上直接做40～50mm厚细石混凝土，即所铺细石混凝土随捣随抹做法。一般细石混凝土强度等级要求不低于C20，坍落度不宜大于30mm，以干硬性为佳，采用机械搅拌。

细石混凝土采用不低于32.5MPa强度等级的硅酸盐水泥、普通硅酸盐水泥或矿渣硅酸盐水泥；砂为粗砂，含泥量≤5%；所用碎石和卵石要求级配良好，粒径≤15mm或面层厚度的2/3，含泥量≤2%。

1. 一般做法

从基层处理到刷水泥浆的流程和水泥砂浆地面相同。现将浇捣的方法简述如下：

先进行细石混凝土搅拌：细石混凝土面层的强度等级应符合设计要求，如设计无要求时，应≥C20，由试验室根据原材料情况计算出配合比，应用搅拌机搅拌均匀，坍落度宜≤30mm。将搅拌好的细石混凝土铺抹到地面基层上（水泥浆结合层要随刷随铺），紧接着用2m长刮杠顺着标筋刮平，然后用滚筒（常用的为直径200mm、长度600mm的混凝土或铁制滚筒，厚度较厚时，应用平板振动器）往返、纵横滚压；如有凹处，用同配合比混凝土填平，撒一层干拌水泥砂（水泥∶砂=1∶1）拌和料，要撒匀（砂要过3mm筛），再用2m长刮杠刮平；铺细石混凝土时，应由里面向门口方向铺设，应比门框锯口线低3～4mm。

抹光工作与水泥砂浆同，在水泥终凝前，要求抹2～3遍，使其表面色泽一致，全部光滑无抹纹。面层抹压完24h后（有条件时，可覆盖塑料薄膜养护）进行浇水养护，每天不少于2次，养护时间一般至少不少于7d。

2. 随捣随抹施工法

随捣随抹面层，一般在现浇钢筋混凝土楼板或强度等级不低于C15的混凝土垫层时进行。采用随捣随抹面层是在混凝土楼地面浇捣完毕，表面略有收水后，即进行抹平压光。这种做法，省去了基层表面处理、浇水湿润和扫浆等工序，而且质量较好。

其施工工艺：

浇捣混凝土垫层（楼板）→抹面层、压光→养护

混凝土浇捣完后，要再用2m刮尺刮平，将局部缺浆处均匀铺撒1：1.5干灰砂一层，厚约5mm，待干灰吸水湿透后用刮尺刮平，随即用木抹子搓平。紧接着用铁抹子将面层的凹坑、砂眼和脚印压平、压光。待第一遍压光吸水后用铁抹子按先里后外的顺序第二遍压光。

第三遍压光应在水泥终凝前完成，常温下一般不应超过3～5h，抹子抹压上去以不留痕迹为宜。抹压时要用力，将抹子纹痕抹平压光。如压不光，可用软毛刷沾上少许水抹压。

随捣随抹面层的混凝土养护与水泥砂浆、细石混凝土面层相同。

三、现浇水磨石地面

现浇水磨石地面具有坚固耐用、表面光亮美观等优点。它是在水泥砂浆垫层已完成的基础上，根据设计要求弹线分格，镶贴分格条，然后铺抹水泥石子浆，待水泥石子浆硬化后磨光露出石碴，并经补浆、细磨、打蜡而做成。其构造及做法，如图4-1所示。

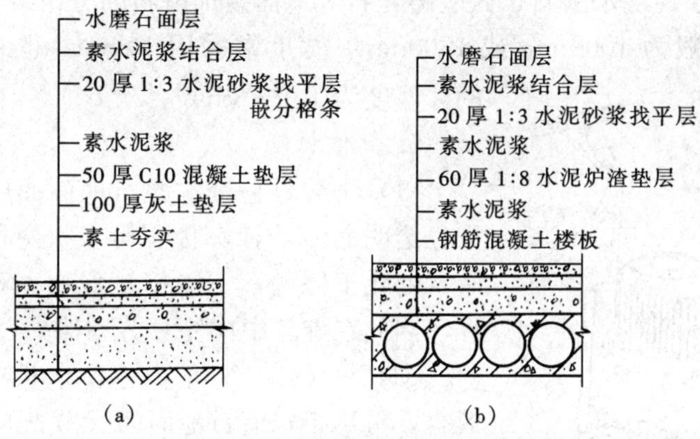

图4-1 水磨石地面

（a）现浇水磨石地面；（b）现浇水磨石楼面

现浇水磨石地面适用于清洁度要求高的场所，如商店售货厅、医院病房、门厅、走道、楼梯等。

（一）材料要求

1. 水泥

白色或浅色的水磨石面层，应采用白色硅酸盐水泥；深色的水磨石面层，采用硅酸盐水

泥、普通硅酸盐水泥或矿渣硅酸盐水泥。无论白水泥还是普通水泥均不宜低于 32.5MPa 强度等级。

2. 石粒

水磨石面层应采用质地坚硬、耐磨、洁净的大理石、白云石、方解石、花岗石、玄武岩或辉绿岩等，要求石粒中不含风化颗粒和草屑、泥块、砂粒等杂质，容易渗色的石粒（如汉白玉）一般不宜使用。石粒的最大粒径以比水磨石面层厚度小 1～2mm 为宜，见表4-1。石粒粒径过大则不宜压平，石粒之间也不易挤密实。各种石粒应按不同的品种、规格、颜色分别存放，切不可互相混杂，使用时按适当比例配合。除了石粒可作水磨石的骨料外，质地坚硬的螺壳、贝壳也是很好的骨料，这些产品沿海各地都有，来源较广。它在水磨石中经研磨后，大面闪闪发光增加水磨石地面的美感。

表 4-1 **石粒粒径要求**

水磨石面层厚度（mm）	10	15	20	25	30
石子最大粒径（mm）	9	14	18	23	28

3. 颜料

颜料在水磨石面层中虽然用量不大，但从面层质量和装饰效果来说，却占有相当重要的地位。颜料一般采用耐碱、耐光、耐潮湿的矿物颜料，要求无结块，掺量根据设计要求或由试验确定，一般不大于水泥质量的 12%。

4. 分格嵌条

视建筑物等级不同，通常主要选用黄铜合金分格条、铝合金分格条（铝条接触碱性物质后易腐蚀且颜色不鲜明，不美观，故一般不宜使用）和玻璃条三种，另外也有不锈钢、硬质聚氯乙烯制品。用于现浇水磨石、人工磨光石等地面装饰材料的分格线，常采用铜条和玻璃条。分格条长度一般为 1000mm 或 1200mm，宽度常采用 10mm，也有用 12mm 或 14mm 的，厚度为 1.2～3mm。

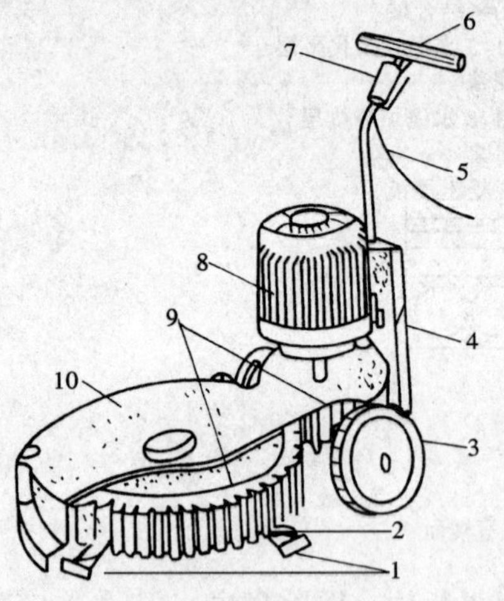

图 4-2 磨石机

1—磨石；2—磨石平具；3—行车轮；4—机架；5—电缆；6—扶柄；7—电闸；8—电动机；9—变速齿轮；10—防护罩

5. 其他材料

（1）草酸。它是水磨石地面面层抛光材料。草酸为无色透明晶体，有块状和粉末状两种。由于草酸是一种有毒的化工原料，不能接触食物，对皮肤有一定的腐蚀性，因此在施工中应注意劳动保护。

（2）氧化铝。它呈白色粉末状，不溶于水；与草酸混合，可用于水磨石地面面层抛光。

（3）地板蜡。它用于水磨石地面面层磨光后做保护层。地板蜡有成品出售，也可根据需要自配蜡液，但应注意防火工作。

（二）常用机具

除一般常用抹灰工具外，还需要磨石机、湿式磨光机和滚筒（分别见图 4-2～图 4-4）。

（三）施工过程

水磨石面层施工一般在完成顶棚、墙面抹灰后进行，也可以在水磨石磨光两遍后，进行顶棚、墙面的抹灰，然后进行水磨石面层的细磨和打蜡工作，但水磨石半成品必须采取有效的保护措施。

水磨石的基层和垫层施工方法同混凝土地面。面层施工时，应掌握以下操作要点：

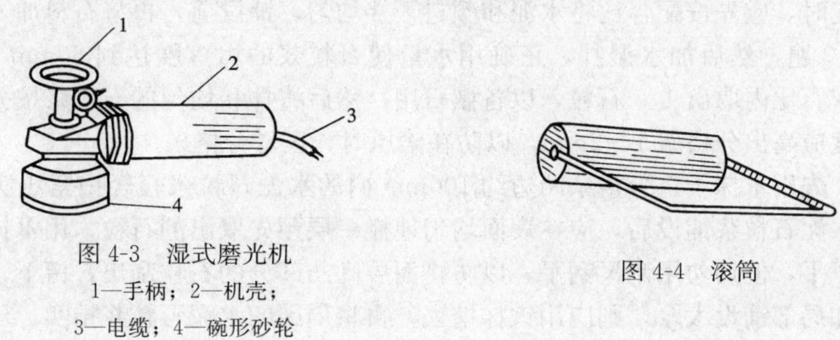

图 4-3　湿式磨光机

1—手柄；2—机壳；3—电缆；4—碗形砂轮

图 4-4　滚筒

1. 弹线并嵌分格条

先在找平层上按设计要求弹上纵横垂直水平线或图案分格墨线，然后按墨线固定铜合金条或 3mm 厚玻璃嵌条，并予以埋固牢，作为铺设面层的标志。水磨石分格条的嵌固是一项很重要的工序，应特别注意水泥浆的粘嵌高度和水平方向的角度。图 4-5 所示是分格条错误粘嵌法示意图，它使面层水泥石粒浆的石粒不能靠近分格条，磨光后将会出现一条明显的纯水泥斑带，俗称“秃斑”，影响装饰效果。分格条正确粘嵌方法是粘嵌高度略大于分格条高度的 1/2，水平方向以 30°为准，如图 4-6 所示。这样，在铺设面层水泥石粒浆时，石粒就能靠近分格条，磨光后分格条两边石粒密集，显露均匀、清晰，装饰效果好。

分格条十字交叉接头处粘嵌水泥浆时，如不留空隙（见图 4-7），则在铺设水泥石粒浆时，石粒就不可能靠近交叉处，磨光后，亦会出现没有石粒的纯水泥斑，影响美观。正确的做法，应按图 4-8 所示粘嵌，即在十字交叉的四周，留出 15～20mm 的空隙，以确保铺设水泥石粒浆饱满，磨光后，外形美观。

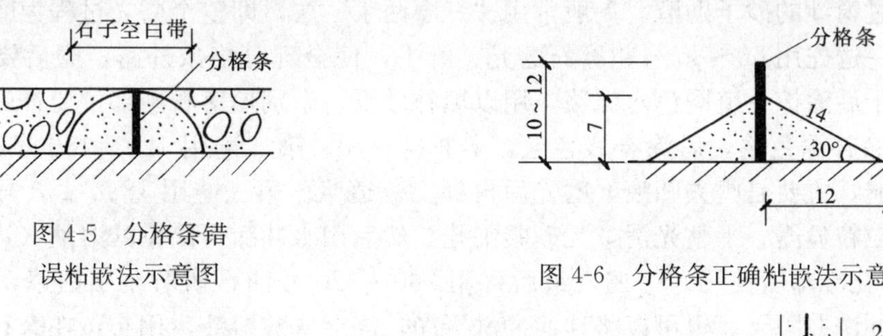

图 4-5　分格条错误粘嵌法示意图

图 4-6　分格条正确粘嵌法示意

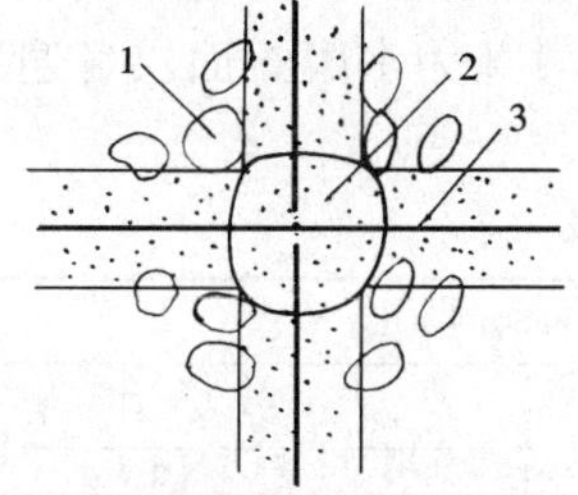

图 4-7　分格交叉处错误粘嵌法

1—石粒；2—无石粒区；3—分格条

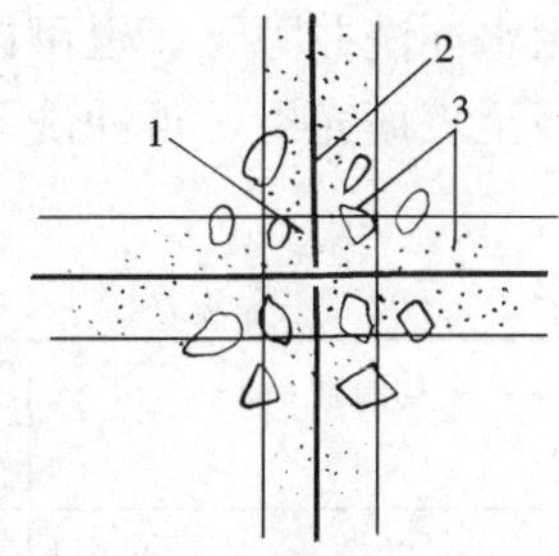

图 4-8　分格交叉处正确粘嵌法

1—石粒；2—无石粒区；3—分格条

分格条粘嵌好后，经 24h 即可洒水养护，一般养护 3～5d。

2. 铺设水泥石粒浆面层

分格条粘嵌养护后。清除积水浮砂，刷素水泥浆一道，随刷随铺设面层水泥石粒浆。水泥石粒浆调配时，应先按配合比将水泥和颜料干拌均匀。铺设前，再将石料加入彩色水泥粉中，干拌 2～3 遍，然后加水湿拌，正确用水量使石粒浆的坍落度达到 60mm 为宜。同时，应在选定的灰石比内取出 1/5 石粒，以备撒石用，然后将拌和均匀的石粒浆按分格顺序进行铺设，其厚度应高出分格条 1～2mm，以防在滚压时，压弯分格条。

铺设时，先用木抹子将分格条两边约 100mm 内的水泥石粒浆轻轻拍紧压实，以免分格条被撞坏。水泥石粒浆铺设后，应在表面均匀地撒一层预先取出的石粒，用木抹子或铁抹子轻轻拍实、压平，但切勿用刮尺刮平，以防将面层高凸部分的石粒刮出，留下水泥浆，影响装饰效果。如局部铺设太厚，则应用铁抹挖去，再将周围的水泥石粒浆拍实、压平，石粒分布均匀。

如在同一平面上有几种颜色的水磨石，应先做深色后做浅色。先做大面后做镶边，待前一种色浆凝固后，再抹后一种色浆，以免串色及界线不清而影响质量。但间隔时间不宜过长，以免两种石粒浆的软硬程度不同，一般隔日即可铺设。石粒浆铺设好后，先后用大、小钢滚筒或混凝土滚筒压实。第一次先用大滚筒压实，纵横各滚压一次，滚压时，要用扫帚及时扫去粘在滚筒上和分格条上的石粒。缺石粒处，要补齐。间隔 2h 左右，再用小滚筒作第二次压实，直至将水泥浆压出为止，再用木抹子或铁抹子抹平，次日养护。

3. 磨光

开磨时间应以石碴不松动为准。大面积施工宜用机械磨石机研磨，小面积、边角处的水磨石，可使用小型湿式磨光机研磨。只有工程量不大或无法使用机械时才用手工研磨。大面积开磨前应试磨，以面层不掉石粒为准，一般开磨时间见表 4-2。研磨时，要随磨随洒水，确保磨盘下经常有水，冲刷磨出的石浆应及时扫除。若开磨时间过晚，面层过硬时，可在磨盘下撒少量过窗纱的砂子助磨。一般常用“三磨两浆”法，即整个磨光过程为磨光三遍，补浆两次。第一遍先用 60～80 号粗磨石磨光、磨平，使全部分格条外露，磨后要将水泥浆冲洗干净，稍干后涂擦一道同色水泥浆，用以填补砂眼，个别掉落石碴部位要补好，不同颜色的磨面应先涂补深色浆，后涂补浅色浆，养护 4～7d。第二遍用 120～180 号细磨石磨光，方法同第一遍，主要是磨去凹痕，磨光后再补上一道浆。第三遍用 180～240 号油石磨，磨至表面石碴粒粒显露，平整光滑，无砂眼细孔。然后用水冲净，涂草酸溶液（热水：草酸＝1：0.35，溶化冷却后使用）一遍，最后可用 280～320 号油石研磨至出白浆，表面光滑为止，再用水冲洗并晾干。也可以将地面冲洗干净，浇上草酸溶液，用布包在磨石机的磨石上研磨，磨至表面光滑，再冲洗干净并晾干，准备上蜡。表 4-3 为水磨石面层各遍研磨的技术要求。

表 4-2　　现浇水磨石地面开磨时间表

平均温度（℃）	开磨时间（d）	
	机　磨	人　工　磨
20～30	2～3	1～2
10～20	3～4	1.5～2.5
5～10	5～6	2～3

表 4-3 水磨石面层各遍研磨的技术要求

遍 数	选用磨石	要 求 及 说 明
1	60～80 号	1. 磨匀磨平，使全部分格条外露 2. 磨后要将泥浆冲洗干净，稍干后即涂擦一道同色水泥浆填补砂眼，个别掉落的石粒要补好 3. 不同颜色的磨面，应先涂深色浆，后涂浅色浆 4. 涂擦色浆后养护 4～7d
2	120～180 号金刚石	磨至石粒显露，表面平整，其他同第一遍 2、3、4 条
3	180～240 号油石	1. 磨至表面平整光滑，无砂眼细孔 2. 用水冲洗后涂草酸溶液（热水：草酸＝1：0.35，质量比，溶化冷却后用）一遍 3. 研磨至出白浆、表面光滑为止，用水冲洗干净，晾干

4. 上蜡抛光

上述工作完成后，可进行上蜡。其方法是：在水磨石面层上薄薄涂一层蜡，稍干后用磨光机研磨，或用钉有细帆布（或麻布）的木块代替油石，装在磨石机上研磨出光亮后，再涂蜡研磨一遍，直到光滑亮洁为止。

第三节 板块楼地面施工

板块地面是采用陶瓷锦砖、地砖、大理石、花岗石、碎块大理石、水泥花砖以及预制混凝土、水磨石等铺设的地面。其花色品种多样、经久耐用、易于保持清洁，但保温和消声性能较差，且造价较高。适用于人流量大、清洁要求高或经常受潮的建筑物的楼地面，并对基层的刚度和强度要求较高，一般铺在 C15 以上的细石混凝土垫层或预制楼板上。

一、施工准备

（一）材料

（1）陶瓷锦砖、地砖。其规格、颜色、拼花图案和技术要求均应符合设计规定。

（2）大理石、花岗石平板。其花色品种、规格应符合设计要求，其外形尺寸、平整度、外观质量要求应符合相关标准。

（3）水泥砖（混凝土块）。水泥砖是采用混凝土压制而成的，颜色和表面形状应根据设计要求而定；其成品要求边角方正，无裂纹、掉角等缺陷。

（4）预制水磨石平板。它是用水泥、石粒、颜料、砂等材料经过选配制坯、养护、打蜡磨光而成，色泽丰富，品种多样；其成品质量标准及外观要求应符合设计规定。

（二）施工准备

板块地面的施工一般在顶棚、内墙饰面完成后进行，先铺板块地面，后安装踢脚板。施工前，要清理现场，检查铺砌或铺粘板块部位有无水、暖、电等工种的预埋件，是否影响施工，并要检查板块的规格、尺寸、颜色、边角等，按施工顺序分类码放。

1. 基层处理

板块地面铺砌或铺粘前，应先挂线检查并掌握地面垫层的平整度。然后清扫基层并用水刷净（如为光滑的钢筋混凝土楼面，应凿毛），提前一天浇水湿润基层表面。

2. 弹线找规矩

根据设计要求，确定地平面标高位置（水泥砂浆结合层厚度应控制在10～15mm，砂浆结层厚度为20～30mm），并在相应的墙面上弹线，再根据板块分块情况，挂线找中，即在房间内取中点、拉十字线。在房间四周做灰饼，再按灰饼做标筋，在与走廊直接相通的门口外，还要与走道地面拉通线；分块布置要以十字线对称，如室内地面与走廊地面颜色不同，分界线应放在门口门扇中间处。

3. 试拼试排

试拼：在正式铺设前，对每一房间的花岗岩或大理石板块，应按图案、颜色、纹理试拼，将非整块板对称排放在房间靠墙部位，试拼后按两个方向编号排列，然后按编号码放整齐。

试排：在房间内的两个相互垂直的方向铺两条干砂，其宽度大于板块宽度，厚度≤30mm。结合施工大样图及房间实际尺寸，把大理石或花岗石板块排好，以便检查板块之间的缝隙，核对板块与墙面、柱、洞口等部位的相对位置。

4. 刷素水泥浆结合层和抹砂浆找平层

铺砂浆前，基层应浇水湿润，刷一道水灰比为0.4～0.5的水泥素浆，随刷随铺1∶3（体积比）干硬性水泥砂浆，砂浆稠度必须控制在3.5cm以内。根据标筋的标高，用木抹子拍实，短刮尺刮平，再用长刮尺通刮一遍，然后检测平整度应≤4mm。拉线测定标高和泛水，符合要求后，用木抹子搓成毛面。踢脚线应抹好底层水泥砂浆。

二、施工过程

（一）预制水磨石，大理石和花岗石板块地面施工

1. 铺设板块

对于铺设于水泥砂浆结合层上的板块面层，施工前应将板块料浸水湿润，待擦干或表面晾干后方可铺设，这是保证面层与结合层黏结牢固，防止空鼓、起壳等质量通病的重要措施。根据房间拉的十字控制线，纵横各铺一行，作为大面积铺砌标筋用。依据试拼时的编号、图案及试排时的缝隙（板块之间的缝隙宽度，当设计无规定时，应≤1mm），在十字控制线交点开始铺砌。先试铺，即搬起板块对好纵横控制线铺落在已铺好的干硬性砂浆结合层上，用橡皮锤敲击木垫板（不得用橡皮锤或木锤直接敲击板块），振实砂浆至铺设高度后，将板块掀起移至一旁，检查砂浆表面与板块之间是否相吻合，如发现有空虚之处，应用砂浆填补。然后正式镶铺，先在水泥砂浆结合层上满浇一层水灰比为0.5的素水泥浆（用浆壶浇匀），再铺板块，安放时四角同时往下落，用橡皮锤或木锤轻击木垫板，根据水平线用铁水平尺找平，铺完第一块，向两侧和后退方向顺序铺砌。铺完纵、横行之后有了标准，可分段分区依次铺砌，一般房间宜先里后外进行，逐步退至门口，便于成品保护，但必须注意与楼道相呼应。也可从门口处往里铺砌，板块与墙角、镶边和靠墙处应紧密砌合，不得有空隙。

2. 灌缝擦缝

板块镶铺后24h后再洒水养护。一般在2d以后，经检查板块无断裂、空鼓后，用浆壶将稀水泥浆或1∶1稀水泥砂浆（水泥∶细砂）灌入缝内2/3高度，并用小木条把流出的水泥浆向缝隙内刮抹，灌缝面层上溢出的水泥浆或水泥砂浆应在凝结前予以消除，再用与板面相同颜色的水泥浆将缝擦满。待缝内的水泥凝结后，再将面层清洗干净。3d内禁止上人走动或搬运物品。

3. 上蜡

铺砌后，待结合层砂浆强度达到60%～70%后，方可打蜡抛光，其具体操作方法与现浇水磨石地面面层基本相同，要求达到光滑亮洁。

4. 踢脚板镶贴

预制水磨石、大理石和花岗石踢脚板一般高度为100～200mm，厚度为15～20mm。施工方法有粘贴法和灌浆法两种。踢脚板施工前应认真清理墙面，提前一天浇湿润，按需要数量将阳角处的踢脚板的一端，用无齿锯切成45°，并将踢脚板用水刷净，阴干备用。镶贴时，由阳角开始向两侧试贴，检查是否平直、缝隙是否严密、有无缺边掉角等缺陷，合格后方可实贴。不论采取什么方法安装，均先在墙面两端先各镶贴一块踢脚板，其上沿高度应在同一水平线上，出墙厚度要一致，然后沿两块踢脚板上沿拉通线，逐块依顺序安装。

在踢脚板镶贴过程中，有时会发现踢脚板与墙面之间、踢脚板与地面之间缝隙大小不一，这是由于墙面和地面不平整引起的。如缝隙过大，超“验评标准”要求，则墙面和地面必须修整后再贴踢脚；若在“标准”范围之内，则在镶贴踢脚板过程中，尽量使缝隙均匀。

(1) 粘贴法。根据墙面标筋和标准水平线，用1∶（2～2.5）水泥砂浆抹底并刮平划纹，待底层砂浆干硬后，将已湿润阴干的预制水磨石踢脚板抹上2～3mm素水泥浆进行粘贴，同时用橡皮锤敲击平整，并注意随时用水平尺、靠尺板找平、找直。次日，用与地面同色的水泥浆擦缝。

(2) 灌浆法。将踢脚板临时固定在安装位置，用石膏将相邻的两块踢脚板以及踢脚板与地面、墙面之间稳牢，然后用稠度100～150mm的1∶2水泥浆（体积比）灌缝，并随时把溢出的砂浆擦干净。待灌入的水泥砂浆终凝后，把石膏铲掉擦净，用与板面同色水泥浆擦缝。

（二）陶瓷锦砖地面和地砖地面施工

这类地面属刚性面层，要求铺贴在整体性、刚性较好的基层上，例如铺贴在细石混凝土或现制楼板基层上。

1. 陶瓷锦砖地面

陶瓷锦砖铺贴操作方法有两种：一种直接在垫层上撒1∶1灰，用铁抹子刮平后按试铺的控制线进行铺贴；另一种，是待垫层砂浆具有一定强度后，用1∶1水泥砂浆铺贴。铺贴时，先湿润找平层，均匀撒干水泥，用刷子蘸水铺贴，用方尺找好规矩，拉通线依次向前进行。砖铺上后可用木锤垫木块仔细拍实拍平；贴完一段，应洒水湿透纸背，常温下15min左右揭纸，用开刀修理缝隙。先调竖缝，后调横缝，边调缝边用木锤敲击垫块，拍实拍平，然后用1∶1水泥砂浆灌缝嵌实。铺贴完后，将陶瓷锦砖表面清扫干净，次日铺干锯木屑养护3～4d，养护期间不得上人走动，以免破坏面层。

2. 地砖地面

地砖铺贴时，底层应先撒一层干水泥，稍洒点水。用1∶3水泥砂浆，不宜用刮杠刮平拍密实，上撒水泥或水泥浆用抹子摊平，按挂线一块一块地由前往后退着贴，随时用木锤轻轻敲平，用开刀和抹子将缝拨直，然后再拍击一遍，将表面多余的砂浆用棉纱擦净。砂浆涂抹不要过厚，也不能太干，铺时做到用力均匀，砂浆缝饱满，以免空鼓。隔1～2d用1∶1水泥砂浆嵌缝，要求缝隙严密，不得漏嵌，待水泥砂浆达到一定强度后，再用清水洗刷干净。嵌缝砂浆终凝后，铺锯末浇水养护不得少于7d。

第四节 塑料、橡胶地板地面施工

塑料地板系采用聚氯乙烯板作地面面层，常用的有硬质、半硬质、软质和弹性塑料地板。它是利用胶黏剂粘贴在牢固、坚实、平整的混凝土或水泥砂浆面层上的，具有铺设方便、维修保养方便、便于清扫、噪声小、脚感舒适、耐磨、耐化学腐蚀等优点，有独特的装饰效果；但耐翘曲、耐燃性较差。近年来常用于医院、办公楼走道的橡胶地板能较好地克服以上塑料地板的缺陷。

一、塑料板地面铺贴

（一）塑料板地面铺贴前的准备工作

1. 材料

（1）塑料地板。塑料地板的种类很多。按其材料性质可分为硬质、半硬质和弹性塑料地板；按产品外形又可分为块状塑料地面和卷状塑料地板。

1）聚氯乙烯塑料地板（简称 PVC）。聚氯乙烯塑料地板具有色彩丰富、装饰性强、耐湿性好、抗荷载性好、耐久性好等优点，其突出性能是耐磨性能好。

2）聚氯乙烯卷材地板（简称 CPE）。聚氯乙烯卷材地板作为地面材料，除了有聚氯乙烯塑料地板的基本特点外，它的耐磨性能和延伸率明显优于聚氯乙烯塑料地板。

3）石棉塑料板。石棉塑料板是用聚氯乙烯树脂为基料，与石棉、其他配合剂、颜料等混合，经塑化、压延成片、冲模而成。

塑料地板的性质在很大程度上取决于组成材料。一般来讲，树脂掺量越多，其耐磨性越好。

（2）常用胶黏剂。塑料地板胶黏剂应根据地板材料，按使用说明选用，特殊的地板有专门配套的胶黏剂。表 4-4 为常用胶黏剂名称及其优缺点。

表 4-4　常用胶黏剂的特点

名　称	性　能　特　点	注　意　事　项
氯丁胶	需双面涂胶，速干，初黏力大，有刺激性挥发气体。施工现场要防毒、防燃	胶黏剂在使用前必须经过充分拌和，方能使用。对双组分胶黏剂，要先将各组分分别搅拌均匀，再按规定配比准确称量，然后将两组混合，再次拌匀后才能使用。胶黏剂不用时，切勿打开容器盖，以防溶剂挥发，影响质量。使用时，每次取量不宜过多，特别是双组分胶黏剂配胶量要严格掌握，一般不超过 2～4h。另外，溶剂型胶黏剂易燃和带有刺激味，所以施工现场严禁明火和吸烟，并要求有良好的通风条件
202 胶	速干，黏结强度大，可用于一般耐水、耐酸碱工程。使用双组分要混合均匀，价格较贵	
JY-7 胶	需双面涂胶，速干，初黏力大，低毒，价格相对较低	
水乳型氯乙胶	不燃，无味，无毒，初黏力大，耐水性好，对较潮湿基层也能施工，价格较低	
聚醋酸乙烯胶	使用方便，速干，黏结强度好，价格较低，对较潮湿基层也能施工，耐水性差	
405 聚氨酯胶	固化后有良好的黏结力，可用于防水、耐酸碱等工程。初粘力差，黏结时须防止位移	
6101 环氧胶	有很强的黏结力，一般用于地下室、地下水位高或人流量大的场合，黏结时要预防胺类固化剂对皮肤的刺激，价格较高	
立时得胶	日本产，黏结效果好，速度快	
VA 黄胶	美国产，黏结效果好	

2. 塑料地板铺贴常用工具

锯齿形涂刮板（涂胶工具）、划线器、橡胶滚筒、橡皮压边滚筒（有单、双滚之分）、大压辊、裁切刀、划针、墨斗、毛巾、橡胶锤、吸尘器、油漆子、钢尺和方尺等常用工具（见图 4-9）。

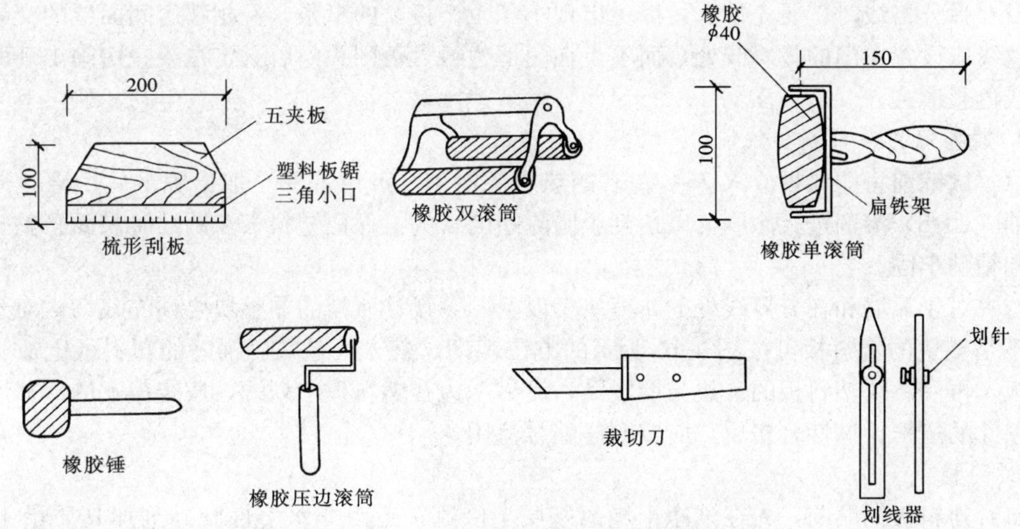

图 4-9　塑料地板铺贴常用工具

3. 基层处理

对铺贴基层的基本要求是平整，有足够强度，各阴、阳角方正，无污垢灰尘、含水率不大于 8%。

（1）混凝土、水泥砂浆基层。在混凝土、水泥砂浆基层上铺贴塑料板，其基层表面用 20mm 直尺检查的允许空隙不得超过 2mm。如有麻面等缺陷，必须用腻子修补和涂刷乳液一遍，腻子应采用乳液腻子，可参考表 4-5 进行配制。

修补时，先用石膏乳液腻子嵌补找平，然后用 0 号砂布打毛，再用滑石粉乳液腻子。

（2）水磨石或陶瓷锦砖基层。先用碱水洗去污垢后，再用稀硫酸腐蚀表面或用砂轮推磨，以增加基层粗糙度。这种地面宜用耐水胶黏剂铺贴。

表 4-5　　**乳液及腻子配合比**

名　称	配合比例（重量比）							
	聚醋酸乙烯乳液	107 胶	水　泥	水	石　膏	滑石粉	土　粉	羧甲基纤维素
107 胶水泥乳液		0.5～0.8	1.0	6～8				
石膏乳液腻子	1.0			适量	2.0		2.0	
滑石粉乳液腻子	0.2～0.25			适量		1.0		0.1

（3）木板基层。木板基层的木格栅应坚实稳固，突出地面的钉头应敲平，板缝可用胶黏剂加老粉（双飞粉）配成腻子，填补平整。

（二）塑料地板铺贴施工方法

1. 弹线，分格，定位

弹线、分格、定位是保证设计意图，控制质量的重要步骤。在塑料地板面层铺贴前，应根据设计要求，在基层表面上弹线、分格和定位。

（1）弹线时先找出房间的中心位置，然后弹出两条互相垂直的定位线，它若平行于墙面，则为直角定位法；若与墙面成45°夹角，则为对角定位法；若房间成扇形，那么定位线应是半径和圆弧的关系。

（2）弹分格线时，要先计算，以免出现小于1/2板宽的窄条，且相邻房间面层的交界线或分色线应设置在门的裁口线处，而不是在门框边缘，否则关门后必定在某一房间出现两种图案或色彩形式。

2. 脱脂除蜡、裁切和试铺

（1）试铺前将塑料板放入75℃左右的热水中浸泡15min左右，取出晾干后用棉纱蘸丙酮汽油（1∶8）溶剂进行涂刷，以达到脱脂除蜡的目的。保证塑料板在铺贴时表面平整、不变形和粘贴牢固。

（2）对于靠墙和在分界线处的非整块，以及图案设计所需的非整块要预先裁切，对于靠墙处不是整块的塑料板可按图4-10所示的方法裁切，其方法是在已铺好的塑料板上放一块塑料板，再用一块塑料板的一边与墙紧贴，沿另一边在塑料板上划线，按线裁下的部分即为所需尺寸的边框。试铺合格后，应按顺序编号待用。

3. 刮胶

（1）塑料板铺贴前，先在洁净干燥的基层上涂刷一道由非水溶性胶黏剂加其质量10%左右的70号汽油和同质量的醋酸乙酯的底胶。底胶要搅拌均匀，涂刷均匀，越薄越好。

（2）在底胶干燥后方可正式涂胶铺贴，并注意施工环境温度宜控制在10～35℃范围内。

（3）不同的胶黏剂有不同的施工方法。乳液型胶黏剂同时在基层和塑料板背刮胶；溶剂型胶黏剂只在地上刮胶，且涂布后应晾干到胶刚不沾手时才铺贴；象牌PVA等乳液型胶不需晾干过程；聚醋酸乙烯溶剂型胶要边涂边铺，且涂刮面不能太大，因其中甲醇挥发迅速。

4. 铺贴

（1）铺贴时以弹线为依据，从房间的一侧开始，可采用十字形、丁字形或对角形，如图4-11所示。

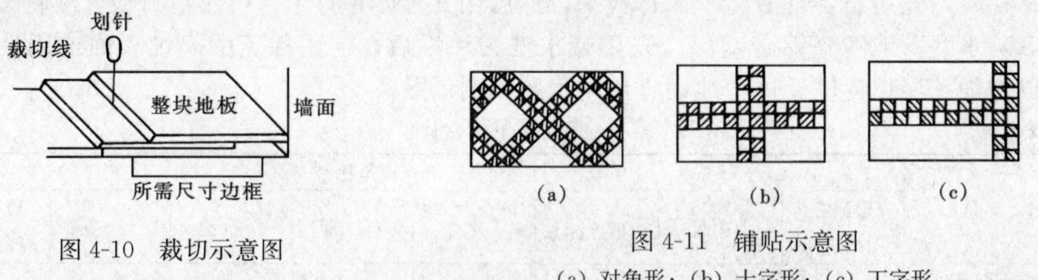

图4-10 裁切示意图

图4-11 铺贴示意图
(a) 对角形；(b) 十字形；(c) 丁字形

（2）铺贴时应先将板的一边对齐，待四周对齐后用橡胶筒轻压黏合，或用橡皮锤敲实，如图4-12所示。

5. 清理、养护

（1）对水乳型胶黏剂只需用湿布，就可擦去在板面上的残迹；对溶剂型胶可用松节油或200号汽油擦净。

（2）塑料地板贴实后养护2～3d，养护期间应注意室内通风，禁止人员在其上行走，最后打上地板蜡，保养1～3d，即可使用。

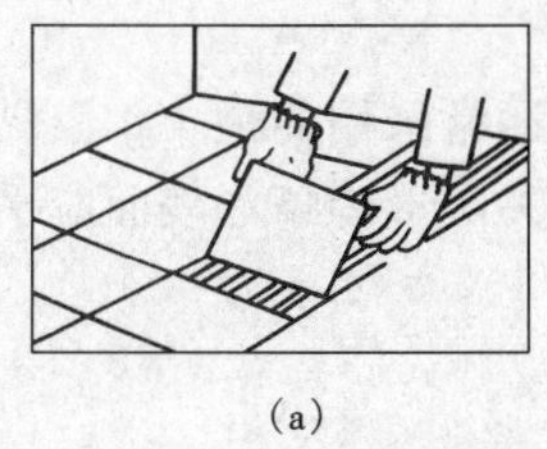
(a)

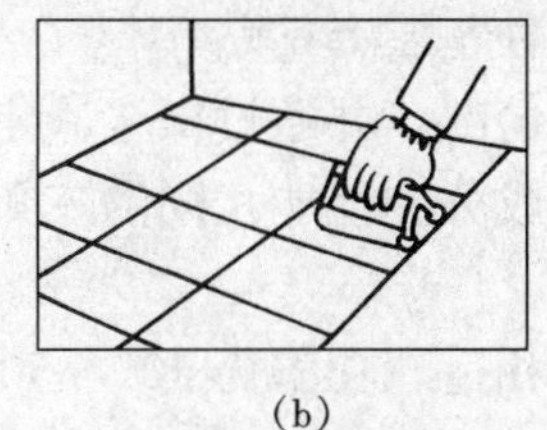
(b)

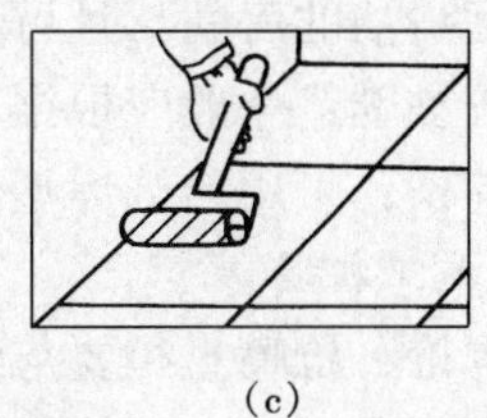
(c)

图 4-12　铺贴及压实示意
(a) 地板一端对齐黏合；(b) 用橡胶滚筒赶走气泡；(c) 压实

6. 塑料踢脚板铺贴

塑料踢脚板的铺贴应与地板铺贴同时进行，且一个整房间应一次连续完成。

(1) 基层要求：对基层的平整度以及地面的平整度都应在施工中特别注意，否则会影响踢脚板上、下线的平齐。

(2) 施工要点：

1) 弹线：按墙面所弹的 500mm 水平基线向下找出踢脚板上口线，注意按地面上计算。

2) 涂胶：在踢脚板粘贴面和墙上同时涂胶，胶要刮薄刮匀，以免流淌到地面上。

3) 铺贴：铺贴从门口开始三人一组，两人拉开踢脚板卷材并向墙角铺贴，另一人作调整并注意阴阳角的保护处理。一般在阳角处要向两边拉紧，阴角处宜在下部先作一个开口，根据铺压情况再定是否剪裁。

铺贴结束后，必须立即用毛巾或棉纱蘸松香水等溶剂擦去表面残留或多余的胶液，用橡胶压边滚筒再一次压平压实。

二、氯化聚乙烯卷材地面铺贴

(一) 材料特点及要求

氯化聚乙烯由于其分子结构的饱和性以及氯原子的存在，使其具有优良的耐候性、耐老化性以及耐油性等性能。另外，它比氯化聚乙烯板的耐磨性和延伸率要好。它的卷材色泽鲜明、图案逼真，如仿柚木的镶拼地板、仿软木、仿大理石等图案。对其的质量要求基本同"聚氯乙烯塑料板地板"。

(二) 施工方法

(1) 基层处理基本同"聚氯乙烯塑料板地板"。

(2) 弹线：由于是卷材地板，弹线按走道或光照方向进行，线距以卷材的宽度减去搭接尺寸（约 20mm）。

(3) 刷胶铺贴：先对基层和卷材背面涂胶，要均匀薄涂，待晾干后将卷材提起，对准弹好的搭接线，由一端先铺贴，再全长对线铺贴。铺正后，用手提式滚筒从中间往两边赶压铺平，若有未赶出的气泡，应将前端掀起赶出，重新对线铺贴。

(4) 接缝处理：铺好第一幅卷材后，接着铺第二幅卷材时，在接缝处搭接 20～40mm，在两幅卷材搭接处居中弹线。然后用钢板尺压在线上切割两层叠合卷材，撕去边条，补涂胶液，压实贴牢。

三、软质聚氯乙烯塑料板地面铺贴

(一) 材料特点

(1) 软质聚氯乙烯塑料地板有板材和卷材，其质软有弹性，适用于对弹性要求较高、耐腐蚀、高度清洁的房间，且可在多种基层上粘贴。

（2）胶黏剂：一般应根据基层情况，并通过试验确定。通常采用的是401胶黏剂。

（3）焊条：采用与被焊塑料板成分和性能相同的三角形和圆形焊条，表面应平整光洁。

（二）施工机具

（1）焊枪：枪嘴直径要与焊条相适，功率为400～500W。

（2）调压变压器：每把焊枪配1kVA的调压变压器。

（3）空气压缩机：气压为0.08～0.1MPa，每台可带8支焊枪。

（4）“V”形缝切口刀：由三片钢板组成，其中两片组成“V”形刀架，刀架下方为水平底板，底板上开有两小段缝隙，用两片刮脸刀分别固定在刀架的两个斜面上，刀片的一角从底板的缝隙穿出形成切刀，如图4-13所示。

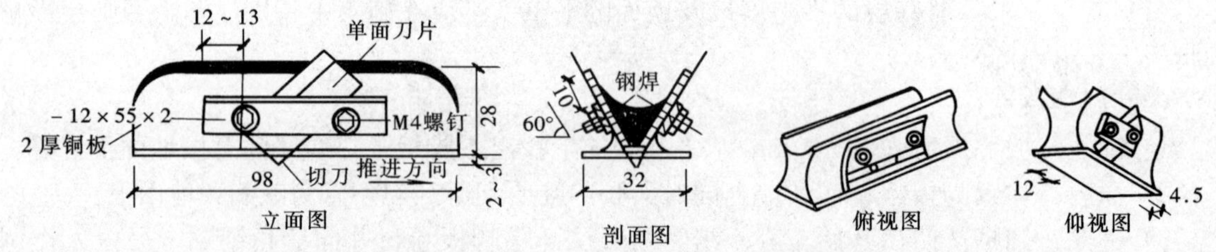

图4-13　“V”形缝切口刀

（5）切条刀：用于将软质塑料板切成“V”形条，做焊条用。

（6）焊条压辊：用直径15mm、长30mm铝合金管加工成鼓形，并用手柄连接，用以推压焊缝，如图4-14所示。

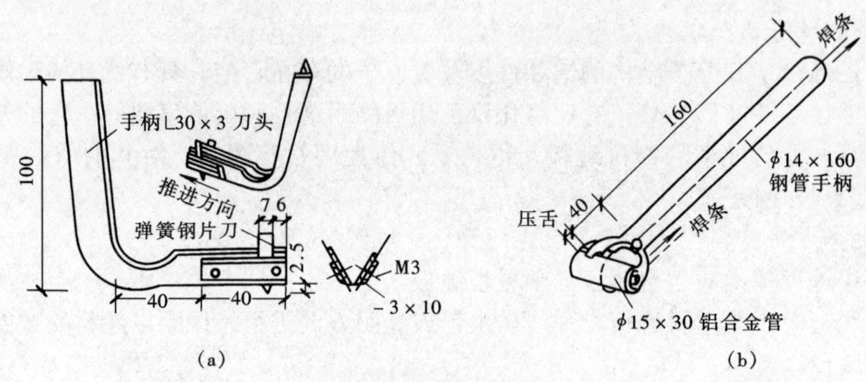

图4-14　切条刀与焊条压辊

（a）切条刀；（b）焊条压辊

（三）施工方法

1. 基层分格弹线

基层分格的大小和形状应根据设计图案、房间尺寸和塑料板的规格来确定。分格时应尽量减少焊缝数量，并兼顾分格美观，一般从房间的中央向四周对称分格，房间四周靠墙处不够整块者，可按镶边处理。踢脚板的分格应长度适宜，过长则粘贴困难；过短则焊缝太多，影响美观。一般以地面镶边块长度的倍数设置，使焊缝能左右对称，表面美观。

2. 坡口下料及脱脂去污

将塑料板铺在操作平台上，按基层上分格的大小和形状，在板面上画出切割线，将坡口直尺的下口紧靠切割线，并固定直尺，单手或双手握割刀，按坡口切割（见图 4-15）；有条件者，也可使用机械坡口下料，然后将用湿布擦洗干净切好的板面，再用丙酮涂擦塑料板粘贴面，以脱脂去污。

3. 预铺

在塑料面板正式粘贴的前一天，将切割好的板块运入待铺房间，按分格预铺。铺时尽量照顾色调一致，厚薄相同。铺好的板块不得搬动，待次日粘贴。

4. 塑料板的粘贴和施焊

（1）粘贴：将预铺好的塑料板翻开，先用丙酮或汽油把基层和塑料板粘贴面满刷一遍，再次脱脂去污。待表面丙酮或汽油挥发后，将瓶装的 401 胶按 0.8kg/m^2 的 2/3 量倒在基层和塑料板粘贴面上，用板刷纵横涂刷均匀（注意不要漏刷，也不要使胶液堆积）。待 3～4min 后，将剩下的 1/3 胶液以同样的方法涂刷在基层和塑料板上；5～6min 后，将塑料板四周与基层分格线对齐，调整拼缝至符合要求后，再在板面施加压力粘贴（见图 4-16）；然后，由板中央向四周用滚筒来回滚压，排出板下全部空气，使板面与基层粘贴紧密，最后摆放砂袋，再压实。对有镶边者，应先粘贴大面，后粘贴镶边，对无镶边者，可由房间最里侧往门口粘贴，以保证贴好的板面不受人行走扰动。塑料板粘贴好后，10d 内施工地点温度须保持在 10～30℃，环境湿度不超过 70%。粘贴后 24h 内不能上人走动。

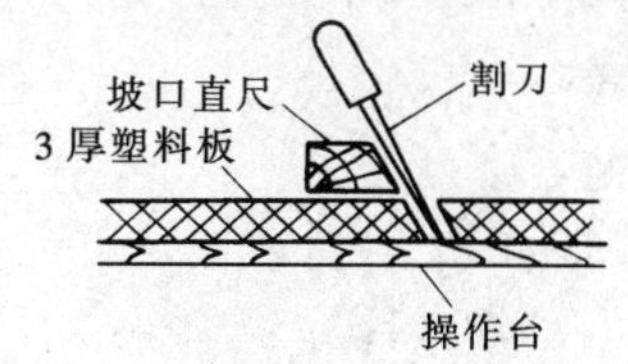

图 4-15　坡口下料

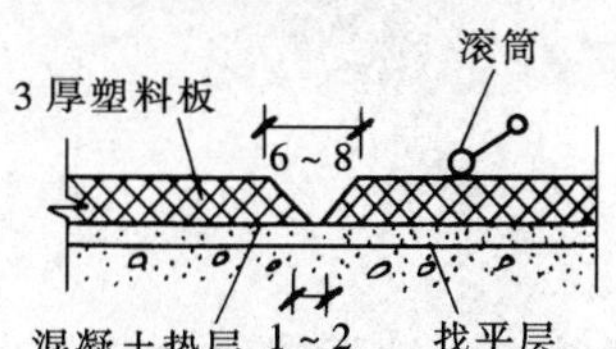

图 4-16　粘贴示意

（2）焊接：

1）焊接前的准备工作。焊缝内的污物和胶水可用丙酮、松节油、汽油或其他溶剂清洗。采用丙酮清洗时，应随即擦拭干净。焊条宜采用与被焊塑料板成分和性能相同的三角形或圆形焊条，施焊前应进行去污除油处理。一般可用碱水清洗，碱水温度以 50～60℃为宜，然后用水冲洗干净，晾干备用。焊接前，应检查压缩空气是否带有油质和水分，检查的方法是将压缩空气向纸上喷射 30s 左右，若纸上无油或无任何痕迹，则说明压缩空气是干净的。

2）焊接。塑料板粘贴 2d 后，先作小块试焊，以获得较为正确合理的焊接参数。小块试焊经检查、观察合格后，方可进行正常焊接。焊接时，先把焊枪与压缩空气接通，焊枪入口处的压缩空气的压力应控制在 0.08～0.1MPa，然后接通焊枪电路（焊枪的电源应接自耦变压器），以调节电压，控制焊枪的温度，电压调节到 36～60V 范围。焊接结束时，应先截断焊枪电路，再停止供应压缩空气。焊接出口气流（离焊枪喷嘴 4～5mm 处）的温度应为180～250℃，焊接温度可依据焊枪熔化焊条的现象（熔化快慢、熔化后的颜色等）加以掌握。

施焊时，焊枪的喷嘴与焊条、焊缝的距离要相适应，使焊条和焊缝都能很好地熔化。焊接时，要注意焊条不要偏位和打滚，要与塑料板呈垂直状，并对焊条稍施压力，随即用压辊滚压焊缝；脱焊部位可以补焊，焊缝凸起的地方可用铲刀局部切削修平；焊接速度主要取决于焊枪温度和操作熟练程度，一般控制在 30～50cm/min。

焊缝应平整、光滑、洁净，无焦化变色斑点、焊瘤和起鳞现象，凹凸不能超过 6mm。用 20 倍放大镜观察焊缝应密实、无缝隙。弯曲焊缝 180°时，不得出现开焊或裂缝。焊缝冷却后，将与焊缝焊接的焊条往上揪，若揪不起来，即证明焊接牢固。取试样做焊缝抗拉强度试验，其强度不得低于原塑料板抗拉强度的 75％。

（四）踢脚板铺贴

软质塑料板踢脚板做法，一般上口压一根木条或硬塑料压条封口，阴角处理成 90°或成小圆角两种，如图 4-17 所示。小圆角做法是将两面相交处做成 R＝50mm 的小圆角，90°角做法是将两面相交处做成 90°角，用三角形焊条贴角焊接。面板粘贴后均须对立板和转角施压 24h。小圆角做法可用砂袋堆压，90°角做法可用平木板撑压。

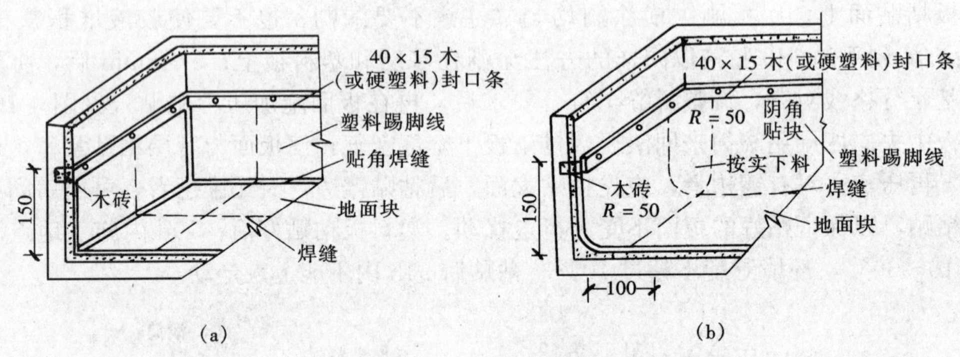

图 4-17　踢脚板铺贴

（a）90°角；（b）小圆角

四、软质橡胶卷材地面铺贴

（一）材料特点

（1）软质橡胶卷材地板，其质软有弹性且不受季节影响，脚感舒适，摩擦声小，抗滑性好有黏滞感，适宜于清洁要求高的场所，对基层平整度要求高。

（2）水泥自流平：是有效找平材料，施工效率高，自动流平，地面平整度控制在±1mm之内。自流平水泥厚度仅 3～5mm，基本不增加层高。表 4-6 为水泥自流平主要技术性能指标。

（3）R710 橡胶地板胶：容易涂布，梳齿不凌乱，胶接强度≥0. 20MPa，耐水性（浸水 168h）≥0. 50MPa。

（4）R777 底油：增加水泥基层与水泥自流平材料的黏结力。

表 4-6　　水泥自流平主要技术性能指示

检验项目	时　间	检验结果	检验项目	时　间	检验结果
流动度（mm）	初　始	200	抗压强度（MPa）	7d	5.6
	30min	200		28d	6.7
	40min	150			
凝结时间（min）	初　凝	68	粘接拉伸强度（MPa）	7d	2.3
	终　凝	84		28d	2.7

（二）施工机具

打磨机、吸尘器、手磨机、电锤、电钻、手压滚、直尺、推刀、纸胶带。

（三）基层处理

先对基层进行检查，重点检查基层空鼓、裂缝、平整度及湿度，并且必须进行整修。对于地表面的油漆、落地灰，必须用打磨机清除干净，并用吸尘器把施工区域范围吸取干净。对基层处理符合要求后，在水泥自流平施工前必须用纸胶带贴在踢脚线、设备的终端接口等部位表面，避免其被水泥自流平或胶水污染，再用 R777 底油对混凝土表面涂刷两遍。

（四）施工方法

1. 浇打水泥自流平

下料裁板待 R777 底油干透后，开始浇打水泥自流平。用人工倾倒的方法施工时，应尽量使全楼层一次成形，防止接口过多对平整度造成影响。水泥自流平操作人员在施工时，必须保证刮齿的垂直度。在水泥自流平施工完毕后封闭现场至少 24h，禁止人员进入封闭区，以免踏坏水泥自流平。待水泥自流平干透后，用打磨机打磨掉表面浮浆，经吸尘后，直至露出光亮表面。

2. 下料裁板

首先将卷材按不同区域自然摊铺在地上，让其自然回弹；根据不同的区域尺寸裁剪卷材，两块卷材间严格按 3cm 搭接长度；裁切推刀尽量一刀成形，要在做到拼缝严密顺直的同时，合理考虑使用情况，在不影响美观的前提下，尽量做到节约；在门洞处不允许拼缝，橡胶地板需伸入踢脚内 1.2mm 刮胶铺贴。

3. 刮胶铺贴

刮胶前，严格检查橡胶地毯背面及水泥自流平表面，绝对不能粘有灰尘。刮胶时，必须保证刮齿垂直，且要顺光源方向刮胶，保证刮胶均匀、饱满。

在铺贴时，按地板的施工组织设计规定方向赶铺，注意推板与赶气泡的方向一致，力度均匀。用手压滚对地板横纵缝压边时，检查接缝口溢胶现象，如有溢胶，用去蜡水清除。在板材铺贴完成后，每隔 1h 用人工压滚碾压一遍，共计 3 遍；并安排熟练工人重点检查已铺完的橡胶地板有无质量问题，如有气泡、接头开口、不平整、翘曲、起壳等质量问题必须抢在胶未干透前排除。

待刮胶铺贴后，禁止施工人员穿硬鞋在成品橡胶地板上行走。检查工作、施工操作时，用踏脚板垫于地板上。工程竣工后现场封闭 24h 后，才允许行人行走。

（五）清洁

待全部工作完成后，用去蜡水清洁表面。再在表面上涂层面蜡，作好地板清洁保养工作。

五、聚氯乙烯弹性地面材料（PVC 运动地板）的铺贴

（一）材料特点

（1）PVC 运动地板与实木地板相比，具有更好的安全性、减震性、舒适性以及稳定的球反弹性能，尤其适用于羽毛球和乒乓球的运动场地。

（2）界面剂（底涂）：其主要是增强自流平与基层的紧密结合；封固经吸尘清扫后仍无法彻底去除的地表浮尘，以确保自流平与基层形成真实、完全的结合面；均匀基层吸水性。

（3）水泥自流平：方法与软质橡胶卷材地面铺贴基层处理相同。

（二）施工机具

含水率测试仪、温度计、地坪打磨机、吸尘器、滚筒、自流平搅拌器、齿刮板、涂抹刀、70kg 钢压辊、开槽器、焊枪。

（三）施工条件

（1）在 PVC 地板铺设前及完工后 48h 内，现场必须保持清洁、封闭、防风雨并保持室内及地表温度以 18℃为宜，不应在 5℃以下及 30℃以上施工。

（2）基层含水率应小于 3%，相对空气湿度不得超过 60%。如已加防潮层，相对湿度允许达到 85%，但不能超过 85%。

（3）不能在潮气不断上升的水泥地面上直接铺设 PVC 地板，必须先通风或先铺设一层防潮层。

（四）基层处理

方法与软质橡胶卷材地面铺贴基层处理相同。

（五）施工方法

1. 界面剂（底涂）涂设

用羊毛滚筒充分滚涂，对高吸收性基层需滚涂两至三遍，干燥时间为 1～3h。

2. 自流平施工

（1）自流平须等底涂完全干燥，均有无积液且完全被基层吸收后才能施工。用倾倒的方法施工时，应尽量使全楼层一次成形，防止接口过多对平整度造成影响。

（2）将自流平倾倒在施工地坪上，它将自行流动并找平地面。再用滚筒在自流平表面轻轻滚动，避免气泡麻面及接口高差。

（3）在自流平施工完毕后封闭现场至少 24h 再进行地面铺设。冬季施工，地板的铺设应在 48h 后进行。如需对自流平进行精磨抛光，宜在自流平施工 12h 后进行。

3. 地板铺设

（1）材料堆放需卷起竖放、标签朝上。不同颜色、不同批号的材料应分开放置。一般从门口位置起进行弹线，再进行材料放样、裁割、预铺。

（2）铺设应在材料预铺 24h 后进行。铺设前应清扫地面和卷材表面，涂胶时将黏合剂均匀涂在待铺的地面上。对于吸收性地面，涂胶几分钟即可铺地。

（3）铺设时，将第一张卷材与第二张边靠边对齐，保持反方向安装。铺贴最好从房间入口开始，以免地板在门口处拼缝。将卷材尽力靠起始墙，有纹路的地板要尽量对准花色纹路施工。裁剪时，施工材料要比实际长度多留 5cm。

（4）地板粘贴后，先用软木块推压地板表面进行平整并挤出空气。随后用 50kg 或 70kg 的钢压辊均匀滚压地板并及时修整拼接处翘边的现象。地板表面多余的胶水应及时擦去。

（5）开槽焊接须在地板铺设 24h 后待黏合剂完全固化后再进行。使用专用的开槽器沿接缝处开槽。为使焊接牢固，开槽深度约为地板厚度 2/3。所有接缝的连接，使用热焊的方法。热焊选用 5mm 的快速焊枪嘴进行焊接，焊接温度置于 350～450℃，速度应适当（保证焊条熔化），匀速地将焊条挤压入开好的槽中。待焊条冷却后再用焊条修平器将焊条高于地板平面的部分割除修整。

4. 清洁

待全部工作完成后，一般情况下用清水配合清洁剂拖抹。清水洗过后吸干水分。

第五节　活动地板面层施工

活动地板又称装配式地板，它是由各种不同规格的面板、搁栅与可调支架组合拼装成架空地面，如图 4-18 所示，在架空空间内可敷设各种管线和通风口。活动地板的面板品种较多，有抗静电和不抗静电两种。这种地板平整光洁、装饰性好，且安装、拆卸方便，适用于计算机房、精密仪表控制室以及洁净厂房等有防静电要求的场所。

一、施工准备

（一）工艺准备

（1）铺设活动地板面层的基层已做完，一般是水泥地面或现制水磨石地面等。

（2）墙面＋50cm 水平标高线已弹好，门框已安装完，并在四周墙面上弹出面层标高水平控制线。

（3）大面积施工前，应先放出工大样，并做样板间，经各有关部门鉴定合格后，再继续以此为样板进行操作。

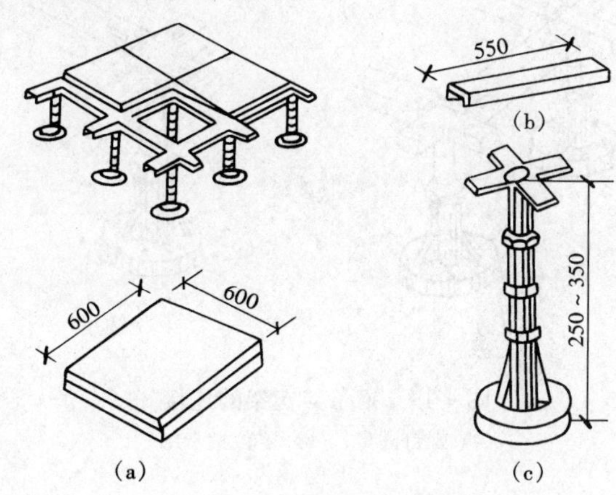

图 4-18　活动地板沟通

（a）板块面；（b）搁栅；（c）可调支架

（二）机具准备

水平仪、铁制水平尺、铁制方尺、2～3m 靠尺板、墨斗（或粉线包）、小线、线坠、笤帚、盒尺、钢尺、钉子、铁丝、红铅笔、油刷、开刀、吸盘、手推车、铁簸箕、小铁锤、合金钢扁錾子、裁改板面用的圆盘踞、无齿锯、木工用截料锯、刀锯、手刨、斧子、磅秤、钢丝钳子、小水桶、棉丝、小方锹、螺丝扳手。

（三）基面处理

活动地板面层的金属支承在现浇混凝土基层上或现制水磨石地面上，基层表面应平整、光洁、不起灰，含水率不大于 8%；安装前，应认真清擦干净，必要时根据设计要求，在基层表面上涂刷清漆。

（四）材料准备

（1）活动地板块有两种：一种是以平压刨花板为基材，表面饰以装饰板和底层的镀锌钢板经黏结而成。刨花板厚 25mm 左右，三聚胺装饰板 1.5mm 厚，镀锌钢板 1mm 厚。另一种是底面为造型钢板内填充水泥浆，表面为 PVC 装饰板，常用规格为 600mm 见方和 500mm 见方两种。

板的表面平整，坚实，具有耐污染、防潮、阻燃、导静电和防虫鼠侵害等性能。

（2）支承部分：支承部分由钢支柱和搁栅组成，搁栅常采用轻型镀锌槽钢。

二、施工方法

（一）弹线定位

用墨线弹出地板支架的放置位置，即地面纵横方格的交叉点，按活动地板高度线减去面板块厚度的尺寸为标准点，画在各个墙面上，在这些标准点上打钉拉线，拉线的位置依地面的方格墨线安排。拉线的目的是为保证地板活动支架能够安装并调整准确，以达到地板架设的水平。

（二）固定支架

在地面弹线方格网的十字交点固定支架，固定方法通常是在地面打孔埋入膨胀螺栓，用膨胀螺栓将支架固定于地面。然后调整支架顶面高度，调整方法视产品实际情况而定，有的设有可转动的螺杆，有的是锁紧螺钉，用相应的方式将支架进行高低调整，使其顶面与拉线一平，然后锁紧其活动构造。

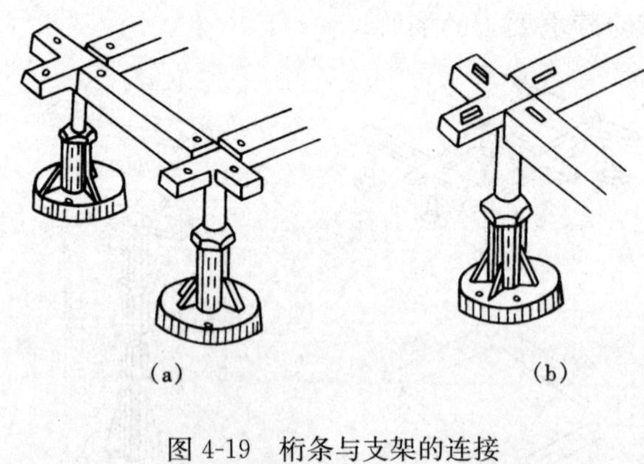

图 4-19 桁条与支架的连接
(a) 螺钉固定；(b) 定位销卡结

（三）安装搁栅

以水平仪逐点抄平已安装的支架，并以水平尺校准各支架的托盘后，即可将地板支承搁栅架设于支架之间。搁栅安装，根据活动地板配套产品的不同类型，依其说明书的有关要求进行。搁栅与地板支架的连接方式，有的是用平头螺钉将搁栅与支架顶面固定；有的是采用定位销进行卡结；有的产品设有橡胶密封垫条，此时可用白乳胶将垫条与格条胶合，图 4-19 为螺钉和定位销的连接方式示意。

（四）安装面板

在组装好的桁条搁栅框架上安放活动地板块，注意地板块成品的尺寸误差，应将规格尺寸准确者安装于显露部位，不够精确者安装于设备及家具放置处或其他较隐蔽部位。对于抗静电活动地板，地板与周边墙柱面的接触部位要求缝隙严密。接缝较小者，可用泡沫塑料填塞嵌封；如果缝隙较大，应采用木条镶嵌。有的设计要求桁条搁栅与四周墙或柱体内的预埋铁件固定，此时可用连接板与桁条以螺栓连接或焊接，地板下各种管线就位后再安装活动地板块。地板块的安装要求周边顺直，粘、钉或销接严密，各接缝均匀一致并不显高差。

铺设活动地板面层要根据房间平面尺寸和设备等情况，应按活动地板模数选择板块的铺设方向。当平面尺寸符合活动地板板块模数，而室内无控制柜设备时，宜由里向外铺设；当平面尺寸不符合活动地板板块模数时，宜由外向里铺设。当室内有控制柜设备且需要预留洞口时，铺设方向和先后顺序应综合考虑选定。

铺设前活动地板面层下铺设的电缆、管线已经过检查验收，并办完隐检手续。

先在搁栅上铺设缓冲胶条，并用乳胶液与搁栅黏合。铺设活动地板块时，应调整水平度，保证四角接触处平整、严密，不得采用加垫的方法。

铺设活动地板块不符合模数时，不足部分可根据实际尺寸将板面切割后镶补，并配装相应的可调支撑和搁栅。切割的边应采用清漆或环氧树脂胶加滑石粉按比例调成腻子封边，或用防潮腻子封边，也可采用铝型材镶嵌。

在与墙边的接缝处，应根据接缝宽窄分别采用活动地板或木条刷高强胶镶嵌，窄缝宜用泡沫塑料镶嵌。随后立即检查调整板块水平度及缝隙。

活动地板面层铺完后，面层承载力应≥7.5MPa，其体积电阻率宜为 105～109Ω。

活动地板组装的构造节点见图 4-20。

（五）清理养护

当活动地板面层全部完成，经检查平整度及缝隙均符合质量要求后，即可进行清擦。当局部沾污时，可用清洁剂或皂水用布擦净晾干后，用棉丝抹蜡，满擦一遍，然后将门封闭。如果还有其他专业工序操作时，在打蜡前先用塑料布满铺后，再用 3mm 以上的橡胶板盖上，等其全部工序完成后，再清擦打蜡交活。

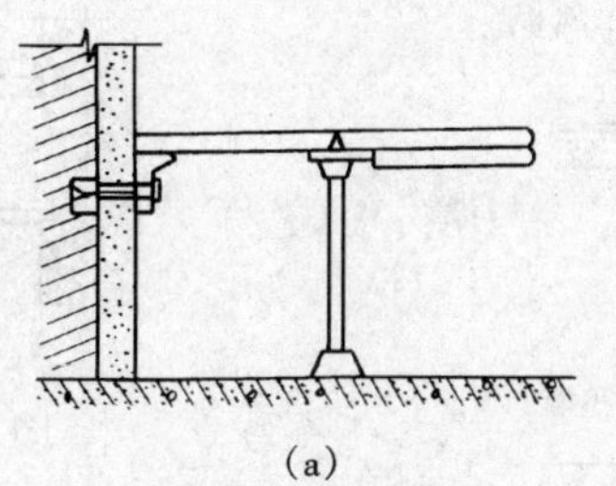

(a)

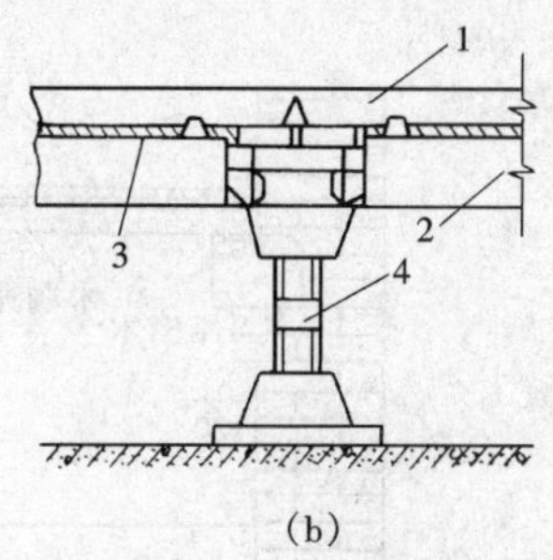

(b)

图 4-20　活动地板组装的构造节点示例

（a）地板边部的构造做法；（b）地板装配构造示意

1—面板块；2—搁栅（龙骨）；3—缓冲垫；4—可调支架

第六节　木 质 地 面 施 工

木质地面一般是指地面的面层采用木板铺设，然后再进行油漆饰面的木板地面。普通木地板一般有软木树材、硬木树材和复合木地板三类。软木树材如松木、杉木等易加工，但不易开裂和变形。硬木树种如水曲柳、柞木、柚木、核桃木和榆木等，其质地硬、耐磨，不易加工，但其也会由于温度，湿度环境的变化，本身的含水率高及保养不当等原因造成木板开裂和变形；复合木地板是经与高分子有机物复合的复合材料。

木质地板按构造类型分为架空铺设和实铺两种。按地面与基面连接施工固定方法分为钉接和粘接两类形式。

一、施工准备

（一）材料准备

（1）架铺木方：架铺用的木方材料，通常用截面尺寸 50mm×50mm 的松木、杉木、桦木木方。所用的木方应干燥，其含水率应≤12%。

（2）架铺基面板（毛地板）：可采用实木板和厚木夹板，实木板通常用松木、杉木和桦木板，材质必须干燥，厚度在 20mm 左右，厚木夹板应采用 15mm 厚度以上。

（3）木地板：面层木地板要求选用坚硬、耐磨、纹理美、有光泽、不易变形开裂的木材，如东北水曲柳、柞木、核桃木、黄檀木等质地优良、不易腐朽开裂的木材。木地板有单块板式、带嵌槽式、小单元拼花组合式。这些木地板通常已由木地板生产厂家经干燥后，再经机械加工而成。板厚度为 18～23mm，宽度≤120mm。

（4）黏结材料：地面与木地板的直接粘贴常用环氧树脂胶和石油沥青。木基面板与木地板的粘贴常用 309 胶、立时得胶和万能胶。

（二）常用机具

电动滚刨机、滚磨机、手电钻、冲击电钻、手锤、木工刨等。

二、施工方法

（一）基层处理

1. 架空铺木地板的基层处理

这种做法一般是在首层进行，具体构造节点如图 4-21、图 4-22 所示。

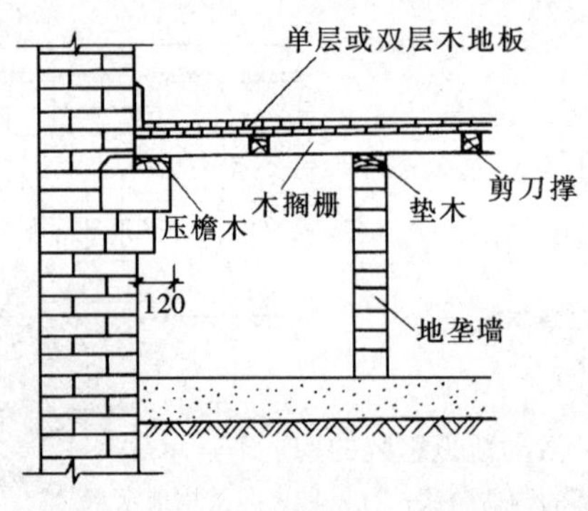

图 4-21 底层房间空铺木地板

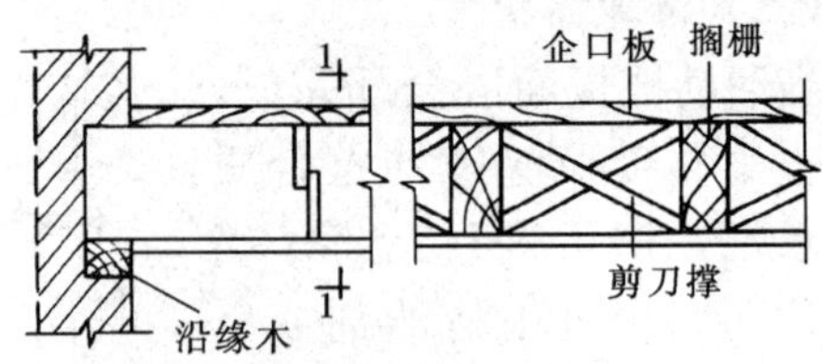

图 4-22 楼层房间空铺木地板

（1）首层地垅墙的砌筑。一般采用红砖、水泥砂浆或混合砂浆砌筑。地垅墙的厚度应根据架空的高度及使用的条件，通过计算后确定。垅墙与垅墙之间的距离，一般宜≤2m，否则会造成木搁栅（木龙骨）断面尺寸加大，不利于降低工程造价。

为了使木基层的架空层获得良好的通风条件，架空层同外部及每道架空层间的隔墙、地垅墙、暖气沟墙，均要设通风孔洞。在砌筑时，将通风孔洞留出，尺寸一般为 120mm×120mm。外墙每隔 3～5m 预留≥180mm×180mm 的通风孔洞，外侧安设篦子，下皮标高距室外地墙不宜小于 200mm。凡需检修穿行，在地垅墙上还需设 750mm×750mm 的过人孔洞。

（2）垫木（包括压檐木）、木搁栅和剪刀撑装设。先将垫木等材料按设计要求作防腐处理。操作前，先核对水平标高线，然后在压檐木表面划出木搁栅搁置中线，并在木搁栅端头也划出中线，然后把木搁栅对准中线摆好，再依次摆正中间的木搁栅，木搁栅离墙面应留出≥30mm 的缝隙，以利隔潮通风。木搁栅的表面应平直，安装时要随时注意从纵横两个方向找平。用 2m 长的直尺检查时，尺与木搁栅间的空隙不应超过 3mm。木搁栅上皮不平时，应用合适厚度的垫板（不准用木楔）找平或刨平，也可对底部稍加砍削找平，但砍削深度不应超过 10mm，砍削处应另作防腐处理。木搁栅安装后，必须用长 100mm 圆钉从木搁栅两侧中部斜向呈 45°角与垫木（或压檐木）钉牢。为了防止木搁栅与剪刀撑在钉结时移动，应在木搁栅上面临时钉些木拉条，使木搁栅互相拉接，然后在木搁栅上按剪刀撑间距弹线，依线逐个将剪刀撑两端用两个长 70mm 圆钉与木搁栅钉牢。

2. 实铺式基层施工

先在楼板或垫层上弹出木搁栅位置线，将木搁栅安放平稳，并使其与预埋在楼板（或垫层）内的铅丝或预埋铁件绑牢固定，木搁栅间如需填干炉渣时，应加以夯实拍平，木搁栅和毛地板均应作防腐处理。实铺式木地板见图 4-23。

（二）面层施工

（1）条形木地板铺钉。条形木地板有单层木板面层和双层木板面层两种（面层地板在安装前刷干性油一道以防虫、防干湿影响）。

单层木地板面层，其顶面要刨平，侧面带企口，板宽≤120mm，地板应与木搁栅垂直铺钉，并要顺进门方向。接缝均应在木搁栅中心部位，且应间隔错开，板与板之间仅允许个别地方有空隙，其宽度≤1mm，如为硬木长条形地板，个别地方缝隙宽度不得大于 0.5mm。木地板的材心应朝上、边材应朝下铺钉。木地板面层与墙之间应留 10～20mm 的缝隙。以后逐块排紧铺钉，缝隙不得超过 1mm。圆钉的长度应为木地板厚的 2～2.5 倍，圆钉帽要砸扁，电钻从板的侧边凹角处斜向钻孔，再在孔内钉入铁钉，板与搁栅相交处至少着钉一只。木地板的排紧方法，一般可在木搁栅上钉一只扒钉，在扒钉与板之间夹一对硬木楔，打紧硬木楔就可使木地板排紧，如图 4-24 所示。钉到最后一块，因无法斜向着钉，可用明钉钉牢，钉帽要砸扁，冲入板内 3～5mm。采用硬木地板时，铺钉前应先钻孔，一般孔径为圆钉直径的 0.7～0.8 倍。

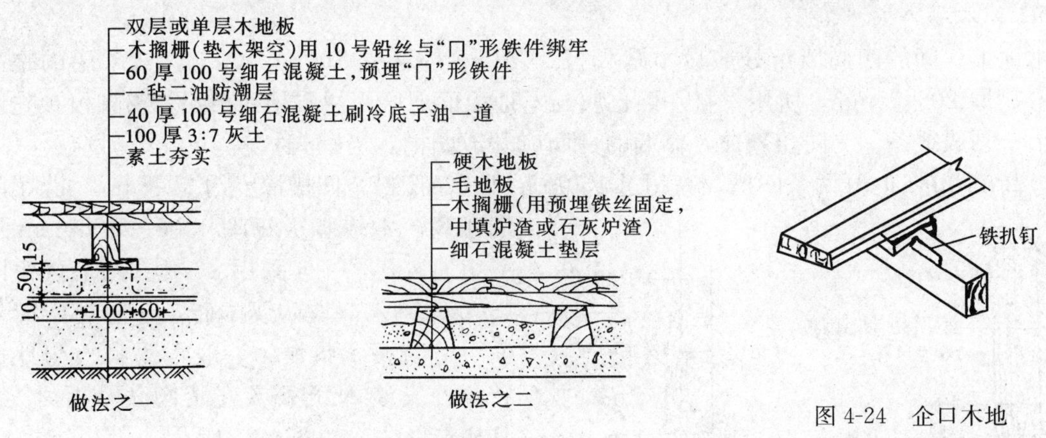

图 4-23　实铺式木地板

图 4-24　企口木地板排紧方法示意

（2）粘贴。用胶黏剂（成品）来粘贴，则施工方便，无热施工之患，是目前普遍采用的方式。胶黏剂的种类很多，目前常用的有聚醋酸乙烯乳液、氯丁橡胶型和聚氨酯、环氧树脂、合成橡胶溶剂型等。在工程中还常常用 PAA 胶黏剂和 8213 型胶黏剂。PAA 胶黏剂系由醋酸乙烯共聚物为基料，用甲醇作溶剂，加入填料而成。8123 型胶黏剂系由氯丁胶乳加入填充料和助剂后制成。另外，也可用 32.5MPa 强度等级水泥加 107 胶配制水泥聚合物胶黏剂，其成本低、黏结性能好，在工程中应用较多。配制时不加水，直接用 107 胶水搅拌水泥，稠度似糨糊状即可。

用胶黏剂铺贴拼花木地板面层，应将基层表面清扫干净，然后按前述沥青玛蒂酯铺贴时弹线的方法，弹出施工线。用干净棉纱或布将表面灰尘揩净，用鬃刷涂刷一层薄而均匀的底子胶。底子胶应采用原胶黏剂配制，如采用非水溶性胶黏剂，应按原胶黏剂重量加 10%的 65 号汽油和 10%的醋酸乙酯（或乙酸乙酯），搅拌均匀即成底子胶；如采用水溶性胶黏剂时，应用原胶黏剂加适量的水性溶剂搅拌均匀而制成底子胶。

底子胶涂刷并待其干燥后，按施工线位置沿轴线由中央向四面铺贴。其方法是按预排编号顺序在基层上涂刷一层厚约 1mm 左右的胶黏剂，再在木地板背面涂刷一层厚约 0.5mm 的胶黏剂，待所涂胶黏剂不粘手时（常温下 5min 左右），即可铺贴。粘贴时，要使木板呈水平状态就位，同时用力与相邻木地板挤压严密无缝隙，其平整度等质量要求与前述沥青玛蒂脂黏结法相同。

（3）刨平。黏结后的拼花硬木地板面层，一般需要进行刨平刨光。采用沥青玛蒂脂粘贴的木地板，须待其黏结层的沥青胶泥凝结硬固之后，再刨平；采用其他胶黏剂粘贴的木地板，应在常温下保养 5～7d，方可进行刨平。使用电动刨刨削地板面层时，其滚刨方向应与木板条成 45°角斜刨，推刨时不宜行走过快，也不得在一个部位行走过缓或停滞（停留前应及时关机），防止慢速啃咬地板面。如采用手工刨削时，须注意顺木纹方向，避免撕裂木纤维而损坏板面平整。刨平操作时，不可一遍刨削过深，应分多遍逐渐消除板块高差和刨光。拼花木地板面层在刨平工序所刨去的厚度，宜≤1.5mm，并应不显刨痕。

（4）细刨、磨平。木地板面层刨平、刨光后，需要用磨光机具进一步磨光，以达到油漆饰面的平整和光滑度要求。其机具有木地板磨光机、电动修整磨光机等。一般要求磨光两遍：第一遍用3号粗砂纸磨平；第二遍使用0～1号细砂纸磨光。

（三）木踢脚板施工

木地板房间的四周墙角处应设木踢脚板。踢脚板一般高100～200mm，常采用的是高150mm、厚20～25mm，所用木材一般也应与木地板面层所用材质品种相同。踢脚板预先刨光，上口刨成线条。为防止翘曲，靠墙的一面应开成凹槽，当踢脚板高100mm时应开一条凹槽，高150mm时开两条凹槽，高超过150mm开三条凹槽，凹槽深度约3～5mm。为了防潮通风，木踢脚板每隔1000～1500mm设一组通风孔，一般采用$\phi 6$孔。在墙内每隔400mm砌入一块防腐木砖，在防腐木砖外面再钉防腐木垫块。一般木踢脚板与地面转角处安装木压条或安装圆角成品木条，其构造做法，如图4-25所示。

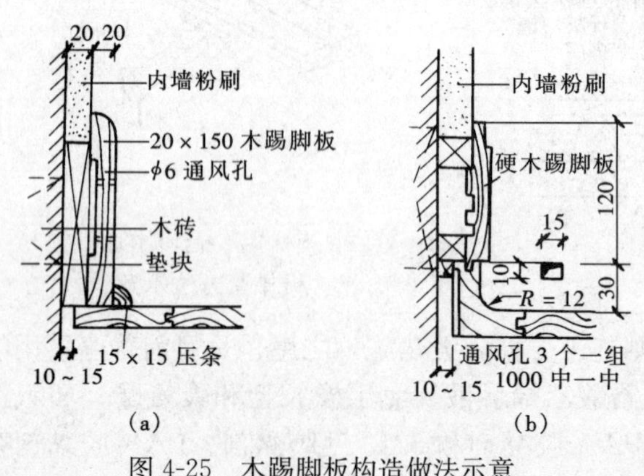

图4-25　木踢脚板构造做法示意
（a）压条做法；（b）圆角做法

木踢脚板应在木地板刨光后安装，木踢脚板接缝处应作暗榫或斜坡压槎，在90°转角处可做成45°斜角接缝，接缝处一定要在防腐木块上。安装时本踢脚板与立墙贴紧，上口要平直，用明钉钉牢在防腐木块上，钉帽要砸扁并冲入板内2～3mm。

（四）复合木地板施工

木质复合地板是以中密度纤维板为基材和用特种耐磨塑料贴面板为面材的新型地面装饰材料，又称层压木地板。复合地板具有耐烟头烫、耐化学试剂污染、易清扫、抗重压、耐磨（为普通贴面板的3倍）等特点。这种地板是长条形，安装很方便，可直接在普通水泥地面或其他地面上安装，与地面不需胶接，通过板材本身槽榫间的胶接，直接浮铺在地面上。

木质复合地板最适宜于会议室、办公室、高洁度实验室、中高档旅游饭店及民用住宅的装修改造使用。该地板施工需用的安装工具很简单，只需木工锯、钢凿、角尺、木尺、手锤、钳子和木工铅笔。施工所用的辅助材料为自制木楔和专用胶。

在铺贴安装前，应仔细检查室内每扇门与地面间的空隙是否足以铺设地板，空隙一般应为12～15mm。如空隙不够，需将门扇的下边刨去一定厚度，以确保地板安装后门扇启闭自如。另外，需检查地面和墙角有否渗漏水情况；如有，就必须彻底进行防水处理。

为了提高复合木地板的弹性和防水性，该复合木地板产品本身带有薄型泡沫塑料底垫。铺贴的第一道工序是在房间内满铺底垫，两底垫的对缝可用封箱胶带封闭。

地板的铺贴方向应与底垫展开主向成直角。铺贴第一行时，需把复合木地板的带槽的一边朝墙摆放，木地板与墙间用木楔块留出10mm的伸缩缝，第一层板的位置必须准确，必要时需在垫层上画线（见图4-26）。安装第二块木地板时，应将第二块板的端头槽与第一块板的端尾榫接插，以此类推，直至墙边。装紧靠墙的一块板时，取一块整板，一端靠墙，并用木楔留10mm空隙，与已摆放好的前一块板并行放置，然后用角尺在板上画线，再顺线用锯截断（见图4-27），最后平转180°，端头槽与上一块板的尾榫接插。如果截下部分的长度>40cm，则可用于第二行的行尾块。而第二行的首块，应紧靠第一行的尾块，即每行按之字形首尾相靠。前两行的位置调整好后即可开始涂胶拼装。将复合木地板用胶水均匀地涂于板的纵和横向的榫头侧边，胶水量适宜，然后用锤子和木块将已铺的地板挤紧，并将挤出的胶液立即用湿布擦干净。

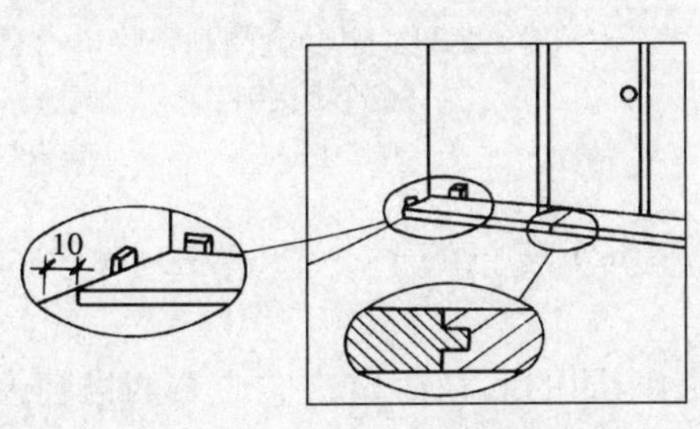

图 4-26　第一行铺贴方法

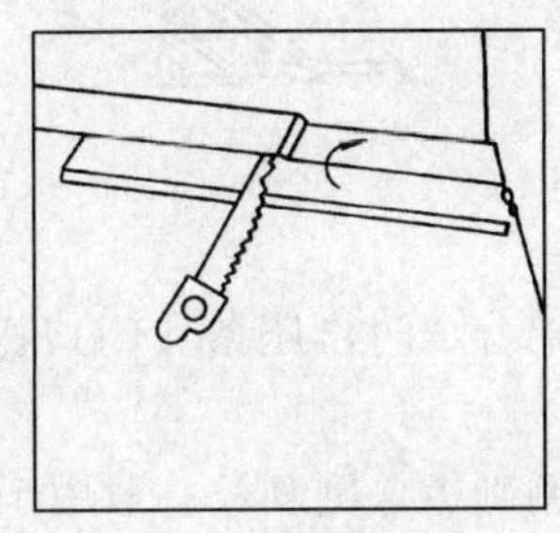

图 4-27　每行尾端施工方法

一个房间内最后一行地板的安装方法如下：取一块整板放在已拼装好的前一排地板上，上下对齐，再另取一块整板置于其上，长边靠墙，然后沿上板边缘，在下板面上划线，再顺线锯断，即获所需宽度的地板，涂胶后插接好，再用木楔将最后一块地板挤紧。

复合木地板安装完毕，需静放 2h 后方可撤除木楔块，并安装踢（地）脚板。踢脚板的厚度应以能压住复合木地板的 10mm 伸缩缝为准则，通常的厚度为 15mm。

第七节　地毯地面施工

地毯是一种中、高档的地面装饰材料。它具有吸声、保温、防滑、脚感舒适、色泽艳丽、装饰性强和施工方便等特点。给人以温暖、舒适愉快及高贵华丽的感觉。因此，在宾馆、会堂、办公楼，住宅处等得到广泛应用。

地毯按材质分类可分为纯羊毛地毯、混纺地毯、化纤地毯、塑料地毯和剑麻地毯、橡胶地毯等。按编织工艺可分为手工编织地毯、无纺地毯和簇绒地毯等。按固定地毯的方式可分为活动式地毯和固定式地毯等。地毯铺设必须要达到大面平整、拼缝紧密，铺贴后不显拼缝，大平面不易活动的要求。

一、施工准备

（一）地毯铺贴地面施工辅助材料

1. 胶黏剂

地毯铺设时有两种情况需用胶黏剂：一是地毯与地面黏结时用；另一是地毯与地毯连接拼缝用。房间内多用于长边拼缝连接，走廊多用于端头拼缝连接。施工用胶黏剂采用天然乳胶添加增稠剂、防霉剂配制而成，它无毒、不霉、快干，0.5h 之内便有足够的黏结强度，使用张紧器时不脱缝，对地面有足够的黏结强度，但又便于撕下而不留痕迹，施工使用简便。

2. 收口条与倒刺板

（1）收口条。两种不同材质的地面相接部位，要加设收口条或分格条。加设收口条的目的是固定地毯，另外也可防止地毯外露毛边。常用 L 形铝合金收口条，其形状如图 4-28 所示。对于室内地毯与走廊地面的分格处，最好用铝合金倒刺条收口条，如图 4-29 所示。

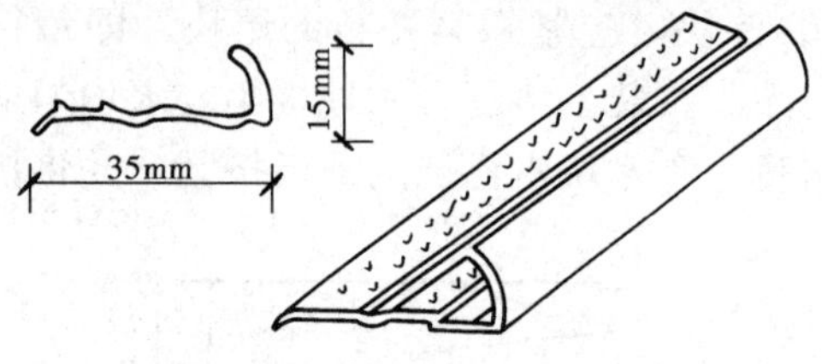

图 4-28 铝合金 L 形倒刺收口条

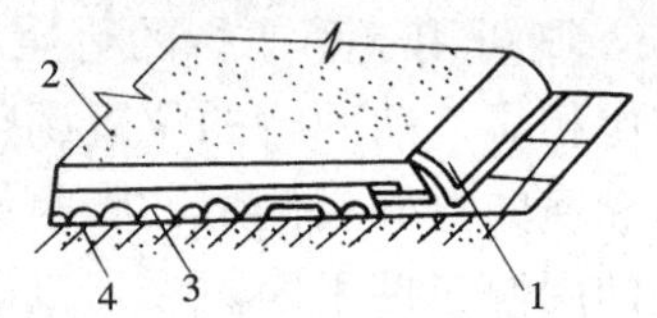

图 4-29 铝合金倒刺条收口示意图

1—铝合金倒刺条；2—地毯；
3—地毯垫层；4—混凝土楼板

（2）铝合金门口压条。门口压条是厚度为 2mm 左右的铝合金材料，其形状如图 4-30 所示。

（3）倒刺板。倒刺板一般用于房间或大厅的四周的墙角固定。它应有两排朝天斜钉，其加工示意图如图 4-31 所示。

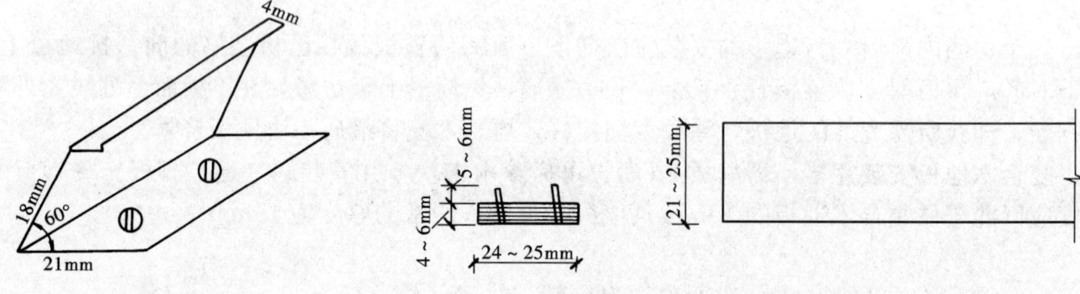

图 4-30 铝合金门口压条

图 4-31 倒刺板加工示意图

（二）施工工具

常用施工工具有：裁毯刀、地毯撑子、扁铲和墩拐等。用于缝合的工具有尖嘴钳子，熨斗、地毯修边器、直尺、米尺、粉线袋、手抱式电钻、调胶容器、搪刀和修葺电铲等。

（三）基层处理

基层不仅要坚实平整，而且要清洁干燥，否则应对高低不平处铲平补齐；对油污可用丙酮或松节油擦洗。对木地板基层要求平整坚实，对松动或外露钉子应加固或处理好。

二、地毯铺设

化纤地毯的铺设方法，可分为固定与不固定两种。

（1）不固定式：将地毯裁边、黏结拼缝成一整片，直接摊铺于地上，不与地面粘贴，四周沿墙脚修齐即可。这种方式适合于经常要卷起地毯的场合或经常搬动家具等重物的场合。

（2）固定式：即将地毯裁边、黏结拼缝成一整片，四周与房间地面加以固定。固定可采用两种方法：一种是用胶黏剂将地毯背面的四周与地面粘贴住；另一种是在房间周边地面上安设带有朝天小钩的倒刺板，将地毯背面固定在倒刺板的小钉钩上。这种方法适合于不常需要翻起地毯或不经常搬动家具的地方。这种方式铺设的地毯不易移动或隆起。

就铺设范围而言，又有满铺与局部铺设之分。满铺可以选择固定和不固定两种方式。

就铺设范围而言，又有满铺与局部铺设之分。满铺可以选择固定和不固定两种方式。局部铺设一般采用固定式。固定式有两种做法：一种是粘贴法，将地毯背面的四周与地面用胶黏剂粘贴；另一种是铜钉法，即将地毯的四周与地面用铜钉加以固定。

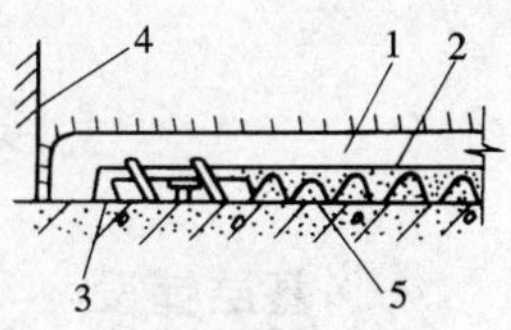

图 4-32　地毯固定方法

1—地毯；2—地毯垫层；3—倒刺钉板条；4—踢脚板；5—楼地面

铺设走廊地毯，也可采用固定与不固定两种方式。对不经常有较大动力荷载，并需要经常卷起的场合采用不固定方式。为了使地毯能承受较大动力荷载，可以采用逐段固定，逐段铺设的方式。

采用钉倒刺板条时要使板条距墙面 8～10mm 供地毯掩边用，如图 4-32 所示。倒刺板条可用水泥钉直接固结在混凝土或水泥砂浆基层上。若遇地面空鼓或松动时可先下木楔，然后再将倒刺板条钉在上面。

门口压条的处理。门口压条是用于门框下的地面处，该处一般为地毯的最边缘，其作用是压住地毯，不使地毯被踢起或边缘处受损坏，又符合美观的要求。门口压条宜采用厚度为 2mm 左右的铝合金材料，使用时，将 18mm 的一面轻轻敲下，紧压住地毯面层，其 21mm 的一面压在地毯之下，并用螺丝加以固定。

化纤地毯采用胶黏剂粘贴时，先将地毯与地毯拼缝，下衬一条 100mm 宽的狭条麻布带，胶黏剂按 0.8kg/m 的涂布量使用。地毯与地面黏结时，在地面上涂刷 120～150mm 宽的胶黏剂，按 0.05kg/m 的涂布量使用。地面粗糙时可稍增加些用量。

三、楼梯地毯铺设

（一）施工准备

（1）测量楼梯台阶的断面尺寸，以估算所需地毯的用量。裁剪时应留出一个台阶断面尺寸的余量，约 45cm，以便可转移挪动常受磨损的位置。

（2）如果选用的地毯是没有衬垫的，那么应该另外采用垫料，一则可提高耐磨性，二则可吸收噪声。

（二）铺毯

（1）将衬垫材料用地板木条分别钉在楼梯阴角两边，两木条相距 15mm 左右。

（2）用地毯角铁钉压在各阶压板与踏板所形成角的衬垫上。因为角铁正侧有突起的抓钉，故能不露痕迹地将整条地毯抓住。

（3）铺毯从最上一阶开始，将地毯的上端翻起在顶阶的竖板上钉住，然后用扁铲将地毯压在第一套角铁的抓钉上。把卷着的地毯拉紧包住梯阶，循竖板而下，在楼梯阴角处用扁铲将地毯压进阴角，使地板木条上的抓钉紧紧抓住地毯，然后再用扁铲把地毯压在第二套角铁上。这样重复以上过程，一直铺到最下一阶，将多余的地毯朝内折翻，用钉子钉于底阶的竖板上。

（4）如果所用地毯已有海绵衬底，那么就可以用地毯胶黏剂代角铁。将胶黏剂涂抹后即可粘贴地毯，铺设时，从以事前找出的绒毛最光滑的方向朝下铺贴。在梯阶阴角处用扁铲敲打，使地毯被地板木条上的抓钉紧紧抓住。

在每阶压板、踏板转角处用不锈钢螺钉拧紧铝角止滑条，如图 4-33 所示。

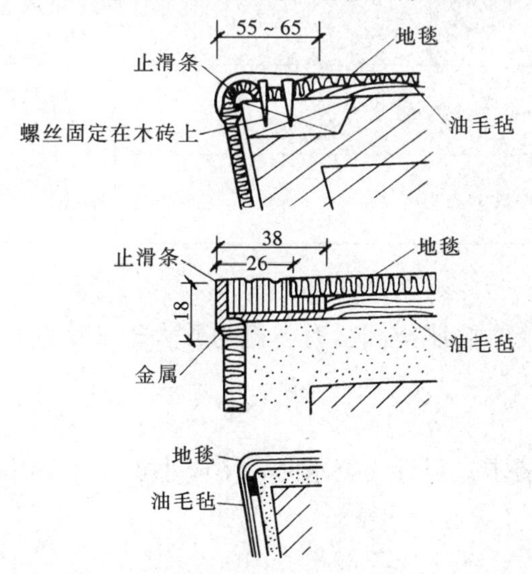

图 4-33　楼梯地毯铺设

第八节　楼地面工程的质量要求及检验方法

一、基层铺设

（一）一般规定

基层铺设施工质量检验内容适用于基土、垫层、找平层、隔离层和填充层等基层分项工程。

基层的标高、坡度、厚度等应符合设计要求。基层表面应平整，其允许偏差和检验方法应符合表 4-7 的规定。

表 4-7　　基层表面的允许偏差和检验方法　　（mm）

<table>
<tr><th rowspan="4">项次</th><th rowspan="4">项目</th><th colspan="13">允许偏差</th><th rowspan="4">检验方法</th></tr>
<tr><th>基土</th><th colspan="5">垫层</th><th colspan="3">找平层</th><th colspan="2">填充层</th><th>隔离层</th></tr>
<tr><th rowspan="2">土</th><th rowspan="2">砂、砂石、碎石、碎砖</th><th rowspan="2">灰土、三合土、炉渣、水泥、混凝土</th><th rowspan="2">木搁栅</th><th colspan="2">毛地板</th><th rowspan="2">用沥青玛蒂脂做结合层铺设拼花木板、板块面层</th><th rowspan="2">用水泥砂浆做结合层铺设板块面层</th><th rowspan="2">用胶黏剂做结合层铺设拼花木板、塑料板、强化复合地板、竹地板面层</th><th rowspan="2">松散材料</th><th rowspan="2">板、块材料</th><th rowspan="2">防水、防潮、防油渗</th></tr>
<tr><th>拼花实木地板、拼花实木复合地板面层</th><th>其他种类面层</th></tr>
<tr><td>1</td><td>表面平整度</td><td>15</td><td>15</td><td>10</td><td>3</td><td>3</td><td>5</td><td>3</td><td>5</td><td>2</td><td>7</td><td>5</td><td>3</td><td>用 2m 靠尺和楔形塞尺检查</td></tr>
<tr><td>2</td><td>标高</td><td>0，−50</td><td>±20</td><td>±10</td><td>±5</td><td>±5</td><td>±8</td><td>±5</td><td>±8</td><td>±4</td><td colspan="2">±4</td><td>±4</td><td>用水准仪检查</td></tr>
<tr><td>3</td><td>坡度</td><td colspan="12">不大于房间相应尺寸的 2/1000，且不大于 30</td><td>用坡度尺检查</td></tr>
<tr><td>4</td><td>厚度</td><td colspan="12">在个别地方不大于设计厚度的 1/10</td><td>用钢尺检查</td></tr>
</table>

（二）基土

（1）基土严禁用淤泥、腐殖土、冻土、耕植土、膨胀土和含有有机物质大于 8%的土作为填土。

检验方法：观察检查和检查土质记录。

（2）基土应均匀密实，压实系数应符合设计要求；设计无要求时，不应小于 0.90。

检验方法：观察检查和检查试验记录。

（三）找平层

找平层应采用水泥砂浆或水泥、混凝土铺设，并应符合本节有关面层的规定。

1. 主控项目

(1) 找平层采用碎石或卵石的粒径不应大于其厚度的 2/3，含泥量不应大于 2%；砂为中粗砂，其含泥量不应大于 3%。

检验方法：观察检查和检查材质合格证明文件及检测报告。

(2) 水泥砂浆体积比或水泥、混凝土强度等级应符合设计要求，且水泥砂浆体积比不应小于 1∶3（或相应的强度等级）；水泥、混凝土强度等级不应小于 C15。

检验方法：观察检查和检查配合比通知单及检测报告。

(3) 有防水要求的建筑地面工程的立管、套管、地漏处严禁渗漏，坡向应正确、无积水。

检验方法：观察检查和蓄水、泼水检验及坡度尺检查。

2. 一般项目

(1) 找平层与其下一层结合牢固，不得有空鼓。

检验方法：用小锤轻击检查。

(2) 找平层表面应密实，不得有起砂、蜂窝和裂缝等缺陷。

检验方法：观察检查。

(3) 找平层的表面允许偏差应符合表 4-7 的规定。

检验方法：应按表 4-7 中的检验方法检验。

二、整体面层铺设

整体面层铺设施工质量检验内容适用于水泥、混凝土（含细石混凝土）面层、水泥砂浆面层、水磨石面层分项工程。

整体面层的允许偏差和检验方法应符合表 4-8 的规定。

表 4-8　整体面层的允许偏差和检验方法

<table>
<tr><th rowspan="2">项次</th><th rowspan="2">项　目</th><th colspan="6">允许偏差（mm）</th><th rowspan="2">检验方法</th></tr>
<tr><th>水泥和混凝土面层</th><th>水泥砂浆面层</th><th>普通水磨石面层</th><th>高级水磨石面层</th><th>水泥钢（铁）屑面层</th><th>防油渗混凝土和不发火（防爆的）面层</th></tr>
<tr><td>1</td><td>表面平整度</td><td>5</td><td>4</td><td>3</td><td>2</td><td>4</td><td>5</td><td>用 2m 靠尺和楔形塞尺检查</td></tr>
<tr><td>2</td><td>踢脚线上口平直</td><td>4</td><td>4</td><td>3</td><td>3</td><td>4</td><td>4</td><td rowspan="2">拉 5m 线和用钢尺检查</td></tr>
<tr><td>3</td><td>缝格平直</td><td>3</td><td>3</td><td>3</td><td>2</td><td>3</td><td>3</td></tr>
</table>

（一）水泥混凝土面层

1. 主控项目

(1) 水泥、混凝土采用的粗骨料，其最大粒径不应大于面层厚度的 2/3，细石混凝土面层采用的石子粒径不应大于 15mm。

检验方法：观察检查和检查材质合格证明文件及检测报告。

(2) 面层的强度等级应符合设计要求，且水泥、混凝土面层强度等级不应小于 C20；水泥混凝土垫层兼面层强度等级不应小于C15。

检验方法：检查配合比通知单及检测报告。

（3）面层与下一层应结合牢固，无空鼓、裂纹。

检验方法：用小锤轻击检查。

注：空鼓面积不应大于400cm²，且每自然间（标准间）不多于2处可不计。

2. 项目

（1）面层表面不应有裂纹、脱皮、麻面、起砂等缺陷。

检验方法：观察检查。

（2）面层表面的坡度应符合设计要求，不得有倒泛水和积水现象。

检验方法：观察和采用泼水或用坡度尺检查。

（3）水泥砂浆踢脚线与墙面应紧密结合，高度一致，出墙厚度均匀。

检验方法：用小锤轻击、钢尺和观察检查。

注：局部空鼓长度不应大于300mm，且每自然间（标准间）不多于2处可不计。

（4）楼梯踏步的高度、宽度应符合设计要求。楼层梯段相邻踏步高度差不应大于10mm，每踏步两端宽度差不应大于10mm；旋转楼梯梯段的每踏步两端宽度的允许偏差为5mm。楼梯踏步的齿角应整齐，防滑条应顺直。

检验方法：观察和钢尺检查。

（5）水泥和混凝土面层的允许偏差应符合表4-8的规定。

检验方法：应按表4-8中的检验方法检验。

（二）水泥砂浆面层

1. 主控项目

（1）水泥采用硅酸盐水泥或普通硅酸盐水泥，其强度等级不应小于32.5MPa，不同强度等级的水泥严禁混用。砂应为中粗砂，当采用石屑时，其粒径应为1～5mm，且含泥量不应大于3%。

检验方法：观察检查和检查材质合格证明文件及检测报告。

（2）水泥砂浆面层的体积比（强度等级）必须符合设计要求；且体积比应为1∶2，强度等级不应小于M15。

检验方法：检查配合比通知单和检测报告。

（3）面层与下一层应结合牢固，无空鼓、裂纹。

检验方法：用小锤轻击检查。

注：空鼓面积不应大于400cm²，且每自然间（标准间）不多于2处可不计。

2. 一般项目

（1）面层表面的坡度应符合设计要求，不得有倒泛水和积水现象。

检验方法：观察和采用泼水或坡度尺检查。

（2）面层表面应洁净，无裂纹、脱皮、麻面、起砂等缺陷。

检验方法：观察检查。

（3）踢脚线与墙面应紧密结合，高度一致，出墙厚度均匀。

检验方法：用小锤轻击、钢尺和观察检查。

注：局部空鼓长度不应大于300mm，且每自然间（标准间）不多于2处可不计。

(4) 楼梯踏步的宽度、高度应符合设计要求。楼层梯段相邻踏步高度差不应大于10mm，每踏步两端宽度差不应大于10mm；旋转楼梯梯段的每踏步两端宽度的允许偏差为5mm。楼梯踏步的齿角应整齐，防滑条应顺直。

检验方法：观察和钢尺检查。

(5) 水泥砂浆面层的允许偏差应符合表4-8的规定。

检验方法：应按表4-8中的检验方法检查。

三、板块面层铺设

板块面层铺设施工质量检验内容适用于砖面层、大理石面层、预制板块面层、料石面层、塑料板面层、活动地板面层和地毯面层分项工程。

板、块面层的允许偏差和检验方法应符合表4-9的规定。

表4-9　板、块面层的允许偏差和检验方法

项次	项目	允许偏差（mm）											检验方法
		陶瓷锦砖面层、高级水磨石板、陶瓷地砖面层	缸砖面层	水泥花砖面层	水磨石板块面层	大理石面层和花岗石面层	塑料板面层	水泥混凝土板块面层	碎拼大理石、碎拼花岗石面层	活动地板面层	条石面层	块石面层	
1	表面平整度	2.0	4.0	3.0	3.0	1.0	2.0	4.0	3.0	2.0	10.0	10.0	用2m靠尺和楔形塞尺检查
2	缝格平直	3.0	3.0	3.0	3.0	2.0	3.0	3.0	—	2.5	8.0	8.0	拉5m线和用钢尺检查
3	接缝高低差	0.5	1.5	0.5	1.0	0.5	0.5	1.5	—	0.4	2.0	—	用钢尺和楔形塞尺检查
4	踢脚线上口平直	3.0	4.0	—	4.0	1.0	2.0	4.0	1.0	—	—	—	拉5m线和用钢尺检查
5	板块间隙宽度	2.0	2.0	2.0	2.0	1.0	—	6.0	—	0.3	5.0	—	用钢尺检查

（一）大理石面层和花岗石面层

1. 主控项目

(1) 大理石、花岗石面层所用板块的品种、质量应符合设计要求。

检验方法：观察检查和检查材质合格记录。

(2) 面层与下一层应结合牢固，无空鼓。

检验方法：用小锤轻击检查。

注：凡单块板块边角有局部空鼓，且每自然间（标准间）不超过总数的5%可不计。

2. 一般项目

（1）大理石、花岗石面层的表面应洁净、平整、无磨痕，且应图案清晰、色泽一致、接缝均匀、周边顺直、镶嵌正确、板块无裂纹、掉角、缺楞等缺陷。

检验方法：观察检查。

（2）踢脚线表面应洁净，高度一致、结合牢固、出墙厚度一致。

检验方法：观察和用小锤轻击及钢尺检查。

（3）楼梯踏步和台阶板块的缝隙宽度应一致、齿角整齐，楼层梯段相邻踏步高度差不应大于 10mm，防滑条应顺直、牢固。

检验方法：观察和用钢尺检查。

（4）面层表面的坡度应符合设计要求，不倒泛水、无积水；与地漏、管道结合处应严密牢固，无渗漏。

检验方法：观察、泼水或坡度尺及蓄水检查。

（5）大理石和花岗石面层（或碎拼大理石、碎拼花岗石）的允许偏差应符合表 4-9 的规定。

检验方法：应按表 4-9 中的检验方法检验。

（二）料石面层

1. 主控项目

（1）面层材质应符合设计要求；条石的强度等级应大于 Mu60，块石的强度等级应大于 Mu30。

检验方法：观察检查和检查材质合格证明文件及检测报告。

（2）面层与下一层应结合牢固、无松动。

检验方法：观察检查和用锤击检查。

2. 项目

（1）条石面层应组砌合理、无十字缝，铺砌方向和坡度应符合设计要求；块石面层石料缝隙应相互错开，通缝不超过两块石料。

检验方法：观察和用坡度尺检查。

（2）条石面层和块石面层的允许偏差应符合表 4-9 的规定。

检验方法：应按表 4-9 中的检验方法检验。

（三）塑料板面层

1. 主控项目

（1）塑料板面层所用的塑料板块和卷材的品种、规格、颜色、等级应符合设计要求和现行国家标准的规定。

检验方法：观察检查和检查材质合格证明文件及检测报告。

（2）面层与下一层的黏结应牢固，不翘边、不脱落、无溢胶。

检验方法：观察检查和用敲击及钢尺检查。

注：卷材局部脱落处面积不应大于 20cm²，且相隔间距不小于 50cm 可不计；凡单块板块料边角局部脱胶处且每自然间（标准间）不超过总数的 5%者可不计。

2. 一般项目

（1）塑料板面层应表面洁净，图案清晰，色泽一致，接缝严密、美观。拼缝处的图案、花纹吻合，无胶痕；与墙边交接严密，阴阳角收边方正。

检验方法：观察检查。

(2) 板块的焊接，焊缝应平整、光洁，无焦化变色、斑点、焊瘤和起鳞等缺陷，其凹凸允许偏差为±0.6mm。焊缝的抗拉强度不得小于塑料板强度的75%。

检验方法：观察检查和检查检测报告。

(3) 镶边用料尺寸准确、边角整齐、拼缝严密、接缝顺直。

检验方法：用钢尺和观察检查。

(4) 塑料板面层的允许偏差应符合表4-9的规定。

检验方法：应按表4-9中的检验方法检验。

(四) 活动地板面层

1. 主控项目

(1) 面层材质必须符合设计要求，且应具有耐磨、防潮、阻燃、耐污染、耐老化和导静电等特点。

检验方法：观察检查和检查材质合格证明文件及检测报告。

(2) 活动地板面层应无裂纹、掉角和缺楞等缺陷。行走无声响、无摆动。

检验方法：观察和脚踩检查。

2. 一般项目

(1) 活动地板面层应排列整齐、表面洁净、色泽一致、接缝均匀、周边顺直。

检验方法：观察检查。

(2) 活动地板面层的允许偏差应符合本规范表4-9的规定。

检验方法：应按本规范表4-9中的检验方法检验。

(五) 地毯面层

1. 主控项目

(1) 地毯的品种、规格、颜色、花色、胶料和辅料及其材质必须符合设计要求和国家现行地毯产品标准的规定。

检验方法：观察检查和检查材质合格记录。

(2) 地毯表面应平服、拼缝处黏结牢固、严密平整、图案吻合。

检验方法：观察检查。

2. 一般项目

(1) 地毯表面不应起鼓、起皱、翘边、卷边、显拼缝、露线和无毛边，绒面毛顺光一致，毯面干净，无污染和损坏。

检验方法：观察检查。

(2) 地毯同其他面层连接处、收口处和墙边、柱子周围应顺直、压紧。

检验方法：观察检查。

四、木、竹面层铺设

木、竹面层铺设施工质量检验内容适用于实木地板面层、实木复合地板面层、中密度强化复合地板面层、竹地板面层等分项工程。

木、竹面层的允许偏差和检验方法应符合表4-10的规定。

表 4-10　　木、竹面层的允许偏差和检验方法

<table>
<tr><th rowspan="3">项次</th><th rowspan="3">项　目</th><th colspan="4">允许偏差（mm）</th><th rowspan="3">检验方法</th></tr>
<tr><th colspan="3">实木地板面层</th><th rowspan="2">实木复合地板、中密度（强化）复合地板面层、竹地板面层</th></tr>
<tr><th>松木地板</th><th>硬木地板</th><th>拼花地板</th></tr>
<tr><td>1</td><td>板面缝隙宽度</td><td>1.0</td><td>0.5</td><td>0.2</td><td>0.5</td><td>用钢尺检查</td></tr>
<tr><td>2</td><td>表面平整度</td><td>3.0</td><td>2.0</td><td>2.0</td><td>2.0</td><td>用 2m 靠尺和楔形塞尺检查</td></tr>
<tr><td>3</td><td>踢脚线上口平齐</td><td>3.0</td><td>3.0</td><td>3.0</td><td>3.0</td><td rowspan="2">拉 5m 通线，不足 5m 拉通线和用钢尺检查</td></tr>
<tr><td>4</td><td>板面拼缝平直</td><td>3.0</td><td>3.0</td><td>3.0</td><td>3.0</td></tr>
<tr><td>5</td><td>相邻板材高差</td><td>0.5</td><td>0.5</td><td>0.5</td><td>0.5</td><td>用钢尺和楔形塞尺检查</td></tr>
<tr><td>6</td><td>踢脚线与面层的接缝</td><td colspan="4">1.0</td><td>楔形塞尺检查</td></tr>
</table>

（一）实木地板面层

1. 主控项目

（1）实木地板面层所采用的材质和铺设时的木材含水率必须符合设计要求。木搁栅、垫土和毛地板等必须做防腐、防蛀处理。

检验方法：观察检查和检查材质合格证明文件及检测报告。

（2）木搁栅安装应牢固、平直。

检验方法：观察、脚踩检查。

（3）面层铺设应牢固；黏结无空鼓。

检验方法：观察、脚踩或用小锤轻击检查。

2. 一般项目

（1）实木地板面层应刨平、磨光，无明显刨痕和毛刺等现象；图案清晰、颜色均匀一致。

检验方法：观察、手摸和脚踩检查。

（2）面层缝隙应严密；接头位置应错开、表面洁净。

检验方法：观察检查。

（3）拼花地板接缝应对齐，粘、钉严密；缝隙宽度均匀一致；表面洁净，胶粘无溢胶。

检验方法：观察检查。

（4）踢脚线表面光滑，接缝严密，高度一致。

检验方法：观察和钢尺检查。

（5）实木地板面层的允许偏差应符合表 4-10 的规定。

检验方法：应按表 4-10 中的检验方法检验。

（二）实木复合地板面层

1. 主控项目

（1）实木复合地板面层所采用的条材和块材，其技术等级及质量要求符合设计要求。木搁栅、垫木和毛地板等必须做防腐、防蛀处理。

检验方法：观察检查和检查材质合格证明文件及检测报告。

（2）木搁栅安装应牢固、平直。

检验方法：观察，脚踩检查。

（3）面层铺设应牢固，粘贴无空鼓。

检验方法：观察，脚踩或用小锤轻击检查。

2. 一般项目

（1）实木复合地板面层图案和颜色应符合设计要求，图案清晰，颜色一致，板面无翘曲。

检验方法：观察，用2m靠尺和楔形塞尺检查。

（2）面层的接头应错开、缝隙严密、表面洁净。

检验方法：观察检查。

（3）踢脚线表面光滑，接缝严密，高度一致。

检验方法：观察和钢尺检查。

（4）实木复合地板面层的允许偏差应符合表4-10的规定。

检验方法：应按表4-10中的检验方法检验。

（三）中密度（强化）复合地板面层

1. 主控项目

（1）中密度（强化）复合地板面层所采用的材料，其技术等级及质量要求应符合设计要求。木搁栅、垫木和毛地板等应做防腐、防蛀处理。

检验方法：观察检查和检查材质合格证明文件及检测报告。

（2）木搁栅安装应牢固、平直。

检验方法：观察，脚踩检查。

（3）面层铺设应牢固。

检验方法：观察，脚踩检查。

2. 一般项目

（1）中密度（强化）复合地板面层图案和颜色应符合设计要求，图案清晰，颜色一致，板面无翘曲。

检验方法：观察，用2m靠尺和楔形塞尺检查。

（2）面层的接头应错开，缝隙严密、表面洁净。

检验方法：观察检查。

（3）踢脚线表面应光滑，接缝严密，高度一致。

检验方法：观察和钢尺检查。

（4）中密度（强化）复合地板面层的允许偏差应符合表4-10的规定。

检验方法：应按表4-10中的检验方法检验。

（四）竹地板面层

1. 主控项目

（1）竹地板面层所采用的材料，其技术等级和质量要求应符合设计要求。木搁栅、毛地板和垫木等应做防腐、防蛀处理。

检验方法：观察检查和检查材质合格证明文件及检测报告。

（2）木搁栅安装应牢固、平直。

检验方法：观察，脚踩检查。

（3）面层铺设应牢固，粘贴无空鼓。

检验方法：观察、脚踩或用小锤轻击检查。

2. 一般项目

（1）竹地板面层品种与规格应符合设计要求，板面无翘曲。

检验方法：观察，用2m靠尺和楔形塞尺检查。

（2）面层缝隙应均匀、接头位置错开，表面洁净。

检验方法：观察检查。

（3）踢脚线表面应光滑，接缝均匀，高度一致。

检验方法：观察和用钢尺检查。

（4）竹地板面层的允许偏差应符合表4-10的规定。

检验方法：应按本规定表4-10中的检验方法检验。

思考练习题

4-1 楼地面由哪几层组成？各层的施工方法有哪些？

4-2 水泥砂浆楼地面施工主要工艺过程有哪些？

4-3 水泥砂浆楼地面的面层砂浆刮平后要用钢皮抹子压几遍？

4-4 简述现浇水磨石地面施工工艺过程。水磨石面层研磨有什么技术要求？

4-5 板块楼地面施工对基层有些什么要求？花岗石平板施工工艺过程有哪些？灌缝擦缝有些什么要求？

4-6 简述软质聚氯乙烯地板铺贴施工方法。

4-7 条形木地板铺贴有哪些注意点？双层木地板底层的毛地板为什么要与木搁栅成30°或45°斜向铺钉？

4-8 长木地板铺贴方向与什么因素有关？

4-9 绒毛地毯铺设与化纤地毡铺设在施工上有什么不同？

4-10 试述整体面层的允许偏差和检验方法。

第五章　涂料与裱糊工程施工

建筑涂料是一种涂敷于物体表面，并能与基体很好地黏结，形成完整而坚韧的保护膜的物质。它具有保护、装饰或其他特殊的功能。

建筑涂料饰面具有色彩丰富、质感逼真、附着力强、施工方便、工期短、工效高、造价低、经济等优点，因而在建筑装饰中的应用十分广泛。

裱糊饰面主要是指各种墙面和顶棚面的壁纸饰面。它装饰效果好，具有良好的吸声、隔热、防霉、防水等功能，以及施工方便、维修保养简便、使用寿命长等特点，因此它在建筑饰面中得到不断的发展。

第一节　涂料的类型、成分及主要性能要求

一、建筑涂料的材料

（一）涂料

涂料工程的材料主要为装饰涂料。涂料种类很多，主要按以下几个方面来进行分类。

1. 按化学成分不同分类

（1）溶剂型涂料：是以高分子合成树脂为主要成膜物质，有机溶剂为稀释剂，加入适量的颜料、填料及辅助材料经研磨而成。用溶剂型涂料产生的涂膜细而坚韧，有一定耐水性。使用这种涂料的施工温度可低到零度。其主要缺点是有机溶剂价格昂贵、易燃，挥发后有损于人体健康。

（2）水溶性涂料：是以水溶性合成树脂为主要成膜物质，以水为稀释剂并加入适量颜料、填料及辅助材料经研磨而成。

（3）水乳型涂料：是将合成树脂以 0.1～0.5μm 的极细微粒分散在水中构成乳液，以乳液为主要成膜物质，并加入适量颜料、填料、辅助原料研磨而成。

2. 按使用部位分类

建筑装饰涂料按使用部位分为内墙涂料、外墙涂料、顶棚涂料、地面涂料等。

（1）内墙涂料和顶棚涂料。

水溶性涂料：常用的有 108 内墙涂料、206 内墙涂料、SJ-803 内墙涂料、聚乙烯腈内墙涂料等。

水乳型涂料：常用的有 X08-1 聚醋酸乙烯内墙乳胶漆、氯-醋-丙高级内墙涂料、RT-171 内墙涂料等。

溶剂型涂料：常用的有过氯乙烯内墙涂料、聚乙烯醇缩丁醛内墙涂料等。

（2）外墙涂料。

溶剂型涂料：常用的有聚乙烯醇缩丁醛外墙涂料、涤纶下脚外墙涂料及氯化橡胶外墙涂料。

水溶性涂料：常用的有 794 外墙装饰涂料。

水乳型涂料：常用的有纯丙有光乳胶漆、氯-醋-丙三元共聚乳液涂料、X08-1 聚醋酸乙烯外墙乳胶漆、X08-2 外用乳胶漆、乙丙乳胶漆和乙丙乳胶液厚涂料等。

（3）地面涂料。

溶剂型涂料：常用的有聚氯乙烯醇缩丁醛地面涂料、聚氨酯厚质地面涂料及 812 建筑涂料。

水溶性涂料：常用的有 107 胶水泥地面涂料（不应用于民用建筑室内）及 804 彩色水泥地面涂料等。

水乳型涂料：常用的有氯-偏共聚乳液涂料及改性塑料地面涂料等。

（二）油漆

1. 清油

清油又名熟油、鱼油、调漆油，可作为原漆和防锈漆调配时用的油料，也可单独使用，油膜柔韧，但易发黏。自配清油是工地上常用的一种打底清油，它是用熟桐油加稀释剂配成，冬期使用还要加入适量催干剂，它还可根据不同颜色的面层要求加入适量的颜料配成带色清油。

2. 厚漆

厚漆又名铅油，是用颜料与干性油混合研磨而成，需要加油、溶剂等稀释后才能使用。漆膜较软，干燥慢，面漆的黏结性好，故被广泛作用面层漆涂层的打底，也可单独作为面层涂饰。

3. 调和漆

调和漆又称调和漆，分油脂类调和漆和天然树脂类调和漆两类。

4. 清漆

清漆俗称凡立水，是一种不含颜料，以树脂作为主要成膜物的透明涂料，分油基清漆和松脂清漆两类。

5. 磁漆

磁漆是以清漆为基料，加入颜料研磨制成的，涂层干燥后呈磁光色彩而涂膜坚硬，因此得名。常用的有酚醛磁漆和醇酸磁漆两类。

6. 防锈漆

防锈漆有油性防锈漆和树脂防锈漆两类。

二、建筑涂料的组成

建筑涂料由主要成膜物质、次要成膜物质和辅助成膜物质三部分组成。

（一）主要成膜物质

主要成膜物质，也称“胶黏剂”或“固着剂”，它的主要作用是将其他成分粘成一个整体，并能附着在被涂基层表面而形成保护膜。其主要成膜物质应具有良好的耐碱、耐水性，能适应各种气候，并能抵制日光、雨水、冰雪等有害物质的侵蚀，在常温下能成膜，一般要求在 5～35℃的环境中能干燥硬化；具有良好的混溶性和溶解性，要求涂料树脂与树脂之间或树脂与油脂之间能混溶，并且能用溶剂对主要成膜材料进行溶解或稀释，以方便施工。

1. 油料

油料是涂料工业中使用最早的一种成膜材料，是制造油性涂料和油基涂料的主要原料。但并非各种涂料中都含有油料。在涂料中使用的油料主要是植物油。

2. 树脂

单用油料虽可以制成涂料，但这种涂料形成的涂膜，在硬度、光泽、耐水、耐酸碱等方面的性能，往往不能满足近代科学技术的要求，如各种建筑构件长期暴露在大气中而不受破坏等等。这些都是油性涂料所不能胜任的，因而要采用性能优异的树脂作为涂料的主要成膜物质。

涂料用的树脂，可分为天然树脂、人造树脂、合成树脂三类。其中，天然树脂主要有松香、虫胶、沥青等；人造树脂系由天然有机高分子化合物经加工而制得，如松香甘油酯（酯胶）、硝化纤维等；合成树脂系由单体经聚合或缩聚而制得，如聚氯乙烯树脂、环氧树脂、酚醛树脂、醇酸树脂、丙烯酸树脂等。利用合成树脂制得的涂料性能优异，涂膜光泽好，因而是现代涂料工业生产量最大、品种最多、应用最广的涂料。

（二）次要成膜物质

次要成膜物质也是构成涂膜的组成部分，但它不能离开主要成膜物质单独构成涂膜。它的主要成分是无机颜料或有机颜料及各种填料，统称为“颜料”。在涂料中加入适量的颜料，不仅能改善涂膜性能，而且能增加涂料品种。涂料中所用颜料应具有较好的耐碱性和耐候性，并且要求资源丰富、价格便宜。

（三）辅助成膜物质

辅助成膜物质不能构成涂膜，而且最后不存留在涂膜之中，但对成膜质量有着很大的影响，对涂膜的性能也起一些辅助作用。辅助成膜物质包括溶剂和辅助材料：溶剂是挥发性液体，影响涂膜干燥的快慢，常用的有石油溶剂及酯类、醇类、酮类溶剂等；辅助材料如催干剂、增塑剂、防污剂、分散剂等。

三、建筑涂料的性能要求

（一）建筑涂料的一般性能

1. 遮盖力

遮盖力通常用表面被遮盖所需涂料质量表示，质量越多遮盖力越小。遮盖力的大小与涂料的颜料、着色力及含量有关。

2. 涂膜附着力

它表示涂料与基层的黏力。

附着力的大小与涂料中成膜物质的性质、基层的性质和处理方法有关。

3. 黏度

黏度的大小影响施工性能。不同的施工方法对涂料有不同的黏度要求。有的要求涂料具有触变性能，上墙后不流淌，而抹压又很容易。黏度的大小主要决定于涂料内固体成分即成膜物质及填料的性质和含量。需注意的是：固体成分含量相同的两种涂料其黏度可能相差很大，这是由于其中成膜物质所占比例不同。成膜物质较多者，其黏度较高、性能较好、成本也较高。

4. 细度

细度的大小影响涂料涂膜表面的平整性和光泽。

（二）建筑涂料的特殊性能

建筑涂料主要用于地面和墙面的装饰，其使用条件有特殊之处，因而建筑涂料除应具备一般涂料的性能之外，还有一些特殊要求。

1. 耐污染性

耐污染性对外墙涂料特别重要。涂料污染的来源主要有人为的和自然的两个方面，其性质有三种。第一种是沉积性的，即灰尘的黏附或沉积。沉积性污染的程度与涂膜表面平整性有关；一般来说，沉积性污染比较容易清除。第二种是侵入性污染，即尘埃、有色物质随同液体侵入涂料的毛细结构内（涂膜表面比较致密的涂料不易发生侵入性污染）；这种污染的清除比较困难。第三种是附吸性污染，即由于静电吸引力造成的污染，例如油污粘在涂料上等。

2. 耐久性

（1）耐冻融性能：外墙涂料的涂层表面毛细管内吸收水分后，在冬季可能发生反复冰冻和融化。水结冰时发生膨胀，会使涂层脱落、开裂或起泡。涂料中的成膜物质的柔和性好，有一定延伸性，耐冻融性就越好。

（2）耐洗刷性：它表示外墙涂料受雨水长期冲刷的性能。其冲刷性能与成膜物质的性能及含量有很大关系，含量越高，耐冲刷性能越好。

（3）耐老化性：涂料中的成膜物质受大气中的光、热、臭氧等因素的作用，会发生分子的降解或交联，使涂层发黏或变脆，失去原有的强度或柔性，从而使涂层开裂、脱落、粉化和老化等。老化也包括涂层的变褪色。

3. 耐碱性

建筑涂料大多以水泥混凝土、含石灰抹灰材料等碱性材料为装饰对象，耐碱性差的涂料受碱性的影响会使涂层剥离脱落或变色、褪色。

4. 最低成膜温度

最低成膜温度是乳液型涂料的一项重要性能。乳液涂料是通过涂料中的小颗粒的凝结而成膜的，成膜只有在某一最低温度以上时才能实现。所以乳液涂料只有在高于这一温度的条件下才能施工。一般乳液型涂料的最低成膜温度都在10℃以上。

第二节　涂料装饰施工技术

一、建筑涂料施工的基本要求

（一）环境条件

涂料的干燥、结膜，都需要在一定的气温和湿度条件下进行。不同类型的涂料有其最佳的成膜条件。为了保证涂层的质量，应注意施工环境条件。

（1）气温：通常溶剂型涂料宜在5～30℃气温条件下施工。水乳型涂料宜在10～35℃气温条件下施工。

（2）湿度：建筑涂料适宜的施工湿度为60%～70%，在高湿或降雨之前一般不宜施工。通常情况下，湿度低有利于涂料的成膜和提高施工进度；但如果湿度太低、空气太干燥，溶剂型涂料溶剂挥发过快，水乳型涂料干燥也快，均会使结膜不够完全，因此也不宜施工。

（3）太阳光：不要在阳光直接照射下施工，尤其在夏天，阳光照射下基层表面温度太高，脱水或脱溶剂过快，会使成膜不良，影响涂层质量。

（4）风：在大风下不宜施工，大风会加速溶剂或水分的蒸发过程，使成膜不良，又会沾污尘土。

(二) 对基层的要求

基层及基层处理在装修涂饰工程中是非常重要的一个环节，基层的干燥程度、基底的碱性、油迹及黏附杂物的清除、孔洞填补等情况的处理好坏，均会对施工质量带来很大影响。

(1) 表面平整度：基层表面应平整，不得有大的孔洞、裂缝等，否则会影响涂层装饰质量。

(2) 基层碱性：新浇混凝土或新抹的水泥砂浆，它的 pH 值都很高，随着水分的蒸发和碳化，其碱性将逐渐降低，但其降低速度一般很缓慢。基层中的碱性成分与水分一起蒸发出来，对表面的涂料会带来影响，因此其表面的涂料施工，一般宜在 pH 值小于 8 后施工。

(3) 含水率：装饰涂料涂饰的基层，必须做到尽可能的干燥，这对涂层质量有利，一般在含水率小于 8%（基层表面泛白）时，才能进行涂料施工。不同涂料对基层含水率要求不一样，溶剂型涂料要求含水率低些（小于 6%）；水乳型涂料则可适当高些。

(4) 基层表面沾污：基层表面不得被油质等沾污，当基层被沾污后会影响涂料对基层的黏附力。如钢制模板，常用油质材料作脱膜剂，脱模后的基质表面会沾污上油质材料，会使乳胶类涂料黏附不好。为此，在涂料施工前需对被沾污的基层彻底去污。

二、基层处理

(一) 对基层的一般要求

基层质量直接影响涂料饰面的装饰效果和耐久性；基层质量不好，会给涂料施工带来不便，导致修补返工，使施工造价提高。因此，涂料施工前的基层处理至关重要。

(1) 基层要求有足够的强度，不得有疏松、脱皮、起砂、粉化等现象。

(2) 基层含水率要求在 10%以下，表面的 pH 值要求在 10 以下。

(3) 喷涂前必须将基层表面的灰浆、浮土、附着杂物等清除，并用水冲洗干净。

(4) 基层表面的油污、隔离剂等要用相应的洗涤剂洗净，然后用水冲洗干净。也可用涂料涂于油污处，马上用水冲刷，即能去除油污。

(5) 基层表面凸起部分应先剔平，凡“蜂窝”、孔洞应提前修补填平，轻微的可用乳液腻子刮平，较重的应用水泥砂浆修补。

(6) 木基层涂漆前的处理：木材表面上的灰尘、污垢等在施涂前应清理干净，木材表面的缝隙、刺、掀岔和脂囊经修整打磨后，应用腻子填补，并用 0～2 号砂纸打光。

(7) 混凝土和抹灰基层的处理：施涂前应将基层的缺棱掉角处，用 1∶3 的水泥砂浆或聚合物水泥砂浆修补抹平，表面麻面和缝隙应用腻子填补整平。基层表面的灰尘、污垢、溅沫和砂浆流痕应清除干净。施涂溶剂型涂料时，基层含水率不得大于 8%；施涂水性和乳胶型涂料时，基层含水率不得大于 10%。若新墙面 pH 值过高，则需进行酸洗以降低 pH 值或进行封底处理。

(8) 金属基层的处理：金属基层的主要要求是干燥、无油污、锈斑、灰尘、鳞皮、焊渣、毛刺等，可采用人工、机械或化学的方法除去锈斑、氧化皮等，并用松香水或清水清洗干净后晾干，潮湿的表面不得施涂涂料。

(二) 打底子

木材表面打底子的目的是使表面具有均匀吸收涂料的性能，以保证面层的色泽均匀一致。木材打底分为油粉打底和水粉打底，油粉用大白粉、颜料、熟桐油、松香水等配成，多用于木门窗、地板和室外部分；水粉用大白粉、颜料和水调配而成，用于室内物面和家具。

金属表面应刷防锈漆打底。

混凝土和抹灰表面刷油性涂料时，可用清油打底。

打底要求刷到、刷匀，不得漏刷或刷得过厚而流淌，涂刷顺序为先上后下，先左后右，先外后里。

（三）刮腻子磨光

刮腻子的作用是使基层表面平整，适当着色、防止渗漆。腻子应根据基层、底层涂料的性质配套使用，一般要求腻子应具有一定的塑性和易涂性，干燥后坚固平整。常用的腻子见表 5-1。

表 5-1　涂料工程常用腻子和润粉（质量比）

基层		腻子（润粉）
混凝土、抹灰表面	室内	聚醋酸乙烯乳液（即白乳液）：滑石粉（或大白粉）：2%羧甲基纤维素溶液=1：5：3.5
	外墙、厨房、厕所、浴室	聚醋酸乙烯乳液：水泥：水=1：5：1
木材表面		石膏粉：熟桐油：水=20：7：50
金属表面		石膏粉：熟桐油：油性腻子（或醇酸腻子）：底漆：水=20：5：10：7.45
木材表面清漆		大白粉：骨胶：土黄或其他颜料：水=14：1：1：18
木材表面清漆		大白粉：松香水：熟桐油=24：16：2
金属表面		石膏粉：熟桐油：油性腻子或醇酸腻子：底漆：水=20：5：10：7.45

腻子一般刮三道，头道要求平整，二、三道要求光洁。每刮一道腻子待其干燥后，都用砂纸磨光一遍。对于做混色涂料的木基层，头遍腻子在刷过清油后才能批嵌；做清漆的木基层，则应在调粉后再批嵌；金属基层应等防锈漆充分干燥后才能批嵌。

三、建筑涂料施工

（一）刷涂

刷涂一般用排笔、棕刷等工具蘸上涂料直接涂刷在墙面的表面上，要求涂刷均匀、平滑一致。刷涂一般不少于二道，第一道涂料干后才能刷第二道，相隔时间为 2～4h。

适合用这种施工方法的涂料有：

（1）聚乙烯醇系内墙涂料，如聚乙烯醇水玻璃内墙涂料、聚乙烯醇甲醛胶内墙涂料等。

（2）内外墙乳胶漆，如聚醋酸乙烯乳胶漆、乙-丙乳胶漆、苯-丙乳胶漆、氯-醋-丙乳胶漆、纯丙烯酸酯乳胶漆等。

（3）传统油漆及溶剂型内外墙涂料，如过氯乙烯外墙涂料、苯乙烯外墙涂料、氯化橡胶内外墙涂料、丙烯酸酯及聚氨酯外墙涂料等。

（4）硅酸盐无机涂料，如碱金属硅酸盐系涂料、硅溶胶无机外墙涂料。

（二）滚涂

滚涂是使用长毛绒辊、泡沫塑料辊、橡胶辊等蘸上适量的涂料，在待涂物表面滚动涂刷的方法。辊子种类应根据涂料品种、要求的花饰来选择，常用辊子的直径为 40～50mm，长 180～240mm。滚涂应平直，避免蛇行扭曲，边角不易滚到处，可用刷子补刷。

一般滚涂适用的涂料与刷涂基本一样，通常为薄质涂料。目前在装饰工程中多用于低档涂料，中高档涂料在第一道涂饰时也有采用此方法。

（三）喷涂

喷涂是使用喷枪将涂料喷涂到墙面上，形成不同质感的涂层的一种施工方法。喷涂施工应根据所用涂料的品种、黏度、稠度、最大粒径等，确定喷涂机具的种类、喷嘴直径、喷涂压力、喷嘴与被喷涂物表面的距离等。喷枪运行时，要求喷嘴中心线必须与墙面、顶棚面垂直，喷枪沿墙面、顶棚面有规则地平行移动，运行速度一致。门窗以及不喷涂的地方应认真加以遮盖。喷涂一般应连续进行，一次成活，不得漏喷、流淌，涂层的接槎应留在分格缝处。喷涂的顺序：室内先顶棚后墙面，两遍成活，时间间隔约 2h；外墙一般为两遍，作业分段线应设在落水管、接缝、雨篷等处。

（四）弹涂

先在基层刷涂 1～2 道底涂层，待其干燥后再进行弹涂。弹涂时，弹涂器的喷出口应垂直正对墙面，距离保持 300～500mm，按规定速度自上而下，由左到右弹涂。

弹涂形成的涂层由于各种色点的相互交错，相互衬托，能达到干粘石、水刷石的装饰效果，甚至可达到仿真石的效果。

先在基层上刷涂或滚涂 1～2 道底涂料，待其干燥后（常温 2h 以上），用不锈钢抹子将涂料抹到已涂刷的底层涂料上，一般抹 2～3 遍，总厚度 2～3mm，间隔 1h 后用不锈钢抹子压平。

（五）涂料施工应注意的事项

施涂涂料时应注意以下问题：

（1）工序衔接要合理，涂饰施工应在抹灰工程、楼地面工程、木装修工程、水暖电气工程全部完工后进行，门窗地面的油漆应在墙面、顶棚等装修工程完工后进行。

（2）施工环境要清洁、通风，温度和湿度适宜，冬季施工应有保温措施。

（3）要了解所使用的涂料对基层的要求，并按要求进行基层的相应处理。

（4）涂料的工作黏度和稠度应根据施工季节、温度、湿度、施工方法等情况进行调整，使其在施涂时不流淌、不显刷纹。

（5）双组分或多组分涂料在施涂前，应按产品说明书规定的配合比，按使用情况分批混合配制，并在规定的时间内用完。

溶剂型涂料施涂后，后一遍涂料必须在前一遍涂料干燥后进行；水性和乳液型涂料施涂时，后一遍涂料必须在前一遍涂料表干后进行，每一遍涂料应施涂均匀、厚度一致，各层结合牢固。

所有涂料在施涂前和施涂过程中，均应充分搅拌。

（6）在建筑外墙需用腻子时，须用 107 胶、白乳胶、水泥配制腻子或配套腻子漆，也可采用其他同等的腻子。

（7）在建筑外墙使用乳液涂料时，为了避免墙面基层吸水太快，不便涂刷，同时为了使基层吸收一致以及为了隔离基层的碱性对涂料的影响，也可以在墙面基层表面涂刷一遍 107 胶水（按 1∶3 稀释）或其他乳胶液。这样做还能减少没有清除干净的粉尘在基层和涂层间的隔离作用，提高黏结力。

（8）凡使用新产品，应事先经过试验，确认符合要求后再施工。

（9）涂料干燥前应防止雨淋、尘土沾污和热空气的侵袭。

四、各种涂料的施工技术

（一）外墙涂料的施工技术

1. 丙烯酸酯类建筑涂料施工操作要点

（1）丙烯酸有光凹凸乳胶漆施工：

1）喷涂凹凸乳胶底漆。喷枪口径采用6～8mm的，喷涂压力为0.4～0.8MPa。先调整好黏度和压力后，由一人手持喷枪与饰面成90°角进行喷涂。其行走路线，可根据施工需要上下或左右进行。花纹与斑点的大小以及涂层厚薄，可调节压力和喷枪口径大小进行调整。

喷涂后，一般在（25±1）℃，相对湿度65%±5%的条件下间隔5min后，再由一人用蘸水的铁抹子轻轻抹、轧涂层表面，始终按上下方向操作，使涂层呈现立体感图案，花纹应自然均匀，涂层不得有空鼓、起皮、漏喷、脱落、裂缝及流坠现象。

2）喷涂各色丙烯酸有光乳胶漆。喷完丙烯酸凹凸底漆后，相隔8h[(25±1)℃、相对湿度65%±5%]，即用1号喷枪喷涂丙烯酸有光乳胶漆。喷涂压力控制在0.3～0.5MPa之间，喷枪与饰面成90°角，与饰面距离40～50cm为宜。喷出的涂料要成浓雾状，涂层要均匀，不宜过厚，不得漏喷。一般以喷涂两遍为宜。

（2）丙烯酸有光乳胶漆施工：

丙烯酸有光乳胶漆的施工分为：基层不刮腻子和刮腻子两种。

1）不刮腻子。不刮腻子时，丙烯酸有光乳胶漆作面漆使用，同时需与底漆（也称基层封闭材料）配合使用，即与丙烯酸有光凹凸乳胶漆的施工方法相同。

2）刮腻子。采用刮腻子的方法可以获得很好的近观效果。施工中应注意以下几点：

①由于用于外墙，腻子应有很好的耐水性能，因此，一般采用水泥腻子或配套专用腻子。也可采用配套腻子漆调配。水泥腻子可采用107胶加水泥的方法制备。

②根据采用的腻子类型不同，一般需涂刷一道基层封闭材料，以封闭基层析碱，提高与基层的黏结力。

③一般采用一道底漆两道面漆的施工工艺，涂层整体效果好。

（3）喷塑涂料施工：

1）喷涂程序是：刷底油→喷点料（骨架材料）→滚压点料→喷涂或涂刷面油。喷点料时空压机的压力为0.5MPa。

2）底油涂刷用排笔或漆刷进行，主要要求是均匀和不漏刷。正式涂刷前，应根据设计要求做喷涂样板。喷涂时应试喷，如果发生糊嘴现象，可加水稀释。喷点的大小、环境温度的高低，均是影响加水量的因素。使用桶装的合成乳液喷点料，事先须用搅拌器充分搅拌，以防使用时稠度不均和沉淀。

3）喷点施工的主要工具是喷壶，其喷嘴有大、中、小三种，分别可喷出大点、中点、和小点。可按装饰面的设计要求选择不同的喷嘴。喷点时喷壶要拿正，喷点操作的移动速度要均匀，不宜忽快忽慢，其行走路线可根据施工需要由上到下或左右移动。喷枪在正常情况下喷嘴距墙500～600mm为宜，喷头与墙面呈60°～90°夹角。如倾斜喷涂，以浆料不溢出为度。如喷涂顶棚，可采用顶棚喷涂专用喷嘴。喷点后5～10min内，若需要将喷到墙上的圆点压平，可用塑料辊筒滚压喷点（喷小点时可不用滚压），滚压时应注意用力一致，压点时要掌握力的大小，切不可一时用大力滚压，一时用小力滚压，一般只要将喷点的凸面上压出一个平面即可，圆点是否要压平，主要取决于设计。

4）喷涂面油应在喷点并压平12h后进行，第一道滚涂水性面油，第二道可用油性面油，也可用水性面油。

5）毛辊涂刷用完后应及时用稀释剂清洗（香蕉水）。油性面漆有毒易燃，喷涂时应注意使施工现场有良好的通风条件，涂油性面漆的工人应穿戴防护用品，并注意防火。

2. 无机高分子涂料施工操作要点

(1) 外墙采用喷涂之前，将门窗等不得污染部位进行充分遮挡。采用排气量 0.6m³ 的空压机，压力保持在 0.5～0.7MPa，根据涂料的细度和稠度决定喷嘴的直径大小，并据此调整喷斗进气截门，以喷成雾状为宜。

无机涂料喷涂质量，与喷斗距离远近、喷斗与墙面的角度有重要关系。喷斗离墙过近，易使涂浆成片，造成流坠；过远则易虚，会造成"花脸"和漏喷。喷斗与墙距离一般是 50～70cm 为宜，可通过试喷确定，以墙面均匀出浆为准。喷嘴必须与墙面保持垂直，上倾或下倾也会造成上述缺陷，操作方法见图 5-1。

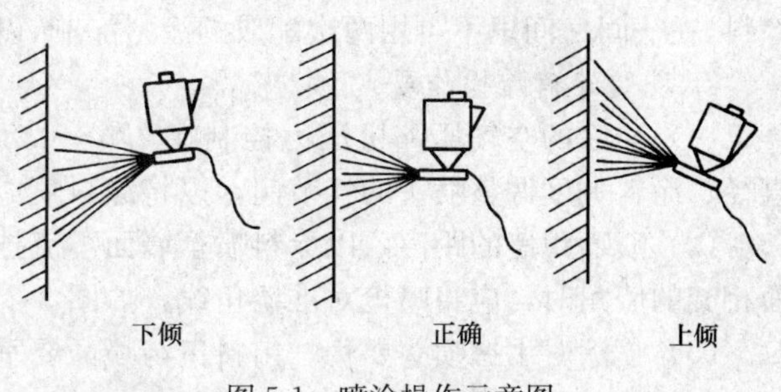

图 5-1　喷涂操作示意图

喷涂要一道一道地进行，喷斗里的涂料随用随加，不应用完后再二次上料。喷一遍后，待涂膜稍干燥，用砂纸轻轻打磨后再喷第二遍。接槎应留在分格或阴角处，接槎处的涂层不得重叠。

如果第一次喷涂无法留在分格处时，第二次喷涂必须遮挡。如出现接槎部位颜色不匀时，先用砂纸打去较厚部位，然后在分格缝内满喷一遍。如发现漏喷、透底、流坠和花脸等缺陷时，应及时处理，进行补喷。

(2) 刷涂前必须用清水冲洗墙面，稍干无明水后才可涂刷。由于涂料干燥较快，应勤蘸、短刷，初干后不可反复涂刷。涂刷方向、长短一致，新旧接槎必须在分格缝处。

一般涂刷二遍盖底，可以两遍连续涂刷，即涂刷第一遍后随即涂刷第二遍。注意均匀一致。

(3) 如采用刷涂与滚涂联合施工则先将涂料按刷涂做法涂刷于基层上，随即用滚子滚涂。滚刷上必须蘸少量涂料，滚压方向要一致，操作要迅速。

(二) 内墙涂料施工技术

1. 水溶型涂料的刷涂施工操作要点

(1) 水溶剂涂料能在稍潮湿的墙面上涂刷，但不能在太潮湿的墙面上涂刷。一般为墙面批嵌材料已硬结，但手摸微有湿感时涂刷，否则会造成涂层迟干、遮盖力差，结膜后的涂层出现渍纹而造成色泽不一致的现象。

(2) 涂料的黏度随温度变化而变化，天冷黏度增加。冬季施工遇涂料凝冻，可隔水加温到凝冻完全消失后再使用。涂料因蒸发而变稠时，可采用聚乙烯醇缩甲醛胶水溶液与温水(1∶1) 调匀后，适量加入涂料内以改善可涂性，并作小块试验检验其黏结力、遮盖力和成膜强度。

(3) 刷涂可用排笔或漆刷施工（也可采用滚涂施工），排笔着力小但涂层厚，漆刷着力大但涂层薄。在气温高，涂料黏度小，容易涂刷时，可用排笔施工，在气温低涂料黏度大，不易涂刷时，宜用漆刷施工，也可第一遍用漆刷，第二遍用排笔，使上墙的涂料薄而均匀，色泽一致。一般工程两遍即可成活。第一遍要稠一些，用原浆刷时距离不要拉得太长，一般以 200～300mm 为宜，反复涂刷两三次即可。待第一遍涂料干后用砂纸打磨，刷第二遍时要注意上下接槎处要严，一面墙要一次刷完，以免色泽不一致。

（4）涂刷顺序先顶棚后墙面，一般可两人一档，距离不要太远，免得接槎处理不好，涂料结膜后不要用湿布擦拭。

（5）施工时应认真检查涂料色彩，其颜色应一致，如几桶涂料中颜色有差别，应将涂料倒入大桶中搅拌均匀再施工。如需对涂料进行配色，应一次配成够涂刷一间房间或几间房间的涂料，在一间房间里不可用两次配成的涂料涂刷，以免房间里的涂料出现色差现象。

2. 乳胶漆喷涂操作要点

（1）喷涂的空气压缩机压力控制在 0.5～0.8MPa，排气量为 0.3m³，根据气压、喷嘴直径、涂料稠度调整喷头的气节门，以将涂料喷成雾状为准。

（2）喷嘴距墙的距离，以涂料喷至墙面不流挂为佳，一般为 400～600mm，喷涂两个平面相交的墙角时，应将喷枪对准墙角线，如图 5-2 所示。

（3）喷涂时手握喷头要稳，出料口与喷面要垂直，喷嘴应与被涂墙面作平行移动，运动速度要保持一致，喷涂时喷斗线路如图 5-3 所示。纵横方向宜以 S 形移动。

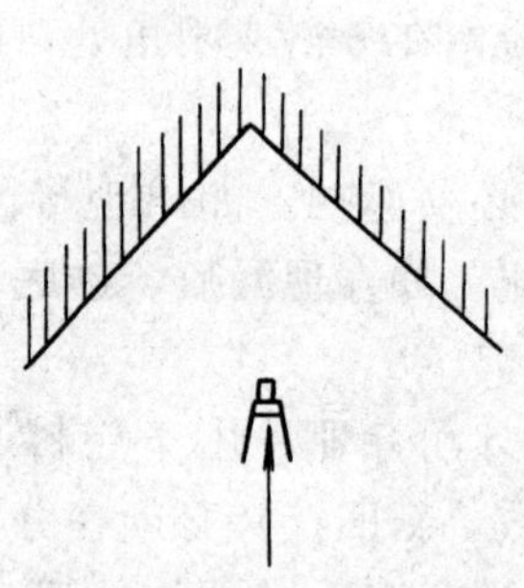

图 5-2　墙角处喷涂方向

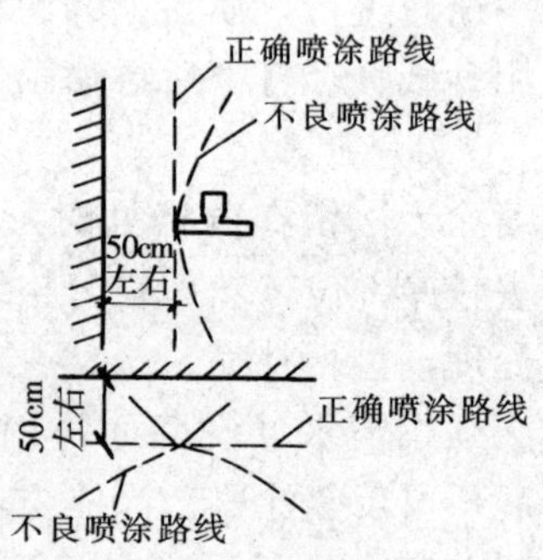

图 5-3　喷涂线路示意图

（4）涂层接槎必须在不明显部位，如阴角处、线脚处等。每一独立单元墙面不应出现涂层接槎，如无法使涂层接槎留在理想部位时，第二次喷涂必须采用遮挡措施，以防止在墙面出现“虚喷”和“花脸”现象。

（5）涂层接槎部位如出现颜色不均时，先用砂纸打磨掉较厚部位，然后在整个墙面满喷一遍，如采用局部修补就容易产生“花脸”。

（6）涂层表面较粗颗粒应均匀分布，色彩均匀一致，涂层以盖底为佳，不宜过厚。在墙面喷涂前应作小块试验，然后再大面积正式喷涂。

（7）在门窗等部位喷涂时采取必要的遮挡，以免将涂料喷到门窗上。

（8）喷嘴直径的参考范围：

砂粒状：4.0～4.5mm，云母片状：5.0～6.0mm；

细粉状：2.0～3.0mm，外罩薄料：1.0～2.0mm。

（9）如若采用丙烯酸类厚质涂料或聚合物改性水泥厚质涂料进行喷涂施工，由于厚质涂料中的填料含量较高，涂膜表面粗糙，耐污染性较差，一般需要表面罩面漆。丙烯酸类厚质涂料往往有配套的面漆。有的还配有底漆。聚合物改性水泥厚涂料喷涂后，可用 3%甲基硅醇纳罩面，以提高耐污性。

3. 多彩内墙涂料施工操作要点

（1）对凹陷不平、裂缝和粗糙面要用腻子满墙批嵌平，且要用铁砂纸磨平，一般需进行

“二批二磨”。腻子应有一定强度和耐水性。批嵌腻子宜薄、平整、光洁。

(2) 底涂施工。底层涂料为溶剂性涂料，可任选刷涂、滚作或喷涂的方法进行施工。操作时根据基层及气温情况，可加 10%左右的稀释剂，并将涂料搅拌均匀。底涂 1～2 遍完成，主要起封底作用，1d 左右底涂料干燥后即可进行中涂。

(3) 中涂施工。中层为水性涂料，涂刷 1～2 遍，可用刷涂、滚涂及喷涂施工。操作时按要求可加适量水稀释，涂布间隔为 4h。

(4) 面涂（多彩）喷涂。待中层涂料干燥 1d 后，即可进行多彩喷涂施工。由于其为水性涂料、固体含量较高，操作时一般采用专用的内压式喷枪。喷枪压力应稳定保持在0.15～0.25MPa，喷枪口离墙面应为 30～40mm。喷嘴应垂直于墙面，水平和垂直移动喷枪的速度要均匀。水平移动喷枪时，喷嘴狭缝应处于纵向状态；上下移动喷枪时，喷嘴狭缝应处于横向状态。面层涂料不能掺加任何类型的稀释剂。如果由于环境温度降低使多彩涂料的稠度增加时，可将容器放在 50～60℃的温水中加温。多彩涂料开盖之前，一般都需摇动容器，以使喷涂液均匀，开盖后再用长柄勺或洁净杆状物轻轻搅动，再装入喷枪料斗 2/3 容积，即可喷涂，一般一遍即可成活。切勿用水或稀释剂稀释多彩涂料。严禁底层与中层涂料混合使用。

（三）地面涂料施工技术

1. 乙烯地面涂料施工操作要点

(1) 在已清理干净和干燥的水泥地面上，先涂饰过氯乙烯底漆一遍。

(2) 涂饰底漆后隔 1 天，用过氯乙烯地面漆渗入石膏粉和水泥配成填嵌腻子，其配合比为：面漆∶石膏粉∶水＝100∶（80～100）∶（8～10）。将水泥地面上的洞缝、凹坑、缺块处先行填嵌，干后再用过氯乙烯水泥地面涂料掺入石膏粉配成腻子［其配比为：面漆∶石膏粉＝100∶（80～100）］满批两遍。满批方法：第一遍顺地面上残留的铁格印痕批刮；第二遍以交叉的方向批刮。

(3) 每批刮一遍，干后用砂纸打磨，以使其平整光滑，便于刷涂。

(4) 最后一遍满批腻子干后，打磨清扫之后涂饰面漆。方法与一般涂饰油漆相同。由于该涂料黏稠，刷第一遍时要用力，以增加漆膜附着力。第二遍或第三遍时，宜涂厚一些，以增加漆膜的耐磨性。

(5) 待第一遍全干并打磨清扫干净后，方可涂饰第二遍。

(6) 最后一遍面漆刷完后，要在通风良好情况下养护 6～8h，打蜡后使用。

(7) 本涂料所用溶剂在施工中会挥发出刺激气味，不宜喷洒施工，要注意通风，注意防火。

2. 环氧树脂地面涂料施工操作要点

(1) 由于环氧树脂材料的流平性好，施工时表面不需抹得很平，铁板的痕迹也会自行流平。

(2) 按物料配比称量配制涂布材料，配制时应保证颜料、粉料等固体充分分散与混匀，可以手工或用球磨机混合。用手工分散时可以在施工现场进行，把各种量后的物料倒在地面上，用铁抹子、刮刀等使颜料、填料充分混匀，至不见颜料颗粒、色泽均匀一致为止。干粒混合均匀后再配制液料，以免液料放置时间过长，树脂黏度增大而影响施工性能。

(3) 涂布工序由抹灰工操作，发现有颗粒突起或其他杂物以及未分散颜料颗粒时应随时挑出。在两批料的交接处应注意避免接槎痕迹。涂布厚度可根据需要决定，涂布前可先在地面上用粉笔画好方格，每格 1m²。通常由房间里边逐步向房门施工，最后退出。

涂布后的养护应保持清洁防止污染。夏天一般 4～8h 即可固化，冬季则需 1～2d。为使其得到充分固化，交付使用前应养护一个星期。最后在固化后的涂布面上再罩一层不加溶剂的环氧树脂清漆。交付使用前应打蜡一次，可增强其装饰效果及耐污染性。

3. 聚氨酯涂布地面施工操作要点

（1）施工前先用粉笔划出分格，以便控制用料量及保证涂层厚度。

（2）施工顺序可先里后外，一次涂布，以减少接茬和保证质量。

（3）刮平后不宜多次往返涂抹，否则会影响其流平性。

（4）一组一次配料不宜超过 5kg。

（5）一般要求的地面可不打底，一次成活不加罩面。

（6）配料处应尽量接近涂布施工现场，要搅拌到无颗粒结团，填料充分为浆液浸润为度。

（7）涂布与配料要互相配合，随配随用才能确保质量。

（四）漆料涂饰施工技术

1. 木质表面涂饰施工操作要点

（1）适用于清油、铅油（厚漆）、调和漆面施工：

1）施工程序：刷清油→嵌批腻子→刷调和漆。

2）刷清油：清油一般的配合比以 1∶2.5（熟桐油∶松香水）为好。这种清油较稀，故能渗透到木材内部，起到防止木材受潮变形、增强防腐的作用，并使后道嵌批的腻子、刷的铅油等能很好的与基层黏结。刷清油要求不宜过厚，薄而均匀。

3）嵌批腻子：清油干后立即进行嵌批腻子。所有洞眼、裂缝、榫头处及门心板边上的缝隙都要嵌批整齐。腻子干后，用 80 号木砂纸打磨，要求表面平整清洁，利于涂刷。打磨后应清扫干净。

4）刷铅油（厚漆）：要顺木纹刷，不能横刷乱涂，线角处不能刷得过厚，以免产生皱纹。里外分色及木楞线界处要刷得齐直。铅油干后，用砂纸轻轻磨光，磨后还要清扫干净，还可在部分地方用加色腻子找嵌并修补铅油。

5）刷调和漆：刷调和漆时，刷毛不宜过长或过短，过长油漆不易刷匀，过短则漆膜上会产生刷痕和漏底等缺陷。调和漆的黏度较大，涂饰时要多刷多理。

（2）适用于清油、油色、清漆面施工：

1）施工程序：刷清油→批腻子→刷油色→砂纸打磨→刷清漆。

2）刷清油：清油中要适当加入少量颜料，使清油带色，以调整木料的色泽。

3）批腻子：腻子中要加色，应与清油颜色一样。腻子干后必须把残留腻子磨净。

4）刷油色：因为油色中的颜料用量较少，又要求涂刷后色泽一致而不盖住全部木纹，故刷油色时，每个刷面要一次刷好，不能留有接头。两个刷面交接楞口也不能互相沾油，沾着的也要擦掉，整个刷油面的厚度要均匀一致。

5）磨平：油色干后忌用新砂纸打磨，只能用旧砂纸打磨，防止磨破漆膜。

6）刷清漆：要求刷两遍清漆时，应将头遍清漆适当加稀，即在清漆中加入 20%～30% 松香水。头遍清漆干透后，要用水砂纸蘸水打磨或用细的木砂纸打磨。一定要把头遍清漆面上的光亮，全部打磨掉，这样第二遍清漆涂刷后才能达到漆面光亮丰满。

（3）适用于润粉、漆片、硝基清漆面（蜡光面）施工：

1）施工程序：润粉→嵌腻子→刷漆片→理漆片→刷理蜡光→打蜡。

2）润粉：润粉有油粉和水粉之分。油粉是用大白粉、颜料、熟桐油、松香水配成，操作方法是用棉纱团蘸油粉来回多次揩擦物面，有棕眼地方应注意擦满棕眼。水粉是大白粉、颜料和水胶配成，操作方法与油粉一样，但水粉是用品色颜料配成的。品色颜料着色力较强，操作时应仔细，对细小部位要随涂随擦，大面积处要涂快、涂匀，尤其在接头重叠处不能因涂粉不匀而造成颜色深浅不一。品色颜料虽色彩鲜艳，但不经久耐晒，只宜用于室内或家具的油漆。如用润水粉填棕眼上色，应在刷好一遍稀漆片后进行。

3）嵌腻子：对于做蜡克上光的木质表面质量要求较高，不允许有较多的损坏处，如损坏不多，可在刷过2～3遍漆片后，用大白粉加漆片抹成腻子嵌补；如损坏较多，可用加色石膏油腻子嵌补，腻子颜色要与油粉色相同，切忌太深或太浅。

4）刷漆片：先用5∶1（酒精∶干漆片）溶剂将干漆片溶解，使用时，还要用酒精对稀到适当稠度才可涂刷。刷漆片动作要快，沾到旁边处的漆片要用软布随时揩掉，以免颜色重叠变深。两遍漆片干后，用大白粉、漆片调成的腻子找嵌细小裂缝及损坏处。腻子干后用砂纸磨平，再刷第3遍漆片。如发现整个物面颜色不匀或颜色较淡时，可采用水色修补，经过修色后再刷1～2遍漆片。

5）理漆片：先用白布包棉花蘸漆片，再用手挤出多余漆片，顺木纹揩擦几遍，再在面积较小处打圈揩擦。在一处只能来回揩两次，以免把底层揩毛。理平用的漆片要逐步调稀至大部分是酒精只有少量漆片的程度，这样理出来的物面光滑平整。理平用的漆片加色，要看刷完漆片后颜色情况而定，颜色基本达到要求时，可少加或不加，也可以逐渐加深、逐渐减浅。

6）刷理蜡光：将蜡克用香蕉水稀释，用刷过漆片后洗净的排笔涂刷，一遍只能一个来回地刷，不能多刷。通常刷4～5遍。第一遍蜡克要较稠些，后几遍要用2～3倍的香蕉水对稀的蜡克来涂刷。每遍之间应用旧砂纸轻磨一遍。理平的揩理遍数一般为8～10遍。最后一遍蜡克面完成并充分干燥后，才能进行退磨，一般要相隔2～3d。

7）打蜡：先上砂蜡。在砂蜡内加入少量煤油，再用干净棉纱或纱布蘸蜡在物面上涂擦。只要蜡不呈干燥现象，就可尽量多涂擦，但不要增加蜡的厚度，然后再用棉纱或干净软布擦蜡，物面上的蜡要尽量擦尽，要反复用力揩擦，最好擦到漆面有些发热，面上的微小颗粒和纹路都擦平整。最后上光蜡，但要上得薄而均匀，擦蜡要擦到面上闪闪发光为止。

（4）适用于水色、清油、清漆面施工：

1）施工工序：清理、磨砂纸→刷水色→刷清油→满批腻子及嵌补→刷第二遍及嵌补→刷第3遍清油→刷清漆。

2）清理、磨砂纸：磨砂纸工序很重要，每道刷水色的颜色是否均匀一致，都与磨砂纸有关，物面打磨得光滑平整，水色刷后就能颜色一致，尤其低凹处，木工刨不光，一定要用砂纸磨光。打磨光清扫干净。

3）刷水色：先用热水泡溶，使品色颜料充分溶解。颜料与水的比例，要视具体要求而定。使用前应做样板。涂刷时，每个面应一次刷完，不能乱涂漏刷。如刷完后发现颜色不均匀（大多数是由于木质不一样，粗糙的容易吸色，光滑的不易吸色），可在浅色的地方再薄刷一遍，刷后晾干。

4）刷清油：在一般情况下用熟桐油与松香水（1∶2.5）配制的清油，也可用清漆代替熟桐油，即把清漆对稀到与熟桐油配制的同样稠度。水色底刷得好、颜色比较一致的，则清油内不必再加色；如底色不理想，可在清油内加色。清油配好后一定要过滤，涂刷时要刷得薄一点，这样干后面层较为光整。

5）满批腻子及嵌补：腻子最好使用加色的石膏油腻子，也可用清漆代替腻子中的熟桐油，但清漆拌的腻子没有熟桐油拌的好用。先应满批腻子，批时一定要刮薄收干净，如收不干净会使物面色泽不清晰。满批腻子后再嵌补洞眼、凹陷处。嵌补腻子不限次数，只要将物面嵌平即可。腻子干后，再用砂纸打磨，清扫干净。

6）刷第 2 遍清油：这遍清油有两个作用，一是物面经批、嵌腻子后可能有颜色不一致的现象，在这遍清油中加色后涂刷能使物面颜色一致；二是这遍清油和下一遍清油能使物面受油饱和，最后上漆时光亮更足。这遍清油只能稀而不能稠。

7）刷第 3 遍清油：这遍清油的作用与要求同 6）项。

8）刷清漆：经过以上多道工序，物面基本上已色泽一致，刷清漆只是使刷后物面更显光亮，刷清漆时不能草率，要细致、均匀、全面，刷后要多用油刷理通。

（5）适用于润油粉、聚氨酯清漆面施工：

1）施工工序：润粉→刷聚氨酯清漆→抛光打蜡。

2）润粉：润粉用油粉，用醇酸清漆、木白粉、滑石粉、颜料和二甲苯配制。这种油粉操作方便，且结合力强。润粉要用麻丝揩擦，要擦到、擦净、填实棕眼，色泽均匀一致，不得遗漏、发茬。

3）刷聚氨酯清漆：配制的聚氨酯清漆需加入适量的稀释剂调稀后使用。稀释剂可用无水二甲苯与无水环已酮（1∶1）的混合剂。涂刷要刷到、刷匀、厚薄均匀，无接槎，无遗漏。涂层要薄，第一遍聚氨酯清漆漆膜略干后，用聚氨酯清漆腻子补嵌，然后用 180 号水砂纸进行全面水磨，磨后将表面揩擦干净。待水分干透后即进行第二遍聚氨酯清漆涂刷。漆膜略干后，再进行全面水磨，然后面层刷聚氨醋清漆。面层涂刷 7d 后再进行磨退出光。

涂刷前后两遍聚氨酯清漆的间隔时间不能过长，否则漆膜坚硬，不易打磨，而且漆膜之间的结合力变差，会出现分层脱皮现象。环境气温 15～30℃时，每日可刷一遍，在 30℃以上时，可刷两遍，但面层涂刷后，必须经过 7d 方可使用。

4）漆膜抛光打蜡：涂刷聚氨酯清漆，一般材质多是硬木地板，纹理及天然色素方面都较理想。第二遍刷完 7d 后，用砂纸抛光，最后上光蜡。

2. 金属表面涂刷施工操作要点

（1）施工程序：金属表面涂饰油漆的施工程序是涂防锈漆→涂磷化底漆→涂铅油→涂调和漆。

（2）涂防锈漆：涂刷时，金属表面必须干燥洁净，如有水汽凝聚，必须擦干后再涂饰，要涂满涂匀。防锈漆干后，应用石膏油腻子嵌补拼接不平处，嵌面积较大时，可在腻子中加入适量厚漆或红丹粉，以增加腻子的干硬性，干后再打磨清扫。

（3）涂磷化底漆：磷化底漆由底漆和磷化液组成。使用前将两部分混合均匀，其质量比应为 4∶1（底漆∶磷化液）。磷化剂不是溶剂，用量不能随意增减。

1）磷化液调配时，首先要将底漆搅和均匀，再将底漆倒入非金属容器内，一面搅拌，一面逐渐加入磷化液，加完搅匀后放置30min再使用，并须在12h内用完。

2）涂刷时以薄为宜，不能涂刷得太厚，厚者效果较差。漆稠可用3份乙醇（95%以上）与1份丁醇的混合液稀释。乙醇、丁醇的含水量不能太大，否则漆膜易泛白，影响效果。

3）施工场所要干燥，如环境相对湿度较高（大于85%），漆膜易发白。

4）磷化底漆涂2h后，即可涂饰其他底漆和面漆，一般情况下，涂饰24h后，就可用清水冲洗和用毛板刷除去表面的磷化剩余物。待其干燥后，作外观检查，如金属表面生成一种灰褐色的均匀的磷化膜，则达到了磷化的要求。

5）涂铅油：薄钢板制品、管道等，可在加工厂进行刷铅油，安装后再涂饰面层油漆。

6）涂调和漆：一般金属构件的表面打磨平整，清扫干净即可涂调和漆。因涂刷面较多，常有漏涂情况，因此要反复检查是否有漏涂。

第三节　裱糊工程所用材料和主要特点

一、壁纸

（一）纸面纸基壁纸

纸面纸基壁纸又称为普通壁纸。纸面上可套印成各式图案或压成各种花纹，以纸作基层则可使壁纸透气性好，使墙体基层中的水分能及时向外散发，不致引起变色、鼓泡或发霉现象。壁纸价格比较便宜。但该种壁纸的有些性能较差，例如不耐水、不能擦洗，施工也不方便，容易断裂等。

（二）塑料壁纸

是现在发展最为迅速、应用最为广泛的壁纸。有普通壁纸、发泡壁纸和特种壁纸等类型。

（1）普通壁纸：是以纸为基层，用高分子乳液涂布面层，再进行压纹、印花等工序而制成的。其中有印花涂塑壁纸和压花涂塑壁纸两种。印花涂塑壁纸是经两次涂布、两次印花而成。压花涂塑壁纸在印花涂塑壁纸工艺基础上，适当加厚涂层经机械压制而成。

（2）纸基复塑壁纸：是将聚氯乙烯树脂与增塑剂等材料混炼，压延成薄膜，再与纸基热压复合，然后进行印刷、压纹。这种壁纸因工艺条件较好，所形成的表面质感较丰富。

（3）发泡壁纸：有低发泡和高发泡壁纸之分，低发泡壁纸是在PVC中加入少量发泡剂，高发泡壁纸则加入量较多，发泡倍率很高。发泡后经压花，立体感更强，具有隔热、吸声等作用。

（4）特种壁纸：也称专用壁纸，是指具有特殊功能的塑料面层壁纸。如耐水壁纸、防火壁纸、抗静电壁纸、金属壁纸和彩色砂粒壁纸等。

（5）纺织物壁纸：由棉、毛麻和丝等天然纤维及化纤制成的各种色泽花式的粗细纱织物，再与纸基贴合而成。也可由编织的竹丝、麻草与棉线交织后同纸基贴合而成。具有吸声、透气、调湿、防霉等功能，但易损污及耐洗性较差。

二、墙布

（1）玻璃纤维墙布：是以中碱玻璃纤维为基材，表面涂聚氯乙烯或醋酸乙酯等耐磨树脂，再配置色浆作印花处理而成，具有耐火耐潮、不易老化等特点，但一旦涂层磨破，玻璃纤维外露就被破坏。

（2）纯棉装饰墙布：是以纯棉平布经过处理、印花和涂成等工序制成。具有无光吸声、耐擦洗、静电小、强度大、色调纹样丰富等特点。

（3）化纤墙布：以化纤布为基材，经过一定处理后印花而成，具有无毒、无味、透气、防潮和耐磨等特点。

（4）无纺墙布：是采用棉、麻等天然纤维或涤纶、腈纶等合成纤维经无纺成型，再上树脂、印彩色花纹而成，具有一定透气性、防潮性、可擦性，纤维不易老化等特点。

（5）织锦缎墙布：是一种丝织物，不耐脏不易擦洗，使用时易霉变，但其具有绚丽多彩、古雅精致的特点。

三、胶黏剂

（1）聚醋酸乙烯胶黏剂（白乳胶）：具有常温固化，配制使用方便，固化较快，粘接强度较高，韧性和耐久性较好，不易老化等特点。

（2）801胶：具有无毒、无味、不燃、游离醛含量低、施工中无刺激性气味的特点，其耐磨性、剥离强度及其他性能优于107胶。

（3）SG8104胶：是无臭、无毒的白色胶液，涂刷方便，黏结力强（尤其初始黏结力强），耐水、耐潮性能好，对温度、湿度变化引起的涨缩适应性能好，不开胶。

（4）粉末纸胶（BJ8504，8505粉末壁纸胶）：干燥时间早、干燥速度快，粘贴壁纸不剥落、边角不翘起、粘接力强（干燥后剥离时，胶接面未剥离）。

（5）BA-1和BA-2型粉状壁纸胶黏剂：具有无毒、无味、初黏性能好、胶膜弹性好、价格低廉的特点。

第四节　裱　糊　施　工

一、基层处理

（一）基层一般处理方法

裱糊壁纸的基层，要求坚实牢固，表面平整光洁，不疏松起皮、掉粉，无砂粒、孔洞、麻点和飞刺，污垢和尘土应消除干净，表面颜色要一致。裱糊前，应先在基层刮腻子并磨平。裱糊壁纸的基层表面为了达到平整光滑、颜色一致的要求，应视基层的实际情况，采取局部刮腻子、满刮一遍腻子或满刮两遍腻子处理，最后用强（200W）灯光侧射检查平整度，整修平整。以羧甲基纤维素为主要胶结料的腻子不宜使用，因为纤维素大白腻子等强度太低、遇湿易胀。

（二）混凝土及抹灰基层处理

裱糊壁纸的基层如是混凝土面、抹灰面，要满刮腻子一遍并磨砂纸。但有的混凝土面、抹灰面有气孔、麻点或凸凹不平时，为了保证质量，应增加满刮腻子和磨砂纸的遍数。

刮腻子时，应将混凝土或抹灰面清扫干净，使用胶皮刮板满刮一遍。刮时要有规律，要一板排一板，两板中间顺一板，既要刮严，又不得有明显的接槎和凸痕，做到凸处薄刮，凹处厚刮，大面积找平，腻子干后打磨砂纸、扫净。需要增加满刮腻子遍数的基层表面，应先将表面裂缝及凹面部分刮平，然后打磨砂纸、扫净，再满刮一遍后打磨砂纸。特别是阴阳角、窗台下、暖气包、管道后与踢脚板连接处的处理，都要认真检查修整。

面层满刮腻子后，也可以在腻子五六成干时，用塑料刮板有规律地压光，刮痕用细砂纸磨平，最后用干净的抹布轻轻将表面灰粒擦净。

（三）木质、石膏板等基层处理

木基层要求接缝不显接槎，不外露钉头。接缝、钉眼应用腻子补平并满刮石膏腻子一遍，用砂纸磨平。在纸面石膏板上裱糊壁纸，板面应先用油性石膏腻子局部找平。在无纸面石膏板上做裱糊，板面应先刮一遍乳胶石膏腻子并磨平。

（四）不同基层的处理

不同基体材料的相接处，如石膏板和木基层相接处，应用穿孔纸带黏糊，以防止裱糊后的壁纸面层被拉裂撕开，处理好的基层表面要喷或刷一遍汁浆，一般抹面基层可配制 107 胶：水＝1：1 喷刷。石膏板、木基层等可配制酚醛清漆：汽油＝1：3 喷刷，汁浆喷刷不宜过厚，要均匀一致。

（五）基层含水率的控制

进口或国产的壁纸都有较好的透气性，一般可以在已经干燥但尚未干透的基层上施工。但基层不能过于潮湿，以免抹灰层的碱性和水分使壁纸变色、起泡、开胶等。裱糊工程对于混凝土面和抹灰面基层的含水率不得大于 8%。

二、裱糊施工工艺

（一）一般要求

（1）墙面应采用整幅裱糊，并统一预排对花拼缝。不足一幅的应裱糊在次要部位，接缝应在阴角处，且应有搭接，阳角处不得有接缝。

（2）裱糊第一幅壁纸或墙布应按所弹垂直线对齐裱糊。

（3）基层腻子干后，在裱糊施工前应喷（刷）一遍胶水溶液封底。

（4）对需重叠对花的各类壁纸，裱糊时应先对花，再用钢尺对齐裁下余边。对可直接对花的壁纸，则不必剪裁。

（5）赶压泡时，对压延壁纸可用刮刀刮平；对发泡壁纸和复合壁纸，只可用毛巾、海绵和毛刷赶平。

（6）冬期施工，应在采暖条件下进行，作业温度不低于 10℃。

（二）壁纸的裱糊方法

1. 弹线、预拼试贴

为使壁纸裱糊时纸幅垂直、花纹图案纵横连贯一致，分格弹线从墙的阴角开始，按壁纸的标准宽度找规矩，将窄条纸的裁切边留在阴角处或不显眼处，每个墙面的第一条纸都要弹线找直，作为裱糊时的准线，以保证第一幅壁纸垂直，这样可以使裱糊面分幅一致，裱糊的质量效果好；弹线越细越好，防止贴斜。为了使壁纸花纹对称，应在窗口弹好中线，再往两边分线。如窗口不在中间，为保证窗间墙的阳角花饰对称，应弹窗间墙中心线，由中心线向两侧再分格弹线。壁纸粘贴前，应先预拼试贴，观察其接缝对花效果，准确地决定裁纸边沿尺寸及对好花纹、花饰。

2. 裁纸

根据弹线找规矩的实际尺寸统筹规划裁纸，并编上号，以便按顺序粘贴。裁纸时，以上口为准，下口可比规定尺寸略长 10～20mm。如果是带花饰的壁纸，应先将上口的花饰全部对好，要特别小心纸的裁割，不得错位，裁纸下刀前还要认真复核尺寸有无出入，尺子压紧壁纸后不得再移动，刀刃贴紧尺边，一气呵成，中间不得停顿或变换持刀角度，手劲要均匀。

3. 润纸

塑料壁纸遇水膨胀约5～10min，胀足干后又自行收缩。因此对塑料壁纸裱糊前先浸泡闷水2～3min，取出抖去余水，静凉20min，然后再裱糊。这样，纸能充分胀开，粘贴到基层表面上后，塑料壁纸随着水分的蒸发而收缩、绷紧。所以，即使裱糊时有少量气泡，干后也会自行平伏。

复合壁纸由于其潮湿后强度较差，故不能闷水处理，而直接在其背面均匀刷胶，让胶面对胶面相叠放置6min左右，即可上墙。

金属壁纸在裱糊前也要浸水，但浸水时间仅1～2min即可。

4. 刷胶

塑料壁纸背面和基层表面都应涂刷胶黏剂。为了能有足够的操作时间，纸背面和基层表面要同时刷胶（但PVC壁纸只在背部刷胶）。胶黏剂要集中调制，并通过400孔/cm^2筛子过滤，除去胶中的疙瘩和杂物。调制后，应当日用完。刷胶时，基层表面涂刷胶黏剂的宽度要比上墙壁纸宽约30mm，涂刷要薄而均匀，不裹边，不宜过厚，以防溢出弄脏壁纸，也不应刷得过少，以防黏结不牢。一般抹灰面用胶量为0.15kg/m^2左右，气温较高时用量相对增加。塑料壁纸背面刷胶的方法是：壁纸背面刷胶后，胶面与胶面反复对迭，可避免胶干得太快，也便于上墙，这样裱糊的墙面整洁、平整。带背胶壁纸的背面与墙面都不需刷胶，只需将壁纸浸泡在水中，1min后即可上墙。

5. 裱糊

裱糊时，分幅顺序从垂直线起至阴角处收口，由上而下，上端不留余量，包角压实。上墙的壁纸要注意纸幅垂直，先拼缝、对花形，拼缝到底压实后再刮平大面。一般无花纹的壁纸，纸幅间可拼缝重叠2cm，并用直钢尺在接缝上从上而下用活动剪纸刀切断。切割时要避免重割，有花纹的壁纸，则采取两幅壁纸花纹重叠，对好花，用钢尺在重叠处拍实，从上而下切（见图5-4）。割切去余纸后，对准纸缝粘贴，阳角不得留缝，不足一幅的应裱糊在较暗或不明显的部位。基层阴角若遇不垂直现象，可做搭缝，搭缝宽为5～10mm，要压实，并不留空隙。

裱糊拼缝对齐后，用薄钢片刮板或胶皮刮板由上而下抹刮（较厚的壁纸必须用胶辊滚压），再由拼缝开始按由内向外、由上台向下的顺序刮平压实；若多余的黏结剂溢出纸边，应及时用湿毛巾抹去，以整洁为准，并要使壁纸与顶棚和角线交接处平直美观，斜视时无胶痕，表面颜色一致。

为了防止使用时碰蹭，使壁纸开胶，严禁在阳角处甩缝，壁纸要裹过阳角≥20mm，阴角壁纸搭缝时，应先裱糊压在里面的壁纸，再粘贴面层壁纸，搭接面应根据阴角垂直度而定，搭接宽度一般≥2～3mm，并且要保持垂直无毛边。

遇有墙面因卸不下来的设备或附件，裱糊时可在壁纸上剪口裱上去。其方法是将壁纸轻轻糊凸出的物件上，找到中心点，从中心往外剪，使壁纸舒平裱于墙面上，然后用笔轻轻标出物件的轮廓位置，慢慢拉起多余的壁纸，剪去不需要的部分，四周不得有缝隙。壁纸与挂镜线、贴脸和踢脚板接合处，也应紧接，不得有缝隙，以使接缝严密美观。图5-5所示为电灯开关等处裱贴法。

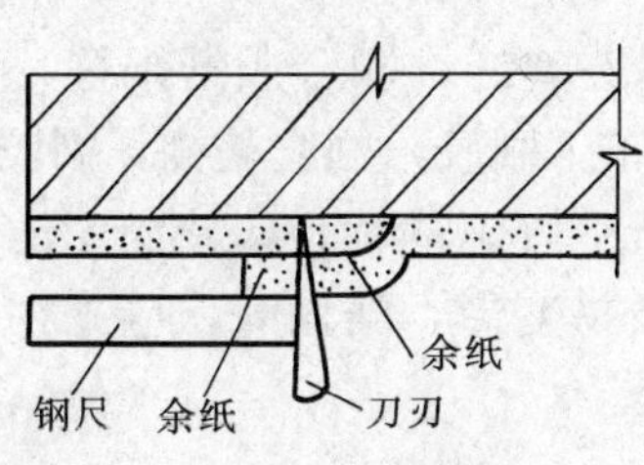

图 5-4　壁纸重叠粘贴后切割

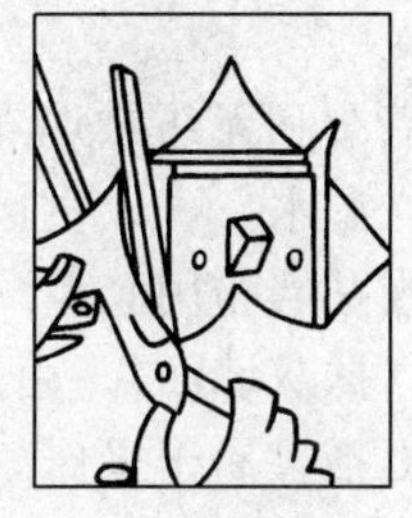

图 5-5　电灯开关等处的裱贴法

顶棚裱糊壁纸，先裱糊靠近主窗处，方向与墙平等。长度过短时，则可与窗户成直角粘贴。裱糊前，先在顶棚与墙壁交接处弹上一道粉线，将已刷好胶的壁纸用木柄撑起折叠好的一段壁纸，边缘靠齐粉线，先敷平一段，然后再沿粉线舒平其他部分，直到贴好为止。多余的部分，再剪齐修整。

6. 修整

壁纸上墙后，若发现局部不合质量要求，应及时采取补救措施。如纸面出现皱纹、死褶时，应趁壁纸未干，用湿毛巾轻拭纸面，使壁纸润湿，用手慢慢将壁纸舒平，待无皱褶时，再用橡胶滚或胶皮刮板赶压平整。如壁纸已干结，则要将壁纸撕下，把基层清理干净后，再重新裱糊。

如果已贴好的壁纸边沿脱胶而卷翘起来，即产生张嘴现象时，要将翘边壁纸翻起，检查产生的原因。若属于基层有污物者，应清理干净，补刷胶液粘牢；属于胶黏剂胶性小的，应换用胶性较大的胶黏剂粘贴；如果壁纸翘边已坚硬，应使用黏结力较强的胶黏剂粘贴，还应加压粘牢粘实。

如果已贴好的壁纸出现接缝不垂直、花纹未对齐时，应及时将裱糊的壁纸铲除干净，重新裱糊。对于轻微的离缝或亏纸现象，可用与壁纸颜色相同的乳胶漆点描在缝隙内，漆膜干后一般不易显露。较严重的部位，可用相同的壁纸补贴，不得看出补贴痕迹。

另外，如纸面出现气泡，可用注射针管将气抽出，再注射胶液贴平贴实。也可以用刀在气泡表面切开，挤出气体用胶黏剂压实。若鼓泡内胶黏剂聚集，则用刀开口后将多余胶黏剂刮去压实即可。对于在施工中碰撞损坏的壁纸，可采取挖空填补的办法，将损坏的部分割去，然后按形状和大小，对好花纹补上，要求补后不留痕迹。

（三）玻璃纤维贴墙布、无纺贴墙布和装饰墙布裱糊

1. 基层处理

裱糊玻璃纤维贴墙布和无纺贴墙布的基层处理，与裱糊塑料壁纸的基层处理方法及要求基本相同，但玻璃纤维贴墙布和无纺贴墙布的盖底力稍差。若基层表面颜色较深时，应满刮石膏腻子，或在胶黏剂中适当掺入白色涂料，如白色乳胶漆等。若相邻部位的基层颜色较深时，更应注意颜色一致的处理，以免裱糊后色泽有差异，影响装饰效果。对裱糊锦缎的基层处理，应保证基层平整、彻底干燥，以防裱糊后发霉。

2. 弹线、裁剪

同以上“壁纸”。

3. 刷胶

玻璃纤维贴墙布和无纺贴墙布的基材分别是玻璃纤维和合成纤维等，无吸水膨胀的特点，墙布无须预先湿水，可以直接往基层上（墙布不刷胶）刷胶裱糊，刷胶要均匀、稀稠适度。裱糊玻璃纤维贴墙布用胶量一般为 0.12kg/m^2（抹灰墙面），裱糊无纺贴墙布用胶量一般为 0.15kg/m^2（抹灰墙面）。由于锦缎柔软，极易变形，裱糊时，应先在锦缎背面衬糊一层宣纸，使锦缎挺括，易于操作。

4. 裱糊

基层上刷胶后，将裁好成卷的墙布，自上而下严格按对花要求渐渐放下（注意上边留出 50mm 左右），然后用湿毛巾将墙布抹平贴实，再用活动剪纸刀割去上下多余的布料。对于阴阳角、线脚以及偏斜过多的地方，可以开裁拼接或进行叠接，对花要求可略放宽，但切忌将墙布横向硬接，以致整块墙布歪斜甚至脱落，影响裱糊质量。

裱糊时，不能以墙角为准，要严格按弹线或吊线法保证第一条布与地面垂直，然后逐条裱糊。

其他裱糊操作方法及注意事项，与裱糊“壁纸”相同。

（四）人造革、织锦缎软包墙施工

1. 基层处理

（1）埋木砖（后做打木楔）：在砖墙或混凝土墙中埋入木砖，间距 400～600mm，视板面划分而定。

（2）抹灰、做防潮层：为防止潮气使面板翘曲、织物发霉，应在砌体上先抹 20mm 厚 1∶3水泥砂浆。然后刷底子油做一毡二油防潮层。

（3）立墙筋：墙筋断面为(20～50)mm×(40～50)mm，用钉子钉于木砖上，并找平找直。

2. 面层安装

（1）五夹板外包人造革或织锦缎做法：

1）将 450mm 见方的五夹板边用刨刨平，沿一个方向的两条边刨出斜面。

2）用刨斜边的两边压入人造革或织锦缎，压长 20～30mm，用钉子钉在木墙筋上，钉头埋入板内。另两侧不必把织物压钉在木墙筋上。

3）将织锦缎或人造革拉紧，使其平伏在五夹板上，边缘织物贴于下一条墙筋上 20～30mm，再以下一块斜边板压紧织物和该板上包的织物，一起钉入木墙筋。另一侧不压织物钉牢。以这种方法安装完整个墙面。

（2）人造革或织锦缎包矿渣棉的做法：

1）在木墙筋上钉五夹板，钉头埋入板中，板的接缝在墙筋上。

2）以规格尺寸大于纵横向墙筋中距 50～80mm 的卷材（人造革、织锦缎等），包矿渣棉于墙筋上，铺钉方法与前述基本相同。铺钉后钉口均为暗钉口。

3）暗钉钉完后，再以电化铝帽头钉钉在每一分块卷材的四角。

第五节　涂料装饰和裱糊工程质量要求及检验方法

一、涂饰工程

（一）一般规定

涂饰工程质量检验内容适用于水性涂料涂饰、溶剂型涂料涂饰、美术涂饰等分项工程。

1. 各分项工程的检验批划分规定

（1）室外涂饰工程每一栋楼的同类涂料涂饰的墙面每 500～1000m^2 应划分为一个检验批，不足 500m^2 也应划分为一个检验批。

（2）室内涂饰工程同类涂料涂饰的墙面每 50 间（大面积房间和走廊按涂饰面积 30m^2 为一间）应划分为一个检验批，不足 50 间也应划分为一个检验批。

2. 检查数量应符合下列规定

（1）室外涂饰工程每 100m^2 应至少检查一次，每处不得小于 10m^2。

（2）室内涂饰工程每个检验批应至少抽查 10%，并不得少于 3 间；不足 3 间时应全数检查。

（二）水性涂料涂饰工程

水性涂料涂饰工程质量验收内容适用于乳液型涂料、无机涂料、水溶性涂料等水性涂料涂饰工程。

1. 主控项目

（1）水性涂料涂饰工程所用涂料的品种、型号和性能应符合设计要求。

检验方法：检查产品合格证书、性能检测报告和进场验收记录。

（2）水性涂料涂饰工程的颜色、图案应符合设计要求。

检验方法：观察。

（3）水性涂料涂饰工程应涂饰均匀、黏结牢固，不得漏涂、透底、起皮和掉粉。

检验方法：观察；手摸检查。

（4）水性涂料涂饰工程的基层处理应符合相应规范的要求。

2. 一般项目

（1）薄涂料的涂饰质量和检验方法应符合表 5-2 的规定。

表 5-2　薄涂料的涂饰质量和检验方法（GB 50210—2001）

项次	项目	普通涂饰	高级涂饰	检验方法
1	颜色	均匀一致	均匀一致	观察
2	泛碱、咬色	允许少量轻微	不允许	
3	流坠、疙瘩	允许少量轻微	不允许	
4	砂眼、刷纹	允许少量轻微砂眼，刷纹通顺	无砂眼，无刷纹	
5	装饰线、分色线直线度允许偏差（mm）	2	1	拉 5m 线，不足 5m 拉通线，用钢直尺检查

（2）厚涂料的涂饰质量和检验方法应符合表 5-3 的规定。

表 5-3　厚涂料的涂饰质量和检验方法（GB 50210—2001）

项次	项目	普通涂饰	高级涂饰	检验方法
1	颜色	均匀一致	均匀一致	观察
2	泛碱、咬色	允许少量轻微	不允许	
3	点状分布	—	疏密均匀	

（3）复层涂料的涂饰质量和检验方法应符合表 5-4 的规定。

表 5-4　　复层涂料的涂饰质量和检验方法（GB 50210—2001）

项　次	项　目	质量要求	检验方法
1	颜色	均匀一致	观察
2	泛碱、咬色	不允许	
3	喷点疏密程度	均匀，不允许连片	

（4）涂层与其他装饰材料和设备衔接处应吻合，界面应清晰。

检验方法：观察。

（三）溶剂型涂料涂饰工程

溶剂型涂料涂饰工程质量验收内容适用于丙烯酸酯涂料、聚氨酯丙烯酸涂料、有机硅丙烯酸涂料等溶剂型涂料涂饰工程。

1. 主控项目

（1）溶剂型涂料涂饰工程所选用涂料的品种、型号和性能应符合设计要求。

检验方法：检查产品合格证书、性能检测报告和进场验收记录。

（2）溶剂型涂料涂饰工程的颜色、光泽、图案应符合设计要求。

检验方法：观察。

（3）溶剂型涂料涂饰工程应涂饰均匀、黏结牢固，不得漏涂、透底、起皮和反锈。

检验方法：观察；手摸检查。

（4）涂饰工程的基层处理应符合下列要求：

1）新建筑物的混凝土或抹灰基层在涂饰涂料前应涂刷抗碱封闭底漆。

2）旧墙面在涂饰涂料前应清除疏松的旧装修层，并涂刷界面剂。

3）混凝土或抹灰基层涂刷溶剂型涂料时，含水率不得大于 8%；涂刷乳液型涂料时，含水率不得大于 10%。木材基层的含水率不得大于 12%。

4）基层腻子应平整、坚实、牢固，无粉化、起皮和裂缝；内墙腻子的黏结强度应符合《建筑室内用腻子》（JG/T 3049）的规定。

5）厨房、卫生间墙面必须使用耐水腻子。

检验方法：观察；手摸检查；检查施工记录。

2. 一般项目

（1）色漆的涂饰质量和检验方法应符合表 5-5 的规定。

表 5-5　　色漆的涂饰质量和检验方法（GB 50210—2001）

项　次	项　目	普通涂饰	高级涂饰	检验方法
1	颜色	均匀一致	均匀一致	观察
2	光泽、光滑	光泽基本均匀 光滑无挡手感	光泽均匀一致 光滑	观察、手摸检查
3	刷纹	刷纹通顺	无刷纹	观察
4	裹棱、流坠、皱皮	明显处不允许	不允许	观察
5	装饰线、分色线直线度允许偏差（mm）	2	1	拉 5m 线，不足 5m 拉通线，用钢直尺检查

注　无光色漆不检查光泽。

（2）涂漆的涂饰质量和检验方法应符合表 5-6 的规定。

表 5-6　清漆的涂饰质量和检验方法（GB 50210—2001）

项次	项目	普通涂饰	高级涂饰	检验方法
1	颜色	基本一致	均匀一致	观察
2	木纹	棕眼刮平、木纹清楚	棕眼刮平、木纹清楚	观察
3	光泽、光滑	光泽基本均匀 光滑无挡手感	光泽均匀一致，光滑	观察、手摸检查
4	刷纹	无刷纹	无刷纹	观察
5	裹棱、流坠、皱皮	明显处不允许	不允许	观察

（3）涂层与其他装修材料和设备衔接处应吻合，界面应清晰。

检验方法：观察。

二、裱糊与软包工程

（一）一般规定

（1）各分项工程的检验批应按下列规定划分：同一品种的裱糊或软包工程每 50 间（大面积房间和走廊按施工面积 $30m^2$ 为一间）应划分为一个检验批，不足 50 间也应划分为一个检验批。

（2）检查数量应符合下列规定：

1）裱糊工程每个检验批应至少抽查 10%，并不得少于 3 间，不足 3 间时应全数检查。

2）软包工程每个检验批应至少抽查 20%，并不得少于 6 间，不足 6 间时应全数检查。

（二）裱糊工程

1. 主控项目

（1）壁纸、墙布的种类、规格、图案、颜色和燃烧性能等级必须符合设计要求及国家现行标准的有关规定。

检验方法：观察；检查产品合格证书、进场验收记录和性能检测报告。

（2）裱糊前，基层处理质量应达到下列要求：

1）新建筑物的混凝土或抹灰基层墙面在刮腻子前应涂刷抗碱封闭底漆。

2）旧墙面在裱糊前应清除疏松的旧装修层，并涂刷界面剂。

3）混凝土或抹灰基层含水率不得大于 8%；木材基层的含水率不得大于 12%。

4）在层腻子应平整、坚实、牢固，无粉化、起皮和裂缝；腻子的黏结强度应符合《建筑室内用腻子》（JG/T 3049）N 型的规定。

5）基层表面平整度、立面垂直度及阴阳角方正应达到高级抹灰的要求。

6）基层表面颜色应一致。

7）裱糊前应用封闭底胶涂刷基层。

检验方法：观察；手摸检查；检查施工记录。

（3）裱糊后各幅拼接应横平竖直，拼接处花纹、图案应吻合，不离缝、不搭接、不显拼缝。

检验方法：观察；拼缝检查距离墙面 1.5m 处正视。

（4）壁纸、墙布应粘贴牢固，不得有漏贴、补贴、脱层、空鼓和翘边。

检验方法：观察；手摸检查。

2. 一般项目

（1）裱糊后的壁纸、墙布表面应平整，色泽应一致，不得有波纹起伏、气泡、裂缝、皱折及斑污，斜视时应无胶痕。

检验方法：观察；手摸检查。

（2）复合压花壁纸的压痕及发泡壁纸的发泡层应无损坏。

检验方法：观察。

（3）壁纸、墙布与各种装饰线、设备线盒应交接严密。

检验方法：观察。

（4）壁纸、墙布边缘应平直整齐，不得有纸毛、飞刺。

检验方法：观察。

（5）壁纸、墙布阴角处搭接应顺光，阳角处应无接缝。

检验方法：观察。

（三）软包工程

1. 主控项目

（1）软包面料、内衬材料及边框的材质、颜色、图案、燃烧性能等级和木材的含水率应符合设计要求及国家现行标准的有关规定。

检验方法：观察；检查产品合格证书、进场验收记录和性能检测报告。

（2）软包工程的安装位置及构造做法应符合设计要求。

检验方法：观察；尺量检查；检查施工记录。

（3）软包工程的龙骨、衬板、边框应安装牢固，无翘曲，拼缝应平直。

检验方法：观察；手扳检查。

（4）单块软包面料不应有接缝，四周应绷压严密。

检验方法：观察；手摸检查。

2. 一般项目

（1）软包工程表面应平整、洁净，无凹凸不平及皱折；图案应清晰、无色差，整体应协调美观。

检验方法：观察。

（2）软包边框应平整、顺直、接缝吻合。其表面涂饰质量应符合涂刷工程的有关规定。

检验方法：观察；手摸检查。

（3）清漆涂饰木制边框的颜色、木纹应协调一致。

检验方法：观察。

（4）软包工程安装的允许偏差和检验方法应符合表 5-7 的规定。

表 5-7　软包工程安装的允许偏差和检验方法（GB 50210—2001）

项次	项目	允许偏差（mm）	检验方法
1	垂直度	3	用 1m 垂直检测尺检查
2	边框宽度、高度	0；−2	用钢尺检查
3	对角线长度差	3	用钢尺检查
4	裁口、线条接缝高低差	1	用钢直尺和塞尺检查

思考练习题

5-1 建筑涂料由哪几部分组成？它们的作用是什么？

5-2 对建筑涂料的性能有些什么要求？

5-3 建筑涂料施工有些什么基本要求？

5-4 简述涂料装饰施工对基层的处理方法。

5-5 建筑涂料的基本涂刷方法有哪些？各适合什么涂料？

5-6 涂料涂刷时应注意些什么问题？

5-7 试述乳胶漆施工操作要点。

5-8 丙烯酸酯类建筑涂料如何施工？

5-9 试述裱糊工程基层处理方法。

5-10 壁纸和墙布施工工艺有什么不同？

5-11 如何防止裱糊的壁纸或墙布产生翘边、空鼓和脱落？

5-12 壁纸上墙局部发生皱纹、死褶、张嘴、气泡等质量问题的处理方法有哪些？

第六章 墙柱面贴面装饰工程施工

墙、柱面贴面装饰的种类很多，主要是由石材、陶瓷、金属板材、木材、玻璃、塑料，采用“镶、贴、挂”的工艺装饰在结构表面，达到保护墙体、满足使用功能和美化环境的作用。

第一节 石材面层施工

用于饰面的常用石材有大理石、花岗岩石、青石。人造石有预制水磨石板、人造大理石、花岗石板及玉石合成装饰板等。

石材的规格按照施工方法的不同，一般小规格石板材采用长、宽尺寸在400mm以下，厚度一般为7～10mm，采用粘贴法施工。长宽尺寸在400mm以上，用于一般饰面墙体部位厚度为20mm左右，但随板表面尺寸的扩大和板使用在特殊部位的需要，板的厚度将相应增大。长宽尺寸在400mm以上的板采用挂贴法和干挂法安装。

一、施工准备

（一）材料准备

1. 石材

按设计质量等级要求对石材几何尺寸、光泽度、平度及外观质量（表面平整、边缘整齐、棱角情况等）进行验收，且核验产品合格证。同时对表面隐伤、风化、疵点、变色等缺陷进行检查。

对石材的颜色必须在石材干燥状态时进行对比检查、分辨色泽。在预拼排板时应检查所需板的几何尺寸，并按误差大小归类，同时把损坏的、变色的挑出，再按天然纹理，色差进行编排。

对于质地较松的大理石板材（尤其是表面裂隙密且宽的大理石板材），背面应刷胶黏剂、贴玻璃纤维网格布增强。

2. 其他材料

普通硅酸盐水泥、白水泥、石膏、中粗砂，用于石材干挂的有不锈钢连接板、不锈钢针、塑料条、结构胶、防水胶、不锈钢膨胀螺栓等。

（二）机具准备

施工机具有手提式电动石材切割机、台式切割机、电动冲击锤、电动磨石机等。

（三）技术准备

内墙面弹好500mm水平线，室外墙面弹好±0.00和各层水平标高线。

饰面板安装前，应根据设计图纸，认真核实结构面实际偏差情况。柱面应先测量出柱的实际高度和柱子中心线，以及柱与柱之间上、中、下部水平通线，确定出柱饰面板立面边线，才能决定饰面板分块规格尺寸。对于复杂墙面（如楼梯墙裙、圆形及多边形墙面等），则应实测后放足尺大样校对。根据上述墙、柱校核实测的尺寸，并将饰面板间的接缝宽度包括在内，来计算板块的排列，并按安装顺序编上号。最好绘制出墙面分块排列的大样图，有些装饰立面上，已规定了墙面石板块的规格，则需核查墙面尺寸和结构，能否按图纸要求规格进行施工。饰面板块间的接缝宽度，通常都有要求，如设计无规定时，应符合表 6-1 的规定。

表 6-1　石板块的接缝宽度

项　次	名　称		接缝宽度（mm）
1	天然石	光面、镜面	1
2		粗磨面、麻面、条纹面	5
3		天然面	10
4	人造石	水磨石	2
5		水刷石	10
6		大理石、花岗石	1

大面积施工前，应先做出样板，经设计师、业主认定后，方可组织班组按样板要求施工。

二、施工方法

（一）基层处理

饰面板安装前，对墙（柱）等基体进行认真处理，是防止饰面板安装后产生空鼓、脱落的关键一环，基本上应具有足够的稳定性和刚度。基体表面应平整粗糙，光滑的基体表面应进行凿毛处理，凿毛深度应为 5～15mm，其间距为 30mm。基体表面残留的砂浆、尘土和油渍等应用钢丝刷刷净并用水冲洗。对于粘贴法施工，光滑表面尚须作凿毛处理并湿润。

（二）板材粘贴法施工（适用小规格板材）

1. 墙面小规格板材粘贴施工

（1）抹灰、弹线：用 1∶2.5 水泥砂浆分两次打底，找规矩，底灰厚约 10mm，按中级抹灰检查和验收。待底灰七八成干后，用线锤在墙柱面和门窗边吊垂线，并确定饰面板距基层的距离（一般取 30～40mm）。再根据垂线在地面上顺墙柱面弹出饰面板外轮廓线，即安装基准线。其后在墙柱面上弹出第一排标高线以及第一层板的下沿线。再根据墙面的实际尺寸和缝隙弹出分块线。

（2）镶贴：将湿润阴干的饰面板的背面均匀地抹上 2～3mm 厚聚合物水泥浆或环氧树脂水泥浆、AH-03 胶黏剂等，依照水平线，先镶贴底层两端的两块板，然后拉通线，按编号依次镶贴。每贴三层，用靠尺尺板校核一遍。

2. 踢脚板、勒脚、窗台板粘贴

（1）踢脚板粘贴：粘贴时用 1∶3 水泥砂浆打底、找规矩，厚约 12mm，用刮尺刮平，划毛。待底子灰凝固后，将经过湿润的饰面板背面均匀地抹上厚 2～3mm 的素水泥浆，随即将其贴于墙面，用木锤轻敲，使其与基层有较好的黏结。随手用靠尺、水平尺找平，使相邻各块饰面板接缝齐平，高差不超过 0.5mm，并将边口和挤出拼缝的水泥浆擦干净。

（2）窗台板安装：安装窗台板时，应先校正窗台的水平度，确定窗台的找平层厚度，在窗口两边按图纸要求的尺寸在墙上剔槽。多窗口的房屋剔槽时要拉水平线，并将各窗台找平。

清除窗台上的垃圾杂物，洒水润湿，再用1∶3的干硬性水泥砂浆或细石混凝土抹找平层，以刮尺刮平，均匀地撒上干水泥粉，再将湿润后的板材平稳地安上，用木锤轻击，使其平整并与找平层有良好的黏结。在窗口两侧墙上的剔槽处要先浇水润湿，板材伸入墙面的尺寸（进深与左右）要相等，板材放稳后，应用水泥砂浆或细石混凝土将嵌入墙的部分塞密堵严。窗台板接槎处注意平整，并与窗下槛同一水平。

如窗台板在横向排出墙面尺寸较大时，应先在窗台板下预埋铁件，以便对窗台板绑扎固定。安装时，先在后面端将窗台板绑扎在预埋铁件上，然后在窗台面抹水泥砂浆，并留出其前面的预埋件位置，待窗台板就位固定后，再将预埋件用水泥浆填满找平。

（三）湿作业灌浆法

1. 扎钢筋网

按施工大样图要求的横竖距离，焊接或绑扎安装用的钢筋骨架。其方法是：先剔凿出墙面或柱面结构施工时的预埋钢筋，使其外露于墙、柱面，然后连接绑扎（或焊接）ϕ8mm竖向钢筋（竖向钢筋的间距，如设计无规定，可按饰面板宽度距离设置，一般为300～500mm），随后绑扎横向钢筋，其间距应以比饰面板竖向尺寸低20～30mm为宜。

室内装饰工程的墙面，一般都没有预埋钢筋，绑扎钢筋网之间需要在墙面用M10～M16的膨胀螺栓来固定铁件。膨胀螺栓的间距为板面宽，或者用冲击电钻在基层（常为混凝土基层）打出ϕ6～ϕ8mm、深度大于60mm的孔，再向孔内打入ϕ6～ϕ8mm的短钢筋，应外露50mm以上并弯钩。短钢筋的间距为板面宽度。上、下两排膨胀螺栓或插筋的距离为板的高度减去100mm左右。将同一标高的膨胀螺栓或插筋上连接水平钢筋，水平钢筋可绑扎固定或点焊固定。墙上埋入钢筋或螺栓如图6-1所示。

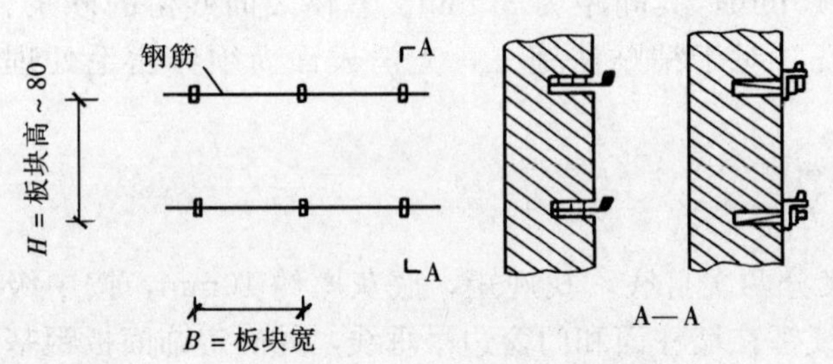

图6-1　墙上埋入钢筋或螺栓

2. 预拼

为了使石料板块安装时能上下、左右颜色花纹一致、纹理通顺、接缝严密吻合，安装前，必须按大样图预拼排号。一般，先按图排出品种、规格、颜色与纹理一致的块料，按设计尺寸，在地上进行试拼、校正尺寸及四角套方，使其合乎要求。凡阳角对接处，应磨边卡角，见图6-2。

预拼好的石料板块应编号，编号一般由下向上编排，然后分类立码备用。对有缺陷的石材一般应予剔除或改成小料使用，否则，应用于阴角或靠近地面的不显眼部位。

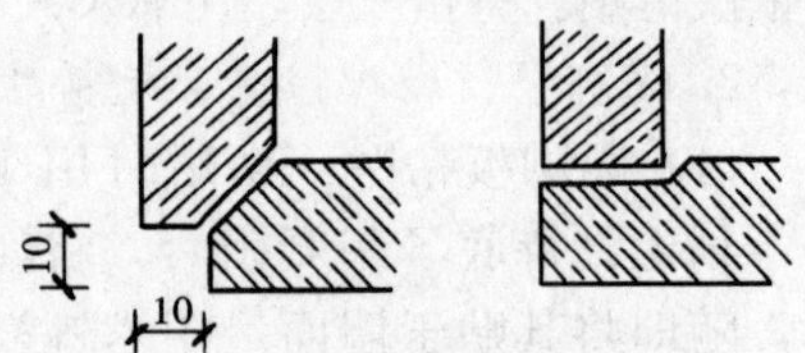

图6-2　阳角对接处磨边卡角

3. 固定不锈钢丝（铜丝）

目前，石板块的钻孔打眼方法已被逐步淘汰，而采用工效高的四道槽或三道槽轧钢（铜）丝方法。其施工步骤为：用电动手提式石材无齿切割机的圆锯片，在需绑扎钢丝的部位上开槽。四道槽的位置是：板块背面的边角处开两条竖槽，其间距为30～40mm；板块侧边外的两竖槽位置上开一条横槽，再在板块背面上的两条竖槽位置下部开一条横槽。板块开槽方式见图 6-3。

板块开好槽后，把备好的 18 号或 20 号不锈钢丝或铜丝剪成 300mm 长，并弯成 U 形。将 U 形不锈钢丝先套入板背横槽内，U 形的两条边从两条槽内通出后，在板块侧边横槽处交叉。然后再通过两竖槽将不锈钢丝在板块背面扎牢。但要注意不应将不锈钢丝拧得过紧，以防止把钢丝拧断或将大理石槽口弄断裂。

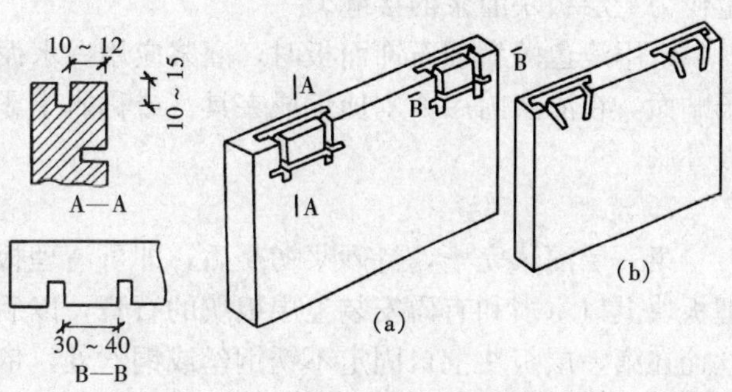

图 6-3　板块开槽方式

(a) 四道槽；(b) 三道槽

4. 板块就位

安装顺序一般由下往上进行，每层板块由中间或一端开始。先将墙面最下层的板块按地面标高线就位，如果地面未做出，就需用垫层把板块垫高至墙面标高线位置，然后使板块上口外仰，把下口不锈钢丝绑扎在水平横筋上，再绑扎板块上口不锈钢丝，绑好后用木楔垫稳。随后用靠尺板检查调整，最后系紧不锈钢丝。最下一层定位后，再拉出垂直线和水平线来控制安装质量。上口水平线应到灌浆完后再拆除。安装固定示意图见图 6-4。

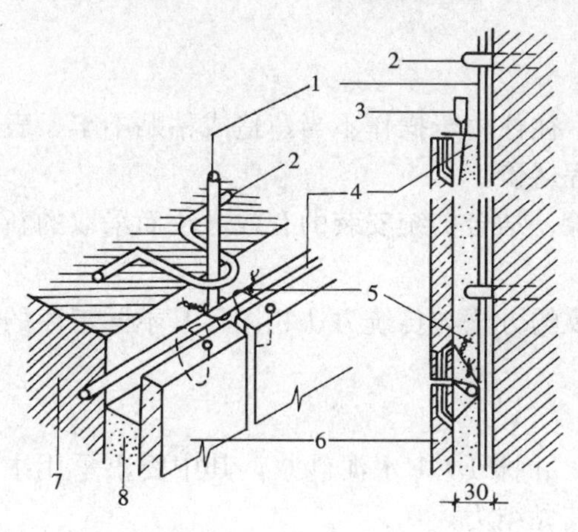

图 6-4　板块安装固定示意图

1—立筋；2—铁环；3—定位木楔；4—横筋；5—铜丝或铅丝绑扎牢；6—石料板；7—墙体；8—水泥砂浆

柱面可按顺时针方向安装，一般先从正面开始。第一层就位后，要用靠尺找垂直，用水平尺找平整，用方尺打好阴、阳角。如发现板块规格不准确或板块间隙不匀，应用铅皮加垫，使板块间缝隙均匀一致，以保持每一层板块上口平直，为上一层板块安装打下基础。

5. 固定板块

板块安装就位后，用纸或熟石膏（调制石膏时，可掺加 20%水泥，以增加强度，防止石膏裂缝，但白色大理石容易污染，不要掺水泥），将两侧缝隙堵严，上、下口临时固定，较大的块材以及门窗碹脸饰面板应加支撑。为了矫正视觉误差，安装门窗碹脸时，应按 1%起拱。对临时固定的板块，用角直尺检查板面是否平直，重点保证板与板的交接处四角平直度，发现问题，立即校正，待石膏硬固后方可进行灌浆。

6. 灌浆

用 1∶2.5（体积比）水泥砂浆，稠度为 100～150mm，分层灌注。灌注时不要碰动板块，也不要只从一处灌注，同时要检查板块是否因灌浆而外移。第一层浇灌高度为 150mm，即不得超过板块高度的 1/3。第一层灌浆很重要，要锚固下口铜丝及板块，应轻轻操作，防止碰撞和猛灌。一旦发生板块外移错动，应拆除重新安装。

待第一层灌浆后稍停 1～2h，并经检查板块无移动后，再进行第二层灌浆，高度为 100mm 左右，即板块的 1/2 高度。第三层灌浆灌到低于板块上口 50mm 处，余量作为上层板块灌浆的接缝。如板块高度为500mm以上，每一层灌浆为150mm，留下50～100mm余量作为上层板块灌浆的接缝。

采用浅色的大理石饰面板时，灌浆应用白水泥和白石屑，以避免因透底而影响美观。柱子贴面，在灌浆前用方木加工成夹具（或称木卡子），夹住大理石板，以防止灌浆时大理石板外胀。

7. 清理

第一层灌浆完毕，待砂浆初凝后，即可清理板块上口余浆，并用棉丝擦干净。隔天再清理板块上口木楔和有碍安装上层板块的石膏，以后用相同方法把上层板块下口不锈钢丝或铜丝拴在第一层板块上口固定不锈钢丝或铜丝处，依次进行安装。

墙面、柱面、门窗套等饰面板安装与地面块材铺设的关系，一般采取先作立面后作地面的方法，这种方法要求地面分块尺寸准确，边部块材须切割整齐。也可采用先作地面后作立面的方法，这样可以解决边部块材不齐问题，但地面应加以保护，防止损坏。

8. 嵌缝

全部石板块安装完毕后，应将表面清理干净，并按板块颜色调制水泥色浆嵌缝，边嵌边擦拭清洁，使缝隙密实干净、颜色一致。安装固定后的板块，如面层光泽受到影响，要重新打蜡上光。

（四）湿作业改进操作法

传统湿作业安装工艺，工序多，操作较为复杂，往往由于操作不当，造成粘贴不牢、表面接搓不平整等通病，且采用钢筋网连接，增加工程造价。

传统湿作业改进安装工艺是吸取国外的先进经验、结合传统安装的有效方法而采取的新工艺。

新工艺安装法的施工准备、板块预拼编号对花纹的方法与传统方法相同，其不同工序的操作要点如下。

1. 基体处理

石板块安装前，先对清理干净的基体用水湿润，并抹1∶1水泥砂浆，其中要求采用中砂或粗砂。板块背面也要用清水刷洗干净，以提高其黏结力。

2. 板块钻孔

将饰面板块直立固定于木架上，用手电钻在距板块两端各1/4边长处居板块厚中心钻孔，孔径6mm，深35～40mm。板块宽≤500mm，打直孔2个；板块宽＞500mm，打直孔3个；板块宽＞800mm，打直孔4个。然后，将板块旋转90°固定于木架上，在板块两侧分别各打直孔1个，孔位距板块下端100mm处，孔径6mm，孔深35～40mm，上下直孔都用合金錾子在背面方向剔槽，槽深7mm，以便安装门形钉。直孔示意图如图6-5所示。

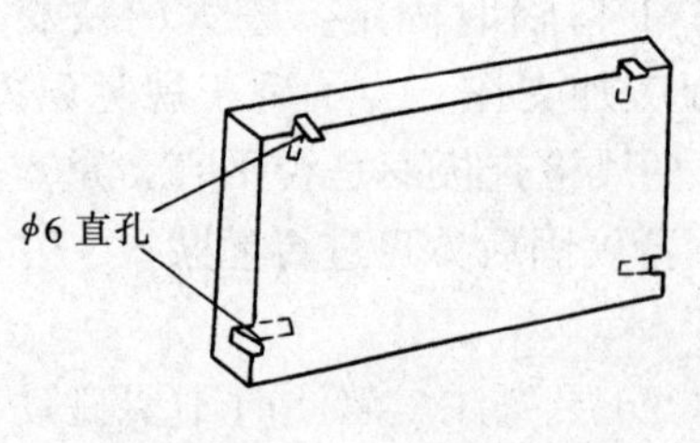

图6-5　直孔示意图

3. 基体钻孔

板块钻孔后，按基体放线分块位置临时就位，对应于板块上下直孔的基体位置上，用冲击钻钻与板块孔数相等的斜孔，斜孔成45°，孔径6mm，孔深40～50mm。基体斜孔如图6-6所示。

4. 板块安装固定

基体钻孔后，将大理石板安放就位。

（1）根据板块与基体相距的孔距，用克丝钳子现制直径5mm的不锈钢门形钉（见图6-7），一端勾进石板直孔内，并随即用硬木小楔楔紧；另一端勾进基体斜孔内，并拉小线或用靠尺板及水平尺校正板上下口及板面垂直和平整度，以及与相邻板块接合是否严密，随后将基体斜孔内不锈钢门形钉楔紧，接着用大头木楔紧固于板块与基体之间，以紧固门形钉。石板块就位固定示意图如图6-8所示。

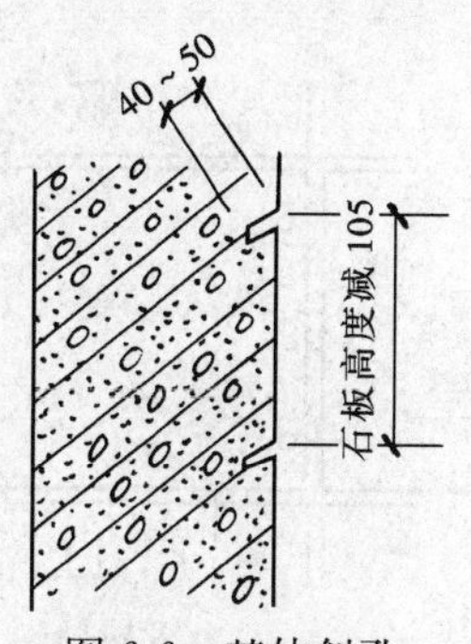

图6-6　基体斜孔

（2）饰面板块位置准确，临时固定后，即可进行分层灌浆。其他与前述传统安装法相同。

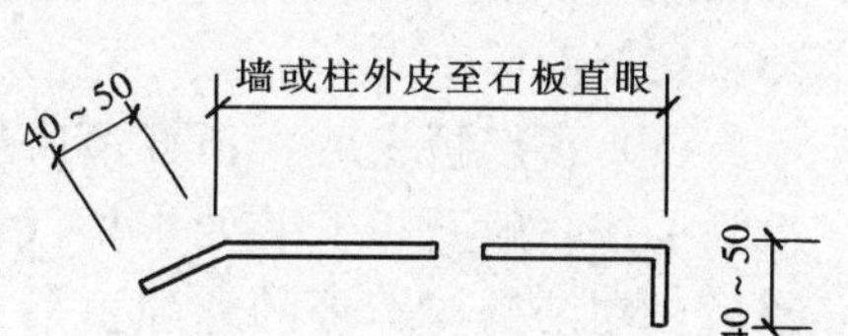

图6-7　门形钉

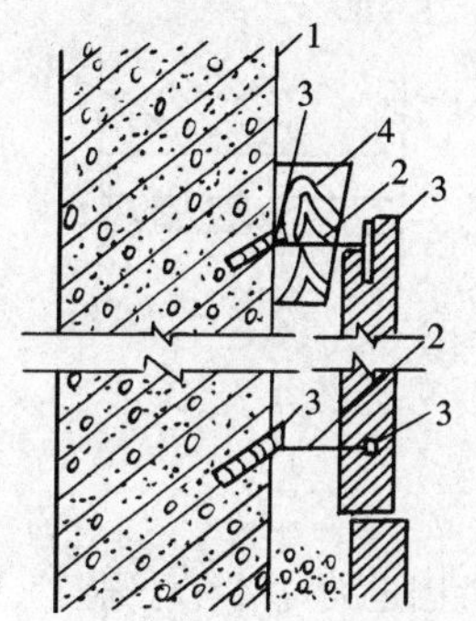

图6-8　石板块就位固定示意图

1—基体；2—门形钉；3—硬木小楔；4—大头木楔

（五）干挂施工法

此工艺是利用高强度螺栓和耐腐蚀、高强度的柔性连件，将石材面板挂在建筑物结构的外表面，在石材与结构表面间留有40～50mm的空腔，采暖设计时可填入保温材料。此工艺不适宜于砖墙（砖墙可采用间接干挂法）和加气混凝土墙体。施工不受季节影响。可由上往下施工，也有利于成品保护。石材不受粘贴砂浆的析碱影响。其施工操作要点如下：

（1）施工前应根据设计意图和结构实际尺寸作出分格设计、节点设计和翻样图，并根据翻样图提出挂件及板块的加工计划。对挂件应做承载力破坏试验和抗疲劳试验。

（2）根据设计尺寸对板块钻孔，并对质地疏松的大理石材在板块背面刷胶黏剂，贴玻璃纤维网格布增强，并给予一定的固化时间，此期间要防止受潮。

（3）根据设计的孔位用电锤在结构上钻孔，如孔位与结构主筋相遇，则可在挂件的可调范围内移动孔位。

如采用间接干挂法，板块通过钢针和连接件与水平槽钢相接，水平槽钢与竖向槽钢焊接，竖向槽钢用膨胀螺栓固定在结构上。故型钢在安装前应先刷两遍防锈漆（在较潮湿地区应镀锌防锈）。焊接要求三面围焊，焊缝高 h 取6mm（焊缝应刷防锈漆两遍）。膨胀螺栓钻孔位置要准确，深度在65mm左右，螺栓埋设要垂直、牢固。

（4）按大样图用经纬仪测出大角的两个面的竖向控制线，在大角上下两端固定挂线用的角钢，用钢线挂竖向控制线。

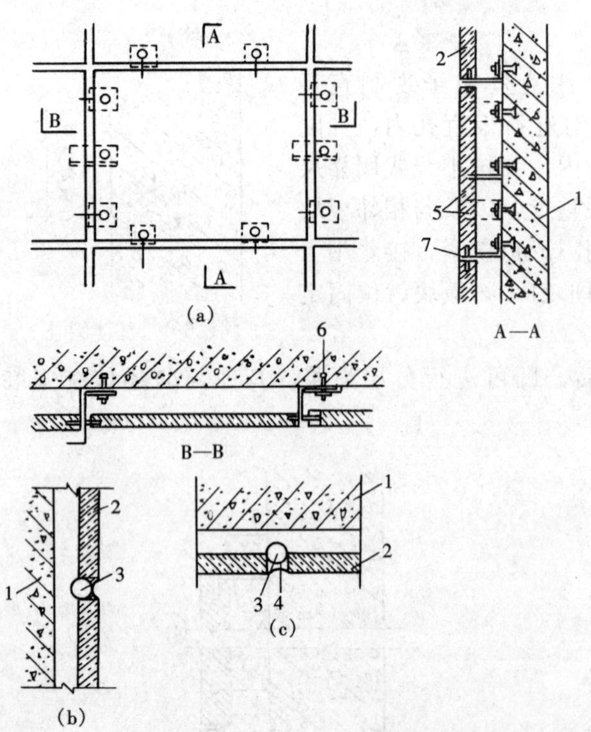

图 6-9　用扣件固定大规格石材饰面板块的干作业做法
（a）板块安装立面图；（b）板块水平接缝剖面图；
（c）板块垂直接缝剖面图
1—混凝土外墙；2—饰面板块；3—泡沫聚乙烯嵌条；
4—密封硅胶；5—钢扣件；6—膨胀螺栓；7—销钉

（5）支底层石材托架，放置底层石板，调节并临时固定。

（6）对结构钻孔，插入固定螺栓，安装不锈钢固定件（直接挂法）。用嵌缝膏嵌入下层石材上部孔眼，插连接钢针，嵌上层石材下孔，并临时固定。用扣件固定大规格石材饰面板块的干作业做法如图 6-9 所示。

（7）调整固定：饰面板块暂时固定后，调整水平度，如板面上口不平，可在板底的一端下口的连接平钢板上垫一相应的双股铜丝垫。若铜丝粗，可用小锤砸扁，若面板太高，可把另一端下口用以上方法垫一下。调整垂直度，并调整面板上口的不锈钢连接件的距墙空隙，直至面板垂直。

（8）顶部板安装：顶部最后一层面板除了按一般石板安装要求外，安装调整后，在结构与石板的缝隙里吊一通长的 20mm 厚木条，木条上平位置为石板上口下去 250mm，吊点可设在连接铁件上，可采用铅丝吊木条，木条吊好后，即在石板与墙面之间的空隙里塞放聚苯板，聚苯板条要略宽于空隙，以便填塞严实，防止灌浆时漏浆，造成蜂窝、孔洞等，灌浆至石板口下 20mm 作为压顶盖板之用。

（9）嵌缝：每一施工段安装后经检查无误，可清扫拼接缝，填入泡沫聚乙烯嵌条，然后用打胶机进行硅胶涂封，一般，硅胶只封平接缝表面或比板面稍凹少许即可。雨天或板材受潮时，不宜涂硅胶。

（10）清理：清理板块表面，用棉丝将石板擦干净，有胶等其他黏结杂物，可用开刀轻铲、用棉丝沾丙酮擦干净。

第二节　陶瓷贴面施工

将陶瓷贴面材料镶贴到基层上的一种装饰方法，它也是一项传统的装饰工艺，主要有釉面砖、外墙贴面砖、锦砖的粘贴安装施工。

一、饰面砖镶贴的施工准备

（一）材料准备

1. 面砖

对进入现场的各种饰面材料外观与内在质量进行检查验收，验收合格后方可使用。检查验收内容如下：

(1) 面砖的品种、规格、花色、图案是否符合设计规定，并应有产品合格证，检查是否符合质量标准规定的尺寸和公差要求。检查表面是否有破损或缺陷等。

(2) 检查面砖吸水率是否符合要求（一般不大于10%）；检查耐酸碱性及骤冷骤热性能是否符合质量要求。

2. 其他材料

强度等级为32.5MPa普通硅酸盐水泥或白水泥、粗砂或中砂、石灰膏、矿物颜料、乳胶等。

(二) 机具准备

常用机具有：开刀、木锤、橡皮锤、合金錾子、钢钎、小铁铲、硬木拍板、扁錾、合金钢钻头、铁水平尺、方尺、托线板、克丝钳子、线坠、墨斗、冲击钻、手电钻和电动切割机等。

(三) 基层准备

饰面层均镶贴在找平层上，找平层的平整度，有否空鼓、裂缝、起壳等质量情况，是保证面层镶贴质量的关键，而基层处理又是做好找平层的前提。

1. 基层处理

(1) 砖墙基体：将基体清洁湿润后，用1∶3水泥砂浆打底，木抹子搓平，隔天浇水养护。

(2) 混凝土基体：对光滑表面须凿毛后用水湿润，一般每$1m^2$凿点数不少于200个，然后刷一道聚合物水泥浆或界面处理剂。最后用1∶3水泥砂浆打底。

(3) 加气混凝土基体：先用水湿润，刷一道聚合物水泥浆，然后用1∶3∶9混合砂浆分层补平缺损处，隔天刷聚合物水泥浆并抹1∶1∶6混合砂浆打底，木抹子搓平；或打底前改用满钉一层孔径32mm×32mm以上的机制镀锌铁丝网（丝径0.7mm），用$\phi 6$扒钉，钉距纵横不大于600mm，然后抹1∶1∶4水泥混合砂浆黏结层及1∶2.5水泥砂浆找平层。

(4) 对不同材料结合部，如框架梁柱与填充砖墙的平整结合处，应用钢材网压盖接缝，射钉钉牢，再用107胶水泥砂浆满涂。

2. 找平层施工

(1) 找平层抹灰砂浆做法同装饰抹灰的底、中层做法相同。底层灰应分层抹，每层厚度≤7mm。中层为精找平，一层抹灰厚度≤5mm。

(2) 对外墙面应用经纬仪和线锤，从顶到底一次测好垂直吊线。对外柱到顶的外墙，每个柱边角必须吊线，并做双灰饼。

(3) 找平层抹好后应及时浇水养护。

(4) 在檐口、窗台、雨篷等处，抹灰时应留出流水坡和滴水线。

(四) 技术准备

1. 选砖

釉面砖和外墙面砖应根据设计要求，挑选规格一致、形状平整方正、不缺棱掉角、不开裂、不脱釉、无凸凹扭曲、颜色均匀的砖块和各种配件。

2. 浸水

釉面砖和外墙面砖，镶贴前先要清扫干净，然后放入清水中浸泡。釉面砖要浸泡到不冒泡为止，且不少于 2h；外墙面砖则要隔夜浸泡。然后将浸泡的面砖取出阴干备用。因为没有浸水的饰面砖吸水性较大，铺贴后会迅速吸收砂浆中水分，影响粘贴质量。而浸透没阴干的饰面砖，由于表面存有水膜，铺贴时会产生面砖浮滑现象，不仅操作不便，而且因水分散发还会引起饰面砖与基层分离自坠；阴干的时间一般为半天左右，即以饰面砖面有潮湿感，但手按无水迹为准。

3. 预排

（1）预排原则：

1）同一墙面只能有一行（或列）非整砖，且非整砖应排在次要部位或阴角处。

2）对内墙面，接缝宽度一般应在 1～1.5mm 间调整。在管线、灯具、卫生设备支承部位应用整砖套割吻合，不应用非整砖拼凑。

3）对外墙面，外墙面砖应沿着水平线，按“平上不平下”原则镶贴。

4）当按第一条原则产生的非整砖宽度小于 1/2 整砖宽度时，易采用增加一行（或列）非整砖，使它们宽度相等且都大于 1/2 整砖宽，以改善“窄条”对美观的影响。

5）对外墙面，一般应使水平缝与门窗旋脸、窗台、腰线齐平。

（2）陶瓷贴面砖的排列方法：排列方法有无缝镶贴、划块留缝镶贴、单块留缝镶贴等。质量好的砖，可以适应任何排列形式。外形尺寸偏差大的饰面砖，不能大面积无缝镶贴，否则不仅缝口参差不齐，而且贴到最后无法收尾，交不了圈。这样的砖可采取单块留缝镶贴，可用砖缝来调节砖的大小不一的问题。如果砖外形尺寸出入不大时，可采取划块留缝镶贴，在划块留缝内，可以调节尺寸，以解决砖尺寸的偏差。

二、釉面砖镶贴

（一）墙面镶贴

在清理干净的找平层上，依照室内标准水平线，找出地面标高，按贴砖的面积，计算纵横的皮数，用水平尺找平，并弹出釉面砖的水平和垂直控制线。如用阴阳三角镶边时，则将镶边位置预先分配好。横向不足整块的部分，留在最下一皮与地面连接处。釉面砖的排列方法有“直线”排列和“错缝”排列两种，分别如图 6-10 和图 6-11 所示。

釉面砖墙裙一般比抹灰面突出 5mm。

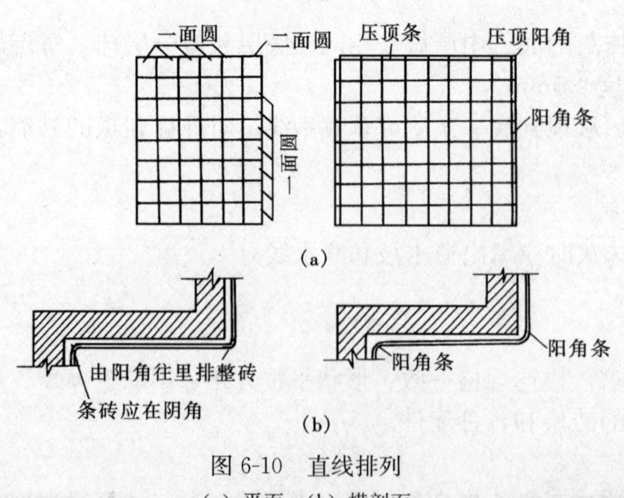

图 6-10 直线排列

(a) 平面；(b) 横剖面

铺贴釉面砖时，应先贴若干块废釉面砖作为标志块，上下用托线板挂直，作为粘贴厚度的依据，横向每隔 1.5m 左右做一个标志块，用拉线靠尺校正平整度。在门洞口或阳角处，如有阴三角条镶边时，则应将尺寸留出先铺贴一侧的墙面，并用托线板校正靠直。如无镶

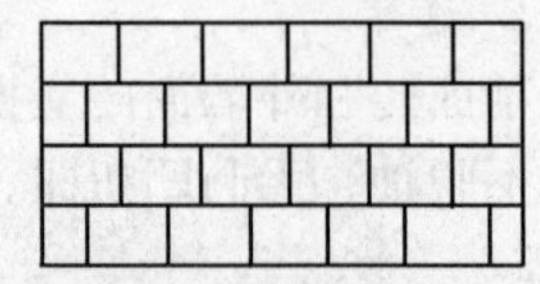

图 6-11 错缝排列

边，应双面挂直。如图 6-12 所示。

按地面水平线嵌上一根八字靠尺或直靠尺，并用水平尺校正，作为第一行釉面砖铺贴的依据。铺贴时，釉面砖的下口坐在八字靠尺或直靠尺上，这样可防止釉面砖自重而向下滑移，以确保其横平竖直。墙面与地面的相交处有阴三角条镶边时，需将阴三角条的位置留出后，方可放置八字靠尺或直靠尺。

镶贴釉面砖宜从阳角处开始，并由下往上进行。铺贴一般用 1∶2 水泥砂浆，为了改善砂浆的和易性，便于操作，可掺入不大于水泥用量的 15%的石灰膏，用铲刀在釉面砖背面刮满刀灰，厚度 5～6mm，最大不超过 8mm，砂浆用量以铺贴后刚好满浆为止，釉面砖贴时应用力按压，使之紧密粘于墙面，再用靠尺按标志块将其校正平直。贴完整行釉面砖后，用长靠尺横向校正一次。对高于标志块的应轻轻敲击，使其平齐；若低于标志块时，重新抹满刀灰再铺贴。然后依次按上法往上铺贴。如因釉面砖的尺寸不等时，应及时作出调整。当贴到最上一行时，要求上口平直。

铺贴时，在有脸盆镜箱的墙面，应按脸盆下水管部位分中，往两边排砖，如图 6-13 所示。

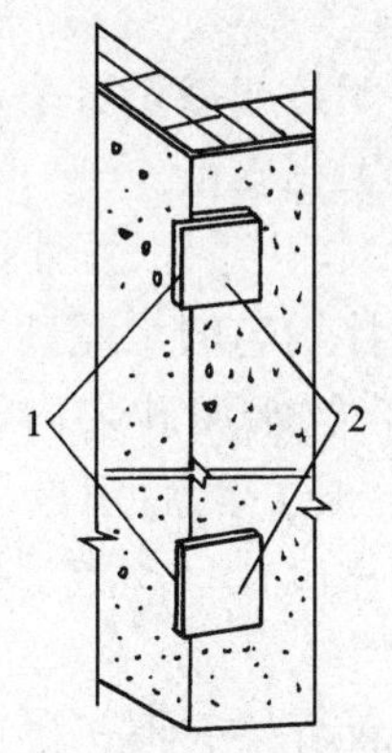

图 6-12　双面挂直
1—小面挂直靠平；
2—大面挂直靠平

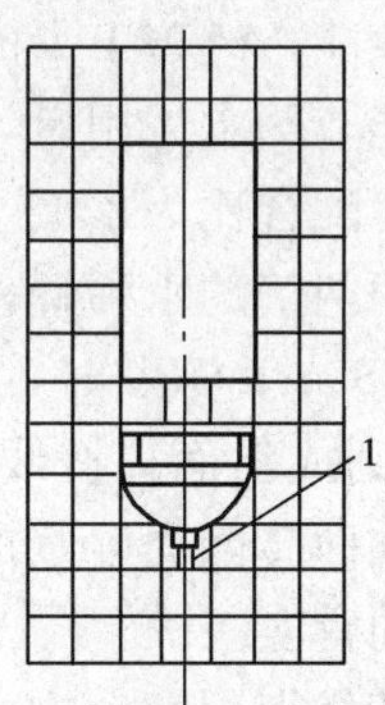

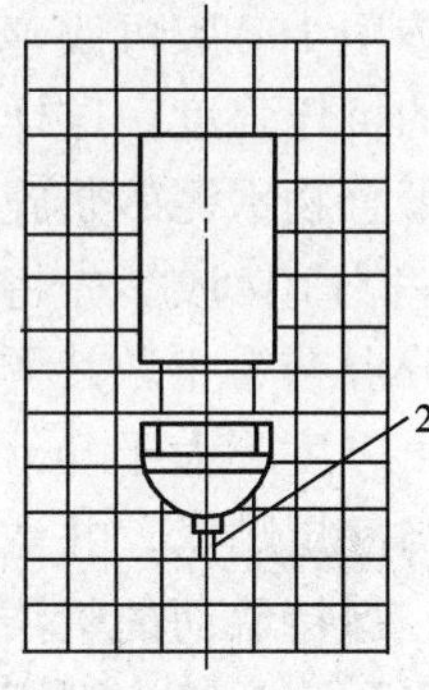

图 6-13　脸盆镜箱部位釉面砖排砖示意图
1—肥皂盒所占位置为单数釉面砖时，应以下水口中心为釉面砖中心；2—肥皂盒所占位置为双数釉面砖时，应以下水口中心为砖缝中心

如墙面留有孔洞，应将釉面砖按孔洞尺寸与位置用陶瓷铅笔划好，放在一块平整的硬物体上用小锤和合金钢钻子轻轻敲凿，先将面层凿开，再凿内层，使之符合要求。

铺贴完毕应用清水将釉面砖表面擦洗干净，接缝处用与釉面砖相同颜色的白水泥浆擦嵌密实，并将釉面砖表面擦净。

注意镶贴墙面时，应先贴大面，后贴阴阳角、凹槽、边条等处。镶边条一般按照先墙面、阴阳三角条、后墙面的顺序进行。

（二）掺 107 胶砂浆粘贴釉面砖施工

1. 聚合物水泥（砂）浆镶贴法

在粘贴釉面砖的水泥砂浆中掺入水泥量 2%～3%的 107 胶，可使砂浆有较好的和易性和保水性，并有一定的缓凝作用，用来缓贴釉面砖，能保证足够的黏结力，便于施工和保证质量。具体说来其优点表现在以下几个方面：

（1）采用水泥砂浆粘贴时，釉面砖上墙后水分即被墙体和底层吸收，操作稍不熟练，时间稍长要压平校正就比较困难，因此操作必须熟练，对技术水平要求较高。掺107胶砂浆具有较好的保水性和和易性，釉面砖上墙后砂浆仍然较为柔软，具有一定可塑性，因此对工人技术水平和熟练程度的要求可适当放宽。

（2）水泥砂浆（1∶2.5）中掺入107胶后，其凝结时间延缓（见表6-2），这样操作时就有充分的时间对粘贴的釉面砖进行拨缝调整，使压平、对线工作做得更好，不致因拨动釉面砖而出现脱壳。

表6-2　掺107胶的水泥砂浆凝结时间

107胶掺量（占水泥量）	初凝时间	终凝时间
0	3h16min	8h26min
2%	3h30min	8h57min
4%	4h59min	9h10min

（3）水泥砂浆容易沉淀析水，操作人员要一边粘贴釉面砖，一边搅拌桶内的待用砂浆。掺入107胶后，由于改善了保水性，从而使砂浆可以在2～3h内连续使用，无需重新搅拌，因此工时利用率提高，工效提高。

（4）砂浆的保水性改善后，还可减少因水泥砂浆泌出水而引起的墙面砂浆流淌，使墙面比较干净卫生，可以减少墙面洗刷的工作量。

（5）掺用107胶可改善砂浆的性能，改善工人的操作条件；但是如掺量过多，则会降低水泥砂浆的抗压强度，这样不但不能节约水泥用量，反而会影响工程质量。

采用聚合物水泥砂浆施工方法：配合比为水泥∶砂＝1∶2（体积比），另外掺加水泥重量的2%～3%107胶。先将107胶用两倍的水稀释，然后加在搅拌均匀的水泥砂浆中，继续搅拌至充分混合为止。其稠度为6～8cm。镶贴时，用铲刀将聚合物水泥砂浆均匀涂抹在釉面砖背面，厚度不大于5mm，四周刮成斜面，按线就位，用手轻压，然后用橡皮锤轻轻敲击，使其与底层贴紧，并注意确保釉面砖四周砂浆饱满，接着用靠尺找平。随手拭净溢出墙面的砂浆，保持墙面的整洁和灰缝的密实。

此外采用聚合物水泥浆镶贴，其优点同聚合物水泥砂浆，这种办法多属于硬底薄层，刮灰厚度在3mm以下，不仅改善了砖面平整度，而且对工人的技术要求可适当放宽，低级工也可操作。它的施工方法：是将水泥∶107胶∶水＝100∶5∶26的聚合物水泥浆满刮砖背面，贴于墙上用手轻压并用橡皮锤轻轻敲击，并随时用棉丝或干布将缝子中挤出的浆液擦净。镶贴好的釉面砖不要碰撞，以免错动。注意，聚合物水泥浆应随拌随用，并在收工前全部用完。它最适合底灰较平整的墙面。

2. 工具式镶贴法

采用107胶水泥浆镶贴釉面砖，可以采用工具式镶贴法，因其操作简单易学，初级工也可以镶贴。

工具式镶贴法，是根据制图原理，设想待贴釉面砖的墙面为一图板，在墙面的下端钉一水平木条，另备一木质直尺搁置在水平木条下并沿其滑动，木条上的分格条移动的轨迹必须与水平木条平行，直尺每移动一次的距离，等于一块釉面砖的宽度加缝宽度，这样直尺垂直方向的铅垂线与分格条之水平轨迹线，即相交成与釉面砖尺寸相当的方格，从而保证釉面砖在墙面上的正确位置。所用直尺，可用硬木（采用铝合金更好）制成，要求变形小，质地硬，制作尺寸准确，特别是在釉面砖分隔条的一面，当直尺竖立时，必须呈铅垂线。直尺上的分格条用铅板或铜板胶合于直尺上，厚度视设计的接缝宽度而定，宽度10mm，伸出尺面长度一般以20～25mm为宜。过短则釉面砖难以固定于正确位置；过长则起尺时易将釉面砖拉脱离位。两分隔条之间的间隔应较釉面砖宽度略大一些。直尺如图 6-14 所示。

（三）外墙面砖镶贴

1. 外墙面砖排列方法

外墙面砖镶贴排缝种类很多，原则上按设计要求进行。

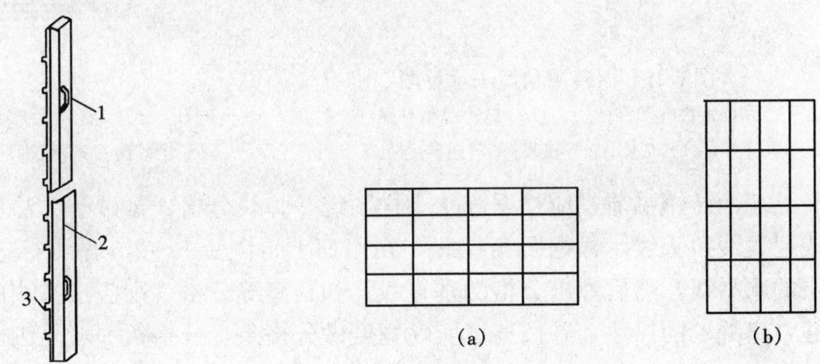

图 6-14　直尺

1—拉平；2—直尺；3—分格条

图 6-15　矩形外墙面砖排列

(a) 长边水平镶贴；(b) 长边垂直镶贴

(1) 矩形外墙面砖分长边水平镶贴和长边垂直镶贴两种，如图 6-15 所示。按接缝宽度又分密缝（见图 6-16）和离缝（见图 6-17）。

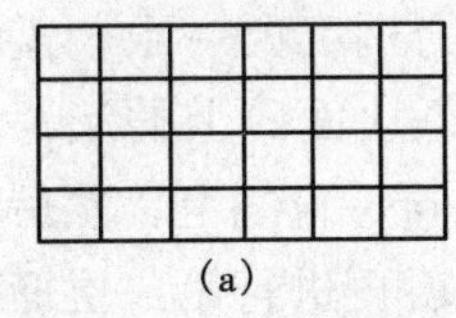

(a)　(b)

图 6-16　密缝

(a) 齐缝；(b) 错缝

(a)　(b)

图 6-17　离缝

(a) 齐缝；(b) 错缝

(2) 同一墙面齐缝排列又可采取密缝镶贴、离缝分格。以取得立面装饰效果，如图 6-18 (a)、(b)所示的水平离缝和垂直离缝等。

(3) 凡阳角部位都应是整砖，且阳角处的砖一般应将拼缝留在侧边，如图 6-19 (a) 所示；也有采取整砖对角粘贴法，如图 6-19 (b) 所示。

(4) 突出墙面的如窗台、腰线阳角及滴水线排砖方法，可按图6-20处理，注意的是正面面砖要往下突出 3mm 左右，底面面砖要留有流水坡度。

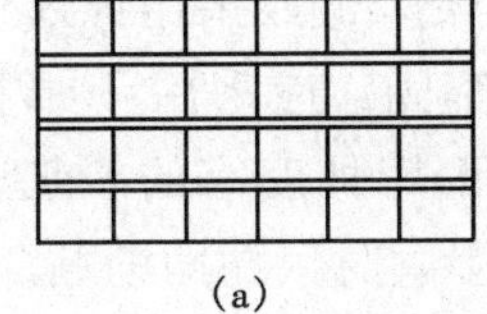

(a)

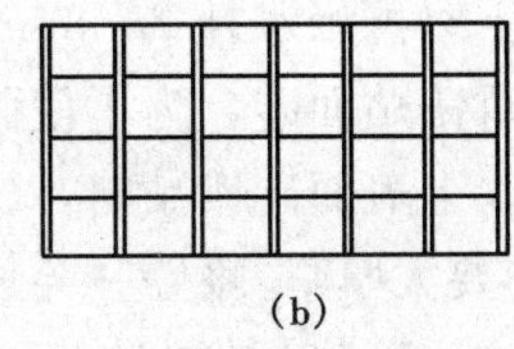

(b)

图 6-18　水平和垂直离缝分格

(a) 水平离缝；(b) 垂直离缝

2. 施工准备

(1) 外墙面砖镶贴施工前，应根据施工图尺寸，认真核实结构实际偏差情况，决定外墙面砖铺贴找平层、黏结层砂浆厚度以及排砖模数，制定出外墙面砖排列方案，然后绘出施工大样图。确定外墙面砖横缝应与门窗碹脸和窗台相平，竖向要求门窗口阳角处都是整砖，窗侧墙应按整砖排列分匀，如齐缝排列赶不上整砖模数时，应考虑采取错缝排列，以求得非整砖对称排列。

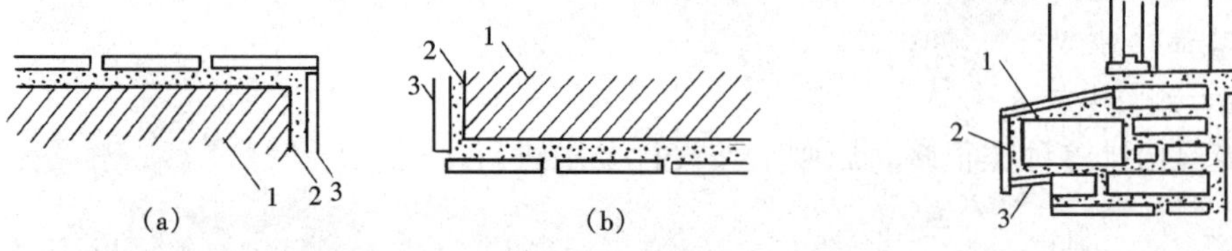

图 6-19　面砖阳角做法示意图

(a) 拼缝留在侧边；(b) 整砖对角粘贴

1—基体；2—砂浆；3—面砖

图 6-20　窗台及腰线排砖大样

1—压盖砖；2—正面砖；3—底面砖

(2) 外墙面砖镶贴前，应根据施工大样图统一弹线分格、排砖。方法可采取在外墙阳角用钢丝或尼龙线拉垂线，根据阳角拉线，在墙面上每隔 1.5～2m 做出标志块。按大样图先弹出分层的水平线，然后弹出分格的垂直线。如是离缝分格，则应按整块砖的尺寸分匀，确定分格缝（离缝）的尺寸，并按离缝实际宽度做分格条，分格条一般是刨光的木条，其宽度在 6～10mm。

3. 镶贴方法

(1) 镶贴顺序应自下而上分层分段进行，每段内镶贴程序也应是自下而上进行，而且要先贴附墙柱面，后贴大墙面，再贴窗间墙。

(2) 镶贴时，先按地平线垫平地脚木托板，从木托板开始铺贴。铺贴的砂浆一般为1∶2水泥砂浆或掺入不大于水泥重量 15%的石灰膏的水泥混合砂浆，砂浆的稠度要一致，避免砂浆上墙后流淌。刮满刀灰厚度一般为 6～10mm。贴完一行后，须将每块面砖上的灰浆刮净。如上口不在同一直线上，应在面砖的下口垫小木片，尽量使上口在同一直线上。然后在上口放分格条，以控制水平缝大小与平直，又可防止面砖向下滑移，随后再进行第二层面砖的铺贴。

(3) 竖缝的宽度与垂直完全靠目测控制，所以在操作中要特别注意随时检查，除依靠墙面的控制线外，还应该经常用线锤检查。如竖缝是离缝（不是密缝），在粘贴时对挤入竖缝处的灰浆要随手清理干净。分格条应在隔夜后起出（也可在当天 8h 后起出）。起出后的分格条应清洗干净，方能继续使用。

(4) 门窗碹脸、窗口及腰线镶贴面砖时，要先将基体分层刮平，表面随手划纹，待7～8成干时再洒水抹 2～3mm 厚水泥浆（最好采用掺水泥重的 10%～15%胶的聚合物水泥浆），随时镶贴面砖，为了使面砖镶贴牢固，应采用 T 形托板作临时支撑，隔夜后拆除。窗台及腰线上盖面砖镶贴时，要先在上面用稠度小的砂浆满刮一遍，抹平后，撒一层干水泥灰面（不要太厚），略停一会见灰面已湿润时，随即铺贴，并按线找直揉平（不撒干水泥灰面，面砖铺后砂浆一收水，而砖与贴结层离缝必造成空鼓）。垛角部位，在贴完面砖后，要用方尺找方。

(5) 在完成一个层段的墙面并检查合格后，即可进行勾缝。勾缝用 1∶1 水泥砂浆（砂子要过窗纱筛）或水泥浆分两次进行嵌实，头一次用一般水泥砂浆，第二次按设计要求用彩色水泥浆或普通水泥浆勾缝。勾缝可做成凹缝（尤其是离缝分格），深度 3mm 左右。面砖密缝处用与面砖相同颜色水泥接缝。完工后应将面砖表面清洗干净，清洗工作应在勾缝材料硬化后进行，如有污染，可用浓度为10%的盐酸刷洗，再用水冲净，夏季施工防止阳光曝晒要注意遮挡养护。

（四）陶瓷锦砖镶贴

1. 排砖、分格和放线

陶瓷锦砖施工排砖、分格是按照设计图纸要求，根据门窗洞口、横竖装饰线条的布置，首先明确墙角、墙垛、出檐、线条、分格（或界格）、窗台等节点的细部处理，首先绘制出细部构造详图，然后按排砖模数的分格要求，绘制出墙面施工大样图，以保证墙面完整和镶贴各部位操作顺利。

底子灰抹好、划毛并经浇水养护后，根据节点细部详图和施工大样图，先弹出水平线和垂直线，水平线按每方陶瓷锦砖一道，垂直线最好也是每方一道，也可2～3方一道，垂直线要与房屋大角以及墙垛中心线保持一致。如有分格时，按施工大样图规定的留缝宽度弹出分格线，按缝宽备好分格条。

2. 铺贴方法

（1）粘贴铺贴陶瓷锦砖时，一般由下而上进行，按已弹好的水平线安放八字靠尺或直靠尺，并用水平尺校正垫平。一般以两人协同操作，一人在前洒水润湿墙面，先刮一道素水泥浆，随即抹上2mm厚的水泥浆为黏结层，另一人将陶瓷锦砖铺在木垫板上，纸面向下，锦砖背面朝上，先用湿布把底面擦净，用水刷一遍，再刮素水泥浆，将素水泥浆刮至陶瓷锦砖的缝隙中，在砖面不要留砂浆，再将一张张陶瓷锦砖沿尺粘贴在墙上。

另外一种操作方法是：一人在润湿后的墙面上抹纸筋混合砂浆（其配合比为麻刀：石灰：水泥＝1：1：8，制作时先把纸筋与石灰膏搅匀，过3mm筛，再与水泥浆搅匀）2～3mm厚，用靠尺板刮平，再用抹子抹平整；另一人将陶瓷锦砖铺在木垫板上，底面朝上，缝里灌细砂，用软毛刷刷净底面，再用刷子稍刷一点水，抹上薄薄一层灰浆。

上述工作完成后，即可在黏结层上铺贴陶瓷锦砖。铺贴时，双手执在陶瓷锦砖上方，使下口与所垫的八字靠尺（或靠尺）齐平，由下往上贴，缝子要对齐，并注意使每张之间的距离基本与小块陶瓷锦砖缝相同，不宜过大或过小，以免造成明显的接搓，影响美观。控制接搓缝宽度一般用目测，也可借助于薄铜片或其他金属片，将铜片放在接槎处，在陶瓷锦砖贴完后，取下铜片。如设分格条，其方法同外墙面砖。

（2）陶瓷锦砖贴于墙面后，一手将硬木拍板放在已贴好的陶瓷锦砖面上，一手用小木锤敲击木拍板，将所有的陶瓷锦砖满敲一遍，使其平整。然后将陶瓷锦砖的护面纸用软刷子刷水润湿，等护面纸吸水泡开（注意立面铺贴纸面不易吸水，可往盛清水的桶中撒几把干水泥并搅匀，再用刷子蘸水润纸，纸面较易吸水，可提前泡开）即开始揭纸。揭纸时要仔细、有顺序地、慢慢地撕，如发现有小块陶瓷锦砖随纸带下，在揭纸后要重新补上。如随纸带下数量较多，说明护面纸还未充分泡开，胶水尚未溶化，这时应用抹子将其重新压紧，继续刷水润湿护面纸，直至撕纸无掉粒为止。

揭纸后检查缝的大小，不合要求的缝必须拨正。调整砖缝的工作，要在黏结层砂浆初凝前进行。拨缝的方法是：一手拨缝时将开刀放于缝间，一手用抹子轻敲开刀，逐条按要求将缝拨匀、拨正，使陶瓷锦砖的边口以开刀为准排齐。拨缝后用小锤敲击木拍板将其拍实一遍，以增强与墙面的黏结。

（3）擦缝：待全部铺贴完黏结层终凝后，用白水泥稠浆将缝嵌平，并用力推擦，使缝隙饱满密实，随即拭净面层。如果湿度太大，可用棉丝或锯末拭洗干净，有灰尘痕迹处，可用5%盐酸稀溶液洗去，再用清水洗净。

（五）玻璃锦砖镶贴

玻璃锦砖因其表面光滑，又不吸水，粘贴施工与陶瓷锦砖有所不同，尤其是有的玻璃锦砖外露明面大，黏结面小，且四面成八字形，则给粘贴带来一定困难。另外，玻璃锦砖施工选材很重要，应有专人负责逐张挑选，按颜色、规格、棱角等分类装箱，其余准备工作与陶瓷锦砖相同。

1. 粘贴

玻璃锦砖镶贴时，其抹灰找平层面必顺平整、横平竖直、棱角方正，要符合高级抹灰的质量标准。

镶贴前的准备工作虽与粘贴陶瓷锦砖相同，但黏结层砂浆应较镶贴瓷锦砖为厚，为4～5mm，其配合比为水泥：砂子：麻刀石灰＝1：1：（0.15～0.20）。如为外露明面大，黏结面小，且四面成八字形的玻璃锦砖品种，最好采用水泥：细砂＝1：1并加入15%的聚醋酸乙烯乳液的水泥聚合物砂浆为黏结层。以上黏结层砂浆配合比适用于深色品种玻璃锦砖，若采用浅色品种时，因玻璃透明度高，除底灰采用普通水泥外，其他应采用白水泥和80目的石英砂，以防止影响浅色玻璃锦砖饰面的美观要求。不论采用何种砂浆，砂浆颜色应一致，以防止深色透出，甚至会出现一团团不均匀的颜色。

整张粘贴前，在背面抹上一层薄薄的白水泥浆，再按预定位置粘贴，用木拍板拍实贴牢。

2. 揭纸、调整

用刷子蘸水润湿纸面，待纸面吸湿后依次把纸轻轻揭撕下来，清理干净，对个别掉落的玻璃锦砖，以及扭歪偏斜的片粒，要用开刀拨正，补上贴好。

3. 擦缝

玻璃锦砖擦缝工作应只在缝子部位仔细刮浆，不能在块材表面满涂满刮，以防止水泥浆将晶体毛面填满而失去表面光泽。同时，应用棉纱及时擦净，以防污染。

第三节 饰面板装饰施工

饰面板装饰施工是近年来发展较快，应用较广泛的一种工艺方法，随着饰面材料的发展、品种的增加，尤其是塑料装饰板和金属装饰板的发展，导致饰面板装饰在工程上得到广泛的应用。

一、罩面板的种类及连接材料

（一）种类

常用的饰面板有：木质人造板（胶合板、纤维板、木丝板、刨花板、细木工板、微薄木贴面板等），塑料饰面板（聚氯乙烯塑料装饰板、三聚氰胺塑料板、塑料贴面复合板），吸声装饰板、石膏装饰板、金属类装饰板（彩色涂层钢板、彩色压型钢板复合墙板、彩色不锈钢板、镜面不锈钢板、浮雕艺术装饰板、铝合金板等），玻璃饰面板。

（二）连接材料

（1）固结材料：常用的有各种圆钉、木螺钉、扁头钉、U形钉、水泥钉、镀锌自攻螺钉、射钉、膨胀螺栓和空芯铝铆钉等。

(2) 胶黏剂：常用的有聚氯乙烯胶黏剂（601 胶），适合于把塑料板黏结在混凝土或水泥砂浆基层上；聚醋酸乙烯胶黏剂，适合于木材面与装饰板面的黏结等。

二、常用施工机具

(一) 手工工具

用于木质等材料作业的有盘锯、单刃或双刃刀锯、侧锯、钢丝锯、多用刀以及平刨、边刨、槽刨和线刨，还有钉锤、螺丝刀和各种量具与划线工具。

(二) 小型机具

有手电钻、电锤、砂轮面、电动螺丝刀、型材切割机、专用的小型无齿锯、射钉枪和电动刨淘机等。

三、饰面板安装施工

饰面板的安装一般采用两种方法：一种是将饰面板用黏胶剂直接镶贴在基层上，另一种是将饰面板安装固定在与墙连接的木骨架或轻钢、铝合金骨架上。

(一) 木质人造板饰面的安装

人造板饰面安装前，应在龙骨表面拉通线。板面设计为明缝时，缝的宽窄一致，横平竖直；板面设计为压条盖缝时，木压条应刨光起线，分格要方正，接头要严密。木质饰面板的基层必须干燥，以防饰面板霉变。

1. 胶合板的安装

安装胶合板的基体表面，铺贴防水卷材防潮时，应铺设平整，搭接严密，不得有皱折、裂缝和透孔等。

胶合板使用气枪用蚊钉固定时，其钉距不能过大，以防止铺钉的胶合板不牢固而出现翘曲、起鼓等现象。钉距为 30～50mm，采用镀锌蚊钉，以防生锈。钉眼处用油性腻子抹平。

胶合板应在木龙骨上接缝，如设计为明缝且缝隙设计无规定时，缝宽以 8～10mm 为宜，以便适应面板有微量伸缩的可能。缝隙可做成方形，如图 6-21（a）所示；也可做成三角形，如图 6-21（b）所示。如缝隙无压条，则木龙骨看面应刨光，以使看缝美观。当装饰要求高时，接缝处可钉制木压条或嵌金属压条，如图 6-21 所示。

墙面安装胶合板时，其阳角处应覆盖胶合板或做护角，以防止板边楞角损坏，并能增强装饰效果，阳角护角可采用如图 6-22 所示的形式。

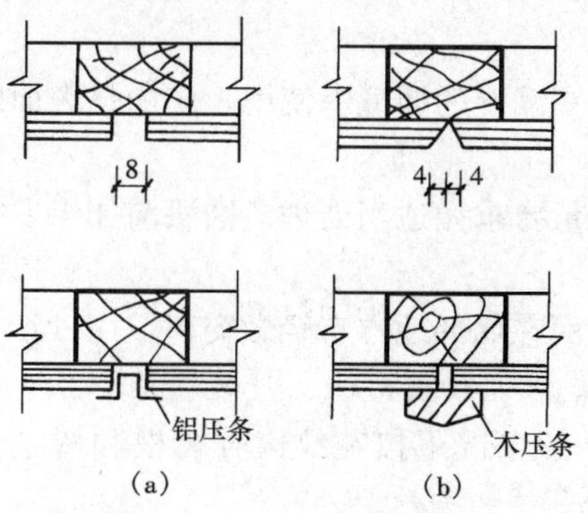

图 6-21　人造板镶板缝隙示例

(a) 方形；(b) 三角形

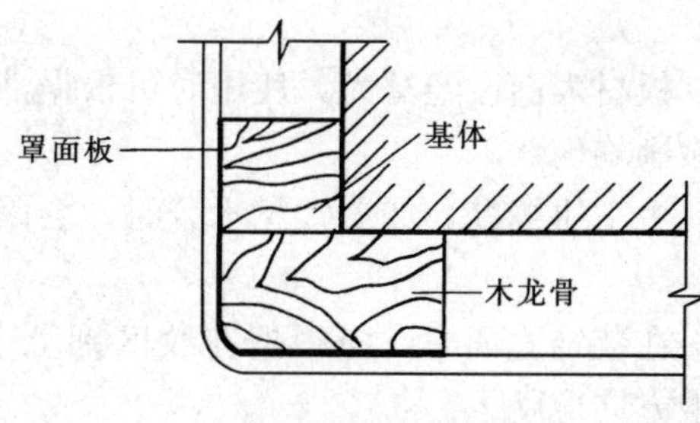

图 6-22　阳角护角

墙板安装胶合板，其阴角处应安装装饰木压条，以增强装饰效果。如不安装木压条，则应使看面不露板边，如图6-23所示。

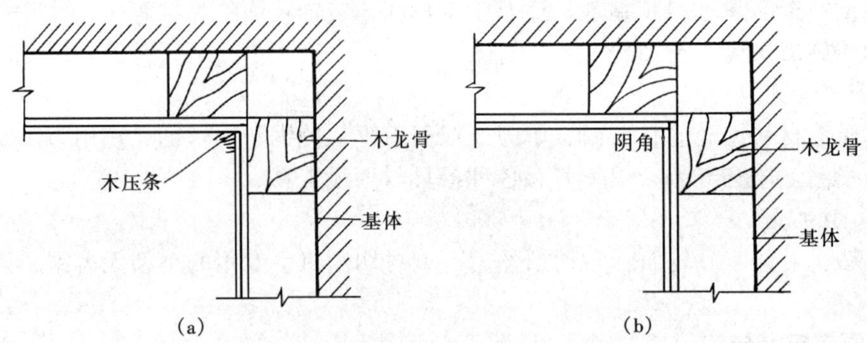

图6-23 阴角处理

(a) 安装木压条；(b) 不安装木压条

2. 纤维板的安装

纤维板安装方法与胶合板安装基本相同，但硬质纤维板安装前应用水浸透、晾干，表面无明水后方可安装。因为不经浸水处理的硬质纤维板，有湿胀、干缩的性能，能吸收空气中的水分，是造成纤维板安装后起鼓、翘角的主要原因。如将其提前浸水膨胀，安装后由于钉子已固定则无法伸胀，在空气中逐渐干燥，微有收缩，使板面绷得更紧，板面显得较平整。工地上，可采取隔天浸水、晚上晾干，第二天使用的方法。硬质纤维板浸水时，四边易起毛，板的强度降低，为此，要适当控制浸水的时间，搬运时要轻拿轻放，尽量减少摩擦。纤维板如采用钉子固定，其钉距为80～120mm，钉长20～30mm较适合。其他与胶合板安装相同。

3. 微薄木贴面板安装

微薄木贴面板是一种新型的建筑装饰材料，是利用珍贵树种，如柚木、水曲柳等通过精密刨切，制得厚度为0.2～0.3mm的微薄木，以胶合板为基材，采用先进的胶黏工艺及胶粘剂制成。它具有花纹美丽、真实感和立体感，并具有自然美的特点。常用规格有：1830mm×915mm×（3～6）mm、2135mm×915mm×（3～6）mm、2135mm×1220mm×（3～6）mm、1830mm×1220mm×（3～6）mm等。

微薄木贴面板施工要点：

（1）微薄木贴面板的胶层耐潮耐水，如若长期在潮湿的环境中使用，应加强表面的油饰处理。

（2）板材表面已经磨光，使用时可根据油漆质量要求做适当处理。油漆前如果要打水粉子，应涂刷均匀。

（3）手工拼缝处，如遇大量水分时，会因膨胀而在局部地方有轻微突起，用砂纸打磨即可磨平。

（4）在装饰立面时，应根据花纹区别上下。一般情况下按花纹区分树根和树梢，使用时，树根方向应朝下。

（5）要求开沟槽的产品，沟槽形状分为“V”、“U”、“L”三种。为突出板面花纹的立体感，沟槽应涂深色油漆。

4. 木丝板、刨花板和细木工板的安装

木丝板、刨花板和细木工板等人造板安装时，一般多用压条固定，其板与板间隙要求3～5mm。如不采用压条固定而采用钉子固定时，最好采用半圆头木螺钉，并加垫圈，钉距100～120mm。钉距应一致，纵横成线，以提高装饰效果。

印刷木纹板安装，多采用钉子固定法，钉距不大于120mm。为防止破坏板面装饰，钉子应与板面齐平，然后用与板面相同颜色的油漆涂饰。

（二）吸声装饰板的安装

1. 粘贴法

钙塑吸声装饰板、吸声岩棉板和聚苯乙烯泡沫塑料装饰板等可使用黏结剂粘贴安装。其操作要点如下：

（1）粘贴面清理、弹线。粘贴法粘贴罩面板前，应在小龙骨（木或轻钢）的下口光面上弹出中线或边线，要求板与板之间的缝宽一致，粘贴板面时要按弹线施工。刷胶前，要认真清理龙骨和罩面板的粘贴面。金属粘贴面应将表面锈污用砂布磨除，非金属材质需将表面脱膜剂层、浮灰等打磨干净，油污应用甲醇、丙酮或汽油等溶剂擦洗干净。

（2）板材挑选、修整。钙塑装饰板等罩面板目前无统一的质量标准，常存在板厚薄不一，板面光滑度不够，有皱纹、坑洼、麻点、翘曲等现象。因此，对板材应进行挑选，并将板的飞边裁切成一致的规格。按周围平边的尺寸做定型的扁铁框，将扁铁框套在装饰板上并与操作平台用钢筋卡子卡牢，再用刀沿扁铁框裁齐。

（3）刷胶、粘贴。刷胶时，先刷龙骨，接着就刷罩面板背面，都要刷两遍，每遍都应在温度18～20℃、相对湿度不大于70%的条件下干燥5～10min。将罩面板对准龙骨上的线依次安装，用手将板四周与龙骨均匀托压一遍，然后用小木条再托压一遍，将板粘牢固。为确保缝隙一致，可用钉子将木条或十字条对准龙骨上的十字线交叉点作临时固定，待罩面板粘好后，再将木条拆除。

（4）U型钉锚固。罩面板用胶黏剂粘贴后，为使罩面板与龙骨粘贴得更牢固，可采用以空气压缩机为动力，用外形如大号订书机式的射钉机射U型钉锚固，将罩面板稳固在基层上，一般每边不少于2处。采用这种方法，胶黏剂可先间断粘贴，大规格板每边不少于3处，小规格每边2处，每处大约刷40mm长。

2. 钉固法

纤维装饰板、珍珠岩装饰板、矿渣棉装饰板等一般都用钉子固定安装。钙塑装饰板亦可用钉子固定安装。

（1）一般要求：用钉子固定装饰板，可采用圆钉、扁头钉、木螺钉（木龙骨）和自攻螺钉（轻钢龙骨）等。为防止明露的钉帽生锈，都应采用经过镀锌等防锈处理的钉子。用钉子固定操作时不得污染或损坏装饰板表面。

（2）安装操作要点：用钉子固定安装装饰板，也应在小龙骨的下口光面上弹出中线或边线。钉子固定有以下几种方法：

1）钉子固定。直接用钉子固定时，钉距一般不要大于150mm，钉帽应与板面齐平。

2）塑料装饰小花固定。采用塑料装饰小花（也称“托花”）或塑料垫圈固定，不仅牢固，而且可增强装饰效果。塑料托花应用木螺钉或自攻螺钉，拧固托于四块装饰板的交角处。为防止板面翘曲、空鼓等，应在塑料托花或塑料垫圈之间，沿板边等距离加钉固定。

3）压条固定。装饰板也可用压条固定，目前用的压条品种很多，有木压条、金属压条、硬塑料压条等。使用木压条时，木材必须干燥，以防变形。各种压条用钉固定要拉通线，安装后应平直，接口要严密，不得翘曲。

（三）石膏装饰板的施工

1. 石膏平板、穿孔石膏板及半穿孔吸声石膏板的安装

（1）钉固法安装：螺钉与板边距离应不小于15mm，螺钉间距以150～170mm为宜，均匀布置，并与板面垂直。钉头嵌入石膏板深度以0.5～1mm为宜，钉帽应涂刷防锈涂料，并用石膏腻子抹平。

（2）黏结法安装：胶黏剂应涂抹均匀、粘实粘牢、不得漏涂。

2. 深浮雕嵌装式装饰石膏板安装

（1）板材与龙骨系列配套。

（2）板材安装应确保企口的相互咬接及图案花纹的吻合。

（3）板材与龙骨嵌装时，应防止相互挤压过紧或脱挂。

3. 纸面石膏板安装

（1）板材应在自由状态下进行固定，防止出现弯棱、凸鼓现象。

（2）纸面石膏板的长边（即包封边）应沿纵向次龙骨铺设。

（3）自攻螺钉与纸面石膏板边距离：面纸包封的板边以10～15mm为宜，切割的板边以15～20mm为宜。

（4）固定石膏板的次龙骨间距一般不应大于600mm。在南方潮湿地区，间距应适当减小，以300mm为宜。

（5）钉距以150～170mm为宜，螺钉应与板面垂直，弯曲、变形的螺钉应剔除，并在相隔50mm的部位另安螺钉。

（6）安装双层石膏板时，面层板与基层板的接缝应错开，不得在同一根龙骨上接缝。

（7）石膏板的接缝，应按设计要求进行板缝处理。

（8）纸面石膏板与龙骨固定，应从一块板的中间向四边固定，不得多点同时作业。

（9）螺钉头宜埋入板面至少与板面平，并不使纸面破损，钉眼应作除锈处理并用石膏腻子抹平。

（10）拌制石膏腻子，必须用清洁水和清洁容器。

（四）塑料饰面板安装

塑料饰面板，常用的有聚氯乙烯塑料板（PVC）、三聚氰胺塑料板、塑料贴面复合板等。

1. 聚氯乙烯塑料板安装

聚氯乙烯塑料板是以聚氯乙烯树脂与稳定剂、色料等混合后，经捏合、混炼、拉片、切料、挤出或塑化压延、层压成型而制成的一种装饰板材。这种板材具有板面光滑、光亮、色泽鲜艳，有多种花纹图案，质轻、耐磨、防燃、防水、硬度大、吸水性小、耐化学腐蚀等特点，适用于室内墙面、柱面、吊顶、家具台面的装饰。常用的规格有：1750mm×850mm×（1.5～2.0）mm、1000mm×850mm×2.0mm、1000mm×2000mm×（1.5～2.0）mm。

（1）基层处理：

1）基体必须垂直平整，基层抹灰的质量是保证罩面板质量的重要一环。

2）在水泥砂浆基层上粘贴时，基层表面不应有水泥浮浆，也不宜过光，以防止滑动。

（2）粘贴方法：

1）粘贴前，基层表面应按分块尺寸弹线预排。

2）涂胶时应同时在基层表面和罩面板背面涂刷，胶液不宜太稀或太稠，应涂刷均匀。用手触拭胶液，感到黏性较大时，即可进行粘贴。

3）胶黏剂一般宜用聚醋酸乙烯、环氧树脂等粘贴，也可用氯丁胶黏剂。

4）硬厚型的硬聚氯乙烯装饰板，用木螺钉和垫圈或金属压条固定时，木螺钉的钉距应比胶合板、纤维板大，一般为400～500mm。在固定金属压条时，应先用钉将装饰板临时固定，然后加盖金属压条。

5）粘贴后应采取临时措施固定，同时将挤压在板缝中多余的胶液刮除，若胶干结，则清除困难。

2. 三聚氰胺塑料板安装

三聚氰胺塑料板是用3层三聚氰胺树脂浸渍纸和10层酚醛树脂浸渍纸，经高温热压而成的热固性层积塑料。它是一种用于贴面的硬质薄板，具有耐磨、耐热、耐寒、耐溶剂、耐污染等特点，常用的规格有：1750mm×950mm×（0.8～1.0）mm、2137mm×915mm×0.8mm、2440mm×1220mm×1.0mm。一般用作装饰面面板，用于粘贴在胶合板、刨花板、纤维板、细木工板等基层板上。

（1）基层处理：墙面基层抹灰必须平整。先除去基层表面浮灰、污垢等，再用水准仪、经纬仪定出水平和垂直基线，确定抹灰层厚度及水平、垂直位置。然后用1∶2～1∶3的水泥砂浆分3～4遍抹成厚20～25mm的基层。在水泥砂浆基层达75%强度后，用砂轮打磨墙面，磨去表面的水泥浮浆，磨平凸出部分，并在凹面处做记号，以便涂胶时补平。打磨后，用湿布擦净墙面浮尘。

（2）施工准备：

1）按照设计尺寸在墙面上分格划线，要求横平竖直、尺寸准确。墙面尺寸如有误差可调整到两侧。

2）按照墙面划分的尺寸进行编号，然后锯裁贴面板。贴面板加工好后，按墙面编号待用。

3）搭设贴面板用的支架，准备加压用的支撑、立柱、木楔、高凳等。

4）配制环氧树脂胶：先用热水使其溶化，加入溶剂搅拌，均匀后再加入增塑剂（邻苯二甲酸二丁酯），搅拌均匀后，则可存入密闭容器中备用。固化剂（二乙烯三胺），使用时按比例边用边加。

（3）贴饰面板：

1）用橡皮刮板或短毛板刷，同时在墙面和贴面板背面涂胶，要求刷得厚薄适度、均匀，无砂粒等杂物。

2）按墙面分格线对号粘贴饰面板，先粘贴一边再扩大到面，必须排尽空气，然后用棉纱上下挤压，使其与墙面粘牢。接着加木压板压在贴面板上，在压板和加压支架之间，用横撑支紧。各支撑用力大小必须均匀，且与墙面垂直，以保证压力均匀、适度加在饰面板上。同层贴面板，每次最好间隔一块进行粘贴，以免在加压或卸压过程中碰伤已贴好的板，且便于及时清除板缝间的多余胶液。

3）室温在15℃以上时，一般自然养护16h即可拆除支撑压板。

（4）表面清理和修整、嵌缝处理：

1）用铲刀铲除贴面板上余留的胶液，然后用甲苯擦洗掉污痕；留在板缝的多余胶液，可用小凿子除去。

2）不符合质量标准处，应进行局部修整。板缝不正，可用特制小边刨修整；中间空鼓，可在离鼓泡边缘10～20mm处钻两个3mm直径小孔，将稀释的环氧树脂胶液灌入医用注射器，用注射针注满鼓泡（从一个孔进，另一孔用于排气），并堵住小孔，将胶液挤向四周，再将多余胶液挤出，然后垫板加压。压板应事先在相应位置钻两个小孔，加压时对准贴面板小孔，以便横撑顶紧时，空气和多余胶液从小孔排出。卸压后，将板面小孔用环氧腻子堵上，并在表面涂上与饰面板颜色相同的环氧树脂清漆；边缘翘起，是由于对边缘加压不足、或墙面不平整、或胶液刷不到，修整办法是重新涂胶加压。

用环氧树脂配制的腻子，分3次镶嵌，然后用砂纸打磨，不平处再找补腻子，直到平整无隙。表面用毛笔蘸环氧清漆涂刷罩面，最好找蜡，使板缝既平整又光滑。

3. 贴面装饰板安装

塑料贴面板的面层为三聚氰胺甲醛树脂浸渍过的印花纸，具有各种色彩、图案，里面各层都是酚醛浸渍过的牛皮纸，经干燥后叠合在一起，面上覆盖不锈钢模板，在热压机中热压而成。此种装饰板材具有耐湿、耐磨、耐烫、耐燃烧、耐酸碱等特点，外观表面光滑，略有凹凸，极易清洗。

（1）板材加工：

1）用木工锯、刨、钻加工。锯裁时应正面向上，板边可留3～5mm余量，以便胶贴到其他基材上后，再用刨子修整。如板面需钉钉子，应用钻子从正面入钻出孔洞。

2）板边的毛刺，除用刨子刨光外，可用砂纸磨光。

（2）胶粘：

装饰板厚度小于2mm的，应将它胶贴在胶合板、细木工板、碎木板上，以增大幅面刚度，便于使用。在胶贴时应按下列程序操作：

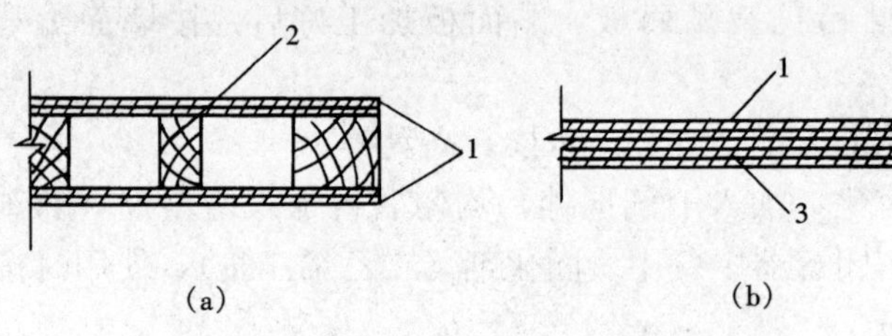

图6-24　胶粘示意图

（a）装饰塑料板贴面细木工板图；（b）装饰塑料板贴面胶合板图

1—塑料板；2—细木工板；3—胶合板

1）胶贴材料的选择：被胶贴的材料应胀缩性小，并具有一定厚度。当胶贴后组成轻细木工板时，其厚度应为3mm，如图6-24（a）所示；当胶贴后的板材直接使用时，最小厚度应为7mm，如图6-24（b）所示。通常应用的厚度为15～22mm。为减少贴面后变形，在背面应同时贴一层没有装饰层的贴面板。

2）胶贴准备：因塑料装饰板质硬、渗透性小，不易吃胶，必须将其背面预先搓毛，再行涂胶，同时被贴面的板材表面也必须加工搓毛，易于胶合。

3）胶压：一般使用的胶料为脲醛树脂或在脲醛树脂中加入适量的聚醋乙烯树脂，涂胶量为150～250g/m^2。其胶压方法主要为冷压。将涂胶的塑料板与胶贴材料摆正。小量生产时，在两面各加木垫板，用卡子夹紧；大量生产时可装同一规格的板材一次加压。加压时室温应在15℃以上，持续加压12h以后才能解除压力，并经放置24h后再行加工。

（3）安装：

1）压条法：胶贴厚度在 8mm 以下的塑料板安装，采用此法，如图 6-25 所示。压条可用铝条、木条或同样的塑料板条，所用木螺丝为镀铬半圆头，以免锈蚀后影响美观。

2）对缝法：厚度在 16mm 以上的胶贴塑料板材用此方法，其无缝拼接和企口拼接安装方法分别如图 6-26 和图 6-27 所示。拼板无明显的接缝，故适用于高级装饰。

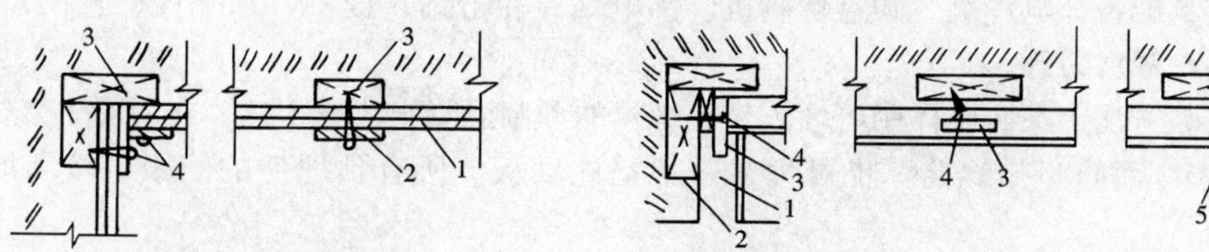

图 6-25　装饰塑料板压条拼接图

1—塑料板；2—压条；3—楞木；4—木螺钉

图 6-26　装饰塑料板无缝拼接图

1—塑料板；2—楞木；3—嵌入条；4—木螺钉；5—钉子；6—盖缝条

（4）封边：已胶贴的塑料板作为各种台面使用时，为避免边缘日后开胶，须进行封边处理。其方法有三种：一是木条镶边，即将板边与镶边木条刨成需要的形状后，在接合面涂胶，然后以扁帽钉将镶边钉于板框上，如图 6-28 所示；二是贴边，即用塑料或刨制的单板，胶贴在板框的周边；三是金属及塑料镶边，即用铝板或薄钢板压制成槽型或成型的塑料条，并在底边钻有小孔，以钉或木螺丝安装在板边上。

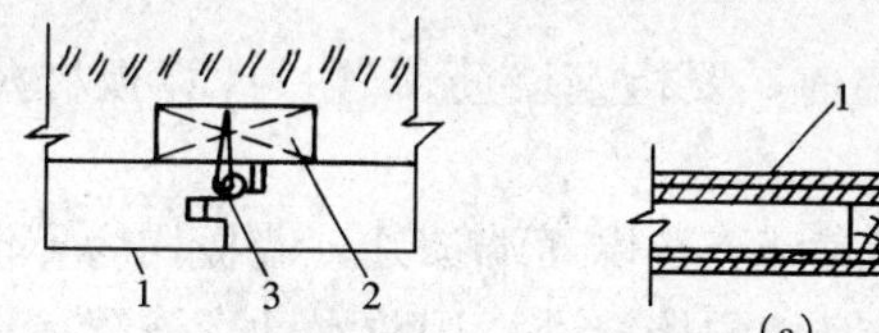

图 6-27　装饰塑料板企口拼接图

1—塑料板；2—楞木；3—木螺钉

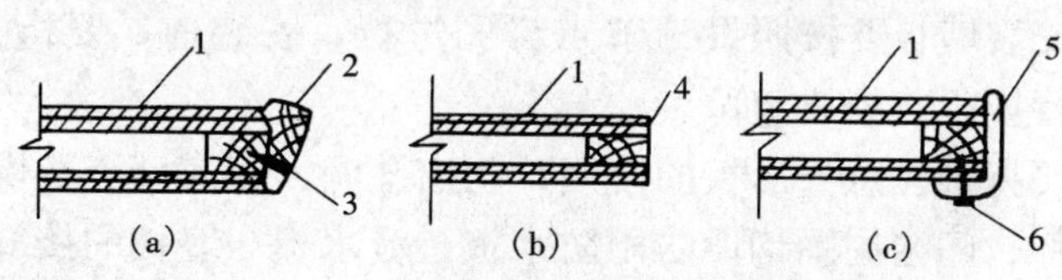

图 6-28　装饰塑料板封边处理

（a）木条镶边；（b）塑料条或单板胶贴封边；（c）金属或塑料镶边

1—塑料板；2—木条；3—钉子；4—塑料板或单板；5—铝边；6—木螺钉或钉子

（5）使用与维护：用于台面时，其钻孔处如有积水，应及时擦干，以免积水沿胶缝渗入，使板边胀起，如边缘有局部开缝，应及时处理。对板面污物也要及时清除干净。使用时不要与暖气、炉灶等过热设施紧靠。

（五）金属饰面板的安装

在现代装饰中，金属装饰板以其独特的金属质感，丰富多变的色彩与图案，简洁而挺拔，典雅庄重、坚固、质轻、耐久等特点而得到广泛的应用。

金属外墙板按材料可分为单一材料（即为一种质地的材料，如钢板、铝板、不锈钢板等）和复合材料（即由两种或两种以上质地的材料组成，如铝合金板、镀锌板、搪瓷板、烤漆板、彩色塑料膜板、金属夹心板等）。按板面的形状分为光面平板、纹面平板、波形板、压型板、立体盒板等。

1. 彩钢板

（1）材料准备：

1）彩钢板。彩钢板分为单层和复合板，复合板为用两层压型钢板中间填放轻质保温材料，多数采用聚苯乙烯和聚氨酯泡沫塑料浇注压成型。

2）墙筋。在轻钢结构的建筑中，墙筋是用结构上本身构件所替代。墙筋可选用型钢或木材。

3）防水油膏、螺钉等。

（2）机具准备：电焊机、圆盘切割机、手电钻、冲击钻、扳手、水平尺、直尺、凿子、刮刀、线坠、裁剪刀等。

（3）安装方法：在砖墙体中可埋入带有螺栓的预制混凝土块或木砖。在混凝土墙体中可埋入 $\phi8\sim\phi10$ 钢筋套扣螺栓，也可埋入带锚筋的铁板。所有预埋件的间距应按墙筋间距埋入。

1）立墙筋。在墙筋表面上拉水平线、垂直线、确定预埋件的位置。墙筋材料可选用角钢∠30×3、槽钢［25×12×14、木条 30mm×50mm。竖向墙筋间距为 900mm，横向墙筋间距 500mm。竖向布板时，可不设竖向墙筋；横向布板时，可不设横向墙筋，而将竖向墙筋缩小到 500mm。施工时，要保证墙筋与预埋件连接牢靠，连接方法为钉、拧、焊接。在墙角、窗口等部位，必须设墙筋，以免端部板悬空。

如果原结构为钢结构，则以原结构的型钢为基础适当增加竖向筋和横向筋构骨架。

在墙筋骨架上根据厂方提供安装节点设置连接构件或吊挂件。

2）安装墙板：安装墙板是本工艺最重要的工序，为确保工程质量，施工时，应特别注意按下述要求操作：

①安装墙板要按照设计节点详图进行，安装前，要检查墙筋位置，计算板材及缝隙宽度，进行排版、划线定位。

②要特别注意异形板的使用，门窗孔洞、管道穿墙及墙面端头处，墙板均为异形板；女儿墙顶部、门窗周围均设防雨防水板。泛水板与墙板的接缝处，用防水油膏嵌缝；压型板墙转角处，均用槽形转角板进行外包角和内包角，转角板用螺栓固定。使用异形板，可以简化施工，改善防水效果。

③墙板与墙筋用铁钉、螺钉及木卡条连接。安装板的原则是按节点连接做法，沿一个方向顺序安装，方向相反则不易施工。如墙筋或墙板过长，可用切割机切割。复合板安装是用吊挂件把板材挂在墙身骨架檩条上，再把吊挂件与骨架焊牢，小型板材，也可用钩形螺栓固定。

3）板缝处理：尽管彩色涂层钢板在加工时其形状已考虑了防水性能，但若遇到材料弯曲、接缝处高低不平，其形状的防水功能可能失去作用，在边角部位，这种情况尤为明显，因此，一些板缝填防水材料也是必要的。

2. 不锈钢包柱饰面

不锈钢包柱的安装原则是，不破坏原有建筑柱体的形状、不损害柱体的承载力。

不锈钢板的种类有普通不锈钢板、彩色不锈钢板、镜面不锈钢板、浮雕不锈钢材。

下面介绍不锈钢板包柱的安装方法，实际上，其他金属面板像铝合金板、铜板等的施工方法亦类同。

（1）材料准备：

1）按设计要求选用不锈钢板料。

2）骨料（一般采用木料），包柱基料（一般采用夹板）。

3）乳胶、万能胶、自攻螺丝等。

（2）机具准备：切割机、手电钻、电焊机、冲击钻、水平尺、角尺、直尺、线坠、锤子、刨子、锯子、卷边机、滚圆机、起子、划针、圆规等。

（3）安装方法：

1）弹线、制作样板、画线。

①弹线进行柱体弹线工作的操作人员，应具备一些平面几何的基本知识。在柱体弹线工作中，将原建筑方柱装饰成圆柱的弹线工艺较为典型，工程中常用弦切法。

②制作样板：在一张纸板上或三夹板上，以装饰圆柱的半径画一个半圆，并剪裁下来，在这个半圆形上，以标准底框边长的一半尺寸为宽度，做一条与该半圆形直径相平行的直线。然后从平行线处剪裁这个半圆，所得到这块圆弧板，就是该柱弦切弧样板，见图6-29。

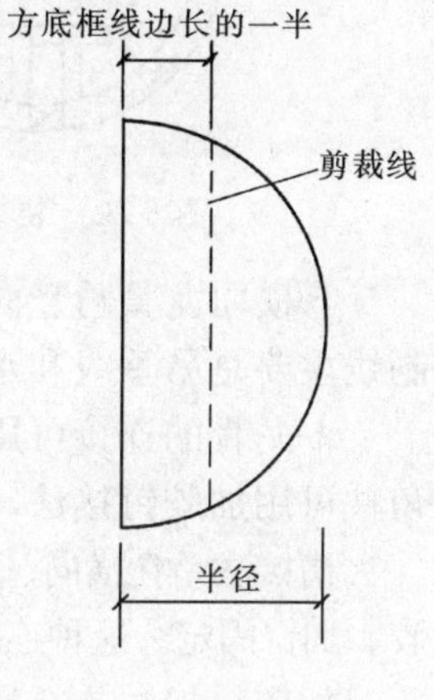

③画线：以该样板的直边，靠住基准底框的四个边，将样板的中点线对准基准底框边长的中心。然后沿样板的圆弧边画线，这样就得到了装饰圆柱的底圆（见图6-30）。顶面的画线方法基本相同，但基准顶框画出，必须通过底边框吊垂直线的方法来获得，以保证地面与顶面的一致性和垂直度。

方底框线边长的一半

剪裁线

半径

图6-29　弦切弧样板画板

2）制作骨架。不锈钢装饰板包圆柱柱体的骨架一般采用木骨架。木骨架用木方连接成框架。其制作顺序为：竖向龙骨定位→制作横向龙骨→横向龙骨与竖向龙骨连接→骨架与建筑柱体连接→骨架形体校正。

①竖向龙骨定位：先从画出的装饰柱体顶面线向底面线吊垂直线，并以垂直线为基准，在顶面与地面之间竖起竖向龙骨，校正好位置后，分别在顶面和地面把竖向龙骨固定起来。

根据施工图的要求间隔，分别固定好所有的竖向龙骨。固定方法常采用连接脚件的间接方式，即连接脚件用膨胀螺栓或射钉与顶面、地面固定，竖向龙骨再与连接脚件用焊点或螺钉固定（见图6-31）。

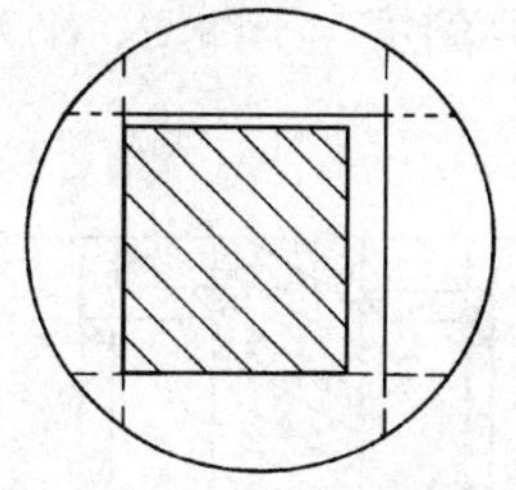

图6-30　装饰圆柱的底圆画法

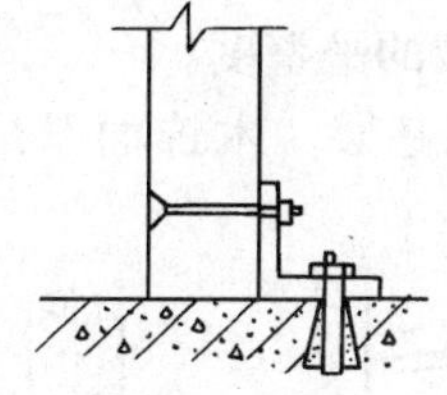

图6-31　竖龙骨的固定

②制作横向龙骨：需制的横向龙骨，主要是具有弧形的装饰柱体之用。在具有弧形的装饰柱体中，横向龙骨一方面是龙骨架的支撑件，另一方面还起着造型的作用。所以，在圆形或有弧形的装饰柱体中，横向龙骨需制作出弧形线。图6-32所示为装饰圆柱龙骨的骨架。

弧线形横向龙骨的制作方法：在圆柱等有弧面的木骨架中，制作弧形横向龙骨，通常方法是用 15mm 木夹板来加工。首先，在 15mm 厚平板上按所需的圆半径，画出一条圆弧，在该圆半径上减去横向龙骨的宽度后，再画出一条同心圆弧。

按同样方法在一张板上画出各条横向龙骨，但在木夹板上的画线排列，应以节省材料为原则。在一张木夹板上画线排列后，可用电动直线锯按线切割出横向龙骨，如图 6-33 所示。

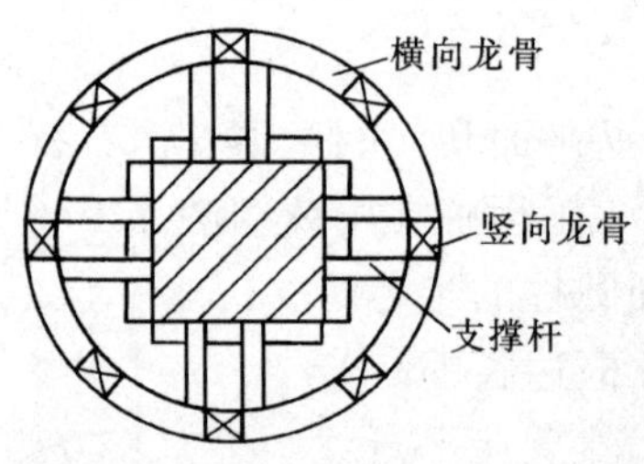

图 6-32 装饰圆柱龙骨的骨架

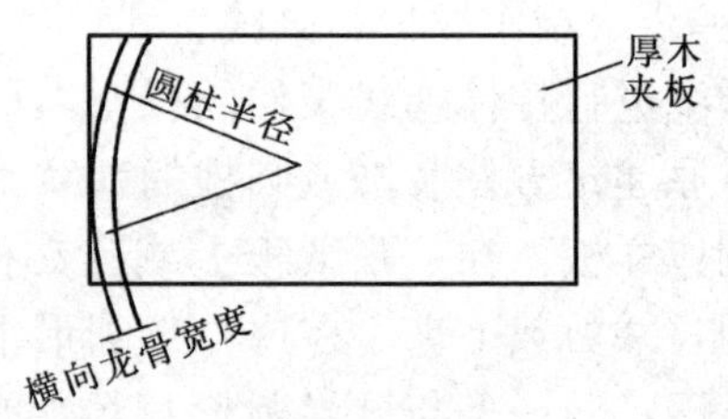

图 6-33 圆弧形横向龙骨的制作

③横向龙骨与竖向龙骨的连接：连接前，必须在柱顶与地面间设置形体位置控制线。控制线主要是吊垂线和水平线。

木龙骨的连接可用槽接法和加胶钉接法。通常，圆柱等弧面柱体用槽接法，而方柱和多角柱可用加胶钉接法，如图 6-34 所示。

槽接法是在横向、竖向龙骨上分别开出半槽，两龙骨在槽口处对接。槽接法也需在槽口处加胶、加钉固定。这种连接固定方法稳固性较好，可用于安装饰面时敲击振动较大的饰面安装。

加胶钉接法是在横向龙骨的两端头面加胶，将其置于两竖向龙骨之间，再用铁钉斜向与竖向龙骨固定。横向龙骨之间的间隔距离，通常为 300mm 或 400mm。

④柱体骨架与建筑柱体的连接：为保证装饰柱体的稳固，通常在建筑的原柱体上安装支撑杆件，使这与装饰柱体骨架相固定连接。

支撑杆可用木方或角铁来制作，并用膨胀螺栓或射钉、木楔铁钉的方法与建筑柱体连接，其另一端与装饰柱体骨架钉接或焊接。

支撑杆应分层设置，在柱体的高度方向上，分层的间隔为 800～1000mm。

支撑杆的连接固定方式如图 6-35 所示。

⑤骨架形体校正：柱体骨架连接固定时，为了保证形体准确性，在施工过程中，应不断地对骨架进行检查，其检查的主要问题是柱体骨架的歪斜度、不圆度、不方度和各条横向龙骨与竖向龙骨连接的平整度。

3）制作骨架基层。木饰面基层板的

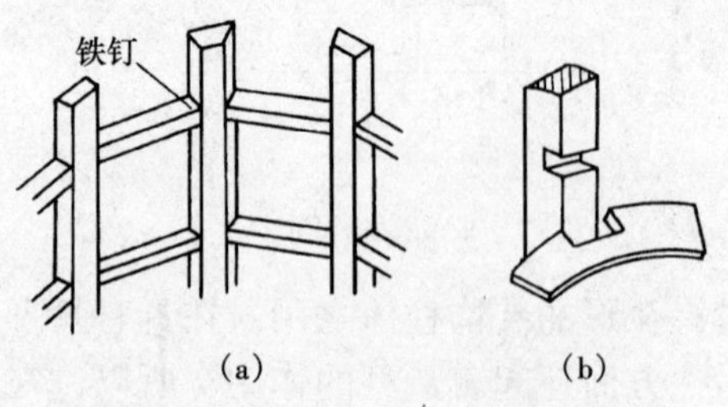

图 6-34 装饰圆柱木龙骨的连接

(a) 加胶钉接法；(b) 槽接法

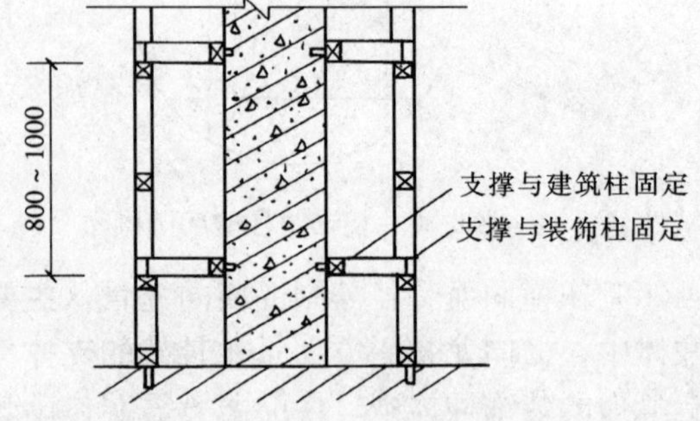

图 6-35 支撑杆的连接固定方式

安装：

①圆柱上安装木夹板：圆柱上安装木夹板，应选择弯曲性能较好的薄三夹板。

安装固定前，先在柱体骨架上进行试铺，如果弯曲贴合有困难，可在木夹板的背面用墙布刀切割一些紧向刀槽，两刀横向相距 10mm 左右，刀槽深 1mm。要注意，应用木夹板的长边来转制柱体。

在木骨架的外面刷胶液，胶液可用乳胶或各类环氧树脂胶（万能胶）等，将木夹板粘贴在木骨架上，然后用铁钉从一侧开始钉木夹板，逐步向另一侧固定。在对缝处用钉量要适当加密。钉头要埋入木夹板内。在钉接圆柱面木夹板时，最好采用钉枪钉。

②实木条板安装：在圆柱体骨架上安装实木条板，所用的实木条板宽度一般为 50～80mm，如圆柱体直径较小（小于 ϕ350），木条板宽度可减少或将木条板加工成曲面形。木条板厚度为 10～20mm。常见的实木条板的式样和安装方式如图 6-36 所示。

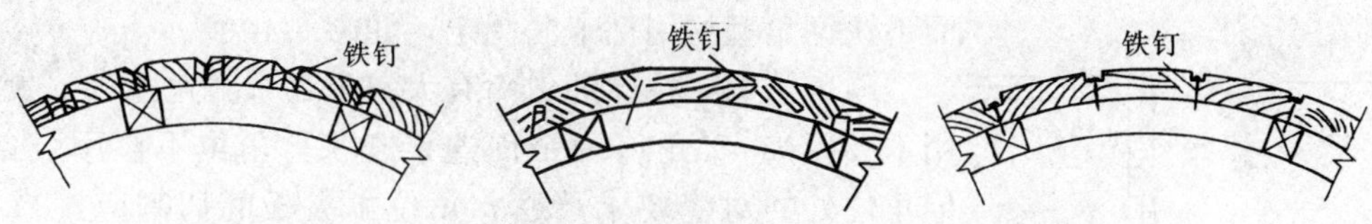

图 6-36　木条板安装方式

4）饰面。柱体上安装不锈钢板有平面式和圆柱面式两种：

①方柱体上安装不锈钢板，通常需要木夹板做基层。在大平面上用环氧树脂胶（万能胶）把不锈钢板面粘贴在基层木夹板上，然后在转角处用不锈钢成型角压边，如图 6-37 所示。在压边不锈钢成型角处，可用少量玻璃胶封口。

②圆柱面不锈钢板面，通常是在工厂专门加工成所需的曲面。一个圆柱面一般都由两片或三片不锈钢曲面板组装而成。安装的关键在于片与片间的对口处。安装对口的方式，主要有直接卡口式和嵌槽压口式两种。

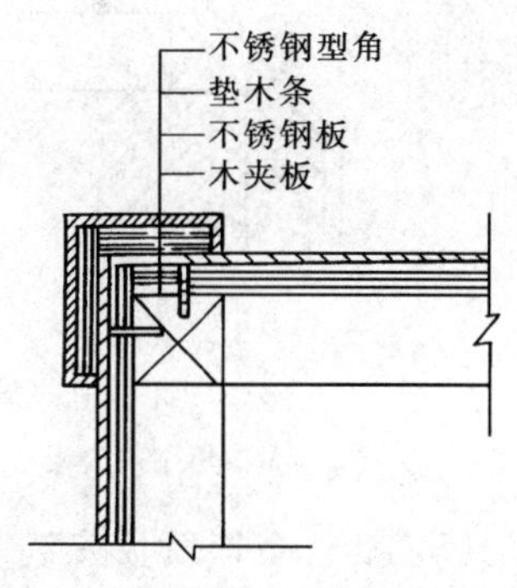

图 6-37　不锈钢板安装及转角处理

直接卡口式：直接卡口式是在两片不锈钢板对口处，安装一个不锈钢卡口槽，该卡口槽用螺钉固定于柱体骨架的凹部。安装柱面不锈钢板时，只要将不锈钢板一端的弯曲部，勾入卡口槽内，再用力推按不锈钢板的另一端，利用不锈钢板本身的弹性，使其卡入另一个卡口槽内，如图 6-38 所示。

嵌槽压口式：把不锈钢板在对口处的凹部用螺钉或铁钉固定，再把一条宽度小于凹槽的木条固定在凹槽中间，两边空出间隙相等，其间隙宽为 1mm 左右。在木条上涂刷环氧树脂胶（万能胶），等胶面不粘手时，向木条上嵌入不锈钢槽条。不锈钢槽条在嵌入黏结前，应用酒精或汽油擦清槽条内的油迹污物，并涂刷一层薄薄的胶液。其安装方式如图 6-39 所示。安装嵌槽压口的关键是木条的尺寸准确、形状规则。尺寸准确既可保证木条与不锈钢槽的配合松紧适度，安装时，不需用锤大力敲击，避免损伤不锈钢槽面，可保证不锈钢槽面与柱体面一致，没有高低不平现象。形状规则可使不锈钢槽嵌入木条后胶结面均匀，黏结牢固，防止槽面的侧歪现象。所以，木条安装前，应先与不锈钢槽条试配，木条的高度一般不大于不锈钢槽内深度 0.5mm。

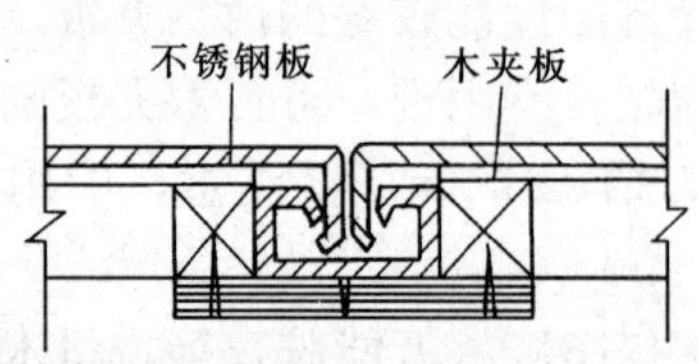

图 6-38 直接卡口式安装

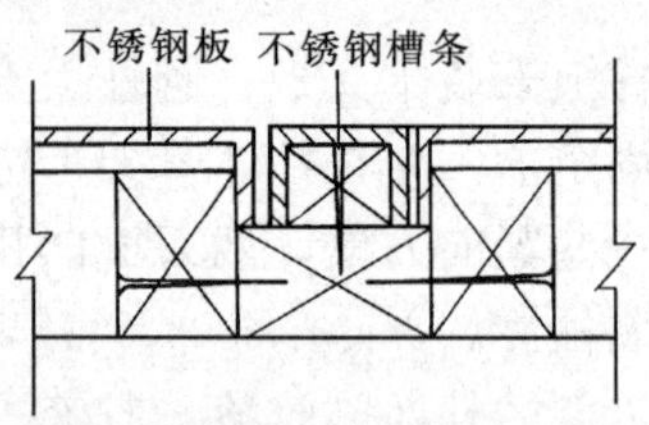

图 6-39 嵌槽压口式安装

③方柱角的处理：方柱角位通常有不锈钢阳角形、不锈钢阴角形和不锈钢斜角形三种。

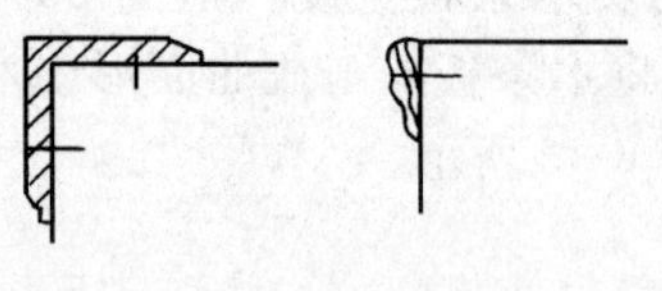

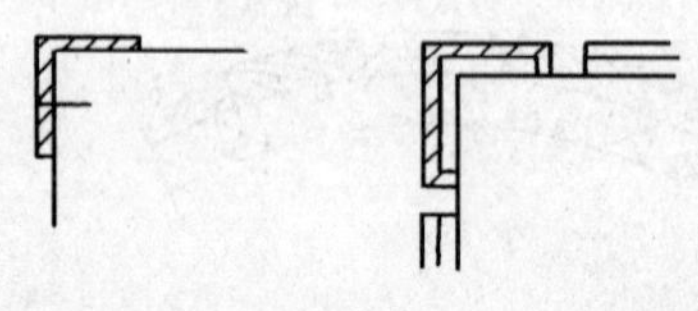

图 6-40 阳角结构形式

阳角结构：阳角结构最常见，其角位结构也较简单，两个面在角位处直角相交，再用压角线进行封角。压角线可以是不锈钢角或不锈钢角型材。不锈钢角用自攻螺丝或铆钉法固定，而不锈钢角型材用粘卡法固定，如图 6-40 所示。

斜角结构：柱体的斜角有大斜角和小斜角两种。大斜角是用木夹板按 45°角将两个面连接起来，角位不再用线条修饰，但角位处的对缝要求严密，角位木夹板的切割应用靠模来进行。小斜角常用不锈钢型材来处理。两种斜角的结构如图 6-41 所示。

阴角结构：所谓阴角，也就是在柱体的角位上做一个向内凹的角。这样的角结构常见于一些造型主体。阴角的结构用不锈钢型材来包角，其结构如图 6-42 所示。

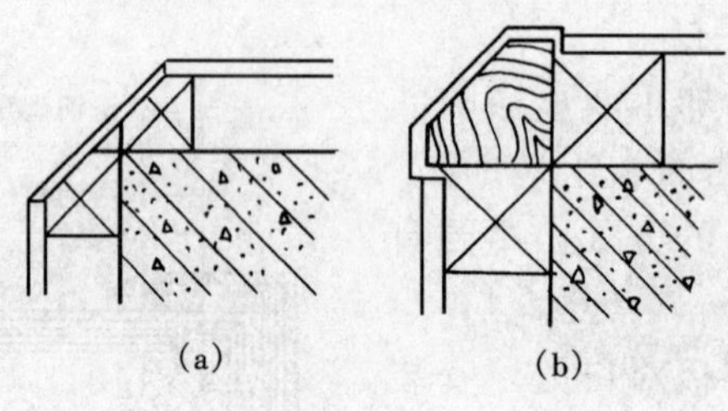

图 6-41 斜角结构形式

(a) 大斜角用木尖板；(b) 小斜角用不锈钢型材

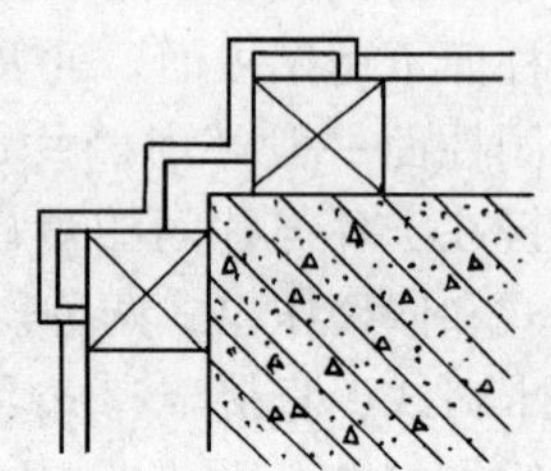

图 6-42 阴角结构形式

3. 铝合金饰面板安装

铝合金饰面板是金属制品中应用最普遍的一种饰面板，主要因为它比不锈钢板价格便宜、易于成型，尤其是其表面经阳极氧化处理和喷涂处理后不仅解决了铝合金板的耐腐蚀问题，而且改善了外观的色彩。由于铝合金板具有质轻、耐腐蚀、耐久、易安装、色泽美观等优点，因而在装饰工程中得到了广泛的应用。

(1) 材料准备：

骨架：方木、角钢、槽钢、钢管、铝合金型材等。

连接件：螺栓、自攻螺丝、结构胶、角钢连接件、铝合金面板等。

(2) 机具准备：同彩钢板。

(3) 安装方法：

1) 固定骨架的连接件。骨架的横竖杆件是根据基层上弹好的线通过连接件与结构固定的。

而连接件与结构之间，可以同结构的预埋件焊牢，也可在墙上打膨胀螺栓。两种办法相比较，用膨胀螺栓的办法较多，因为这种办法比较灵活、尺寸误差较小、易保证位置准确性。

连接件施工，主要是保证牢固、对焊缝的长度、高度、膨胀螺栓的埋入深度等方面，都应严格把关。对于关键部位，如大门入口的上部膨胀螺栓，最好做拉拔试验，看其是否符合设计要求。型钢一类的连接件，其表面应镀锌，焊缝处应刷防锈漆。

2）固定骨架。所有的骨架均应经防腐处理。骨架安装要牢固，位置要准确。安装完毕，应对中心线、表面标高等影响板安装的因素，作全面的检查。对多层或高层建筑外墙，用经纬仪对横竖杆进行贯通测量，从而进一步保证板的安装精度；同时，要特别注意变形缝的处理，使之满足使用要求。

3）安装铝合金板。铝合金墙板安装关键是安全、牢固，板与板之间，一般留出一段距离，常用的间隙为10～20mm，至于缝的处理，有的用橡胶条锁住，有的注硅密封胶。总之，宜用弹性材料处理。在操作中要注意安全，当用吊栏操作时，刮大风时应停止操作。如果用外墙脚手架，应设安全网。

铝合金板材的线膨胀系数较大，在施工中一定要留足排缝。墙脚处铝型材应与板块或地面或水泥类抹面相交，不可直接插在土壤中。

铝合金板安装完毕，在易于污染或易于碰撞的部位应加强保护。对于污染问题，多用塑料薄膜进行覆盖处理。

（六）玻璃饰面板的安装

玻璃饰面板工程包括玻璃和玻璃镜面的安装，玻璃的种类很多，装饰用玻璃按加工工艺的不同分为平板玻璃和部分工业技术玻璃。平板玻璃有普通玻璃、浮法玻璃、磨砂玻璃、吸热玻璃和热反射玻璃等；工业技术玻璃有钢化玻璃、夹层玻璃、中空玻璃、玻璃镜和镜面玻璃等。

1. 玻璃安装

（1）材料准备：

玻璃：已在四角（边）留有连接孔的钢化玻璃。

其他材料：龙骨（角钢或方木）、实木板方或细木工板、三夹板、不锈钢连接件（用于玻璃与基层连接）等硅酮密封胶。

（2）机具准备：手动真空吸盘、牛皮带、嵌缝枪（用于将密封胶嵌入缝隙）、直尺、角尺、水平尺等。

（3）安装方法：基层墙面找平后弹龙骨位置线，固定龙骨，龙骨一般为40mm见方的方木用铁钉固定于基墙预埋木砖上，应双向立筋。立筋应用2m靠尺检查平整度。在立筋上铺钉细木工板或板方。板与板的接缝应在立筋处，板面应平整无翘曲变形。细木工板铺钉完后，在细木工板表面铺设饰面三夹板，再在三夹板表面涂饰设计要求的油漆或涂料。

在三夹板上固定不锈钢连接件时，根据设计要求，核对现场实物玻璃孔的位置，在三夹板上定出不锈钢连接件的位置。固定不锈钢连接件安装玻璃时，通过玻璃预留孔用不锈钢连接件固定玻璃（见图6-43）。

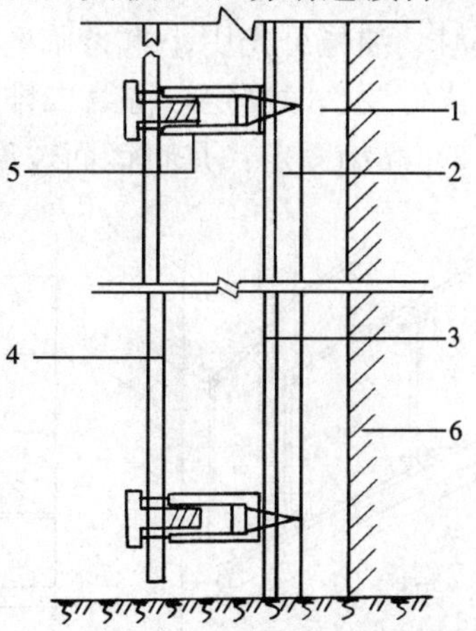

图6-43　玻璃饰面板构造
1—龙骨；2—细木工板；3—三夹板；4—预留连接孔的钢化玻璃；5—不锈钢连接件（由不锈钢套筒、连接螺栓、木螺丝组成）；6—墙体

在安装、调整固定玻璃时要注意的是不仅要把玻璃调整在一个平面上，还要均匀玻璃之间的缝隙。

在操作过程中，不锈钢连接件的位置与玻璃预留孔的位置一定要对应，否则在安装调整平面位置及玻璃之间缝隙时易把玻璃拼碎，尤其是钢化玻璃。这一点在操作中是要注意的。

2. 玻璃镜面安装

(1) 材料准备：普通平面镜、木龙骨、胶合板、沥青、油毡、冷底子油、橡胶、螺钉、铁钉、环氧树脂胶、双面胶带、橡皮垫圈、玻璃胶等。

(2) 常用工具：玻璃刀、玻璃吸盘、水平尺、锤子、螺丝刀等。

(3) 基层准备：

1) 做防潮层。在砌筑墙、柱时，先埋入木砖，其位置应与镜面的竖向尺寸和横向尺寸相对应，一般木砖间距以500mm为宜。基层的抹灰面上要刷热沥青或其他防水材料，也可在木衬板与玻璃之间夹一层防潮层。目的是防止潮气使木衬板变形或使镜面镀层脱落。

2) 立筋。墙筋为40见方或50见方的小方木，用铁钉固定于木砖上。安装小块镜面多为双向立筋，安装大块镜面可以单向立筋，横、竖墙筋的位置与木砖一致，做到横平竖直，以便于衬板与镜面的固定。立筋应用长靠尺检查平整度。

3) 铺钉衬板。衬板为15mm厚木板或5mm胶合板，钉在墙筋上，钉头应没入板内。板与板的间隙应设在立筋处，板面应无翘曲、起皮，且平整清洁。

(4) 镜面安装：镜面按设计尺寸和形状裁切好后，要进行固定。常用的方法有螺钉固定、嵌钉固定、黏结固定、托压固定和黏结支托固定五种。

1) 螺钉固定：适用于较小尺寸镜面的固定。墙面为混凝土基底时，应预埋木砖和锚塞或设置木墙筋，再用$\phi3\sim\phi5$平头或圆头螺钉，通过玻璃上的钻孔钉入墙筋。一般从下向上、从左至右地进行。有衬板时，可在衬板上按每块镜面的位置弹线，并按弹线安装。全部镜面固定后，用长靠尺找平，用螺丝调平。然后用玻璃胶嵌缝，要求胶缝密实。另外，紧固螺丝时易产生镜面映像失真现象，故最好能与双面黏结的胶带并用。

2) 嵌钉固定：是用嵌钉将镜面的四个角压紧在铺有防水层的衬板上，嵌钉应钉入墙筋。安装时，油毡可先用小木条临时固定，并在其上弹线。安装时应从下往上进行，安第一排时，嵌钉要临时固定，待第二排装好再拧紧，如图6-44所示。

3) 黏结固定：是将镜面玻璃用环氧树脂或玻璃胶粘贴于木衬板上。先在平整和洁净的木衬板上按镜面玻璃分块尺寸弹线，再用胶黏剂粘贴玻璃。用环氧树脂胶时，应涂刷均匀，不宜过厚，每次刷胶面积不宜过大，并随刷随贴，从镜面缝中挤出的胶浆要及时擦去。用打胶筒打玻璃胶时，胶点要均匀。粘贴应按弹线从下而上进行，上层的黏结应待下层黏结达一定强度后进行。

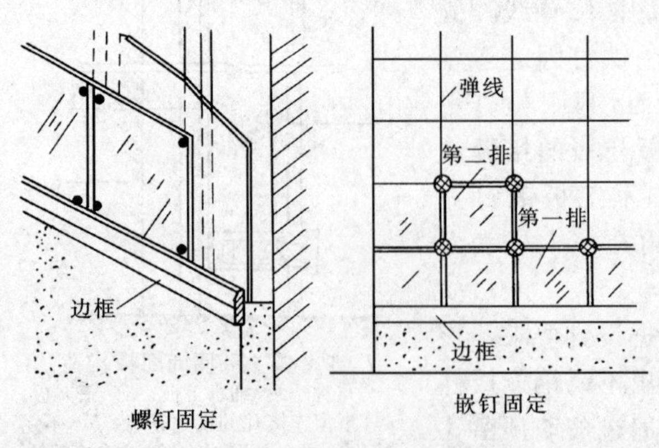

图6-44 镜面固定示意图之一

采用以上三种方法固定的镜面，还可在周边加框，起封口和装饰作用。

4) 托压固定：是靠压条和边框镜面

托压在墙上。压条和边框可采用木材和金属型材。固定时，从下而上，先用竖向压条固定最下层镜面，待安放上层镜面后再固定横向压条。木压条表面可做出装饰线，用钉子固定。由于钉子要从镜面玻璃缝间钉入，故两镜面间应在压条后留 10mm 左右缝宽。大面积单块镜面多以此法固定为主，也可结合粘贴方法固定。镜面的重量主要落在下部边框或砌体上，如图 6-45 所示。

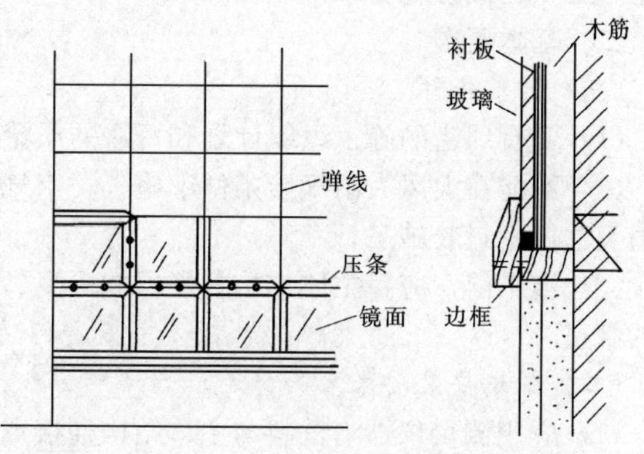

图 6-45　镜面固定示意图之二

5）黏结支托固定：对于连续砌墙式拼装和顶棚镜面黏结时，可使用此法。

用于墙面时，每块 $3m^2$ 左右；用于顶棚时，应在 $60cm^2$ 以下。在确认其底的强度、平滑度和干燥度符合要求后，装上支承五金件，并在基层涂镜面胶黏剂和镜面垫层（木材或橡胶），把镜子压紧。在调整好五金件后，缝中填密封材。

第四节　玻璃幕墙施工

一、玻璃幕墙的种类

（一）全隐框玻璃幕墙

其构造是将玻璃框固定在铝合金构件组成的框格上，即框的上框挂在铝合金框格体系的横梁上，其余三边用不同的方法固定在框格的竖杆及横梁上。玻璃用结构胶预先粘贴在玻璃框上。由于玻璃框及铝合金框格体系均隐在玻璃后面，形成一个大面积的有色玻璃镜面反射屏幕墙，故而称其为全隐框玻璃幕墙。

（二）半隐框玻璃幕墙

有竖隐横明和竖明横隐玻璃幕墙两种。前者只是铝合金竖杆隐在玻璃后面，玻璃安放在横杆的玻璃镶嵌槽内，槽外加盖铝合金压板，盖在玻璃外面；后者是竖向采用玻璃嵌槽内固定，横向采用结构胶粘贴。

（三）明框玻璃幕墙

这种构造形式无论是用型钢为骨架，还是用特殊的铝合金型材作为玻璃框和骨架的兼用材料，在整个幕墙平面上都显示竖横铝合金框架。

（四）点式玻璃幕墙

这是采用四爪式不锈钢连接件与立柱焊接，连接件的每个爪与一块玻璃的一个孔相连接，即一个挂件同时与四块玻璃相连接，或者说一块玻璃固定在四个挂件上。玻璃的四角各钻一孔，一般为 $\phi20$ 的孔。

（五）无骨架玻璃幕墙

无骨架玻璃幕墙又称结构玻璃，通常是用以间隔一定距离设置的吊钩或用以特殊的型材从上部将玻璃悬吊起来。吊钩或特殊型材固定在槽钢主框架上，再将槽钢悬吊于梁或板底下。同时，在上下部各加设支撑框架和支撑横档，以增强玻璃墙的刚度。这种幕墙多用于建筑物首层，类似落地窗。

二、基本要求

（一）作业条件

（1）要有周密的施工组织计划和可靠的质量与安全保证。

（2）不能在大风大雨气候条件下施工。当气温低于－5℃时不得进行玻璃安装，且不能在雨天进行密封胶施工。

（3）施工前，应对主体结构各楼层的标高、边线及预埋件位置等尺寸进行检查，并作相应的修正。

（二）幕墙安装要求

（1）应用测量仪器将框料与主体结构连接点中心投测到主体结构上。

（2）单元式幕墙安装宜由下往上进行，其幕墙间隙用V形和W形或其他型胶条密封，如图6-46所示。

（3）元件式幕墙框料宜由上往下进行安装，玻璃安装就位后应及时用橡胶条等嵌缝材料与边框固定，不得临时固定。

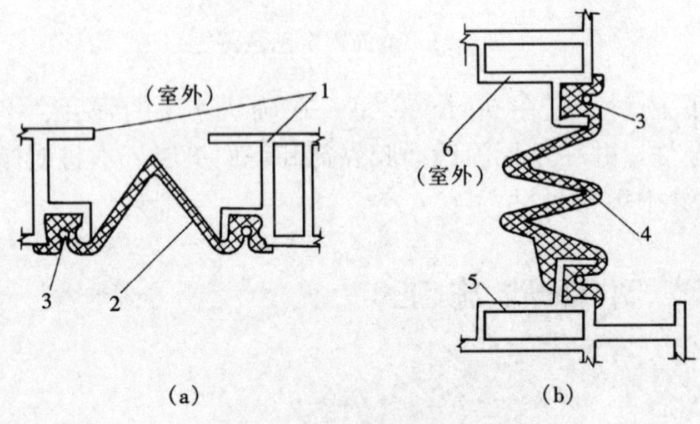

图6-46 胶带使用示意图
（a）竖缝构造；（b）横缝构造
1—左右单元；2—型胶带；3—橡胶棍；
4—W型胶带；5—下单元；6—上单元

（4）对现场无法裁割的玻璃（如钢化玻璃、中空玻璃等）应按安装尺寸定制。玻璃周边的橡胶条应各为单根整料，密封胶品种应无误（中空玻璃等不能使用醋酸型硅酮胶）。

（5）镀锌连接件施焊后应去掉药皮，镀锌面受损处焊缝表面应刷两道防锈漆。

（6）应按设计规定的节点构造要求进行幕墙的防雷接地。

（7）清洁幕墙的洗涤剂经检验应为对幕墙材料无侵蚀作用的。

三、幕墙的安装

玻璃幕墙的安装方式除挂架式和无骨架式外，一般分为单元式（工厂组装式）和元件式（现场组装式）两种。由于元件式不受层高和柱网尺寸的限制，是目前应用较多的方式，它适用于明框、隐框和半隐框幕墙。

（一）安装前的准备

1. 材料准备

（1）骨架材料：骨架框架采用国产玻璃幕墙铝合金框架型材，常用尺寸系列为MQ100、120、140、150、210等；紧固配件和连接配件、膨胀螺栓、铝拉铆钉射钉及螺栓等。

（2）玻璃：

1）按构造分为以下两种。

单层玻璃：浮法平板玻璃或钢化玻璃，厚度一般为6mm或8mm。

双层中空玻璃：厚度为6＋12＋6（mm）或8＋9＋8（mm），中间数值为两层玻璃之间的干燥空气。

2）按功能分为吸热玻璃、镜面玻璃、钢化玻璃等。

（3）填缝材料：主要有聚乙烯泡沫胶、聚苯乙烯泡沫胶及氯丁二烯橡胶等，主要用于骨架凹槽内的底部，起填充间隙和玻璃定位的作用。

密封料：橡胶密封条及硅酮密封胶。

防火保温矿棉：层与层之间防火分区的分隔填缝材料。

2. 机具准备

准备的主要机具有电焊机、经纬仪、手电钻、射钉枪、手动真空玻璃吸盘、拉铆枪、填嵌密封条嵌刀、线锤、水平尺、钢卷尺、扳手、用手嵌防水胶带的滚轮等。

（二）安装方法

1. 单元式幕墙安装方法

（1）测量放线：

1）放线工作应根据土建单位提供的中心线及标高点进行，应先弄清建筑物轴线与幕墙框架间的关系。

2）对于由横竖杆组成的幕墙骨架，应先弹出竖杆的位置，再确定其锚固点。而横杆一般是固定在竖杆上，故横杆位置应弹到竖杆上。

（2）牛腿安装：

1）牛腿铁件是幕墙与主体结构间的连接件，当主体结构为钢结构时，连接件可直接焊接或用螺栓固定在钢结构上；如果是钢筋混凝土结构时，可在结构上预埋铁件或T形槽来固定连接件，或在结构上钻孔安装金属膨胀螺栓来固定连接件。图6-47所示为竖杆与楼层结构支承连接构造示意图。

牛腿安装前，用螺钉先穿入T形槽内，再将铁件就位，待精确找正后再紧固。

2）牛腿的三维找正定位要三个方向同时进行，即x轴方向的外表定位、y轴方向的水平高度定位和z轴方向的牛腿间距定位。外表定位时，按建筑物轴线确定距牛腿的尺寸，用经纬仪测量平直；水平高度定位时，把标尺放置在牛腿减震橡胶平面上，用水平仪抄平牛腿标高；牛腿间距用钢尺测量。找平误差控制在±1mm。

水平找正时，可用1～4mm厚的镀锌钢板条垫在牛腿与混凝土表面间进行调平。待一层全部找正后，将牛腿上的两个螺丝完全紧固，并将牛腿与T形槽接触部分平整。如

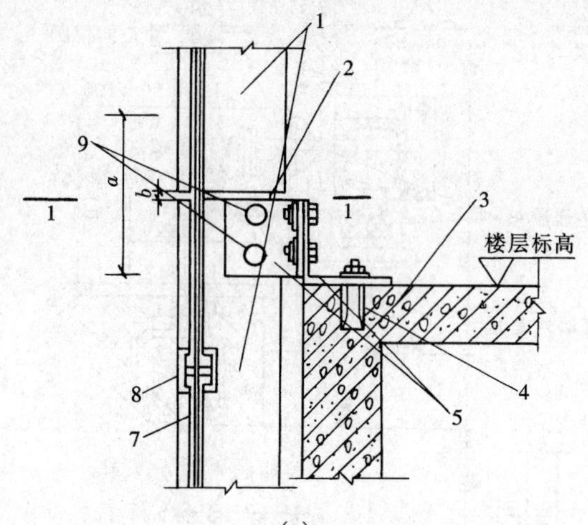

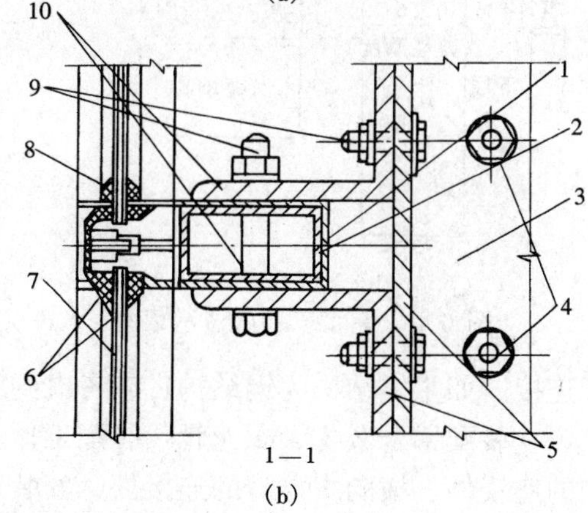

图6-47　竖杆与楼层结构支承连接构造示意图
(a) 牛腿铁件固定在混凝土结构上；(b) 1—1剖面图
1—竖杆；2—竖杆滑动支座；3—楼层结构；4—膨胀螺栓；5—连接角钢；6—橡胶条和密封胶；7—玻璃；8—横杆；9—螺栓；10—防腐蚀垫片

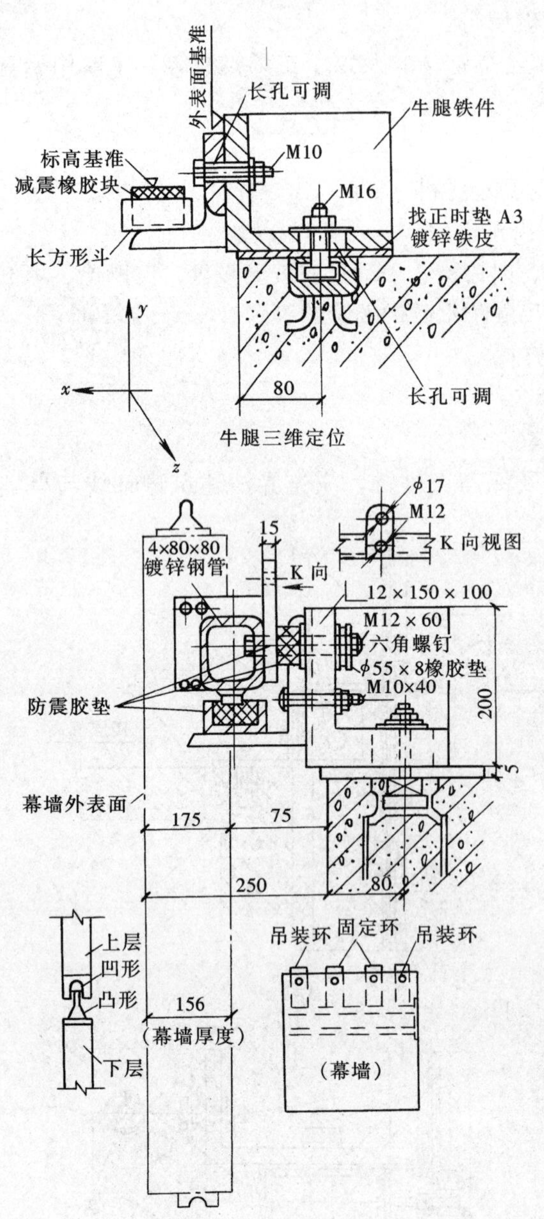

图 6-48　幕墙安装就位示意图

图 6-48 所示。

牛腿的找正和幕墙的安装要用“四四法”，即当找正了八层腿时，只能吊装四层幕墙。因为余下已找正的四层可以作为其他牛腿找正的基准。

（3）幕墙的吊装和调整：牛腿找正焊牢后即可吊装幕墙，吊装应由下而上逐层进行。吊装前需将幕墙之间的 V 形和 W 形防风橡胶带暂时铺挂在外墙面上。幕墙吊至安装位置时，幕墙下端两块凹型轨道插入下层已安装好的幕墙上端的凸形轨道内，将螺钉通过牛腿孔穿入幕墙螺孔内，螺钉中间要垫好两块减震橡胶圆垫。幕墙上方的方管梁上焊接的两块定位块坐落在牛腿悬挑出的矩形橡胶块上，用两个六角螺栓固定。如图 6-48 所示。

（4）塞焊胶带：用 V 形和 W 形橡胶带封闭幕墙间隙时，胶带两侧的圆形槽内用一条 $\phi6$ 圆胶棍将胶带与铝框固定。胶带接头可用专用热压胶带电炉加工连接。胶带塞压时可用水润滑（冬天改用硅油）。

（5）填塞保温、防火材料：幕墙内表面与建筑物的梁柱间，四周均有约 200mm 间隙，这些间隙要按防火要求进行收口处理，用轻质防火材料充塞严实。空隙上封铝合金装饰板，下封大于空隙 0.8mm 厚镀锌钢板。

2. 元件式幕墙安装方法

（1）测量放线：在工作层上放出各向轴线，再依据各层轴线定出楼板上预埋件的中心线和连接件的外边线，以便与主龙骨——竖杆连接。如主体结构为钢结构，应考虑到结构的挠度，选择在风小时测量定位。

（2）装配铝合金主、次龙骨：装配工作可在室内进行，主要是装配好竖向主龙骨紧固件之间的连接件、横向次龙骨的连接件、安装镀锌钢板、主龙骨间接头的内、外套管以及连接的配件、密封橡胶等。

（3）安装主、次龙骨：如前所述，安装固定主龙骨——竖杆，有连接件与预埋件焊接和直接用膨胀螺栓锚固连接件两种方法。连接件安装后可进行竖杆的连接，主龙骨一般每两层一根，通过紧固件与连接件连接。每安装一根都应调直、固定。横向杆件如是型钢时，可用焊接或螺栓连接，也可采用将横杆承担在穿插件上，穿插件用螺栓与竖杆固定。图 6-49 所示为隐框幕墙横向杆件穿插连接示意图。

横杆如用铝合金型材时，与铝合金竖杆可用角钢或角铝为连接件。如横杆两端套有防水橡胶垫，则安装时，需用木撑将竖杆撑开些，装下横杆后再放开支撑，这样可将防水橡胶垫压紧。

（4）安装楼层间封闭镀锌钢板：将橡胶密封垫套在镀锌钢板四周，插入次龙骨铝件槽中，在镀锌钢板上焊钢钉，将矿棉保温层粘在钢板上，并用铁钉、压片固定保温层。

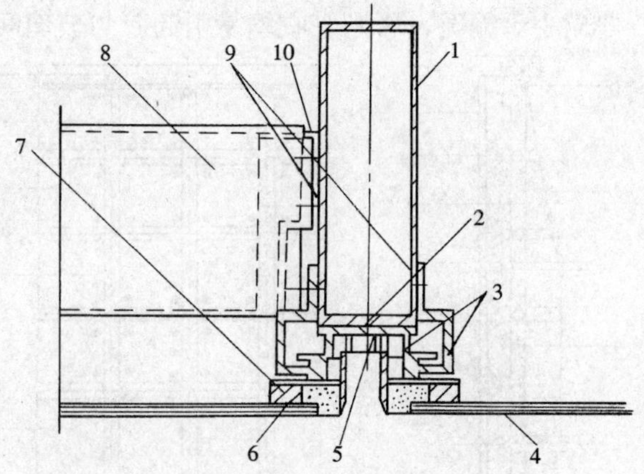

图 6-49　隐框幕墙横向杆件穿插连接示意图

1—竖杆；2—聚乙烯泡沫压条；3—铝合金固定玻璃连接件；4—玻璃；5—密封胶；6—结构胶；7—聚乙烯泡沫；8—横杆；9—螺栓、垫圈；10—横杆与竖杆连接件

（5）安装玻璃：玻璃一般均安装在铝合金框内，只因立柱与横杆的构造稍有不同。立柱安装玻璃时，先在内侧安上铝合金压条；然后再放玻璃；而横杆须考虑排除因密封不严流入槽内的雨水，故使支承玻璃的部分呈倾斜状态。安装时先在下框塞垫两块橡胶定位块，然后嵌入内胶条、安装玻璃，再嵌入外胶条。图 6-50 所示为玻璃幕墙竖、横杆安装玻璃构造。

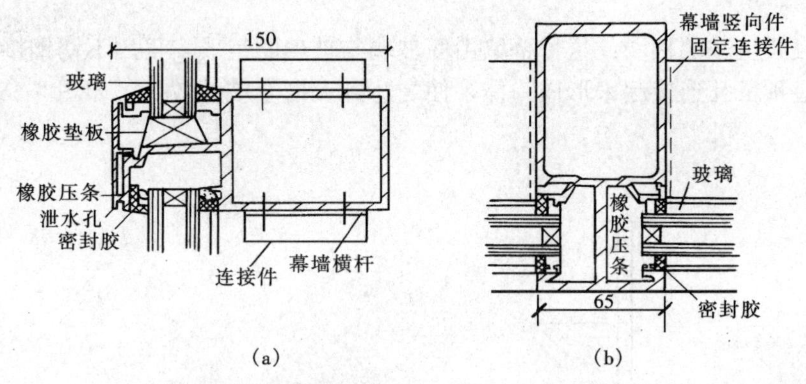

图 6-50　玻璃幕墙竖、横杆安装玻璃构造

(a) 横杆安装玻璃构造；(b) 竖杆安装玻璃构造

3. 点式幕墙安装

这种幕墙的构造常采用的有以下三种。

（1）拉杆、拉索结构点式幕墙：是全玻璃幕墙系统，以不锈钢驳接件结合抗拉钢缆和圆钢杆将玻璃联结形成一个完整的柔性体。由于采用了抗拉钢缆代替玻璃肋，减少了由玻璃肋破坏而造成的面玻璃损坏的机会。此种幕墙系统可适用于单片或中空玻璃，并具有无框架、重量轻、视野广阔等特点，如图 6-51 所示。

（2）钢结构点式幕墙：先把钢结构立柱与主体结构上下铰接，再在立柱上根据玻璃预留的连接孔位置固定钢柱和玻璃之间的连接件——不锈钢驳接件，并用与玻璃同尺寸、同孔位的模板校正各个驳接件的位置。用吊架自上而下地安装玻璃，并用驳接件固定。待检查了玻璃表面平整度及均匀玻璃间缝隙后，用硅酮胶把缝隙作密封处理，如图 6-52 所示。但缝内胶厚应小于缝宽，否则胶收缩易引起胶与玻璃间裂缝，造成渗漏。

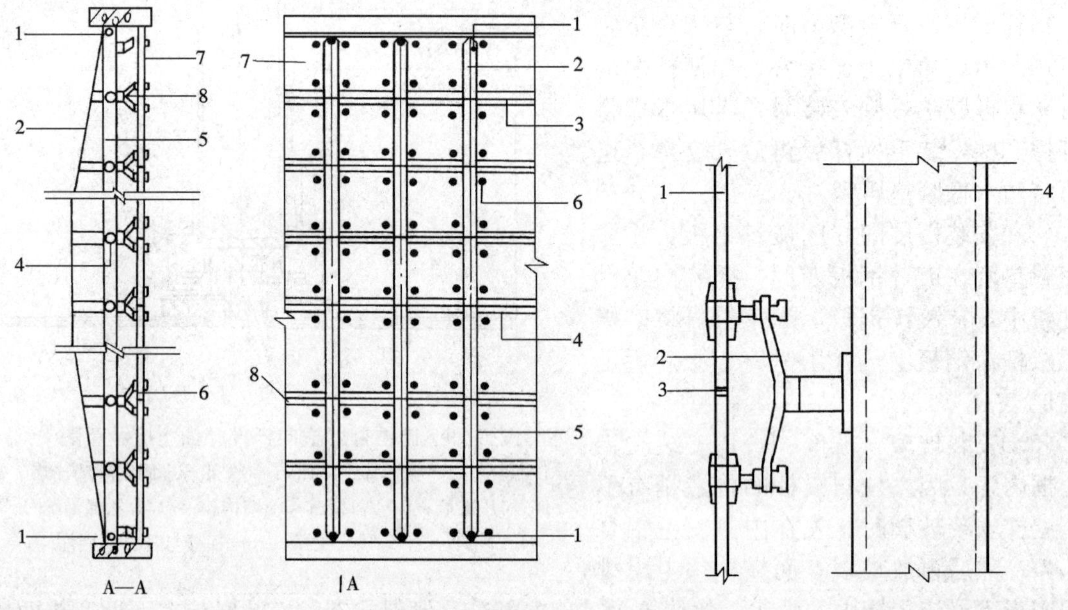

图 6-51　拉索、拉杆结构点式幕墙

1—铰支座；2—竖向钢缆；3—横向钢缆；4—横向钢杆；5—竖向钢杆；6—不锈钢驳接件；7—玻璃；8—硅酮胶

图 6-52　钢结构点式幕墙

1—玻璃；2—不锈钢驳接件；3—硅酮胶；4—方钢管

（3）接驳式全玻璃幕墙：这种幕墙由面玻璃与玻璃肋组成，再用不锈钢接玻器把面玻璃与玻璃肋通过预留孔连接起来形成一体，使之达到无框全玻的效果。如图 6-53 所示。

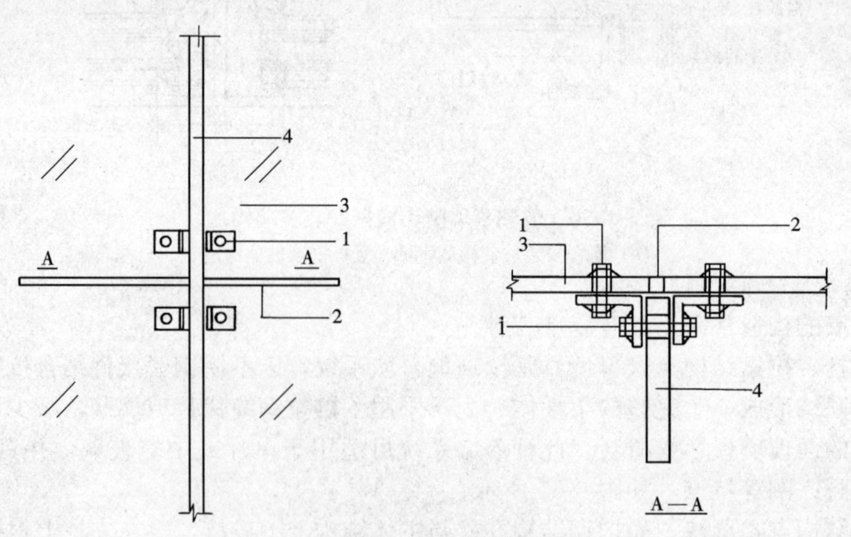

图 6-53　接驳式全玻璃幕墙

1—不锈钢接玻器；2—玻璃缝隙硅酮胶；3—面玻璃；4—肋玻璃

第五节　建筑用U形玻璃墙体施工

建筑用U形玻璃可用于内、外墙体及屋面。作为墙体具有良好的透光性，背光面墙面产生漫放射光感、光线柔和；双排安装时还有较好的隔声与隔热效果，是一种节能环保的新型材料。

一、建筑用U形玻璃的种类

（一）产品分类

根据形状分为U形玻璃和双U形玻璃，横截面呈U形的玻璃为U形玻璃，如图6-54所示。横截面呈双U形的玻璃为双U形玻璃，如图6-55所示。其中厚度为6mm、7mm，底宽为260mm、330mm、500mm；翼高为41mm、60mm；长度为4～7m。

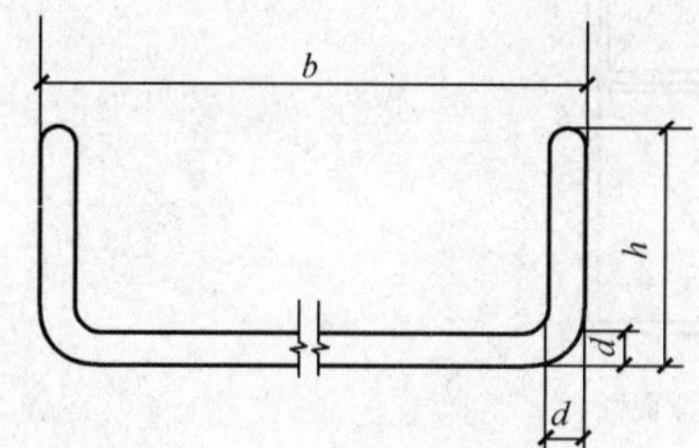

图6-54　U形玻璃

b—正面宽；h—翼高；d—厚度

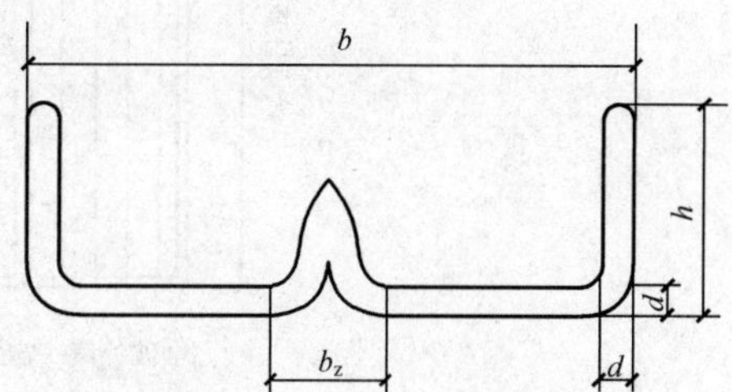

图6-55　双U形玻璃

b—正面宽；h—翼高；d—厚度；b_z—肋宽

（二）按造型及组合分类

U形玻璃按造型及建筑使用功能分别采取八种组合方式，见表6-3。

根据建筑设计的需要可以垂直、水平或坡向安装。

表6-3

1	单排　翼朝外（或内）	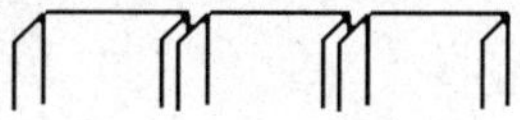
2	单排　楔形结构，相互咬合	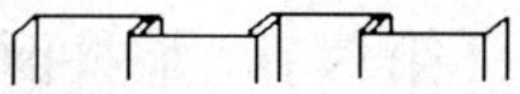
3	单排　楔形结构，相互贴合	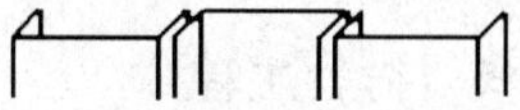
4	双排　翼在接缝处成对排列	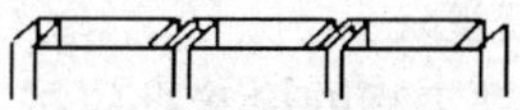
5	双排　翼错开排列	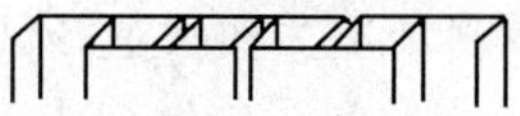
6	双排　锯齿状排列	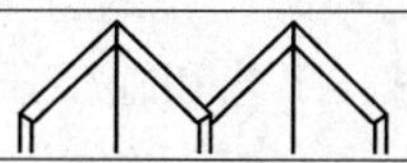
7	双排　墙面略带弯曲	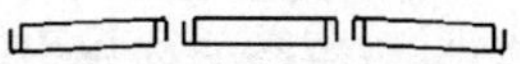
8	双排　翼对翼	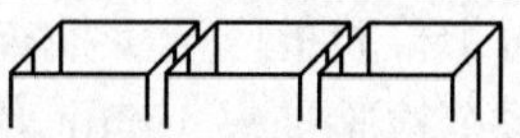

二、建筑U形玻璃的施工方法

（1）用膨胀螺栓将玻璃边框料固定在建筑洞口中或把边框用螺栓、铆钉同已有受力钢框架锚固。边框两侧每侧至少应有3个固定点，上下框料每隔400～600mm应有一个固定点，螺栓或铆钉的大小、型号应视工程实际情况计算确定。边框料固定后，再安装门、窗框料。

（2）框料内净尺寸每边应预留5mm空隙，以便于U形玻璃安装，框料可以采用型钢，也可由厂家订制型材。玻璃安装由一端向另一端进行。全玻外墙——窗、门立面图及大样如图6-56所示。

（3）U形玻璃用于湿度较大的房间且室内外温差较大时，应处理好玻璃表面露水的排泄及下滴问题。

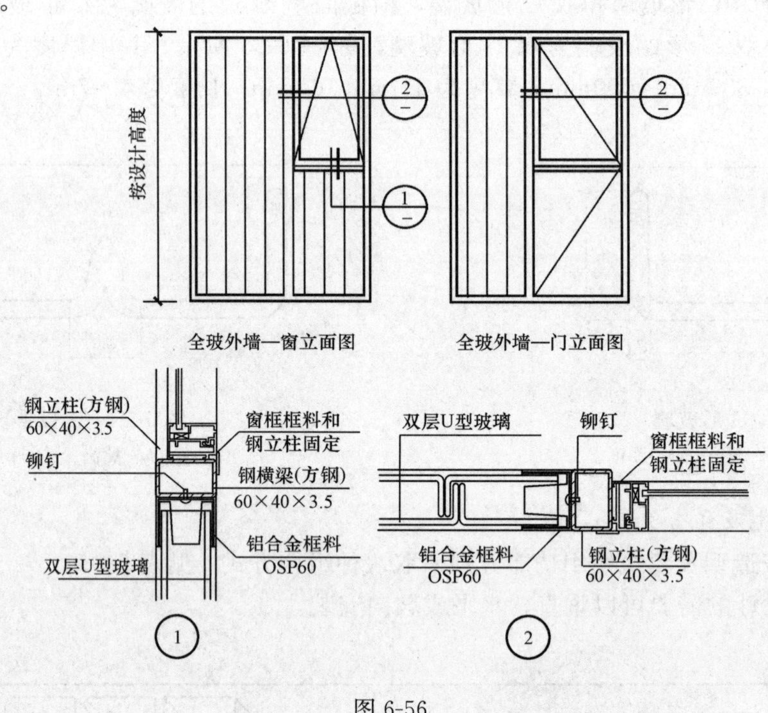

图6-56

第六节　墙柱面贴面装饰工程质量要求及检验方法

一、饰面板（砖）工程

（一）一般规定

（1）各分项工程的检验批应按下列规定划分：

1）相同材料、工艺和施工条件的室内饰面板（砖）工程每50间（大面积房间和走廊按施工面积30m²为一间）应划分为一个检验批，不足50间也应划分为一个检验批。

2）相同材料、工艺和施工条件的室外饰面板（砖）工程每500～1000m²应划分为一个检验批，不足500m²也应划分为一个检验批。

（2）检查数量应符合下列规定：

1）室内每个检验批应至少抽查10%，并不得少于3间；不足3间时应全数检查。

2）室外每个检验批每100m²应至少抽查一处，每处不得小于10m²。

（3）外墙饰面砖粘贴前和施工过程中，均应在相同基层上做样板件，并对样板件的饰面砖黏结强度进行检验，其检验方法和结果判定应符合《建筑工程饰面砖黏结强度检验标准》（JGJ110）的规定。

（4）饰面板（砖）工程的抗震缝、伸缩缝、沉降缝等部位的处理应保证缝的使用功能和饰面的完整性。

（二）饰面板安装工程

饰面板安装工程质量验收内容适用于内墙饰面板安装工程和高度不大于24m、抗震设防烈度不大于7度的外墙饰面板安装工程。

1. 主控项目

（1）饰面板的品种、规格、颜色和性能应符合设计要求，木龙骨、木饰面板和塑料面板的燃烧性能等级应符合设计要求。

检验方法：观察；检查产品合格证书、进场验收记录和性能检测报告。

（2）饰面板孔、槽的数量、位置和尺寸应符合设计要求。

检验方法：检查进场验收记录和施工记录。

（3）饰面板安装工程的预埋件（或后置埋件）、连接件的数量、规格、位置、连接方法和防腐处理必须符合设计要求。后置埋件的现场拉拔强度必须符合设计要求。饰面板安装必须牢固。

检验方法：手扳检查；检查进场验收记录、现场拉拔检测报告、隐蔽工程验收记录和施工记录。

2. 一般项目

（1）饰面板表面应平整、洁净、色泽一致，无裂痕和缺损，石材表面应无泛碱等污染。

检验方法：观察。

（2）饰面板嵌缝应密实、平直，宽度和深度应符合设计要求，嵌填材料色泽应一致。

检验方法：观察；尺量检查。

（3）采用湿作业法施工的饰面板工程，石材应进行防碱背涂处理。饰面板与基体之间的灌注材料应饱满、密实。

检验方法：用小锤轻击检查；检查施工记录。

（4）饰面板上的孔洞应套割吻合，边缘应整齐。

检验方法：观察。

（5）饰面板安装的允许偏差和检验方法应符合表6-4的规定。

表6-4　饰面板安装的允许偏差和检验方法（GB 50210—2001）

项次	项目	允许偏差（mm）							检验方法
		石材			瓷板	木材	塑料	金属	
		光面	剁斧石	蘑菇石					
1	立面垂直度	2	3	3	2	1.5	2	2	用2m垂直检测尺检查
2	表面平整度	2	3		1.5	1	3	3	用2m靠尺和塞尺检查
3	阴阳角方正	2	4	4	2	1.5	3	3	用直角检测尺检查

续表

<table>
<tr><th rowspan="3">项次</th><th rowspan="3">项　　目</th><th colspan="7">允许偏差（mm）</th><th rowspan="3">检验方法</th></tr>
<tr><th colspan="3">石　　材</th><th rowspan="2">瓷板</th><th rowspan="2">木材</th><th rowspan="2">塑料</th><th rowspan="2">金属</th></tr>
<tr><th>光面</th><th>剁斧石</th><th>蘑菇石</th></tr>
<tr><td>4</td><td>接缝直线度</td><td>2</td><td>4</td><td>4</td><td>2</td><td>1</td><td>1</td><td>1</td><td>拉 5m 线，不足 5m 拉通线，用钢直尺检查</td></tr>
<tr><td>5</td><td>墙裙、勒脚上口直线度</td><td>2</td><td>3</td><td>3</td><td>2</td><td>2</td><td>2</td><td>2</td><td>拉 5m 线，不足 5m 拉通线，用钢直尺检查</td></tr>
<tr><td>6</td><td>接缝高低差</td><td>0.5</td><td>3</td><td></td><td>0.5</td><td>0.5</td><td>1</td><td>1</td><td>用钢直尺和塞尺检查</td></tr>
<tr><td>7</td><td>接缝宽度</td><td>1</td><td>2</td><td>2</td><td>1</td><td>1</td><td>1</td><td>1</td><td>用钢直尺检查</td></tr>
</table>

（三）饰面砖粘贴工程

饰面砖粘贴工程质量验收内容适用于内墙饰面砖粘贴工程和高度不大于 100m、抗震设防烈度不大于 8 度、采用满粘法施工的外墙面砖粘贴工程。

1. 主控项目

（1）饰面砖的品种、规格、图案、颜色和性能应符合设计要求。

检验方法：观察；检查产品合格证书、进场验收记录、性能检测报告和复验报告。

（2）饰面砖粘贴工程的找平、防水、黏结和勾缝材料及施工方法应符合设计要求及国家现行产品标准和工程技术标准的规定。

检验方法：检查产品合格证书、复验报告和隐蔽工程验收记录。

（3）饰面砖粘贴必须牢固。

检验方法：检查样板件黏结强度检测报告和施工记录。

（4）满粘法施工的饰面砖工程应无空鼓、裂缝。

检验方法：观察；用小锤轻击检查。

2. 一般项目

（1）饰面砖表面应平整、洁净、色泽一致，无裂痕和缺损。

检验方法：观察。

（2）阴阳角处搭接方式、非整砖使用部位应符合设计要求。

检验方法：观察。

（3）墙面突出物周围的饰面砖应整砖套割吻合，边缘应整齐。墙裙、贴脸突出墙面的厚度应一致。

检验方法：观察；尺量检查。

（4）饰面砖接缝应平直、光滑，填嵌应连续、密实；宽度和深度应符合设计要求。

检验方法：观察；尺量检查。

（5）有排水要求的部位应做滴水线（槽）。滴水线（槽）应顺直，流水坡方向应正确，坡度应符合设计要求。

检验方法：观察；用水平尺检查。

（6）饰面砖粘贴的允许偏差和检验方法应符合表 6-5 的规定。

表 6-5　饰面砖粘贴的允许偏差和检验方法（GB 50210—2001）

项次	项目	允许偏差（mm）		检验方法
		外墙面砖	内墙面砖	
1	立面垂直度	3	2	用 2m 垂直检测尺检查
2	表面平整度	4	3	用 2m 靠尺和塞尺检查
3	阴阳角方正	3	3	用直角检测尺检查
4	接缝直线度	3	2	拉 5m 线，不足 5m 拉通线，用钢尺检查
5	接缝高低差	1	0.5	用钢直尺和塞尺检查
6	接缝宽度	1	1	用钢直尺检查

二、幕墙工程

（一）一般规定

用于玻璃幕墙、金属幕墙、石材幕墙等分项工程的质量验收。

1. 分项工程的检验批应按下列规定划分

（1）相同设计、材料、工艺和施工条件的幕墙工程每 500～1000m^2 应划分为一个检验批，不足 500m^2 也应划分为一个检验批。

（2）同一单位工程的不连续的幕墙工程应单独划分检验批。

（3）对于异型或有特殊要求的幕墙，检验批的划分应根据幕墙的结构、工艺特点及幕墙工程规模，由监理单位（或建设单位）和施工单位协商确定。

2. 检查数量应符合下列规定

（1）每个检验批每 100m^2 应至少抽查一处，每处不得小于 10m^2。

（2）对于异型或有特殊要求的幕墙工程，应根据幕墙的结构和工艺特点，由监理单位（或建设单位）和施工单位协商确定。

（二）玻璃幕墙工程

玻璃幕墙工程质量验收内容适用于建筑高度不大于 150m，抗震设防烈度不大于 8 度的隐框玻璃幕墙、半隐框玻璃幕墙、明框玻璃幕墙、全玻璃幕墙及点支承玻璃幕墙工程。

1. 主控项目

（1）玻璃幕墙工程所使用的各种材料、构件和组件的质量，应符合设计要求及国家现行产品标准和工程技术规范的规定。

检验方法：检查材料、构件、组件的产品合格证书、进场验收记录、性能检测报告和材料的复验报告。

（2）玻璃幕墙的造型和立面分格应符合设计要求。

检验方法：观察；尺量检查。

（3）玻璃幕墙使用的玻璃应符合下列规定：

1）幕墙应使用安全玻璃，玻璃的品种、规格、颜色、光学性能及安装方向应符合设计要求。

2）幕墙玻璃的厚度不应小于 6.0mm。全玻璃幕墙肋玻璃的厚度不应小于 12mm。

3）幕墙的中空玻璃应采用双道密封。明框幕墙的中空玻璃应采用聚硫密封胶及丁基密封胶；隐框和半隐框幕墙的中空玻璃应采用硅酮结构密封胶及丁基密封胶；镀膜面应在中空玻璃的第二或第三面上。

4）幕墙的夹层玻璃采用聚乙烯醇缩丁醛（PVB）胶片干法加工合成的夹层玻璃。点支承玻璃幕墙夹层玻璃的夹层胶片（PVB）厚度应≥0.76mm。

5）钢化玻璃表面不得有损伤；8.0mm以下的钢化玻璃应进行引爆处理。

6）所有幕墙玻璃均应进行边缘处理。

检验方法：观察；尺量检查；检查施工记录。

（4）玻璃幕墙与主体结构连接的各种预埋件、连接件、紧固件必须安装牢固，其数量、规格、位置、连接方法和防腐处理应符合设计要求。

检验方法：观察；检查隐蔽工程验收记录和施工记录。

（5）各种连接件、紧固件的螺栓应有防松动措施；焊接连接应符合设计要求和焊接规范的规定。

检验方法：观察；检查隐蔽工程验收记录和施工记录。

（6）隐框或半隐框玻璃幕墙，每块玻璃下端应设置两个铝合金或不锈钢托条，其长度应≥100mm，厚度不应小于2mm，托条外端应低于玻璃外表面2mm。

检验方法：观察；检查施工记录。

（7）明框玻璃幕墙的玻璃安装应符合下列规定：

1）玻璃槽口与玻璃的配合尺寸应符合设计要求和技术标准的规定。

2）玻璃与构件不得直接接触，玻璃四周与构件凹槽底部应保持一定的空隙，每块玻璃下部应至少放置两块宽度与槽口宽度相同、长度≥100mm的弹性定位垫块；玻璃两边嵌入量及空隙应符合设计要求。

3）玻璃四周橡胶条的材质、型号应符合设计要求，镶嵌应平整，橡胶条长度应比边框内槽长1.5%～2.0%，橡胶条在转角处应斜面断开，并应用黏结剂黏结牢固后嵌入槽内。

检验方法：观察；检查施工记录。

（8）高度超过4m的全玻璃幕墙应吊挂在主体结构上，吊夹具应符合设计要求，玻璃与玻璃、玻璃与玻璃肋之间的缝隙，应采用硅酮结构密封胶填嵌严密。

检验方法：观察；检查隐蔽工程验收记录和施工记录。

（9）支承点玻璃幕墙应采用带万向头的活动不锈钢爪，其钢爪间的中心距离应>250mm。

检验方法：观察；尺量检查。

（10）玻璃幕墙四周、玻璃幕墙内表面与主体结构之间的连接节点、各种变形缝、墙角的连接节点应符合设计要求和技术标准的规定。

检验方法：观察；检查隐蔽工程验收记录和施工记录。

（11）玻璃幕墙应无渗漏。

检验方法：在易渗漏部位进行淋水检查。

（12）玻璃幕墙结构胶和密封胶的打注应饱满、密实、连续、均匀、无气泡，宽度和厚度应符合设计要求和技术标准的规定。

检验方法：观察；尺量检查；检查施工记录。

（13）玻璃幕墙开启窗的配件应齐全，安装应牢固，安装位置和开启方向、角度应正确；开启应灵活，关闭应严密。

检验方法：观察；手扳检查；开启和关闭检查。

(14) 玻璃幕墙的防雷装置必须与主体结构的防雷装置可靠连接。

检验方法：观察；检查隐蔽工程验收记录和施工记录。

2. 一般项目

(1) 玻璃幕墙表面应平整、洁净；整幅玻璃的色泽应均匀一致；不得有污染和镀膜损坏。

检验方法：观察。

(2) 每平方米玻璃的表面质量和检验方法应符合表6-6的规定。

表6-6　每平方米玻璃的表面质量和检验方法

项　次	项　目	质量要求	检验方法
1	明显划伤和长度＞100mm的轻微划伤	不允许	观察
2	长度≤100mm的轻微划伤	≤8条	用钢尺检查
3	擦伤总面积	≤500mm²	用钢尺检查

(3) 一个分格铝合金型材的表面质量和检验方法应符合表6-7的规定。

表6-7　一个分格铝合金型材的表面质量和检验方法

项　次	项　目	质量要求	检验方法
1	明显划伤和长度＞100mm的轻微划伤	不允许	观察
2	长度≤100mm的轻微划伤	≤2条	用钢尺检查
3	擦伤总面积	≤500mm²	用钢尺检查

(4) 明框玻璃幕墙的外露框或压条应横平竖直，颜色、规格应符合设计要求，压条安装应牢固。单元玻璃幕墙的单元拼缝或隐框玻璃幕墙的分格玻璃拼缝应横平竖直、均匀一致。

检验方法：观察；手扳检查；检查进场验收记录。

(5) 玻璃幕墙的密封胶缝应横平竖直、深浅一致、宽窄均匀、光滑顺直。

检验方法：观察；手摸检查。

(6) 防火、保温材料填充应饱满、均匀，表面应密实、平整。

检验方法：检查隐蔽工程验收记录。

(7) 玻璃幕墙隐蔽节点的遮封装修应牢固、整齐、美观。

检验方法：观察；手扳检查。

(8) 明框玻璃幕墙安装的允许偏差和检验方法符合表6-8的规定。

表6-8　明框玻璃幕墙安装的允许偏差和检验方法

项　次	项　目		允许偏差（mm）	检验方法
1	幕墙垂直度	幕墙高度≤30m	10	用经纬仪检查
		30m＜幕墙高度≤60m	15	
		60m＜幕墙高度≤90m	20	
		幕墙高度＞90m	25	

续表

项次	项目		允许偏差（mm）	检验方法
2	幕墙水平度	幕墙幅宽≤35m	5	用水平仪检查
		幕墙幅宽＞35m	7	
3	构件直线度		2	用2m靠尺和塞尺检查
4	构件水平度	构件长度≤2m	2	用水平仪检查
		构件长度＞2m	3	
5	相邻构件错位		1	用钢直尺检查
6	分格框对角线长度差	对角线长度≤2m	3	用钢直尺检查
		对角线长度＞2m	4	

（9）隐框、半隐框玻璃幕墙安装的允许偏差和检验方法应符合表6-9的规定。

表6-9　隐框、半隐框玻璃幕墙安装的允许偏差和检验方法

项次	项目		允许偏差（mm）	检验方法
1	幕墙垂直度	幕墙高度≤30m	10	用经纬仪检查
		30m＜幕墙高度≤60m	15	
		60m＜幕墙高度≤90m	20	
		幕墙高度＞90m	25	
2	幕墙水平度	层高≤3m	3	用水平仪检查
		层高＞3m	5	
3	幕墙表面平整度		2	用2m靠尺和塞尺检查
4	板材立面垂直度		2	用垂直检测尺检查
5	板材上沿水平度		2	用1m水平尺和钢直尺检查
6	相邻板材板角错位		1	用钢直尺检查
7	阳角方正		2	用直角检测尺检查
8	接缝直线度		3	拉5m线，不足5m拉通线，用钢直尺检查
9	接缝高低差		1	用钢直尺和塞尺检查
10	接缝宽度		1	用钢直尺检查

（三）金属幕墙工程

金属幕墙工程质量验收内容适用于建筑高度不大于150m的金属幕墙工程。

1. 主控项目

（1）金属幕墙工程所使用的各种材料和配件，应符合设计要求及国家现行产品标准和工程技术规范的规定。

检验方法：检查产品合格证书、性能检测报告、材料进场验收记录和复验报告。

（2）金属幕墙的造型和立面分格应符合设计要求。

检验方法：观察；尺量检查。

（3）金属面板的品种、规格、颜色、光泽及安装方向应符合设计要求。

检验方法：观察；检查进场验收记录。

（4）金属幕墙主体结构上的预埋件、后置埋件的数量、位置及后置埋件的拉拔力必须符合设计要求。

检验方法：检查拉拔力检测报告和隐蔽工程验收记录。

（5）金属幕墙的金属框架立柱与主体结构预埋件的连接、立柱与横梁的连接、金属面板的安装必须符合设计要求，安装必须牢固。

检验方法：手扳检查；检查隐蔽工程验收记录。

（6）金属幕墙的防火、保温、防潮材料的设置应符合设计要求，并应密实、均匀、厚度一致。

检验方法：检查隐蔽工程验收记录。

（7）金属框架及连接件的防腐处理应符合设计要求。

检验方法：检查隐蔽工程验收记录和施工记录。

（8）金属幕墙的防雷装置必须与主体结构的防雷装置可靠连接。

检验方法：检查隐蔽工程验收记录。

（9）各种变形缝、墙角的连接节点应符合设计要求和技术标准的规定。

检验方法：观察；检查隐蔽工程验收记录。

（10）金属幕墙的板缝注胶应饱满、密实、连接、均匀、无气泡，宽度和厚度应符合设计要求和技术标准的规定。

检验方法：观察；尺量检查；检查施工记录。

（11）金属幕墙应无渗漏。

检验方法：在易渗漏部位进行淋水检查。

2. 一般项目

（1）金属板表面应平整、洁净、色泽一致。

检验方法：观察。

（2）金属幕墙的压条应平直、洁净、接口严密、安装牢固。

检验方法：观察；手扳检查。

（3）金属幕墙的密封胶缝应横平竖直、深浅一致、宽窄均匀、光滑顺直。

检验方法：观察。

（4）金属幕墙上的滴水线、流水坡向应正确、顺直。

检验方法：观察；用水平尺检查。

（5）每平方米金属板的表面质量和检验方法符合表6-10的规定。

表6-10　每平方米金属板的表面质量和检验方法

项　次	项　目	质量要求	检验方法
1	明显划伤和长度＞100mm的轻微划伤	不　允　许	观　察
2	长度≤100mm的轻微划伤	≤8条	用钢尺检查
3	擦伤总面积	≤500mm^2	用钢尺检查

（6）金属幕墙安装的允许偏差和检验方法符合表6-11的规定。

表6-11　金属幕墙安装的允许偏差和检验方法

项次	项目		允许偏差（mm）	检验方法
1	幕墙垂直度	幕墙高度≤30m	10	用经纬仪检查
		30m<幕墙高度≤60m	15	
		60m<幕墙高度≤90m	20	
		幕墙高度>90m	25	
2	幕墙水平度	层高≤3m	3	用水平仪检查
		层高>3m	5	
3	幕墙表面平整度		2	用2m靠尺和塞尺检查
4	板材立面垂直度		3	用垂直检测尺检查
5	板材上沿水平度		2	用1m水平尺和钢直尺检查
6	相邻板材板角错位		1	用钢直尺检查
7	阳角方正		2	用直角检测尺检查
8	接缝直线度		3	拉5m线，不足5m拉通线，用钢直尺检查
9	接缝高低差		1	用钢直尺和塞尺检查
10	接缝宽度		1	用钢直尺检查

（四）石材幕墙工程

石材幕墙工程质量验收内容适用于建筑高度不大于100m、抗震设防烈度不大于8度的石材幕墙工程。

1. 主控项目

（1）石材幕墙工程所用材料的品种、规格、性能和等级，应符合设计要求及国家现行产品标准和工程技术规范的规定。石材的弯曲强度应≥8.0MPa；吸水率应<0.8%。石材幕墙的铝合金挂件厚度不应小于4.0mm，不锈钢挂件厚度不应小于3.0mm。

检验方法：观察；尺量检查；检查产品合格证书、性能检测报告、材料进场验收记录和复验报告。

（2）石材幕墙的造型、立面分格、颜色、光泽、花纹和图案应符合设计要求。

检验方法：观察。

（3）石材孔、槽的数量、深度、位置、尺寸应符合设计要求。

检验方式：检查进场验收记录或施工记录。

（4）石材幕墙主体结构上的预埋件和后置埋件的位置、数量及后置埋件的拉拔力必须符合设计要求。

检验方法：检查拉拔力检测报告和隐蔽工程验收记录。

（5）石材幕墙的金属框架立柱与主体结构预埋件的连接、立柱与横梁的连接、连接件与金属框架的连接、连接件与石材面板的连接必须符合设计要求，安装必须牢固。

检验方法：手扳检查；检查隐蔽工程验收记录。

（6）金属框架和连接件的防腐处理应符合设计要求。

检验方法：检查隐蔽工程验收记录。

（7）石材幕墙的防雷装置与主体结构防雷装置可靠连接。

检验方法：观察；检查隐蔽工程验收记录和施工记录。

（8）石材幕墙的防火、保温、防潮材料的设置应符合设计要求，填实应密实、均匀、厚度一致。

检验方法：检查隐蔽工程验收记录。

（9）各种结构变形缝、墙角的连接节点应符合设计要求和技术标准的规定。

检验方法：检查隐蔽工程验收记录和施工记录。

（10）石材表面和板缝的处理应符合设计要求。

检验方法：观察。

（11）石材幕墙的板缝注胶应饱满、密实、连续、均匀、无气泡，板缝宽度和厚度应符合设计要求和技术标准的规定。

检验方法：观察；尺量检查；检查施工记录。

（12）石材幕墙应无渗漏。

检验方法：在易渗漏部位进行淋水检查。

2. 一般项目

（1）石材幕墙表面应平整、洁净，无污染、缺损和裂痕，颜色和花纹应协调一致、无明显色差、无明显修痕。

检验方法：观察。

（2）石材幕墙的压条应平直、洁净、接口严密、安装牢固。

检验方法：观察；手扳检查。

（3）石材接缝应横平竖直、宽窄均匀；阴阳角石板压向应正确，板边合缝顺直；凸凹线出墙厚度应一致，上下口应平直；石材面板上洞口、槽边应套割吻合，边缘应整齐。

检验方法：观察；尺量检查。

（4）石材幕墙的密封胶缝应横平竖直、深浅一致、宽窄均匀、光滑顺直。

检验方法：观察。

（5）石材幕墙上的滴水线、流水坡向应正确、顺直。

检验方法：观察；用水平尺检查。

（6）每平方米石材的表面质量和检验方法应符合表 6-12 的规定。

表 6-12　　每平方米石材的表面质量和检验方法

项　次	项　目	质量要求	检验方法
1	裂痕、明显划伤和长度＞100mm 的轻微划伤	不　允　许	观　察
2	长度≤100mm 的轻微划伤	≤8 条	用钢尺检查
3	擦伤总面积	≤500mm^2	用钢尺检查

（7）石材幕墙安装的允许偏差和检验方法应符合表 6-13 的规定。

表 6-13　　石材幕墙安装的允许偏差和检验方法

<table>
<tr><th rowspan="2">项　次</th><th rowspan="2" colspan="2">项　　　目</th><th colspan="2">允许偏差
（mm）</th><th rowspan="2">检验方法</th></tr>
<tr><th>光面</th><th>麻面</th></tr>
<tr><td rowspan="4">1</td><td rowspan="4">幕墙垂直度</td><td>幕墙高度≤30m</td><td colspan="2">10</td><td rowspan="4">用经纬仪检查</td></tr>
<tr><td>30m＜幕墙高度≤60m</td><td colspan="2">15</td></tr>
<tr><td>60m＜幕墙高度≤90m</td><td colspan="2">20</td></tr>
<tr><td>幕墙高度＞90m</td><td colspan="2">25</td></tr>
<tr><td>2</td><td colspan="2">幕墙水平度</td><td colspan="2">3</td><td>用水平仪检查</td></tr>
<tr><td>3</td><td colspan="2">板材立面垂直度</td><td colspan="2">3</td><td>用水平仪检查</td></tr>
<tr><td>4</td><td colspan="2">板材上沿水平度</td><td colspan="2">2</td><td>用 1m 水平尺和钢直尺检查</td></tr>
<tr><td>5</td><td colspan="2">相邻板材板角错位</td><td colspan="2">1</td><td>用钢直尺检查</td></tr>
<tr><td>6</td><td colspan="2">幕墙表面平整度</td><td>2</td><td>3</td><td>用垂直检测尺检查</td></tr>
<tr><td>7</td><td colspan="2">阳角方正</td><td>2</td><td>4</td><td>用直角检测尺检查</td></tr>
<tr><td>8</td><td colspan="2">接缝直线度</td><td>3</td><td>4</td><td>拉 5m 线，不足 5m 拉通线，用钢直尺检查</td></tr>
<tr><td>9</td><td colspan="2">接缝高低差</td><td>1</td><td></td><td>用钢直尺和塞尺检查</td></tr>
<tr><td>10</td><td colspan="2">接缝宽度</td><td>1</td><td>2</td><td>用钢直尺检查</td></tr>
</table>

思考练习题

6-1　石材面层如何进行安装？

6-2　石材湿作灌浆法和干挂法安装各有什么特点？

6-3　简述釉面砖镶贴方法。

6-4　简述陶瓷锦砖镶贴方法。

6-5　简述石膏装饰板、塑料板饰面板和玻璃饰面板的安装方法。

6-6　玻璃幕墙种类有哪些？原件式玻璃幕墙是如何进行安装的？

6-7　试述饰面砖粘贴的允许偏差和检验方法。

第七章　隔断工程和其他装饰工程施工

在装饰工程中由于功能和装饰要求常要采用隔墙和隔断来分割、限定室内空间，以达到使用要求和要求的空间艺术效果。

隔断墙的主要作用在于分隔。要求其自重轻、厚度薄、刚度大，有些隔断墙还要求隔声、耐火、耐湿、耐腐蚀以及通风、采光、便于拆装等。

隔断墙的类型很多，按使用状况可分为永久性隔断墙和可拆装隔断墙、可折叠隔断墙三种。按构造方式隔断墙可以分为以下三类：

（1）块材式隔断墙：块材式隔断墙是指用砖、砌块、玻璃砖等块材砌筑成的墙。

（2）立筋式隔断墙：立筋式隔断墙也称立柱式、龙骨式隔断墙。它是以木材、钢材或其他材料构成骨架，把面层钉结、涂抹或粘贴在骨架上形成的隔断墙。如板条抹灰墙、钢丝（板）网抹灰墙、胶合板墙、石膏板墙等。

（3）板材式隔断墙：板材式隔断墙是采用工厂生产的板材，以砂浆或其他黏结材料固定形成的隔断墙。这种墙板本身就是骨架，承受外力。如加气混凝土条板墙、碳化石灰板墙、石膏空心条板墙。

上述三种隔断墙基本上都属于永久性隔断墙，一旦拆开就难以再安装好，也不能折叠。而可折叠隔断墙，是通过铰链将若干窄隔断墙连接起来，能以铰链为轴进行折叠。这种隔断墙就是平常所说的屏风或近似于屏风的隔断墙。

在有些场合下，也可以用家具来分隔室内空间。这也是一种隔断，而且很实用，既能贮放东西，又可根据需要进行搬移，很灵活。所以，常称这类灵活隔断为活隔断。

属于活隔断的还有软隔断、推拉式隔断、卷帘式隔断。软隔断是用质地讲究、色泽漂亮的布料织物做成帘布挂拉式或幕帐垂地式隔断。

推拉式隔断和多功能活动半隔断也是近期发展起来的新颖的隔断形式，推拉式活动隔断可以灵活地按照使用需要把大空间划分为小空间或再打开，任何人都可以轻松顺利地移动和操作。多功能活动半隔断是由许多矮隔板进行拼装起来的一种新型办公设施，可以将大空间灵活方便地隔成若干个小的活动空间。这种隔断已有定型产品销售，其结构简单、式样美观、组装灵活、防火隔声，适用于大型开敞式办公室等。

第一节　隔　断　龙　骨

一、木龙骨施工

（一）*材料要求*

一般选用松木或杉木，含水率不超过8%。骨架所用的木材树种、材质等级、含水率以及防腐、防虫、防火处理，必须符合设计要求和《木结构工程施工及验收规范》(GB 50206—2002)的有关规定。

木龙骨由上槛、下槛、方筋和横筋组成。通常木龙骨上下槛和立筋断面约为30mm×50mm～50mm×70mm，立筋间距为400mm×600mm，横筋间距约为1200mm。

（二）木龙骨隔断的构造形式

常用的木龙骨架有大木方结构（见图 7-1）、小木方双层结构（见图 7-2）和小木方单层结构。大木方结构大多用于高宽尺度较大的木龙骨隔断墙；小木方双层结构适合于宽度为 150mm 的隔断墙，同时内部走线方便；小木方单层结构常用于 3000mm 以下或普通半高矮隔断。

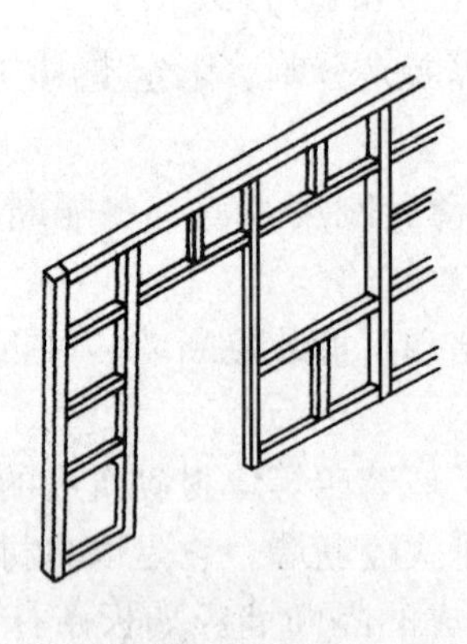

图 7-1 大木方结构

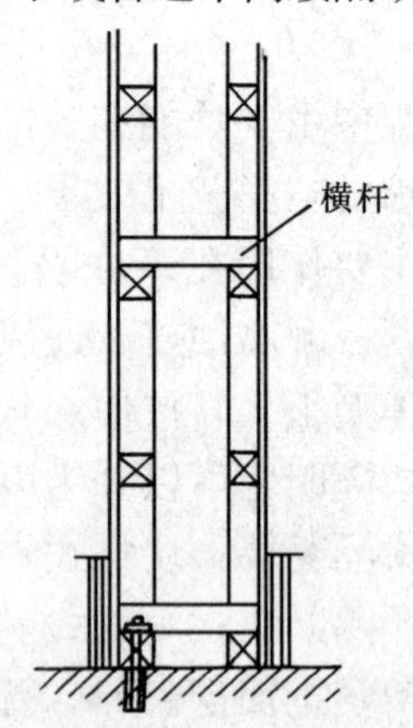

图 7-2 小木方双层结构

（三）施工方法

先检查墙身的平整度与垂直度：用垂线法和水平线来检查墙身的垂直度和平整度，并在墙面上标出最高点和最低点。对墙面平整误差在 10mm 以内的墙体，可进行重新抹灰浆修正；如误差大于 10mm，通常不再修正墙体，而是在建筑墙体与木龙骨架间加木垫来调整，以保证木龙骨架的平整度和垂直度。

木楔圆钉固定法：用 16～20mm 的冲击钻头在建筑面层上钻孔，钻孔的位置应在弹线的交叉点位置上，钻孔的孔距为 600mm 左右、钻孔深度不小于 60mm。在钻出的孔中打入木楔，如在潮湿的地区或墙面易受潮的部位，木楔可刷上桐油，待干燥后再打入墙孔内。

固定木龙骨架时，应将骨架立起后靠在建筑墙面上，并用垂线法检查木龙骨架垂直度，用水平直线法检查木龙骨架的平整度。对校正好的木龙骨架进行固定。固定前，先看骨架木龙骨与建筑墙面有否缝隙，如有缝隙，应先用木片或木块将缝隙垫实，再用圆钉将木龙骨与木楔钉牢固（见图 7-3）。

如果木龙骨采用膨胀螺栓固定，就应在标出的固定位置打孔。打孔的直径要略大于膨胀螺栓的直径（见图 7-4）。

对于面积不大的墙身，可一次拼成木龙骨架后，再安装固定在墙面上。对于大面积的墙身，可将拼成的木龙骨

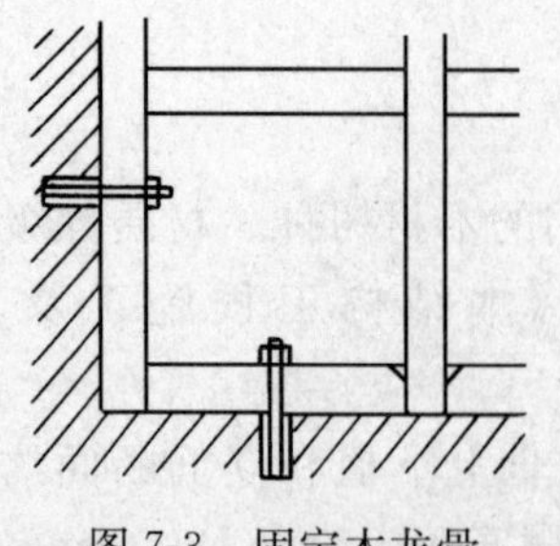

图 7-3 固定木龙骨

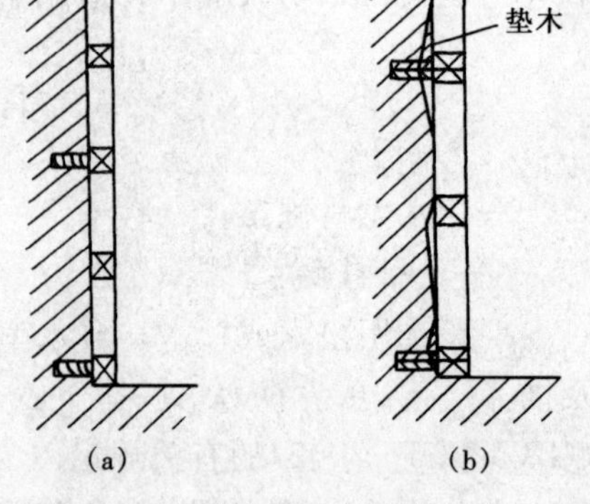

图 7-4 木龙骨与墙身的固定

(a)建筑墙身较平整时；(b)建筑墙身不平整时

架分片安装固定。木龙骨架的拼装方法与吊顶木龙骨架相同。

二、石膏龙骨施工

石膏龙骨系以浇注石膏，适当配以纤维或用纸面石膏板复合、黏结、切割而成的石膏板隔断龙骨架支承材料。可用于现装石膏板、水泥刨花板隔断等。石膏龙骨具有自重轻、强度高、刚度大、易成型和可锯、可接长、加工性能好、安装方便等特点。运输堆放中需注意防潮。

（一）材料要求

龙骨：纸面石膏板龙骨；浇注石膏加筋龙骨。

其他材料：木楔，胶黏剂、SG791 建筑胶黏剂，建筑石膏粉，玻纤布条，石膏腻子。

（二）石膏龙骨隔断的构造形式

由于石膏构件使用中要求防潮，因此，石膏龙骨隔墙下端应做墙垫。墙垫可捣素钢筋混凝土或砌 2～3 皮砖。

如果隔墙采用木踢脚板且不设置墙垫时，可在楼地面上直接粘贴辅助龙骨，龙骨上粘贴木砖，中距 300mm，并做标记以便于踢脚板的安装（见图 7-5）。

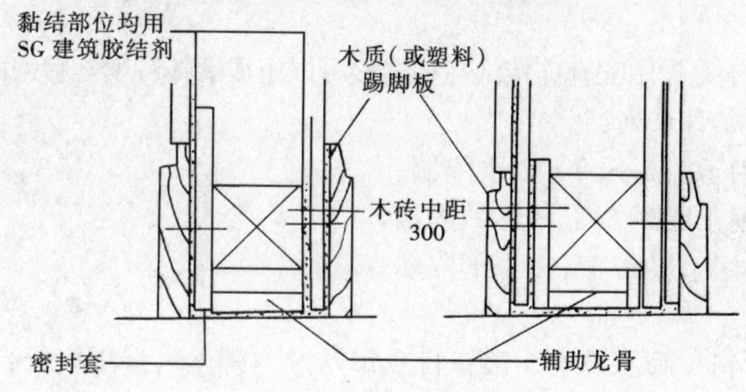

图 7-5 不设墙垫的石膏龙骨隔墙底端构造做法

石膏龙骨隔断墙垫以上的构造形式，如图 7-6 所示的不同高度墙体石膏龙骨排布与横撑设置示意图。

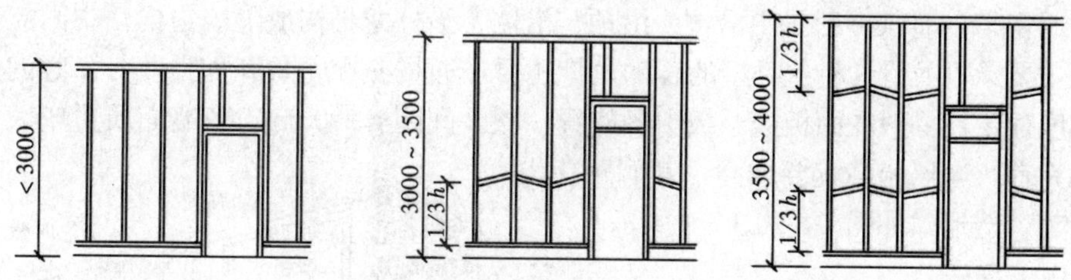

图 7-6 不同高度墙体石膏龙骨排布与横撑设置示意

（三）施工方法

（1）放线做墙垫，墙垫的侧面要垂直，上表面要水平，与楼面结合要牢固。

（2）沿墙身四框粘贴辅助龙骨，辅助龙骨用两层石膏板条黏合，其宽度按墙厚度选择，在其背面满涂黏结剂与基层粘贴牢固，两侧边要找直，多余的黏结剂应及时刮净。

（3）一字形排列的龙骨宜采用定位架，龙骨错位设置者，宜先立两端龙骨，吊垂直，然后拉线，再顺序立中间龙骨，与线找齐。

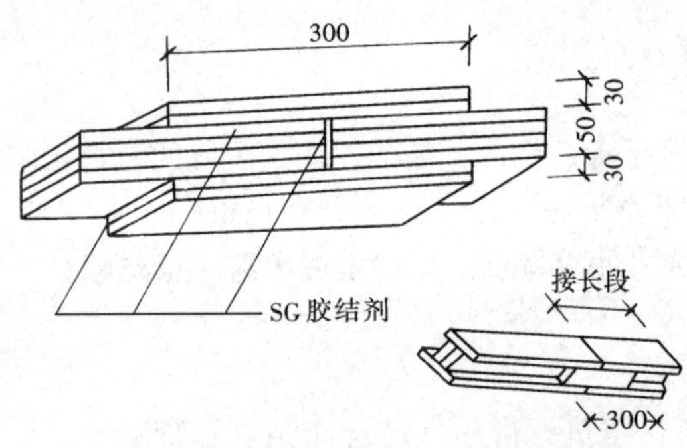

图 7-7　石膏龙骨的接长

（4）龙骨须由墙的一端排列安装，若墙上有门窗口时，先安装洞口一侧龙骨，随立口，再安装另一侧龙骨。

（5）龙骨需接长时，接长两侧用 300mm 辅助龙骨（或两层石膏板条）粘贴夹牢（见图 7-7）并横撑一道。横撑水平安装，两端的下方应粘贴石膏板固定。

三、轻钢龙骨施工

轻钢龙骨系以镀锌铁板或薄壁冷轧退火钢板为原料，经冷弯机滚轧冲压而成的轻隔墙骨架支承材料。适用于建筑物的轻隔墙，如石膏板、水泥刨花板以及纤维板等隔墙。轻钢龙骨具有自重轻、刚度大、防火、抗震性能好、适应性强等特点，并且加工方便、安装简便。

（一）材料要求

1. 隔墙龙骨

一般采用 C 型轻钢龙骨用配套连接件互相连接可以组成墙体骨架，骨架两侧覆以饰面板。

C 型轻钢装配式龙骨系列：

1）C50 系列可用于层高 3.5m 以下隔墙。

2）C75 系列可用于层高 3.5～6m 的隔墙。

3）C100 系列可用于层高 6m 以上的隔墙。

2. 紧固材料

固定连接件：射钉、膨胀螺丝、镀锌自攻螺丝及木螺丝，选用应符合设计要求。

垫层材料：橡胶条或沥青泡沫塑料条。

3. 填充材料

填充材料有玻璃棉、矿棉板、岩棉板等。

（二）轻钢龙骨隔断的构造形式

轻钢龙骨隔墙的骨架一般是由沿地、沿顶与沿墙、沿柱龙骨构成隔墙边框，中间立若干竖向龙骨，它是主要承重龙骨。有些类型的轻钢龙骨还要加通贯横撑龙骨和加强龙骨。竖向龙骨间距根据面板宽度而定，一般在面板边、板中各放置一根，间距≤600mm。若墙面质量较大，其间距以≤420mm为宜。当隔墙高度要增高，其间距应适应缩小。其构造形式如图 7-8、图 7-9 所示。

（三）施工方法

（1）施工顺序：轻钢龙骨安装的施工顺序：墙位放线—墙基施工—安装沿地、沿顶龙骨—安装竖向龙骨（包括门口加强龙骨）、横撑龙骨、通贯龙骨—各种洞口龙骨加固。

（2）在沿地、沿顶龙骨与地、顶面接触处要铺填橡胶条或沥青泡沫塑料条，再按规定间距用射钉或螺栓固定于地、顶面上。

（3）射钉中距按 600～1000mm 间距布置，

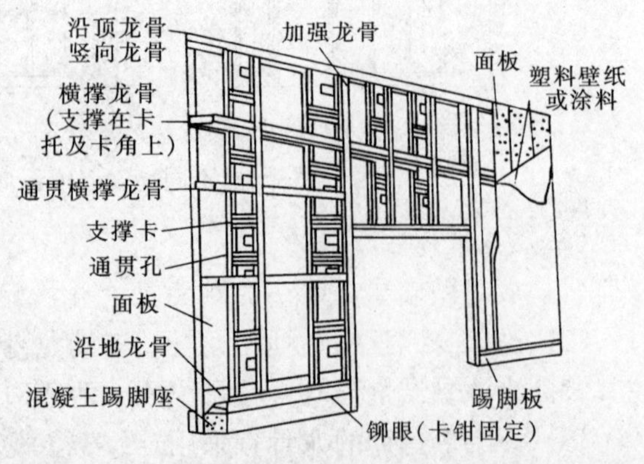

图 7-8　轻钢龙骨隔墙龙骨布置示意图之一

水平方向不大于800mm，垂直方向不大于1000mm。射钉射入基体的最佳深度：混凝土为22～33mm；砖墙为30～50mm。

（4）将预先切裁好长度的竖向龙骨，推向横向沿顶、沿地龙骨之间，翼缘朝向石膏板方向，竖向龙骨接长可用U形龙骨套在C型龙骨的接缝处，用拉铆钉或自攻螺钉固定。

（5）不同部位与不同龙骨的固定方法或方式为：

1）边框龙骨（包括沿地龙骨、沿顶龙骨和沿墙、柱龙骨）和立体结构固定，一般采用射钉，即按中距小于1000mm打入射钉与主体结构固定，亦可采用电钻开孔打入膨胀螺栓或在主体结构上留预埋件的方法来固定，见图7-10。

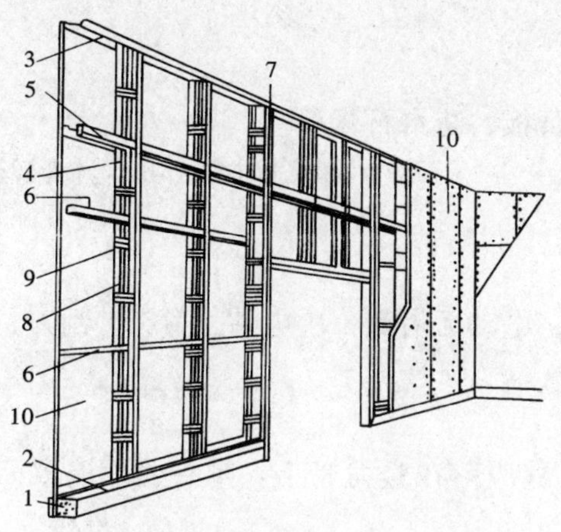

图7-9　轻钢龙骨隔墙龙骨布置示意图之二

1—混凝土踢脚座；2—沿地龙骨；3—沿顶龙骨；4—竖龙骨；5—横撑龙骨；6—通贯横撑龙骨；7—加强龙骨；8—贯通孔；9—支撑卡；10—石膏板

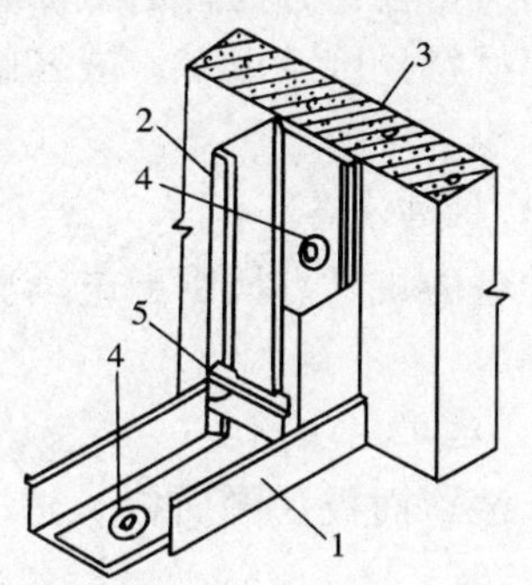

图7-10　沿地、沿墙龙骨与墙地固定

1—沿地龙骨；2—竖向龙骨；3—墙或柱；4—射钉及垫圈；5—支撑卡

2）竖向龙骨用拉铆钉与沿顶、沿地龙骨固定，也可用电焊、射钉固定，见图7-11。

3）门框和竖向龙骨的连接视龙骨类型有多种做法。有采用加强龙骨来和大门框连接；也可用木门框两侧向上延长，插入沿顶龙骨和竖向龙骨上；甚至还可用其他固定方法，如图7-12所示。

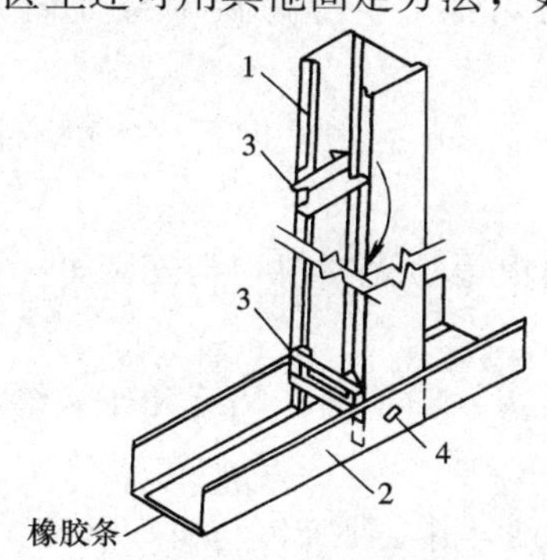

图7-11　竖向龙骨与沿地龙骨固定

1—竖向龙骨；2—沿地龙骨；3—支撑卡；4—铆眼

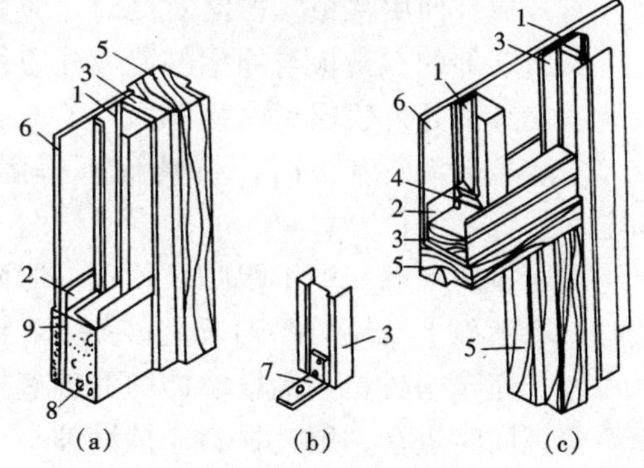

图7-12　木门框和竖向龙骨连接

（a）木框处下部构造；（b）用固定件与加强龙骨连接；（c）木框处上部构造

1—竖向龙骨；2—沿地龙骨；3—加强龙骨；4—支撑卡；5—木门框；6—石膏板；7—固定件；8—混凝土踢脚座；9—踢脚板

4）圆曲面隔墙墙体的构造应根据曲面要求将沿地、沿顶龙骨切锯成锯齿形再进行弯曲，并将锯口焊封起来，再固定在顶面和地面上，然后按较小的间距（一般为150mm）排列竖向龙骨。

第二节 石膏板隔断

石膏板具有质轻、高强、抗震、防火、防蛀、隔热，可裁、钉、刨、钻、黏结以及表面平整、施工方便等特点。在工程中常用的石膏板有：纸面石膏板、纤维石膏板（即无纸石膏板）、石膏空心条板和石膏板复合墙板等多种品种。

一、纸面石膏板隔断墙安装

（一）材料准备

纸面石膏板：分为普通纸面石膏板、防火石膏板、防水石膏板。

其他材料：接缝纸带、嵌缝腻子（采用KF80－1：石膏＝1：2搅拌均匀）、木螺丝（自攻螺丝）等。

（二）机具准备

应准备的机具有板锯、电动剪、电动自攻钻、电动无齿锯、手电钻、射钉、刮刀、线坠和靠尺等。

（三）施工方法

（1）装罩面板：罩面板长边（即包封边）接缝应落在竖龙骨上，唯有曲面墙罩面板宜横设。

龙骨两侧的罩面板及两层罩面板应错缝排列，使接缝不落在同一根龙骨上。

石膏板用自攻螺钉固定。沿石膏板周边螺钉间距不应大于200mm，中间部分螺钉间距不应大于300mm，螺钉与板边缘的距离应为10～16mm。

安装石膏板时，应从板的中部向板的四边固定，钉头略埋入板内，但不得损坏纸面。钉眼应用石膏腻子抹平。

石膏板宜使用整板。如需对接时，应紧靠，但不得强压就位。

隔墙端部的石膏板与周围的墙或柱应留有3mm的槽口处加注嵌缝膏，然后铺板，挤压嵌缝膏使其和邻近表层紧密接触。

安装防火墙石膏板时，石膏板不得固定在沿顶、沿地龙骨上，应另设横撑龙骨加以固定。

隔墙板的下端如用木踢脚板覆盖，罩面板应离地面20～30mm；用大理石、水磨石踢脚板时，罩面板下端应与踢脚板上口齐平，接缝严密。

（2）充隔间材料：铺放墙体内的玻璃棉、矿棉板、岩棉板等填充材料，与安装另一侧纸面石膏板同时进行，填充材料应铺满铺平。

（3）接缝、护角处理：纸面石膏板墙接缝做法有三种形式，即平缝、凹缝和压条缝。一般做平缝较多，可按以下程序处理：

纸面石膏板安装时，其接缝处应适当留缝（一般为3～6mm），并必须坡口与坡口相接。

接缝内浮土清除干净后，刷一道胶水溶液。

用小刮刀把接缝腻子嵌入板缝，板缝要嵌满嵌实，与坡口刮平。待腻子干透后，检查嵌缝处是否有裂纹产生，如产生裂纹要分析原因，并重新嵌缝。

在接缝坡口处刮约 1mm 厚的腻子，然后粘贴玻纤带，压实刮平。

当腻子开始凝固又尚处于潮湿状态时，再刮一道腻子，将玻纤带埋入腻子中，并将板缝填满刮平。阴角的接缝处理方法同平缝。

阳角可按以下方法处理：

阳角粘贴两层玻纤布条，角两边均拐过 100mm，粘贴方法同平缝处理，表面亦用腻子刮平。

当设计要求作金属护角条时，按设计要求的部位、高度，先刮一层腻子，随即用镀锌钉固定金属护角条，并用腻子刮平。

待板缝腻子干燥后，检查板缝是否有裂缝产生，如发现裂纹，必须分析原因，采取有效的措施加以克服，否则不能进入板面装饰施工。

二、石膏空心条板安装

石膏空心条板是以建筑石膏为主要原料，掺加适量粉煤灰和水泥、增强纤维，经料浆拌和、浇注成型、抽芯、干燥等工艺制成的轻质板材，具有质量轻、强度高、隔热、隔声、防火等性能，可锯、刨、钻加工，施工简便。

按原材料，石膏空心条板可分为石膏珍珠岩空心条板、石膏粉煤灰硅酸盐空心条板、磷石膏空心条板、石膏空心条板。

（一）材料准备

石膏空心条板、聚醋酸乙烯胶、黏结砂浆（聚醋酸乙烯胶：水泥：砂=1：1：3）、石膏腻子（石膏：珍珠岩石=1：1），豆石混凝土、甲基硅酸钠防潮液，纸面石膏板（或纤维石膏板），木楔等。

（二）机具准备

同“纸面石膏板”施工。

（三）安装方法

（1）墙位放线：安装墙板时按放线位置，从门洞口通天框旁开始，最好使用定位木架，与安装纸面石膏板隔墙相似。安装前，在板的顶面和侧面涂聚醋酸乙烯胶水泥砂浆，先推紧侧面，再顶牢顶面，板下两侧各 1/3 处垫两组木楔，并用靠尺检查，然后在下端浇筑豆石混凝土。或者先在地面上浇制或放置混凝土条块，也可砌砖，然后粘贴石膏空心条板。为防止安装时石膏空心条板底端吸水，故应先涂刷甲基硅醇钠溶液作防潮处理。

（2）连接方法：石膏空心条板一般用单层板来作隔断、隔墙，亦可用两层空心条板、中设空气层或矿棉组成隔墙。墙板和梁（板）的连接，一般采用下楔法，即下部用木楔楔紧后灌填干硬性混凝土。其上部的固定方法有两种：一种为软连接，另一种为直接顶在楼板或梁下。为了施工方便多数采用后一种方法。墙板之间、墙板与顶板以及墙板侧边与柱、外墙等均用聚醋酸乙烯胶水泥砂浆黏结；凡墙板宽度小于板宽时，可根据需要随意锯开再接装黏结。门洞两边要各加一道通天框，门口上面采用纸面石膏板或纤维石膏板固定在木龙骨上，如图 7-13～图 7-17 所示。

墙板的空心部位可穿电线，板面上可固定电门、插销，可按需要钻成小孔，塞黏圆木固定于上部。

（3）板缝处理：一般采用不留明缝的做法。其做法是在涂刷防潮涂料前，先刷水湿润两遍，再抹石膏膨胀珍珠岩腻子，勾缝，刮平。

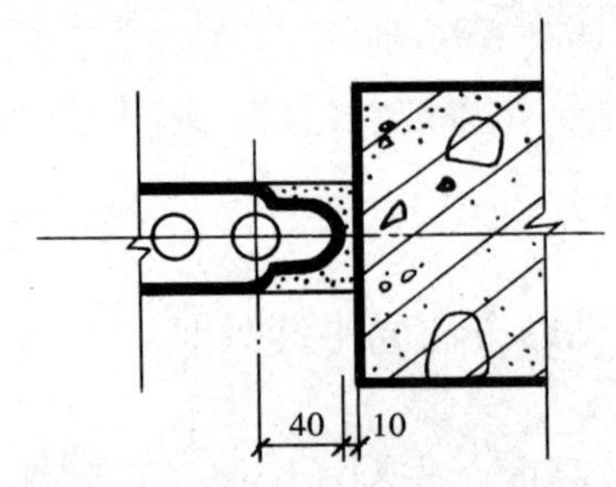

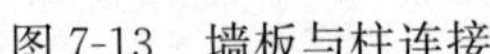
图 7-13　墙板与柱连接

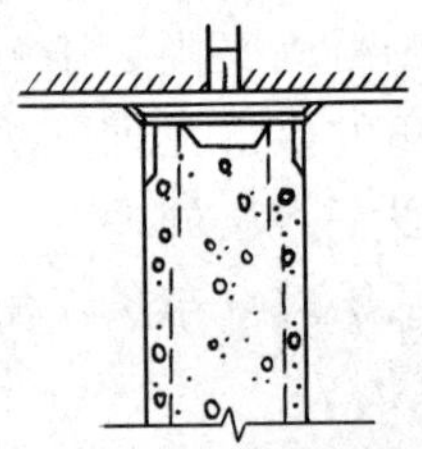
图 7-14　墙板与顶板连接（软节点）

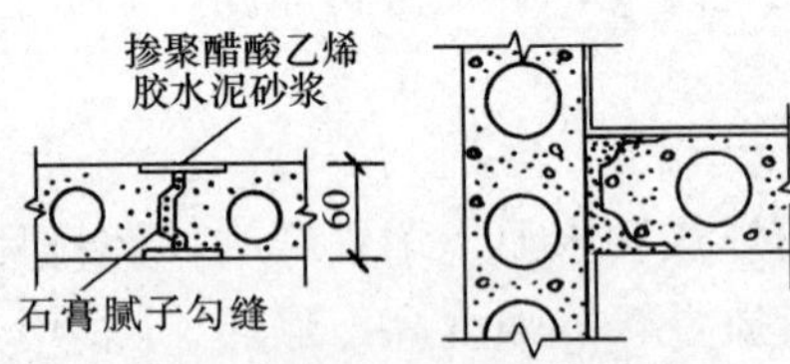

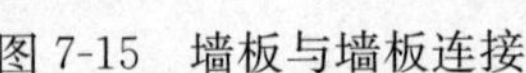
图 7-15　墙板与墙板连接

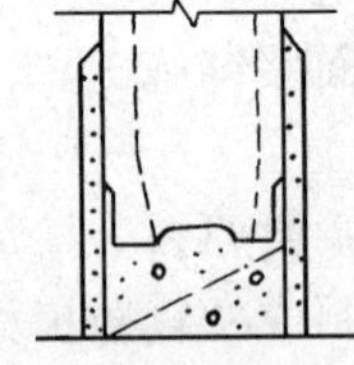
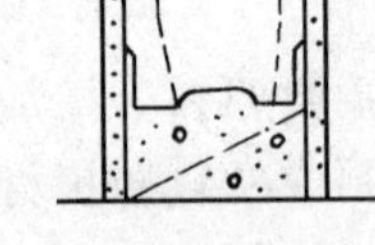
图 7-16　墙板与地板连接

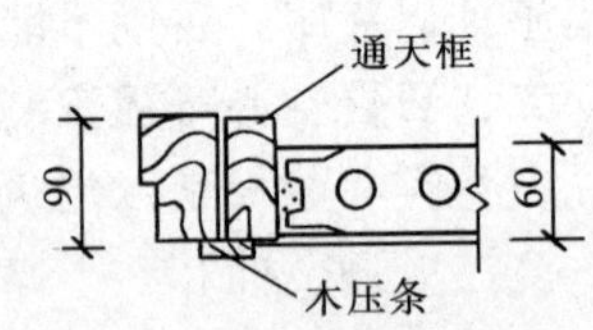

图 7-17　墙板与门框连接

（4）踢脚线安装：先用稀释聚醋酸乙烯胶水刷一层，再用聚醋酸乙烯胶水泥浆刷至踢脚线部位，待初凝后用水泥砂浆抹实压光。

（5）饰面安装：墙面可做喷浆、油漆、贴墙纸等各种饰面。墙面要满刮腻子，腻子干后磨平，再做饰面层，如刷漆或贴壁纸、墙布；或用聚醋酸乙烯胶水泥砂浆刷涂一道，用纸筋灰抹平，厚度为 5mm，再喷涂面层色浆或涂料；对防潮要求较高的墙面，墙面找平打磨后，要刷稀释甲基硅醇钠防潮涂料。

三、石膏板复合墙板隔断安装

（一）材料准备

石膏板复合墙板、聚醋酸乙烯胶、黏结砂浆（聚醋酸乙烯胶：水泥：砂＝1：1：3）石膏腻子（石膏：珍珠岩石＝1：1）、豆石混凝土、木楔等。

（二）机具准备

同“纸面石膏板”安装。

（三）安装方法

（1）墙位放线后，对楼地面凿毛处理，用水湿润，然后浇筑豆石混凝土墙垫。

（2）安装复合板时，宜从墙的一端开始排列，顺序安装。最后剩余墙宽若不足整板时，需现量尺寸进行补板。若补板宽度大于 450mm 时，板中应增立一根龙骨。补板时，在四周粘贴石膏板条，再在其上粘贴石膏板。

（3）设有门窗的墙面，应先安装门窗口一侧较短的墙板，随即立口，再安装门窗口另一侧墙板。一般情况下，门口两侧及拐角两侧的墙板均应使用边角方正的整板。

（4）复合板安装时，在板的顶面、侧面和门窗外侧面先除去浮土，均匀涂抹胶黏剂，然后上下顶紧，侧面要严，缝内胶黏剂要饱满（凹进板面 5mm 左右），接缝宽度为 35mm，板底空隙不大于 25mm，板下所塞木楔上下接触面应涂抹胶黏剂，木楔一般不撤除，但不得外露墙面。

（5）第一块复合板安装好后，要检查其垂直度，继续安装时，必须上下横靠检查尺，并与相邻的板面找平，当板面接缝不平时，应注意及时纠正。

(6) 双层复合板中间留空气层的墙体，施工安装时，先安装一道复合板，露明于房间一侧的墙面平整。

(7) 其他施工安装（如接缝处理等）的做法，与纸面石膏板隔断墙类似。图 7-18 为常用石膏板复合墙板构造示意图。

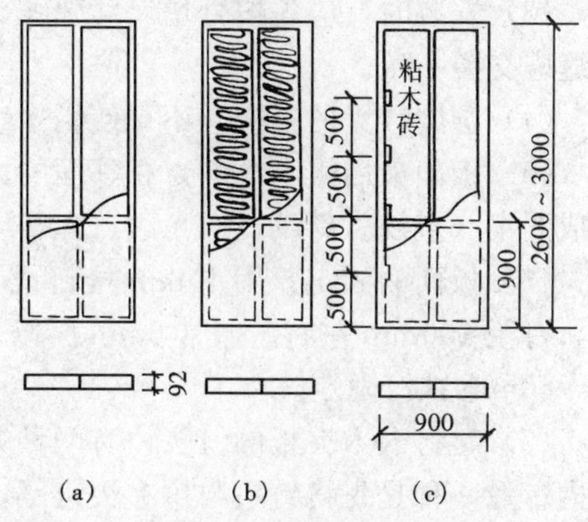

图 7-18　常用石膏板复合墙板构造示意图
(a) 一般复合板；(b) 填芯复合板；
(c) 固定门框用复合板

四、纤维石膏板隔断安装

纤维石膏板是以建筑石膏为主要原料，加入适量的有机和无机纤维为增强材料，经打浆、铺浆、脱水、成型、烘干而制作的一种无面纸纤维石膏薄板。它具有质轻、高强、耐火、隔声、韧性强等性能，并可进行锯、钉、刨、钻加工，湿作业少、施工方便，可广泛地用于隔断工程中。

这种纤维石膏板由于无面纸，一般都要进行面层处理，如涂裱、彩喷等。

纤维石膏板现装石膏板隔断墙的安装施工技术，基本同纸面石膏板安装施工，这里不再赘述。

第三节　木质板隔断

木质板隔断一般采用木龙骨做骨架，以木拼板、胶合板、纤维板、刨花板、富丽板、贴塑板作为罩面板安装而成的。它具有施工速度快、现场湿作业少（无）、自重轻、保湿、隔热、隔声等特点。

但是，由于木材是一种易燃物，所以木质板隔断的耐火性能较差。在防火要求较高的建筑中应尽量不采用或少采用，即使采用也应通过刷防火涂料等措施来提高其耐火能力，而且其罩面板应尽量采用防火贴塑板。

此外，木质材料防腐能力较差，在靠近地面、墙等易泛潮地方的木龙骨应作防腐防潮处理。

一、材料准备

准备的材料有面材（胶合板、纤维板、刨花板、细木工板、企口板）、防火涂料（对木料均需涂刷防火涂料）、元钉、木螺丝、射钉、膨胀螺丝等。

二、机具准备

准备的机具有电动锯、铁锤、射钉枪、手电钻、螺丝刀、线锤靠尺、直尺等。

三、安装方法

（一）胶合板隔断安装

(1) 装饰工程中的木结构墙身均需经防火处理，应在制作墙身木龙骨与木夹板或纤维板的背面涂刷防火漆三遍。

(2) 胶合板罩面安装前对基体应进行处理，其表面如采用油毡、油纸防潮时，应铺设平整、接触严密，不得有皱折、裂缝和透孔等。

（3）安装时，应先按分块尺寸弹线，安装顶棚应由中间向两边对称进行，墙面与顶棚的接缝应交圈一致。

（4）湿度较大的空间，不得使用未经防水防腐处理的胶合板。

（5）板面最后露木纹的，相邻面的木纹、颜色应接近于一致，或按设计要求处理木纹、构成图案（直纹、斜纹、对角纹、人字纹等形式）。

（6）板面的固定：用15mm枪钉或25mm铁钉把木夹板固定在木龙骨上。要求布钉均匀，钉距100mm左右。通常5mm厚以下木夹板用25mm铁钉固定，9mm左右厚木夹板用30～50mm铁钉固定。

（7）对钉入木夹板的钉头，有两种方法处理：一种是先将钉头打扁，再将钉头打入木夹板内；另一种是先将钉头与木夹板钉平，待木夹板全部固定后，再用尖头冲子逐个将钉头冲入木夹板平面以内1mm。如果不这样处理，钉头的黄色锈斑将破坏饰面。

钉枪钉的钉头可直接埋入木夹板内，所以不必再处理，但在用钉枪时，要注意把钉枪嘴压在板面上后再扣动板机打钉，以保证钉头埋入木夹板内。

（8）明缝固定：在两板之间留一条有一定宽度的缝，施工图无规定时，缝宽以8～10mm为宜。如明缝不用垫板，则应将木龙骨面刨光，明缝上、下宽度应一致。锯割胶合板时，应用靠尺来保证锯口的平直度与尺寸的准确性，并用9号木砂纸修边。

拼缝固定：拼缝固定时，要对胶合板四边进行倒角处理，以便在以后的基层处理时可将木胶合板之间的缝隙填平。其板边倒角为45°。

（9）用木压条固定胶合板时，钉距不应大于200mm，钉帽亦应打扁钉入木压条面0.5～1.0mm，但选用的木压条应干燥无裂纹，打扁的钉帽应顺木纹打入，以防开裂。

（10）门框或筒子板与胶合板罩面相接处应齐平，并有贴脸板覆盖。

（11）墙与柱的胶合板罩面下端，如用木踢脚板覆盖，胶合板罩面应离地面20～30mm；用大理石、水磨石踢脚板时，胶合板罩面下端应与踢脚板上口齐平，接缝严密。

（12）墙面用胶合板，在阳角处应做护角，以防使用中损坏墙角。

（二）纤维板隔断安装

纤维板是由碎木加工成纤维状，除去有害杂质，经纤维分离、喷胶（常用酚醛树脂胶）、成型、干燥后，在高温下用压力机压缩而制成。这种板材可节省木材，加工后是整张，无缝无节，材质均匀，纵横方向强度相同。与胶合板相比，纤维板生产成本低廉。它可分为硬质和软质两种，具有密度小、强度高、防水性能好、在高温条件下变形小和有耐腐、耐碱、易加工等特点。

（1）纤维板安装常用的两种做法：一是在龙骨平面或双面钉木质纤维板，用木压条压缝；二是把木质纤维镶到木龙骨中间（龙骨称为木筋，需四面刨光），四周用木压条夹牢，这种做法应考虑龙骨外露分档的外观美学要求（见图7-19）。

（2）纤维板如用钉子固定，钉距为80～120mm，钉长20～30mm，钉帽宜进入板面0.5mm，钉眼用油性腻子抹平。如用木压条固定，钉距不应大于200mm，钉帽应打扁，并进入木压条0.5～1.0mm。

（3）纤维板应沿其边缘着钉，板材宜从下向上逐块装钉，拼缝应位于立筋或横撑中间，拼缝间隙留3～5mm为宜。

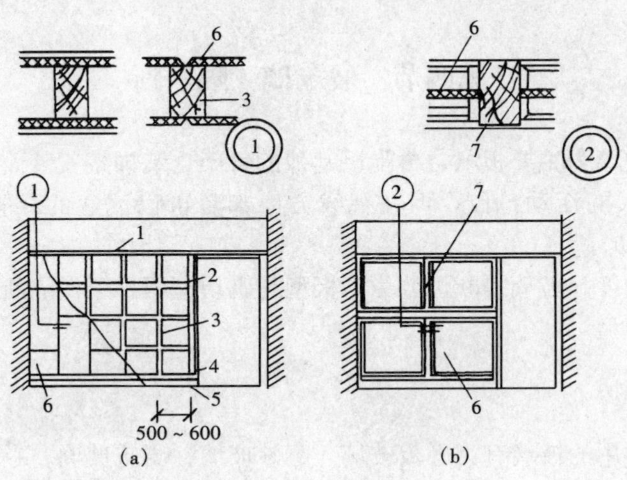

图 7-19　纤维板隔断构造

(a) 贴板法；(b) 镶板法

1—上槛；2—横撑；3—墙筋；4—下槛；5—砖砌踢脚板；6—木质纤维板；7—木筋

纤维板与板的接头也可做成坡楞，并应用压条或不易锈蚀的垫圈钉牢。板条四周应加盖口条。

(4) 硬质纤维板应用水浸透，晾干后安装才可保证工程质量。

(三) 实木板、企口板隔断安装

木板在装钉前一定要进行干燥处理。如用企口板，应检查企口，如有不直，应立即修理。木板宽不宜大于 150mm（见图 7-20）。

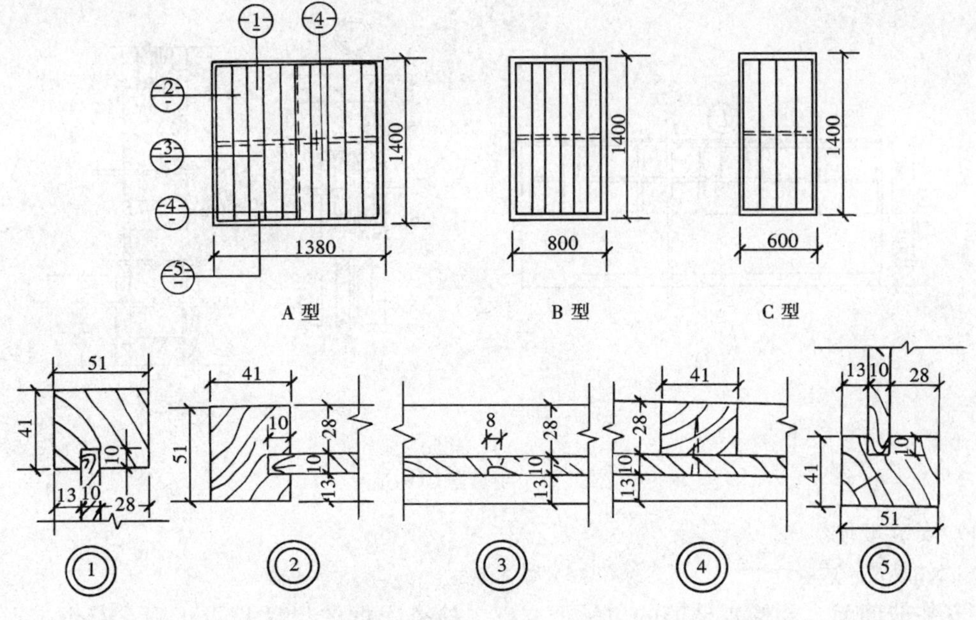

图 7-20　木板隔断构造

第四节 玻 璃 隔 断

玻璃隔断是以玻璃为主要板材，再配以其他的骨架、装饰架安装而成的隔断，这种隔断虽然从空间上限制人的活动范围，但在视线方面却是可以流通的，能创造出特有的内部空间。

从施工技术的角度，玻璃隔断可分为薄板型与砌块型两种。按隔断中玻璃所占比例，又可分为全玻型与半玻型。

一、半玻隔断

（一）材料准备

按设计选用，常用的玻璃有：平板玻璃、磨砂玻璃、压花玻璃、彩色玻璃等。

框架材料：硬木、金属（铝合金、不锈钢等），金属吊线、金属槽线、木压条、钉子、钉枪钉、橡胶垫、玻璃胶、自攻螺丝、环氧树脂胶等。

（二）机具准备

玻璃刀、吸盘器、钢锯、木锯、电钻、砂轮、台钳、螺丝刀等。

（三）施工方法

（1）弹线放样：按照设计图在墙上弹出垂线，并在地面与顶棚上弹出隔断的位置。

（2）按照设计要求，在已弹出的位置线上做出下半部（罩面板墙裙或砌砖），并与两端的结构（砖墙或柱）锚固。

（3）做玻璃隔断时，先检查砖墙上木砖或地面上木楔是否已按规定埋设，然后，接弹出的位置线先立靠墙立筋，并用钉子与墙上木砖钉牢；再钉上、下槛及中间楞木。图 7-21 为半玻隔断构造图。

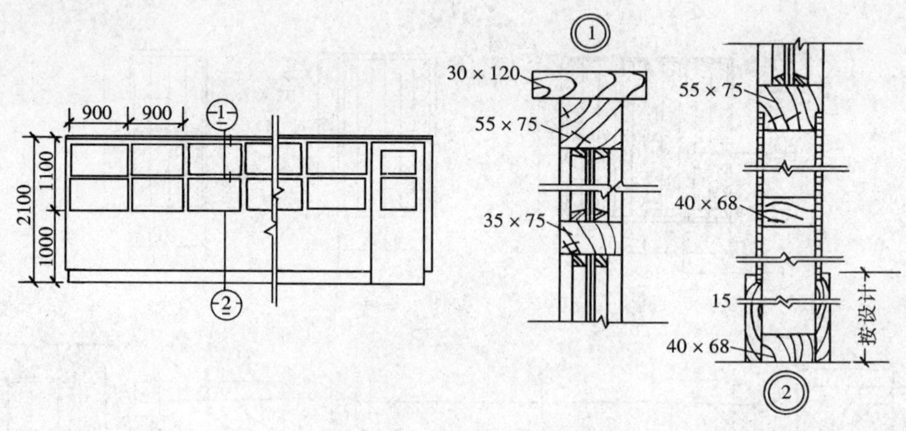

图 7-21 半玻隔断构造

（4）安装玻璃。

1）木框固定法：

①安装玻璃前，要检查玻璃的角是否方正，检查木框的尺寸是否正确、有否走形现象。在校正好的木框内侧，定出玻璃安装的位置线，并固定好玻璃板贴边线条。

②把玻璃装入木框内，其两侧距木框的缝隙应相等，并在缝隙中注入玻璃胶，然后钉上

固定压条，固定压条最好用钉枪钉。

对于面积较大的玻璃板，安装时，应用玻璃吸盘吸住玻璃，再用手握住吸盘将玻璃提起来安装。

2）金属方框架固定法：

①玻璃与金属方框架安装时，先撕去金属框架上的保护胶带。安装时，应首先安装玻璃贴边线条，贴边线条可以是金属角线或是金属槽线；固定靠住线条通常是采用自攻螺丝。

②根据金属框架的尺寸裁割玻璃，玻璃与框架的结合不能太紧密，应该按小于框架 3～5mm 的尺寸裁割玻璃。

③安装玻璃前，应在框架下部的玻璃放置面上涂一层厚 2mm 的玻璃胶，如图 7-22 所示。玻璃安装后，玻璃的底边就压在玻璃胶层上。亦可放置一层橡胶垫，玻璃安装后，底边压在橡胶垫上。

④把玻璃放入框内，并靠在贴边线条上。如果玻璃面积较大，应用玻璃吸盘器安装。玻璃板距金属框两侧的缝隙相等，并在缝隙中注入玻璃胶，然后安装封边压条。

如果封边压条是金属槽条，而且为了表现美观，不能直接用自攻螺丝固定时，可采用先在金属上固定木条，然后在木条上涂环氧树脂胶（万能胶），把不锈钢槽条或铝合金槽条卡在木条上，以达到装饰目的。如果没有特殊要求，可用自攻螺丝直接将压条槽固定在框架上。常用的自攻螺丝为 M4 或 M5。安装时，先在槽条上打孔，然后通过此孔在框架上打孔，这样安装就不会走位。打孔钻头要小于自攻螺丝直径 0.8mm。在全部槽条的安装孔位都打好后，再进行玻璃的安装。玻璃的安装方式如图 7-23 所示。

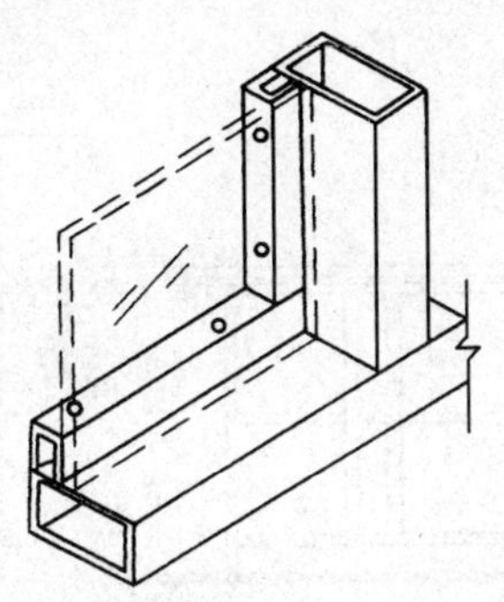

图 7-22　玻璃贴边线条及底边涂玻璃胶

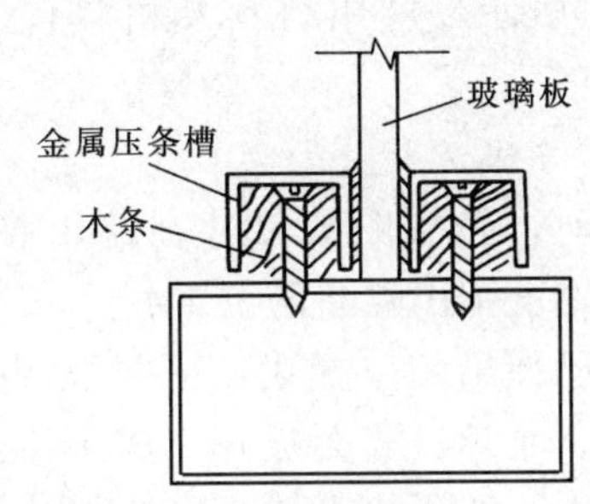

图 7-23　金属框架上的玻璃安装

二、防烟隔断安装

建筑物发生火灾时，往往因产生大量的烟雾而使人窒息，为隔断烟流，必须设置防烟隔断。由防烟隔断划开的区域，都必须设置排烟装置。图 7-24 所示为防烟隔断构造示意图。

（一）材料准备

夹层玻璃：系一种安全玻璃。这里主要采用玻璃纤维、增强夹层玻璃和石棉纤维增强加层玻璃，两者耐火性均好。

夹丝玻璃：是一种把金属网（线）嵌入玻璃内部而成型的平板玻璃。火灾时，即使破损也不会形成大孔洞，因为火焰的侵入少，所以有防止火灾蔓延的效果。乙种防火门认定要采用这种玻璃，消防法中有关危险物操作规程中规定加油站要使用这种玻璃。因为破损时这种

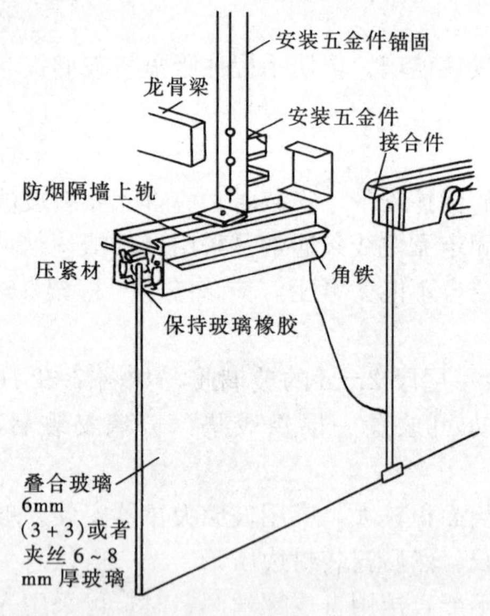

图 7-24 防烟隔断构造示意图

玻璃脱落少，所以安全性很高。夹丝平板玻璃有花纹玻璃和磨光玻璃两种。

其他材料同“半玻隔断”。

（二）机具准备

同“半玻隔断”施工工具。

（三）安装方法

（1）认清区域划分线。

（2）虽然现代的防烟隔断采用专用的铝合金框，但都是在顶棚基层的吊筋承梁上，用吊杆安装起来的，所以必须检查有无吊筋承梁，并进行补强。

（3）如果吊筋承梁的安装和补强已结束，在铺设吊顶罩面板前，先安装吊杆，再安装铝合金框。

（4）所有的顶棚工程结束后，再根据其他工程情况，确认对挂玻璃无妨碍后，再行安装玻璃。

（5）玻璃的固定，虽有利用摩擦衬垫型和密封材黏结型，但为防止万一脱落，利用玻璃之间的缝隙，安装不锈钢吊具，这样更加臻于保险。

（6）玻璃之间的缝隙中填硅酮胶。

三、铝合金全玻璃隔断安装

（一）铝合金玻璃隔断构造

如图 7-25 所示，所用材料及机具同“半玻隔断”安装。

（二）安装方法

（1）施工时，先按图纸尺寸在墙上弹出垂线，并在地面及顶棚上弹出隔断的位置线。

（2）根据已弹出的位置线，按照设计规定的下部做法（砌砖、龙骨、罩面板）完成下半部，并与两端的砖墙锚固。如无此项则按下步做。

（3）安装铝合金骨架。铝合金骨架（多为铝合金扁料或铝合金方料，有 70 或 90 系列不等）应借助木砖、膨胀螺栓、拉铆钉等固定到墙、地（顶）面上。铝合金骨架之间的连接多用自攻螺丝、拉铆钉、铸铝连接件等来固定。

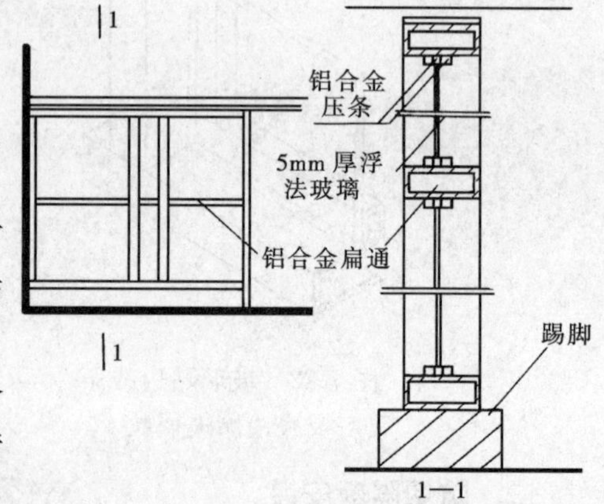

图 7-25 铝合金玻璃隔断构造

（4）安装玻璃。玻璃与铝合金的连接与固定方法很多，可参考有关部分。

四、空心玻璃砖隔断安装

空心玻璃砖，有单腔与双腔之分，规格尺寸有方形、矩形及各种异形产品，颜色丰富，内侧有各种花纹，施工方便，装饰效果好。

（一）材料准备

隔断用玻璃砖：方形（115mm×115mm×95mm，140mm×140mm×95mm，145mm×

145mm×95mm，190mm×190mm×95mm，240mm×240mm×95mm)；矩形（115mm×240mm×95mm，140mm×250mm×95mm，145mm×300mm×95mm)。

胶黏材料：环氧树脂胶，白水泥砂浆，玻璃胶黏剂。

框架：木质或金属框架、垫块、饰边条；木质或金属饰边条。

（二）机具准备

常规砌筑砂浆用工具。

（三）作业准备

(1) 弹线定位：按图在现场墙上弹垂直线，在地坪上弹砌玻璃砖的位置线。

(2) 调制砂浆：按白色水泥：细砂＝1：1的比例调制水泥砂浆，或聚合物水泥浆。

(3) 基层处理：

1) 根据玻璃砖的排列做出基础底脚。底脚厚度通常为40mm或70mm，即略小于玻璃砖厚度。

2) 将与玻璃砖隔断墙相接的建筑墙面的侧边整修平整、垂直。

(4) 立框：若设计中是把玻璃砖砌在框中，则应把预先按图制作经过验收的框架固定在地坪与墙面上（可采用膨胀螺丝固定）。

（四）安装方法

(1) 为了防止玻璃砖墙的松动，在砌筑玻璃砖墙时，使用32.5MPa强度等级以上的白色硅酸盐水泥砌铺，两玻璃砖对砌缝的间距为5～10mm。

(2) 要按上、下层对缝的方式，自下而上砌筑。

(3) 用白水泥砂浆砌筑玻璃砖，并将上层下压在下层玻璃上，同时使玻璃砖的中间槽卡在木垫块上，两层玻璃砖的间距为5～10mm玻璃，如图7-26所示。

(4) 每砌筑完一块后，要用湿布将玻璃砖面上沾着的水泥浆拭去。

(5) 安装过程中应注意事项：

玻璃组合砖墙的安装见图7-27。

1) 在混凝土墙上安装玻璃组合砖时，开口部要比玻璃组合砖砌筑完后的尺寸大30～50mm。

2) 根据玻璃组合砖的尺寸分缝。缝的尺寸以8～10mm为准。面积较大时，按适当间距设置伸缩缝。

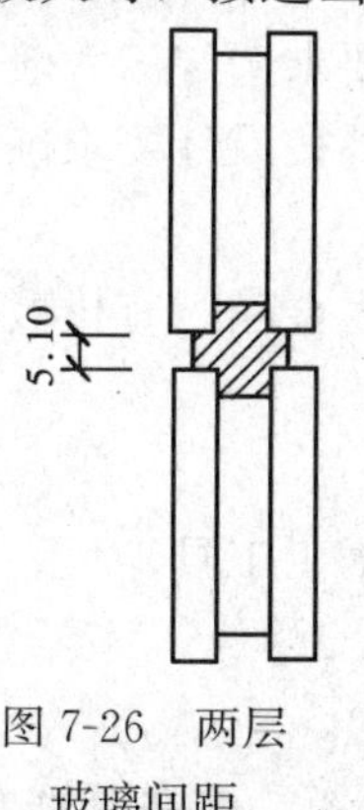

图7-26　两层玻璃间距

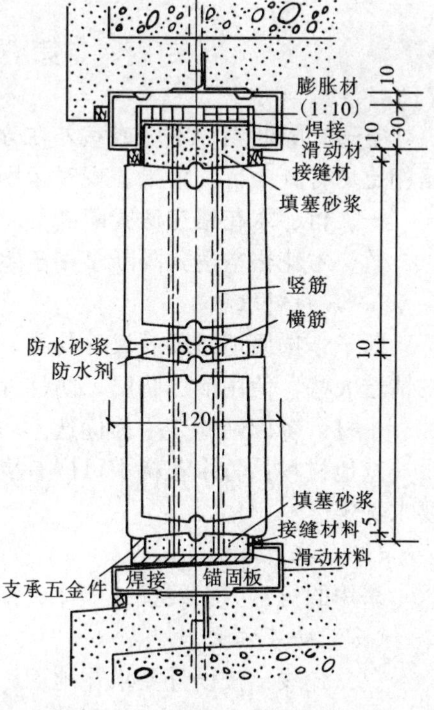

图7-27　玻璃组合砖墙安装图

3）在框或开口部的两侧和上部的内侧安装缓冲材料。

4）承力钢筋间隔小于650mm，伸入纵缝和横缝，并安装在框或结构体上。

5）把砂浆或防水砂浆分别涂在玻璃组合砖的纵缝和横缝上，不能有空隙，不要错缝，边涂抹边堆砌。

6）砂浆缝从玻璃组合砖面凹进8mm左右每五层放入2ϕ6通长钢筋，并抹光。

7）在玻璃组合砖块和框或结构体等接触的部位填充密封材料。

（6）勾缝：玻璃砖墙砌筑完后，即进行表面勾缝，先勾水平缝，再勾竖缝，缝内要平滑，缝深度一致。如果要求砖缝与玻璃砖表面相平，即可将表面抹平。勾缝或抹缝完成后，用布或棉丝把砖表面擦洗干净。

（7）饰边处理：如果玻璃砖隔断墙没有外框，就需要进行饰边处理。饰边通常有木饰边和不锈钢饰边等。

1）木饰边：木饰边的式样较多，常用的有厚木板饰边、阶梯饰边和半圆饰边等，如图7-28所示。

2）不锈钢饰边：常用的不锈钢饰边有不锈钢单柱饰边、双柱饰边和不锈钢板槽饰边等。如图7-29所示。

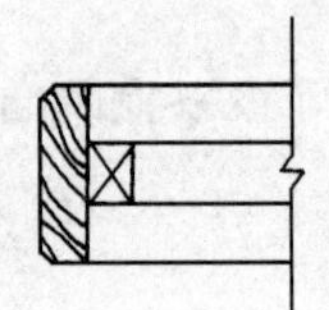
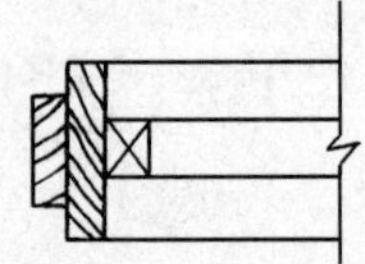
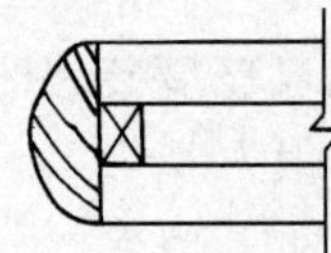

图7-28　玻璃砖墙木饰边形式

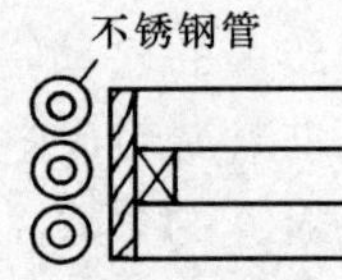

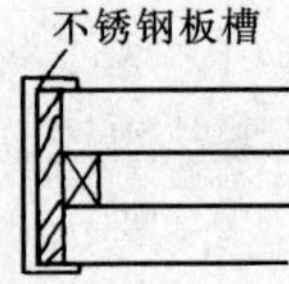

图7-29　玻璃砖墙不锈钢饰边

第五节　空透式隔断

空透式隔断当在室内或室外在分隔不同空间时，无论在艺术性上还是在实用上与一般隔墙相比均有其独特的效果。现时运用较多的有木、竹、金属及玻璃隔断。

一、竹、木花格空透式隔断

竹、木花格空透式隔断多用于室内，在宾馆、酒店等公共建筑中应用广泛。

（一）材料准备

竹子：选质地坚硬、尺寸匀称、挺直的，直径按设计要求选定。一般，空间大，直径可酌情选大些，使用前作防腐、防蛀处理；表面是否涂清漆，按设计要求确定。

木材：多以硬质杂木为优选。

其他材料：竹木花格中可嵌有少量其他材料饰件。如为金属、有机玻璃饰件，则按设计要求选定。

（二）机具准备

采用的机具为：线锤、墨斗、锯、刨、凿、锤、斧等木工工具。

（三）安装方法

（1）弹线：按设计要求在地面、墙面处弹线。

（2）基面处理：地面若做带搁栅地板、墙面做护墙板者，应在弹线位置固定搁栅、木筋，以便木花格预制后固定。

搁栅、木筋可用膨胀螺丝固定，方法与木地板安装、护墙板安装相同。

(3) 丈量尺寸要考虑今后做了地板与护墙板的尺寸。按设计图样与丈量实际尺寸进行复核、调整。调整尺寸大的，应与原设计与甲方联系，取得同意后再安装。

(4) 制花格和拼装：竹子的连接方法主要是销、钉结合，此外还可用套、塞、穿等方法，传统的工艺是用竹销连接。

木材连接的方法有榫接、胶接、钉接和螺栓连接等方法，按传统硬木家具制作工艺操作，预制、拼装均在现场进行。

(5) 固定花格：花格拼装后用膨胀螺栓固定在地面与墙面上。

(6) 表面油漆：按木基层油漆施工工艺操作。

二、金属花格空透式隔断

金属花格空透式隔断富有现代气息，是花格空透式隔断中的新形式，金属花格空透式隔断可用于室内外。室外大多采用浇铸成型的花格，如用在大门、围墙等处；室内都用型材加工拼装固定成型。

(一) 材料准备

根据设计要求选材，常用材料为不锈钢、铜、铝合金、型钢、扁铁、钢管等型材以及铆钉、螺栓、焊条等。

(二) 机具准备

采用的机具为：电动钢锯、电钻、弯管机、电焊机等。

(三) 安装方法

(1) 弹线放样：按设计要求在安装金属花格空透式隔断的地坪上弹出位置线，若隔断与墙面相连，则还应弹出墙面上的位置线，如果是到顶隔断，还要在天棚上弹出位置线。

(2) 断料加工：按设计要求选材，金属花格可采用焊接、拴接、铆接或套接，制作方法有预制成型与现场加工两种，如图 7-30 所示。

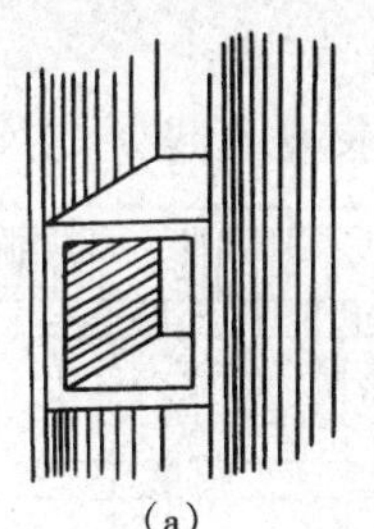
(a)

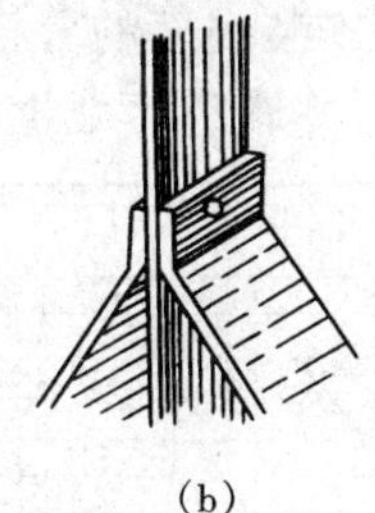
(b)

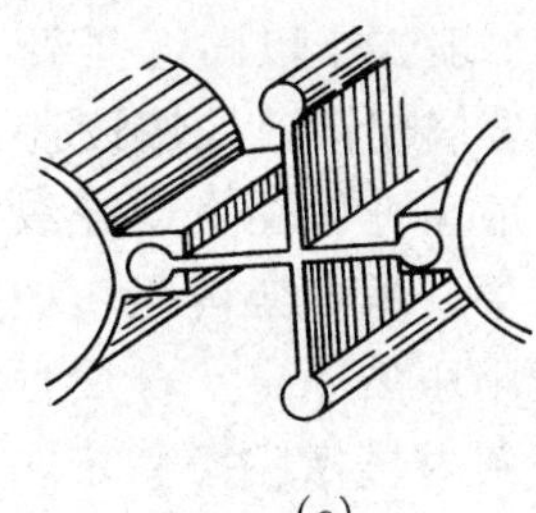
(c)

图 7-30　金属花格的连接

(a) 焊接；(b) 拴接或铆接；(c) 套接

现场加工可先制作支座，支座可用混凝土、砖砌后粉刷、饰面或其他材料制作，图纸有要求的，按图纸要求做。在支座上预埋金属连接件，与上面的金属花格相连，然后自下向上制作。

采用预制加工制作的大型花格，可把花格分解成若干个基本单元，预制好基本单元后再到现场组装连接。

(3) 安装固定：金属花格与地面支座、墙面、天棚固定可采用膨胀螺栓固定，隔断例子见图 7-31。

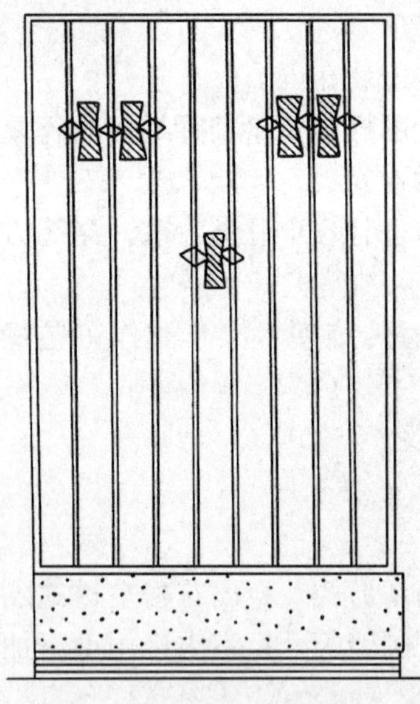
图 7-31 金属花格隔断示例

（4）金属表面处理：不锈钢、铝材等不必再进行表面处理，但铁件制作的金属花格隔断，都应进行防锈处理和面漆涂刷。

三、玻璃花格空透式隔断

采用玻璃作为隔断的主材，并且采用花格空透的形式（与不空透玻璃隔断的区别）称为玻璃花格空透式隔断。

（一）材料准备

玻璃：根据设计要求选定，可采用平板玻璃、磨砂玻璃、刻花玻璃、压花玻璃等各种玻璃材料。

框材：多采用木材或金属型材。

其他材料：螺丝、钉子、硅胶等。

（二）机具准备

制作框架用工具，按框架材质选定，木框用木工工具，金属框架则选用安装金属框架的工具。

（三）安装方法

（1）弹线定位：在地面按设计要求弹出玻璃花格空透式隔断安装的位置。如果玻璃花格空透式隔断位置靠墙、到顶。那么，在墙与顶的相连处也弹出隔断相连的位置线。

（2）制作基座：基座形式按设计要求确定，如果是砖砌外墙再面贴大理石或是木龙骨外贴罩面板再做饰面层都按相应的安装方法施工。

（3）制作框架：传统木框架采用硬木、榫接，如果采用现代技术，则可采用黏胶和制作家具的专用螺丝。设计有要求时，按设计图与设计要求制作。

金属框架多采用型材，如果大量制作则可委托专业单位采用薄板材通过折边裁切加工制作，然后运到现场进行拼装。

（4）固定隔断框架：框架与基座、墙、顶可采用钉接或螺丝连接，按框架尺寸可灵活安排施工工序，一般先予以固定框架，然后再安装内部的分格玻璃。

（5）安装玻璃花格：先按设计要求选购玻璃，再根据花格要求裁成需要的尺寸；有图案、花纹者，还须考虑图案、花纹拼装后的纹理效果。木框架可裁口或挖槽嵌玻璃，再用压条固定。金属框架则可用金属压条内垫橡胶条固定，根据设计与需要，也可采用硅胶粘贴。

（6）饰面处理：基座、框架按设计要求进行饰面处理，施工方法按饰面工程相应方法施工。玻璃花格隔断示例见图 7-32。

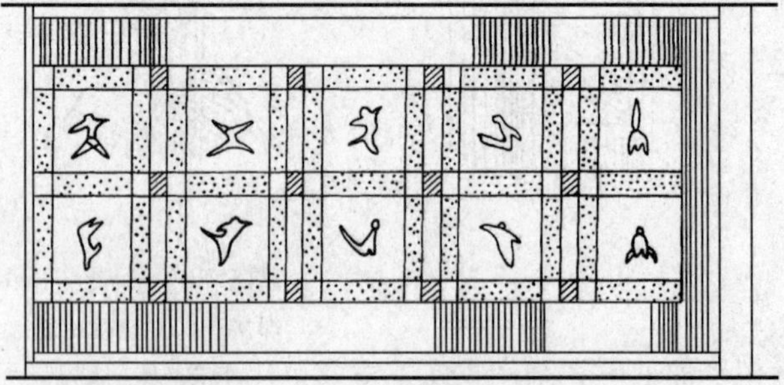
图 7-32 玻璃花格隔断示例

第六节 活动式隔断

屏风、帷幕都是活动式隔断。随着现代材料、现代构造的开拓，活动隔断又有许多新的做法。活动式隔断能满足空间灵活多变的要求，它在展览布置或多功能活动空间有着其他隔断无法替代的独特作用。因而，活动式隔断是一种具有一定应用价值的隔断形式。

移动式活动隔断按启闭方式可为拼装式、直滑式、折式、卷帘式和起落式。

一、拼装式活动隔断（现代屏板）

主要使用于大空间办公室之中，是一种采用扣板拼装的半隔断，材料分为金属扣板或木质扣板两大类，按拼装方式有立柱式与框架式两种。

1. 框架拼装式活动隔断

（1）材料准备。金属框架（用薄钢板折边电焊而成，框架横梁、立柱用螺丝固定而成）、屏板、脚线、顶盖、边盖、角盖、螺丝、连接件、扣件等。

（2）机具准备。常采用十字螺丝刀、一字螺丝刀等。

（3）安装方法。

1）框架安装：单片框架一般均是电焊而成。框架安装工序主要是安装单片框架内部的活动横梁以及框架与框架之间用连接件予以固定；若在安装前发现框架已因运输原因造成变形、翘曲者，则不能使用。

2）扣件安装：按图纸规定用螺丝把扣件固定在框架立柱与横梁上。

3）地脚线板安装：先通过底脚调节螺丝调整水平，然后把地脚线板扣上。

4）面板安装：面板都是通过扣件固定在框架上的，在安装前先要弄清面板是采用压扣，还是挂扣固定的，然后按要求予以扣上，面板安装自下而上逐块安装。

5）顶盖、边盖、角盖安装：盖板有PVC与铝合金两类，但安装方法无区别，一般是采用压扣或插扣的方法予以安装，特别是在角部，要弄清顶盖、边盖、角盖三者之间的安装顺序，然后再安装。

在隔断安装结束后，若需安装桌面板的则在立柱上安装附有桌面板的钢制三角支撑架（挂扣法固定）。

2. 立柱拼装式活动隔断

（1）材料准备。脚柱、标准柱段、脚撑、面板、柱盖、顶盖、柱板连接件。

（2）机具准备。与框架拼装式活动隔断相同。

（3）安装方法。

1）安装立柱：立柱分脚柱与标准柱两种，标准柱可任意叠架，以适应装配式隔断不同的高度要求，脚柱与标准柱以及标准柱与标准柱之间采用接插件固定。

2）安装脚撑：将脚撑插入立柱的插槽中，按装配图进行固定。

3）安装柱板连接件与安装面板：柱板连接件是一T形铁件，一端插入立柱插槽，另一端卡入面板用螺丝固定。面板安装自下而上逐块进行。

4）安装顶盖：选在最上面一块面板上用螺丝固定安装卡件，再把顶盖扣上。

5）安装柱盖：把柱盖内的卡件插入柱槽。

二、滑动式隔断

利用轨道滑动的一种活动式隔断，有单扇独立和多扇组合两类。单扇常独立使用于门洞，即是日常见到的导轨式推拉门，多扇组合大多用于大空间的分隔，如多功能厅、餐厅等。多扇组合分单侧收拢与双侧收拢。为了美观，往往采用收拢合成暗藏式处理（见图7-33）。

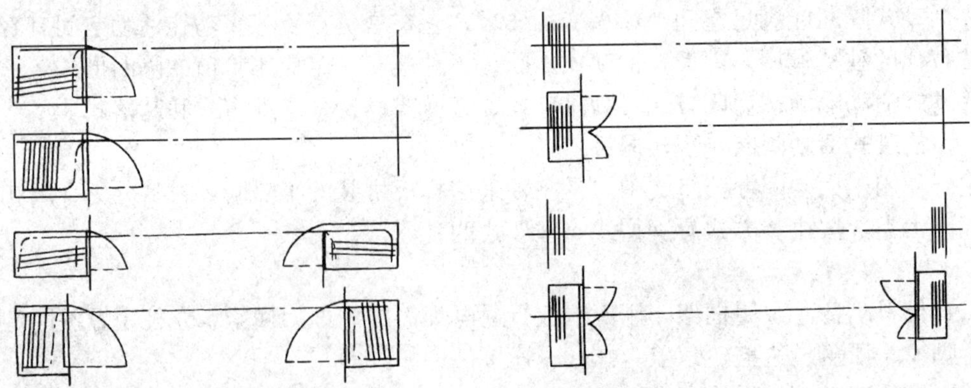

图 7-33 滑动式隔断的收拢方法

1. 材料准备

基本材料为轨道、滑轮、隔扇。

2. 机具准备

若隔扇自行制作，则需全套木工工具。为了保证质量，一般均委托专业单位制作，因此施工只是轨道、滑轮与隔扇安装，故施工器具仅需锤子、螺丝刀、电动手枪钻等即可。

3. 安装方法

（1）按设计图位置进行弹线，丈量复核尺寸，若出现误差，在设计、甲方同意的前提下，通过对隔扇尺寸调整予以解决。

（2）隔扇制作：按设计要求选料制作，制作方法与制作隔声木门相同，先制作主体木框架，然后钉面板和放置中间隔声材料，再固定饰面层，最后在边框上垫好密封条（泡沫聚乙烯）后钉铝质镶边。

（3）安装轨道：滑轮分上轨与下轨（地轨），隔扇若不是很重或是滑动式半隔断，一般都不用地轨。上轨用螺丝固定在顶部的框料（多为木框）上（见图 7-34），上轨安装要水平、顺直，按设计要求选定螺丝尺寸与间距，否则会影响使用。

安装滑轮：滑轮安装有两种，一种是安装在每扇隔扇顶框的端部；另一种安装在每扇隔扇顶框中部。如果是多扇组合的还须安装连接各隔扇的铰链。滑轮的种类很多，若设计中没有规定时，可按隔扇的重轻来选择，隔扇重的，选用带有滚珠轴承的滑轮；隔扇轻的，选用带有金属轴套的尼龙滑轮或滑钮（见图 7-35）。

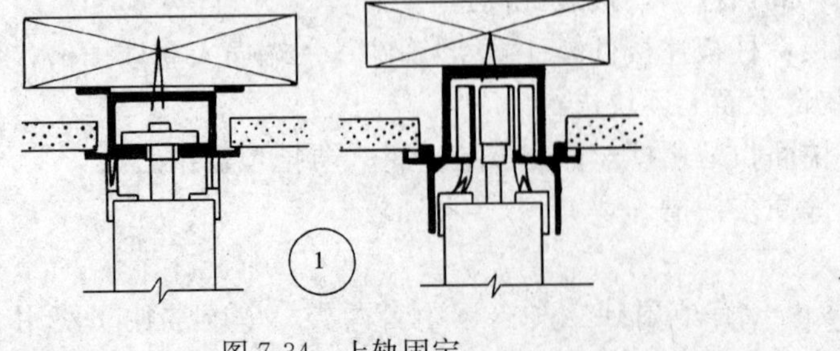

图 7-34 上轨固定

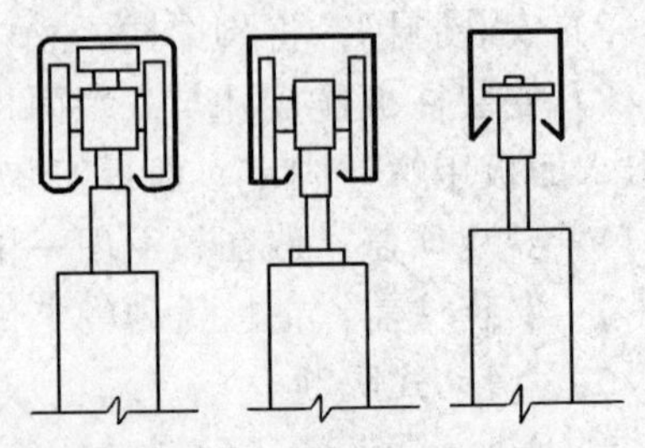

图 7-35 滑轮的不同类型

当上部滑轮设在隔扇顶面的一端时，楼地面上要相应地设轨道，隔扇底面要相应地设滑轮，构成下部支承点。这种轨道的断面多数都是 T 形的［见图 7-36（a）］。当上部滑轮设在隔扇顶面的中央时，楼地面上一般不用设轨道。如果隔扇较高，可在楼地面上设置导向槽，在隔扇的底面相应点设置中间带凸缘的滑轮或导向杆。此时，下部装置的主要作用是维持隔扇的垂直位置，防止在启闭的过程中向两侧摇摆（见图 7-36）。

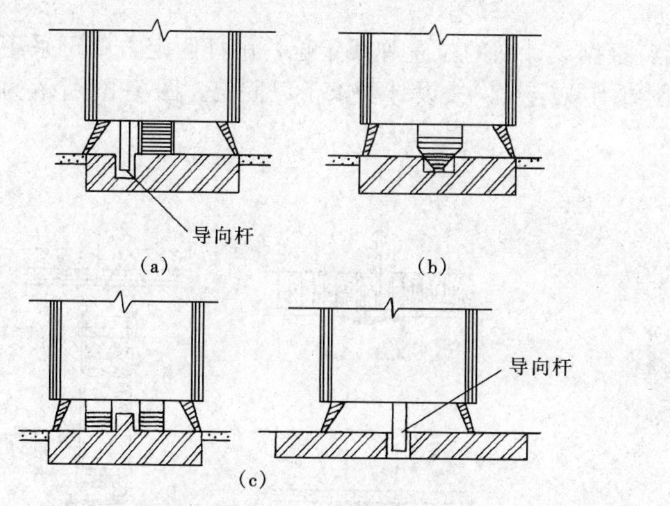

图 7-36　隔断的下部装置

（a）T形轨道断面；（b）、（c）隔扇上部滑轮设在中央时隔扇底部的滑轮或导向杆

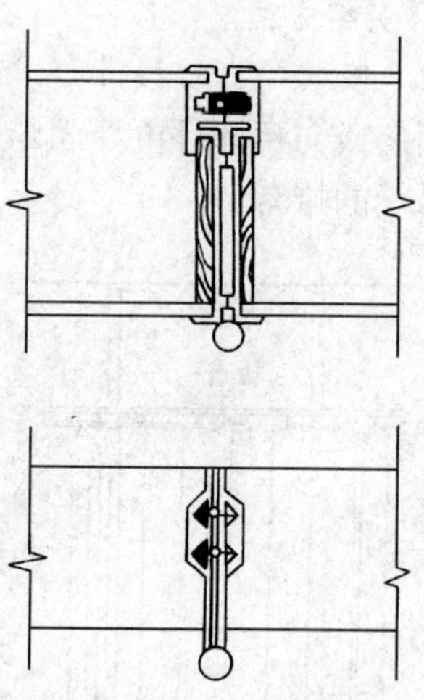

图 7-37　隔扇之间的密封

（4）安装密封条：隔扇的两个垂直边常常做成凸凹相咬的企口缝，并在槽内镶嵌橡胶或毡制的密封条（见图 7-37）。最前面一个隔扇与洞口侧面接触处，可设密封管或缓冲板（见图 7-38）。隔扇的底面与楼地面之间的缝隙（约 25mm）常用橡胶或毡制密封条遮盖。当楼地面上不设轨道时，也可以隔扇的底面设一个富有弹性的密封垫，并相应地采取一个专门装置，使隔断处于封闭状态时能够稍稍下落，从而将密封垫紧紧地压在楼地面上（见图 7-39）。

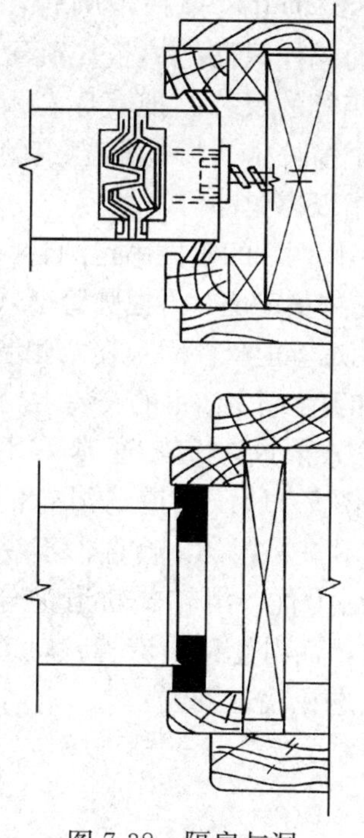

图 7-38　隔扇与洞口之间的密封

三、帷幕式隔断

帷幕式隔断按主材分为软质与硬质两大类。软质主材通常为棉、麻、丝织物、人造革等；硬质主材通常选用竹片、铝片等。按帷幕的活动形式分为滑动式与卷帘式两类，滑动式又分滑轮式与套环式两种方式。帷幕式隔断通常使用于住宅、旅馆，有时还用于公共建筑门斗（冬天）等。

1. 材料准备

准备材料有轨道、滑轮、吊钩、螺丝钉、吊杆、套环等

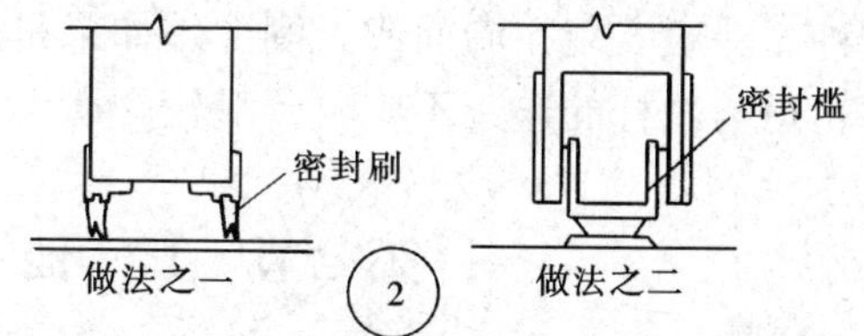

图 7-39　隔扇底面与楼地面间的密封

配件。

2. 机具准备

准备机具有电动手枪钻、螺丝刀、直尺、弹线工具等。

3. 安装方法

（1）安装吊杆（设计要求时）：根据设计图的位置弹线定位，吊杆固定方式可采用膨胀螺栓固定或与预埋件电焊固定，图纸有规定时，按设计要求予以固定。图 7-40 所示为上部设置吊杆的帷幕。

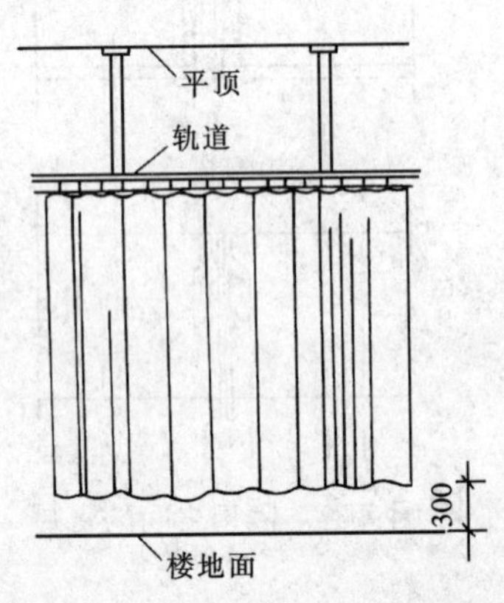

图 7-40　上部设置吊杆的帷幕

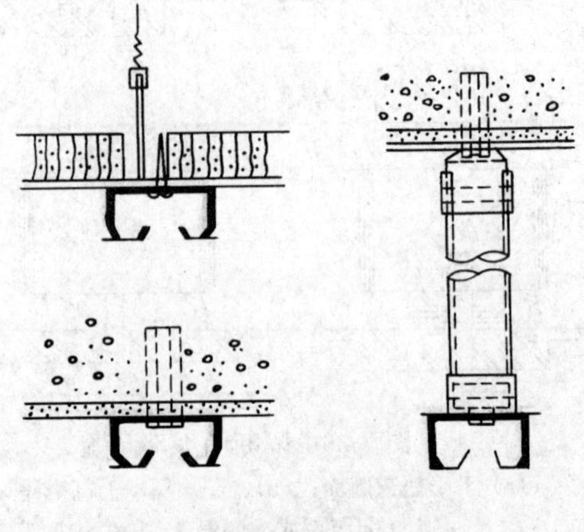

图 7-41　滑轮式隔断轨道的固定方式

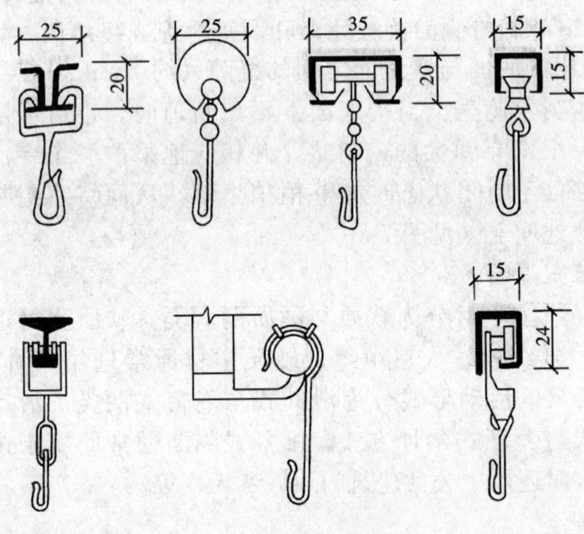

图 7-42　轨道、滑轮和吊钩

（2）安装轨道：

1）套环式轨道仅是一根圆管，如果是套管式的撑杆只需把撑杆先旋至与两侧墙间距相等的尺寸，把套环套入撑杆中，然后把撑杆卡入两侧墙规定的位置，再旋长予以撑紧即可。

另一种是用两端的套件固定圆管，安装的方法是先丈量定位，再把圆管套入两端套件，再用螺丝把套件固定在两侧墙上即可。实例如卫生间之浴帘的安装。

2）滑轮式隔断轨道，通常采用螺丝固定（见图 7-41）。轨道与滑轮的形式很多（见图 7-42），以顺直、不易变形、滑动灵活为优。滑轮式轨道又分单轨与双轨两种。一般安装在墙面或天棚上。如果是采用管状轨道，而滑轮又沿着管状轨道的外侧滑动，轨道与吊杆的连接不应阻碍滑轮的滑动（通常连接点选在轨道下侧）。

第七节　其 他 隔 断

隔断及用作隔断的材料种类繁多，除了前面讲的几种之外。下面再介绍一下 TK 板隔断、

FC板隔断、水泥刨花板隔断、铝合金压型条板隔断、贴塑板隔断、软包隔断、吸声隔断等。

一、TK板、FC板、水泥刨花板隔断

TK板、FC板、水泥刨花板隔断，通常以石膏龙骨、木龙骨、轻钢龙骨为骨架，两面各覆盖一层TK板，FC及水泥刨花板构成。隔断墙的构造及施工安装方法与纸面石膏板隔断墙类似。

二、铝合金压型条板隔断墙

铝合金压型条板可作为隔断墙面，通常可以采用螺钉直接固定在骨架上，也可以用锚固件悬挂或嵌卡的方法，将板固定在轻钢龙骨上。

（一）材料准备

准备的基本材料为：铝合金压型条板、螺钉、白攻螺丝等。

（二）工具准备

同铝合金骨架安装。

（三）安装方法

（1）铝合金隔断墙主要由铝合金板和骨架组成，施工时首先要将骨架的位置放线，放线最好一次放完，发现差错，可随时调整。

（2）骨架安装要牢固、位置要准确；安装完毕后，应对中心线、表面标高等因素，作全面检查，以保证安装精度。

（3）安装应以安全、牢固第一，通常可以采用将板条卡在龙骨的顶面上，此种方法安装简便可靠、拆换方便，注意龙骨与板条应配套使用。

（4）安装板时，两块板之间有20mm的间隙，可以用一条挤压成形的橡胶带进行密封处理。两块板用一块5mm的铝合金压住连接件的两端，然后用螺丝拧紧。螺丝的间距为300mm左右。

三、吸声隔墙

吸声隔墙是根据声学原理设计安装而成的一种隔墙。它能有效地吸收室内的一些噪声，在一些大型的室内空间里常被采用，如会议室、多功能厅、舞厅、观众厅、教室、大型办公场所等。

室内安装的胶合板等罩面板，常在板面上钻许多小孔，其目的就是为了吸声。孔的排列一般整齐并组成图案，显得美观，并有良好的装饰效果。图7-43所示为吸声隔墙吸声原理示意图。

从吸声效果和实用意义两方面试验，在穿孔板共振吸声结构中，板的穿孔率 $p=0.5\%\sim5\%$、孔径 $\phi=2\sim15$mm、板厚 $t=1.5\sim10$mm、空腔 $D=100\sim250$mm时，效果较好，如再在空腔中填入多孔吸声材料，如玻璃纤维布等，这样，声波在多孔吸声材料中往复运动，经摩擦和阻止尼吸收或减弱，声能会大量消耗，效果更好。

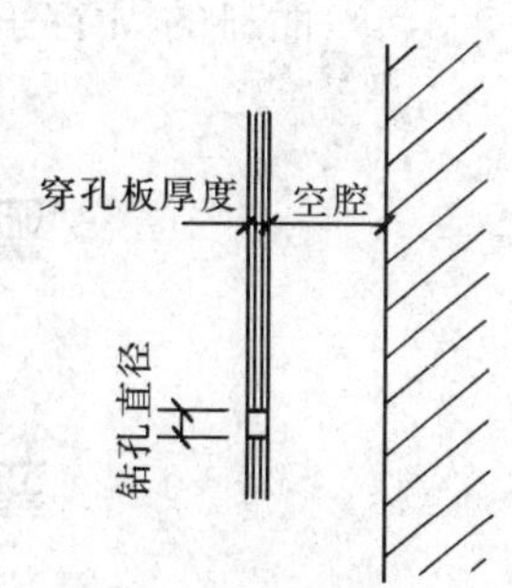

图7-43　吸声隔墙吸声原理示意图

钻孔板的孔径不宜太大，过大则不仅使声波进出时摩擦和阻压减少，且影响板面的抗弯强度，特别是顶棚的板是水平铺钉的，如孔钻在板的中心，不管板的四周支承情况如何，最大弯矩恰在板的中心，会使钻孔板的挠度增大。因此，应该设法避免把孔钻在板的中心。

用胶合板作钻孔板，加工容易，钻孔可组成各种图案，且美观

大方，在高级宾馆、饭店、候机楼及其他各类公共建筑中，无论是顶棚、墙面都应用很广。

此外，也可以用石膏板FC板来钻制成钻孔吸声板，市场上也有成品的穿孔石膏板，FC板销售。因其耐火性能较胶合板好，故在装饰设计与施工中应优先采用。施工方法如下：

（1）钻孔可以手工钻孔，也可以借助工厂机械设备钻孔。钻孔时，既要根据设计要求，保证穿孔率，又要注意钻孔均匀，有时还要注意图案美观的要求。手工钻孔时，可以先用铅笔或墨斗画线弹出孔位线来再做钻孔，钻孔完毕之后，应用砂纸将钻屑等打磨干净。如是采用市场上购买的穿孔板，一般不存在这些问题。

（2）隔断定位及龙骨安装可参照本章的有关部分进行。

（3）面板安装也可参照本章的有关部分进行。

（4）面板处理：面板油漆、刷涂料时应注意防止堵塞穿孔。尤其是进行喷涂、弹涂时，更要倍加注意。

（5）有些工程中还常在穿孔板面层贴一层海绵，再以织物面料进行软包，关于其施工请看“软包隔断”。

四、软包隔断

软包隔断是在隔断龙骨架、面板安装完毕之后，再在面板外面以织物进行装饰。下面仅介绍其面层的装饰施工。其他的可参见本节有关部分，面层软包隔断结构如图7-44所示。

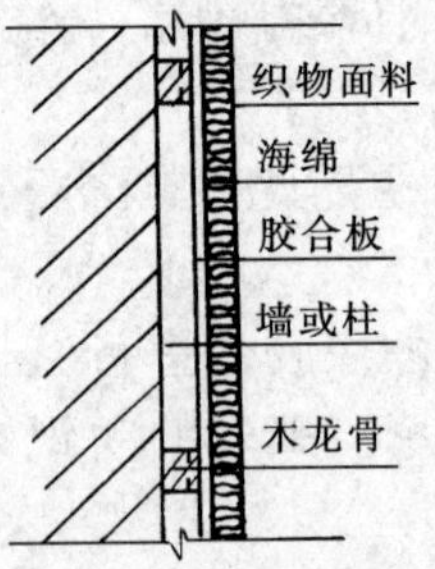

织物面料
海绵
胶合板
墙或柱
木龙骨

图7-44 软包隔断结构示意图

（一）材料准备

木龙骨、木底板、木面板、软包面料、防潮纸或油毡、乳胶、钉子、木螺丝、电化铝帽头钉。

（二）机具准备

应备有切、裁织物布和皮革工作台，裁革刀等，其余同木龙骨制作所用工具。

（三）安装方法

（1）面料的选择必须符合设计要求。面料必须一次性备足，以免二次备料时出现色差、质差等问题。

（2）海绵常要借助双胶带、胶、钉等材料进行临时固定。

（3）安装面料时要注意拼花等方面的要求，安装中应防止污染面料，面料的分格应符合设计要求。

（4）面料的固定有下面几种方法，如图7-45所示。

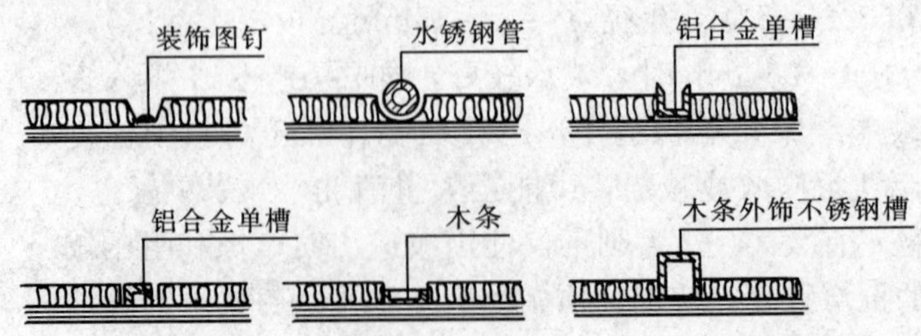

图7-45 软包面料固定方法

（5）根据设计要求选择好木、铝、不锈钢或铜压条。如果是木的装饰边线条，应事先将木装饰条的油漆做好，然后进行安装固定工作（具体作法见第五章人造革，织锦段软包墙施工方法）。

第八节　其他装饰工程

一、室内固定装饰设置安装

在室内装饰工程中，常涉及一些固定的装饰设置的安装，如服务台、酒吧台、展酒台、室内固定家具、银行或邮电局等部门的工作柜台等。这些设置的台、柜、架等构造往往是由木结构、钢结构、砖结构、玻璃结构及石材等组合而成。有的常处于室内空间的重要位置，甚至是日常业务活动的中心，与人们的视觉、触觉和操作使用关系密切或十分直接，故而对其安装质量的要求较高，对其装饰效果的要求也更为严格。因此应在造型、质感和色彩各方面满足装饰美化的要求，并与装饰整体风格和谐统一。

（一）材料准备

应准备材料有型钢、砖、混凝土、玻璃、木料、石材、不锈钢、黄铜管、槽、条及木质装饰线条；螺钉、铁钉、结构胶等。

（二）机具准备

同上木质及金属隔断。

（三）安装方法

（1）弹线：把固定配置的位置、高度、宽度、长度按图纸要求确定在地面和墙面上。

（2）基础骨架安装：

1）钢骨架：在悬挑结构较长的台、架中，较多采用钢骨架。钢骨架一般是采用角钢焊制，先焊成框架，再定位安装固定。角钢骨架与地面、墙面的连接，一般是用膨胀螺栓直接固定也可用预埋铁件与角钢架焊接固定。钢骨架的安装应平整垂直，装设稳定牢固，安装好后涂刷防锈漆两道。如果钢骨架与木饰面的结合，需在钢骨架上用螺栓固定数条木方骨架（也可固定厚胶合板），以保证钢骨架与木饰面结合稳妥。如果钢骨架与石板饰面结合，则需在钢骨架上有关对应部位焊敷钢丝网抹灰并预埋钢丝或不锈钢丝，以便于粘接和绑扎石板饰面。钢骨架的混合结构设置体如图 7-46 所示。

2）混凝土或砖砌骨架：当采用混凝土或砌砖方式设置体基础骨架时，可在其面层直接镶贴大理石或花岗石饰面板；如果与木结构结合，应在相关结合部位预埋防腐木块，并用素水泥浆将该面抹平修整，使木块平面与水泥面一样平。如明金属管件需在其侧面与之连接时，也应预埋连接件或将金属管事先直接埋入骨架中。混凝土基础骨架的混合结构设置体如图 7-47 所示。

3）木骨架：直接用木结构作为骨架，可按细木做法制成木制固定的装置，也可在木结构的骨架上敷设钢丝网抹灰，在基板上镶贴大理石和花岗石饰面板。

（3）与基础骨架连接：

1）钢骨架焊敷钢丝网：应先在骨架面上焊接 1～2 条 8 号粗铁丝，将钢丝网焊在粗铁丝上。因为钢丝网与角钢骨架的截面面积相差过大，承受热量能力不同，两者直接施焊不仅焊接困难，还会将钢丝网焊熔洞。其焊接节点可参见图 7-48。

2）钢骨架与地面连接：采用 M10 膨胀螺栓或射钉固定，其连接固定节点见图 7-49。

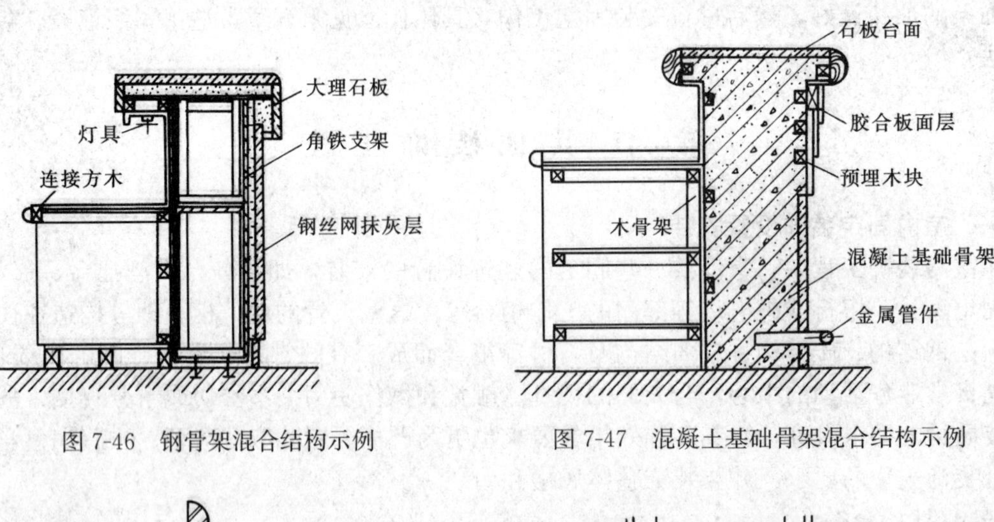

图 7-46 钢骨架混合结构示例　　图 7-47 混凝土基础骨架混合结构示例

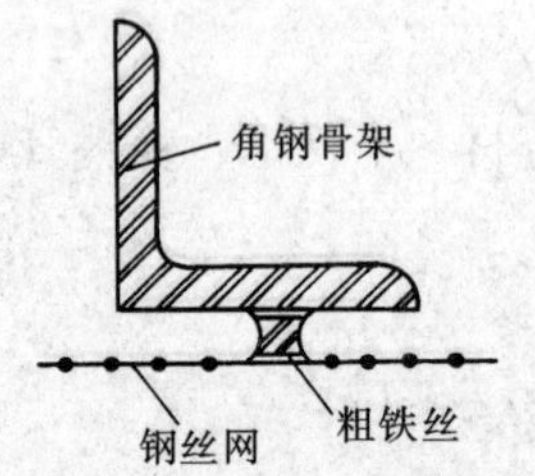

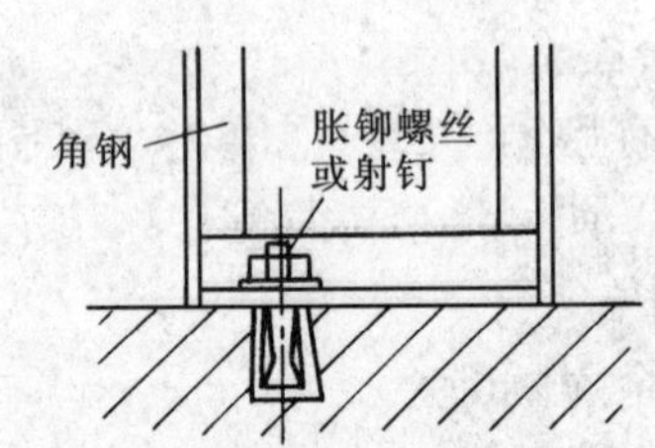

图 7-48 钢骨架焊敷钢丝网的焊接节点　　图 7-49 钢骨架与地面的连接固定节点

3）混凝土基础骨架与木结构连接：在混凝土骨架内预埋木块，木块不小于 40mm×40mm，并加工成梯形截面。木板或木方条与预埋木块可用木螺钉固定。台、柜、架类的功能性木结构构件可单独制作，然后再用木螺钉从背面拧入预埋木块内。其节点如图 7-50 所示。

4）钢骨架与木结构的连接：在钢骨架上使用平头螺栓固定木方或厚木质板作为衔接过渡，再将其他木结构与钢骨架连接，注意平头螺栓头应沉入木料表层。其节点如图 7-51 所示。

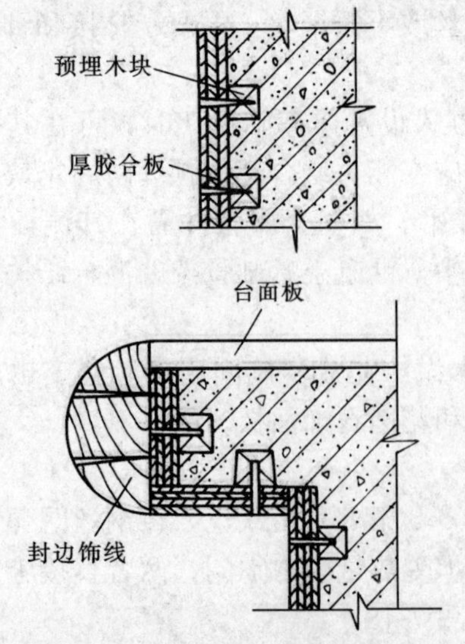

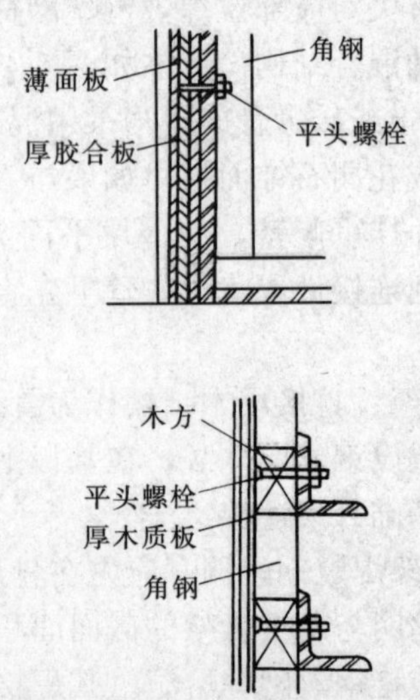

图 7-50 混凝土基础骨架与木结构的连接节点　　图 7-51 钢骨架与木结构的连接节点

5）石板面与木结构的黏结。

①胶黏剂的使用：较多采用的是环氧树脂黏剂。其性能较全面、黏结强度高，具有良好的机械性能，耐腐蚀、耐酸碱、耐油、耐水，常用于一些酒吧台、配料台、操作台等室内固定设置的木结构与石板面的黏结，同时也可用于木结构与不锈钢板的黏结。

②选板：黏结前需分选石板，将同一厚度、同一花色的石板选出待用。因为在木板基面上黏贴石板，如果石板厚度差别较大，会给调平造成困难。

③黏结操作：擦净木基面和石板背面后即分别均匀涂刷薄层环氧树脂胶，待干燥后进行试铺。试铺是将石板在木台面上检查最高的部分和最低的部分。正式粘贴时，应从最高的部分开始，然后铺贴最低的部分，以将低处加厚胶层的方法使石板表面达到平整。

（4）管型材与基面的连接：

1）管型材料与台面连接。设置于台面的不锈钢管、镜面铜管以及既有使用功能又具装饰效果的金属管材，通常是用法兰盘基座进行连接固定。在木质台面上可直接用木螺钉将法兰盘基座固定在台面，再将金属管柱插入法兰盘基座内，用止动螺钉锁定。在石板台面上固定法兰盘基座时，需在石板台面规定位置打孔埋入木楔，然后用木螺钉将法兰盘基座固定于木楔处。具体操作方法是：用手电钻采用小钻头伸入法兰盘基座上的各钉孔内，在石板台面钻出小孔坑；再用 ϕ10mm 的冲击钻头依孔坑位置打出 30mm 左右深度的钻孔；再用材质较紧密的木材削出 ϕ13mm 左右的圆楔，打入钻孔内割断，即用木螺钉将法兰盘基座拧固于木楔上。应注意法兰盘固定孔中心距法兰盘边缘必须有 8mm 以上的距离，这样才可保证法兰盘能够遮盖石板面上的木楔。如不采用木楔，也可在石板面钻孔后打入尼龙胀塞，把木螺钉将法兰盘座拧固于尼龙膨胀塞上。其连接固定如图 7-52 所示。

2）管型材料与台立面连接。这种悬臂安装的金属管一般分为受力管和不受力管两种。不受力的纯装饰不锈钢及铜管等金属饰件，可用法兰盘与螺钉直接安装于台立面。对于有受力情况的管型材料，其安装固定一般都采用埋入式。骨架为混凝土时，可将一截普通钢管预埋于混凝土中，钢管外径与装饰管内径相配合，待安装时，即可将装饰管套于预埋管上，在装饰面上以法兰盘封口并以螺钉将两种管件固定。如果装饰管受力不大时，亦可采用木圆柱杆取代预埋钢管作预埋，安装时，将装饰管大套紧于圆柱杆上。骨架为钢架时，即将普通钢管段先与角钢骨架焊接，其伸出装饰面的长度一般为 40～80mm，以法兰盘封口，装饰管套于预设的普通钢管段上以螺钉拧紧。管型材与台立面的连接固定见图 7-53。

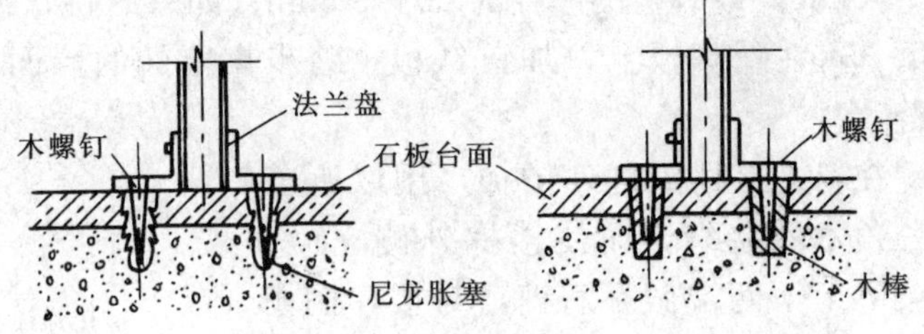

图 7-52　管型材与台面的连接固定

（5）饰面安装：由几种不同材料进行饰面的室内配套设置体，应注意饰面安装程序的合理安排，它关系到装饰的整体性和最终的装饰质量。通常的安装程序如下：

1）先进行石板类材料的镶贴。

2）石板类饰面完成后，再进行金属类材料的饰面或玻璃镜的镶贴。

3）木结构的装饰应在各木构件连接组合后统一进行，以防止饰面色彩产生误差。

4）如果木结构饰面中有镶贴塑料板面和油漆涂饰项目，应先进行油漆饰面，而后再进

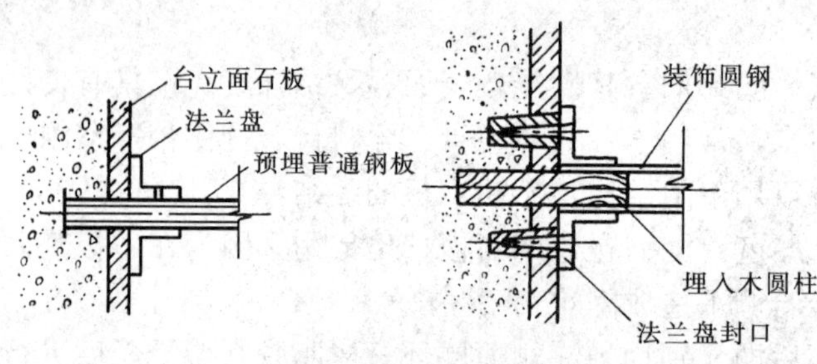

图 7-53 管型材与台立面的连接固定

行板块镶贴操作。作混色油漆时，须一次调足油漆的需用量。

5）采用软质材料作表面包覆时，如皮革、人造革和丝绒布等饰面，应安排在其他饰面完工后进行。

6）各饰面的施工方法详见本书有关饰面施工方法的章节。

（6）收口、清理：各饰面完成后，进行衔接对缝的收口处理工作。

二、木楼梯及玻璃栏板安装

由于和室内其他装饰项目相配套，追求较为豪华的艺术风格，木质材料制作的楼梯在室内也得到广泛应用。与之相匹配的是加工成富有装饰美感的木质栏杆及断面多类的立柱，玻璃栏板设置于公共建筑内主楼梯等部位，玻璃栏板配以不锈钢、黄铜等型材为主杆、扶手。具有时代感而应用于各建筑，达到了较好的装饰效果。

（一）木楼梯

（1）材料及机具准备：按设计要求的木料、钉子、膨胀螺栓及常用木作工具。

（2）木楼梯的构造形式：

1）明步楼梯。明步楼梯主要是指在侧面外观由踏步板和踢脚板形成的齿状梯级效果明露。它的宽度以 800mm 为限，超出 1000mm 时，中间需加设一根斜梁，在斜梁上钉三角木。三角木可根据楼梯坡度及踏步尺寸预制，在其上铺钉踏脚板和踢脚板。踏脚板的厚度为 30～40mm，踢脚板的厚度为 25～30mm；如果有挑口线，则应挑出 30～40mm。为防滑和耐磨，可在踏脚板上口加钉铁板。踏步靠墙处的墙面也需做踢脚板，以保护墙面和遮盖竖缝。

在斜梁上应镶钉外护板，用以遮盖斜梁与三角木的接缝，而使楼梯外侧立面美观。斜梁的上下两端做吞肩榫，与楼梯搁栅（或平台梁）及地搁栅相结合，同时用铁件进一步加固。在底层斜梁的下端也可做凹槽，将其压在垫木（或称枕木）上。明步楼梯的构造如图 7-54 所示。

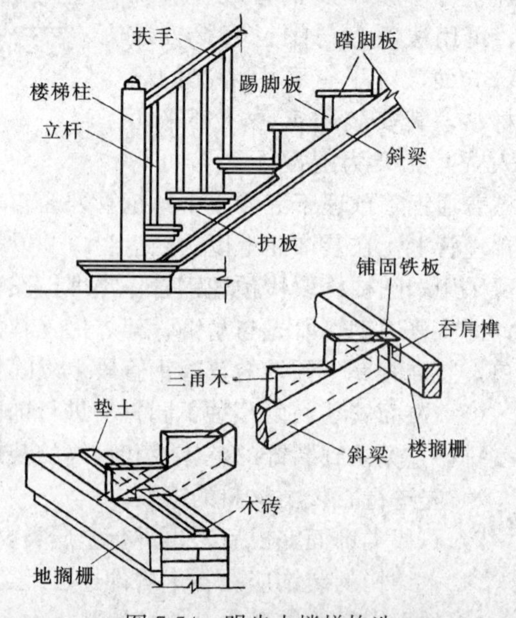

图 7-54 明步木楼梯构造

2）暗步楼梯。暗步楼梯是指其踏步被斜梁遮掩，其侧立面外观梯级效果藏而不露。暗步楼梯的宽度一般可达 1200mm，其结构是在安装踏脚板一面的斜梁上开凿凹槽，将踏脚板和踢脚板逐块镶入，然后与另一根斜梁合拢敲实。踏脚板应挑出踢脚板的部分与上述明步楼梯相同；踏脚板应比斜梁稍有缩进。楼梯背面可做板条抹灰，也可铺钉纤维板等，进而采用涂料涂饰或其他面层处理。暗步楼梯的构造如图 7-55 所示。

(3) 木楼梯的制作与安装:

1) 木楼梯的制作。木楼梯制作前，在铺好的木板或水泥地面上，根据施工图纸把楼梯的踏步高度、级数及平台尺寸放出足尺大样；或者是按图纸计算出各部分构件的构造尺寸，制出样板。其中踏步三角按设计图一般都是画成直角三角形，如图 7-56 中的虚线所示，但在实际制作时须将 b 点移出 10～20mm 到 b′点（见图中实线部分)，按 ab′c 套取的样板称作冲头三角板，abc 套取的样板称为扶梯三角板，其坡度与楼梯坡度一致。

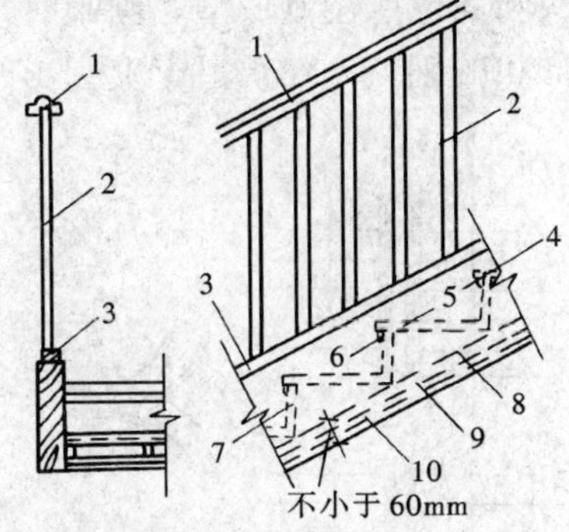

图 7-55 暗步楼梯构造

1—扶手；2—立杆；3—压条；4—斜梁；5—踏脚板；6—挑口线；7—踢脚板；8—板条筋；9—板条；10—粉刷

开始配料时，应注意楼梯斜梁长度必须将其两端的榫头尺寸计算在内。踏脚板应使用整块木板，如果采用拼板时，须有防止错缝开裂的措施。制作三角木、踏脚板、斜梁、扶手和栏杆时，其尺寸和形状必须符合设计规定。

2) 木楼梯的安装。安装前，先确定楼搁栅和地搁栅的中心线和标高，安装好楼搁栅与地搁栅之后再安装楼梯斜梁。三角木由下而上依次铺钉，它与楼梯肩的结合处应将钉子钉入楼梯梁内 60mm，每钉一级，须加上临时踏板。钉好三角木后，需用水平尺把三角木的顶面校平，并拉线同时校核各三角木顶端使其在同一直线上。踏脚板安装时应保持其水平度；安装踢脚板时应按图 7-56 中的实线要求，即上端向外侧出 10～20mm。踏脚板与踏脚板，踢脚板与踢脚板之间均应相互平行。在安装靠楼梯的墙面踢脚板时，应将踢脚板锯割成踏步形状或者按踏步形状进行拼板，安装时应保证与楼梯踏步结合紧密，封住沿墙的踏步边缘缝隙。在安装斜梁外护板时，也需将其上边加工成踏步侧面的形状。为使踢脚板的顶头不外露，踢脚板与外护板的结合处应锯成 45°的割角。楼梯柱与踏脚板及扶手的结合处要作榫头；立杆与扶手结合处开半榫。

3) 扶手的制作和安装。楼梯的木质扶手弯头应选用经干燥处理的硬木，一般是水曲柳、柳桉、柚木、樟木等。扶手的形式和尺寸由设计决定，照图纸加工。对于采用金属栏杆的楼梯，其木扶手底部应开槽，槽深 3～4mm，嵌入扁铁，扁铁宽度不应大于 40mm，在扁铁上每隔 300mm 钻孔，用木螺钉与木扶手固定如图 7-57 所示。

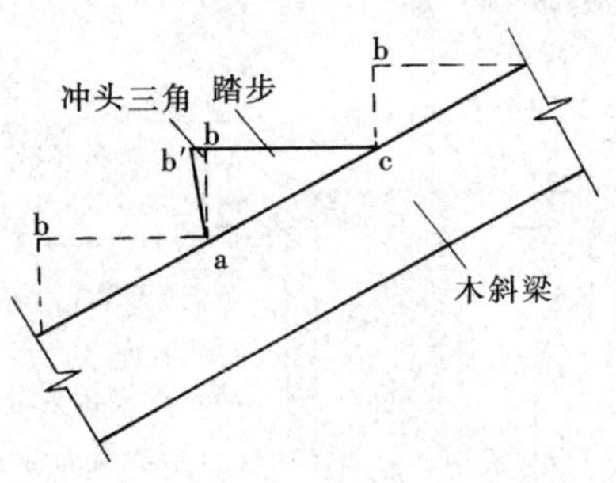

图 7-56 木楼梯的踏步三角示意

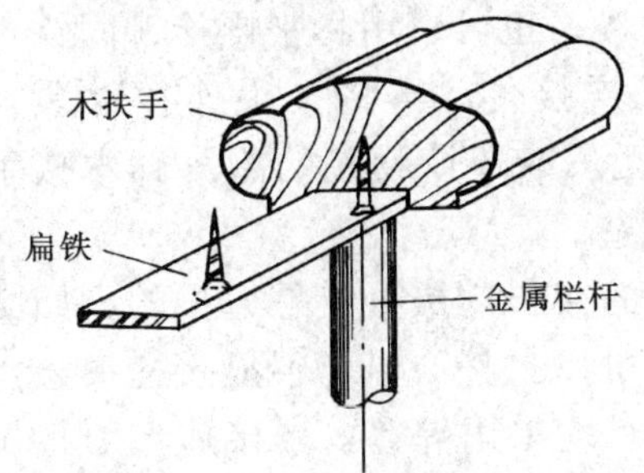

图7-57 采用金属栏杆的木扶手的固定

木扶手在制作前，应按设计要求做出扶手横断面的样板，先将扶手木料的底部刨削平直，然后画出中线，在木料两端对好样板画出断面轮廓，然后刨出底部凹槽，再用线脚刨依顶头断面轮廓刨制成型，刨制时须留出半线的余量。如采用机械操作，应事先磨出适应木扶手形状的刨刀，在铲口车上刨出线条。

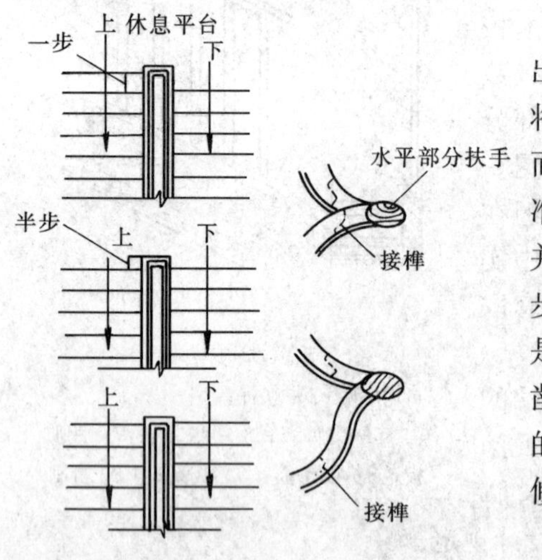

图 7-58 扶手弯头处理示意

木楼梯扶手的弯头处，也应依照设计要求先做出样板，一般分水平式和鹅颈式两种弯头形式。先将整料斜纹出方，然后放线，再用小锯锯成毛坯，而后用斧具斩出扶手弯头的基本形状。将其底面做准确，把样板套在顶头处画线，用一字刨刨平成型并注意留线。弯头与扶手连接之处应设在第一步踏步的上半步或下半步之外。设在弯头内的接头，应是在扶手或弯头的顶头朝里 50mm 处，在此处方可凿眼钻孔进行连接，一般采用 $\phi8\times$（130～150）mm 的双头螺丝将弯头与扶手连接固定，而后将接头处修平修光，如图 7-58 所示。

安装靠墙扶手时，应按图纸要求的标高弹出坡度线，在墙内埋设防腐木砖或是固定法兰盘，然后将木扶手的支承件与木砖或法兰盘固定。

（二）玻璃栏板

（1）材料准备：

玻璃：钢化玻璃、夹层钢化玻璃。

扶手：不锈钢圆管、黄铜圆管、高级木料。

其他材料：玻璃胶、膨胀螺栓、氯丁橡胶垫等。

（2）机具准备：同金属龙骨玻璃隔断。

（3）安装方法：安装按栏板扶手、栏板玻璃、底盘三部分进行。

1）扶手。

扶手两端的固定：其紧固点应该是不发生变形的牢固部位，如墙体、柱体或金属附加柱体等。对于墙体或结构柱体，可预先在主体结构上埋设铁件，然后将扶手与预埋铁件焊接或用螺栓连接；也可采用膨胀螺栓铆固铁件或用射钉打入连接件，再将扶手连接件紧固。图 7-59所示为安装于博物院的跑马廊木扶手的玻璃栏板构造。

扶手的接长：扶手应是通长的，如必须要接长时，可以拼接，但应不显接槎痕迹。金属扶手的接长均采用焊接，焊接后，须将焊口处打磨修平而后抛光。

扶手与玻璃的连接：在不锈钢或黄铜圆管扶手内加设型钢，既可提高扶手的刚度，又便于玻璃栏板的安装。型钢与金属圆管相焊接。

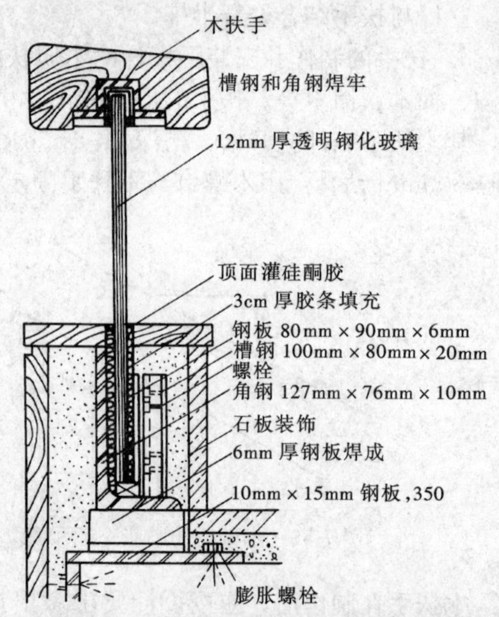

图 7-59 采用木扶手的玻璃栏板构造

图 7-60 所示为金属圆管扶手内加设 H 形型刚的玻璃栏板构造实例。有的金属圆管扶手不采用加设型钢的做法，其型材在生产成型时即将镶嵌玻璃的凹槽一次性做好。

2）栏板玻璃。栏板玻璃的块与块之间，宜留出 8mm 的间隙，间隙内注入硅酮系列密封胶。栏板玻璃与金属扶手、金属立柱及基座饰面等相交部位的缝隙处，均应注入密封胶。

3）玻璃栏板的底座。

固定玻璃：多采用角钢焊成的连接固定件，可以使用两条角钢，也可只用一条角钢。如图 7-60 所示底座部位设两角钢留出间隙以安装固定玻璃，间隙的宽度为玻璃的厚度再加上每侧 3～5mm 的填缝间距。固定玻璃的铁件高不宜小于 100mm，铁件的布置中距不宜大于 450mm。图 7-59 所示为栏板底座构造，其固定铁件只在一侧设角钢，另一侧则是采用钢板，安装玻璃时，利用螺丝加垫橡胶垫或利用填充料将玻璃挤紧。玻璃的下部不得直接落在金属板上，应使用氯丁橡胶将其垫起。玻璃两侧的间隙也用橡胶条塞紧，缝隙外边注胶密封。

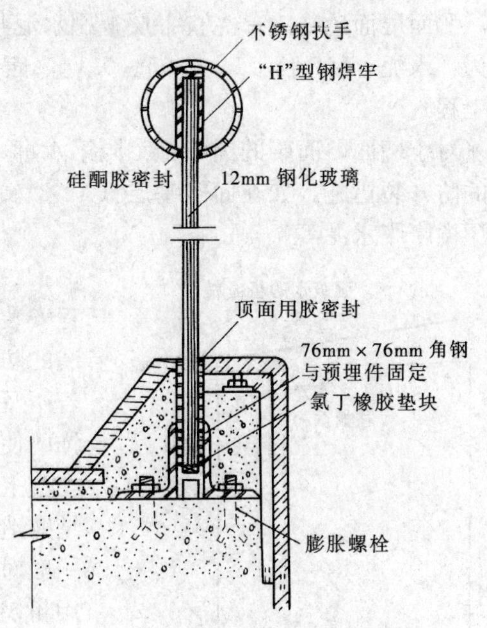

图 7-60　金属扶手内加设 H 形型钢的玻璃栏板构造

三、厨房、卫生间设施安装

近年来随着人们的生活水平的提高，对卫生间、厨房的要求越来越高，把改善厨房的操作、使用环境，卫生间的生活环境作为提高生活质量的重要标准。厨房、卫生间所占建筑物使用面积虽然不大，但无论是占装饰总造价、装饰的复杂程度、参与的工种之多及易产生的质量问题之多，都是装饰工程在其他空间施工过程中所不能相比的。本节将主要介绍厨房和卫生间设施安装中要注意的一些技术及质量问题。

（一）卫生间

（1）准备工作：

1）材料准备。准备好卫生间所需材料设施，如地砖、墙面砖、台板、吊顶材料，木作橱柜材料等。

2）技术准备。管道线路检查：检查管道线路有否按图纸及规范（给水管是否经试压，导线电阻测试等）要求埋设；检查给、排水管道穿楼板处是否按规定要求施工，管线接头处质量情况。制订在装饰安装中避免破坏原住宅卫生间（地面、墙角打孔、钉钉等）防水层的措施。

（2）安装方法：

1）地面墙面安装。

① 地面在原基层（现浇钢筋混凝土楼板）上，做防水层（一般采用氯丁橡胶二布六胶），防水层应分层涂布，待先涂的涂层干燥成膜后，方可涂布后一遍涂料，布的长边搭接宽度不得小于 50mm，短边搭接不得小于 70mm，且上下层不得垂直铺设，接缝应错开，其

间距不得小于幅宽的1/3。

在排水口、内墙角、管道穿楼板或墙处，均应加铺玻璃纤维布，在管道与楼板相交（原预埋钢套管）处用防水密封材料封严。在涂膜干燥前，不得在防水层上进行其他作业。待涂膜干后，再做24h存水试验，检查有无渗漏现象。确定无渗漏后再做1∶2.5水泥砂浆找平层，且做出泛水。

②面层面砖施工，在找平层上刷水泥浆一道，面砖与找平层黏结砂浆加适量107胶（配比为：水泥∶107胶＝1∶0.05～0.1），面砖铺后用白水泥擦缝（具体做法详见第四章楼地面工程）。

对于墙面，面砖的铺贴施工同第六章，但由于墙内开槽埋设管线，因此要做好墙面埋管处的防开裂措施。如在面砖基层（1∶3水泥砂浆）施工前铺设一层钢丝网片或在补槽缝时采用微膨胀水泥等。

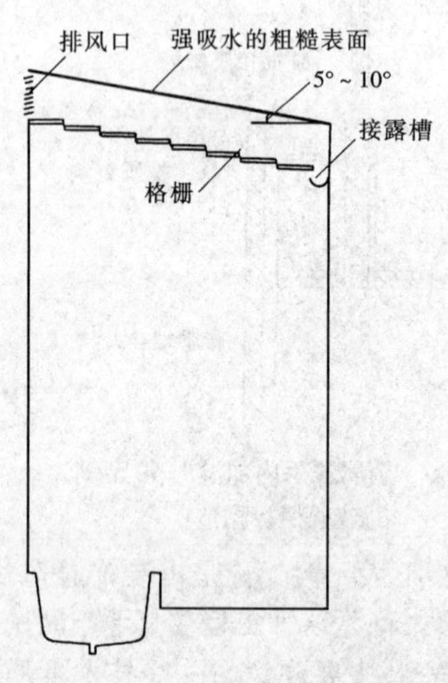

图7-61　洗浴空间的顶棚处理

2）顶棚安装。顶棚具体安装方法详见第三章顶棚工程安装工艺，本节主要是解决卫生间在特殊条件下的安装的防结露方法及进排风口设置的问题。卫生间的结露若不及时处理，会造成墙面、地面发霉，影响建筑和装饰的使用寿命；尤其是在洗浴时，冬天结露的露水若滴在身上，给人以不舒服感。因此，为了避免洗浴时顶棚结露造成的影响，在装饰安装时对顶棚应作特殊处理。一般对其采用的方法是从采用的材料上着手，房顶宜采用粗糙、吸水性强的材料或将洗浴空间的顶棚倾斜5°～10°，并在坡底设接露槽；另外，也可在顶棚下加设格栅或穿孔板以缓冲顶棚表面温差，防止结露，如图7-61所示。

一般进风口通常设置在卫生间的下方，排风口在卫生间的上方，自然通风效果好。但这样在冬季洗浴时水蒸气大多会滞留于卫生间的顶部，易造成积露现象。为了避免这种现象产生，则将进风口和排风口均置于天棚上，这样会大大减少结露现象。但这种处理对组织自然风对流效果较差，一般需要加设如排风扇一类的强制换气设置。在顶棚安装时必须做好进排气口的衔接、加固工作。一般把进排气设备固定在房顶上，避免加大顶棚的荷载所引起的变形。

（二）厨房

（1）准备工作同卫生间，仅木作材料要经防火处理，选择的面砖应是不易被油腻污染和经油腻污染后易擦洗的材料。同时地面材料还要求有经油腻污染后的防滑功能。

（2）安装方法：顶棚、墙面及地面施工详见前面有关章节；地面要做好泛水。橱柜、吊柜、搁架应保证其结构的稳定性和安全性，因此在安装时应固定牢固。同时应做好油烟及时排放等工作。

（三）安装注意点

（1）对外突棱角的处理：人在卫生间中，特别在浴室中多是处于裸体无遮掩的状态，为避免人被碰伤，在人能接触到的外突棱角，如墙角、浴盆、坐台、空台、置物台等部位的阳角都应处理成圆弧状。若装饰材料为瓷砖，在这些部位应选用圆弧转角的瓷砖；若为石材或其他材料，则均应将这些部位倒成圆弧，以免碰伤人体。同样一般因厨房空间较狭窄，也应注意棱角处理。

（2）在墙面面砖施工时，一般先放置浴盆、洗脸盆，然后再补砌浴盆周围的瓷砖，瓷砖应将浴盆口盖住，这样就可以防止溅在浴盆周围墙面上的浴水，不会沿浴盆边口流下而侵蚀浴盆铸铁或钢板，从而延长浴盆的使用寿命及避免水流入浴盆下发生积水或发霉等情况。

（3）瓷砖铺砌采用一定厚度的水泥砂浆等胶结材，在瓷砖收口处不能将胶结材料暴露在外。在施工时一定注意这些细节，以免影响美观。图 7-62 所显示的是台面与瓷砖的连接处理方法。图 7-63 所示是瓷砖与木材连接的处理方法，图中显示木材与瓷砖的接头处要留一定的空隙，以利木材中的湿气散发，不至引起霉变，从而延长其使用寿命。

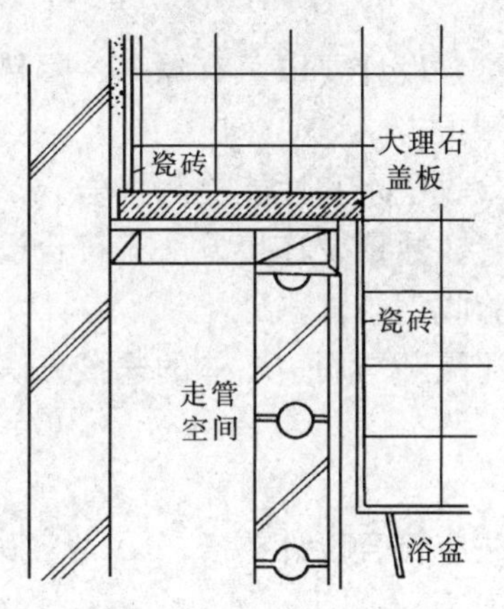

图 7-62 石材台面与瓷砖的连接处理

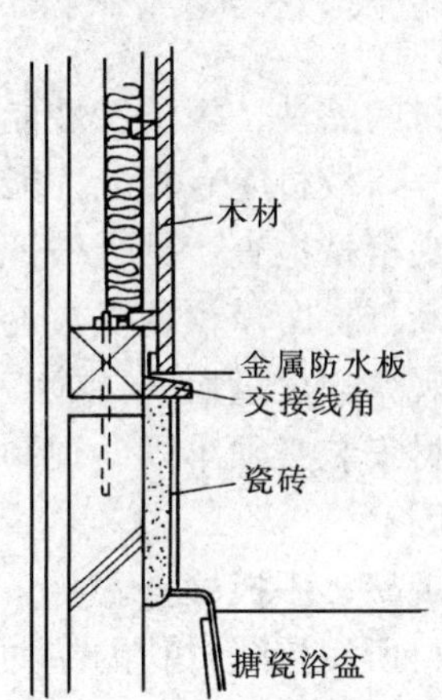

图 7-63 木材与瓷砖、瓷砖与浴盆之间的细部连接处理

（4）卫生间门上的结露而成水滴，易沿外开门滴到相邻房间，为了避免这种情况，一般采用内开门或推拉门以缓解这一问题。

（5）卫生间和厨房的地漏是一个易漏水部位，是排水管道与地面的结合部，这个部位大多是由于管道周围的缝隙而导致漏水。因此施工时应该用微膨胀水泥把地漏四周与楼板连接处嵌填密实。

（6）卫生间和厨房的面砖应采用密缝铺贴，不宜采用离缝铺贴，以免污垢、油腻嵌入而不易清洗。

第九节 隔断工程及其他装饰工程的质量要求和检验方法

一、一般规定

1. 各分项工程检验批的划分规定

同一品种的轻质隔断工程每 50 间（大面积房间和走廊按轻质隔断的墙面 $30m^2$ 为一间）应划分为一个检验批，不足 50 间也应划分为一个检验批。

2. 板材隔断工程检查数量的规定

每个检验批应至少抽查10%，并不得少于3间；不足3间时应全数检查。

3. 骨架隔断工程检查数量的规定

每个检验批应至少抽查10%，并不得少于3间；不足3间时应全数检查。

4. 活动隔断工程检查数量的规定

每个检验批应至少抽查20%，并不得少于6间；不足6间时应全数检查。

5. 玻璃隔断工程检查数量的规定

每个检验批应至少抽查20%，并不得少于6间；不足6间时应全数检查。

二、板材隔断工程

板材隔断工程质量验收内容适用于复合轻质墙板、石膏空心板、预制或现制的钢丝网水泥板等板材隔断工程。

（一）主控项目

（1）隔断板材的品种、规格、性能、颜色应符合设计要求。有隔声、隔热、阻燃、防潮等特殊要求的工程，板材应有相应性能等级的检测报告。

检验方法：观察；检查产品合格证书、进场验收记录和性能检测报告。

（2）安装隔断板材所需预埋件、连接件的位置、数量及连接方法应符合设计要求。

检验方法：观察；尺量检查；检查隐蔽工程验收记录。

（3）隔断板材安装必须牢固。现制钢丝网水泥隔断与周边墙体的连接方法应符合设计要求，并应连接牢固。

检验方法：观察；手扳检查。

（4）隔断板材所用接缝材料的品种及接缝方法应符合设计要求。

检验方法：观察；检查产品合格证书和施工记录。

（二）一般项目

（1）隔断板材安装应垂直、平整、位置正确，板材不应有裂缝或缺损。

检验方法：观察；尺量检查。

（2）板材隔断表面应平整光滑、色泽一致、洁净，接缝应均匀、顺直。

检验方法：观察；手摸检查。

（3）隔断上的孔洞、槽、盒应位置正确、套割方正、边缘整齐。

检验方法：观察。

（4）板材隔断安装的允许偏差和检验方法应符合表7-1的规定。

表7-1 板材隔断安装的允许偏差和检验方法（GB 50210—2001）

项次	项　目	允许偏差（mm）				检 验 方 法
		复合轻质墙板		石膏空心板	钢丝网水泥板	
		金属夹芯板	其他复合板			
1	立面垂直度	2	3	3	3	用2m垂直检测尺检查
2	表面平整度	2	3	3	3	用2m靠尺和塞尺检查
3	阴阳角方正	3	3	3	4	用直角检测尺检查
4	接缝高低差	1	2	2	3	用钢直尺和塞尺检查

三、骨架隔断工程

骨架隔断工程质量验收内容适用于以轻钢龙骨、木龙骨等为骨架，以纸面石膏板、人造木板、水泥纤维板等为墙面板的隔断工程。

（一）主控项目

（1）骨架隔断所用龙骨、配件、墙面板、填充材料及嵌缝材料的品种、规格、性能和木材的含水率应符合设计要求。有隔声、隔热、阻燃、防潮等特殊要求的工程，材料应有相应性能等级的检测报告。

检验方法：观察；检查产品合格证书、进场验收记录、性能检测报告和复验报告。

（2）骨架隔断工程边框龙骨必须与基体结构连接牢固，并应平整、垂直、位置正确。

检验方法：手扳检查；尺量检查；检查隐蔽工程验收记录。

（3）骨架隔断中龙骨间距和构造连接方法应符合设计要求。骨架内设备管线的安装、门窗洞口等部位加强龙骨应安装牢固、位置正确，填充材料的设置应符合设计要求。

检验方法：检查隐蔽工程验收记录。

（4）木龙骨及木墙面板的防火和防腐处理必须符合设计要求。

检验方法：检查隐蔽工程验收记录。

（5）骨架隔断的墙面板应安装牢固，无脱层、翘曲、折裂及缺损。

检验方法：观察；手扳检查。

（6）墙面板所用接缝材料的接缝方法应符合设计要求。

检验方法：观察。

（二）一般项目

（1）骨架隔断表面应平整光滑、色泽一致、洁净、无裂缝，接缝应均匀、顺直。

检验方法：观察；手摸检查。

（2）骨架隔断上的孔洞、槽、盒应位置正确、套割吻合、边缘整齐。

检验方法：观察。

（3）骨架隔断内的填充材料应干燥，填充应密实、均匀、无下坠。

检验方法：轻敲检查；检查隐蔽工程验收记录。

（4）骨架隔断安装的允许偏差和检验方法应符合表 7-2 的规定。

表 7-2　骨架隔断安装的允许偏差和检验方法（GB 50210—2001）

项次	项　目	允许偏差（mm）		检验方法
		纸面石膏板	人造木板、水泥纤维板	
1	立面垂直度	3	4	用 2m 垂直检测尺检查
2	表面平整度	3	3	用 2m 靠尺和塞尺检查
3	阴阳角方正	3	3	用直角检测尺检查
4	接缝直线度	—	3	拉 5m 线，不足 5m 拉通线，用钢直尺检查
5	压条直线度	—	3	拉 5m 线，不足 5m 拉通线，用钢直尺检查
6	接缝高低差	1	1	用钢直尺和塞尺检查

四、活动隔断工程

活动隔断工程质量验收内容适用于各种活动隔断工程。

（一）主控项目

（1）活动隔断所用墙板、配件等材料的品种、规格、性能和木材的含水率应符合设计要求。有阻燃、防潮等特性要求的工程，材料应有相应性能等级的检测报告。

（2）活动隔断轨道必须与基体结构连接牢固，并应位置正确。

检验方法：尺量检查；手扳检查。

（3）活动隔断用于组装、推拉和制动的构配件必须安装牢固、位置正确，推拉必须安全、平稳、灵活。

检验方法：尺量检查；手扳检查；推拉检查。

（4）活动隔断制作方法、组合方式应符合设计要求。

检验方法：观察。

（二）一般项目

（1）活动隔断表面应色泽一致、平整光滑、洁净，线条应顺直、清晰。

检验方法：观察；手摸检查。

（2）活动隔断上的孔洞、槽、盒应位置正确、套割吻合、边缘整齐。

检验方法：观察；尺量检查。

（3）活动隔断推拉应无噪声。

检验方法：推拉检查。

（4）活动隔断安装的允许偏差和检验方法应符合表 7-3 的规定。

表 7-3　　活动隔断安装的允许偏差和检验方法（GB 50210—2001）

项次	项目	允许偏差（mm）	检验方法
1	立面垂直度	3	用 2m 垂直检测尺检查
2	表面平整度	2	用 2m 靠尺和塞尺检查
3	接缝直线度	3	拉 5m 线，不足 5m 拉通线，用钢直尺检查
4	接缝高低差	2	用钢直尺和塞尺检查
5	接缝宽度	2	用钢直尺检查

五、玻璃隔断工程

玻璃隔断工程质量验收内容适用于玻璃砖、玻璃板隔断工程。

（一）主控项目

（1）玻璃隔断工程所用材料的品种、规格、性能、图案和颜色应符合设计要求。玻璃板隔断应使用安全玻璃。

检验方法：观察；检查产品合格证书、进场验收记录和性能检测报告。

（2）玻璃砖隔断的砌筑或玻璃板隔断的安装方法应符合设计要求。

检验方法：观察。

（3）玻璃砖隔断砌筑中埋设的拉结筋必须与基体结构连接牢固，并应位置正确。

检验方法：手扳检查；尺量检查；检查隐蔽工程验收记录。

(4) 玻璃板隔断的安装必须牢固。玻璃板隔断胶垫的安装应正确。

检验方法：观察；手推检查；检查安装记录。

(二) 一般项目

(1) 玻璃隔断表面应色泽一致、平整洁净、清晰美观。

检验方法：观察。

(2) 玻璃隔断接缝应横平竖直，玻璃应无裂痕、缺损和划痕。

检验方法：观察。

(3) 玻璃板隔断嵌缝及玻璃砖隔断勾缝应密实平整、均匀顺直、深浅一致。

检验方法：观察。

玻璃隔断安装的允许偏差和检验方法应符合表 7-4 的规定。

表 7-4　玻璃隔断安装的允许偏差和检验方法 (GB 50210—2001)

项次	项目	允许偏差 (mm)		检验方法
		玻璃砖	玻璃板	
1	立面垂直度	3	2	用 2m 垂直检测尺检查
2	表面平整度	3	—	用 2m 靠尺和塞尺检查
3	阴阳角方正	—	2	用直角检测尺检查
4	接缝直线度	—	2	拉 5m 线，不足 5m 拉通线，用钢直尺检查
5	接缝高低差	3	2	用钢直尺和塞尺检查
6	接缝宽度	—	1	用钢直尺检查

思考练习题

7-1　试述石膏龙骨和轻钢龙骨的安装方法。

7-2　轻钢龙骨隔断的构造形式是如何的？

7-3　试述纸面石膏板隔断安装方法。

7-4　木质隔断的胶合板怎么进行防火处理？

7-5　怎样才可保证硬质纤维板工程质量？

7-6　简述半玻隔断的施工方法。

7-7　简述空心玻璃砖隔断的施工方法。

第八章　装饰工程衔接收口方法

装饰中的各种结构之间、各种装饰饰面之间、各种不同饰面材料之间以及同面同材料之间对缝时，都有大量的衔接口与收口处，针对这些部位进行修饰处理，顺利过渡，便是装饰工程中的衔接收口工艺。该工序中对不同的衔接面、不同的材料，有着不同的收口方法和技巧。施工人员能正确、妥帖、恰到好处地运用色彩、材质处理以及安装过程中各种衔接和收口部位是装饰工程的关键工序，也是装饰施工人员必须熟练掌握的技术。

第一节　装饰工程衔接收口的概念

一、衔接收口工艺的概念

1. 衔接收口工艺的目的

（1）将面与面的不同材料饰面相交处的拼接缝进行遮盖。

（2）用专门的材料，精巧的技术对各装饰面之间的过渡部位进行装饰。

（3）把安装、弱电部位的人孔、端口、信息点、控制点与饰面之间的衔接收口进行协调。

（4）墙面的不同部位之间、阴阳角、外墙幕墙等上口压顶及下端的收口等，通过衔接收口工序的工艺处理，可弥补饰面装饰的不足之处，增加装饰效果，处理好衔接防渗漏、防结露及保持保温效果。

2. 衔接收口工艺的意义

衔接收口工艺是一种不同饰面过渡的装饰手段，它是利用各种材料运用弥补、衬托、遮盖的方法来丰富装饰面的造型及变化，增加装饰效果和装饰特色，使装饰面更加完美。

3. 衔接收口工艺的范围

（1）吊顶各面之间的衔接收口，吊顶面与吊顶上设备之间的衔接收口，吊顶面上不同饰面材料之间的衔接收口，吊顶面与墙面之间的衔接收口。

（2）墙面饰面之间的收口，墙面与墙裙之间的收口，墙面与墙面设备之间的衔接收口，墙面与地面的衔接处理。

（3）固定配置上各面之间，各种台边、柜边之间，不同材料的饰面之间以及家具上的收口边。

（4）墙面的不同部位、不同饰面材料之间。

4. 衔接收口工艺的内容

（1）根据不同的要求，用木线条、不锈钢线条、铝合金线条、塑料线条等材料，以钉接、黏结、卡接的方式，对饰面的对缝处、衔接处进行装饰处理。

（2）用塑料贴带、薄木皮、玻璃胶、不锈钢、铝合金等材料，对饰面的侧边侧缝和接缝进行封口封边。

（3）各种收口封边材料本身的对缝衔接处理。

二、收口施工工艺要点

收口施工工艺要点如下：

(1) 收口施工前，应准备好收口线条，并对线条进行挑选。对木线条应剔除线条中扭曲、疤裂、腐朽的部分。还要注意木线条的色泽应一致，线条厚薄均匀。木线条表面应光滑无坑，塑料线条应色泽一致、硬度一致、无破损现象。金属线条表面应无划伤痕和碰印，尺寸应准确。

(2) 检查收口对缝处的基面固定得是否牢固，对缝处是否有凸凹不平现象，并查其原因，进行加固和修正。

(3) 与基体材料相同，饰面色彩相同的木线条，可先进行收口后，再与基体同时进行饰面。与基体材料不同或不同色彩的木线条，可在基体饰面完成后，再单独进行收口操作。

(4) 各种线条的自身对口位置，应远离人的视平线或置于室内的不显眼位置处。特别是接口较明显的金属线条，更应注意线条的对口位置安排，如图 8-1、图 8-2 所示。

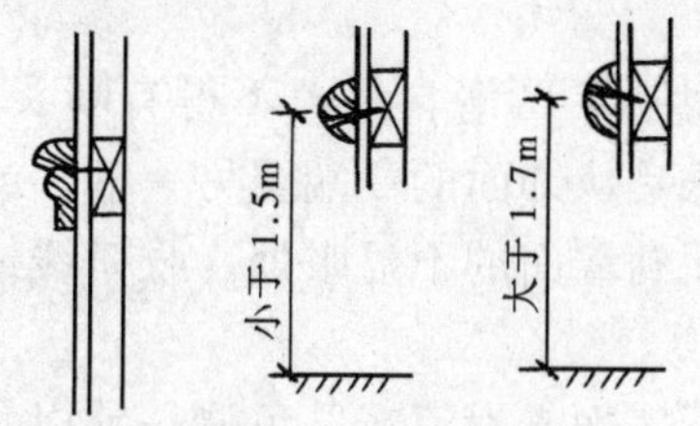

图 8-1　木线条钉固最佳位置

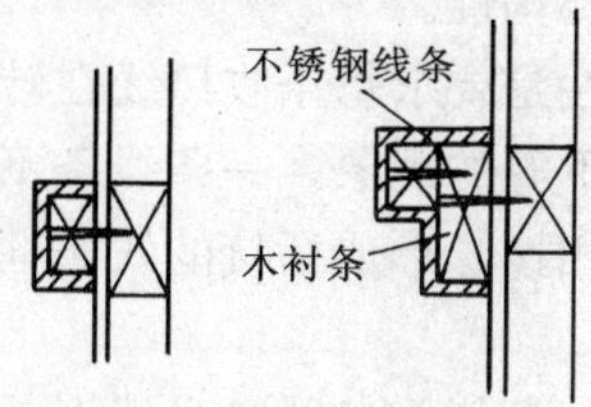

图 8-2　金属线条安装方法

(5) 木线条在条件允许时，应尽量采取胶粘固定。如果需用钉固定，最好采用钉枪钉。如用圆钉，应将钉头打扁再钉。钉的位置应在木线的凹槽部位或背视线的一侧。对半圆木线条来说，其位置高度小于 1.6m 时应钉在木线中线的偏下部，高度大于 1.7m 应钉在木线的偏上部（避开人的视线）。

(6) 不锈钢线条和铜线条收口线的安装，均采用表面无钉的收口方法。其工艺方法是：先用钉在收口位置上固定一条木衬条，木衬条的宽、厚尺寸略小于不锈钢或铜线条槽的内径尺寸。然后在木衬条上涂万能胶，在不锈钢条槽内涂万能胶，再将该线条卡装在木衬条上。如不锈钢线条有造型，木衬条也应相应做出造型来。不锈钢线条槽表面一般都贴有一层塑料胶带保护层，该塑料胶带应待饰面施工完毕后再从不锈钢线条槽上撕下来。如线条槽表面没有胶带保护层，在施工前需贴上一层，以免在施工中损坏线条表面。

(7) 木线条的对拼方式，有直拼和角拼两种。对角拼接时，应把线条放在 45°定角器上，用细锯锯断，截口处不得有毛边。两条角拼的线条截好口后，在截面上涂胶后进行对拼口，对拼口处不得有错位和离缝现象。直拼的木线条在对口处应开成 30°角或 45°角。截面加胶后拼口，拼口处要求光滑顺直，不得有错位现象。

(8) 不锈钢和铜线条在角位的对口拼缝，应用 45°角拼口，截口时应在 45°定角器上用钢锯条截断，并注意在截断操作时不要损伤表面。不锈钢和铜线条槽截断操作均不得使用砂轮片切割机，以防受热后变色，对切断好的拼接面，应用什锦锉修平。

(9) 圆弧收口的做法：在室内装饰中，圆弧面的收口较多，除特殊的圆弧线条需在专门厂家定做外，很多圆弧的收口都需用直线的木线条来收口。对圆弧半径较大的圆弧面，可用截面尺寸小，而又可弯曲的直线木线条来直接粘贴或钉接收口。对圆弧半径较小（半径小于400mm）的圆弧面，而要求收口的木线条截面尺寸又较大时，就需用加工木线条的方法，来使直线的木线条弯曲成半径较小圆弧的木线条。

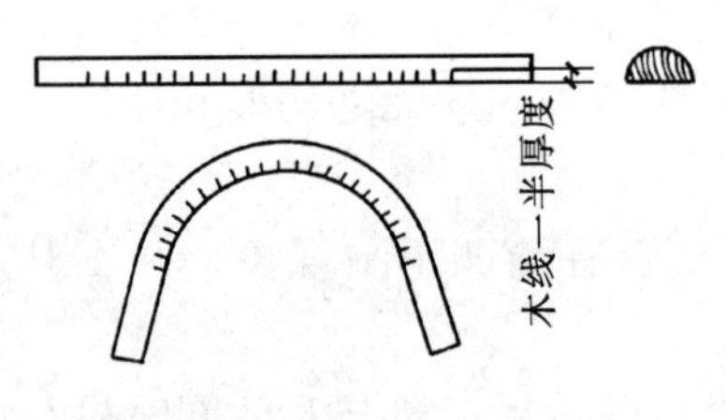

图 8-3　圆弧木线条开槽方式和弯曲的形式

最常用的圆弧收口线是截面半圆的木线条。通常用开槽法来把直线的木线条弯曲成圆弧线条。开槽的方法是在木线条的背面，间隔一定距离用细锯开出一条条细槽。槽的深度和间隔的距离，要根据圆弧半径大小定。圆弧半径大，开槽可以浅，开槽间隔距离也可以大些。圆弧半径小，开槽就需深，开槽间隔距离也小。通常开槽的最大深度为木线条厚度的2/5。开槽的最小间距为5mm。圆弧木线条开槽方式和弯曲的形式如图8-3所示。

（10）收口线的交圈所谓交圈就是指收口线的连贯性、规整性和协调性。

连贯性是要求每条收口线在转角、转位处能连接贯通、圆滑自然，不得有断头、错位、线条宽度不等的现象。一条线条不论如何转角转位，总是从饰面的一端至另一端，或从头至尾，首尾相接，形成衔接的线条框。线条端头处也可顶到墙面的不显眼处。收口线最忌有明显断头。

规整性是指收口线自身线形分明、线体平整顺直、表面光滑流畅、色调一致以及安装的顺直平整，圆弧过渡的流畅。

协调性是指各线条安装时，相互的间隔宽度相同，相互平行或垂直，相邻线条的尺寸大小相适宜，色彩相配。

（11）在同一墙面由两种不同装饰材料衔接处，采用什么衔接材料、采用什么造型，均应从整体性、艺术性、施工可行性方面综合考虑，以达最佳效果。

（12）外墙在进行衔接、收口处理时应做好防水、排水工作。

第二节　装饰工程衔接收口工艺

一、吊顶面的衔接收口工艺

（一）吊顶各面之间的收口工艺

吊顶收口工艺通常安装在吊顶饰面完成之后。因为金属、塑料、木线条等收口线条的色彩与质感，一般都有别于吊顶装饰面，收口操作安排于吊顶饰面之后，可使两者互不干涉，又可弥补饰面的不足。

为了施工方便，通常是用金属、塑料、油漆好的木线条来进行收口，并用电动或气动钉枪来钉接木线条，如果用铁钉来钉木线条，必须将钉头打扁，而且应钉在木线条的凹槽处或不显眼部分。金属、塑料线条通常是用衬条黏结方法收口。

吊顶一般都制作成有迭级造型的形式。而且常用不同的材料饰面，所以需要衔接收口的部位较多。常见的收口形式有如下几种：

（1）阴角收口：阴角是指两面相交内凹的角位，其收口用角木线钉压在角位上。固定时用钉枪，在木线条的凹部位置打入钉枪直钉。钉头孔眼可用与木线条饰面相同材料点涂补孔。如吊顶较高（高于 3.5m）、孔眼较小也允许不补。吊顶面阴角收口如图 8-4 所示。也常用金属和塑料线条。

（2）阳角收口：阳角是指两相交面外凸的角位，其收口有平面收口、立侧面收口和包角收口三种方式。前两种方式使用的较为普通，后一种属于特殊方式。

平面收口是用收口线角，在平面上压住吊顶下面的对接缝。立面收口是在立侧面上用收口线条压住对接缝。包角收口是用包角木线或金属线条，将整个角位包住。几种阳角收口方式如图 8-5 所示。如前所述，金属线条槽安装前，应先在收口钉接一条宽、高略小于金属线条槽内径的木方条，然后用万能胶将金属线条槽粘贴在收口处。

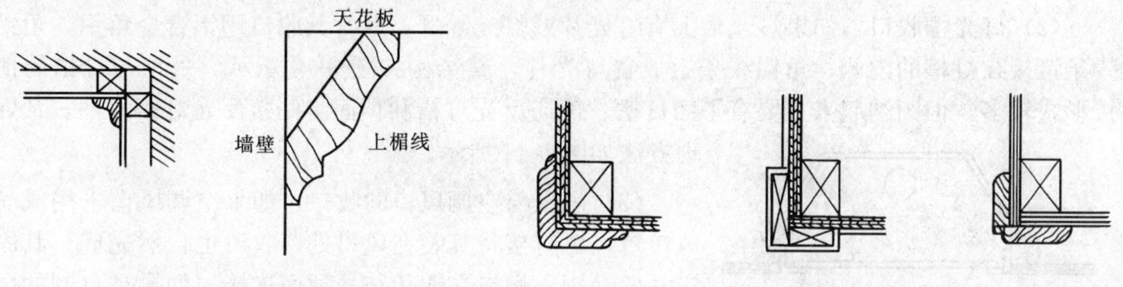

图 8-4　吊顶面阴角收口　　图 8-5　阳角收口

（3）过渡收口：过渡收口是指两个落差高度较小的面之对接处的衔接处理，或平面上两种不同材料的对接处的衔接处理。过渡收口常用木线条和金属线条进行，其常见结构如图 8-6 所示。木线条可直接钉在吊顶面上，不锈钢线条槽则用粘贴法固定在小木方衬条上。

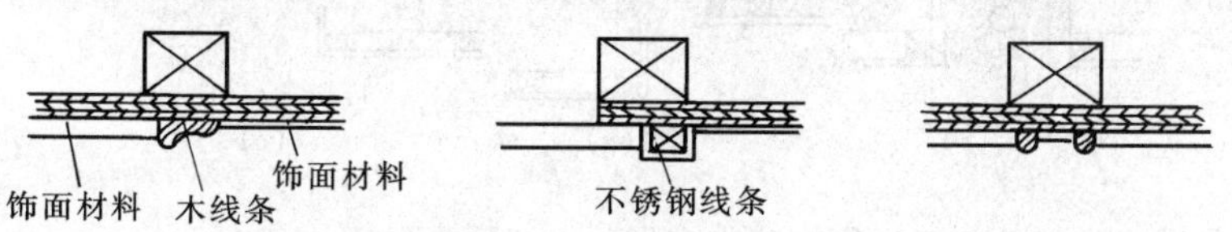

图 8-6　过渡收口

不锈钢线条槽，有时要对其端头处进行端头收口，不锈钢线条槽的端头部收口是将其端部做成斜面形，其斜度常为 30°或 45°角，如图 8-7 所示。其方法是：将不锈钢线条槽端部的两个角位剪开，剪口在槽的内侧，然后在槽的边头处再剪一刀，这两剪正好在槽边上剪下一个小三角。两边都剪好后，就可将槽面的部分向下弯曲，使之平贴在槽的剪口边上，这样就形成了不锈钢端头处的斜面。斜面的对缝应紧密，并无明显的表面伤痕。如果剪口处有不平整现象，应用什锦锉将其修平，如图 8-8 所示。

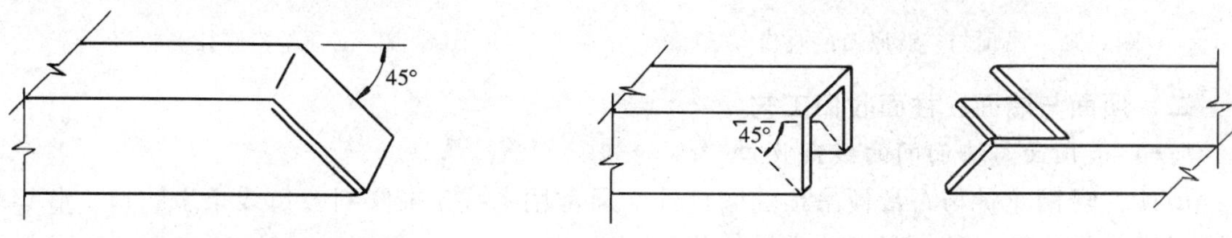

图 8-7　不锈钢线条槽端头收口　　图 8-8　端头收口剪裁法

（二）吊顶面与设备的收口

（1）灯光盘收口：灯光盘在吊顶上安装后，其灯光片或灯光隔栅与吊顶之间需要收口，而收口线同时又可承担搁放灯光片的作用，其结构如图 8-9 所示，收口线为木线条，用钉接法进行固定。

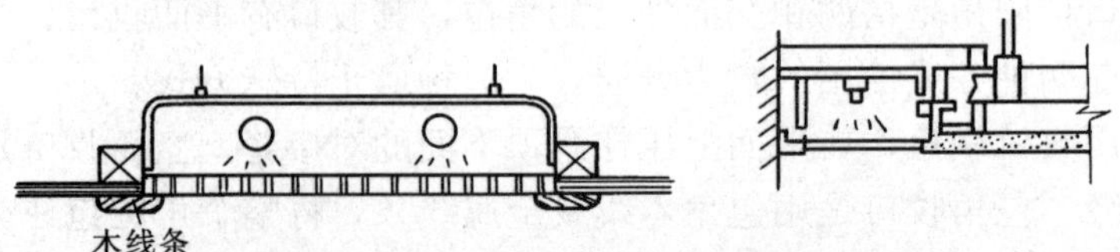

图 8-9 灯光盘收口结构形式

（2）灯光槽收口：如果灯光槽上有灯光片或灯光隔栅，通常其收口用铝合金角铝，角铝线条钉接在灯槽的内侧，角铝线条上放置灯光片，其结构如图 8-10 所示。吊顶与灯槽的衔接形式较多，但归纳起来主要有平面灯槽、侧向反光灯槽和顶面半间接反光灯槽三种。其处理方法如图 8-11 所示。

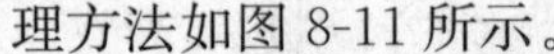

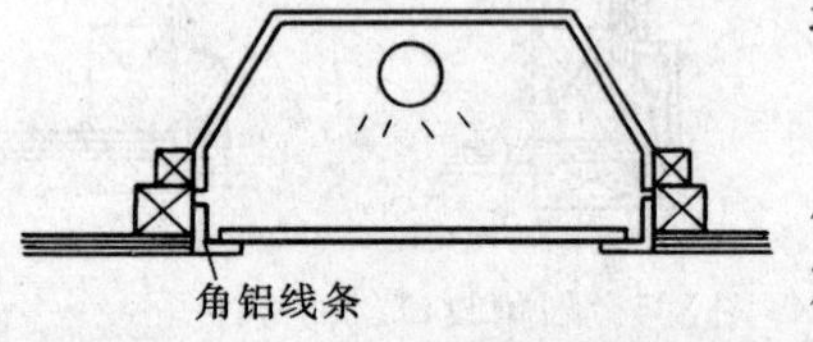

图 8-10 灯光槽用角铝线条收口

（3）吊顶与空调风口的收口：如果空调风口采用成品风口罩，可直接将其装在风口处，收口也自然完成。其固定一般采用木螺钉在四角与吊顶面连接。如果是自制的风口罩或是内嵌式的成品罩，在其四边要进行收口。空调风口收口方式如图 8-12 所示。

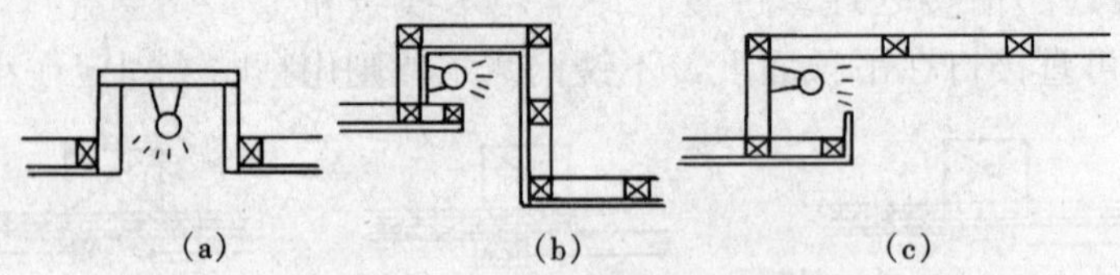

图 8-11 木吊顶与灯槽的衔接

（a）平面式；（b）侧向反光式；（c）侧向半反光式

（4）吊顶与检修孔收口：通常在检修孔盖板四周钉木线条，或在检修孔内侧钉角铝线条的方法进行收口，同时对盖板有限位作用，如图 8-13、图 8-14 所示。

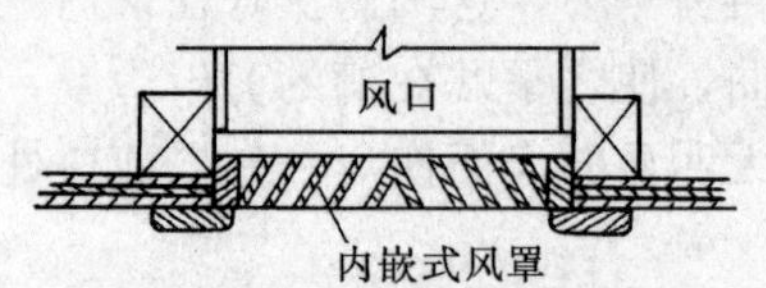

图 8-12 吊顶与空调风口的收口

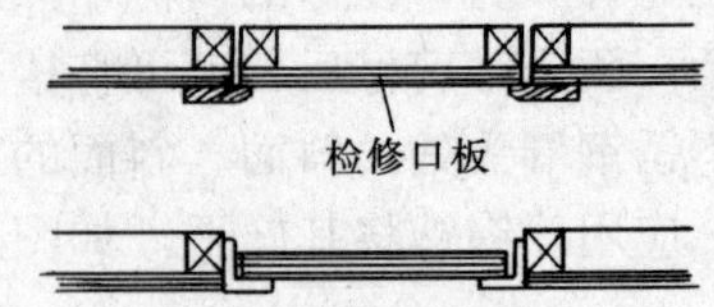

图 8-13 吊顶与检修孔的收口

二、顶面与墙面、柱面收口工艺

（一）吊顶面与墙面间的线条收口

吊顶、轻钢龙骨与石膏板吊顶的墙角处，通常用木线条或塑料收口线条来收口。收口线条的式样及方法有多种，现介绍常见的几种。

（1）实心角线收口：用实心的直角多曲面装饰线条，靠紧在吊顶面与墙面的相交处，并用墙面埋木楔方法，将木线条钉固在墙面上，如图 8-15 所示。

（2）斜立角线收口：在需要大角线收口时，可使用斜位角线，固定时用钉将斜角装饰木

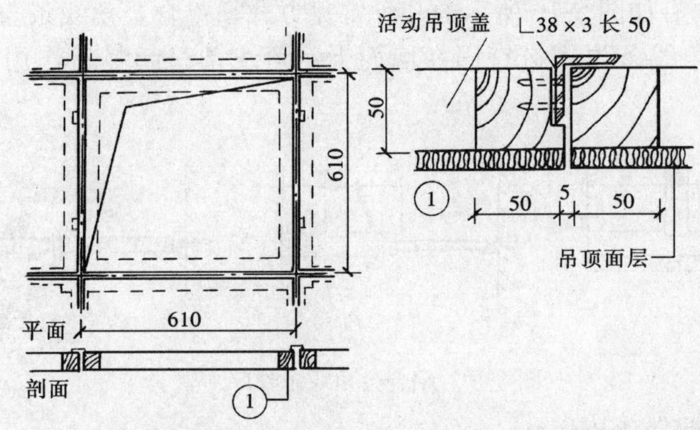

图 8-14　活动板进入孔构造示意图

注：吊顶检修孔，进入孔等要考虑检修方便及尽隐蔽，如利用侧墙、灯饰或活动板等方式以保持吊顶完整。

线条，分别钉在墙面和吊顶面上，如图 8-16 所示。

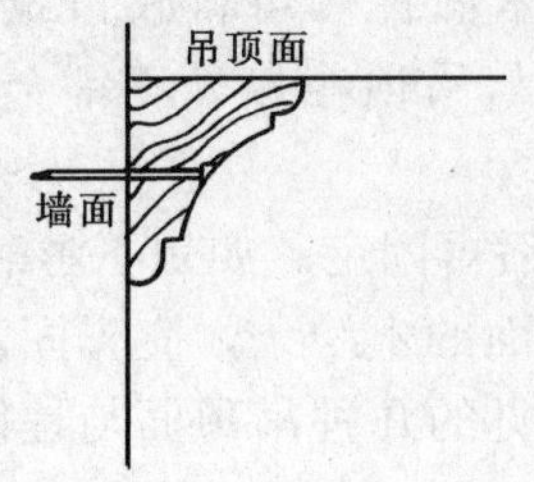

图 8-15　实心角线收口

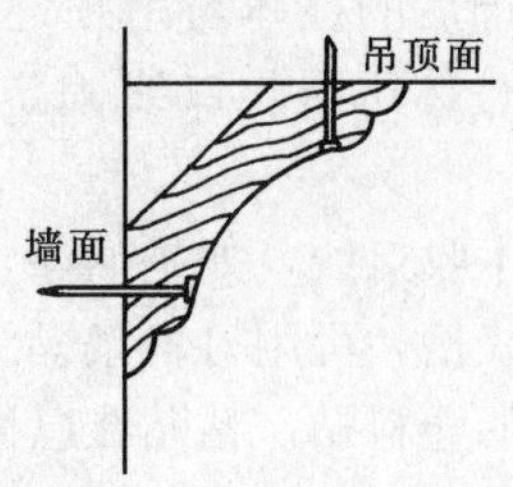

图 8-16　斜位角线收口

（3）八字式收口：八字式收口是用两块木板条和一条斜位角线组合而成。两块木板条分别固定在墙面和吊顶面，斜位角线固定在两板条之间，如图 8-17 所示。

（4）阶梯式收口：阶梯式收口是用两块或两块以上的木板条，并排错位放置成阶梯状，这种阶梯式收口线，固定时是最下面一块固定于墙面，上面两条应先在地面上互相固定后，然后再钉接到最下面一块与墙面固定好的板上，如图 8-18 所示。

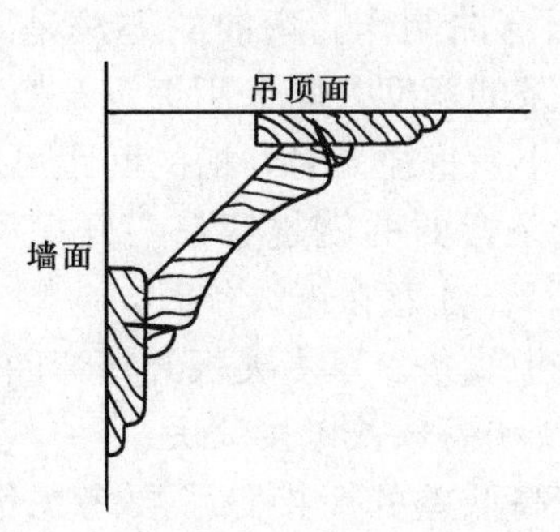

图 8-17　八字式收口

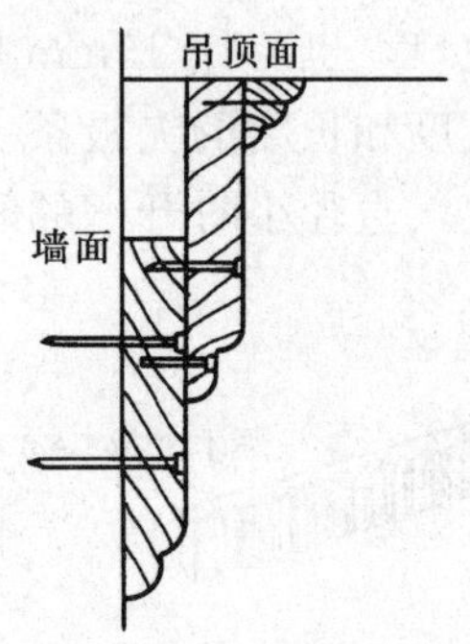

图 8-18　阶梯式收口

（二）顶面与墙面间的铝合金角线条收口

用铝合金角线条收口的吊顶，主要有铝合金吊顶、铝合金龙骨吊顶或轻钢龙骨吊顶。这些吊顶与墙柱面收口，有如图 8-19 所示的几种常见方式。铝合金角线条与墙面的固定，常用木楔埋入墙面，将角线条再用钉钉固在墙面上。角线条只起封口作用，而不承担吊顶重量。

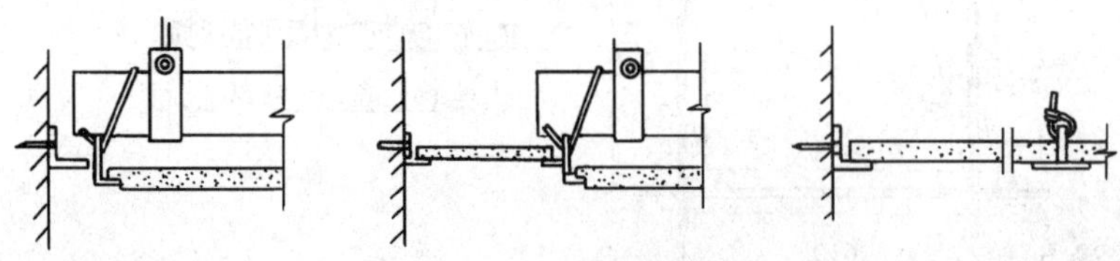

图 8-19　铝合金角线条收口

（三）顶面与柱面相交处的收口

吊顶面与柱面衔接处的收口方法，与吊顶和墙面间的收口方式基本相同。所使用的材料上有木线条、塑料线条、不锈钢线条槽等。对圆柱或其他曲线柱的不锈钢线条、多曲面装饰木线条，一般都要在厂家专门定做。这些单件特殊线条，在施工时要特别注意保护，以防损坏。

各种装饰后的柱体与吊顶之间，一般都需要收口，木面柱体可将收口线固定在柱体上，金属面柱体可将收口线固定在吊顶面上，或在柱顶与吊顶相接处不铺金属而用线条收口。

方柱的木收口线，如是油漆，应先将收口线油漆完毕后再固定。如是不锈钢、铜等金属表面的收口线槽，可用衬木条黏结方法固定；如是塑料贴面的木线条，应先固定木线条后，再将剪裁好的塑料贴，粘贴在已固定的木线条表面上。常见的几种吊顶面与柱体收口方式，如图 8-20 所示。

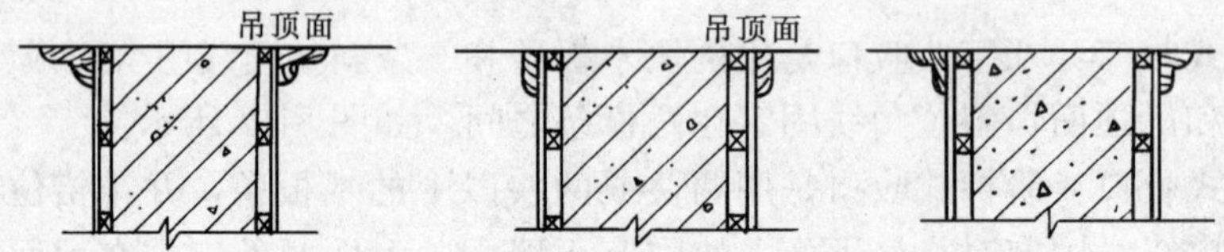

图 8-20　吊顶与柱体的常见收口方式

圆柱的顶面收口，也可用 15mm 厚木夹板弯曲制作，弯曲的方法是开槽法。先从厚木夹板上锯出所需宽度和长度的夹板条，再在长条的宽度方向上用细锯开槽，开槽的间距要根据圆柱的直径而定，直径小时开槽的间距也要小，直径大时开槽的间距可以大一些。开槽越多木夹板线条弯曲的就越容易。开槽深度一般小于厚夹板厚度的 1/2。注意在锯线条时，应顺木纹方向在整板上锯下厚木夹板线条。厚木夹板开槽弯曲法如图 8-21 所示。

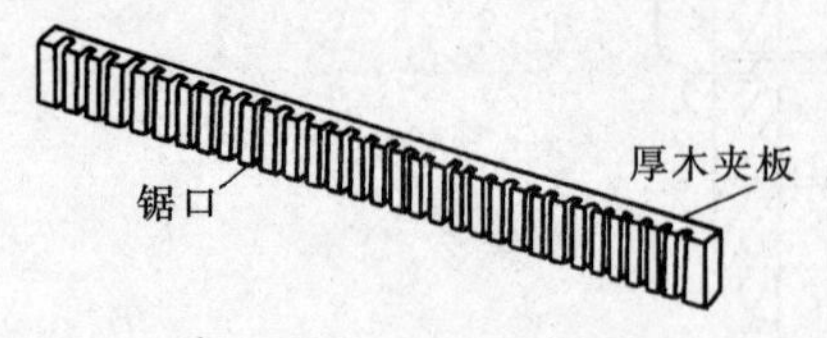

图 8-21　厚木夹板开槽弯曲法

（四）顶棚高低差衔接做法

顶棚有高低差的衔接除了要考虑衔接牢固，整体性好和构造合理外，还要考虑与上、下顶棚整体效果，衔接材料的合理选用，封口线条选择，表面色彩选用等，具体构造如图 8-22 所示。衔接覆面板和增设的竖向承载龙骨通过挂件与覆面龙骨连接，再用阴角铝压条和阳角铝压条把覆面板与上、下顶棚收口部位接头处理完美。

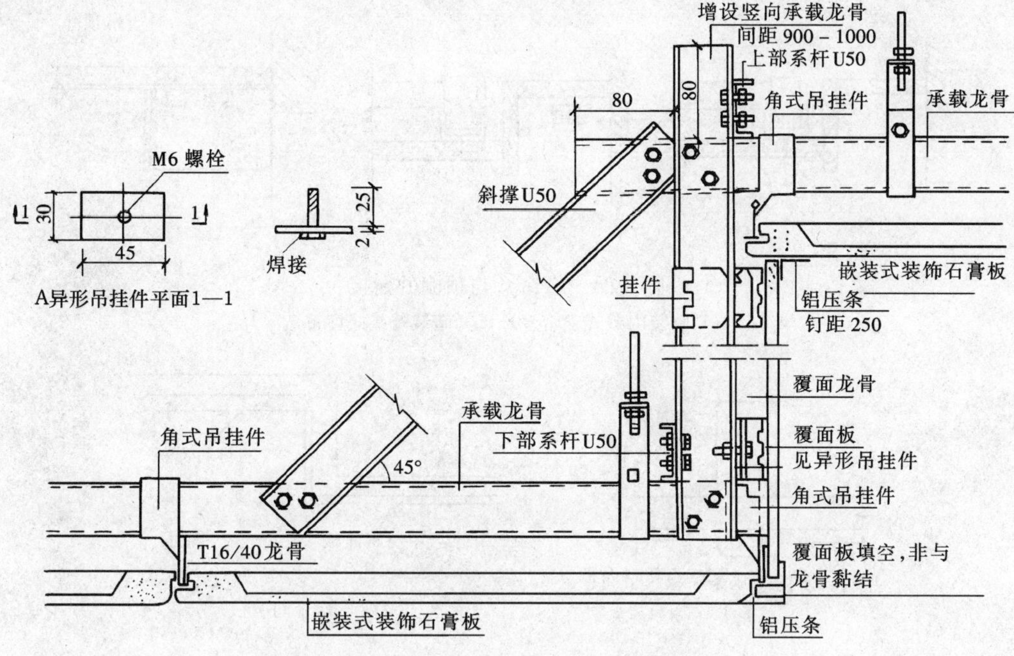

图 8-22　顶棚高低差衔接做法

注：1. 承载龙骨与斜杆间的固接采用 ϕ4 抽芯铆钉或 M5×16 螺栓。

2. 铝压条由具体工程选定，用平圆头自攻螺钉固定。

（五）窗帘盒与顶棚的衔接

常用固定窗帘盒的方法是膨胀螺钉或木楔配木螺钉固定法。膨胀螺钉是将连接于窗帘盒上面的铁脚固定在墙面上，而铁脚又用木螺钉连接在窗帘盒的木结构上。一般塑料窗帘都自身具有固定耳，可通过固定耳将塑料窗帘盒用膨胀螺钉或木螺钉固定于墙面。常见固定窗帘盒的方法如图 8-23 所示。

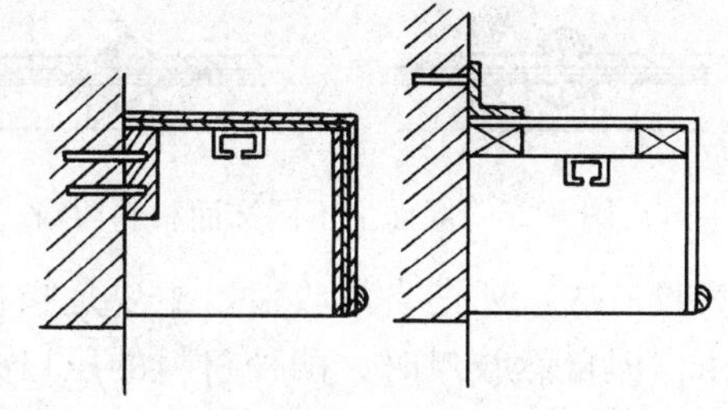

图 8-23　窗帘盒的固定

暗装形式的窗帘盒，其主要特点是与吊顶部分结合在一起。常见的有内藏式和外接式两种。

暗装内藏式窗帘盒：窗帘盒需要在吊顶施工时一并做好，其主要形式是在窗顶部位的吊顶处作出一条凹槽，以便在此安装窗帘导轨，如图 8-24（a）所示。

暗装外接式窗帘盒：外接式是在平面吊顶上做出一条通贯墙面长度的遮挡板，窗帘导轨就装在吊顶平面上，如图 8-24（b）所示。

（六）不同材质顶棚饰面板衔接

不同材质顶棚饰面板衔接构造处理主要有两种方式：

（1）交接处采用合适压条过渡处理，构造做法如图 8-25（a）所示。

（2）采用高低差过渡处理，构造做法如图 8-25（b）所示。

三、墙面、柱面的收口工艺

墙面的收口处有：墙面上下不同饰面材料之间，墙裙面与墙面之间，墙柱面的转角位

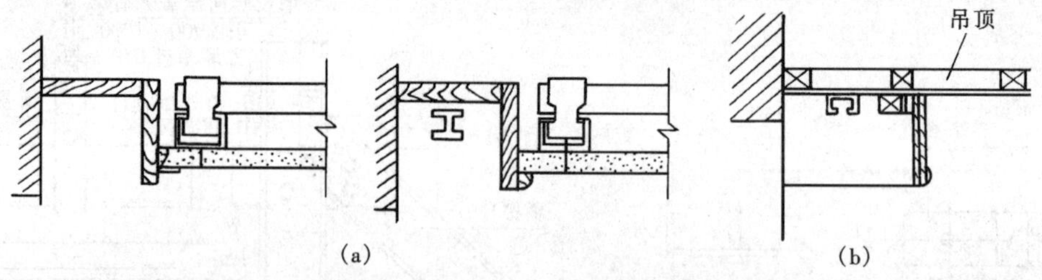

图 8-24 窗帘盒与顶棚的衔接

(a) 暗装内藏式窗帘盒；(b) 暗装外接式窗帘盒

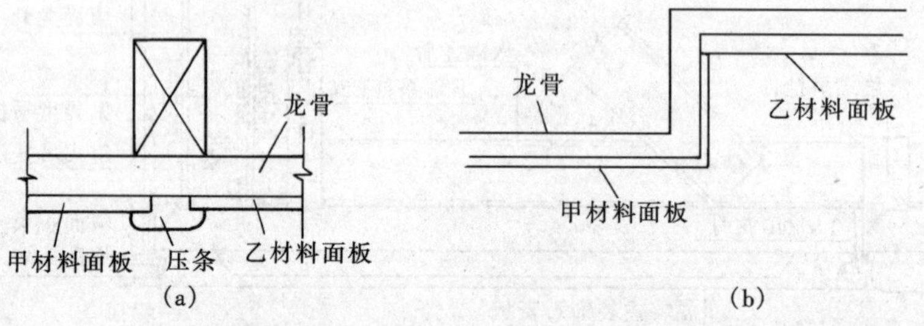

图 8-25 不同材质饰面板衔接构造处理示意

(a) 采用合适压条过渡处理；(b) 采用高低差过渡处理

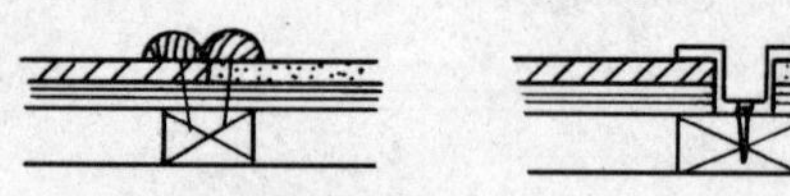

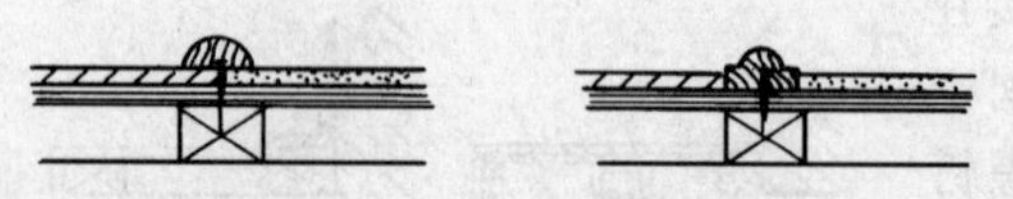

图 8-26 墙面上不同饰面材料收口

置，墙柱面相同材料的对口接头处，墙面与墙面设备之间，墙面与地面之间以及镜面的压线收口等。墙面、柱面的收口要求是细致、精巧。

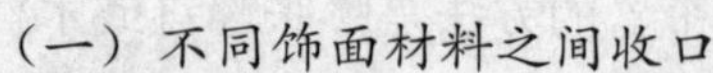

（一）不同饰面材料之间收口

不同饰面之间收口，可用木线条和不锈钢线条槽，也可用相同材料进行封口。收口方式有：单线条收口、双线条收口、梯级过渡收口等。图 8-26 所示为墙面上不同饰面材料收口。也可用自然收口法，所谓自然收口，主要是指在两种饰面相交时，一种材料可将另一种材料的边口压住。但自然收口时，两种材料的压口必须紧缩密贴，无脱边、离缝现象。如图 8-27 所示。

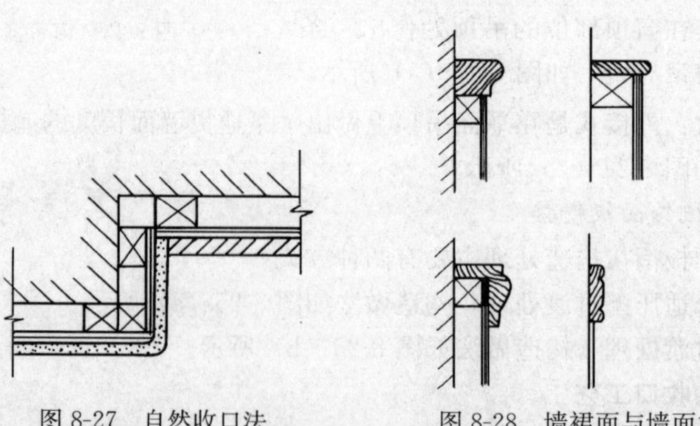

图 8-27 自然收口法

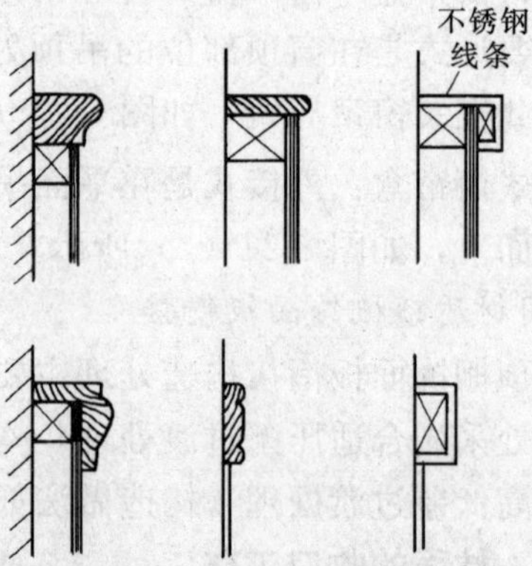

图 8-28 墙裙面与墙面之间收口

（二）墙裙面与墙面之间收口

墙裙与墙面之间，一般用木线条和不锈钢线条收口，收口方式有单线条上封口、侧封口和角包压线封口等，如图 8-28 所示，墙裙板竖向压条与接缝接口形式如图 8-29 所示。

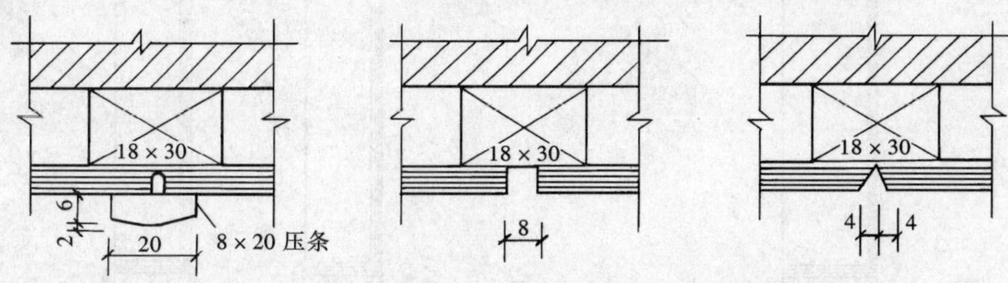

图 8-29　墙裙板竖向压条与拉缝接口形式

（三）墙柱面的转角收口

墙柱面的转角有阴角和阳角两种，阴角收口一般用角木线条压口，如是相同饰面材料也可不压木线条。两种材料在阴角处相交，可采用自然封口方式，但在阴角处不得有 1mm 以上的明显缝隙。

阳角收口有侧位收口、斜角收口和包角收口等。如果是相同饰面材料的阳角，也可不压收口线条，但转角处不得有缝隙，各种板材在阳角处都应进行对缝处理。墙柱面的阳角收口如图 8-30 所示。

（四）墙面与墙面设备的封口

墙面设备主要有进排风口、中央空调风口以及入墙式橱柜等。进排风口常用制成品的风口罩板来罩住风洞口，风口罩板用钉或木螺钉固定在墙面的木楔内。入墙式橱柜的封口有几种方式：一种是橱柜的边框伸出墙面平面，可用封口线条在橱柜外侧固定收口如图 8-31 所示，也可按自然收口。如果橱柜与墙面平齐时，在橱柜边与墙面对接处，一般都需要封口，封口的线条固定在橱柜的边框上。如果封口线条较宽，也可固定在墙面上，如图 8-32 和图 8-33 所示。

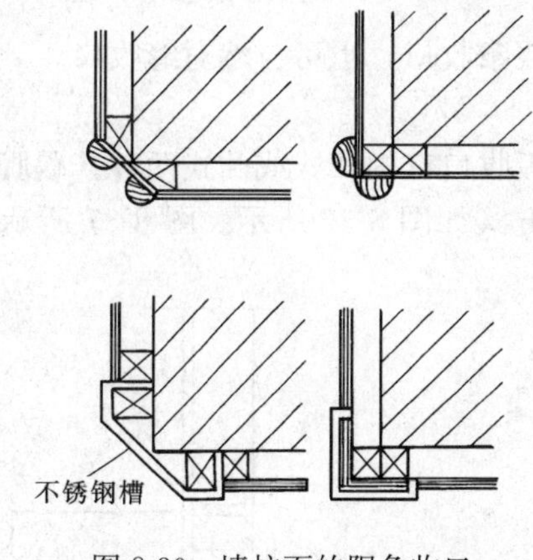

图 8-30　墙柱面的阳角收口

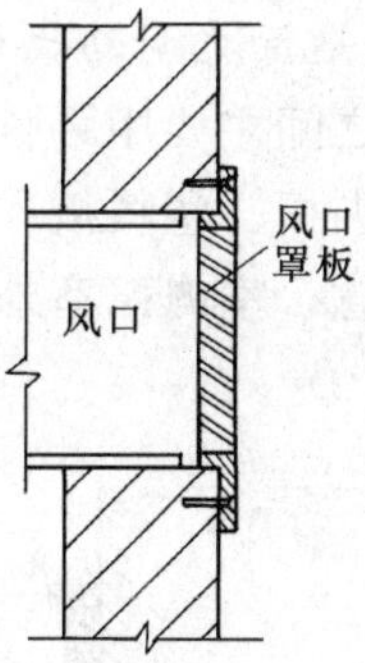

风口罩板

风口

图 8-31　进排风口与墙面的封口

（五）相同材料的对缝收口

相同材料对缝收口，主要是指各种饰面板材，在饰面上的拼接对缝。拼接对缝的情况有

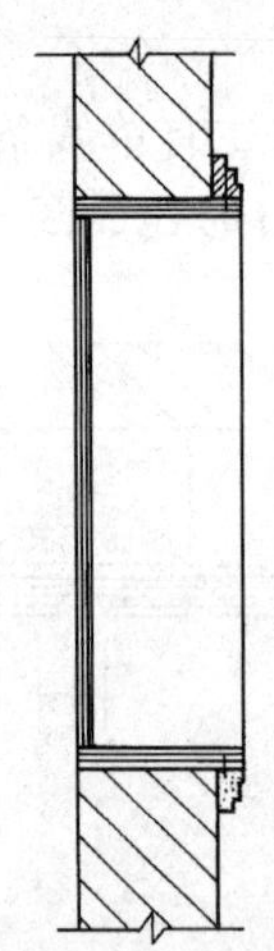

图 8-32 墙式橱柜封口(边框伸出墙面)

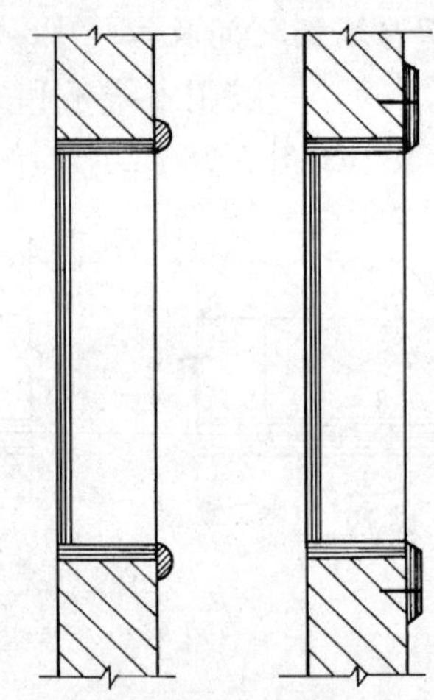

图 8-33 墙式橱柜封口(边柜与墙面齐平)

平面对缝和直角对缝两种。平面拼接时为了保护对缝小而平直，可在两块拼接板的对缝边后面倒 45°角，如图 8-34 所示。在阳角位，两块板的对缝边也需倒 45°角，倒角要一直倒到边口处，使边口处形成刃锋状，但不得损坏边口，然后拼缝。在阳角位对缝处，也可只倒一块板的背面即可，如图 8-35 所示。

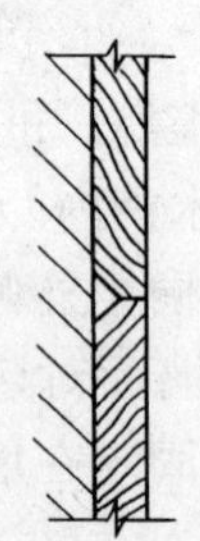

图 8-34 相同材料平面拼接

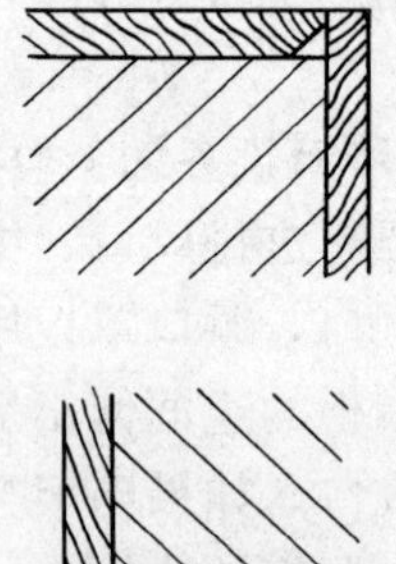

图 8-35 阳角对缝倒角做法

如果是同种材料，不同颜色，可在对缝处用线条收口，也可自然对缝收口。

（六）墙面与地面之间的收口

墙面与地面之间主要用踢脚线来收口。踢脚板收口有内凹式或凸式两种。踢脚板材料可用实木板、厚木夹板、塑料板和石料板等，收口方式如图 8-36 所示。图 8-37 所示为铁门下槛室内外收口示意，室内比室外高。

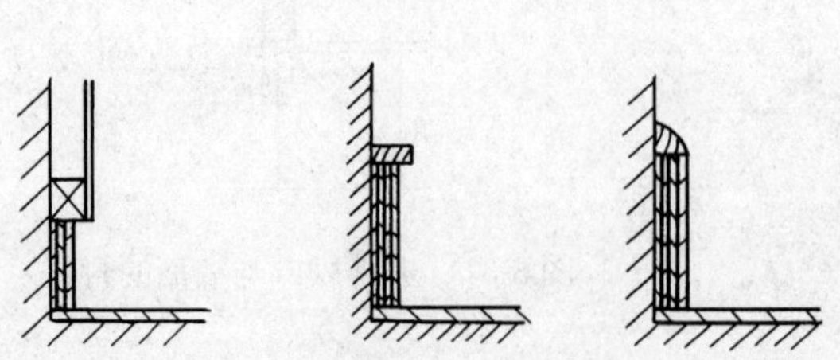

图 8-36 墙面与地面的踢脚板收口

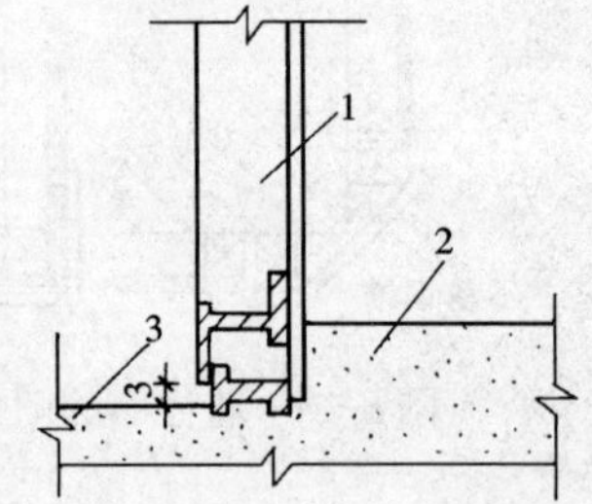

图 8-37 铁门下槛室内外收口示意

1—钢门；2—室内地面；3—室外地面

（七）墙面压镜的收口

墙面压镜方法，可用木压条线、铝合金角线、不锈钢线条槽来收口。不锈钢线条槽收口处常用玻璃胶封边。常见的压镜口固定方式如图 8-38 所示。

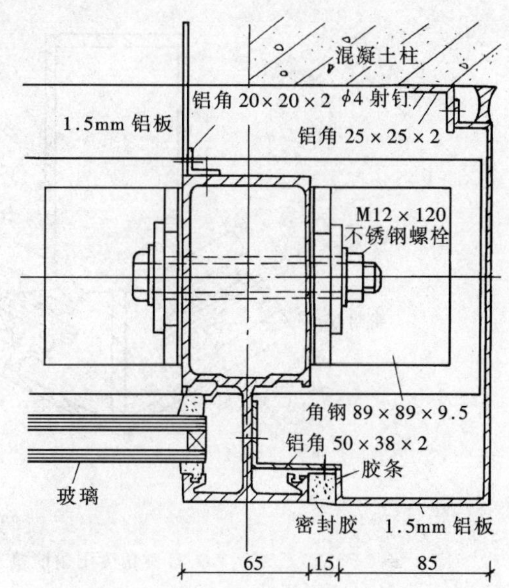

图 8-38　玻璃幕墙侧端部顶面、底面收口

四、挑挂式玻璃、金属、石材幕墙衔接、收口工艺

玻璃、金属、石材幕墙是现代建筑外墙应用较广的一种装饰方法，它们的衔接和收口工艺不仅要求美观、牢固，而且还涉及防水、排水问题。

（一）玻璃幕墙的衔接收口工艺

玻璃幕墙在外墙装饰工程中，有设计成整个墙面的，也有是部分墙面的。在施工中均涉及幕墙端部顶面、底面的收口。如图 8-38 所示、图 8-39 所示为隐框玻璃幕墙下端部收口方法；图 8-40、图 8-41 为顶部收口方法；图 8-42 所示为底部与结构间的收口方法，阴阳角的衔接方法。图 8-43（a）、（b）所示为幕墙阳角衔接处理方法。图 8-44（a）、（b）所示为玻璃幕墙阴角两种衔接处理方法。图 8-45 为玻璃幕墙与室内窗台板衔接方法。

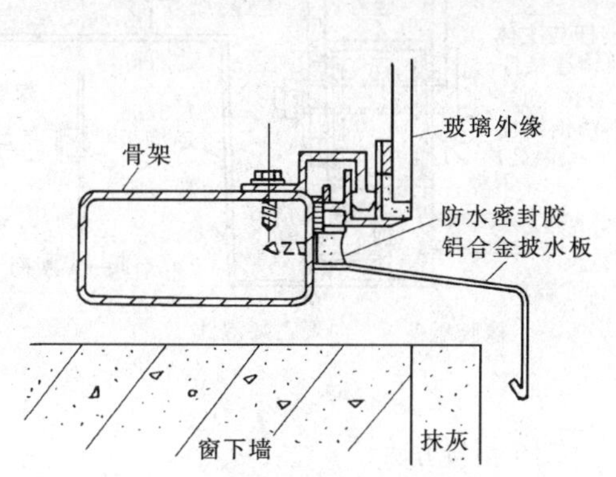

图 8-39　隐框玻璃幕墙下端部收口方法

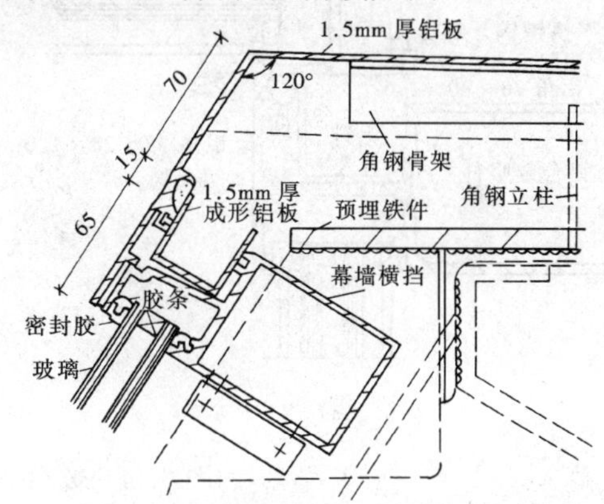

图 8-40　玻璃幕墙的顶部收口处理

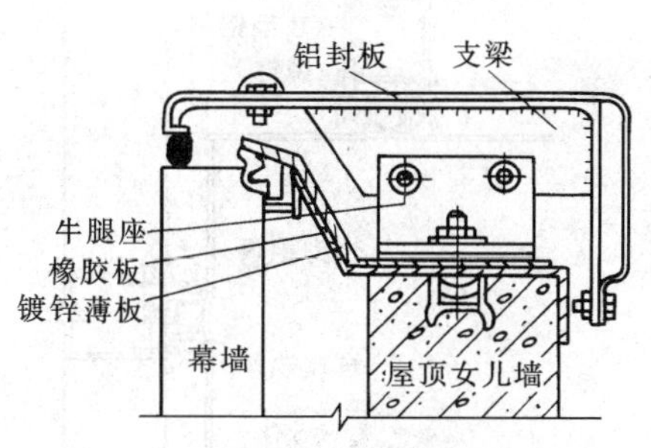

图 8-41　轻金属板盖顶

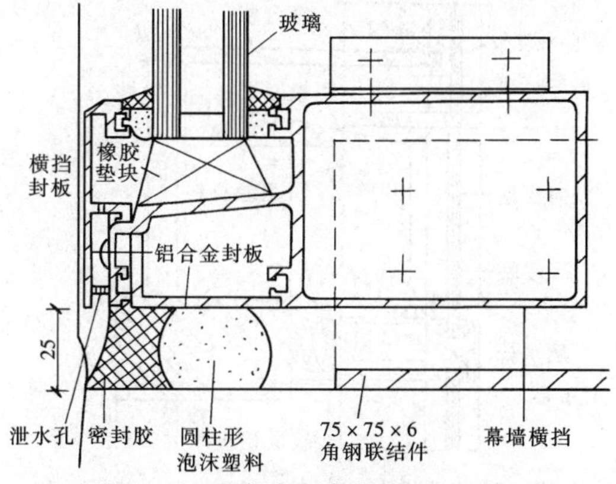

图 8-42　底部与结构间的收口处理

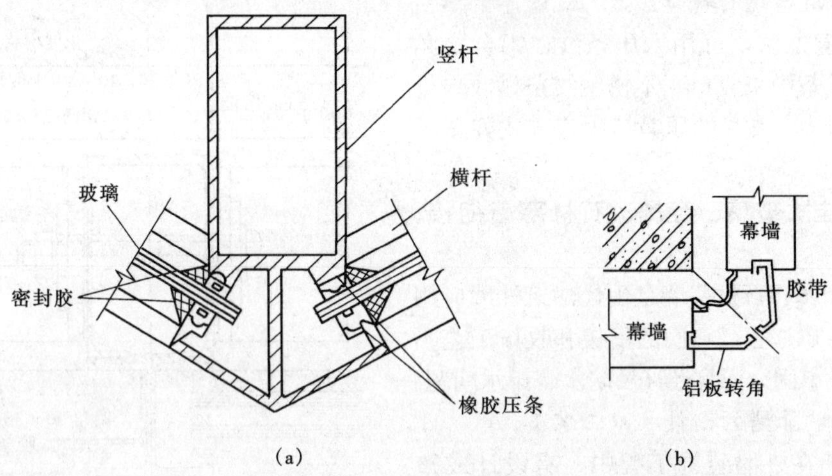

图 8-43 玻璃幕墙阳角衔接方法

(a) 任意角度阳角衔接方法；(b) 直角阳角衔接方法

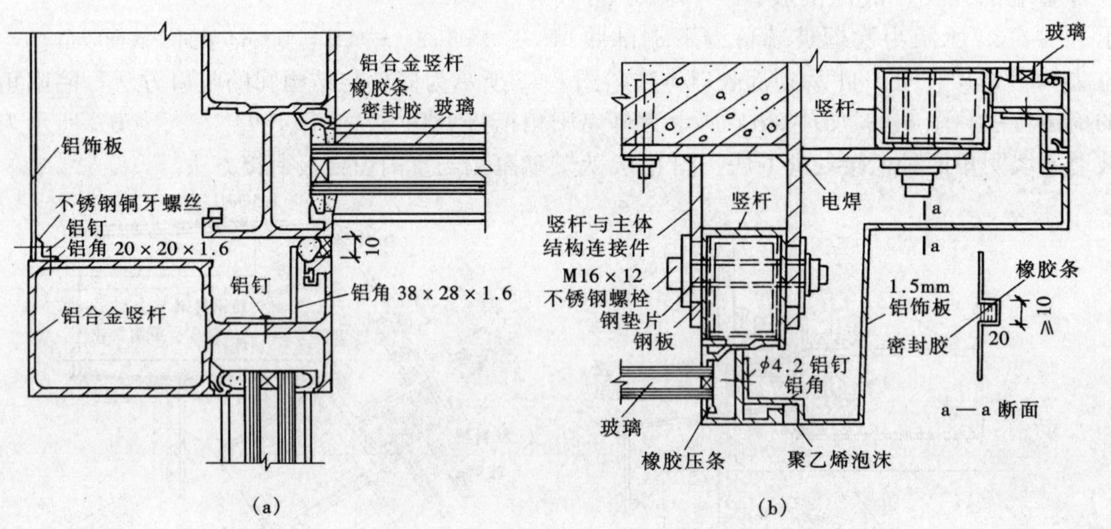

图 8-44 玻璃幕墙 90°阴角衔接方法

(a) 不镶过渡金属板的阴角；(b) 镶过渡金属板的阴角

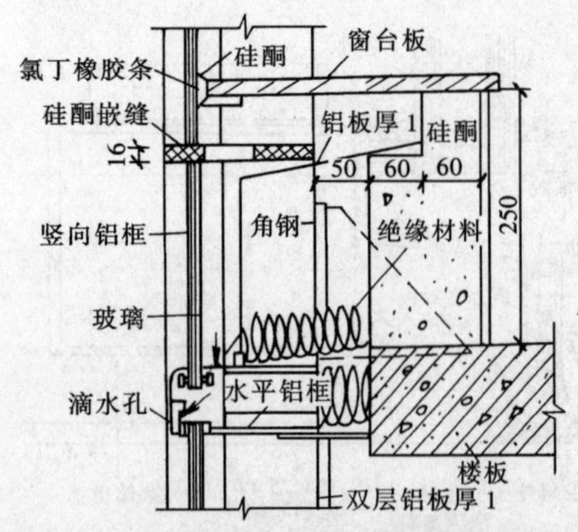

图 8-45 玻璃幕墙与室内窗台板衔接方法

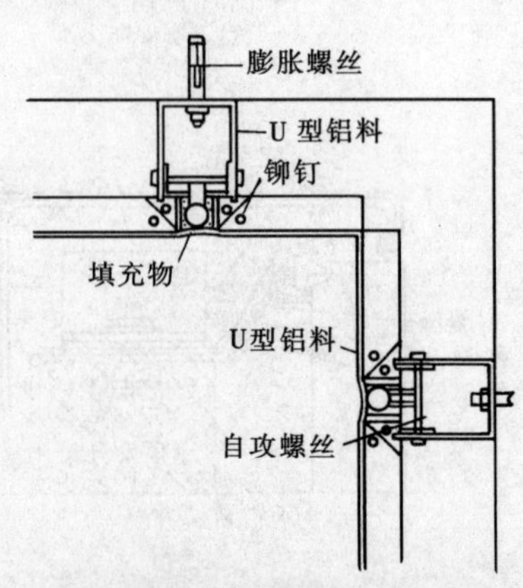

图 8-46 金属幕墙阴角衔接方法

（二）金属幕墙的衔接、收口工艺

金属幕墙的衔接、收口工艺，基本与玻璃幕墙相同，其实际施工也要比玻璃幕墙简捷、方便。图 8-46、图 8-47 和图 8-48 分别示出金属幕墙阴角衔接处理方法、底部及顶部收口方法。

（三）石材幕墙的衔接收口工艺

石材幕墙的衔接收口工艺基本类同玻璃及金属幕墙的衔接及收口工艺，图 8-49 所示为上、下不在同一平面内干挂石材衔接方法。

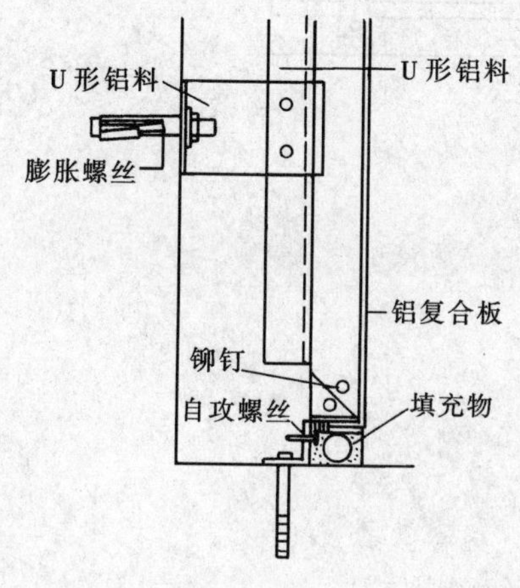

图 8-47　金属幕墙底部收口方法

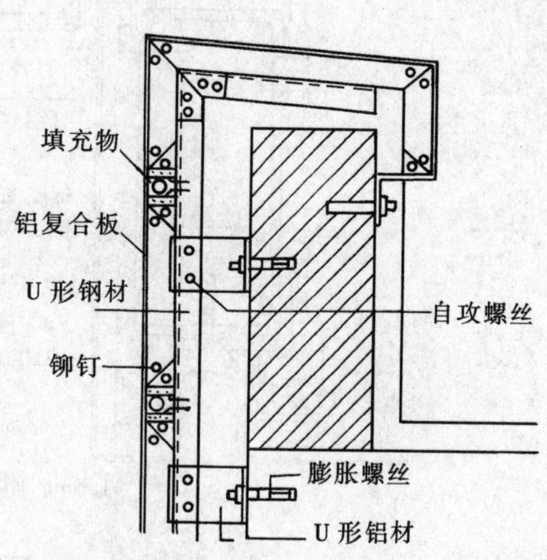

图 8-48　金属幕墙顶部收口方法

（四）玻璃、铝合金、石材幕墙之间衔接工艺

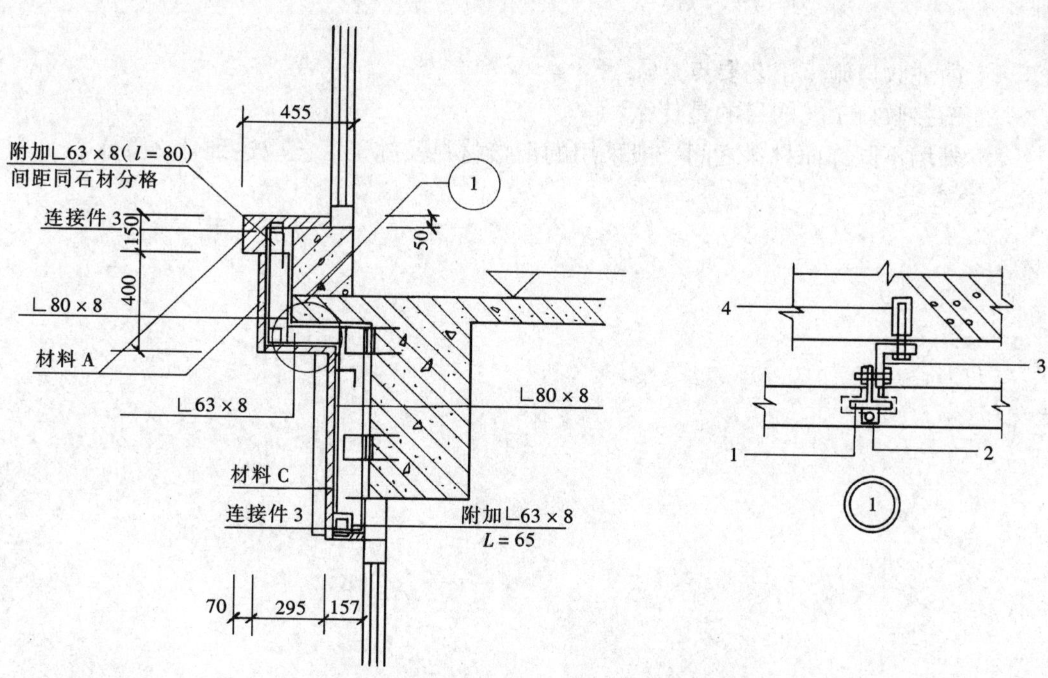

图 8-49　上、下不在同一平面内干挂石材衔接方法

1—不锈钢连接件；2—防水胶；3—∟63×4；4—膨胀螺栓

玻璃、铝合金、石材幕墙之间衔接基本采用不锈钢或铝合金作为连接件，无论是在同一平面还是在转角部位，因不锈钢或铝合金易加工、成型，尺寸形状能按工程实际大小进行衔接，施工方便且防水效果也好，因此工程上一般均普遍采用。图 8-50 为同一平面玻璃幕墙和石材幕墙衔接处理方法。

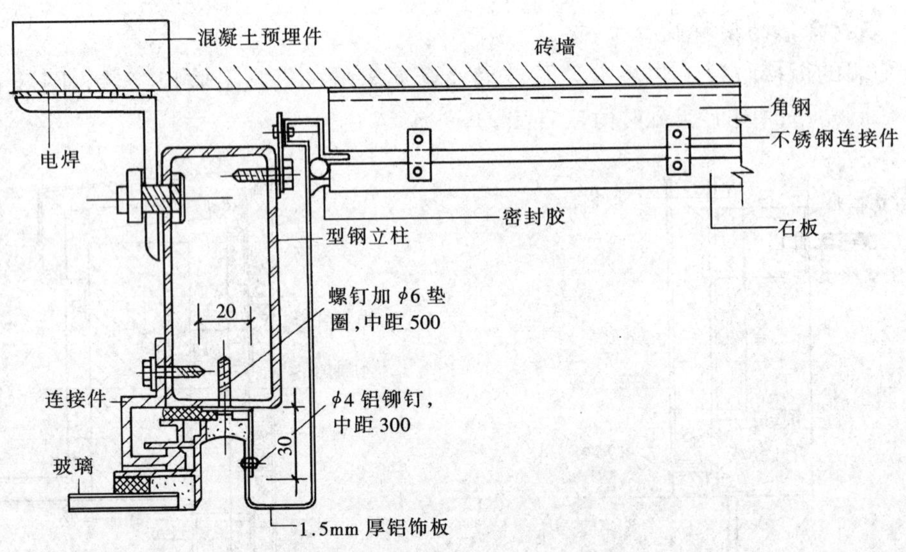

图 8-50 玻璃幕墙与石材幕墙平面衔接方法

思考练习题

8-1 简述收口施工工艺要点。

8-2 衔接收口工艺的目的是什么？

8-3 外墙不同饰面材料之间一般采用的衔接材料及施工工艺应达到什么要求？

第九章　建筑装饰施工前的准备工作

建筑装饰工程施工是工程项目形成工程实体的阶段，是各种资源投入最大、最集中、最终实现预定项目目标的重要阶段。为保证整个工程能够有计划、有步骤依序实施，保证工程质量，达到预期投资效益，在工程开工前，需进行建筑装饰工程招投标工作及施工前的准备工作。

第一节　建筑装饰施工程序及装饰工程的招投标

一、建筑装饰工程的施工程序

建筑装饰工程是一项十分复杂的生产活动，它需要按照一定的规则或程序来进行。其施工程序一般可划分为承接任务、施工规划、施工准备、组织施工、竣工验收及回访保修等几个环节。

（一）承接任务、签订施工合同

目前，装饰工程公司承接施工单位任务的方式主要有以下三种：

（1）上级下达式：具体有两种情况。一种是由上级主管单位统一接受任务，再分派到本单位；另一种是由于工程的特殊性（如专业化程度高、国家重点工程或保密工程）由主管部门依靠行政管理手段布置下达。随着市场经济的不断完善，这种方式会逐渐减少。

（2）招投标式：参加投标活动，通过公平竞争而中标并获得该建筑装饰工程设计或施工任务。这种方法已逐渐成为装饰业市场成交工程的主要形式。

（3）主动承接式：建设单位直接将工程委托给施工单位，或施工单位直接向建设单位承揽工程。这种方法通常适用于较小型工程，如家装等工程项目。

（二）调查研究，做好施工规划

甲乙双方签订施工合同后，施工总承包单位应对当地技术经济条件、气候条件、建筑主体结构情况、施工现场环境等方面做进一步的调查分析，做好任务摸底。依据现场条件和工程具体要求部署施工力量，确定分包项目或外加工项目（如铝合金工程、音响系统、自动扶梯等），并签订合同。派先遣人员进场，做好施工准备工作。

（三）落实施工准备，提出开工报告

施工准备工作通常包括技术准备、物资准备、劳动组织准备、施工现场准备和施工场外准备等几个方面。当一个项目经过了图纸会审，批准了施工组织设计、施工图预算，在搭设必要的临时设施，建立现场组织管理机构，人力、物力、资金到位等方面能够满足工程开工和连续施工的要求后，施工单位即可向主管部门申请开工。

（四）全面施工，加强管理

开工报告批准后，即可进入全面施工阶段。它是决定施工工期、产品质量、成本和施工企业的经济效益的主要阶段，因此应注意以下问题。

（1）依据设计图纸和施工组织设计进行施工。

（2）及时发现问题和解决问题，做好各工种协调配合。

（3）把握施工进度的控制与调整，确保工期。

（4）采取有效的质量管理手段和措施，保证施工质量。

（5）保证材料供应及材料的检验、保管、领取等工作。

（6）做好成品保护工作。

（7）做好技术档案的收集、建立、整理、保管工作。

（8）安全施工、文明施工。

（五）竣工验收、交付使用

竣工验收是全面考核设计和施工质量的重要环节，是装饰工程施工的最后一个阶段，也是一个法定的手续。在工程验收阶段，装饰施工单位应首先自检合格，再请设计单位、建设单位及监理单位进行检验，检验合格后，提交国家质量监督部门进行验收或备案，以取得质量认证证书。

（六）保修回访、总结经验

在法定或合同规定的保修期内，对出现质量缺陷的部位进行返修，保证满足原有的设计质量和使用效果要求。

二、装饰工程招投标的概念、特点和作用

招标投标是经济合作中习惯采用的一种买卖成交方式。在英国，最早用于政府部门公用品的采购。随着中国改革开放的不断深入，2000 年我国出台了《中华人民共和国招投标法》。它标志着我国市场竞争规则与国际惯例的接轨。

（一）装饰工程招投标的概念

装饰工程招标是指招标人（又称“发包商”、“甲方”、“业主”）以订立合同为目的，根据拟建装饰工程项目的规模、内容、条件和要求以及参加投标的条件、期限等内容拟成招标文件，通过招标公告或邀请若干承包商（又称“施工单位”）来参加该项工程的投标竞争。依据各投标人的标价和其他条件，从中择优选出既能保证工程质量、工期，又报价合适的承包商的活动。在招标工程中，如果招标人对所有投标文件均不满意，也可全部拒绝，宣布招标失败，另择日期，重新进行招标活动。

装饰工程投标是指投标人（又称“承包商”、“乙方”“施工企业”）获得招标信息后，根据招标文件所提出的各项条件和要求，结合企业具体情况，按期以密函方式投标，提出自己的报价和优惠条件，请求承包该工程，并通过投标竞争获得承包工程的活动。依据惯例，投标人在中标后也可按规定条件对中标工程中部分项目进行再次招标，即分包转让。

（二）装饰工程招投标的特点

装饰工程招投标工程具有以下特点：

（1）竞争性：在装饰工程招投标活动中，将众多的工程承包商集中在一项工程项目上，展开比较、竞争，采用优胜劣汰原则，选定目标。消除了平均主义及官僚主义，使有实力的承包商脱颖而出。

（2）平等性：在招投标工程中，从表面看，甲方处于主动地位，乙方需满足其严格甚至苛刻的条件和强制性的要求。但实质上，招标和投标活动符合商品经济的价值规律，调整供需平衡。

（3）开放性：开放性是招投标的本质属性。它打破了地区、行业和部门的封锁，采取自由买卖和竞争的原则，扩大了择优范围，使装饰企业脱离保护，面对市场，提高企业发展动力。

(4) 科学性：招投标工程在运作过程中，招标人在编制招标文件时需组织各方面专业人员对项目进行充分论证和可行性研究。而对中标人的选择也需要审查比较，并通过招标方式达成交易。这些程序都是建立在科学论证的基础上。

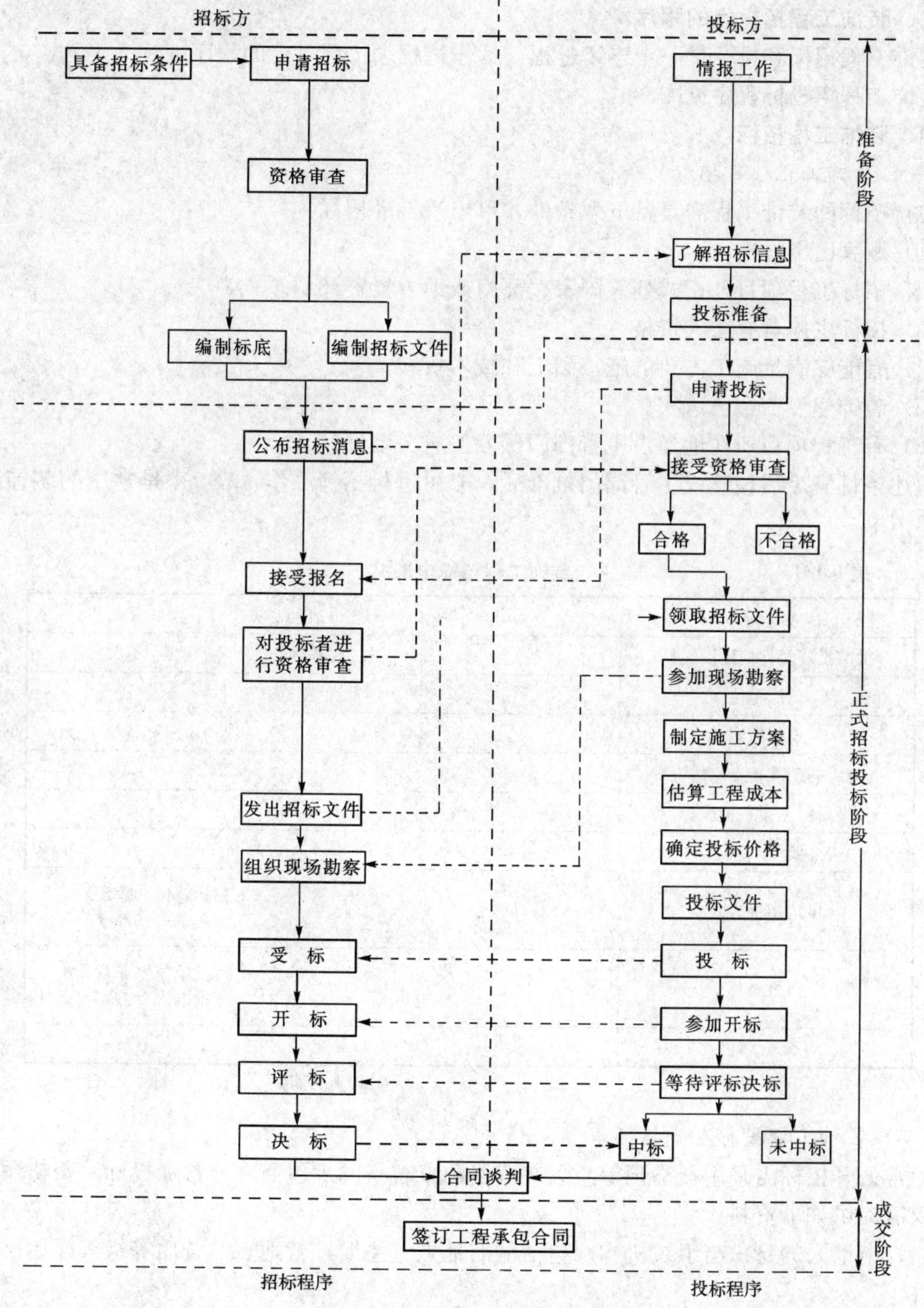

图 9-1　装饰工程招投标程序

（三）建筑装饰工程招投标的作用

装饰工程实行招投标制，改进了装饰企业的经营管理和施工技术水平，保证工程质量；缩短工期，加快建设速度；降低工程造价，节约建设资金；简化了结算手续，减少了甲、乙双方之间的扯皮现象，有利于装饰市场的健康发展。

三、装饰工程招投标的程序

装饰工程招标和投标是一个连续过程，运作过程须按照一定的程序进行。

装饰工程招投标程序见图 9-1。

四、装饰工程招标

（一）装饰工程项目招标的条件

实行招标的装饰工程需具备下列条件才可申请批准招标：

（1）概算已经批准。

（2）招标工程项目已正式列入国家、部门或地方投资计划。

（3）招标主体具有法人资格。

（4）有能够满足施工需要的施工图纸和技术资料。

（5）装饰建设资金已落实。

（6）有工程项目所在地建设主管部门颁发的有关证件。

上述条件满足后报建设主管部门批准后，方可进行招标工作。表 9-1 是常用的装饰工程招标申请书。

表 9-1　　装饰工程招标申请书

<table>
<tr><td>工 程 项 目</td><td></td><td>建 设 地 点</td><td></td></tr>
<tr><td>批准投资及计划建设文号</td><td></td><td>投资额（元）</td><td></td></tr>
<tr><td>设计单位</td><td></td><td>投 资 来 源</td><td></td></tr>
<tr><td>工程内容</td><td colspan="3"></td></tr>
<tr><td>施工前期准备工作情况</td><td colspan="3"></td></tr>
<tr><td>材料、设备情况</td><td colspan="3"></td></tr>
<tr><td>要　求</td><td colspan="3"></td></tr>
<tr><td>申请招标方式</td><td colspan="3">招标单位（盖章）
负责人（签字）</td></tr>
<tr><td>审批意见</td><td colspan="3">审批单位（盖章）
批准人（签字）</td></tr>
<tr><td>备　注</td><td colspan="3"></td></tr>
</table>

填表日期　　年　　月　　日

（二）装饰工程投标人资格预审

通常公开招标需采用资格预审，只有资格预审合格的承包商才能参加投标。资格预审时投标人需提供如下资料：

（1）申请人的身份与组织机构。包括注册地点、主要经营地点、资质等级等原始文件的复印件。

（2）申请人在近三年内完成的工程情况。

（3）管理和执行合同所配备的主要人员的资历和经验。

（4）公司财务状况。

（三）装饰工程招标文件

招标单位在进行招标前，需编制招标文件。招标文件应详细介绍工程情况、招标的要求、合同条件、工程质量和工期等要求。它是工程招标的核心，是订立合同的基础。因此，招标文件的编制必须完整、系统、明确，使投标人充分了解自己的职责和权益。招标文件主要由以下几部分组成。

（1）工程综合说明：包括工程名称、地址、招标项目、占地范围、建筑面积及现场情况、质量标准和技术要求、招标方式、要求开工和竣工时间、对投标企业的资质等级和财务状况要求等。

（2）必要的设计图纸和技术资料。

（3）工程量清单。

（4）由银行出具的建设资金证明和工程款的支付方式及预付款的比例。

（5）主要材料及设备、配置要求。

（6）特殊工程的施工要求以及采用的技术规范。

（7）投标书的编制要求及评标、定标原则。

（8）投标、开标、评标、定标等活动的日程安排。

（9）《建筑装饰工程施工合同条件》及调整范围。

（10）投标保证金的交纳额度。

（11）其他需要说明事项。

（四）装饰工程的招标方式

装饰工程中将招标方式分为公开招标、邀请招标和议标三种。

（1）公开招标：公开招标又称竞争性招标，它是指招标人以招标公告的方式邀请不特定的法人或者其他组织投标。招标公告可通过国家指定的报刊、信息网络或其他媒介发布。公开招标充分体现了公平的原则，可以提高工程质量和保证进度。但由于招标和投标有一套周密和复杂的程序，投标方和招标方都需要投入大量的人力、物力及时间参与招投标活动。

（2）邀请招标：邀请招标又称有限竞争性招标或选择性招标，即由招标单位以投标邀请书的方式邀请三个以上具备承担招标项目的能力、资信良好的特定法人或组织投标。由于接受邀请单位均是合格投标人，投标人数量有限，故减少了许多无为的资源浪费。

（3）议标：议标也称谈判招标或限制性招标，是国际上普遍被认可的招标方式。由于议标的中标者是通过谈判产生的，不便于公众监督，容易产生非法交易，因此对采用议标的工程作了限制，主要适用于不宜公开招标和邀请招标的工程，如不可预见的紧迫情况下的工程、由于灾难事件下的急需工程、技术难度大、工艺复杂的工程。议标工程经市招办同意后，核定标底，有两个以上有资格的装饰工程企业进行议标，经过谈判，就工期、造价、质量等问题达成协议，确定中标单位。其方式可采用直接邀请议标、比价议标和方案竞赛议标等方法。

（五）招标工程的标底的编制与审查

1. 标底的作用

工程标底又称“招标价”，是工程造价的表现形式之一。它是由招标人自行编制或委托经建设行政主管部门批准具有编制标底资格的中介机构代理编制，并经招标办公室审定。标底是招标工程的预期价格，是判断投标报价进行评标的主要尺度。既是为主管部门提供核实建设规模的依据，又是招标人对招标工程所需费用的自我测算和控制。它可以使招标人预先明确自己在拟建工程上应承担的财务义务。

2. 标底的分类

标底根据不同工程的特点主要有以下几种：

（1）按装饰工程量的单位造价包干的标底。

（2）按装饰施工图预算包干的标底。

（3）按装饰施工图预算加系数一次性包干的标底。

（4）按扩大初步设计图纸及说明书资料实行总概算交钥匙包干的标底。

3. 标底编制的依据

工程标底由成本、利润、税金等组成，编制标底时应考虑人工、材料、机械台班等价格变动因素，还应包括施工不可预见费、包干费和措施费等。工程标底是在保证工程质量和工期的前提下的合理价格，应充分体现当地装饰市场的实际情况，避免招标单位片面压价，投标单位盲目投低。因此，准确的标底是工程质量可靠的经济保证。标底编制的依据主要包括以下几个方面：

（1）设计部门提供的施工图纸及有关资料。

（2）国家和省市现行的装饰定额、参考定额和费用定额。

（3）地区材料、设备预算价格、价差和超价差。

（4）现场施工条件、交通运输条件。

（5）招标文件等。

4. 编制标底的原则

（1）根据国家公布的统一工程项目划分、统一计量单位、统一计算规则，依据施工图纸、招标文件，参照国家、行业、地方规定标准，结合市场特点确定标底价。

（2）标底的计价内容、计价依据应与招标文件的规定完全一致。

（3）标底价格作为单位的期望价，应力求与市场实际变化相符，有利于竞争和保证质量。

（4）标底价格由成本、利润、税金等组成，应控制在批准的总概算及投资包干的限价内。

（5）一个工程只能编制一个标底。

五、装饰工程投标

（一）装饰工程投标的条件

根据建设部颁发的《工程建设施工招标投标管理方法》的规定，凡持有营业执照和相应资质证书的施工企业或施工企业联合体，均可按招标文件的要求参加投标。投标单位应向招标单位提供以下材料，以供招标单位进行资格审核。

（1）企业营业执照和资质证书。

（2）企业简历。

（3）自有资金情况。

（4）全员职工人数，包括技术人员、技术工人数量及平均技术等级。

（5）企业自有主要施工机械设备一览表。

（6）近三年承建的主要工程及其质量情况。

（7）现有主要施工任务，包括在建和尚未开工工程一览表。

（二）装饰工程投标的准备工作

投标的准备工作对整个投标活动至关重要，各项准备工作主要是为编制一个完善的投标文件，提出一个合理的、有竞争力的工程报价。

1. 收集招标、投标信息

及时、全面、准确地收集招标、投标信息，建立有效的信息系统，是企业在投标竞争中成败的关键。

2. 选择投标工程项目

装饰企业应根据自己的经营状况和能力，选择适合本企业特点和能力、能发挥企业特点并创造社会效益和经济利益的招标工程参与竞争。

（三）装饰工程投标文件的编制

投标文件是承包商参与投标竞争的重要凭证，是投标人对招标文件提出的实质性要求和条件作出的响应，是评标、决标和订立合同的依据，是投标人素质的综合反映和投标人能否获得经济效益的重要因素。投标文件的编制一般分为以下几个步骤。

1. 编制投标文件的准备工作

（1）组织投标班子，确定投标文件编制的人员。

（2）仔细阅读招标标书、投标须知、图纸和相关资料。

（3）参加招标单位召集的施工现场情况介绍和咨询会。

（4）调查研究，收集相关资料。

（5）根据图纸审核工程量表的内容和数量。

（6）收集现行定额标准、取费标准及相关资料，掌握政策性调价文件。

（7）投标人发现招标文件中有遗漏、错误、词义含糊等情况，应按规定时间用书面形式向招标人质询。招标人将书面答复所有质询的问题，送交全部投标人，但不涉及问题的由来。

2. 投标文件的组成

（1）投标书。

（2）投标书附件。

（3）投标保证金。

（4）法定代表人资格证明书。

（5）授权委托书。

（6）具有标价的工程量清单与报价表。

（7）施工方案及施工进度计划表等施工规划文件。

（8）对招标文件中的合同协议条款内容的确认和响应。

（9）按招标文件规定提交的其他资料。

3. 投标文件的整理、递交

投标报价书和施工组织设计应根据招标文件及工程技术规范要求，结合项目施工现场条件编制。投标文件编制完成后，应依据标书要求仔细核对并整理成册，按照招标文件的要求将投标文件的正本和一份副本分别密封在内层包封中，正确注明“正本”和“副本”字样，再密封在一个外层包封中。内外层包封均写明招标人名称、地址、合同名称、招标编号、注明开标时间前不得开封等标志，并按规定的日期和时间之前将投标文件递交给招标人。

4. 投标的技巧

投标技巧其实是在保证工程质量与工期条件下，寻求一个好的报价的技巧问题。投标人为了中标并获得期望的效益，投标程序全过程都需要研究投标报价的技巧。

(1) 不平衡报价：不平衡报价是指在总价基本确定的前提下，调整内部各个子项的报价，期望既不影响总报价，又在中标后投标人可尽早收回资金获得较好经济效益。如零星用工报价，因为零星用工不属于承包有效合同总价范围，发生时实报实销，可以获得较大利润。

(2) 多方案报价：多方案报价是利用工程说明书或合同条款不够明确之外，以争取修改工程说明书和合同条款为目的的一种报价方法。当工程说明书或合同条款有不够明确的地方，往往加大投标人承担的风险。为规避风险需扩大工程单价，增加“不可预见费”。但这样做又会因报价过高而增加被淘汰的可能性。多方案报价就可以在其中找到平衡。

(3) 联保法：一家实力不够，联合其他企业分别进行投标。无论谁中标，都联合进行施工。

六、装饰工程的开标、评标和定标

(一) 装饰工程的开标

招标人按照招标书约定的时间和地点在有关行政监督部门的监督下举行开标会议，在所有投标人法定代表人或授权代理人在场的情况下公开开标。招标人开标时当众宣布核查结果，并宣读有效投标的投标人名称、报价、修改内容、工期、质量、主材用量、投标保证金等招标人认为适当的内容。投标书应当众启封，凡出现下列情况者视为废标，不予受理。

(1) 未密封。

(2) 未按规定格式填写。

(3) 未加盖单位公章和负责人印章。

(4) 未按时送达的。

(5) 投标企业未参加开标会议。

(二) 装饰工程的评标

评标是指招标单位将开标后整理的投标资料逐个进行内部评议、审查，初步评出中标单位的过程。

1. 评标原则

(1) 实事求是、公正平等。

(2) 经济、合理、技术先进。

(3) 报价不能超过标底所规定的幅度范围，一般为5%。

(4) 综合考虑投标单位所提出的保证工程质量措施、施工工期、报价以及企业的社会信誉等因素，择优确定。

2. 评标方法

(1) 条件对比法：列出若干条件，依条件将各投标单位逐条进行比较，选择综合条件优越者为中标单位。

(2) 打分评优法：对各投标单位的标函，按报价、工期、质量、材料供应、社会信誉等评分条件分别进行定量打分。择其总分最高者为中标单位。评分条件及细则应事先讨论确定，并同标底一样保密，避免投标单位的倾向性。

(三) 装饰工程的定标

定标又称“决标”，是指招标单位对投标单位所报送的投标文件进行全面审查、分析评比、最后选定中标单位承包工程的过程。

定标时应充分体现报价、工期、质量和信誉的统一，防止片面强调某个指标，既要有效克制违背价值规律的压低标价，又要提高投标单位的履约率，避免苛求投标单位。

中标单位确定后，应由招标单位填写中标通知书。经上级主管部门审核签发，通知中标单位，并在一个月内签订工程承包合同。

第二节　装饰工程施工前的准备工作

装饰工程施工前准备工作是指为保证整个工程能够按计划顺利实施，在施工前必须做好的各项准备工作。

一、装饰工程施工准备工作的目的和任务

(一) 装饰工程施工准备工作的目的

装饰工程施工准备工作的主要目的是为全面施工创造良好的环境和条件，确保整个装饰工程的顺利进行。

由于装饰工程是在各种各样的环境条件下进行的，投入的生产要素多且易变，外部影响因素较多，因此在施工现场可能遇到各种突变问题，使施工无法正常进行。因此，做好施工的准备工作是全面完成装饰工程施工任务的必要条件，它既可为整个装饰工程的施工打好基础，同时又为各个分部工程的施工创造先决条件。

(二) 装饰工程施工准备工作的任务

装饰工程施工准备工作的主要任务，就是要掌握工程的特点、技术和进度要求，了解施工的客观规律，充分发挥企业优势、合理配置资源、加快施工进度、提高工程质量、降低工程成本、实现文明施工、保证施工安全，提高企业经济效益，赢得企业社会信誉。

二、装饰工程施工的准备工作

装饰工程施工准备工作涉及的范围广、内容多，主要有以下几个方面。

(一) 装饰工程施工的技术准备

装饰施工技术准备工作即通常所说“内业”工作，主要包括以下内容。

1. 熟悉、审查施工图纸及有关的设计资料

装饰工程施工的依据是施工图纸，在施工过程中应“按图施工”。所以，在施工前应根据图纸了解各项设计要求和构造做法。熟悉、审查施工图纸及有关的设计资料可分为自审、设计技术交底会和现场签证三个阶段进行。自审是施工单位收到设计图纸和有关技术文件后，组织有关工程技术人员分别看图，记录疑点和建议。在此阶段应注意设计图纸是否符合国家有关规范及要求；图纸是否完整、齐全，图纸间是否相互矛盾；图纸中的尺寸、位置、标高有无错误、遗漏和矛盾；装饰施工和结构及其他安装施工是否存在技术问题；设计中所选用的材料、设备等能否满足要求。并将发现问题、错误及施工难点、建议等作出标记。设

计技术交底会由建设单位组织，设计单位、监理单位和施工单位参加。由设计单位对工程中有关部分的技术问题和装饰做法进行介绍和交底，施工单位根据自审记录提出疑问或建议，协调各方意见形成解决问题的“图纸会审纪要”，由建设单位正式行文，各单位签认，作为设计图纸修改和工程结算的依据。如在施工过程中发现问题，需在现场修改图纸或变更资料，可采取现场签证的方法，并将有关资料归入施工档案，作为指导施工、竣工验收和工程结算的依据。

2. 学习、熟悉有关规范、规程和规定

装饰工程施工中常用的技术规范、规程和规定主要有《建筑装饰装修工程质量验收规范》（GB 50210—2001）、《建筑内部装修设计防火规范》（GB 5022—1995）、《玻璃幕墙工程技术规范》（JGJ 102—1996）、《建筑装饰装修管理规定》（建设部第 46 号令，1995 年）等。通过学习和熟悉有关部门规范和规定，不仅提高了工程技术人员的自身素质，也为优质、安全、按时完成任务打下坚实的技术基础。

3. 原始资料调查分析

原始资料调查分析的主要内容包括：自然条件调查分析（如当地气候条件、地形、环境等）；技术经济条件调查分析（如当地装饰材料供应情况、当地劳动力及主要相关企业情况等）；建筑主体调查分析（如主体结构质量、装饰构造、饰面效果等）。通过调查分析，制定切实可行的施工组织计划，合理安排施工。

4. 编制施工组织设计

施工组织设计作为一个指导性文件，是用来指导一个即将开工的装饰工程进行施工准备和具体组织施工的技术经济文件，是工程施工的重要依据。施工组织设计必须由施工单位在工程正式开工前，根据工程规模、特点、施工期限以及施工所在地区的自然条件、技术经济条件等因素进行编制，并报上级主管单位批准。其编制内容包括：工程概况及施工特点分析、施工方案的选择、施工准备工作计划、施工进度计划表、资源需求量计划、施工平面图等。

5. 编制施工预算

装饰工程施工预算是指在施工阶段，在装饰施工图预算的控制下，根据施工图计算分项工程量、施工定额、施工组织设计等资料，通过工料分析，计算和确定装饰工程所需的人工、材料、机具消耗量及其相应费用的经济文件。它是装饰施工企业实行计划管理、编制计划的依据，是控制工料消耗和成本支出及限额领料的依据，是任务下达和检查、督促的依据，是开展造价分析和经济对比的依据，是保证质量、降低成本的重要措施。

（二）装饰工程施工的劳动组织准备

劳动组织准备工作主要包括以下内容。

1. 建立领导机构

装饰施工项目领导机构可采用项目经理部的形式。项目经理部应根据工程规模、特点和复杂程度设定。坚持合作分工与密切协作相结合、因事设职、因职选人的原则，形成富有经验、工作效率高、有创新意识的项目领导班子。

2. 建立合理的施工队伍

施工队伍的建设应考虑专业、工种的合理搭配，坚持合理、精干的原则。

3. 组织劳动力进场，做好岗前培训工作

依据开工日期和劳动力需要量计划，组织劳动力陆续进场。同时进行安全、防火、文明施工等方面的教育。对特殊岗位或采用新工艺、新材料、新技术的项目，组织相关人员集中培训，使之符合上岗要求。

4. 进行工程交底

在开工前及时向施工队伍、工人进行施工组织设计、计划和技术的交底，使施工队伍和工人明确了解设计意图和要求等，保证工程严格按照设计图纸、施工组织设计、安全操作规程和施工验收规范等要求进行施工。

（三）装饰工程施工的物资准备

材料、构配件、制品、机具和设备是保证施工顺利进行的物质基础，必须在开工前，根据各种物资的需要量计划，分别落实货源、安排运输和储备，使其满足连续施工的要求。

（四）装饰工程施工的现场准备

施工现场是施工的全体参加者进行施工活动的空间。施工现场的准备工作主要是按施工组织设计的要求和安排，给拟装工程的施工创造有利的施工条件和物资保证。它主要包括以下几项工作：

（1）进行装饰工程施工的测量及定位放线，设置永久或临时性坐标和参照点。

（2）检查现场用水、用电和道路问题。

（3）组织先期材料及工具设备的进场、布置和存放。

（4）制作样板间或样板层。

（五）建筑装饰工程施工的场外准备

在进行施工现场内部技术、物资和环境的准备外，还需做好施工现场外部的准备工作。其主要内容有：

（1）做好分包工作，签订分包合同。

（2）搞好外部环境建设。

（3）做好季节性施工的准备。

装饰工程准备工作根据工程特点可繁可简，在具体实施中应从实际出发，妥善安排，力求周密地做好各项施工准备工作，确保整个装饰工程施工工作的顺利进行。

思考练习题

9-1 建筑装饰工程的施工程序包括哪些环节？

9-2 简述装饰工程招标、投标、开标的概念。

9-3 简述装饰工程招标的特点和招标方式。

9-4 装饰工程投标有哪些技巧？

9-5 装饰工程施工准备包括哪些方面？

第十章　流 水 施 工 原 理

流水施工是装饰工程施工中最有效的一种科学的施工组织方法，它可以充分应用高层建筑大量工作面的空间和工艺多样性的特点实现连续均衡的生产。但由于装饰工程施工内容繁杂、专业队伍多、施工过程干扰性大、产品质量和成品保护要求高等特点，要求其流水施工有更高的组织水平，并依据工程性质灵活运用。

第一节　流水施工组织的一般概念

一、组织施工的三种方式

在装饰工程的施工中可以将拟施工项目分解为若干个施工过程，每一个施工过程又由一个或多个专业或混合施工班组负责施工。在每一个施工活动中，都存在劳动力、机具的调配，装饰材料和构配件的供应等环节。根据劳动力组织安排的不同，形成了依次施工、平行施工、流水施工等不同的施工组织方式。

【例 10-1】　有三栋相同的写字楼拟进行吊顶装饰工程施工，其每栋的施工过程为：线路布设→安装吊杆→安装轻钢主、次龙骨→纸面石膏板安装→板面涂刷等，假设每个施工过程均为 3 天，现采用依次施工、平行施工和流水施工三种方式分别组织施工，并比较其各自特点。各种组织方式的进度计划图表及相应劳动力动态曲线见图 10-1～图 10-3。

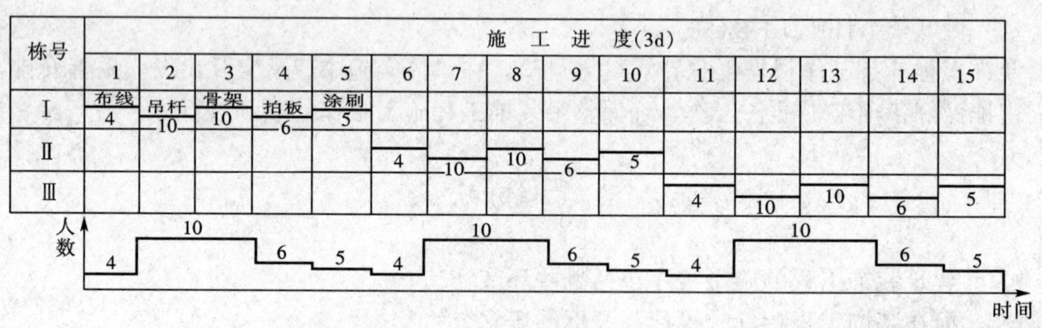

图 10-1　依次施工

解：按题意其特点比较如下。

（一）依次施工（顺序施工）

依次施工是在前一个施工过程完成后，进行后一个施工过程；即前一栋写字楼装饰完毕后，再进行第二栋写字楼的装饰，并按一定顺序进行，如图 10-1 所示。依次施工是一种最基本、最原始的施工组织方法。它具有如下特点：

（1）单位时间内投入的资源量较少，有利于资源供应的组织工作。

（2）施工现场的组织、管理工作比较简单。

（3）未充分利用工作面争议时间，导致工期过长。

（4）采取施工专业队时，工作有间歇性。

因此，依次施工仅适用于场地小、资源供应不足、工期要求不紧的情况下，组织所需各工种构成的混合队组施工。

（二）平行施工

栋号	施工进度(3d)				
	1	2	3	4	5
Ⅰ	布线 4	吊杆 10	骨架 10	拍板 6	涂刷 5
Ⅱ	布线 4	吊杆 10	骨架 10	拍板 6	涂刷 5
Ⅲ	布线 4	吊杆 10	骨架 10	拍板 6	涂刷 5

人数 12 30 18 15 时间

图 10-2 平行施工

平行施工是指所有写字楼装饰施工同时开工、同时竣工。常在工程任务十分紧迫、工作面允许且资源能够保证供应的情况下采用，见图 10-2。其特点如下：

（1）充分利用工作面，争取时间，缩短工期。

（2）专业队伍施工时，劳动力的需求及变化量极大。

（3）单位时间内所需资源量成倍增长，不利于资源供应，导致临时设施大量增加。

（4）施工现场的组织、管理复杂。

这种组织方式只适用于工期极紧、资源供应充足、工作面及工作场地较为宽裕、不过多计较代价的抢工工程。

（三）流水施工

流水施工是将若干栋房屋装饰的施工陆续开工，陆续竣工，即采用搭接施工。它将拟装饰工程项目在竖向上划分为若干个施工层，在平面上划分成若干个施工段，在工艺上分解为若干个施工过程，并按照施工过程组建相应的专业工作队。然后组织每个专业工作队按照施工流向要求，依次在各层各段上完成自己的工作，并使相邻工作队在开工时间上最大限度地、合理地搭接起来，使不同的施工队在同一时间内，在不同的工作面上进行平行作业。如图 10-3 所示。其特点如下：

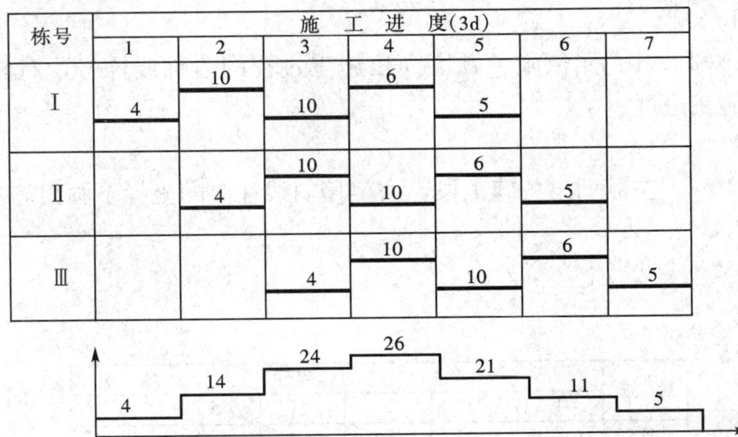

图 10-3 流水施工

（1）科学地利用工作面和人员，争取时间，缩短工期。

（2）工作队及工人可实现专业化生产。

（3）各工作队实现连续作业，避免窝工现象。

（4）资源投入均衡，有利于资源供应的组织工作。

二、流水施工的技术经济效果

流水施工是组织施工的一种科学方法。它在工艺划分、时间安排及空间布置上都体现出科学性、先进性和合理性，具有明显的技术经济效果，主要体现在以下几点。

（1）实现施工队组及工人的专业化生产，有利于提高技术水平、保证施工质量。

（2）通过连续性单一工作，便于改善劳动组织，增加熟练技巧，有利于提高生产率（30%～50%），加快施工进度。

（3）资源消耗均衡，有利于资源供应和储存，有效降低工程成本（6%～12%）。

（4）施工具有节奏性、均衡性、连续性，减少工作间歇，缩短工期（比依次施工可缩短30%～50%），尽快发挥工程项目的投资效益。

（5）充分合理地利用人员、机具等，减少浪费，有利于提高施工单位的经济效益。

三、组织流水施工的步骤

组织流水施工一般按以下步骤进行：

（1）将拟装饰工程按施工阶段划分为若干个施工过程，并组织相应的施工专业队使每个施工过程分别由固定的专业工作队负责实施完成。

（2）将建筑空间划分为若干个劳动量大致相等的流水段（施工段），形成批量生产的产品。

（3）确定专业施工队在各段上的工作持续时间（流水节拍）。

（4）组织各工作队按照一定的施工工艺、配备必要的机具，依次地、连续地由一个流水段转移到下一个流水段，反复地完成同类工作。

（5）组织不同的工作队在完成各自施工过程的时间上适当地搭接起来，使得各个工作队在不同的流水段上同时进行作业。

四、流水施工的表达方式

（一）横道图

横道图见图10-1，其左侧依施工顺序列出施工过程的名称或栋号，右侧用水平线段在时间坐标下画出施工进度。

（二）斜线图

斜线图见图10-4，左侧列出各施工段，右侧用斜线在时间坐标下画出施工进度。

（三）网络图

网络图的表达方式见第十一章。

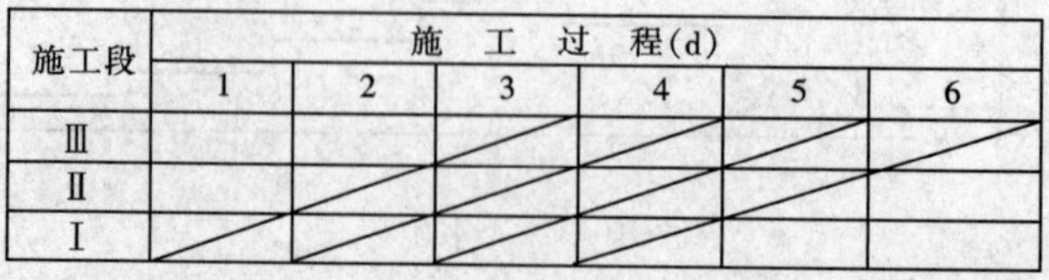

施工段	施工过程(d)					
	1	2	3	4	5	6
Ⅲ						
Ⅱ						
Ⅰ						

图10-4 斜线图

第二节　流水施工的主要参数

在组织流水施工时，用以表达流水施工在施工工艺、空间布置和时间排列方面展开状态的参量，统称为流水参数。根据性质的不同，流水施工参数一般可分为工艺参数、空间参数和时间参数。

一、工艺参数

用以表达流水施工在施工工艺上的开展顺序及其特性的参量，均称为工艺参数。它包括施工过程数和流水强度。

（一）施工过程数

在组织流水施工时，用以表达流水施工在工艺上展开层次的过程，统称为施工过程。它既可以是分项工程，又可以是分部工程或单位工程。按照施工过程在工程项目中的地位、作用、工艺性质和复杂程度不同，可以分为以下几种。

1. 主导施工过程和穿插施工过程

对整个工程项目起决定性作用的施工过程称为主导施工过程，在编制施工组织计划时应重点考虑，如大面积的吊顶工程。而穿插施工过程主要是与主导施工过程相搭接或平行穿插，它受到主导施工过程的控制，如搭设脚手架等。

2. 连续施工过程和间歇施工过程

连续施工过程是指一道工序接一道工序连续施工，不存在技术间歇的施工过程，如铺装木地板等。而在施工过程中受材料性质影响，需要技术间歇的施工过程称为间歇施工过程，如石材铺挂的传统作业法就受灌浆养护的影响而需要间歇。

3. 复杂施工过程和简要施工过程

在工艺上由紧密相连的几个工序组成的施工过程称为复杂施工过程，如纸面石膏板隔墙的安装等。而工艺上由一个工序构成的施工过程称为简单施工过程，如抹灰工程。

（二）施工过程数的确定

流水施工的施工过程数用“n”表示，它是流水施工的基本参数之一。施工过程数的多少受施工计划的性质和作用、施工方案、工程量的大小和劳动力的组织等因素的影响。在划分时以主导施工过程数为主，根据工程特点可以合并或分解编制。

（三）流水强度

流水强度是指每一个施工过程在单位时间内所完成的工程量。其计算公式为

$$V_i = R_i \times S_i \tag{10-1}$$

式中　V_i——某施工过程（i）的流水强度；

R_i——投入某施工过程的工人数或机械台数；

S_i——某施工过程的计划产量定额。

二、空间参数

在组织流水施工时，用于表达流水施工在空间布置上所处状态的参量，均称为空间参数。它包括工作面、施工层、施工段等。

（一）工作面

在组织流水施工时，某专业工种施工时所必须具备的活动空间，称为该工种的工作面。

工作面的大小应根据该工种工程的计划产量定额、操作规程和安全施工技术规范的要求确定，它直接影响到工人的劳动生产效率和施工安全。

（二）施工层

在组织流水施工时，为满足专业工种对施工工艺和操作高度的要求，将施工对象在竖向划分为若干个操作层，这些操作层就称为施工层。施工层的划分受施工工艺的要求及建筑物、楼层和脚手架的高度等因素影响。

（三）施工段

在组织流水施工时，将装饰工程在平面上划分为劳动量大致相等的若干个段，这些段称为施工段或流水段。施工段用“m”表示。

1. 划分施工段的目的

划分施工段是流水施工的基础。一般情况下，一个施工段只安排一个施工过程的专业工作队进行施工。划分施工段的目的就是为保证不同的施工班组能在不同的施工段上同时施工，既消除等待、间歇现象，又互不干扰，同时可以缩短工期。

2. 划分施工段的原则

施工段的数目及分界应适当。施工段过多会使每段的工作面过小，影响工作效率或不能充分利用人员和设备而影响工期；划分太少则难以形成流水施工，造成窝工、间歇等现象。因此，为了使分段科学合理，应遵循以下原则。

（1）施工段的分界要同施工对象的结构界限尽量一致。

（2）各施工段上所消耗的劳动量大致相等，相差不宜超过15%，保证施工的连续性和均衡性。

（3）施工段的大小应使主要施工过程的施工队组有足够的工作面。

（4）层段总数应不少于施工队组数。

三、时间参数

在组织流水施工时，用以表达流水施工在时间排列上所处状态的参数，称为时间参数，它反映各施工过程相继投入施工的时间数量指标。它包括流水节拍、流水步距、流水工期等。

（一）流水节拍

一个专业工作队在一个施工段上施工作业的持续时间，称为流水节拍。通常用“t”表示。流水节拍的大小，关系着施工人数、机械、材料等资源的投入强度，也决定了工程流水施工的速度、节奏感的强弱和工期的长短。

通常，流水节拍的确定方法有以下几种：

1. 定额计算法

根据各施工段的工程量、资源量进行计算，计算公式为

$$t_i=\frac{P_i}{R_i+N_i} \tag{10-2}$$

式中 t_i——某专业工作队的流水节拍；

P_i——某专业工作队的劳动量或机械台班量；

R_i——某专业工作队投入的工作人数或机械台数；

N_i——某专业工作队的工作班次。

2. 工期计算法

工期计算法往往是采用倒排进度法。即根据工期要求倒排进度，确定各施工过程的工作延续时间；然后根据施工过程的工作延续时间及施工段数确定出流水节拍，计算公式为

$$t=\frac{T}{m} \tag{10-3}$$

式中 t——流水节拍；

T——某施工过程的工作延续时间；

m——某施工过程划分的施工段数。

无论采用哪种方法确定流水节拍都应注意到工作面的条件、机械设备的工作效率、材料及构配件的供应能力、工作队组的组织等多方面因素。

（二）流水步距

在组织流水施工时，相邻两个工作队组在符合施工顺序、满足连续施工，不发生工作面冲突的条件下，相继投入工作的最小时间间隔，称为流水步距，以符号“K”表示。

流水步距的大小，直接影响着工期，步距大则工期长，反之则工期缩短；而步距的长短又受到流水节拍的影响，节拍大则步距大，节拍缩短则步距变小。

流水步距的长度在计算时应考虑下列因素：

（1）考虑每个专业队连续施工的需要。

（2）考虑技术间歇的需要。

（3）处理好与流水节拍的关系。

流水步距的数目取决于参加流水施工的施工过程数，如施工过程数为 n 个，则流水步距的总数为 $n-1$ 个。

（三）工期

工期是指第一个专业队投入流水作业开始，到最后一个专业队退出流水作业为止的整个持续时间。它反映的是本流水组的工期，而不是整个工程的总工期，用符号 T 表示。

在进行流水作业安排时，可以通过计算来确定工期，并以目标工期比较，使其相等或使计算工期小于目标工期。

第三节 流水施工的组织方法

装饰工程的流水施工要求有一定的节拍，使工序步调和谐、配合得当。由于装饰工程的多样性，各分部分项工程量差异较大，形成统一的流水节拍较困难。因此，根据各施工过程的时间参数特点，流水施工可以分为有节奏流水和无节奏流水两大类。

一、有节奏流水

有节奏流水是指同一施工过程在各施工段上的流水节拍都相等的一种流水施工方式。根据不同施工过程之间的流水节拍是否相等，可分为等节奏流水和异节奏流水施工。

（一）等节奏流水

等节奏流水也称固定节拍流水。它是指在同一施工过程在各施工段上的流水节拍全部相等（为一个固定值）的条件下，组织流水施工的方式。它使装饰施工活动具有较强的节奏感。根据流水步距不同有下列两种情况。

1. 等节拍等步距流水

等节拍等步距流水是指各流水步距值均相等，且等于流水节拍值，其工期计算公式为

$$T=\Sigma K_{i\cdot i+1}+T_n \qquad (10\text{-}4)$$

式中　$\Sigma K_{i\cdot i+1}$——流水施工中各流水步距之和；

T_n——流水施工中最后一个施工过程的持续时间。

等节拍等步距流水施工的工期可计算为

$$T=(n+m-1)\times K \qquad (10\text{-}5)$$

或

$$T=(n+m-1)\times t \qquad (10\text{-}6)$$

【例 10-2】　某工程有三个施工过程，分为四段施工，流水节拍均为 2d。其流水施工进度计划安排见图 10-5，计算该工程等节拍等步距流水施工工期。

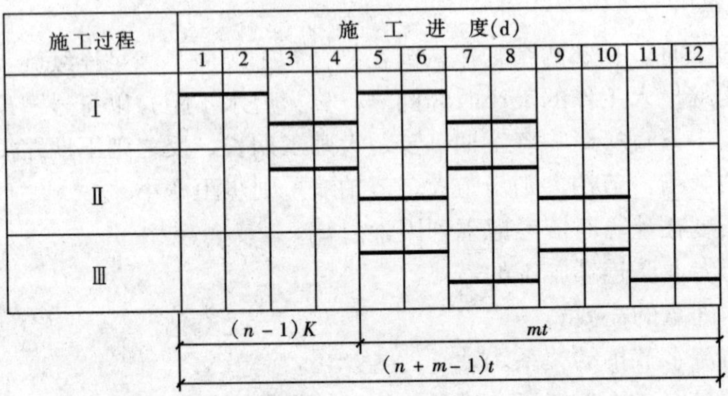

施工过程	施工进度(d)											
	1	2	3	4	5	6	7	8	9	10	11	12
Ⅰ												
Ⅱ												
Ⅲ												

$(n-1)K$　　mt

$(n+m-1)t$

图 10-5　等节拍等步距流水施工进度计划安排

解：按题意得

$$T=(n+m-1)\times t=(3+4-1)\times 2=12$$

由本例 10-2 可以看出，等节拍等步距流水具有以下特点：

（1）流水节拍全部彼此相等，为一常数。

（2）流水步距彼此相等，而且等于流水节拍。

（3）每个专业施工队总数等于施工过程数。

（4）每个专业工作队都能连续施工。

（5）若没有间歇要求，可保证各工作面均不停歇。

2. 等节拍不等步距流水

等节拍不等步距流水指各施工过程的流水节拍全部相等，但流水步距不相等。主要原因是各施工过程之间需有技术与组织间歇时间，便于安排搭接施工。其流水施工的工期由下式计算，即

$$T=(n+m-1)t+\Sigma t_{\mathrm{j}}-\Sigma t_{\mathrm{d}}$$

式中　Σt_{j}——所有间歇时间之和；

Σt_{d}——所有搭接时间之和。

【例 10-3】　某装饰工程划分为四个施工过程，每个施工过程分为四个施工段，各施工过程的流水节拍为 3d，其中施工过程 A 与 B 之间有 2d 间歇，C 与 D 搭接 1d，计算该工程等节拍不等步距流水施工工期。其施工进度计划安排如图 10-6 所示。

解：其工期计算为

$$T=(n+m-1)t+\Sigma t_{AB}-\Sigma t_{CD}=(4+4-1)\times 3+2-1=22d$$

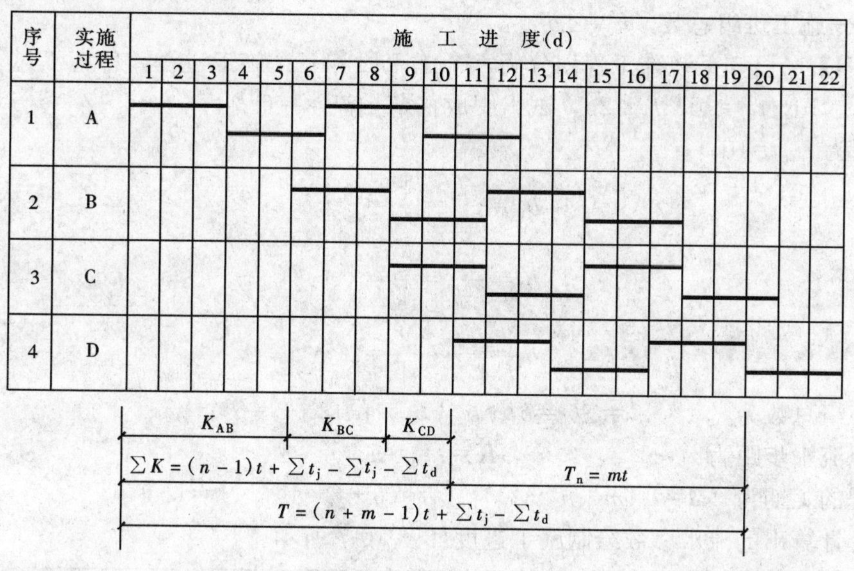

图 10-6　等节拍不等步距流水施工进度计划安排

由例 10-3 可以看出，等节奏流水施工适用于规模小、施工过程不多的装饰工程。其组织方法为：

（1）划分施工过程。

（2）确定主要施工过程的施工班组人员。

（3）计算流水节拍。

（4）根据已定流水节拍，确定其他施工过程班组人数及组成。

（二）异节奏流水

异节奏流水是指同一施工过程在各施工段上的流水节拍相等，但在不同施工过程之间的流水节拍不完全相等的流水施工，分为成倍节拍流水施工和不等节拍流水施工。

1. 成倍节拍流水

成倍节拍流水是指同一施工过程在各施工段上的流水节拍相等，但在不同施工过程之间的在组织流水施工时，由于工程量、技术或组织上的原因，其流水节拍互成倍数，这样的流水施工称为"成倍节拍流水"。

成倍节拍流水为充分应用现有工作面，加快施工进度，可在流水节拍大的施工过程中增加施工班组数，每个施工过程所需的施工班组数由式（10-7）确定，即

$$b_i=\frac{t_i}{t_{\min}} \tag{10-7}$$

式中　b_i——某施工过程所需施工班组数；

t_i——某施工过程的流水节拍；

$t_{\min}$——所有流水节拍的最小流水节拍。

在成倍节拍流水施工中，流水步距等于所有流水节拍中的最小流水节拍，即

$$K=t_{\min}$$

成倍节拍流水施工的工期按式（10-8）计算为

$$T=(m+n'-1)\ t_{\min} \tag{10-8}$$

式中　n'——施工班组总数，$n'=\Sigma b_i$。

【例 10-4】　已知某装饰工程划分为六个施工段和三个施工过程，各施工过程的流水节拍分别为 $t_1=1\text{d}$，$t_2=3\text{d}$，$t_3=2\text{d}$，试组织成倍节拍流水施工。

解：因为 $t_{\min}=1\text{d}$

则

$$b_1=\frac{t_1}{t_{\min}}=\frac{1}{1}=1\text{ 个}$$

$$b_2=\frac{t_2}{t_{\min}}=\frac{3}{1}=3\text{ 个}$$

$$b_3=\frac{t_3}{t_{\min}}=\frac{2}{1}=2\text{ 个}$$

施工班组总数为　　$n'=\Sigma b_i=b_1+b_2+b_3=1+3+2=6$ 个

该工程流水步距为　　$K=t_{\min}=1\text{d}$

该工程的工期为　$T=(m+n'-1)\ t_{\min}=(6+6-1)\times 1=11\text{d}$

由以上计算出的流水参数绘制施工进度如图 10-7 所示。

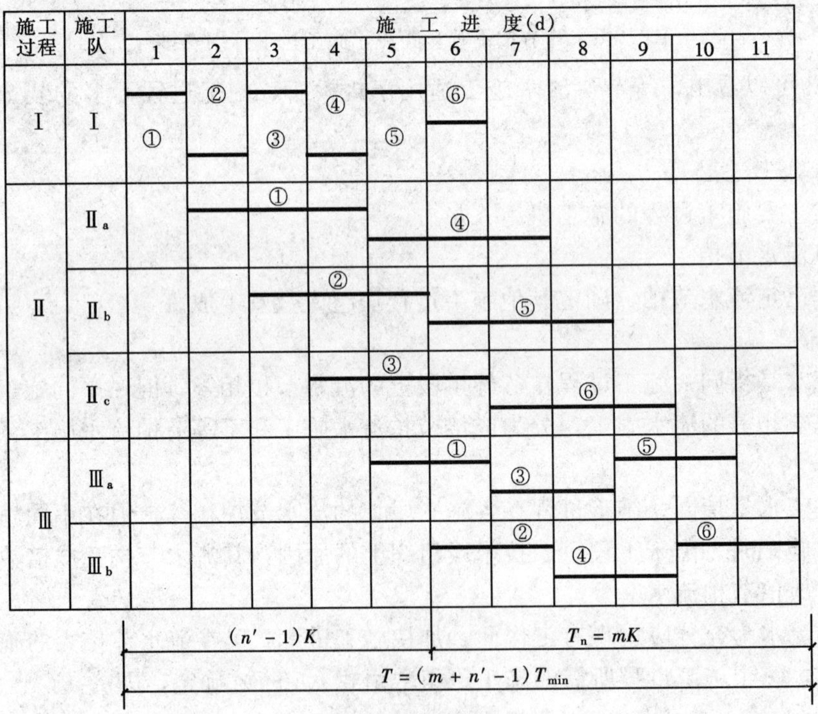

施工过程	施工队	施工进度(d)										
		1	2	3	4	5	6	7	8	9	10	11
Ⅰ	Ⅰ	①	②	③	④	⑤	⑥					
Ⅱ	$Ⅱ_a$			①			④					
	$Ⅱ_b$				②			⑤				
	$Ⅱ_c$					③			⑥			
Ⅲ	$Ⅲ_a$						①	③		⑤		
	$Ⅲ_b$							②	④		⑥	

$(n'-1)K$　　　$T_n=mK$

$T=(m+n'-1)T_{\min}$

图 10-7　成倍节拍流水施工进度计划安排

2. 组织步骤与方法

（1）使流水节拍满足上述条件。

（2）计算流水步距 K。使流水步距等于各施工过程流水节拍的最大公约数。

3. 计算各施工过程需配备的队组数 b

用流水节拍除以流水步距就可以得到队组数。

4. 确定每层施工段数 m

(1) 没有层间关系时，应根据工程具体情况进行分析，并使总的层段数等于或多于同时施工的队组数。

(2) 有层间关系时，应视技术和间歇要求有所区别。如无技术与间歇要求，取 $m \geqslant \Sigma b_i$；有技术和间歇要求时，使

$$m=\Sigma b_i+\Sigma Z_1/K+\Sigma Z_2/K-\Sigma C/K$$

式中 Σb_i——施工队组数总和；

Z_1——相邻两施工过程间的间歇时间（包括技术性的、组织性的）；

Z_2——层间的间歇时间（包括技术性的、组织性的）；

C——相邻两施工过程间的搭接时间。

式中当计算出的流水段数有小数时应只入不舍，取整数以保证足够的间歇时间。

5. 计算计划工期

从组织方案图中可以看出。

6. 绘制施工进度表

$$T_p=(R_m+\Sigma b_i-1)K+\Sigma Z$$

式中 R_m——施工层数。

二、无节奏流水

在项目实施施工时，通常每个施工过程在各个施工段上的工程量彼此不等，或各个专业工作队的生产效率相差悬殊，导致大多数的流水节拍彼此不等，因此不能采用上述方法组织施工，在这种情况下可采用无节奏流水（又称分别流水法），即在符合施工顺序的前提下，使相邻的工作队互不干扰，在开工时间上最大限度地进行搭接。其流水节拍按表 10-1 计算，流水步距按“累加数列错位相减取大差”法确定，工期按式（10-4）计算。

（一）形式与特点

【例 10-5】 某工程分为四段，有 A、B、C 三个施工过程，组织相应的三个专业队施工，施工顺序为 A、B、C。它们在各段上的流水节拍分别为：A——3、4、3、2；B——3、4、4、3；C——4、3、4、3。其流水施工节拍见表 10-1。计算其流水步距和施工工期。

表 10-1　　某装饰工程流水节拍值

流水节拍 / 施工过程	施工段			
	①	②	③	④
A	3	4	3	2
B	3	4	4	3
C	4	3	4	3

解：计算流水步距：采用“累加数列错位相减取大差”法计算，即将每个施工过程的流水节拍逐段累加；再按数列错位相减；取差值大者为流水步距。现计算如下：

(1) 求 K_{AB}

```
     3   7   10   12
—)       3    7   11   14
   ─────────────────────
     3  (4)   3    1   —
```

(2) 求 K_{BC}

```
     3   7   11   14
—)       4    7   11   13
   ─────────────────────
     3   3   (4)   3   —
```

故 $K_{AB}=4$，$K_{BC}=4$

计算工期 $T=\Sigma K_{i\cdot i+1}+T_n=4+4+4+3+4+3=22d$

其施工进度计划安排如图 10-8 所示。

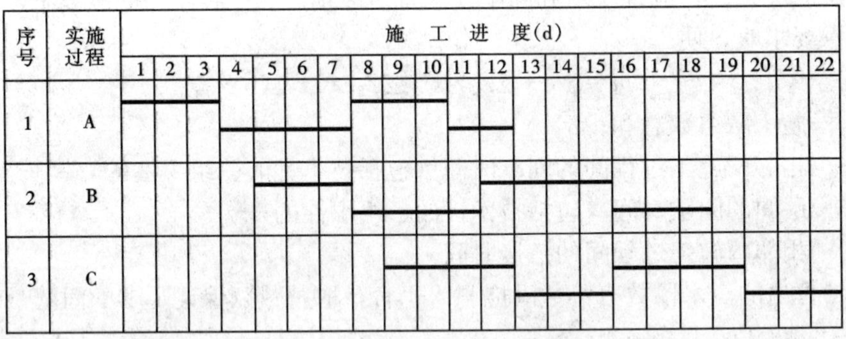

序号	实施过程	施工进度(d)																					
		1	2	3	4	5	6	7	8	9	10	11	12	13	14	15	16	17	18	19	20	21	22
1	A																						
2	B																						
3	C																						

图 10-8 无节奏流水施工进度计划安排

从其流水施工方案可以看出，分别流水具有以下特点：

（1）流水节拍不等，没有规律可循。

（2）流水步距不等。

（3）在一个施工层内每个专业工作队都能连续施工，施工段可能有间歇时间。

（4）专业工作队数等于施工过程数。

（二）组织步骤与方法

（1）确定施工起点流向，分解施工过程。

（2）确定施工顺序，划分施工段。

（3）计算每个施工过程在各个施工段上的流水节拍。

（4）计算各相邻施工队间的流水步距。

流水步距的计算步骤为：先根据工作队在各个施工段上的流水节拍，求累加数列；然后根据施工顺序，分别将相邻施工过程的两个累加数列错位相减：最后取相减结果中数值最大者，就是两施工过程专业队之间的流水步距。

（5）计算流水施工的计划工期。

（6）绘制流水施工进度图。

思考练习题

10-1 什么是流水施工？它具有哪些特点？

10-2 流水施工有哪些主要参数？

10-3 某装饰工程有 A、B、C 三个施工过程，每个施工过程均划分为四个施工段，设 A、B、C 的流水节拍分别为 2d、4d 和 3d，分别绘制依此施工、平行施工和流水施工的施工进度计划图表。

10-4 试根据表 10-2 各施工过程的流水节拍数据，组织流水施工。

表 10-2 各施工过程的流水节拍（d）

施工过程	施工段					
	一	二	三	四	五	六
A	2	1	3	4	5	5
B	2	2	4	3	4	4
C	3	2	4	3	4	4
D	4	3	3	2	5	4

第十一章 网络计划技术

随着现代化生产的不断发展，计划管理工作愈来愈复杂。20 世纪 50 年代，在美国发展起两种基于网络分析的计划管理方法，即关键线路法（CPM）和计划评审法（PERT）。20 世纪 60 年代，著名数学家华罗庚教授首先将网络计划介绍到中国，称为"统筹法"。目前，伴随着计算机的普及和发展，各种计划管理软件层出不穷，无论是项目招投标，还是项目的实施和监督，在项目进度计划的编制、优化、施工进度的实施、控制、调整等各个方面都发挥着重要作用。

第一节 网络图和网络计划的概念

在建筑装饰工程施工中，网络计划主要是用来编制企业的生产计划和工程施工进度计划，并对计划进行优化、调整和控制，以达到缩短工期、提高工效、降低成本，提高经济效益的目的。它通过网络图的形式表达一项工程中各项工作的先后顺序及逻辑关系，然后分析各施工过程在其中的地位，找出关键工作和关键线路。按照一定目标使网络计划不断完善，选择最优化方案，并在计划执行过程中进行有效的控制和调整，力求以较小的消耗取得最佳的经济效益和社会效益。

一、网络图

网络图是由箭线和节点按照一定规则组成，用来表示工作流程的、有向有序的网状图形。网络图分为双代号网络图和单代号网络图两种形式，由两个节点和一条箭线来表示一项工作的网络图称为双代号网络图；由一个节点表示一项工作，以箭线表示施工顺序的网络图称为单代号网络图。

二、网络计划

在网络图上加注工作的时间参数而编成的施工进度计划，称为网络计划。

第二节 双代号网络计划

一、双代号网络图的组成

双代号网络图由箭线、节点、节点编号、虚箭线、线路等五个基本要素组成，常用图 11-1 形式表达一项工作。

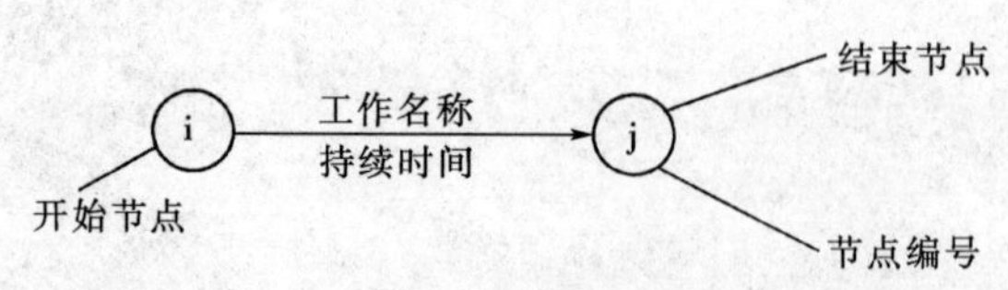

图 11-1 双代号网络图中的工作形式

（一）箭线

在双代号网络图中，用箭线表示一项工作（工序、活动），如抹灰、铺设木地板等。工作依据网络图的使用要求可大可小，既可以是一道工序，也可以是一个单位工程。网络图中的工作一般需消耗资源和时间。对于一些仅占用时间，而不消耗资源的施工过程也应视为一项工作，如油漆涂刷时的漆膜干燥，它是施工工艺上要求的技术间歇时间，仍用箭线表达。

在无时标的网络图中，箭线的长短并不反映该项工作所占用时间的长短。箭线可以用水平直线、折线或斜线表示，为保证图面清晰，应统一箭线的画法。箭线所指方向表示工作进行方向。箭线的尾端和端头分别表示该项工作的开始和结束，工作名称和持续时间标注见图11-1。

（二）节点

在双代号网络图中，节点代表一项工作的开始或结束，用圆圈表示。箭线尾部和端部的节点称为箭线所示工作的开始和结束节点。在一个完整的网络图中，除最前的起始节点和最后的终点节点外，其他任何节点都具有双重含义——既是前面工作的结束节点，又是后面工作的开始节点。在网络图中，节点仅是前后两项工作的交接点，它既不消耗时间也不消耗资源。

（三）节点编号

在双代号网络图中，为便于网络图的检查与计算，常用箭线两端节点内的代号表示一项工作。节点代号顺箭线方向由大到小顺序统一编制，不得有缺编号和重号现象。

（四）虚箭线

虚箭线又称虚工作，它表示一项虚拟的工作，既不消耗时间，也不消耗资源。故没有工作名称和作业延续时间。虚箭线在网络图中起联系、区分和断落的作用，通过虚箭线可以表达一些工作之间的逻辑关系。

（五）线路

在网络图中，从开始节点起，沿箭线方向连续通过一系列箭线与节点，最终到达结束节点所经过的通道叫线路。线路通常依次用该通道上的节点代号来记述。每条线路完成时间等于线路上各项工作持续时间的总和，即完成这条线路上所有工作的计划工期。其中，计划工期最长的线路被称为关键线路，其工作进程的快慢将直接影响整个计划工期的实现。如图11-2所示的双代号网络图中，共有①→②→④→⑥（8d）；①→②→③→④→⑥（10d）；①→②→③→⑤→⑥（9d）；①→③→④→⑥（14d）；①→③→⑤→⑥（13d）五条线路。其中①→③→④→⑥（14d）为关键线路。

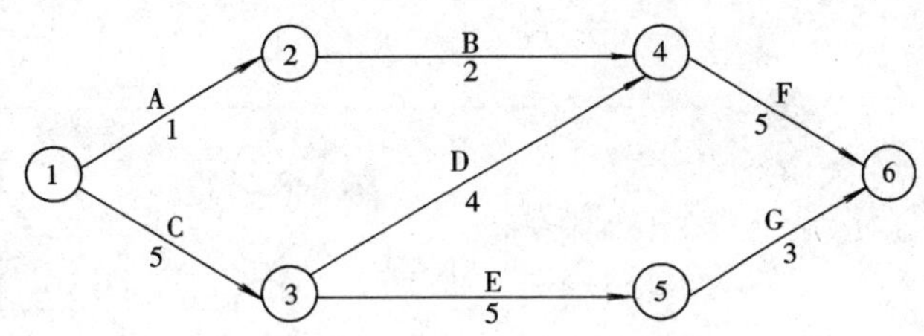

图11-2　双代号网络图

二、双代号网络图的绘制

网络计划技术是建筑装饰施工中编制施工进度计划和控制施工进度的主要手段。网络图的绘制是网络计划应用的关键。因此，在绘制网络图时必须遵守一定的基本规则和要求，正确表达整个工程的施工工艺流程及各施工过程之间的逻辑关系。

（一）绘制网络图的基本规则

（1）正确表达各项工作之间的先后顺序和逻辑关系：在绘制网络图时，应根据各项施工过程之间的先后施工顺序和施工组织之间的逻辑关系，正确反映各项工作之间的相互制约和相互依赖。其常见的几种逻辑关系表示方法见表 11-1。

（2）一张网络图只能有一个开始节点和一个结束节点。如果有几项工作同时开始或同时结束，可通过图 11-3 和图 11-4 的形式表达。

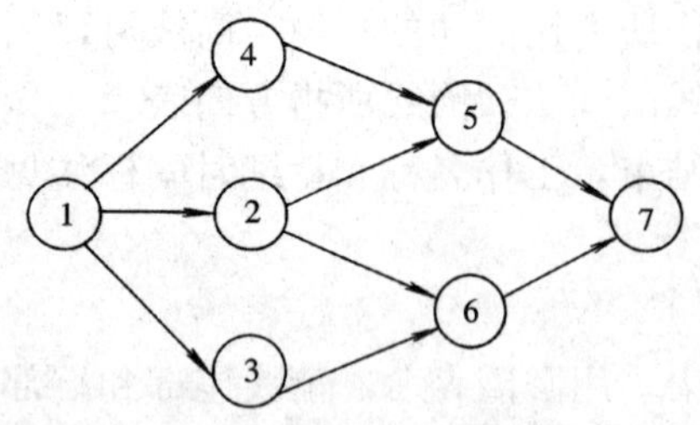

图 11-3 同时开始工作

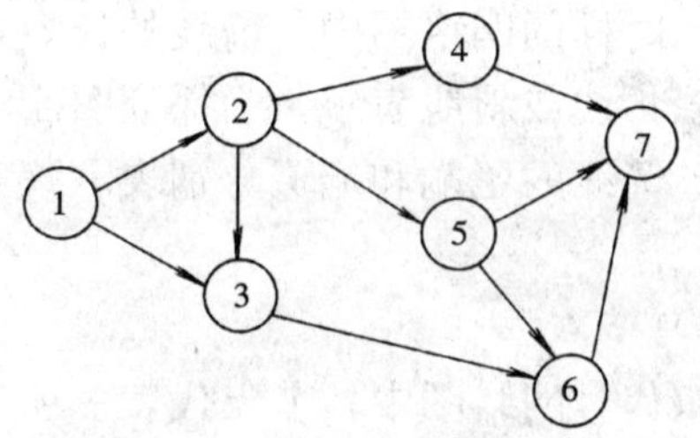

图 11-4 同时结束工作

（3）网络图中不允许出现循环回路，既不允许出现从一个节点出发，沿箭线方向移动，又可回到原出发节点的形式。如图 11-5 所示，它出现重复现象，导致工作的逻辑关系错误。

表 11-1 **双代号网络图常见逻辑关系的表示方法**

序号	工作之间的逻辑关系	网络图中的表示方法	说　明
1	A 工作完成后进行 B 工作	A B	A 工作制约着 B 工作的开始，B 工作依赖着 A 工作
2	A、B、C 三项工作同时开始	A B C	A、B、C 三项工作称为平行工作
3	A、B、C 三项工作同时结束	A B C	A、B、C 三项工作称为平行工作
4	有 A、B、C 三项工作。只有 A 完成后，B、C 才能开始	B A C	A 工作制约着 B、C 工作的开始，B、C 为平行工作
5	有 A、B、C 三项工作。C 工作只有在 A、B 完成后才能开始	A C B	C 工作依赖着 A、B 工作，A、B 为平行工作
6	有 A、B、C、D 四项工作。只有当 A、B 完成后，C、D 才能开始	A C i B D	通过中间节点 i 正确地表达了 A、B、C、D 工作之间的关系

续表

序号	工作之间的逻辑关系	网络图中的表示方法	说　明
7	有A、B、C、D四项工作。A完成后C才能开始，A、B完成后D才能开始	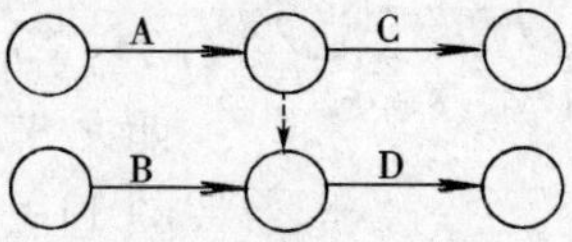	D与A之间引入了逻辑连接（虚工作），从而正确地表达了它们之间的制约关系
8	有A、B、C、D、E五项工作。A、B完成后C才能开始，B、D完成后E才能开始	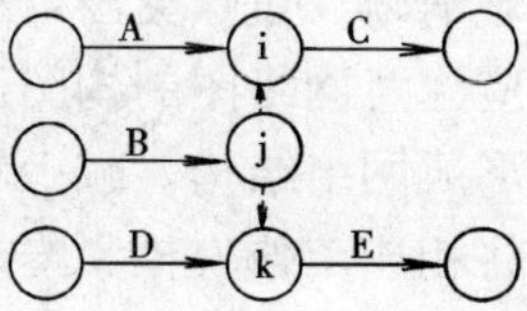	虚工作ji反映出C工作受到B工作的制约；虚工作jk反映出E工作受到B工作的制约
9	有A、B、C、D、E五项工作。A、B、C完成后D才能开始，B、C完成后E才能开始	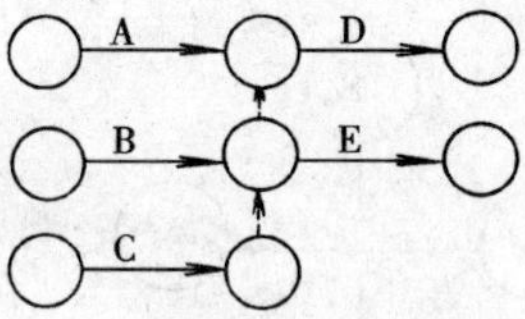	虚工作反映出D工作受到B、C工作的制约
10	A、B两项工作分三个施工段，平行施工	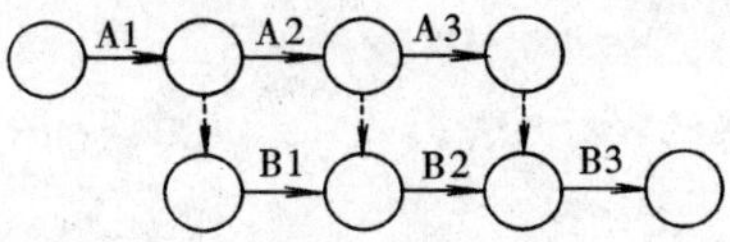	每个工种工程建立专业工作队，在每个施工段上进行流水作业，虚工作表达了工种间的工作面关系

（4）不允许出现相同编号的工作。在网络图中，两个节点之间只能有一条箭线代表一项工作，并以两个节点的编号表示这项工作。在编号过程中出现重名现象，容易造成逻辑关系混乱。如砌筑隔墙和布线工作同时开始、同时结束，如用图11-6（a）表示，则出现重名现象，可通过增加节点和虚箭线的形式表达上述两项工作的平行关系，如图11-6（b）所示。

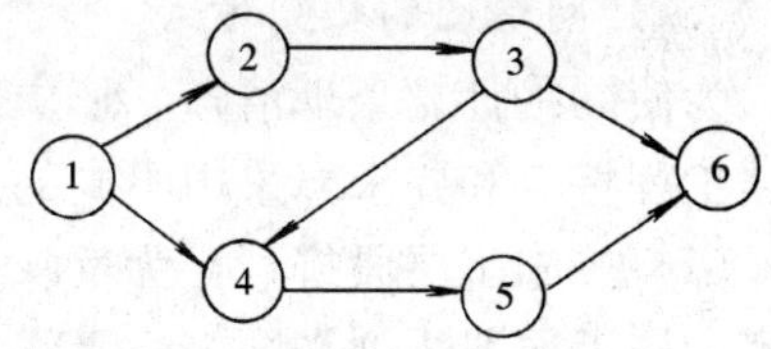

图11-5　有循环回路错误的网络图

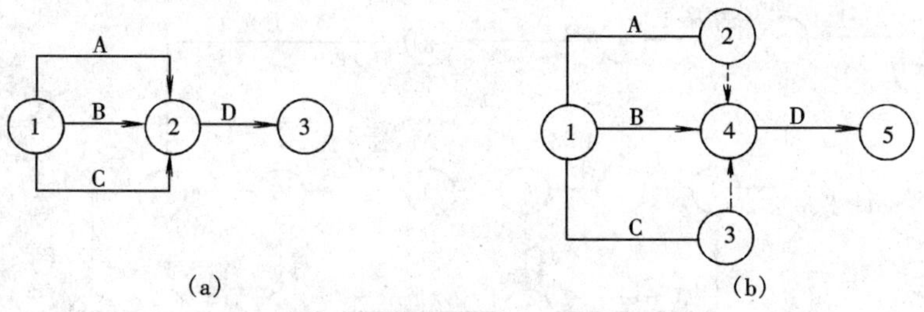

图11-6　相同编号工作表达示意

（a）错误；（b）正确

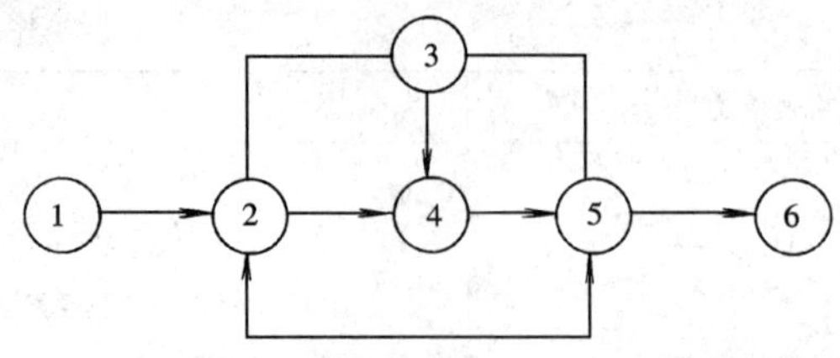

图 11-7　无箭头或双向箭头的错误

（5）不允许出现无箭头或双向箭头的连线，避免工作之间的逻辑关系错误，如图 11-7 所示。

（6）在网络图中，尽量避免交叉箭线。如无法避免，可采用过桥法或断线法表示。图 11-8（a）为过桥法，（b）为断线法。

（二）绘制网络图的要求和方法

（1）网络图应布局规整、条理清晰、重点突出：在绘制网络图时，应严格遵守网络图的绘制原则。同时，在绘图时，还应注意网络图的构图形式，使图面清晰、合理。因此，网络图尽量采用水平箭线和垂直箭线形成网络结构，减少斜箭线，避免曲线。同时，应尽量将关键路线布置在图面的中心位置，将相连工作安排紧凑，突出重点，便于使用。

（2）在网络图中，箭线应保持从左向右的运动方向，避免出现反向运动，如图 11-9 所示，3-4 即为反向箭线，应尽量避免。

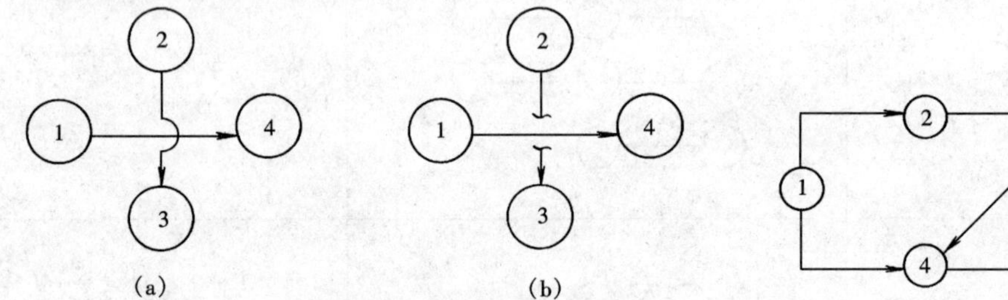

图 11-8　箭线交叉的表示方法

（a）过桥法；（b）断线法

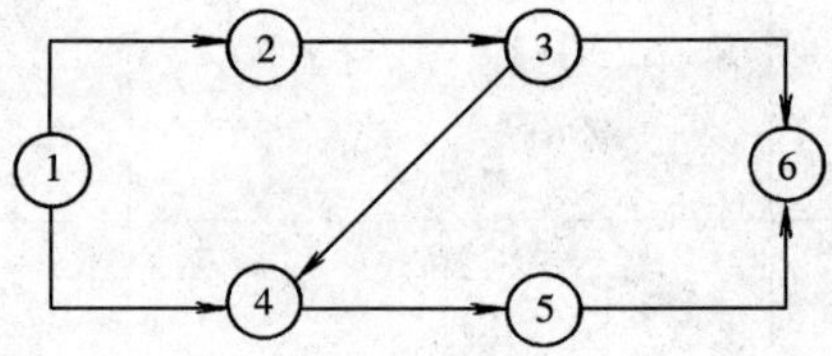

图 11-9　双代号网络中的箭线反向错误

（3）不必要的虚箭线和节点应不出现，以避免逻辑错误。

（三）网络图的排列方式

为使网络计划条理清晰、形象直观，清楚反应装饰工程施工特点，在绘制网络图时，常根据工程特点和要求，采用不同的排列形式。

（1）按施工层段排列：为反映各施工层段之间的组织关系，可以把同一工种或队组作业的不同施工层段排列在同一水平线上。这种排列不仅清楚表达施工组织顺序，而且能明确反映同一工种或施工队组的连续作业状况，如图 11-10 所示。

（2）按施工过程排列：为反映各施工过程之间的工艺关系，可以把在同一施工层段上的

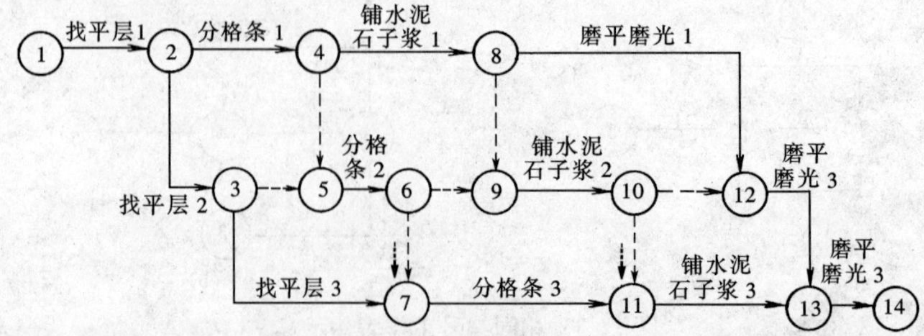

图 11-10　按施工层段排列的网络图

不同施工过程排列在同一水平线上。这种排列不仅能清楚表达施工工艺顺序，而且能明确同一工作面上各工作队之间的关系。如图 11-11 所示。

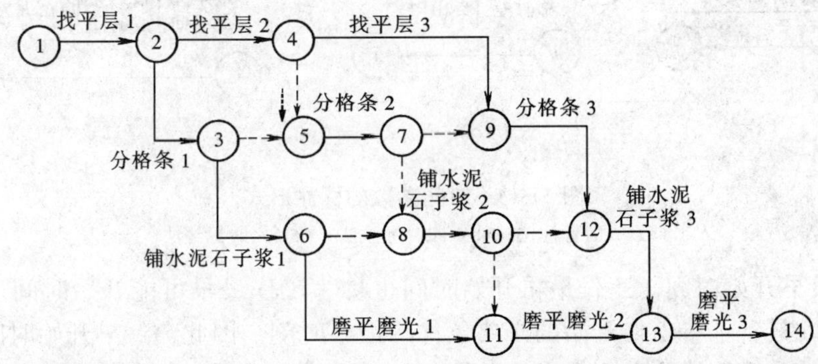

图 11-11　按施工过程排列的网络图

（3）按工程幢号排列：这种方法适用于多幢房屋的群体装饰工程。它将每幢房屋划分为若干个分部工程。并将其排列在同一水平线上，而幢号按垂直方向排列。如图 11-12 所示。

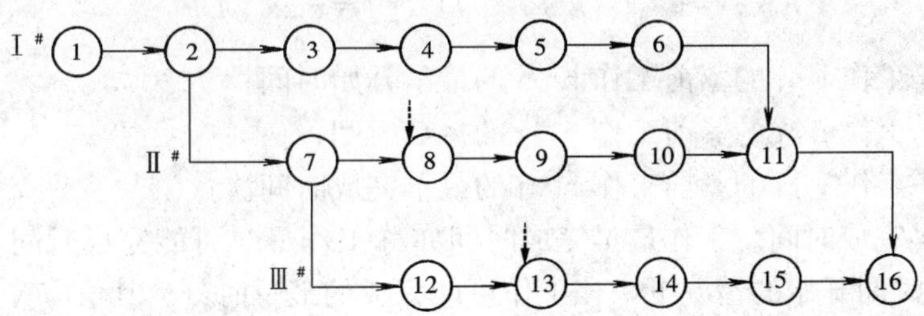

图 11-12　按工程栋号排列的网络图

三、双代号网络图时间参数的计算

网络计划通过网络图的形式表达各工作之间的施工和组织逻辑关系，合理安排工程进度。但在一定条件下，还需要进行时间参数计算，调整优化网络计划，指导或控制工程施工。时间参数的计算主要通过关键线路的绘制、各项工作的开始和结束时间、时差及总工期等时间要素的求取，为网络计划的执行、调整和优化提供必要的时间依据。常采用图上计算法和表上计算法进行。

（一）图上计算法

（1）基本知识：在计算网络时间参数时，对于正在计算的某项工作，称为“本工作”；紧排在本工作之前的工作称为“紧前工作”；紧排在本工作之后的工作称为“紧后工作”。其各项工作先后关系如图 11-13 所示。

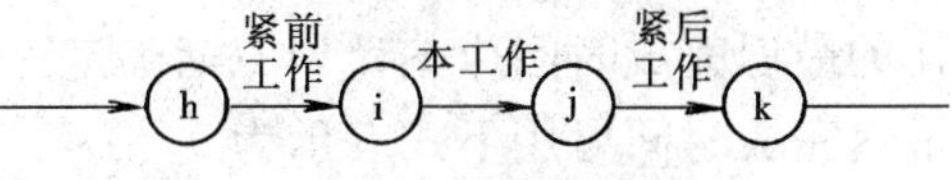

图 11-13　各项工作先后关系

为保证网络图的图面效果，各工作的时间参数计算后，应标注在相应位置。根据需计算参数的个数不同，分别按图 11-14 的规定标注。

（2）最早时间的计算：最早时间包括工作最早开始时间（ES）和工作最早完成时间（EF）。

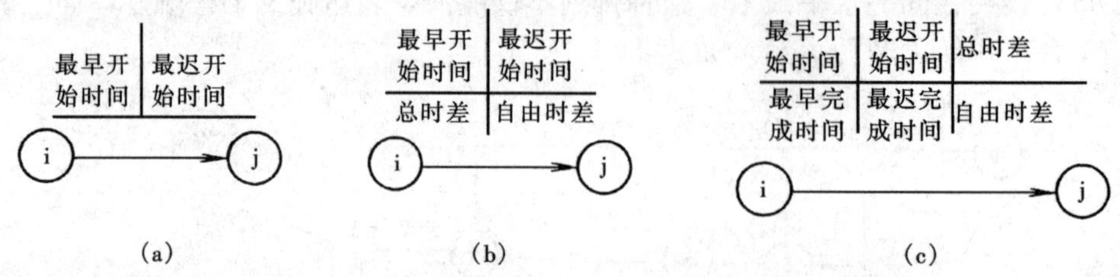

图 11-14　时间参数的标注形式

(a) 二时标注法；(b) 四时标注法；(c) 六时标注法

1）工作最早开始时间。工作最早开始时间也称为工作最早可能开始时间。它是指紧前工作全部完成，具备了本工作开始的必要条件的最早时刻。因此，最早开始时间应从网络图的起始节点开始，沿箭线从左到右递推计算。如该工作有若干紧前工作，取所有紧前工作中时间之和的最大值为该工作的最早开始时间。为便于计算和表达，起始工作最早开始时间都设定为零。工作 i—j 的最早开始时间用 $ES_{(i-j)}$ 表示。所以，工作最早开始时间可用下式表示为

$$ES_{i-j}=\max\{ES_{h-i}+D_{h-i}\}=\max\{EF_{h-j}\}$$

式中　ES_{h-i}——工作 i—j 的紧前工作 h—i 的最早开始时间；

D_{h-i}——工作 i—j 的紧前工作 h—i 的持续时间；

EF_{h-i}——工作 i—j 的紧前工作 h—i 的最早完成时间。

2）工作最早完成时间。工作最早完成时间亦称工作最早可能完成时间。它是指一项工作如按最早开始时间开始的情况下，该工作可能完成的最早时刻。其值应等于该工作最早开始时间与其持续时间之和，工作 i—j 的最早完成时间用 EF_{i-j} 表示。其计算公式为

$$EF_{i-j}=ES_{i-j}+D_{i-j}$$

（3）最迟时间的计算：最迟时间包括工作最迟完成时间（LF）和工作最迟开始时间（LS）。

1）工作最迟完成时间。工作最迟完成时间也称为工作最迟必须完成时间。它是指在不影响整个工程任务按期完成的条件下，一项工作必须完成的最迟时刻。因此，最迟完成时间的计算需依据计划工期或紧后工作的要求，从网络图的结束节点开始，逆箭线方向朝开始节点依此逐项减法计算。若有多项紧后工作，取差值中的最小值。同时，在网络计划中，结束工作的最迟完成时间应按计划工期确定。工作 i—j 的最迟完成时间用 LF_{i-j} 表示。所以，工作最迟完成时间可用下式表示为

$$LF=T_P$$

$$LF_{i-j}=\min\{LF_{j-k}-D_{j-k}\}=\min\{LS_{j-k}\}$$

式中　T_P——计划工期；

LF_{j-k}——工作 i—j 的紧后工作最迟完成时间；

D_{j-k}——工作 i—j 的紧后工作的持续时间。

2）工作最迟开始时间。工作的最迟开始时间又称最迟必须开始时间。它是在保证工作

按最迟完成时间完成的条件下，该工作必须开始的最迟时刻。其值应等于该工作最迟完成时间与其持续时间之差。其计算公式为

$$LS_{i-j}=LF_{i-j}-D_{i-j}=\min\{LS_{j-k}\}-D_{i-j}$$

（4）工作时差的计算：工作时差是指在网络图的非关键线路中存在的机动时间。时差越大，工作的时间潜力越大。常用的时差有工作总时差（TF）和工作的自由时差（FF）。

1）总时差。工作总时差是指在不影响工期的前提条件下，一项工作所拥有机动时间的最大值。工作总时差等于工作最早开始时间到最迟完成时间的范围内扣除工作本身必须的持续时间，所剩余的差值。通过总时差的计算，可以方便地找出关键线路和关键工作。总时差为零的工作为关键工作，由关键工作形成的线路为关键线路。因此，总时差是网络计划调整与优化的基础，是控制施工进度、确保工期的重要依据。工作 i—j 的总时差用 TF_{i-j} 表示。其计算公式为

$$TF_{i-j}=LF_{i-j}-ES_{i-j}-D_{i-j}$$

2）自由时差。自由时差是总时差的一部分，是指一项工作在不影响其紧后工作最早开始的前提下，可以灵活使用的机动时间。其值等于本工作在最早开始时间到紧后工作最早开始时间的范围内，扣除工作本身必需的持续时间，所剩余的差值。工作 i—j 的自由时差用 FF_{i-j} 表示。其计算公式为

$$FF_{i-j}=LS_{j-k}-ES_{i-j}-D_{i-j}$$

【例 11-1】　某工程的网络图见图 11-15，试采用图上计算法计算各项工作的时间参数，并求出工期、找出关键线路。

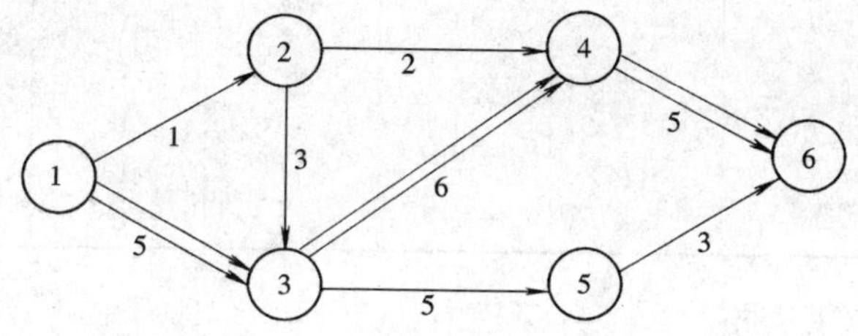

图 11-15　某工程网络计划图

解： 第一步，在网络图中标注出已知条件。

第二步，计算各项工作的最早可能开始时间（用方框标注）和最早可能完成时间。

计算法则：从前向后，顺线累加，求取最大。

第三步：计算各项工作的最迟必须完成时间和最迟必须开始时间（用三角形表示）。

计算法则：从后向前，逆线累减，求取最小。

第四步：计算各项工作的总时差，找出关键线路。

第五步：计算自由时差（结果见图 11-16 某工程施工网络图）。

（二）表上计算法

为保持网络图的清晰和计算数据的条理化，可以采用表格来进行时间参数的计算。表上计算法的计算步骤如下，计算格式见表 11-2。

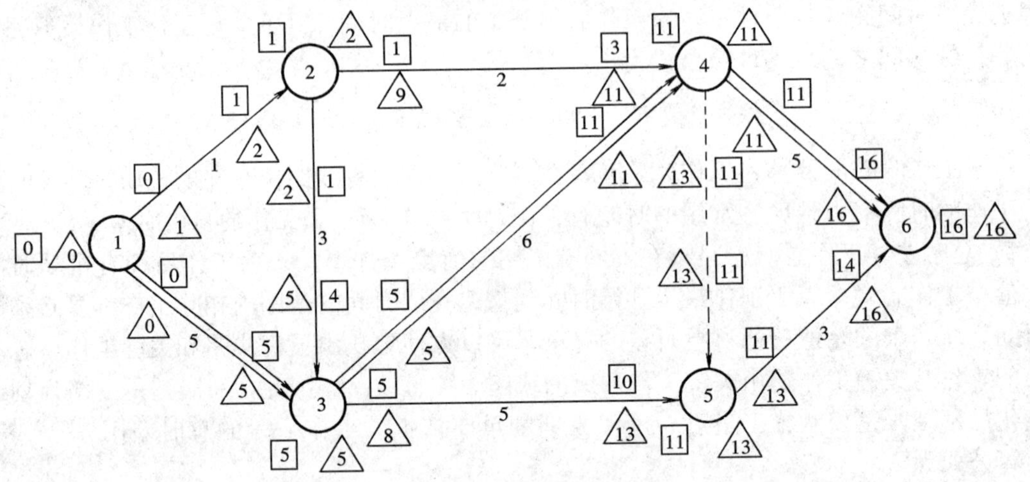

图 11-16 某工程施工网络图

表 11-2 网络图时间参数计算表

前面工作数 m	工作号码 i—j	施工持续时间 D_{i-j}	最早可能开始时间 ES_{i-j}	最早可能结束时间 EF_{i-j}	最迟必须开始时间 LS_{i-j}	最迟必须结束时间 LF_{i-j}	总时差 TF_{i-j}	局部时差 FF_{i-j}
一	二	三	四	五	六	七	八	九
—	1-2	1	0	1	1	2	1	0
—	1-3	5	0	5	0	5	0	0
1	2-3	3	1	4	2	5	1	1
1	2-4	2	1	3	9	11	8	8
2	3-4	6	5	11	5	11	0	0
2	3-5	5	5	10	8	13	3	1
2	4-5	0	11	11	13	13	2	0
2	4-6	5	11	16	11	16	0	0
2	5-6	3	11	14	13	16	2	2

（1）将已知条件填入表格一、二、三栏内。

（2）计算最早开始时间和最早完成时间。

（3）计算最迟完成时间和最迟开始时间。

（4）计算总时差和自由时差。

第三节 单代号网络计划

由一个节点表示一项工作，以箭线表示工作顺序的网络图为单代号网络图。

一、单代号网络图的构成

（一）节点

单代号网络图用圆圈或方框来表示节点，一个节点代表一项工作或工序。工作编号、工作名称、持续时间一般标注在圆圈或方框中。节点作为工作的代号需消耗时间和资源。如图 11-17 所示。

工作代号
工作名称
持续时间

工作代号	ES	EF
工作名称	TF	FF
持续时间	LS	LF

图 11-17　单代号网络图节点形式

（二）箭线

在单代号网络图中，箭线只表示工作之间的顺序关系。它既不占用时间也不消耗资源，且在单代号网络图中不用虚活动。箭线的箭头表示工作的前进方向，箭尾节点表示该工作是箭头节点的紧前工作。

（三）编号

节点作为单代号网络图的主要符号，在应用时需编号识别。一项工作只能有一个代号，不能出现重号现象，编号应由小到大。

二、单代号网络图的绘制规则

在网络图绘制过程中，应遵循一定的逻辑规则，使其尽可能的清晰表示节点之间的关系。

（1）正确地表达节点间的逻辑关系（见表 11-3）。

表 11-3　　单代号网络图工作逻辑关系表达方法

序　号	工作之间的逻辑关系	网络图中的表示方法
1	A 工作完成后进行 B 工作	A　B
2	B、C 工作完成后进行 D 工作	B　C　D
3	B 工作完成后，C、D 工作可以同时开始	B　C　D
4	A 工作完成后进行 C 工作，B 工作完成后可同时进行 C、D 工作	A　C　B　D
5	A、B 工作均完成后进行 C、D 工作	A　C　B　D

（2）不允许出现循环回路。

（3）不允许出现编号相同的节点。

（4）只能有一个开始节点和一个结束节点。当开始或结束的工作不仅一项时，可虚设开始或结束节点，避免多个开始节点或结束节点。

三、单代号网络图绘制举例

【例 11-2】 根据各工作的逻辑关系（见表 11-4），绘制单代号网络图（见图 11-18）。

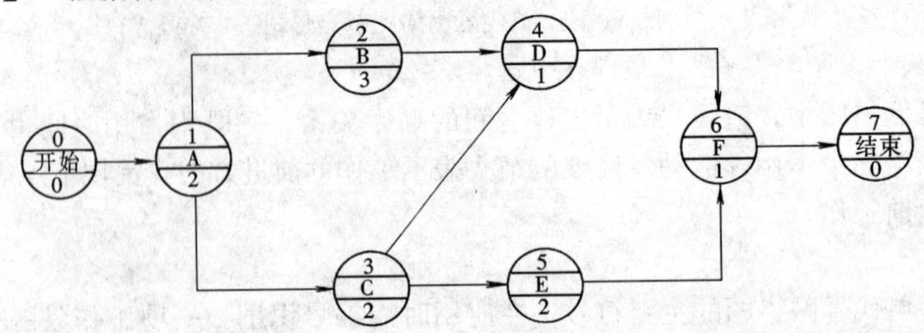

图 11-18 某分部工程单代号网络图

表 11-4 某分部工程各工作的逻辑关系

工作名称	持续时间	紧前工作	紧后工作	工作名称	持续时间	紧前工作	紧后工作
A	2	—	B、C	D	1	B、C	F
B	3	A	D	E	2	C	F
C	2	A	D、E	F	1	D、E	—

四、单代号网络图时间参数计算

（一）计算内容与方法

单代号网络图只有工作没有事件，其工作用节点表示，箭线表示工作的顺序关系。为便于网络图的计算，用以下符号表示工作中的各种时间参数：

D——i 工作的持续时间；

T_P——计算工期；

ES_i——i 工作的最早开始时间；

EF_i——i 工作的最早完成时间；

LS_i——i 工作的最迟开始时间；

LF_i——i 工作的最迟完成时间；

TF_i——i 工作的总时差；

FF_i——i 工作的自由时差；

LAG_{ij}——工作 i 和工作 j 之间的时间间隔。

1. 最早可能时间的计算

（1）最早开始时间：单代号网络图一般设有虚拟的开始节点，它的开始时间和工作时间均为零。其他工作的最早开始时间等于其紧前工作最早完成时间的最大值。计算时从节点开始，顺箭头方向进行。其计算公式为

$$ES_i = \max\{ES_h + D_h\}$$

（2）最早完成时间：一项工作的最早完成时间等于其最早开始时间与本工作持续时间之和，计算顺序同最早开始时间。而结束节点的最早完成时间为计算工期，如无要求工期限制，可使计划工期等于计算工期。最早完成时间的计算公式为

$$EF_i = ES_i + D_i$$

2. 最迟必须时间的计算

（1）最迟完成时间：以计划工期作为结束节点的最迟必须完成时间；各项工作的最迟完成时间等于其各紧后工作最迟必须开始时间的最小值。计算时从结束节点开始，沿逆箭头方向进行。其计算公式为

$$LF_i = \min\{LS_j\}$$

（2）最迟开始时间：某工作的最迟开始时间等于其最迟完成时间减去本工作的持续时间。计算顺序与最迟完成时间相同。其计算公式为

$$LS_i = LF_i - D_i$$

3. 计算相邻两项工作之间的时间间隔

时间间隔按逆着箭线方向从右至左依次逐项计算。当结束节点为虚拟节点时，其时间间隔计算公式为

$$LAG_{in} = T_P - EF_i$$

其他节点之间的时间间隔按以下公式计算为

$$LAG_{ij} = ES_j - EF_i$$

4. 时差的计算

（1）总时差：其计算公式为

$$TF_i = LS_i - ES_i = LF_i - EF_i$$

（2）自由时差：其计算公式为

$$FF_i = \min\{ES_j - EF_i\} = \min\{LAG_{ij}\}$$

5. 确定关键线路

单代号网络图关键线路的确定方法与双代号网络图相同，即总时差为零的工作为关键工作。

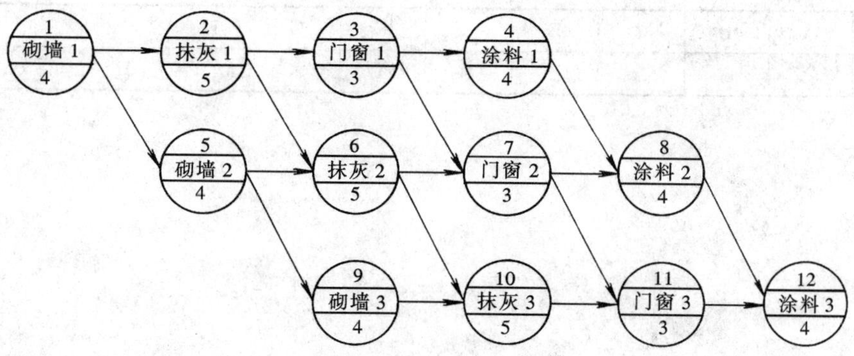

图 11-19 单代号网络图

（二）单代号网络图计算举例

【例 11-3】　计算图 11-19 所示网络图的各项参数。图 11-20 为其计算结果图。

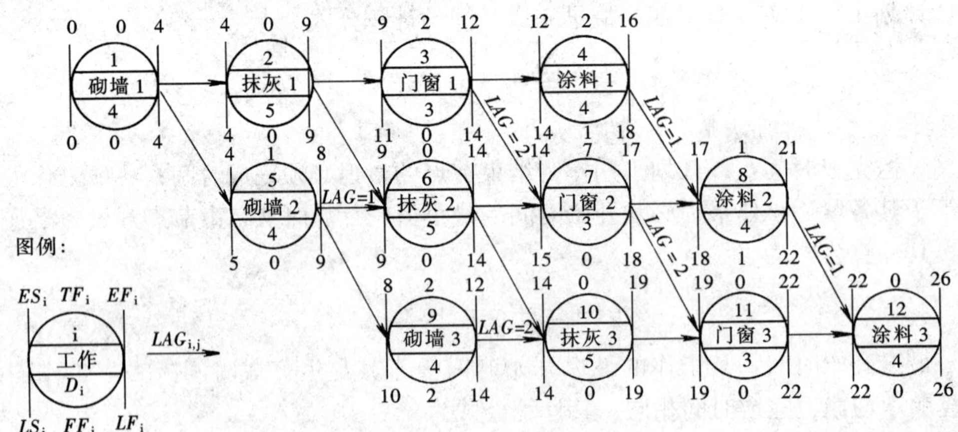

图 11-20　单代号网络图

注：图中 $LAG=0$ 的未标出。

思考练习题

11-1　什么是网络图？试比较网络图和横道图有何异同？

11-2　什么是双代号网络图？其绘制原则是什么？

11-3　网络计划有哪些时间参数？其作用是什么？

11-4　什么是关键路线？

11-5　什么是虚工作？其作用是什么？

11-6　根据表 11-5、表 11-6 的逻辑关系，绘制双代号网络图。

表 11-5　　各工作的逻辑关系

工作名称	A	B	C	D	E	F	G
紧前工作		A	B	A	B、D	E、C	F

表 11-6　　各工作的逻辑关系

工作名称	A	B	C	D	E	F	G	H	I	J	K
紧前工作		A	A	B	B	E	A	D、C	E	F、G、K	I、J

第十二章　装饰工程施工组织设计

装饰工程施工组织设计是用来指导拟装工程施工全过程中各项活动的技术、经济和组织的综合性文件，也是对施工活动进行统筹规划和科学管理的有效手段。施工组织设计应在充分研究工程实际情况和工程特点的基础上编制，以实现最好的社会效益和经济效益。

一、装饰工程施工组织设计的任务

装饰工程施工组织设计的任务是，根据国家有关部门技术政策和规定、建设单位的要求、设计图纸和组织施工的基本原则，从待装工程施工全局出发，结合工程的具体条件，选择经济、合理、有效的施工方案，确定合理、可行的施工进度，拟定有效的技术和组织措施，采用最佳的劳动组织，确定施工中劳动力、材料、机械设备等合理配置，合理布置施工现场空间，以确保全面高效的技术组织措施，进行统筹安排并合理拟定施工进度计划，以保证工程按期交付使用。

二、装饰工程施工组织设计的作用

装饰工程施工组织设计在施工过程中具有规划、组织和指导的作用。其具体的作用如下：

（1）进行装饰工程生产的基础：装饰工程产品的生产和其他工业产品一样，都是按要求投入生产要素，通过一定的生产过程，生产出成品。在产品的中间转换过程中需要从投入到产出全过程的管理，其管理基础就是科学的施工组织设计。

（2）实现科学管理的依据和保证：通过施工组织设计的编制，全面了解、分析工程的具体条件，有针对性地确定有效的技术组织措施，扬长避短地进行统筹安排，在保证工程质量和工程进度的前提下，获得最大效益。

（3）保证施工过程各环节的顺利实施：通过编制施工组织设计，充分考虑施工各环节可能遇到的问题及困难，通过组织设计主动调整施工过程中的薄弱环节，减少工作盲目性，保证施工过程各环节的顺利实施。

三、装饰施工组织设计的分类

装饰工程施工组织设计是以装饰工程施工项目为对象进行编制的。按照工程对象不同，分为装饰施工总设计、单项（单位）工程施工组织设计和分部工程施工组织设计。

（一）装饰工程施工组织总设计

装饰工程施工组织总设计是以一个建设项目或建筑群为编制对象，用以指导全过程各项施工活动的技术、经济、组织、协调和控制的综合性文件，是对整个装饰项目的施工进行的战略部署；在装饰项目初步设计被批准后，由装饰施工总承包单位的总工程师主持，会同建设方、设计方及分包单位的负责人依据承包范围共同编制。它是编制单项（单位）工程施工组织设计及年度施工计划的依据。

（二）单项（单位）装饰工程施工组织设计

单项（单位）装饰工程施工组织设计是以一个建筑物或一个单位工程为对象进行编制，用以指导全过程各项施工活动的技术、经济、组织、协调和控制的综合性文件，是对整个工程施工进行战术安排；由项目经理部的工程师负责组织有关技术、管理人员在签订工程合同后进行编制，是编制分部工程施工组织设计和季（月）施工计划的依据。

（三）分部（分项）装饰工程施工组织设计

分部（分项）工程作业设计是以某些主要的或新结构、新工艺及技术复杂、缺乏经验的分部（分项）工程为对象编制的。它是直接指导现场施工和编制月、旬作业计划的依据。

四、装饰施工组织设计的编制依据

为保证装饰施工组织设计的编制质量，充分发挥装饰工程项目指导、协调的作用。装饰施工应依据以下资料编制：

（1）主管部门的有关批文、计划文件及有关合同。

（2）经过会审的装饰施工图。

（3）地区技术经济特点及现场条件。

（4）国家规范、规程、技术规定及类似资料。

（5）装饰施工工期要求。

五、装饰施工组织设计的内容

装饰工程施工组织设计一般包括以下内容：

（1）工程概况和特点分析。

（2）装饰施工方案。

（3）装饰施工进度计划。

（4）装饰施工准备工作。

（5）各种资源需要量计划。

（6）装饰施工现场平面布置。

（7）各项组织措施。

第一节　装饰工程施工组织设计的编制

一、工程概况及施工特点分析

装饰工程施工组织设计中的工程概况，是对拟装工程项目的工程特点、地点特征和施工条件等情况的简单介绍，主要包括以下几方面。

（一）装饰工程建设概况

在装饰工程建设概况中主要说明以下情况：

（1）装饰工程的建设单位及工程建设地点。

（2）装饰工程名称、性质、用途、作用或建设目的。

（3）装饰工程资金来源及工程投资总额。

（4）装饰工程开工和竣工日期。

（5）设计单位、施工单位及分包单位名称。

（6）装饰工程施工图纸、合同等有关资料。

（二）装饰工程施工概况

（1）装饰工程设计特点：主要反映拟装工程建筑面积、平面布局、功能分区及组合、层数和层高等建筑特点，工程主体的结构特征与质量状况。

（2）装饰工程自然条件和施工条件：主要说明拟装工程所处地区地形、气温、风力、风向、雨量等自然条件。工程内在质量、劳动力、材料、机械的安排；施工现场供水、供电等施工条件。

（3）工程量：说明主要工程的名称和任务量。

（三）工程施工特点

通过各方面说明，分析装饰工程重点、难点和工程中可能遇到的关键问题，充分应对在施工过程中出现的问题，保证装饰施工顺序进行。

二、装饰施工方案的设计

装饰施工方案是施工组织设计的核心部分，主要包括确定施工开展程序、划分施工段、确定施工起点和流向、确定施工顺序、选择施工方法和施工机械等内容。通过研究施工条件，正确进行技术经济比较，提高工程的各项技术经济效果。

（一）确定装饰施工展开顺序

装饰施工展开程序是指装饰工程中各分部工程或施工阶段之间所固有的、密不可分的先后施工次序及制约关系。在确定展开顺序时应遵循以下原则：

（1）在施工前，应充分做好内业和现场施工准备，以保证工程开工后连续、顺利地进行。

（2）室内装饰工程尽量在外墙装饰完工后进行，以减少成品保护。

（3）先围护后装饰。

（4）先湿作业后干作业。

（5）对于隐蔽项目，应先进行施工或处理，经检查合格后再进行面层封闭处理。

（6）先布设设备管线，后进行面层装饰。

（二）划分装饰施工区段

划分装饰施工区段是将单一而庞大的建筑物划分为若干个部分，使施工区段适应流水施工作业要求。其分段方法可依楼层、单元、房间等进行分割。

（三）确定装饰施工起点和流向

装饰施工起点和流向是指在拟装工程的平面或竖向空间上，开始施工的部位及其流动方向。

1. 装饰工程常用施工流向

（1）室外装饰：室外装饰通常采用自上而下的施工流向，但偶尔也有自下而上的流向。

（2）室内装饰：室内装饰可采用自上而下、自下而上、自中而下再自上而中三种流程。

1）自上而下。自上而下是指在主体结构封顶并作好屋面防水后，装饰工程由顶层开始逐层向下进行的施工流向，一般有水平向下和垂直向下两种形式，如图 12-1 所示。

2）自下而上。自下而上是指结构施工完成不少于三层时，装饰工程从底层开始逐层向上进行施工的施工流向。自下而上也可分为水平向下和垂直向下两种形式，如图 12-2 所示。

3）自中而下再自上而中。自中而下再自上而中的施工流向是上述两种流向的结合，一般用于高层建筑装饰施工，如图 12-3 所示。

2. 确定装饰施工流向时应注意问题

（1）业主的需求：在制定施工流向时，应考虑业主对工程的需求情况。对于使用要求急的楼层或部位应优先安排施工。

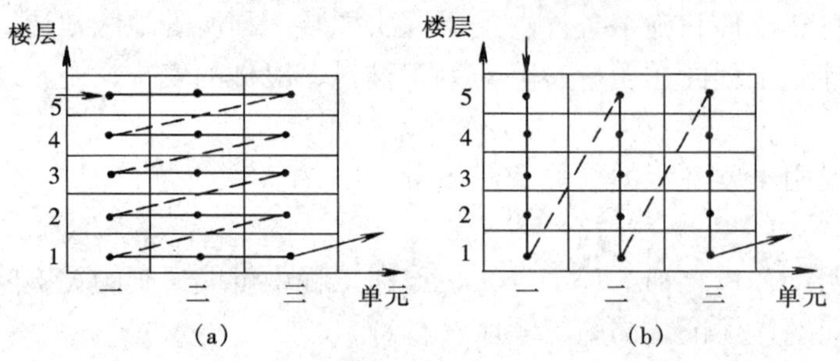

图 12-1 自上而下施工流向

（a）水平向下；（b）垂直向下

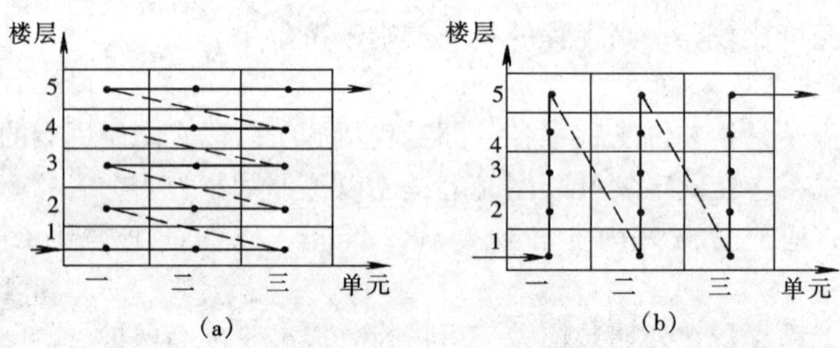

图 12-2 自下而上施工流向

（a）水平向上；（b）垂直向上

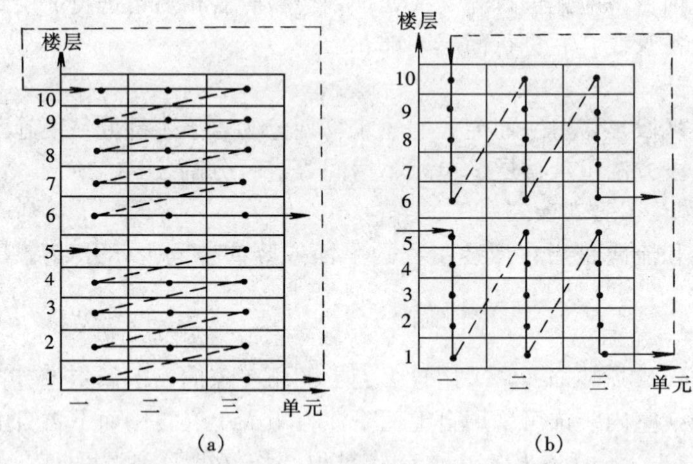

图 12-3 自中而下再自上而中施工流向

（a）水平向下；（b）垂直向下

（2）施工繁简程度：对于技术复杂、施工进度较慢、工期较长的楼层或部位应优先施工。

（3）构造合理，方便施工：安排施工流向时应考虑材料安装构造要求并便于施工。如石材安装应由下而上施工，以确保满足承载、安装或灌浆要求。

（4）减少污染，保证质量：在确定施工流向时，需考虑施工方法和材料特性，减少成品保护，保证工程质量。如易污染材料后安装，自上而下进行湿作业等。

（5）设备情况：当室内装饰工程垂直运输采用井架、龙门架等固定机械时，应采用水平施工；而多层建筑采用移动式高车架时，可采用垂直向下的流向。

（四）确定装饰施工顺序

装饰施工顺序是指在各个分部分项工程之间的先后施工顺序。

1. 确定装饰施工顺序的原则

（1）符合施工开展顺序。

（2）符合构造要求。

（3）符合施工工艺。

（4）考虑材料特性。

（5）与施工方法和采用机械相适应。

（6）考虑工期和施工组织要求。

（7）保证施工质量。

（8）有利于成品保护。

（9）考虑气候条件。

（10）符合安全施工要求。

2. 举例：室内装饰工程一般施工顺序

室内装饰工程一般施工顺序，如图12-4所示。

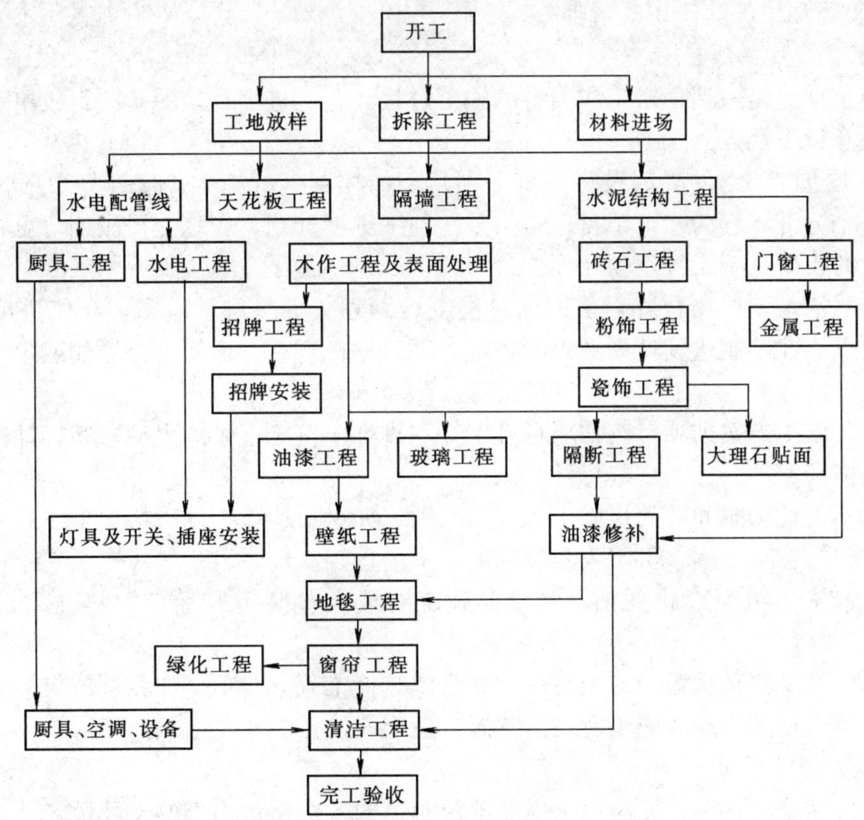

图12-4　室内装饰工程一般施工顺序

（五）选择装饰施工方法和施工机具

装饰施工方法和施工机具的选择是施工方案中的关键问题。在制定施工方案时，应根据工程的结构特征、装饰施工的内容及工程量大小、工期长短、资源供应情况、施工现场条件和周围环境，选择适当的施工方法和施工机具。

三、装饰施工进度计划的编制

单位装饰工程施工进度计划是在既定施工方案的基础上，根据工期要求和资源供应条件，按照合理的施工顺序和组织施工的原则，对单位工程从开始施工到工程竣工的全部施工过程在时间和空间上进行的合理安排。它可以指导安排施工、控制施工进度和确保工期。同时也是编制劳动力、机械及各种资源需要量计划和施工准备工作计划的依据。

（一）装饰施工进度计划编制依据

装饰施工进度计划编制应依据以下资料：

（1）施工图纸及有关部门技术资料。

（2）施工组织总设计、装饰施工开竣工日期及工期。

（3）施工方案。

（4）施工条件及劳动力、材料、机具等资源供应情况。

（5）预算文件、各类定额及规范等。

（6）施工场地环境条件等。

（二）装饰施工进度计划编制步骤

1. 划分装饰施工项目

装饰施工项目是包括一定工作内容的施工过程，它是进度计划的基本组成单元。划分施工项目应注意以下几点：

（1）根据进度计划的类型及需要划分项目。如控制性的施工进度计划，项目划分应粗些，可以一个分部工程为一个项目；对指导性施工进度计划，应划分得较细，可将每个分部工程所包含的主要分项工程逐项列出。

（2）简明清晰、适当合并。装饰项目进度计划划分如过细、过多，会使进度表过于繁杂，没有重点。在绘制进度计划图表时，可对项目分析整理、适当合并。如卫生间面盆、坐便器、浴缸安装合并为“卫生洁具安装”等。

（3）结合施工方案列项。装饰项目进度计划排列应符合施工的先后顺序，并编写相应序号，列出表格。

（4）对不占现场时间的间接施工过程不列项。如材料运输、加工厂加工成品家具等不占现场时间的间接施工过程，可不列入装饰施工进度计划。

（5）结合施工组织形式列项。对专业施工对或大包队组所承担的部分项目可合并为一项。

（6）工程量及劳动量很小的项目可合并为“其他工程”一项。如零星抹灰、局部油漆等可对劳动量适当估算，现场施工时灵活掌握，适当安排。

2. 计算装饰工程量

装饰项目划分后，应计算出每个施工项目包括的各个施工内容的工程量。计算应依据施工图纸及相关资料、工程量计算规则和施工方法进行。计算时应注意以下问题：

（1）工程量的计算单位及计算方法要与所用定额一致。

（2）应按照施工方案中确定的施工方法计算。

（3）在分层分段流水施工中，如各层的工程量相等或出入很小，可用一层或一段的工程量，乘以段数求得项目总工程量。

（4）计算时对合并项目中各项应分别计算，便于套用定额。

（5）利用预算文件时，应作适当摘抄和汇总。

（6）专业施工单位承包的项目可不计算，由其承包单位计算并安排详细计划。

3. 计算劳动量及机械台班量

（1）计算方法：计算出各施工过程的工程量并定出定额后，依下式计算劳动量或机械台班量，即

$$P=Q/S$$

或

$$P=Q\times H$$

式中　P——完成某施工过程所需的劳动量或机械台班量；

Q——该施工过程的工程量；

S——该施工过程的产量定额；

H——该施工过程的时间定额。

（2）采用定额时应注意的问题：

1）定额水平的确定应参照国家或地区的定额，并结合本单位实际情况。

2）对施工项目应适当合并。

3）对于“其他工程”项目所需劳动量，可根据内容和数量，结合具体情况，以占总劳动量的百分比（一般为10%～20%）计算。

4. 确定装饰施工项目的延续时间

装饰施工项目的延续时间最好按正常施工状态确定，以降低工程费用。待编制出初始计划后，结合实际情况再做必要调整，避免盲目抢工造成浪费。其确定方法有以下两种：

（1）根据可供使用的人员或机械数量和正常施工的班组安排，计算施工项目的延续时间。

（2）根据工期要求倒排进度。

5. 编制装饰施工进度计划图表

在做完以上各项工作后，即可编制装饰施工进度计划表或网络图。在此主要以施工进度计划表为例介绍其编制方法。

（1）施工进度计划表：指导性装饰施工进度计划表的形式见表12-1。

表12-1　指导性装饰工程施工进度计划表

序号	工程名称		工程量		时间定额	劳动量		机械量		工作班制	每班人数	延续时间	施工进度														
	分部	分项	数量	单位		工种	工日数	型号	台班数				××××年×月												×月		
													2	4	6	8	10	12	14	16	18	20	22	24	26	28	…
1																											
2																											
3																											
⋮																											

（2）装饰施工进度计划绘制步骤、方法与要求为：

1）填写施工项目名称及计算数据：填写时应按照分部分项工程施工顺序依此填写并检查。

2）初排施工进度：根据施工方案及施工顺序和流水方法、工作延续时间，依次画出各施工项目的进度线。初排时应注意以下要求：

①按分部分项工程的施工顺序依次进行。

②分层分段施工的项目应分层分段画进度线，并标注层段名称，明确施工流向。

③根据工艺、技术及组织安排上的关系，确定各项目间是连接施工、搭接施工，还是间隔施工。

④尽量使主要工种连续作业。

⑤注意某些施工过程所要求的技术间歇时间。

3）检查与调整：初排装饰施工进度计划表后应检查调整，消除相互之间的矛盾和错误。在检查时应注意总工期是否符合规定要求；检查施工项目技术、工艺、组织是否合理；检查各施工过程的延续时间及起止时间是否合理；如有立体交叉或平行搭接施工的项目应保证安全；适当考虑检查技术上与组织上的间歇时间；检查避免劳动力、材料、机具的集中使用。修改调整进度计划应积极靠前，并适当留有余地。

四、装饰施工准备工作计划和资源计划的编制

（一）装饰施工准备工作计划

装饰施工准备工作是指施工前从组织、技术、资金、劳动力、物资、生活等方面为保证工程顺利地施工，应事先做好的各项工作。

施工准备工作一般包括以下内容：

（1）技术资料准备。

（2）施工组织准备。

（3）物资准备。

（4）现场准备。

（5）场外准备。

（6）季节性施工的准备。

施工准备工作应统一领导、分工到人，根据装饰施工进度安排的要求，编制施工准备工作计划。单位工程施工准备工作计划见表12-2。

表 12-2　　单位工程施工准备工作计划

<table>
<tr><td rowspan="3">序号</td><td rowspan="3">施工准备工作项目</td><td colspan="2">工程量</td><td colspan="12">进　　度</td></tr>
<tr><td rowspan="2">单位</td><td rowspan="2">数量</td><td colspan="6">××月</td><td colspan="6">××月</td></tr>
<tr><td>1</td><td>2</td><td>3</td><td>4</td><td>5</td><td rowspan="6">…</td><td>1</td><td>2</td><td>3</td><td>4</td><td>5</td><td rowspan="6">…</td></tr>
<tr><td></td><td></td><td></td><td></td><td></td><td></td><td></td><td></td><td></td><td></td><td></td><td></td><td></td><td></td></tr>
<tr><td></td><td></td><td></td><td></td><td></td><td></td><td></td><td></td><td></td><td></td><td></td><td></td><td></td><td></td></tr>
<tr><td></td><td></td><td></td><td></td><td></td><td></td><td></td><td></td><td></td><td></td><td></td><td></td><td></td><td></td></tr>
<tr><td></td><td></td><td></td><td></td><td></td><td></td><td></td><td></td><td></td><td></td><td></td><td></td><td></td><td></td></tr>
<tr><td></td><td></td><td></td><td></td><td></td><td></td><td></td><td></td><td></td><td></td><td></td><td></td><td></td><td></td></tr>
</table>

（二）资源需要量计划

资源需要量计划是根据单位工程施工进度计划要求编制的，包括劳动力、材料、构配件、加工品、施工机具等的需要量计划。

1. 劳动力需要量计划

劳动力需要量计划主要用于调配劳动力和安排生活福利设施。单位工程劳动力需要量计划见表 12-3。

表 12-3　　单位工程劳动力需要量计划

序号	工种名称	人数（工日）	月份												
			1	2	3	4	5	6	7	8	9	10	11	12	
															…

2. 主要材料需要量计划

材料需要量计划主要用于组织备料、确定仓库或堆积面积和组织运输。其所用表格见表 12-4。

表 12-4　　主要材料需要量计划

序号	材料名称	规格	需用量		需用时间												备注
					×月			×月			×月			×月			
			单位	数量	上	中	下	上	中	下	上	中	下	上	中	下	

3. 构配件和半成品需要量计划

构配件和半成品需要量计划主要用于落实加工订货单位，组织加工、运输和确定堆场或仓库。其所用表格见表 12-5。

表 12-5　　构配件和半成品需要量计划

序号	机具名称	规　格	需要量		来　源	使用起止时间	备　注
			单　位	数　量			

4. 施工机具、设备需要量计划

施工机具、设备需要量计划主要用于确定机具、设备的供应日期、安排进场、工作和退场日期。其所用表格见表 12-6。

表 12-6 施工机具、设备需要量计划

序号	构配件名称	规　格	需要量		来　源	要求供应起止时间	备　注
			单　位	数　量			

五、施工平面图设计

装饰工程施工平面图是布置施工所需机械、加工场地，材料、成品、半成品堆放，临时道路，临时供水、供电、供热管网和其他临时设施的场地位置。它是施工组织设计的组成部分，是实现文明施工、节约并合理利用场地、减少临时设施费用的基本条件。

（一）装饰工程施工平面图设计内容

装饰施工属于工程施工的最后阶段，装饰施工平面图中的内容应结合装饰工程的实际情况来决定。其主要内容包括以下方面：

（1）地上、地下已建和拟建建筑物、构筑物、道路和各种管线位置。

（2）测量放线标桩、杂物及垃圾堆放场地。

（3）垂直运输设备的平面位置，脚手架、防护棚位置。

（4）材料、成品、半成品、构件加工、施工机具设备堆放场地。

（5）生活、生产临时设施。

（6）安全防火及消防设施。

（二）装饰工程施工平面图的设计步骤及要点

（1）结合建筑物的平面形状、高度和材料、设备重量、尺寸大小及机械负荷和服务范围，确定垂直运输设备的位置、高度，做到便于运输、便于组织流水施工。

（2）确定混凝土、木工棚、材料仓库、设备堆场的布置。

（3）确定水电管网位置。

（4）施工用电设计包括用电量计算、电源选择、电力系统选择和配置。

六、制定主要技术组织措施

装饰技术组织措施主要是指在技术和组织方面对保证装饰质量、安全和文明施工所采用的方法，主要包括保证装饰质量措施、保证进度措施、降低成本措施、保证安全施工措施、成品保护措施、冬雨期施工技术措施、消防措施、环境保护措施等。

（一）保证装饰质量措施

（1）认真学习贯彻现行装饰规范、标准、操作规程和各项质量管理措施，做好施工准备和交底工作。

（2）关键部位施工质量的技术措施。

（3）确保装饰材料、成品、半成品质量检验及使用要求。

（4）建立质量保证体系，保证质量的组织措施。

（5）制定保证质量的经济措施。

（二）保证进度措施

保证施工进度关键在于有得力的组织措施、可行的技术措施、限定合同措施、落实经济措施等四个方面。

（三）降低成本措施

降低成本措施是在保证装饰施工质量及安全的基础上，以装饰施工预算合同工期及技术组织措施为依据进行编制。编制过程中需考虑以下几点：

（1）组建强有力的领导班子、选调合理精干的装饰队伍施工，保证提高劳动生产率。

（2）采用新技术、新工艺提高工效，降低材料消耗、节约施工总费用。

（3）保证施工质量，减少返工损失。

（4）保证安全施工，减少意外事故带来的损失。

（5）提高机械利用率，减少机械费用。

（四）保证安全施工措施

保证安全施工的关键是贯彻安全操作规程，对施工中可能发生的安全问题提出预防措施并加以落实。其保证重点为防火、安全用电及高空作业等。相应的安全措施如下：

（1）脚手架、吊篮、桥架、吊架的强度设计及上下通道的防护安全措施。

（2）安全立网、平网、封闭网的架设要求。

（3）外用电梯的设置、井架、门式架等垂直运输设备拉结要求和防护措施。

（4）易燃、易爆、有毒作业场所应采取的防火、防爆、防毒措施。

（5）采用新材料、新工艺、新技术的装饰工程，应编制详细安全施工措施。

（6）安全使用电器设备及装饰机具，机械安全操作等措施。

（7）施工人员个人安全防护措施。

（五）成品保护措施

装饰工程对成品保护一般采用“防护”、“包裹”、“覆盖”、“封闭”等措施。

（1）防护：针对被防护部位的特点，采取相应措施。如踏步在未交付使用前用铺设木板保护踏步棱角。

（2）包裹：将被保护的部位用洁净材料包裹起来以防污染或损伤。如不锈钢柱在未交付使用前，外层防护膜不得撕开并设防碰撞防护措施。

（3）覆盖：对有卫生器具的房间，在进行其他工序施工时，应对下水口、地漏、浴盆等部位覆盖，以防异物落入造成堵塞。

（4）封闭：采用局部封闭的方法进行保护。如宾馆饭店客房、卫生间的五金、配件、洁具在安装完毕后加锁封闭。

（六）冬雨期施工技术措施

当室外平均气温连续5d低于5℃时进入冬期施工阶段。装饰工程在施工中需考虑冬雨期施工技术措施。

（1）冬期施工室内抹灰采用热作法，保持正温度。

（2）抹灰工程结束后，在7d内应保持室内温度不低于5℃，并可采用加温措施，加速砂浆的硬化和水分蒸发。

（3）釉面砖及外墙面砖在冬期施工时应在2%盐水中浸泡2h，并晾干使用。

（4）外墙铝合金、塑料框、大扇玻璃不宜冬期施工。

（5）冬期、雨季施工应注意防冻、防潮。

（6）加强冬雨季施工安全教育。

（7）做好冬期施工的防火教育。

（七）消防措施

装饰工程施工过程中涉及消防内容较多，责任范围广，应高度重视。

（1）现场施工及一切临时设施应符合防火要求，不得使用易燃材料。

（2）由于装饰现场易燃材料较多，从事电焊、气割的人员应持证上岗，并办理用火手续。

（3）装饰材料的存放应符合防火安全要求。

（4）各类电气设备、线路不准超负荷使用。

（5）施工现场应按消防要求配备足够的消防器材，并布局合理。

（6）现场应设专用消防用水管网。

（7）室外消火栓、水源地点应设置明显标志，并要求道路通畅。

（8）施工现场可设专用吸烟室，场内严禁吸烟。

（八）环境保护措施

为保护和改善生活环境和生态环境，防止由于装饰材料选用和施工方法不当造成的环境污染，保障用户与工地周围居民及施工人员的身心健康，应做好装饰材料及施工现场的环境保护工作。

（1）严格遵守《中华人民共和国环境保护法》及其有关法规，建立健全环境保护责任制度。

（2）选用绿色环保或低污染无毒装饰材料。

（3）采取有效措施减少施工现场粉尘污染、扬尘污染。

（4）及时清理现场施工垃圾。

（5）对有污染的废液（如清洗涂料工具的废水、水磨石工程排放的污水等）应按要求处理、排放。

（6）对施工现场的强噪声作业，采用降噪措施，减轻噪声干扰，限制强噪声作业时间不得超过15h/d。

第二节　施工组织设计实例

一、工程概况

（一）工程概述

本工程为某干部培训中心宾馆，位于某市郊区，南北两面均临城市主干道，距市中心3.5km，交通比较便利。该工程为集会议、办公、餐饮、娱乐健身、客房于一体的综合性、多功能星级宾馆，装饰造价约1200万元，合同开工日期为1999年9月25日，竣工日期为2000年3月25日。该工程建筑面积11 600m^2。其中：主楼8012m^2，建筑平面呈“L”形，主楼七层，长65m，宽36m，总高25m；附楼分别为三层、四层，由A、B、C三区组成。主附楼间设变形缝一道。

（二）装饰设计及材料使用情况

该工程设计是根据业主提出的“美观适用、朴实大方、突出重点”的原则，结合地域环境及使用功能的要求，重点在入口、雨篷、大堂、柱、墙、顶、地、二楼回马廊及共享空间的处理上，体现了博大、明敞、高技术的内涵。

装饰工程项目包括主楼一层至七层，附楼A区一层至三层、B区二层、三层等。具体项目分类详见表12-7。

表12-7　　某培训中心宾馆装饰项目分布表

区　号	层　次	功　能　用　途
主楼	首层	大堂、走道、健身房、休息室、乒乓室、棋牌室、商场、商务中心、美容厅、卡拉OK厅、消防中心、营销部、总台办公室、行李房、电房、开水间、男女卫生间、货梯间、客梯间、金属转门
	二层	1～7号会议室、阅览室、中厅过道、回马廊、男女卫生间
	三～七层	客房66套、电器房、储藏室、服务员休息室、开水间、公共卫生间、走道、总统套间二套
	其他	东西楼梯、采光天棚
附楼A区	首层	宴会厅、1#～5#包间、走道、前厅
	二层	大小会议室、服务间、走道、前厅
	三层	多功能歌舞厅、1#～4#包间、走道、前厅
	其他	楼梯间、公厕、小厕、杂用房
附楼B区	三层	客房36套
	二层	公共浴室

根据工程装饰设计以突出重点的原则，选用了以下主要材料：

(1) 西班牙米黄大理石（20mm厚）用于大堂地面、挂落、柱帽、楼梯间等。

(2) 进口电脑切割机切割地花，直径6m，三拼色梅花图形花岗石。

(3) 印度红、大花绿、蒙古黑花岗石，用于镶边、线脚及柱脚，汉白玉大理石用于台板。

(4) 法国产红榉木，用于所有门扇、门套及门套线和包圆柱。

(5) 法国产DORMA地弹簧、七字夹、门锁和闭门器，阿波罗双人冲浪浴缸。

(6) 日本产TOTO面盆、坐便器。

(7) 日本进口不锈钢骨架及钢板，用于采光天棚。

(8) 进口中空夹胶玻璃，用于采光天棚。

(9) $\phi 2.4$m金属转门。

(10) 飞利浦高效节能筒灯，用于会议室。

(11) 美国进口立邦乳胶漆及全毛地毯。

(12) 12mm厚钢化玻璃，用于大堂隔断。

（三）施工特点

该工程由主楼、附楼组成，以变形缝为界，附楼由A、B、C三区组成，从项目分布表中可以看出施工特点是三多一新。

(1) 工种多：该工程虽属民用建筑一般装饰，但尚有土建、给排水、暖通、强弱电、通信、消防、幕墙、铝合金等专业同时进场。在安排流水作业时，难度较大，尤其是大堂及回马廊是各工种必经之处，各工种的放样、施工、检查、测试、整修将影响大理石的干挂和地面的铺设、保养。施工时必须拿出切实可行的作业计划及成品保护措施。

(2) 吊顶多：吊顶面积占总建筑面积的77.4%，隐蔽工程验收工作量大，吊顶内的水、电、消防、喷淋器材的整体测试和整体验收环节多，极大地影响装饰流水作业。

（3）大理石、花岗石工作量多：该工程地面、楼梯大理石、花岗石铺贴量达 2360m^2，墙面干挂 1200m^2，踢脚、镶边、弧形板 2000m^2，而且品种也比较多，有大花、印度红、蒙古黑及西班牙进口的米黄超薄型板，需现场切割加工。

（4）采光顶棚新工艺：该工程在大堂和回马廊顶部屋面采用了进口镀膜中空夹胶玻璃架空在叠落式的不锈钢骨架上，其坡度、标高、间距的施工难度很高，尤其是玻璃密封、防水性能要求更严，氩弧焊的工作量也较大。在施工中要逐项检查、隐蔽验收和测量签证。施工中要保证施工质量，应聘请有经验的专业人员施工。

主要装饰项目工程量如下：

轻钢龙骨石膏板吊顶 9617m^2；

墙面干挂花岗石、挂落及柱帽 1200m^2；

花岗石、大理石地面及楼梯 2360m^2；

橡木及水曲柳木地板 500m^2；

地毯 4560m^2；

地砖、防滑砖 2465m^2；

石膏板、防火隔断 201m^2；

软包木墙裙及木护墙 2680m^2；

12mm 厚玻璃隔断 121m^2；

榉木包圆柱 ϕ500、ϕ800、ϕ1000，339m^2；

木门及门套线脚 310 套；

大花绿、蒙古黑、印度红镶边及线脚 1313m^2；

木窗套、窗台板、窗帘盒 896m；

ϕ2.4m 金属转门 1 樘；

镀膜中空夹胶玻璃采光天棚 311m^2；

不锈钢栏杆 161m；

卫生洁具、灯具、家具 85 套；

卫生间地面 851 防水 2198m^2。

二、施工部署

本工程的总体部署是按投标承诺、合同条款和工程特点等要素，在确保业主的开业时间和创省优质工程目标的前提下制定的。

（一）承包方式

该工程室内装饰设计与施工，均由某装饰公司独家承包，公司又进行内部招标、风险承包、择优选择项目经理，公司按《承包责任制》的规定对项目施工全过程实施全面监控，项目部与外包队伍均以合同等书面形式规范各自的行为，明确权利与义务，实行相互制约。

（二）指挥机构

因该工程装饰量大，范围广、时间紧，公司将其定为重点工程，首先成立工程领导小组，下设项目部。其中：组长由公司总经理担任，副组长由公司副总经理担任；成员由总工程师室、工程处、技术处、质量安全处、劳资处等相关处厂负责人组成。

领导小组下设精干、高效的生产指挥系统（如图 12-5 所示），明确质保体系和质检体系。

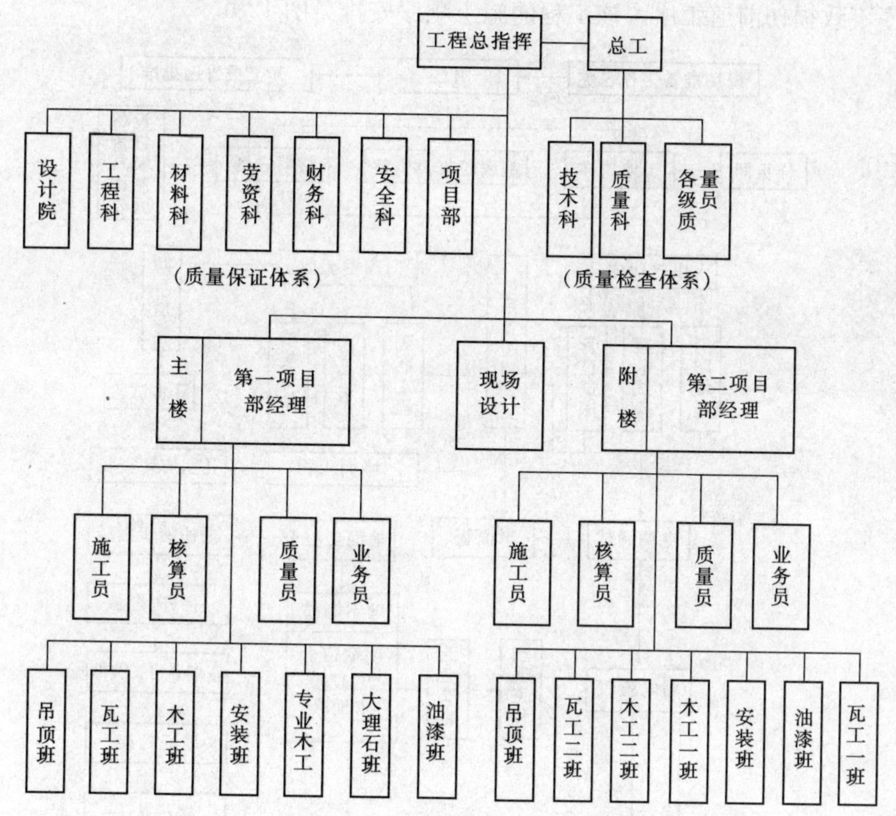

图 12-5　生产指挥系统

进入本工程的管理人员、施工班组，应在全公司范围内选拔考核，由择优确定的项目经理牵头，组成强有力的装饰队伍，设立项目经理部。其中：项目经理 1 人，主管工程师 1 人，电气工程师 1 人，专职质检员 1 人，专职安全员 1 人，材料员 1 人，综合工长 1 人，共 7 人。在公司领导下对装饰施工进行统筹安排，编制施工进度计划，对工人进行施工工艺交底，组织劳动力、机具、材料进场，协调各工种的密切配合。

（三）组织施工的宗旨

“一流设计、一流施工、一流服务”是装饰公司的信念与追求，以质量求生存，以信誉求发展，争创市优质工程是项目部的行动指南。“今天的质量就是明天的口粮”是每个职工的座右铭。公司全体员工自始至终把这些精神贯穿于施工全过程，以确保合同目标的实现。

（四）施工班次

本工程除采光顶棚等高空作业外，其他工种均实行 12h 工作制的班次，以利交叉作业，分项完成后及时补休。

（五）施工顺序

本工程以变形缝为界分为主楼与附楼，从平面交通关系、工作面和实物工作量来看，可视为两个单位工程，由两个项目部承担，组织两个项目部进行平行搭接流水施工，既可以消除劳动力窝工，便于均衡生产，又可以避免作业面的闲置，以实现材料均衡消耗，减少运输压力。在安排施工顺序时应遵循的原则是：

先湿作业，后装饰，先楼上后楼下，施工一层封闭一层，先远后近，先顶后墙、地，确保后道工序不致损伤前道工序。该工程的施工顺序安排见图 12-6。

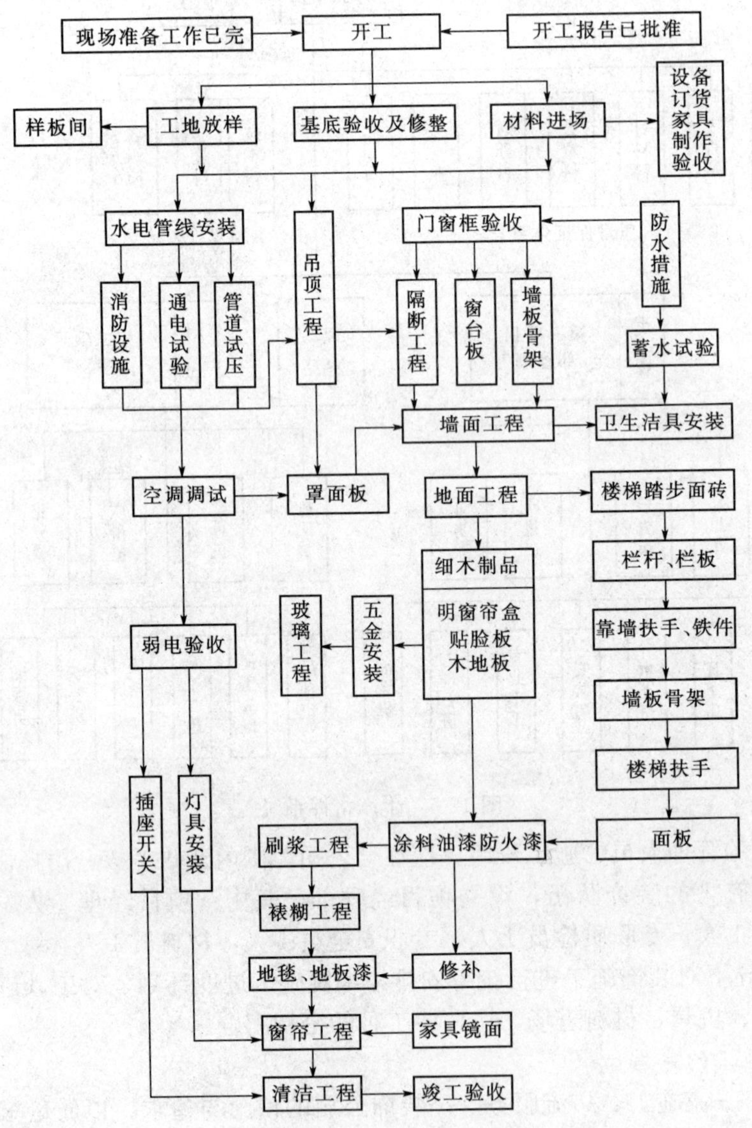

图 12-6 装饰施工顺序方框图

（六）工艺流程

1. 轻钢龙骨纸面石膏板吊顶工艺流程

顶棚基底验收→弹顶棚标高水平线→刻龙骨分档线→安装主龙骨吊杆→安装主龙骨→安装次龙骨→整体校正→安装石膏板→板缝及周边缝处理→刷浆。

2. 地面花岗石（大理石）干铺法施工工艺流程

基层清扫→墙上弹标高线、垫层上弹边带线、中带线→试排试拼→铺厚 40mm 1：3 干拌水泥砂浆→铺大理石（花岗石）并检查其密实性→压实砂面上灌 1：10 白水泥浆→反复敲击拉线修整→1：10 纯水泥浆灌缝→养护 3d→缝内补嵌同色水泥浆→清理养护→打蜡。

3. 内墙瓷砖粘贴工艺流程

基层处理→找规矩→基层抹灰→弹线→浸砖→粘贴→擦缝。

4. 内墙顶棚涂料饰面的工艺流程

基层清理→填补缝隙和局部刮腻子→打磨平→第一遍刮腻子→打磨平→第二遍刮腻子→打磨平→干性油打底（溶剂性薄涂料）→第一遍涂料→复补腻子→打磨平→第二遍涂料→磨光→第三遍涂料（限于乳液型、溶剂型涂料高级涂刷用）→磨光→第四遍涂料（溶剂型薄涂料，高级装饰要求）。

5. 细木饰品工艺流程

材料准备→基层处理→弹线→半成品加工（下料）→拼接组合→安装→整修刨光。

6. 金属饰品工艺流程

部件、配件检查→基层处理→弹线→安装固定→镶嵌密封板→整修刨光及表面处理。

7. 木料面清漆施工工艺

基层清扫去污→磨砂纸→润粉→磨砂纸→第一遍满刮腻子→打磨光→第二遍满刮腻子→打磨光→刷油色→第一遍清漆→拼色→复补腻子→打磨光→第二遍清漆→打磨光→第三遍清漆→打磨光→第四遍清漆→打磨光→第五遍清漆→磨退→打砂蜡→打油蜡→擦亮。

8. 墙面干挂花岗石（大理石）工艺流程

墙面干挂花岗石（大理石）工艺流程见图 12-7。

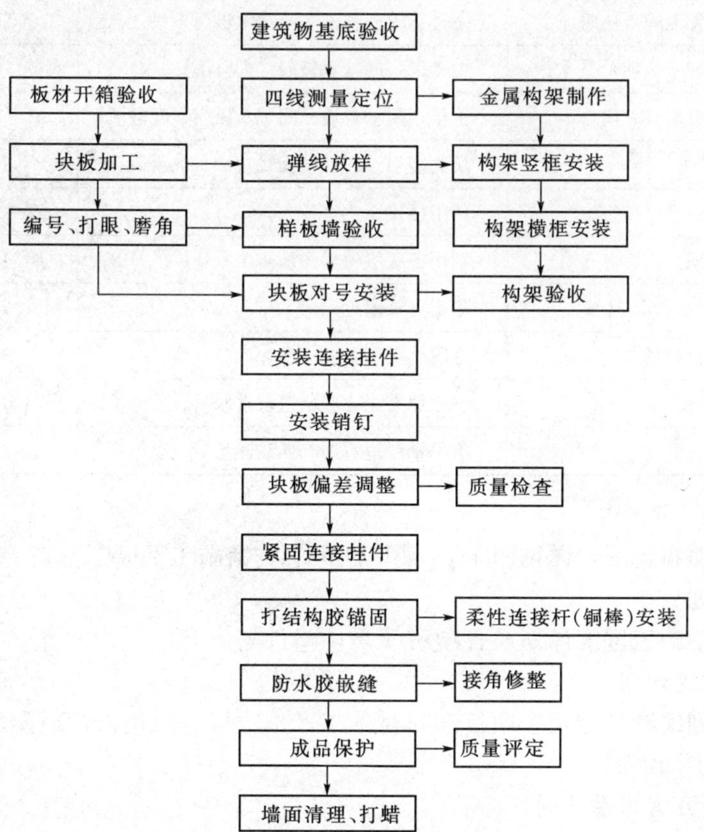

图 12-7　墙面干挂花岗石工艺流程图

（七）现场施工准备

1. 技术准备

（1）组织各专业技术人员熟悉设计图纸，编写施工方案，做好技术交底。

（2）组织技术、质检人员参加施工组织设计的编制与审定工作。

（3）由工程部组织预算人员编制施工预算。

（4）根据施工进度计划编制材料进场计划，提前做好成品、半成品加工订货工作。

（5）做好各类人员进场前教育和特殊工种人员上岗前培训和资格审查，尤其是采用新材料、新技术、新工艺要先试验、后使用。

2. 现场准备

现场准备包括材料堆场和必要的暂设工程如办公、仓库、生活、卫生用水、用电等，施工现场准备工作计划详见表 12-8。

表 12-8 施工现场准备工作计划

序 号	准备工作内容	要 求	完成起止期
1	大理石板切割机棚	钢管扣件搭架防雨布屋面 3.5m×5m 二间（含照明）	1999.9.20～9.30
2	石板、毛料及成品堆场	200m^2 场地平整夯实（含照明及排水沟）	1999.9.20～9.30
3	材料仓库（一期）	主楼、附楼各设 3 间（木板门）	1999.9.1～9.20
4	工具间、警卫间（一期）	主楼、附楼各设一间（木板门）	1999.9.1～9.20
5	现场设计室（一期）	主楼设一间（木板门，配空调）	1999.9.1～9.20
6	项目部办公室（一期）	主楼、附楼各设一间（木板门，配电话）	1999.9.1～9.20
7	施工用电	从主楼引至各层设接线盒	1999.9.10～9.20
8	施工用水	从附楼接至主楼	1999.9.10～9.20
9	水泥储存间	利用各底层楼梯间加防雨布	1999.9.10～9.20
10	食堂	租用场外附近用房	1999.9.10～9.20
11	灭火器、消防桶	主附楼隔层设置一台	1999.9.20～9.25
12	公共厕所	利用原有土建厕所进行整修	1999.9.10～9.20
13	主体验收	水平轴线垂直经纬四线测量	1999.9.15～9.25

（八）现场施工平面图

现场施工平面布置图，详见图 12-8 某培训中心宾馆施工平面图。

三、施工计划

施工计划包括施工进度计划及各项资源需用量计划。

（一）施工进度计划

施工进度计划编制考虑两个项目部同时施工，按主楼、附楼以横道图的形式分开进行编制，见图 12-9 及图 12-10。

（二）各项资源需用量计划

1. 主要材料需用量计划

主要材料需用量计划见表 12-9。

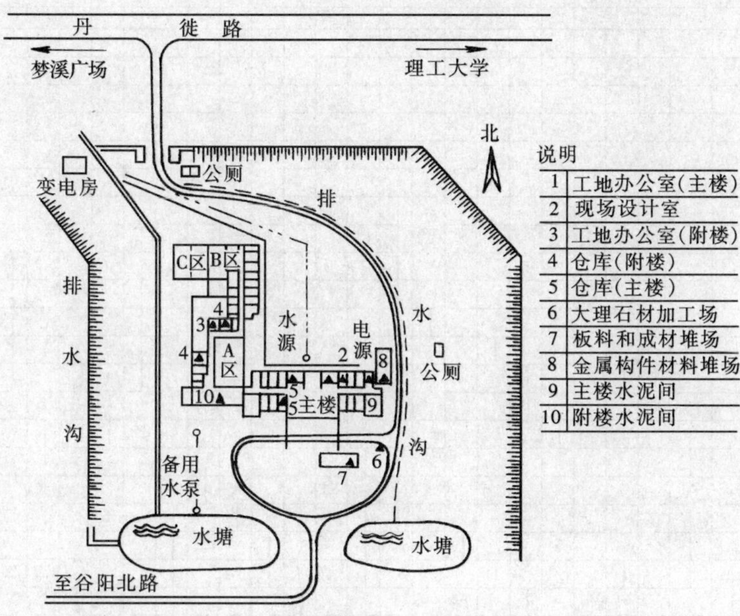

图 12-8　某培训中心宾馆施工平面图

2. 装饰技工、普工需用量计划

装饰技工、普工需用量计划见表 12-10。

表 12-9　　主要材料需用量计划

序　号	材 料 名 称	单 位	数 量	进场时间（年．月．日）
1	主次轻钢龙骨	m	92 630	1999.9.25
2	纸面石膏板	m^2	10 056	1999.9.25
3	塑料扣板	m^2	810	1999.9.25
4	钢骨架［10，L50×5	t	18	1999.10.27
5	大理石板 20mm	m^2	1018	1999.10.27
6	花岗石板 25mm	m^2	2686	1999.10.27
7	不锈钢管	m	1226	1999.10.27
8	中空玻璃	m^2	296	1999.11.5
9	12mm 玻璃	m^2	126	1999.12.1
10	防火石膏板	m^2	233	1999.12.15
11	切片夹板	m^2	1236	1999.9.25
12	九合板	m^2	2531	1999.9.25
13	细木工板	m^2	1510	1999.10.15
14	不锈钢镜面板	m^2	106	1999.12.5
15	地毯	m^2	5487	2000.1.25
16	木材（成材）	m^2	75	1999.9.25
17	毛地板	m^2	530	1999.11.15
18	水曲柳、橡木地板	m^2	532	1999.11.15

分部分项工程名称	单位	工程量数量	定额	工日数	1.5班/人数	天数	工种	进度日期（1999年9月—2001年2月）
轻钢龙骨、石膏板、扣板吊顶	m²	5694	0.505	2876	45/30	64	吊工	15；15；12层；30；客房
一、二层墙面干挂大理石	m²	912	2000	1824	33/22	55	石工	22；1层；2层
大理石地面	m²	768	0.690	530	25/18	20	石工	18
大花绿、印度红镶边线脚	m	385	0.200	77	6/4	13	石工	4
大门	樘	200	2.892	578	45/30	13	木工	30
木墙裙及护墙板软包	m²	976	0.800	781	45/30	17	木工	30
门窗套、窗台板	套	215	4.000	860	45/30	20	木工	30
橡木、水曲柳、木地板	m²	430	0.800	344	45/30	8	木工	30
细木制品、线条、窗帘盒	套	75	3.000	225	45/30	5	木工	30
楼梯栏杆、扶手、木镶带	m	195	1.200	234	45/30	5	木工	30；（突击）
客房、过道及壁画制品				2000	45/30	45	木工	30
瓷砖墙面	m²	1141	0.588	671	18/12	37	瓦工	12
地砖 851 防水	m²	566	0.622	346	18/12	19	瓦工	12
榉木包圆柱，ϕ1000、ϕ900、ϕ500	m²	300	0.540	162	9/6	18	木工	6
不锈钢栏杆	m	148	0.730	108	9/6	12	木工	6
金属转门 ϕ2400	樘	1	15.00	15	9/6	2	木工	6
12mm 厚玻璃隔断及固定窗	m²	100	1.520	152	27/18	6	安装	18
镀膜中空夹胶玻璃采光天棚	m²	302	1.500	453	18	25	安装	18
卫生洁具及配套件	套	75		750	27/18	27	安装	18
车边镜及包边	m²	241	1.594	384	27/18	15	安装	18
水电、灯具、家具		估		2210	27/18	82	安装	18
顶棚墙面、水泥漆、乳胶漆	m²	8061	0.050	403	22/15	18	漆工	15
壁纸	m²	2702	0.212	578	22/15	26	漆工	15
油漆		估		1500	45/30	34	漆工	15；15
各类地毯、窗帘	m²	4522	0.290	1311	45/30	29	漆工	30
零星未列项目合并栏				5000	33/22	155	多工种	22

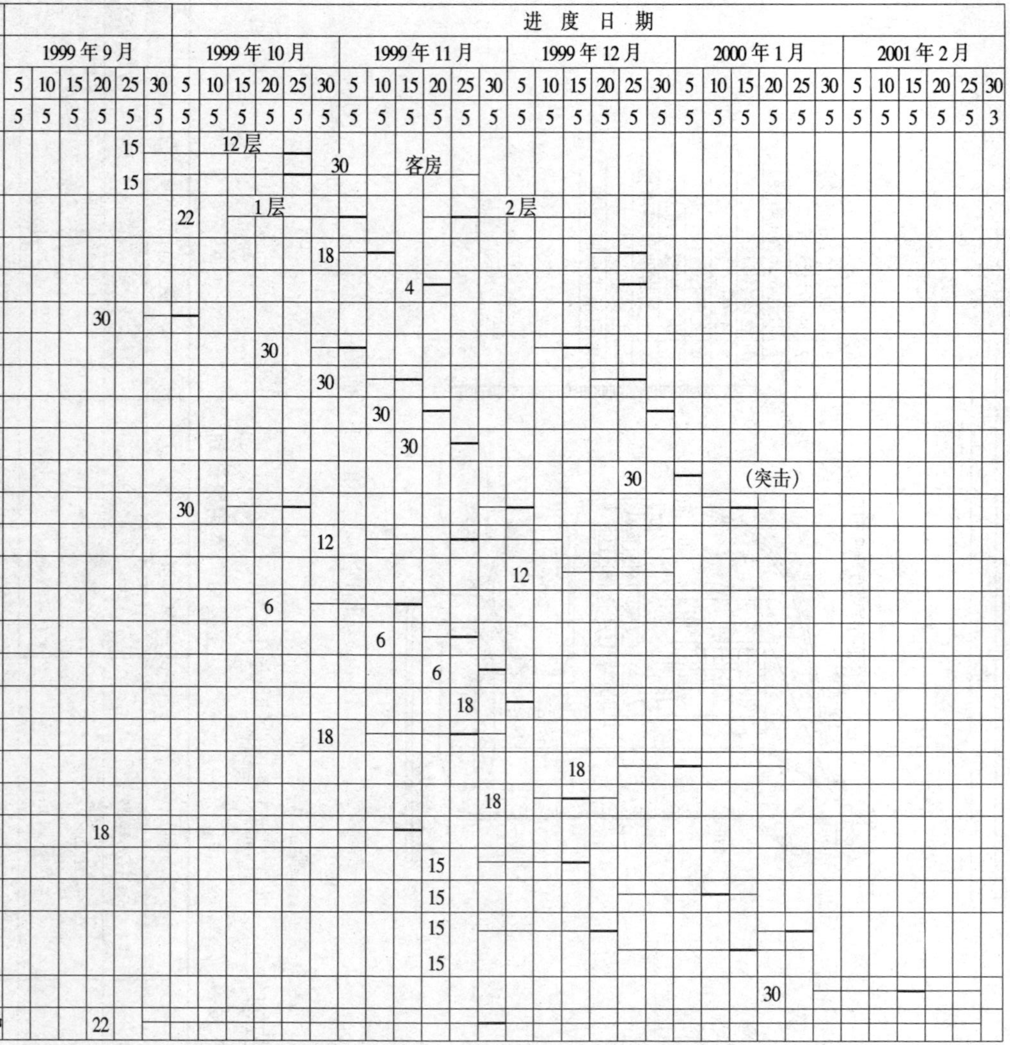

图 12-9　主楼施工进度横道图

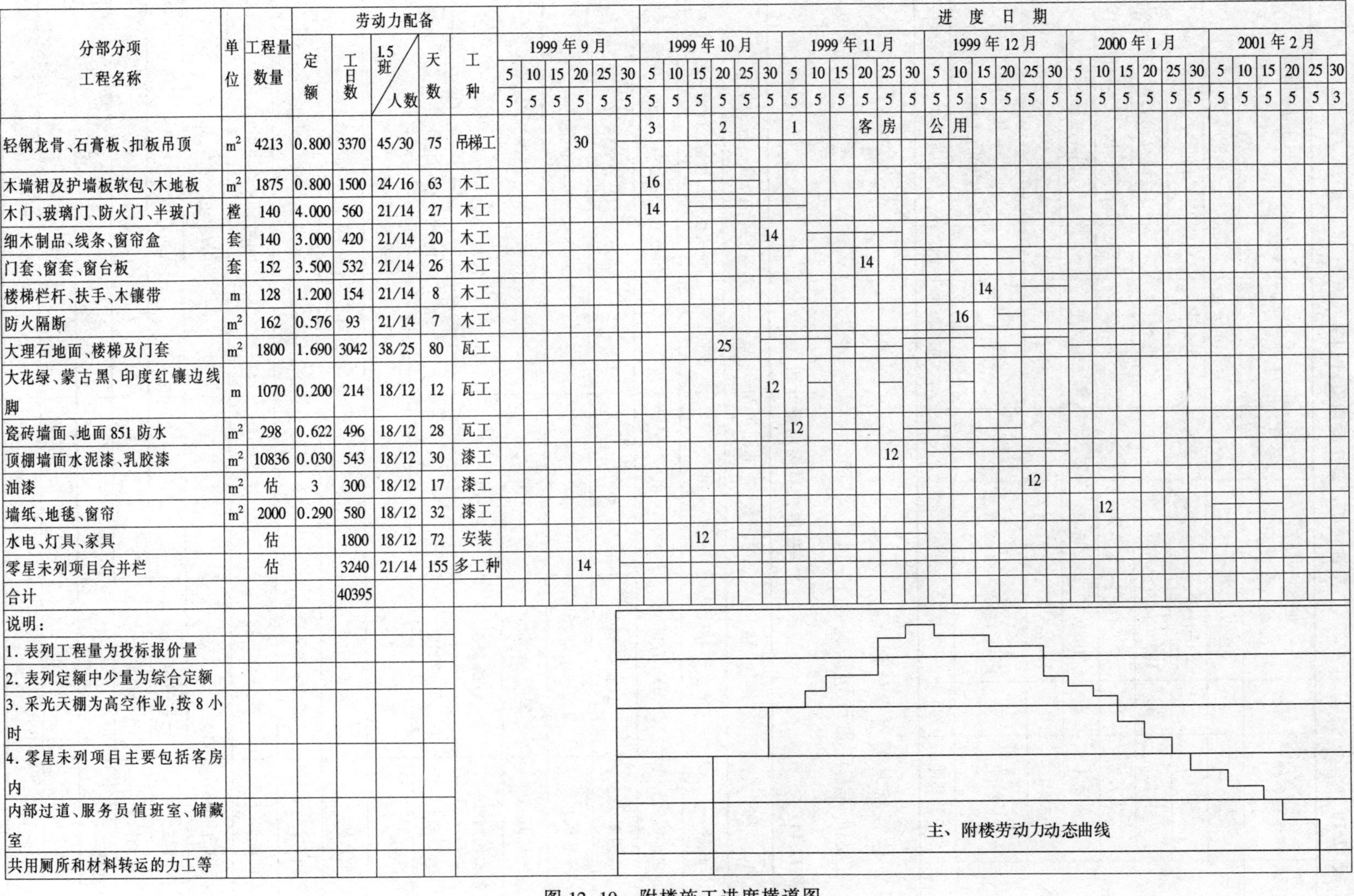

分部分项工程名称	单位	工程量数量	定额	工日数	1.5班/人数	天数	工种	进度日期（1999年9月—2001年2月）
轻钢龙骨、石膏板、扣板吊顶	m^2	4213	0.800	3370	45/30	75	吊梯工	30　3　2　1　客房　公用
木墙裙及护墙板软包、木地板	m^2	1875	0.800	1500	24/16	63	木工	16
木门、玻璃门、防火门、半玻门	樘	140	4.000	560	21/14	27	木工	14
细木制品、线条、窗帘盒	套	140	3.000	420	21/14	20	木工	14
门套、窗套、窗台板	套	152	3.500	532	21/14	26	木工	14
楼梯栏杆、扶手、木镶带	m	128	1.200	154	21/14	8	木工	14
防火隔断	m^2	162	0.576	93	21/14	7	木工	16
大理石地面、楼梯及门套	m^2	1800	1.690	3042	38/25	80	瓦工	25
大花绿、蒙古黑、印度红镶边线脚	m	1070	0.200	214	18/12	12	瓦工	12
瓷砖墙面、地面851防水	m^2	298	0.622	496	18/12	28	瓦工	12
顶棚墙面水泥漆、乳胶漆	m^2	10836	0.030	543	18/12	30	漆工	12
油漆	m^2	估	3	300	18/12	17	漆工	12
墙纸、地毯、窗帘	m^2	2000	0.290	580	18/12	32	漆工	12
水电、灯具、家具		估		1800	18/12	72	安装	12
零星未列项目合并栏		估		3240	21/14	155	多工种	14
合计				40395				

说明：
1. 表列工程量为投标报价量
2. 表列定额中少量为综合定额
3. 采光天棚为高空作业，按8小时
4. 零星未列项目主要包括客房内内部过道、服务员值班室、储藏室共用厕所和材料转运的力工等

主、附楼劳动力动态曲线

图 12-10　附楼施工进度横道图

表 12-10　　装饰技工、普工需用量计划表

区号	工种名称	人数	进退场时间（年．月．日）	区号	工种名称	人数	进退场时间（年．月．日）
主楼	吊顶工	30	1999.9.25～11.25	附楼	吊顶工	30	1999.9.25～12.15
	大理石工	22	1999.10.6～12.25		一班木工	16	1999.10.15～12.15
	木工	30	1999.9.30～2000.1.25		二班木工	14	1999.10.15～12.30
	瓦工	12	1999.11.6～12.25		一班瓦工	25	1999.10.25～2000.1.15
	专业木工	6	1999.10.25～11.25		二班瓦工	12	1999.11.6～12.20
	安装工	18	1999.9.25～2000.2.20		油漆工	12	1999.12.1～2000.3.15
	油漆工	30	1999.11.25～2000.2.25		安装工	12	1999.10.20～11.30 2000.1.20～2000.3.25
	杂工及其他工	30	1999.9.30～2000.2.25		杂工及其他工	8	1999.9.30～2000.3.25

3. 主要机具需用量计划

主要机具需用量计划，见表 12-11。

表 12-11　　主要机具需用量计划

名　称	规　格	数　量	进退场时间（年．月．日）
电锤	博士 4DSC	16	1999.9.25～2000.3.25
电焊机	BX6-169	9	1999.9.25～2000.3.25
电圆锯	日立 C-13	10	1999.9.25～2000.2.25
空压机	意大利风力 255	7	1999.9.25～2000.2.25
钢材锯	国产 400mm	6	1999.9.25～2000.2.25
铝材切割机	收田 355	3	1999.9.25～2000.2.25
云石机	良明 110	5	1999.9.25～12.25
小型压刨	良明 AP-10N	4	1999.9.25～2000.2.25
修边机	收田 3703	7	1999.9.25～2000.2.25
自攻枪	收田 6800BV	9	1999.9.25～2000.2.25
曲线锯	齐全 ML392	4	1999.10.25～11.25
木工联合机床	QZ-16	1	1999.9.25～2000.2.25
台钻	收田 3612BR	1	1999.9.25～12.25
雕刻机	MX4012	4	1999.10.25～12.25
木线成型铣床	NSA1-300	2	1999.10.25～12.25
氩弧焊机	（租用）	2	1999.9.25～10.30
石材切割机		2	1999.9.25～2000.2.25

注　维修变更用工具适当留存，暂不退场。

四、主要项目施工方法

（一）总体安排

本工程的施工方法总的原则是：先上后下、先湿后干、先顶后墙地。两个施工段（主、附楼以变形缝为界形成两个独立的施工段）在组织分项工程施工时，应抢吊顶抓墙面，及时安排楼地面，限时完成楼梯间，穿插施工木制作。在主楼大堂回马廊施工的同时，客房应从七层向三层流水施工。一、二层会议室，也应同时组织交叉作业。其中大堂回马廊有金属转门、玻璃隔断、电梯间、服务台、采光顶棚、圆柱、护栏、挂落等项目，几乎所有的专业工种都汇交于此，工作面十分紧张，相互干扰多，是生产指挥的重点。为此，要求各工序都必须配足人力、物力、争时间、抢速度，进行立体交叉作业。

为确保主楼地面的施工质量，在适当时候对东西楼梯间突击限时封闭施工。对附楼三个大厅的吊顶应从三层向二层、底层大厅流水施工，石材地面也应由三层向二层流水施工，各层的客房、包厢应与地面流水作业，楼梯的施工应先北后南交替封闭，确保正常交通。

为了加快施工进度，降低工程成本，本工程实行三统三分的管理办法，即材料、机具、劳动力由公司统一调度管理。物资保管、流水施工、奖罚分配由项目部自主经营。

（二）分项工程施工方法

本工程的装饰施工包括吊顶、墙面、地面、楼梯细木制品等三个分项、现分述如下：

1. 轻钢龙骨纸面石膏板吊顶施工方法

(1) 吊杆安装。根据图纸，先在墙上、柱上弹出顶棚标高水平墨线，在顶棚上画出吊顶布局，确定吊杆位置并与预埋吊杆焊接，若预埋吊杆位置不符或无预留吊筋时，采用 M8 膨胀螺栓在顶板上固定，吊杆为 $\phi 8$ 钢筋加工，中距 900mm。

(2) 主龙骨安装。根据吊顶设计标高安装主龙骨，基本定位后，调节吊挂，抄平下皮(注意起拱量)，再根据板的规格确定次龙骨位置，次龙骨必须和主龙骨底面贴紧，调整紧固连接件，形成平整稳固的龙骨网络。

主龙骨为 UC38 系列轻钢龙骨，间距≤1000mm，距墙 300mm；龙骨接头必须使用连接件，且接头相互错开 500mm 以上；吊挂件必须用螺栓拧紧，保证一定的起拱度，起拱高度一般不小于房间短跨的 1/200，待水平度调整好后，再逐个拧紧螺帽。

(3) 次龙骨与横撑龙骨。次龙骨与横撑龙骨均采用 U50 系列，间距 400～600mm，次龙骨与主龙骨、横撑龙骨与次龙骨挂件必须考虑石膏线安装。

主次龙骨安装均需考虑通风管线及灯具位置，当与其发生矛盾时，该部分龙骨应做加强处理，见图 12-11 及图 12-12。

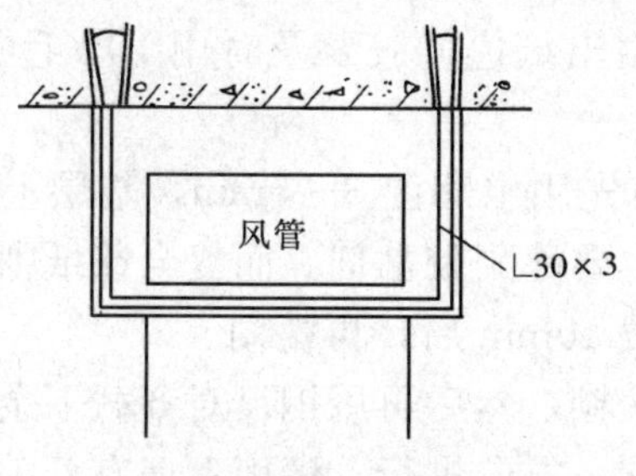

图 12-11　吊杆通风管处理

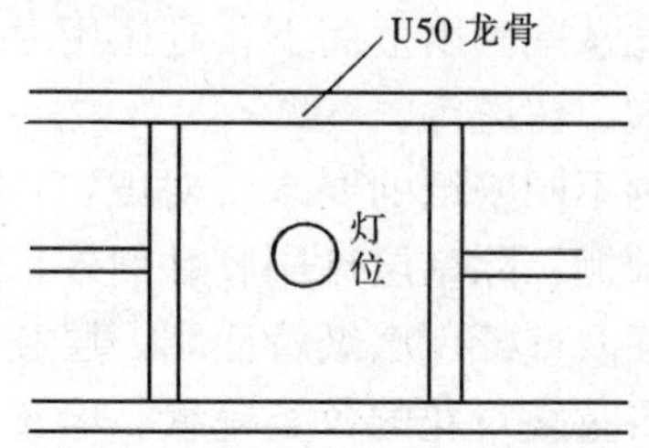

图 12-12　灯具遇龙骨处理

(4) 石膏板安装。纸面石膏板安装时长边（包封边）应沿纵向次龙骨铺设，并用镀锌自攻螺钉固定，钉距≤150mm，距边不小于15mm，钉头略深入板面1mm左右。

注意不使纸面破损，钉眼用石膏腻子抹平。

石膏板应在自由状态下固定，不得出现弯棱、凸鼓现象。固定板用的次龙骨间距不应大于600mm。

(5) 施工过程中注意各工种之间配合。待顶棚内的风口、灯具、消防管线等施工完毕，并通过各种试验后方可安装面板。

客房卫生间吊顶面板应采用防潮纸面石膏板。

2. 墙面干挂花岗石（大理石）施工方法

本工程在主楼的大堂、回马廊走道、楼梯间和挂落、柱帽等处均设计为干挂米黄薄壁大型石材板块。其施工顺序为：一楼大堂→一楼走道→二楼走道→东楼梯→西楼梯→回马廊柱挂落及柱帽。

(1) 因框架填充墙均为轻质砌块，故设计采用与墙体脱离的［10金属构架作竖框，用∠50×5角钢作横梁，间距为1000～1500mm，联结件采用成品不锈钢挂件，用$\phi4$不锈钢销插入板上下侧孔，用石材结构胶锚固。

(2) 现场测量放线，正确固定金属构架位置，石材就位用活动马凳木脚手板。

(3) 墙面采取自下而上、自阳角向阴角水平排列十字接缝的施工方法。第一层为基准板，校正后上部插入钢销并锚固板，下部用C20混凝土填满板下空隙。

(4) 进口米黄毛板均20mm厚，需在工地设两台切割机按放样尺寸进行精加工，安装前需作粘结试验。

(5) 挂落和柱帽的施工难度较大，弧形板厚度为40mm，挂落下部有悬挑线脚均需加钢支点。

(6) 阴角接角采用1/4弧，现场手工成形，二次精磨。

3. 裱糊工程施工方法

(1) 裱糊工程应待顶棚、墙面、门窗涂料和刷浆工程完工后进行。裱糊前，对基层的平整度、垂直度进行检查，对凸起、凹坑要进行铲除修补，然后满刮腻子，用砂纸磨平，要求大墙面及阴阳角方正、垂直，小圆角弧度大小一致。

(2) 根据阴角搭缝的里外关系，决定先做哪一片墙，贴每片墙的第一幅壁纸前，要先吊一条垂直线，弹出比纸宽5mm的垂线，作为找正依据。每片墙应先从较宽的一侧以整幅纸开始，不足一幅的要用在不明显部位或阴角处，接缝应搭接，阳角处不得有接缝且要包角压实。

(3) 裱糊先从一侧由上而下，赶压用力要均匀，溢出纸边的胶要及时用干净毛巾擦净，表面不得有气泡、污斑等。

(4) 对几种不同壁纸的要求。对PVC壁纸裱糊前先用水润湿3～5min，基层上涂刷一层胶粘剂，对顶棚，除基层涂刷胶黏剂外，纸壁背面也要涂刷胶黏剂。而复合壁纸则严禁浸水，需先在表面及壁纸、墙纸背面刷一层胶粘剂，放置10min后，再裱糊。

(5) 对需要重叠对花的各类壁纸、墙布应先对花裱糊，然后再用钢尺对齐截下余边，除标明必须“正倒”交替粘贴的壁布外，其他粘贴均按同一方向进行。墙面上遇有开关、插座盒时，应事先在其相应位置破纸作为标记。

4. 木护墙及软包木墙裙施工方法

（1）护墙板安装时，应根据房间四角和上下龙骨先找平、找直，按面板大小由上到下做好木标筋，根据设计要求钉横竖龙骨，龙骨用膨胀螺栓与墙面固定，随即检查其表面平整与立面垂直，阴阳角用方尺套方。龙骨背面应涂刷防腐蚀。龙骨间距，竖同龙骨为 500mm，横向以不大于 400mm 为宜。

（2）木龙骨上墙前，墙面基层涂刷防水涂料或满贴一层高聚物改性沥青卷材一道，龙骨表面刷一道防火剂。

（3）面层板为榉木三合板，基层板为普通五合板，上墙前背面均满刷乳胶，上墙的饰面三合板按每个房间，每个墙面仔细挑选，确保花色、纹理一致。板面纵向接头应设在窗口上部或窗台以下，钉面层自下而上进行，县城宜竖向分格接缝，以防翘鼓，板顶应拉线找平、钉木压条。

（4）软包面料采用香港产建筑装修专用防火织物面料，吸声底料采用北京产阻燃泡沫塑料，基层木料为烘干的白松板材和五合板，木料在安装前涂刷防火阻燃剂。

（5）由于软包墙面为软包部分与木装修墙面相间做法，所以施工时先作木装修墙面，留出软包部分，最后安装到木装修墙面的预留位置。软包部分工艺流程：

木屉制作，龙骨料用烘干白松料，含水率不大于 12%；要求尺寸准确，表面平直光滑，棱角方正，线条顺直，不露钉帽，无刨槎、刨痕；木肋间距不大于 300mm，五厘板要粘贴牢固、平整。将截好的 20 厚阻燃泡沫塑料用乳胶贴于五厘板上，其上再铺贴一层 10mm 泡沫塑料，并冲刷干净。根据木屉尺寸，铺钉阻燃织物面层，截时要注意面料图案。铺设前，背面要喷水湿润，湿润程度就当时气温、面料材质而定。对有皱折的面料要提前熨平，注意温度不宜过高伤及面料。

将软包屉安装就位后，用压边木线固定牢固，待油漆工序完毕后，将薄塑料布用壁纸刀裁下，并清理干净。

5. 花岗石（大理石）施工方法（干铺法）

（1）当吊顶、墙面施工完成后即进行地面花岗石（大理石）的铺设。其施工顺序是：底层大堂→底层走道→二层走道→东楼梯间→西楼梯间。

（2）花岗石（大理石）地面铺设前需对基底、板材进行检查、验收，要求基底表面平整，用 2m 靠尺检查，偏差不得大于 5mm，标高偏差不得大于±8mm，板材 600×600×20 现场集中切割。并按标准验收质量，试拼后编号码放。

（3）按设计标高在墙面四周和柱脚处弹出面层标高线，按板材规格和柱边、门洞、及镶边尺寸，由中心向两边弹出平面控制线。

（4）铺板前先将基层冲洗干净，刷素水泥浆一道，随刷随铺，其上铺 1∶3 干拌水泥砂，厚 40mm。操作采用退步法，用木刮尺赶平，铁抹修整，砂面超高 8mm，预摆板材，并压实砂层，对准拉线，木锤敲击，使板顶平整、板底密实，若局部不平可揭开修补，平实后揭开石材，砂面上灌 1∶10 白水泥纯浆，直至砂面浆不外溢为度，四角均匀安放板块，用角尺、水平尺反复检查、修整、直至合格为止。

（5）板块铺完后，养护 3d 再嵌缝，用篷布覆盖一周，禁止上人，认真保养。

6. 楼梯工程施工方法

楼梯栏杆、扶手安装应在楼梯间墙面、踏步饰面和靠墙扶手铁件安装完毕，并经检验合格后进行。

（1）金属楼梯栏杆、扶手安装应按设计要求，弹出栏杆间距位置。楼梯起步处与平台处两端栏杆应先安装，再拉通线，用同样方法安装其余立杆。要求立杆与踏步面预埋件焊接（或锚接）牢固。楼梯扶手采用焊接安装，扶手从起步弯头开始，后接直扶手，接口按要求角度套割正确，并挫平；安装时先将起点弯头与栏杆立杆点焊固定，检查无误后，方可施焊；弯头安装完将扶手两端与两端立杆点焊固定，同时将直扶手的一端与弯头对接并点焊固定。然后拉通线将扶手与每根立杆作点焊固定，检查合格后，正式焊牢并抛光。

（2）木扶手应按设计要求及现场实际情况就地放样制作并安装；扶手弯头应做整体弯头，扶手底开槽深度为3～4mm，宽度同扁铁宽，扶手安装应由下向上进行，先按栏杆斜度配好起步弯头，再安扶手，接头处做暗榫或铁件锚固，并用胶粘接牢固，末端用扁铁与墙、柱连接。

7. 细木装修施工方法

细木装修包括的面比较广，如门框门扇、窗帘盒、木门套、木踢脚线等，这里不作详述，仅对空腹花格隔断的施工方法作明确技术要求。

木制空腹式花格柜式隔断，可用半成品散料在现场按设计要求及实际情况，就地进行加工组合并安装，对复杂的有连续几何图形要求的隔断，必须做足尺样板进行加工，并进行拼装。其接头以拼接为主，接头割角，涂胶粘接，要求角度准确，接缝平整吻合，为确保整体刚度，隔断中配有一定数量的条板，贯穿于整片隔断全高与全长两端，与墙梁埋件或膨胀栓连接。

8. 电气安装工程

（1）所有进场材料应有产品合格证，配电箱应为部定点厂产品，PVC阻燃管应符合有关要求。

（2）根据设计要求与施工规范，确定用电设备的位置及标高，管径应符合设计要求。连接及进箱盒暗装用套管连接，弯曲半径及弯扁度应符合规范规定。导线规格、根数应按设计要求施工，中间严禁有断头；穿线连接处用专用线帽或刷锡，穿线完毕，做绝缘摇测符合规范后方可通电试运行。

灯具的规格、型号、高度、位置应符合设计要求和施工规范，超过3kg的灯具必须预埋吊钩或螺栓，预埋件牢固可靠，低于2.4m以下灯具金属外壳部分应有接地或接零保护。

开关和插座的安装位置应符合规范规定，且开关应切断相线，同一场所的开关位置应一致；电话插座、组线箱应位置正确，安装牢固。配电箱的接地（接零）保护措施，必须符合施工规范要求。

五、各项技术保证和管理措施

（一）技术保证措施

（1）严格按照ISO 9002质量保证体系的要求，根据公司的质量计划书，工程以项目经理为质量保证第一人，主任工程师把关，工程师、设计师、技术员、各工种工长亲临现场，责任分明，层层落实。

（2）主任工程师根据施工技术方案、工艺标准、质量计划，明确质量管理重点和管理措施。分项工程施工前，认真进行技术交底，针对特殊的重要的工序，编制有针对性的技术交底单，尤其是在克服质量通病方面。对班组长和全体操作人员进行技术交底，技术交底一律以书面形式进行，主任工程师、操作人员签字齐全交至每个工人。

（3）工程技术资料归档。各类现场交底资料、操作记录、材料检验记录、质量检验记录等，都要安排专职资料员管理，具体内容如下：

1）质量检验评定表、质量资料检查表。

2）图纸会审记录、工程变更通知单。

3）隐蔽工程验收记录。

4）电气测试、卫生器具 24h 盛水试验记录。

5）焊接试验报告、焊条（剂）合格证。

6）原材料器具的质保书、合格证、复试报告等。

7）施工日记。

8）工程合同、分包合同、协议书。

9）工程开竣工报告、工程竣工验收证明。

10）报价书、预算书、决算书。

11）竣工图纸。

12）业主监理和主管部门补充资料。

（二）质量保证措施

（1）建立健全质量保证体系，指定严格的奖罚措施，明确分项工程的控制重点。

（2）实行“谁施工、谁负责”的原则，明确责任，质量监督员随时巡检、跟班作业，质量工程师全面控制协调，确保每个分项工程质量达到优良标准，实现创优工程的目标。

（3）严把进场材料检验关。对进场的材料、构配件质量，要核对进货与样品的真伪，并提供可信的有效的原始质保书，坚决做到不合格材料不得在工程上使用。

（4）样板引路。施工操作要优化工序，实行标准化操作，认真提高工序的操作水平，确保操作质量，每个分项工程或工种，大面积操作前，要做出示范样板，统一操作要求，对采用新材料、新工艺的尤其应重视。

（5）加强施工过程质量监控，严格执行“三检制”（自检、互检、交接检），自检要填写自检表，并注明日期；隐蔽工程要由监理、项目经理、质量员、班组长和要关专业人员到场验收，合格后方可进行下道工序施工。

（6）实行质量否决权。不合格分项必须进行返工，发现不合格分项工程转入下道工序，要追究班组长的责任。

（7）分项工程质量评定。分项工程全部过程完成后由项目经理根据质量验收评定标准，组织有关人员共同进行质量检查，主任工程师填写分项工程质量评定表交专职质检员签订，核定质量评定等级。不合格按《不合格品控制程序》处理，并征得监理认可，将评定表定期交项目技术负责人归档。

（8）作好成品保护。所有现场施工人员，要像重视工艺操作一样重视成品的保护；项目经理要合理安排施工工序，减少工序交叉作业；下道工序的施工可能对上道工序的成品造成影响时，应征得工序施工人员的同意，避免破坏和污染。

（9）制定创优奖励规定。对分项工程验收被评为“优良”的按耗工嘉奖 5%；工程被评为“市优”的，对项目经理授予公司质量二等奖；获得“省优”工程的项目经理和质量科，授予公司质量一等奖。

（三）安全保护措施

（1）成立安全生产领导小组，领导小组组长由工程项目经理担任，由责任心强的人员专职或兼职安全检查员。

（2）做好各项安全交底，施工前班组讲安全，安全员工地巡视查安全，项目经理下达生产任务的同时，布置安全工作，全面落实安全责任制。

（3）严格执行安全生产制度，工地显要位置竖立安全警示牌，施工人员班前禁止喝酒，各类脚插架搭设应经安全员检查验收合格后方准使用。

（4）所有机电设备必须有可靠安全接地措施，严禁带病运行，现场电工跟班作业，下班断电。

（5）施工现场严禁吸烟和动用明火，如有氧气焊需开设动火证，并专人看守。

（6）所有易燃易爆品应存放指定地点、周围设消防器材备用。主附楼设置灭火器、消防桶，并挂于梯间醒目处。

（7）消防水源应符合消防要求，并设明显标识（夜间红色指示灯），以备应急使用。

（8）特殊工种必须经过培训，并持上岗证。

（9）高空作业人员，不得向下抛掷工具、料材杂物，高空作业人员应系安全带。

（10）夜晚设保卫人员值班，按时巡查。

（四）成品保护措施

（1）提高成品保护意识，制定多工种交叉施工作业计划，既要保证施工进度，又要保证交叉施工不相互干扰，同时，以协议形式明确各工种对上道工序质量的保护责任及本道工序的防护，提高产品保护的责任心。

（2）工程收尾阶段，应有专人分层、分片看管，严禁闲杂人员出入，以防产品损坏。

（3）不锈钢制品、铝合金制品易磨损部位，应用塑料薄膜包裹，严禁将门窗、扶手等作为脚手板支点使用，防止砸碰损坏和位移变形。

（4）油漆、涂料施工前，首先应清理好现场，防止灰尘飞扬影响油漆质量；每次油漆完成后，应清理干净滴在地面上、窗台上、墙面上及五金配件上的油漆，防止交叉污染。

（5）施工中对地漏、出水口等部位应设临时堵口，禁止在已施工完面层的地面上调制油灰、油膏、油漆，防止地面污染受损。大堂地面、墙面均为浅色米黄，地面完成后应予以覆盖，防止色浆、油灰、油漆的污染，同时设置防护措施，防止磨、砸造成质量缺陷。

（6）卫生器具安装前，应检查其规格、型号、质量是否符合设计要求。安装过程中要松紧适宜，安装后要加以防护，防止后道工序砸损器具，防止浆液、油漆污染器具，杜绝下道工序在器具内清洗污物，调制油灰、油膏等现象。

（五）文明施工、环境保护措施

（1）主附楼施工现场应做到构件、材料分类别堆放整齐，临时设施布设有序，杜绝车辆运输中的抛洒、漏滴、争创文明施工样板工地。

（2）生产垃圾及废料，做到随落随清，污水要集中排至室外排水沟或沉淀池。

（3）为减少噪声，切割应集中加工，有条件时可放在有维护结构的房间内或在工厂尽量加工为成品。

（4）生活用垃圾设专用垃圾箱，专人清理运输。

(5) 搞好职工的生活福利设施，如娱乐、游艺、卫生等。做好工地食堂的餐具消毒及环境清洁卫生等。

(6) 对于建筑装饰材料的选用，要从维护用户健康利益出发，以选用绿色环保产品为准则，如工程中大量使用的油漆、涂料类，要注意选用无有机挥发物的水性涂料，粘结剂采用无毒高效型的；对大理石、花岗石使用前，要测这其是否含有放射性元素，以防污染环境，对人体造成无形伤害。

(六) 冬期施工措施

(1) 按合同开工期，本工程一部分工序要进入冬期施工，开工前应作好冬期施工的准备工作，建立冬施质量保证体系，经常收看当地或附近的天气预报，根据气温变化采取措施，保证冬施顺利进行。

(2) 根据施工工期及施工工序，尽量将湿作业往前赶，如楼地面的镶贴、外墙面装饰及内墙面的油漆等，以避开负温施工。

(3) 对无法避开负温施工的分项工程，应采取保温措施。

1) 现场未有暖气供应，应将所有门窗洞用加厚透明塑料布封闭，缝隙堵严，所有门用双层棉门帘钉牢。

2) 电梯井、管道井采用加厚复合板涂以防火涂料钉严，不漏缝隙，步行梯门口，棉布帘钉严保温。

3) 当气温低于−5℃时，大堂施工应考虑室内用自控锅炉供暖。大堂中央安装1台，其他于每层电梯厅中央安装2台，干管走入棚内，支管从房间中心部位伸出，散热器安在房间中央，不影响作业面，拆装方便，每层自成体系，互不影响。

4) 对局部位置，可采取电暖器取暖等，以增加热源。

(七) 雨期施工措施

(1) 施工现场应考虑足够的防雨、防潮仓库，存放易受潮装饰材料，并配备抽湿设备和干燥吸湿材料。

(2) 当连续下雨，空气湿度较大时，在壁纸施工现场增加碘钨灯烘烤，并注意防火。

(八) 新技术、新材料应用

(1) 本工程穿线套管全部采用PVC阻燃套管。

(2) 卫生器具全部采用节水型卫生器具，灯光采用节能型高效节能灯，走廊、梯间采用声控节能灯。

(3) 卫生间、盥洗室采用合成高分子防水涂料或高聚物改性沥青SBS防水卷材。在门窗部位应用高性能的密封胶。

(九) 与各方配合措施

1. 与甲方配合措施

(1) 本公司历来重视与甲方（业主）的关系，不论工程大小、工期长短，公司经理每月都亲临现场了解情况，亲自指挥。

(2) 项目部保持每天与甲方工作联系，每周交周施工情况表，每月交月施工情况汇总，由主任工程师专职负责，做到施工与使用密切配合。

(3) 施工过程中对于甲方提出的各项要求，项目部以积极态度对待，并虚心听取意见和建议，做到让甲方百分之百满意。

2. 与监理配合措施

严格按照施工图纸和施工规范施工，尊重监理部门的一切管理，认真执行监理方所提出的标准要求，积极配合监理工程师的日常工作，确保工作质量优良。

（十）技术经济指标

工期：150d。

总工日数：40 395 工日。

天平均人数：$\frac{40\ 395}{1.5\times150}=179$ 人。

天最多人数：268 人。

建筑面积：11 500m^2。

单方用工：$\frac{40\ 395}{11\ 500}=3.5$ 工/m^2。

思考练习题

12-1　简述建筑装饰工程施工组织设计的概念和作用。

12-2　建筑装饰工程施工组织设计主要包括哪些内容？

12-3　建筑装饰工程施工平面图设计包括哪些内容？

12-4　建筑装饰工程施工准备工作计划包括哪些内容？

12-5　试述确定装饰施工展开顺序的原则。

12-6　试述确定装饰施工顺序的原则。

12-7　分析装饰工程三种施工流向的特点。

第十三章 装饰施工管理

第一节 装饰施工项目管理

典型的管理者在视察多种运作过程中，有些是例行的、重复性的管理活动，而有些是非常规活动，它就是项目。项目是独特的、一次性的运作，在有限的时间范围内完成一系列目标。项目的范例包括进行奥林匹克运动会、制作一部电影、建造一个购物中心等。项目在实施过程中可能涉及可观的成本，历时很久，包含大量必须周密计划和协调的活动，并希望在一定的时间、成本、执行方针下完成。为达到期望值，必须建立目标，设置优先顺序，确定各项任务并进行时间估计，计划所需资源和准备预算。并在开始后对整个过程保持监控，确保项目目标与目的的实现。20 世纪 80 年代，工程项目管理理论首先由西德和日本引进我国，之后美国和世界银行的项目管理理论和实践经验随着文化交流和项目建设陆续传入。1982 年，我国在鲁布革水电站引水导流工程中首次进行项目管理实验。随着项目管理方法的日益完善及建筑业和基本建设管理体制改革的不断深入，装饰施工企业普遍实现以项目管理为核心的装饰企业生产经营管理体制，实行了项目经理制和项目成本核算制。在我国，由于管理体制和管理水平的影响，装饰工程施工项目管理尚处于探索和探讨阶段，还需要随着现代项目管理科学和装饰行业生产技术水平发展的需要不断补充、完善和更新。

一、装饰工程项目施工管理概念

（一）项目概念

项目是在一定约束条件下，并具有特定目标的一次实施活动，如建设项目、科研项目等实施性活动。项目具有系统性、目标性和实施一次性等特征。工程项目实施过程主要包括项目论证、项目设计、项目施工、项目竣工验收和保修五个阶段。

（二）项目管理

项目管理是运用系统工程的观点、理论和方法，对项目形成的全过程进行管理。项目管理的职能是：规划、组织、协调、控制、监督；项目管理的主要内容，包括进度控制、质量控制、成本控制、安全控制（简称四控制），现场管理、合同管理、信息管理（简称三管理），及组织协调（简称一协调）。

（三）项目的特征

1. 单件性和一次性

每个项目都有自己的最终成果和产生过程，都有自己的目标、内容和生产过程。如美国阿波罗登月计划项目，历时 11 年，耗资 150 亿美元，涉及 2 万企业，120 个大学和研究机构等，其复杂性和协调难度巨大。而项目的单件性和管理过程的一次性都为管理带来较大风险，需要科学的管理手段和方法，保证项目一次性成功。

2. 有一定的约束条件

项目都有一定的约束条件，通常情况下其约束条件为限定的质量、限定的时间和限定的投资。工程项目不同，其约束条件略有差异。合理科学的制定项目的约束条件，对保证项目的完成十分必要。

3. 具有生命周期

项目的单件性和项目过程的一次性，决定了每个项目都具有生命周期。掌握了解项目的生命周期，可以有效地对项目实施科学的管理和控制。项目管理是对项目全过程的管理和控制，是对整个项目生命周期的管理。

（四）装饰工程施工项目管理

装饰工程施工项目管理是对装饰施工活动进行有效的计划、组织、指挥、协调、控制，从而保证装饰施工活动的顺利进行，实现项目的特定目标。

1. 装饰施工项目管理的主要职能

(1) 计划职能：项目管理的首要职能是计划。计划职能包括决定最后结果及获取结果所采用适宜手段的全过程的管理活动。该活动可以分为以下四个阶段：

1）第一阶段：确定项目目标及其先后顺序。

2）第二阶段：预测对实现目标可能产生影响的未来事态。

3）第三阶段：通过预算执行并解决资源等问题。

4）第四阶段：提出和贯彻指导实现预期目标的政策或准则。

(2) 组织职能：通过职责的划分、授权、合同的签订与执行，运用各种规章制度，建立高效率的组织保证系统，确保项目目标的实现。

(3) 协调职能：在施工各阶段、部门之间、相关层次之间进行协调、沟通，保证项目政出一令、协调发展。

(4) 控制职能：它指装饰施工项目管理者为保证实现目标按计划完成而采取的行动，它不仅限制衡量计划中的偏差，而且要采取措施纠正偏差。

(5) 监督职能：监督是在业主对承包商、监理对承包单位、总承包单位对分包单位、管理层对作业层之间展开。监督职能是通过巡视、检查以及各种反映施工进度、质量、费用的报表、报告等信息中，发现问题，及时纠正偏差。监督的依据是装饰工程施工合同、计划、制度、规范、规程及各种质量标准。监督的目的是保证项目计划目标的顺利实现。

2. 装饰施工项目管理的任务

装饰施工项目管理的任务是最优地实现项目的总目标，即用有限的资金和资源，以最佳的工期、最少的费用满足工程质量要求，完成装饰施工任务，实现预期目标。

3. 装饰施工项目管理的内容

在装饰工程施工项目管理过程中，为保证阶段目标和最终目标的实现，需围绕项目管理的内容进行有效管理。

(1) 建立施工项目管理组织：根据装饰施工项目管理的需要，建立项目经理部，选择合格项目经理及主要人员，制定装饰施工项目管理的有关部门制度。

(2) 做好施工项目管理规划：装饰施工项目管理规划是对施工项目管理组织、内容、步骤等重点进行预测和决策，作出具体安排的纲领性文件。其内容包括：确定施工项目管理各阶段的控制目标，从局部到整体进行施工活动的全过程控制管理；施工项目管理体系的建立及施工项目管理体系图和工作信息流程图的绘制。

(3) 实行施工项目目标控制：施工项目管理的目的是实现项目工程的阶段性目标和最终目标。目标的实现需依据控制理论，对项目全过程进行科学、系统的控制。其主要内容包括进度控制、质量控制、成本控制、安全控制及施工现场动态控制。

(4) 施工项目生产要素的优化配置与动态管理：施工项目的生产要素包括劳动管理、材料管理、机具设备管理三要素，是装饰施工项目目标实现的保证。其管理应根据各项生产要素的特点，按照一定的原则、方法，对生产要素进行优化配置和动态管理。

(5) 施工项目合同管理：装饰工程施工活动从投标至竣工验收是一个设计面广、内容复杂的综合性经济活动。在活动全过程项目管理中应依法签订合同。企业应依法经营，运用法律手段保护自己的合法权益，提高合同意识，认真履行合同，树立企业良好信誉。

(6) 施工项目现场管理：施工现场是装饰产品形成的工厂，是装饰施工项目组织与指挥施工生产的操作场。施工项目现场管理的主要任务是对施工现场的场地合理安排、使用，并协调各方关系，对施工现场生产活动进行指挥、协调和控制。

(7) 施工项目信息管理：施工项目信息管理是采用现代化手段采集信息，通过分析、处理，及时、准确地传递和掌握信息并有效地运用信息。

二、装饰工程施工项目组织

所谓组织，就是为使系统达到它特定目标，使全体参加者经分工与协作及设置不同层次的权利和责任制度而构成的一种人的组合体。它包括处理人和人、人和事、人和物的关系和处理人和人、人和事、人和物的关系的行为。

装饰工程施工项目管理组织机构是项目经理部。它是项目经理领导下的装饰工程施工项目管理的工作班子，在项目管理工作中起主导作用。

（一）装饰施工项目管理组织的职能

(1) 计划：为实现原定目标制定出所要做的事情的安排，并对资源进行配置。

(2) 组织：为实现目标建立必要的权力机构、组织层次和组织体系，并规定职责范围和协作关系。

(3) 控制：采用合理的方法和手段使组织按一定的目标和要求运行。

(4) 指挥：上级对下级的领导、监督和激励。

(5) 协调：各层次各体系之间步调一致，共同实现所设目标。

（二）装饰施工项目管理组织机构设置原则

(1) 目的性原则：装饰施工项目组织机构的设置的根本目的是实现项目管理的目标。因此在机构设置中应因目标设项目，应项目设机构，按机构设岗位，按岗位定人员，以职责定制度授权利。

(2) 精干高效原则：项目管理组织体系的设立应力求高效，一专多能、一人多职。

(3) 职权和知识相结合原则：装饰施工项目管理人员可分为直线指挥人员和职能管理人员两类。对直线指挥人员应强调尊重专业知识、尊重科学；对职能管理人员应尊重权利，重视管理，讲究经济效益。双方应密切配合保证装饰施工项目管理组织目标的实现。

(4) 集权与分权相平衡原则：为保证决策的迅速性、正确性及决策的正确实施，可根据装饰施工项目管理组织机构的需要决定集权和分权的程度，保证组织机构及时获得信息，迅速正确决策，并快速传递到各职能部门实施。

(5) 弹性结构原则：组织机构的部门结构、人员职责和职位是可以变动的，以便于保证知识和权利的结合，保证集权和分权的平衡。

（三）项目经理部的作用

(1) 项目经理部作为项目管理的组织机构和项目的管理层，负责装饰施工项目从开工到竣工全过程施工生产的经营管理，对作业层起到管理和服务的双层作用。

（2）项目经理部是项目经理的办事机构，负责为项目经理的决策提供信息，当好参谋，又要执行项目经理的决策意图，对项目经理全面负责。

（3）项目经理部是一个组织体，需要协调各部门之间、管理人员之间的关系，调动全员积极性，相互合作，保证项目管理目标的实现。

（4）项目经理部是代表项目装饰施工企业实行项目承包合同的主体，是对最终装饰产品成本生产全过程负责的管理实体。

三、装饰施工项目经理

项目经理是企业法人在项目上的全权委托代理人。在企业内部，项目经理是项目实施全过程全部工作的总负责人；对外，可以作为企业法人的代表在授权范围内负责、处理各项事物，因此项目经理是项目实施的最高责任者和组织者。

随着项目管理理论和实践在中国的不断发展，装饰行业的管理体制也产生了明显变化。如任务承揽方式由行政指定变为公开招投标制，施工企业责任关系日趋完善，企业的经营环境好转等。因此，装饰企业建立和完善以项目承包为基点的全员承包机制尤为重要，所以项目承包既是施工企业完成各项经济技术指标要求的落脚点，又是项目经理负责制的重要内容。

施工项目经理承包责任制，是指在装饰施工项目施工过程中用以确定项目承包人与企业、职工三者之间责、权、利关系的管理手段和方法。它以施工项目为对象，以项目经理负责为前提，以施工图预算为依据，以创优质工程为目标，以承包合同为纽带，以最佳经济效益为目的，实行从装饰施工项目开工到竣工验收、交付使用的一次性全过程承包经营活动。

1. 项目经理的选择

选择施工项目经理的方式有以下三种。

（1）竞争招聘制：本着先内后外的原则面向社会招聘。这种方式既可选优，又可以提高项目经理的竞争意识和责任心。

（2）经理委任制：通过经理提名、组织人事考察、党委联席会议决定的程序，决定项目经理人选。委任范围一般限于施工企业内部在职干部。

（3）基层推荐制：通过基层推荐，内部考察、协调决定项目经理人选。施工项目经理一经任命产生后，其身份就是装饰施工企业法定代表人在施工项目上的全权委托代理人，直接对施工企业法人负责，与企业法人存在双重关系。一是上下级关系，在行政隶属关系上要绝对服从法人领导；二是工程承包中利益平等的经济合同关系，双方经过协商，签订《施工项目经营承包合同》，项目经理每年按年度分解指标向施工企业交纳一定比例的风险责任抵押金。

2. 施工项目经理的地位

（1）施工项目经理是装饰施工企业法定代表人在施工项目上的全权委托代理人。

（2）施工项目经理是协调各方关系，使其紧密协作、配合的桥梁和纽带，对施工项目管理目标的实现承担全部责任。

（3）施工项目经理对施工项目的实施实行控制，是各种信息集散中心。

（4）施工项目经理是施工项目责、权、利的主体。

3. 施工项目经理的职责

（1）贯彻执行国家和装饰工程所在地的有关部门法律、法规和政策，严格执行企业的各项管理制度。

（2）严格财经制度，加强财经管理，正确处理国家、企业和个人的利益关系。

（3）执行项目承包合同中由项目经理履行的各项条款。

（4）对装饰施工项目进行有效控制、管理，确保工程质量和工期，努力提高经济效益。

4. 施工项目经理的权限

（1）用人决策权。

（2）财务决策权。

（3）施工进度计划控制权。

（4）技术、质量决策权。

（5）设备物资采购权。

5. 施工项目经理的素质

（1）坚持原则，知识渊博，视野广阔，具有本专业技术知识。

（2）具有一定法律、法规知识和执行政策的能力，有实际工作经验，能主动承担责任。

（3）勇于开拓，具有较强的思维能力，成熟而客观的判断能力。

（4）具有较强的经营管理能力及组织领导能力和知人善任的才能。

（5）诚实可靠、言行一致。

（6）机警、精力充沛，吃苦耐劳，能随时处理可能发生问题。

第二节　装饰施工合同管理

合同是指具有平等民事主体资格的当事人，为了达到一定目的，经过自愿、平等、协商一致，设立、变更、终止民事权利义务关系达成的协议。装饰施工合同是装饰工程发包方和承包方为完成商定的装饰工程施工，明确相互权利、义务关系的协议。

一、合同法的基本原则

合同法总则第一章对合同法的基本原则做出明确规定。合同当事人在合同订立、效力、履行、变更与转让、终止、违约责任等以及各项分则规定的全部活动中均应遵守的基本准则，也是人民法院、仲裁机构在审理、仲裁合同纠纷中应遵循的原则。

（1）平等原则。

（2）自愿原则。

（3）公平原则。

（4）诚实信用原则。

（5）遵守法律和行政法规原则。

（6）维护社会公共利益的原则。

（7）依法成立的合同对当事人具有约束力的原则。

（8）鼓励交易原则。

二、装饰施工合同的特点

建筑装饰是附着在建筑物或构筑物上，且根据建筑主体的使用功能和具体要求而变化，这就使装饰施工合同具有一定的特殊性。

（一）合同的“标的物”特殊

装饰工程是固定在建筑物或构筑物上进行，因此，装饰工程具有工程的固定性和施工的流动性。

（二）合同履行期长短不同

装饰工程的装饰主体规模、面积大小不同，合同履行期长短不一。但无论施工期长短，在施工期限内应严格按照施工合同中双方约定的条款履行合同。

（三）合同内容条款多

装饰工程施工涉及材料种类多，构造做法繁杂，其条款应根据不同装饰项目的要求进行约定，故合同条款较多。

（四）合同性质的类型复杂

装饰工程合同可以根据工程特点，签订总包合同、分包合同和修缮合同等性质的合同，而工程条件等因素对项目合同条款也带来影响。

三、施工合同的管理

工程施工合同的管理包括建设行政部门对施工合同的管理、监理工程师及业主方的合同管理及承包商对合同的管理。

（一）建设行政部门对施工合同的管理

《建设工程施工合同管理办法》对建设行政部门对合同的管理，进行了专门规定，根据其职责要求，应对施工合同进行以下管理：

（1）宣传贯彻国家有关经济合同方面的法律法规和方针政策。

（2）贯彻国家制定的施工合同示范文本，并组织推广和指导使用。

（3）组织培训合同管理人员，指导和交流合同管理工作。

（4）审查施工合同的签订，监督检查合同的履行，依法处理存在的问题和违法行为。

（5）制定合同签订和履行的考核指标，并进行考核。

（6）确定损失赔偿范围。

（7）调解施工合同纠纷。

（二）监理工程师对合同的管理

在施工合同管理工作中，甲方委托的总监理工程师按协议条款的规定，可部分或全部行使合同甲方代表的权利，履行甲方代表的职责。根据项目监理合同的规定，应做好以下合同管理工作。

1. 工期管理

按施工合同规定，对承包方的施工进度计划进行审核、批准，并检查督促实施过程。

2. 质量管理

对工程中所使用的装饰材料、成品、半成品质量进行及时检验，做好施工过程中隐蔽工程、中间及全部竣工工程的质量验收。

3. 结算管理

竣工结算是履行施工合同的重要步骤，也是施工合同管理的最后阶段。在工程办理完竣工结算手续后，发包方应按规定的工程价款结算方法和结算程序，办理工程价款结算拨付手续，终结双方的权利义务关系。如合同有保修期，在规定的保修期限内，承包方和发包方仍存在权利义务关系。

（三）业主方的合同管理

业主方对合同的管理主要包括两个阶段。

1. 合同签订过程中的管理

合同签订过程中的管理主要包括三项：

（1）招标前期工作：组建招标机构，编制招标文件，发布招标公告，审查招标单位资质，并将结果通知投标单位。

（2）招标中期工作：组织召开开标会，开展评标工作，发出中标通知。

（3）招标后期工作：与中标单位进行谈判并签订装饰工程合同。

2. 合同履行过程中的管理

当工程开工后，业主需指定业主代表负责与监理工程师和承包商的联系，处理执行合同中的有关具体事宜。对一些重大问题，如工程的变更、工期的延长、工程款项的支付应由业主负责审批。在合同履行过程中，如承包商违约，业主有权终止合同并授权其他人完成合同。

（四）承包商对合同的管理

承包商的合同管理仍分为两阶段管理：

1. 合同签订过程管理

合同签订过程管理主要指项目承揽前期的管理，依据投标顺序可分为三项：

（1）投标前期工作：全面分析招标工程的招标书，结合项目承包条件、工程难度和企业自身情况，对投标作出慎重决策。

（2）投标中期工作：认真研究项目招标文件，发现并记录存在问题并及时求得解答，制定科学合理的施工方案，编制项目施工规划，制定标价，编制项目投标文件，依据要求按时报送招标单位。

（3）中标后工作：中标后与业主进行谈判，通过协商签订装饰施工合同。

2. 合同履行过程管理

合同履行过程中的管理主要包括：

（1）建立合同管理机构，确定合同管理责任人。

（2）建立合同管理档案，做好合同文件及其他资料的保管工作。

（3）建立合同管理信息系统，及时核对相关信息。

（4）做好工程记录及标书以外的用工记录，并由业主确认。

（5）实行项目跟踪管理，积累合同索赔有关数据并及时向建设单位或保险公司索赔。

四、《建筑装饰工程施工合同》示范文本的主要内容

随着装饰行业也迅速发展。但是，由于法规和制度的不健全、不完善及市场交易行为的不规范，在装饰市场交易中存在一些问题。1996 年 11 月 12 日建设部和国家工商行政管理局共同制定了《建筑装饰工程施工合同》示范文本，它将有利于培养和发展装饰市场，规范交易行为，促使装饰工程合同走向制度化、规范化、科学化，保证装饰市场的健康发展。

《建筑装饰工程施工合同》示范文本主要内容如下。

1. 装饰工程项目承包合同包括的主要文件

（1）装饰工程项目承包合同协议书。

（2）中标函。

（3）投标书。

（4）装饰工程施工合同条件。

（5）施工与验收规范。

（6）装饰施工图纸。

（7）标价的工程量表。

（8）其他。

2. 装饰工程承包合同协议书的主要内容

（1）简要说明。

（2）工程名称和地点。

（3）工程承包范围和内容（工程项目一览表）。

（4）开、竣工日期及价款。

（5）材料设备供应及质量标准。

（6）施工设计文件、概预算和技术资料的提供日期。

（7）工程质量要求、检验与验收标准。

（8）工程价款的支付和结算。

（9）双方的权利义务和责任及相互协作事项。

（10）违约责任及处理方法。

（11）争议解决方式。

（12）奖惩事项。

（13）仲裁。

（14）合同未尽事项的解决。

（15）工程质量保修期和保修条件。

五、合同的谈判及技巧

合同谈判是合同签订双方对是否签订合同以及合同具体内容达成一致的协商过程。通过谈判，能够充分了解对方及掌握项目情况，为高层决策和项目顺利实施提供信息和依据。

（一）合同谈判的准备工作

合同谈判涉及繁多内容及双方利益，是高竞争的智力较量。为保证谈判取得预期效果，应认真做好各方面的准备工作，常见的准备工作包括以下几方面：

1. 建立谈判组织

合理选调具有丰富的专业知识、技术素质高、便于协调的人员组成谈判组织机构，慎重挑选谈判组长，一般要求其具备以下几方面的素质：

（1）具有较强的业务能力和应变能力。

（2）具有较宽的知识面和丰富的工程经验与谈判经验。

（3）具有较强的分析能力且决策果断。

（4）年富力强，思维敏捷、精力充沛。

2. 准备谈判材料

在谈判前应准备好自己谈判使用的参考资料，需提交给对方的文件资料及计划向对方索取的文件资料清单，在谈判过程中掌握主动。

3. 分析谈判过程中可能出现的问题

在获得基础材料、背景材料的基础上，对对方和己方进行一定分析，做到知己知彼。并依据各种渠道收集的信息，对谈判目标进行可行性分析。对于承包方而言，应注意审查发包方是否是工程项目的合法主体及其资信情况；对发包方而言，应注意承包方是否具有承包该工程项目所需要的相应资质。

4. 拟定谈判方案

在充分分析的基础上，总结该项目的操作风险，双方的共同利益和冲突，分析双方的共同点和分歧点。据此拟定谈判初步方案，决定谈判重点，在运用谈判策略和技巧的基础上，获得谈判的胜利。

（二）谈判的策略和技巧

谈判是不断确定各方权利和义务的过程，它直接关系到谈判各方最终利益，掌握谈判策略和技巧对取得谈判的胜利尤其关键。常见的谈判策略和技巧包括以下几方面：

（1）掌握谈判议程，合理分配各议题的时间。

（2）制定高起点战略。

（3）注意营造谈判氛围，创造信任感。

（4）通过拖延和体会等技巧，采用私下接触的方式打破僵局。

（5）制定避实就虚、声东击西、先苦后甜等策略。

（6）合理分配谈判角色。

（7）充分利用专家时间。

（三）合同的签订

合同签订是指承发包双方当事人在谈判中经互相协商最后就各方的权利和义务达成一致意见的过程，签约是双方意志统一的表现。

1. 签订合同的基本原则

（1）合法原则。

（2）平等互利、协商一致的原则。

（3）等价有偿原则。

（4）签订书面合同原则。

2. 合同签订应注意事项

（1）必须遵守现行法规。

（2）必须确认合同的真实性和合法性。

（3）明确合同依据的规范标准。

（4）合同条款必须确切、具体。

六、索赔

索赔是指在合同实施过程中，合同当事人一方因对方不履行或未能正确履行合同义务，以及其他非自身责任的因素而遭受损失时，依据法律、合同规定及惯例，向对方提出要求赔偿的权利。

索赔是一种正当的权利要求，是承包商保护自己的有效手段。只要发生了超出原合同规定的意外事件而使承包商遭受损失，且该事件的发生不能归责于承包商，则无论时间上和经济上，只要承包商认为不能从原合同的规定中获得该损失的补偿，其均可向业主主张自己的权利。同理，业主也可向承包商提出索赔，通常称为反索赔。

（一）索赔的原因

引起索赔的原因多种多样，其主要原因为：

1. 业主违约

业主违约通常表现为业主或代理人未能按合同约定为承包商提供必要的现场，或未能在规定时间付款等。

2. 合同缺陷

合同缺陷常表现为合同文件规定不严谨甚至矛盾，合同中存在遗漏、错误或合同条款、技术规范及设计图纸的缺陷等。

3. 不利自然条件的客观障碍

不利自然条件的客观障碍常指作为一个有经验的承包商无法合理预料到的不利自然条件和客观障碍，如战争、地震等。

4. 工程师的指令

工程师的指令通常表现为工程师为保证合同目标的实现，或为降低意外事件对工程的影响而采取的加速施工、更换材料等指令。

5. 合同变更

合同变更主要表现为设计变更、施工方法变更、工程量增减等。

6. 法律法规变更

法律法规变更通常指直接影响到工程造价的变更，如税收、利率等。

7. 其他承包商的干扰

主要指由于其他承包商未能按时、按质进行施工给承包商造成的干扰。

8. 第三方面原因

主要指以工程有关的第三方面问题而引起的不利影响，如银行延误付款等。

（二）索赔的程序

装饰工程在施工过程中如发生索赔事项，可按照下列步骤进行索赔。

1. 意向通知

索赔事件发生时或发生后，承包商应首先与监理工程师联系，表明索赔意见。

2. 提出索赔申请

索赔事件发生后的有效期内（28 天），承包商应向监理工程师提出书面索赔申请，并抄送业主。其内容主要包括索赔事件发生的时间、实际情况及影响程度、提出索赔依据的合同条款。

3. 编写索赔报告

索赔事件发生后，承包商应立即搜集证据，寻找合同依据，进行责任分析，计算索赔金额，编写索赔报告，在规定限期内报送监理工程师和业主。

4. 索赔处理

监理工程师在收到索赔报告后，需认真审查，了解情况，考察证据及核算索赔金额。如无疑异，审查签名后，签发付款证明，由业主支付赔款。否则，应要求承包商补充证据或中间人协调及仲裁诉讼解决。

第三节 装饰施工进度管理

装饰工程施工进度控制是以项目工期为目标，按照项目施工进度计划及其实施要求，监督、检查项目实施过程中的动态变化，发现其产生偏差的原因，及时采取有效措施或修改原计划的综合管理过程。它是衡量项目管理水平的重要标志。

一、影响施工进度的因素

装饰工程在其实施过程中会受到多种因素的干扰，对施工进度产生影响。因此，认识和分析各类影响因素，在施工过程中主动控制，可以使施工尽可能按照进度计划进行。影响施工进度的主要因素如下。

（一）外部因素

1. 相关单位的协调配合

在项目实施过程中，施工单位、建设单位、监理单位、设计单位、资金贷款单位及其他协作单位或部门都会影响施工进度的实施。因此，项目经理不仅要控制施工进度，同时要注意与各相关单位的协调配合，保证项目的整体进度。

2. 项目设计

项目图纸的及时性和准确性、设计材料或构造做法的可行性都会保证供应施工的顺利进行。而错误设计、延误交图、不可行做法、方案变更、增减工程量等将导致进度改变或施工停顿、拖后。

3. 项目投资

建设单位不能按期拨付工程款或在施工中资金短缺，必然影响施工进度。

4. 资源供应

如材料、设备不能按期、按质供应；运输及水电供应的不足或中断、劳动力和机械不能按期到位都会影响施工进度。

5. 施工条件的变化

施工中的实际条件和设计条件有差距对施工进度产生影响，造成临时停工或返工。

在上述外部影响中，项目经理应在合同中明确施工条件要求及有关部门方面的协作配合要求，在法律的约束和保护下，避免和减少损失。

（二）内部因素

1. 技术性失误

在施工过程中，选择施工方案选择不当、低估施工技术难度、对新材料、新工艺缺乏了解等技术失误都会影响施工进度。

2. 施工组织失误

对工程项目的特点和实现条件判断失误、编制施工计划缺乏科学性、流水施工组织不协调等施工组织失误将影响施工进度计划的执行。

（三）不可预见因素

施工中出现的意外事件，如战争、严重自然灾害、重大工程事故、社会动乱等因素都会严重影响施工进度计划。

二、项目施工进度的控制措施

对施工项目进行进度控制的措施包括组织措施、技术措施、合同措施、经济措施和信息管理措施。

（一）组织措施

主要通过落实各层次的进度控制组织体系；进行项目分解，建立控制目标体系；确定进度控制工作制度等组织措施，分析和预测影响进度的因素。

（二）技术措施

采用能保证质量、安全、经济、快速的施工技术与方法；提高管理技术等措施，保证项目施工进度。

（三）合同措施

以合同形式保证工期进度的实现，保持总进度控制目标与合同总工期一致，分包合同工期与总包合同工期一致。

（四）经济措施

实现进度计划的资金保证措施和有关部门进度控制的经济核算方法。

（五）信息管理措施

建立检测、分析、调整、反馈进度实施过程中的信息流动程序和信息管理工作制度，实现连续、动态的全过程进度目标控制。

三、项目进度控制的方法

（一）实施动态循环控制

项目施工进度控制从项目施工开始进入一个动态的、不断循环的过程。在该过程中，依据实际进度和计划进度出现的各类偏差，采取相应措施，不断调整原定计划。在新的干扰因素的作用下，又会出现新的偏差，又需要进行新的检查、调整，形成动态循环的控制方法。

（二）建立施工项目的计划、实施和控制

在施工组织设计中所制定的施工进度计划的基础上，进一步完善各级施工计划，达到施工项目的整体进度控制；在计划的制定过程中组成从项目经理到班组长及其所属全体成员组成的项目实施完整系统；建立项目进度的检查控制系统。

（三）加强信息反馈制度

信息反馈是项目施工进度控制的依据。通过信息的收集、加工整理，并逐级反馈。在编制施工进度计划时，对其进行分析比较，使计划更符合预定工期目标。

（四）编制具有弹性的施工计划

在编制施工进度计划、确定进度目标时，应进行实现目标的风险分析，依据经验，编制有弹性的施工进度计划。

（五）采用网络计划技术

在施工项目进度的控制中，利用网络计划编制施工进度计划，在执行中比较、分析进度计划，并通过网络管理资源进行优化。

四、项目进度计划的实施

施工进度计划在实施中应重点抓好以下几项工作：

（一）编制月（旬）作业计划

施工进度计划是施工前编制的，其编制内容比较粗糙，不能适应不断变化、情况复杂的

施工现场。因此，在计划执行过程中，需要编制月（旬）作业计划，使施工计划更具体、切合实际和可行。便于施工队组进行施工，改进施工现场管理和施工进度计划的顺利实施。

（二）签发施工任务书

编制月（旬）作业计划后，需将每项具体工作以签发施工任务书的方式使其进一步落实。施工任务书是施工单位向施工班组下达任务的计划文件，是实行责任承包、全面管理，实行经济核算的原始凭据。施工任务书包括施工班组应完成的工程任务、工程量、完成该任务的开、竣工日期和施工日历；完成任务所需资源量；完成任务采用的施工方法、技术组织措施、工程质量、安全等指标；各类领料单、记工单等。

（三）做好施工进度记录，掌握现场实际情况

在计划任务完成过程中，实事求是地跟踪做好施工记录，为项目进度检查、分析、调整、总结提供信息和资料。

（四）做好施工中的调度工作

施工调度是组织施工中各阶段、各环节、各专业、各工种互相配合、协调进度的指挥核心。它在充分掌握计划实施情况下，协调各方面协作配合关系，采取相应措施，排除施工中出现的矛盾和问题，消除薄弱环节，实现动态平衡，保证作业计划的完成，实现进度控制的目标。

五、项目施工进度的监测

施工进度监测是实施进度控制的重要手段，是施工计划调整的重要依据，其贯穿计划实施的全过程。它通过定期检查施工的实际进度，收集施工进度资料，通过统计整理和对比分析，找出实际进度和计划进度之间关系，实现进度计划的调整。项目进度监测系统流程见图13-1。

项目监测过程及要求如下：

1. 跟踪检查施工实际进度

跟踪检查施工实际进度是分析施工进度、调查进度计划的前提。其检查时间可以分为两类：一类的日常检查、一类为定期检查。定期检查由现场管理人员每日进行，并采用施工记录和日志的方法记载。定期检查，视工程情况，一定时间检查一次，定期检查时间与制度规定相符合。检查内容主要包括在检查时间段内任务的开始时间、结束时间、已进行时间、完成的工作量、劳动量消耗情况及存在问题。检查和收集的资料，采用进度报表方式或进度工作汇报会的形式上报。

2. 整理统计检查数据

对于收集的施工实际进度数据，应进行必要的整理，并按照计划控制的工作项目内容进行统计，形成与计划进度具有可比性的数据。

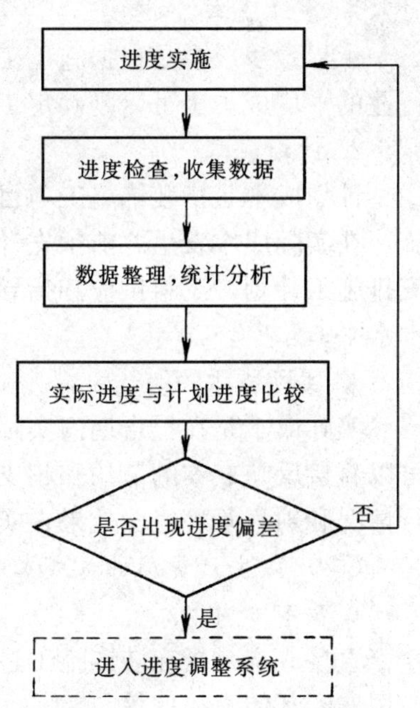

图 13-1　项目进度监测系统流程

3. 对比分析实际进度和计划进度

在形成与计划进度具有可比性的数据后，用合适的实际进度与计划进度比较方法进行比较分析。通常采用的比较方法有：横道图比较法、直角坐

标图比较法和网络图比较法等。通过比较得出结论，为决策提供依据。

4. 施工进度检查结果的处理

施工进度检查应建立报告制度，即将施工进度检查比较结果、施工进度现状和发展规律措施，用书面报告形式提供给有关部门和主管人员。

六、项目进度计划的调整

（一）分析进度偏差的影响

在判断存在进度偏差时，应分析该偏差对后续工作和总工期的影响。在分析工作中。应注意分析进度偏差的工作是否为关键工作、进度偏差是否大于总时差和自由时差。通过分析比较，确定产生进度偏差的工作和偏差值的大小，确定采取的措施，获得新的符合实际进度情况和计划目标的新进度计划。

（二）施工项目进度的调整

在实施进度计划分析的基础上，通过改变某些工作间的逻辑关系和缩短某些工作的持续时间，使实际施工进度符合计划进度。

第四节 装饰施工成本管理

装饰施工项目成本是在装饰施工中所发生的全部生产费用的总和，即在施工过程中所消耗的生产资料转移价值和劳动者的必要劳动所创造的价值的货币形式，是施工项目在施工中所发生的全部生产费用的总和。

一、成本的主要形式

（一）依成本发生时间划分

1. 预算成本

工程预算成本是根据施工工程量和装饰工程预算定额计算工程成本。它反映各地区装饰行业的平均成本水平，是确定工程造价的基础，也是编制计划成本和评价实际成本的依据。

2. 计划成本

计划成本是指装饰施工项目部根据工程计划期的具体条件和实施项目的各项技术组织措施，在实际成本发生之前预先计算的成本。计划成本是装饰施工项目经理部控制成本支出，安排施工计划，工料供应和指导施工和核算的依据。反映装饰施工项目在计划期内达到的成本水平。

3. 实际成本

实际成本是在报告期内实际发生的各项生产费用的总和。将实现成本和计划成本比较，可以直接反映成本的节约和超支，考核装饰施工项目施工技术水平、技术组织措施的贯彻执行情况和项目管理经营效果；实际成本与预算成本的比较，可以反映项目的盈亏情况。

（二）按生产费用计入成本的方法划分

1. 直接成本

直接成本是指在装饰施工过程中直接用于工程对象的费用，包括人工费、材料费、机具使用费和其他直接费等。

2. 间接成本

间接成本是指非直接用于工程对象，但为进行工程施工所必须发生的费用。包括现场管理人员的人工费、固定资产使用维护费、工程保修费、保险费、工程排污粉、其他直接费等。

二、装饰工程施工成本管理的内容

施工项目成本管理是装饰企业项目管理系统的一个子系统，包括成本预测、成本计划、成本控制、成本核算、成本分析和成本考核六个环节，这些环节相互依存、相互补充、构成体系完整、结构严谨的管理系统。装饰施工项目经理部在项目实施过程中，对所发生的各种成本信息，通过有组织有系统地进行预测、计划、控制、核算和分析等一系列工作，促使施工项目系统内各种要素，按照一定的目标运行，使施工项目的实际成本能够控制在预定计划成本范围内。

（一）装饰施工项目成本预算

装饰施工项目成本预算是通过成本信息和施工项目的具体情况，运用一定的专门方法对未来的成本水平及其可能的发展趋势作出科学的估计，其实质是在项目施工前对成本进行核算。通过成本预算，可以使项目经理部在满足业主和企业要求的前提下，选择成本低、效益好的最佳成本方案，并在项目实施过程中，针对薄弱环节，加强成本控制，克服盲目性，提高预见性。如装饰施工企业在工程报价时或中标施工时都会借鉴经验对工程成本进行预测性的估计。

（二）施工项目成本计划

施工项目成本计划是项目经理部对装饰施工项目施工成本进行计划管理的工具。它是以货币形式编制施工项目在计划期内的生产费用、成本水平、成本降低率以及为降低成本所采取的主要措施和规划的书面方案，它是建立施工项目成本管理责任制，开展成本控制和核算的基础。装饰施工项目成本计划一般由项目经理部编制，规划出实现项目经理成本承包目标的施工方案。

（三）施工项目成本控制

装饰施工项目成本控制是指在装饰项目施工过程中，对影响装饰施工项目成本的各种因素加强管理，并采取有效措施，将施工中实际发生的各种消耗和支出严格控制的成本计划范围内，随时分析、检查、调整实际成本和计划成本之间的偏差，消除施工中的损失和浪费现象。装饰施工项目成本控制的主要环节包括：落实装饰施工项目计划成本责任制，检查协调施工项目成本计划执行情况。

（四）施工项目成本核算

装饰施工项目成本核算是指装饰项目施工过程中所发生的各种费用和形成装饰施工项目成本的核算。它包括两个基本环节：一是按照规定的成本开支范围对装饰施工费用进行归集，计算施工费用的实际发生额；二是根据成本核算对象，采用适当方法，计算出该施工项目的总成本和单位成本。装饰施工项目成本核算所提供的各种成本信息，是成本预测、成本计划、成本控制、成本分析和成本考核等各个环节的依据。

（五）施工项目成本分析

装饰施工项目成本分析是在成本形成过程中，对装饰施工项目成本进行的对比评价和剖析总结工作，它贯穿于装饰施工项目成本管理的全过程，即装饰施工项目成本分析主要利用装饰施工项目的成本核算资料（成本信息），与目标成本（计划成本）、预算成本以及类似的装饰施工项目的实际成本等进行比较，了解成本的变动情况，分析主要技术经济指标对成本的影响，系统地研究成本变动因素，检查成本计划的合理性，寻找降低装饰施工项目成本的途径。

（六）施工项目成本考核

装饰施工项目成本考核是指在项目完成后，对装饰施工项目成本形成中的各责任者，按装饰施工项目成本目标责任制的有关部门规定，将成本的实际指标与计划、定额、预算进行比较和考核，评定施工项目成本计划的完成情况和各责任者的业绩，并以此给以相应的奖励和惩罚。

三、施工项目成本管理的基本原则

装饰施工项目成本管理是企业成本管理的基础和核心，在进行成本管理时，必须遵守以下基本原则：

（一）成本最低化原则

装饰施工成本管理的根本目的，在于通过成本管理的各种手段，不断降低装饰施工项目成本，以达到可能实现的最低的目标成本。在此应注意研究降低成本和合理成本的最低化问题。

（二）全面成本管理原则

全面成本管理是全企业、全员、全过程的管理。在装饰工程施工项目成本管理中，常出现重实际成本的计算和分析，轻全过程的成本管理和影响因素的控制；重施工成本的计算分析，轻采购、工艺和质量成本管理；重财会人员管理，轻群众性的日常管理等现象。为达到成本最低化目标，应全面开展成本管理，不断降低装饰施工项目成本。

（三）成本责任制原则

为实行全面成本管理，需对装饰施工项目成本层层分解，以分级、分工、分人的成本责任制作保证。划清责任、制定奖惩制度，使各部门、各班组和每个人都关心装饰施工项目成本。

（四）成本管理有效化原则

所谓成本管理有效化，主要包含两层意思。一是促使装饰施工项目经理部以最少的投入，获得最大的产出；二是以最少的人力和财力，完成较多的管理工作，提高工作效率。

（五）成本管理科学化原则

四、装饰工程施工项目成本管理的程序

装饰施工项目成本管理的程序是指从成本预算开始，经编制成本计划，采取降低成本措施，进行成本控制，直到成本核算与分析为止的一系列管理工作步骤，一般程序见图13-2。

五、降低装饰施工项目成本的途径

降低装饰施工项目成本的途径如下：

(1) 认真会审图纸，积极提出修改意见。

(2) 加强合同预算管理，增创装饰工程预算收入。

(3) 制订先进的、经济合理的施工方案。

(4) 降低材料成本。

(5) 用好用活激励机制，调动职工增产节约的积极性。

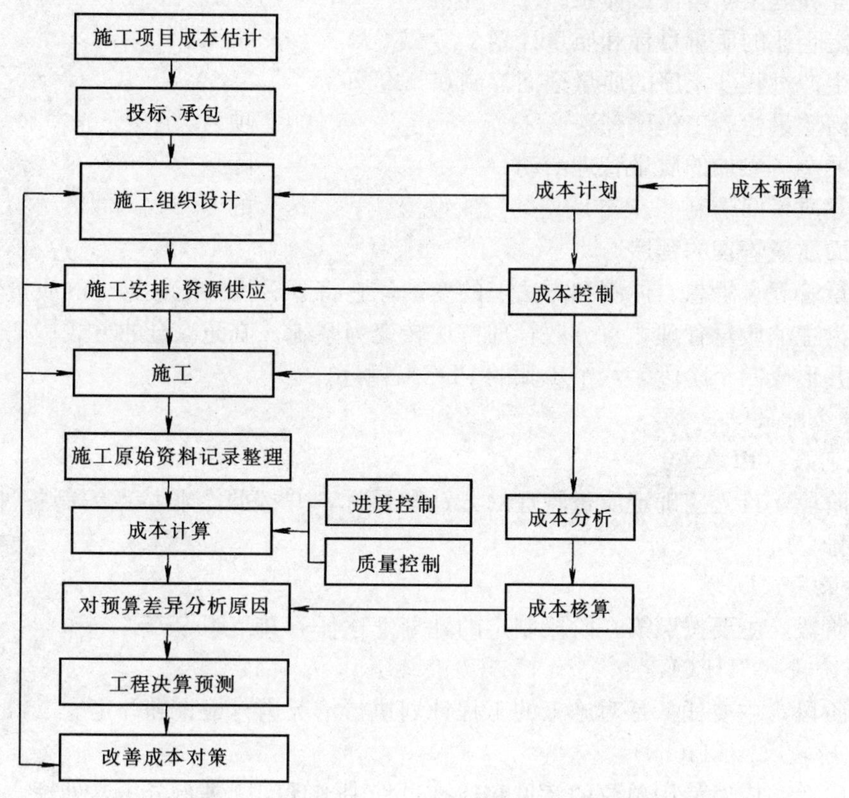

图 13-2 装饰施工项目成本管理的一般程序

第五节 装饰施工全面质量管理

全面质量管理是指全员参加，通过企业全部工作，以施工生产经营全过程为对象，运用现代管理技术和方法，对质量进行调查、分析、判断、处理，并保证和提高产品质量的管理。

一、全面质量管理的特点

企业质量管理的特点如下：

（1）全面质量管理认为产品质量由工序质量决定，工序质量由工作质量决定，工作质量由人的素质决定。因此，提高产品质量，必须提高工序、工作质量和人的素质，良好的企业文化会提高企业的竞争力。

（2）全面质量管理是全企业、全过程、全员参加的管理。

（3）全面质量管理强调人的质量意识、问题意识和改进意识，是改进质量的出发点。

（4）全面质量管理是科学、系统的管理体系。

二、全面质量管理的任务

全面质量管理的任务主要有以下几方面：

（1）完善质量管理的基础工作。

（2）建立和健全质量保证体系。

（3）确定企业的质量目标和质量计划。

（4）对生产过程各工序的质量全面控制。

（5）严格质量检验工作。

（6）开展全员参加的质量管理活动。

（7）建立质量回访制度。

三、全面质量管理的程序

全面质量管理是思想、体制和方法上的变革，它将事后检验把关为主的质量管理转变为预防和改进为主的质量管理；将分散管理方法转变为系统、全面综合的方式；把管结果转变为管因素，并形成四个阶段、八个步骤的 PDCA 循环。

（一）四个阶段

1. 计划阶段（PLAN）

在计划阶段，首先应确定质量管理的方针和目标，并按照企业特点编制各种有关措施，制定计划安排。

2. 实施阶段（DO）

在实施阶段，主要按照第一阶段制定的计划下达任务并组织生产。

3. 检查阶段（CHECK）

在检查阶段，主要任务是对施工的工程计划执行情况进行检查和评定。

4. 处理阶段（ACTION）

在处理阶段，应对使用单位的意见和检查过程中出现问题进行分析、处理，以提高工程质量。

（二）八个步骤

第一步：分析现状，找出存在的质量问题，以便调查分析。

第二步：分析产生质量问题的各种影响因素，并找出薄弱环节。

第三步：找出产生质量问题的主要因素，并将其作为质量管理的重点问题。

第四步：制定改进措施，提出行动计划并预测结果。

上述四步在计划阶段执行，在计划阶段应反复考虑下列问题（5H1H）。

（1）必要性（WHY）：为什么要有计划。

（2）目的（WHAT）：计划应达到什么目的。

（3）地点（WHERE）：计划应落实到哪个部门。

（4）期限（WHEN）：计划完成时间。

（5）承担者（WHO）：计划由谁执行。

（6）方法（HOW）：如何执行计划。

第五步：按照既定计划进行实施。它在实施阶段进行。

第六步：按照计划的内容和要求，检查实施结果并与预期效果进行对比分析。这项工作在检查阶段进行。

第七步：对检查结果进行分析总结，将成功经验制定标准，形成制度。

第八步：处理遗留问题，将未能解决的问题转入下一循环。处理阶段包括第七、第八步工作。

（三）PDCA 循环工作的特点

（1）PDCA 循环的四个阶段是一个有机整体，只有计划没有实施等于纸上谈兵；有计划有实施但不去检查，就不能知道实施质量；而处理、总结过程是提高和保证质量的重要阶段。

（2）PDCA 循环的组成是大环套小环，环环相扣，同步转动互相促进的过程。

（3）PDCA 循环是呈现阶梯上升的态势，每循环一次，质量就提高一步。在循环过程中，A 是关键，P 是重点，首尾衔接不停转动。

（4）PDCA 循环必须围绕质量标准和要求来转动，并在循环过程中将行之有效的措施上升为新的标准。其循环特征如图 13-3 所示。

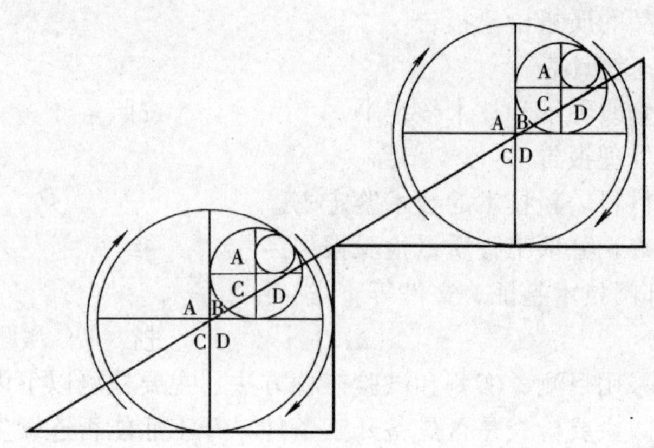

图 13-3 PDCA 循环特征示意图

四、装饰工程施工阶段质量控制

（一）施工阶段质量控制依据

施工阶段质量控制的依据包括：

（1）工程承包合同文件。

（2）设计文件。

（3）国家及政府有关部门颁布的有关部门质量管理的法律、法规性文件。

（4）有关质量检验与控制的专门技术法规性依据。

（二）施工质量的控制阶段

为加强施工项目的质量控制，明确施工阶段质量控制的重点，可将施工项目质量管理分为事前、事中、事后三个阶段控制。

1. 事前质量控制

在正式施工前进行的质量控制。其控制重点是做好施工准备工作，并将其贯穿施工全过程中。

2. 事中质量控制

在施工过程中进行的质量控制。事中质量控制的重点是工序的质量，并全面控制施工过程。

3. 事后质量控制

事后质量控制是对施工完成的最终产品及其有关方面的质量控制。

（三）施工质量的控制方法

施工项目质量控制的方法主要包括以下几方面：

1. 审核有关部门技术文件、报告或报表

对技术文件、报告、报表的审核，是项目经理对工程质量进行全面质量控制的重要手段，主要审核以下内容。

（1）技术资质证明文件。

（2）开工报告。

（3）施工方案、施工组织设计和技术措施。

（4）材料、半成品的质量检验报告。

（5）工序质量动态统计表。

（6）设计变更、修改图纸和技术核定书。

（7）质量问题的处理报告。

（8）新工艺、新材料、新技术的技术鉴定书。

（9）工序交接检查，分项工程质量检验报告。

（10）现场有关部门技术签证、文件等。

2. 现场质量检查

现场质量检查可采用目测、实测和试验三种方法，主要检测以下内容。

（1）开工前检查。主要检查是否具备开工条件，开工后能否连续生产，能否保证质量。

（2）工序交接检查。对重要的工序在自检、互检的基础上，组织专职人员进行工序交接检查。

（3）隐蔽工程检查。凡隐蔽工程应在检查认可后方可掩盖。

（4）停工后复工前检查。因某种原因停工后需复工时，应经检查认可后方能复工。

（5）分项、分部工程完工后，经检查认可并签署验收记录后，才允许下一项工程项目施工。

（6）成品保护检查。主要检查成品保护措施是否得当。

（四）施工工序的质量控制

工程项目的施工过程是由一系列相互关联、相互制约的工序构成，工序质量是质量管理的基础。工序质量控制主要包括以下内容：

（1）严格遵守工艺流程。施工工艺流程是施工操作的依据和法规，是确保工序质量的前提。

（2）主动控制工序活动条件的质量。工序条件主要指影响工程质量的操作者、材料、机具设备、施工方法和施工过程。

（3）及时检验工序活动效果的质量。工序活动效果是评价工序质量是否符合标准的尺度。加强质量检验工作，统计分析质量状况，及时掌握质量动态。

（4）设置工序质量控制点。控制点是指为保证工序质量而进行控制的重点、关键部位或薄弱环节，并对其进行强化管理，使工序处于良好的控制状态。

第六节 装饰施工信息管理

装饰工程信息管理是指对装饰工程有关信息的收集、加工整理、储存、传递与应用等一系列工作的总称。信息管理的目的是通过有组织的信息流通，使工程决策者能够及时、准确地获得相关信息。

一、装饰工程项目信息的分类

装饰工程项目在实施过程中会接受大量信息，按照信息依据的标准不同，有多种分类方法。在此，主要介绍按照工程目标的分类类别。

（一）投资控制信息

投资控制信息主要包括与投资控制直接有关的信息。如各项估算指标、类似工程造价；各种概算、预算定额；计划工程量、工程量变化表、人工、材料调差表；索赔费用表；工程结算和竣工决算；投资预付及各阶段付款报表；原材料价格、设备台班费、人工费等。

（二）质量控制信息

质量控制信息指与建设工程质量有关的信息。如国家有关的质量法规、政策及质量标准；质量目标体系和质量目标分解；质量控制工作流程、工作制度及方法；质量控制的风险分析；质量抽样检查数据、质量事故记录及处理报告等。

（三）进度控制信息

进度控制信息指与进度有关的信息。如施工定额；项目总进度计划、进度目标分解、项目年度计划；进度控制的工作流程、制度和风险分析等。

（四）合同控制信息

合同控制信息指与建设工程相关的各种合同信息。如装饰工程招投标文件；装饰工程建设施工总承包合同、物资供应合同；合同签订、变更、执行情况；合同的索赔等。

二、装饰工程项目信息管理的任务

项目信息是指项目管理者收集项目实施情况信息并进行处理，然后向上级或外界提供有关信息。项目信息管理的主要任务有：

（1）组织项目基本情况信息的收集整理，并将其系统化整理，编制成为项目手册。

（2）制定项目报告及各种资料的规定。如资料的格式、内容、数据结构要求等。

（3）按照项目实施、组织、管理工作过程建立项目管理信息系统流程，保证系统正常运行，并控制信息流。

（4）有关文件档案管理工作。

三、装饰工程信息管理工作原则

为便于搜集、处理、储存、传递和利用装饰工程产生各类信息，在信息管理工作中应掌握以下原则：

（一）标准化原则

在装饰工程实施过程中，应对有关信息的分类进行统一，规范信息流程，采用格式化和标准化的报表，健全信息管理制度，从组织上保证信息产生过程的效率。

（二）有效性原则

信息应针对不同层次管理者的要求进行加工整理，并力求简练、直观，以满足不同的信息需求，保证信息产品对决策支持的有效性。

（三）定量化原则

装饰工程产生的信息不应是项目实施过程中接受信息的简单记录，应对其进行比较与分析。

（四）时效性原则

在信息采集、处理等过程中，应注意信息的生产周期，保证信息产品能够及时服务于决策。

（五）高效处理原则

尽量缩短信息处理过程，重点控制信息处理结果的分析和控制措施的制定。

（六）可预见原则

信息作为项目实施的历史数据，通过以往投资执行情况的分析，可以预测未来可能发生的状况，及时采取事前控制。

四、装饰工程信息管理的基本环节

装饰工程信息管理贯穿工程全过程，衔接工程的各个阶段、各个单位、各个方面。其基本环节包括信息的收集、传递、加工、整理、检索、分发和储存。

（一）装饰工程信息的收集

装饰工程参建各方由于使用阶段的不同对信息的来源、角度、处理方法也不相同，但应统一规范信息的行为。

1. 项目决策阶段的信息收集

在项目决策阶段，由于其对工程效益的巨大影响性，该阶段主要收集外部宏观信息。应对历史、现在和未来三个时态进行信息收集。信息收集主要从以下几方面进行：

（1）项目相关市场方面的信息。

（2）项目资源相关方面信息。

（3）自然环境相关方面的信息。

（4）新技术、新设备、新工艺、新材料等方面信息。

（5）政治环境、社会治安、当地法律、政策、教育的信息。

2. 设计阶段的信息收集

设计阶段是装饰工程建设的重要阶段，在设计阶段决定了装饰工程的规模、装饰风格、工程的概算、技术标准的使用等具体要素。在项目设计阶段注意按以下方面进行：

（1）装饰工程前期准备资料。如工程可行性研究报告、建设单位的前期准备、项目审批完成情况等。

（2）同类工程相关信息。

（3）拟建工程所在地相关信息。

（4）勘测、测量、设计单位相关信息。

（5）工程所在地政府相关信息。

（6）设计中有关规范、计划等信息。

3. 施工招投标阶段的信息收集

在施工招投标阶段的信息收集，有助于招投标工作中招标书和投标文件的编制，保证施工合同的顺利签订。在招投标阶段信息收集从以下几方面进行：

(1) 装饰工程有关地质、水文勘察报告及工程设计进度等信息。

(2) 建设单位建设前期报审文件。

(3) 工程造价的变化信息。

(4) 工程所在地的施工管理水平。

(5) 本装饰工程适用的规范、规程及标准。

(6) 所在地关于招投标的法规和规定及工程适用合同范本。

(7) 有关工程所在地招投标代理机构和管理机构的相关信息。

(8) 该工程采用的新技术、新工艺、新设备、新材料等信息。

4. 施工阶段的信息收集

装饰工程施工期的信息收集可分施工准备期、施工期、竣工保修期三个阶段分别进行。

(1) 施工准备期。施工准备期是指从装饰工程合同签订到项目开工的阶段。在该阶段主要收集装饰工程施工现场的各种自然情况、施工图纸的会审和交底记录、装饰工程应遵循的各项法律、法规和规范、装饰工程质量验收标准。

(2) 施工实施期。施工实施期是指从项目开工到项目竣工的一个阶段。在施工实施期主要收集装饰工程材料的进场、保管、使用信息、项目经理部管理程序和施工过程中需执行的各项规范、标准、施工索赔相关信息。

(3) 竣工保修期。竣工保修期是指工程竣工后的保修期间。竣工保修期的信息对后期工程质量提高有较大的指导作用。在该阶段要收集的信息有：竣工图、竣工验收资料、竣工期有关质量问题及解决方法。

(二) 装饰工程信息的加工、整理、分发、检索和存储

装饰工程信息的加工、整理和存储是数据收集后的必须过程，主要是对收集到的信息或数据进行鉴别、选择、核对等加工整理，并按需提供给各层面的管理人员。

1. 信息的加工整理

信息的加工整理从鉴别开始，依据信息的可靠性对其选择、核对，并将所有信息按照进度、质量、造价三方面分别汇总组织。

2. 信息的分发和检索

信息在加工整理后及时提供给需要使用的部门。信息要根据需要分发，信息的检索则要建立必要的分级管理制度。分发和检索的主要原则是：需要的部门和使用人，有权在需要的第一时间，方便地得到所需要的、以规定形式提供的一切信息。

3. 信息的储存

在信息大爆炸的今天，信息的储存一般需要建立统一的信息库。信息的储存可根据装饰工程的实际情况尽量规范化。

五、工程文件和档案资料管理

装饰工程文件是指在装饰工程建设过程中形成的信息记录，包括装饰工程准备阶段文件、监理文件、施工文件、竣工文件等。装饰工程档案是指在装饰工程建设活动中直接形成的具有归档保存价值的各种历史记录。

(一) 装饰工程文件档案资料的特征

装饰工程文件和档案资料应具备以下特征：

1. 分散性和复杂性

装饰工程生产工艺繁杂、材料种类多、新技术层出不穷、影响因素多种多样。其文件和档案是多层次、多环节、相互管理的复杂系统。

2. 继承性和时效性

文件和档案的继承和积累可以在装饰工程施工过程中吸收经验、避免重犯相同错误。而随着时间的推移，装饰工程文件和档案的价值会逐渐衰减，因此应注意文件和档案的时效性。

3. 全面性和真实性

装饰工程文件和档案只有全面反映工程项目的各类信息，才更具有实用价值，因此应避免只语片言的误导。真实的反映工程情况，包括发生的事故和存在的隐患，才能对后续工程起到指导作用。

4. 随机性

装饰工程文件和档案产生于工程建设的整个过程中，一部分文件和档案的产生是由具体工程事件引发的，因此具有随机性。

5. 多专业性和综合性

装饰工程是一个多专业的综合学科，包含有质量、进度、造价、合同、组织协调等方面内容，因此装饰工程文件和档案具有多专业性和综合性。

（二）装饰工程文件和档案的管理

装饰工程文件和档案的管理主要内容是：各类文件和档案的收、发与登记；文件和档案的传阅；文件和档案的分类存放；文件和档案的归档、借阅、更改与作废。

1. 文件和档案的收、发与登记

文件和档案在接收时应在收文登记表上进行登记，并记录文件名称、摘要信息、发放单位、文件编号及收文日期。文件和档案等资料在发文时应在发文登记表上登记，登记内容包括资料编号、摘要信息、接收单位名称、发文日期。收件人收到文件后应签名。

2. 文件和档案的传阅

文件和档案的传阅应确定传阅人员名单和范围，并注明在文件传阅纸上，随同文件和记录进行传阅。每位传阅人员在阅后应在传阅纸上签名并注明日期。文件和记录传阅期限不应超过文件处理期限，传阅后原件应交还信息管理人员归档。

3. 文件和档案的分类存放

文件和档案的存放应用科学的方法分类存放，满足项目实施过程查阅、求证的需要。其分类方法可按照文件类别、内容、涉及部门、时间、名称等因素确定。

4. 文件和档案的归档、借阅、更改与作废

文件和档案的归档保存应按照以保存原件为主、复印件为辅和按照一定顺序归档的原则。如出现作废和遗失情况，应明确地记录作废和遗失原因及处理的过程。装饰工程文件和档案原则上不外借，如确有需要，应经过主管负责人签字同意，并办理借阅手续。文件和档案的更改应由原制定部门相应执行人进行，设计审批程序的，由原审批责任人执行。如果文件和档案出现新的有效版本，应由信息管理部门负责将原版本收回作废。

思考练习题

13-1　施工项目管理的概念是什么?

13-2　建筑装饰施工项目管理有哪些主要职能?

13-3　建筑装饰施工项目管理组织机构的设置有哪些原则?

13-4　项目经理有哪些职责和权限?

13-5　简述你对施工项目经理承包责任制的理解?

13-6　合同法有哪些基本原则?

13-7　在合同谈判中，有哪些常见的谈判策略和技巧?

13-8　在合同实施过程中，引起索赔的原因有哪些?

13-9　简述建筑装饰施工项目进度控制的方法。

13-10　简述预算成本、计划成本、实际成本的概念及相互关系。

13-11　简述装饰工程项目成本管理原则。

13-12　简述全面质量管理的特点和程序。

13-13　简述建筑装饰工程信息管理工作原则。

第十四章　建筑装饰工程与楼宇智能化、设备安装工程的协调配合施工

装饰工程施工特点就是施工过程中工序多、参与施工的工种多、各工种的交叉作业多，互相干扰多。而装饰施工阶段，楼宇智能化工程和设备安装工程也正处于施工高峰阶段，势必造成与装饰施工相互交叉、干扰。影响是多方面的。同时装饰设计的某些造型、形式的变化也要求智能化工程和设备安装工程的走线、控制点和信息点作相应调整。

当前，随着设备安装档次的提高以及智能化工程在楼宇中的应用，使楼宇中的设备、管线、控制点和信息点徒然增加，使工程施工显得复杂化。这不仅在二次装饰设计中应作相应的协调，更重要的是在装饰工程的施工过程中如何使各方协调配合，妥善处理施工中出现的各种矛盾，从施工的组织上、技术上、质量上进行合理安排、控制，使装饰工程、楼宇智能化工程、设备安装工程在协同施工过程中做到少返工、少窝工，确保工程施工质量、使工程顺利进行。

为了使工期、投资质量、综合效果均达到预期目标，做好装饰工程与安装，智能化工程之间在组织、技术、质量控制等方面的协调工作是至关重要的。

第一节　建筑装饰工程与楼宇智能化工程、设备安装工程的组织协调

一、工程进度的组织协调

装饰工程与设备安装工程、智能化工程，在施工前应根据各自设计图纸要求、工程合同要求、工期等要求，编制施工组织设计、施工方案及施工进度计划。再把它们综合起来，编制出协同实施的进度计划。为了保证综合后的进度计划能有效实施，按计划完成，必须找出影响工程进度的因素，制订进度的控制方法，同时采取相应保证措施。

1. 影响工程进度的因素

为了有效地进行建筑装饰与智能化、安装等工程交叉施工的进度控制，应根据建筑装饰与其他各专业交叉施工的特点，尤其是对工程规模较大、施工复杂、工期较长的施工项目，影响进度的因素相对较多。必须对影响施工进度因素进行分析、采取有效措施，使工程进度尽可能按计划进度实施。其主要影响因素有：

（1）设计图纸变更或图纸不清，材料、设备不能及时供应或有质量问题、资金滞后和水、电供应的暂停等等。

（2）各单位对各自图纸设计意图和技术要求未能完全领会，不熟悉其他相应专业的工艺过程，工艺方法选择不当，配合不力，盲目施工。在施工操作中没有严格执行技术标准、工艺规程，对新技术、新材料和新工艺等缺乏经验等都要直接影响施工进度。

（3）工作场地狭窄、工作面小，各工程难免相互干扰，前一工序不能及时为后道工序腾出工作面而影响施工进度。

（4）施工现场布置不合理，劳动力、机具调配不当。在举行协调会议时未能准确预测各

专业各工序搭接时间，避免相互影响应采取的技术、组织措施等。对成品、半成品的保护不力，有的甚至相互损坏等，都要影响工程进度。

2. 施工进度的控制方法

装饰、智能化、安装工程的多专业施工进度控制的方法是计划、协调和控制。计划是指确定装饰、智能化安装等专业的总进度控制目标和各专业进度控制目标，并编制综合进度计划。协调是指协调各专业单位、部门之间的进度关系。控制是在计划制订后，在工程实施全过程中，进行施工实际进度与施工进度计划的比较，对出现的偏差研究对策及时采取措施进行协调。

（1）进度控制的措施。

组织措施：装饰工程与智能化、安装工程协同施工，保证工期的组织措施主要有：

1）落实各专业的各层次进度，控制人员数量，明确人员的工作责任，建立进度控制组织系统。

2）安装装饰工程按项目的规模大小、智能化和设备安装工程的复杂程度、工期要求，确定其进度目标。建立进度控制协调工作制度，如协调会议定期召开时间，参加人员名单，建立报表制度，认真填报施工进度统计表，及时做好施工记录等。

3）建立由企业经理、各专业项目经理、各专业分包单位在场负责人，分工协作，形成一个纵横连接的建筑装饰施工、楼宇智能化、设备安装协同项目进度控制组织系统，做到组织落实。

（2）信息管理措施。

信息管理措施是指不断地收集建筑装饰施工中各专业的实际进度的有关资料进行整理统计，并与计划进度对比分析，做出决策，发现偏离，找出原因，及时调整进度，使其与预定的工期目标相符。实践证明，建筑装饰施工与其他各专业配合协调进度控制过程就是信息收集管理过程。

二、施工方案、施工顺序、工作面的协调

1. 施工方案的协调

在智能化工程、设备安装工程与装饰工程协同施工过程中，不仅要从各工程自身特点出发拟定切合实际的施工方法，还要考虑与其他工程搭接的措施以及互相如何配合的方法。也就是各工程交叉作业，搭接作业时的技术、质量、安全、成品保护等问题。互相都要为对方工程顺利开展创造条件。

如在顶棚内设备安装时应尽量紧凑，不要因设备、管线多，而要求降低顶棚标高。各设备安装尽量要牢固，不要借力于顶棚。同时也不能为了管线通过方便及灯具、风口等位置的任意安排，而切断龙骨。如要切断龙骨则必须与顶棚安装班组协调而采取相应加强措施，以免影响工程质量，如图 14-1～图 14-3 所示。

装饰施工也应考虑隔断龙骨安装应让管线及线盒安装后才能封面板，龙骨位置尽量不要与智能化和设备安装的信息点、控制点相矛盾。更不能把智能化工程和设备安装工程预留的洞、预埋件、预置的线盒掩盖或粉刷掉。在湿作业施工时要注意不要把水流入地上或墙上预留的线管内，要拟定措施以免造成后患，等等。

以上这些就是在各自制订施工方案时所要考虑的。

2. 各专业施工衔接顺序的协调

在装饰工程与智能化、设备安装工程协同施工时，各工程不仅要考虑自身的施工顺序，

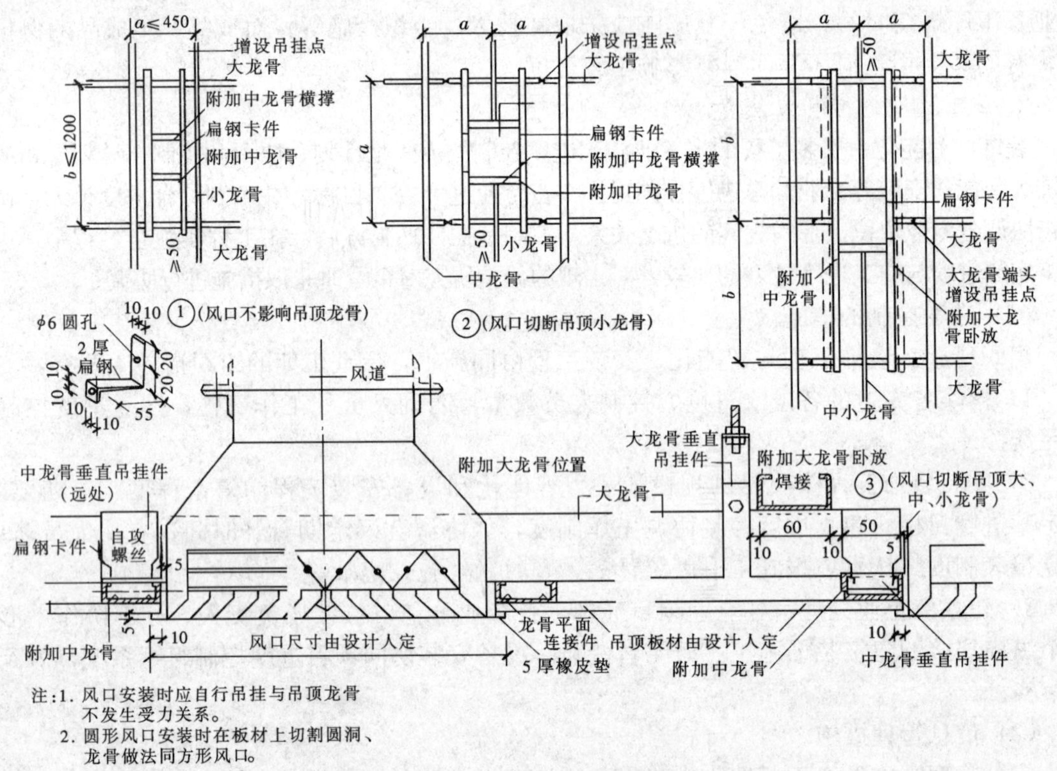

图 14-1 风口、扬声器与顶棚的连接构造措施

也要考虑各工程、各工种的相互影响，交叉引起的衔接顺序问题。

在装饰工程、楼宇智能化、设备安装工程协同施工过程中，在保证施工安全与工程质量的情况下，应组织立体交叉平行流水施工。为了做好各工程衔接顺序，必须首先定出各工程本身工程量大、用工多、占工期长的主要施工过程，再把装饰工程、楼宇智能化工程、设备安装工程的主要施工过程之间互相关联的顺序衔接协调好。这样有利于各工种交叉、穿插施工，尽量避免在楼板上和墙身上事后凿洞、打孔、返工。

其次各自把与其他工程有关联的部分罗列出来，要求其他工程各工种协调配合。如管线的埋设与顶棚施工、墙体施工、地面施工有关联，只有待顶棚内的管线穿插、布置、试验、验收完毕，才能对顶棚进行封闭。在墙内和地面内的管线安装、埋设，必须与楼地面和墙面施工配合进行。只有在管线埋设完毕才能进行楼地面和墙面面层施工。对于墙面是钢化玻璃的面层，还必须精确定出控制点和信息点位置，事先预留好孔，玻璃安装时应与墙上预留的线盒位置相适应。因此，智能化工程和设备安装工程必须事先与玻璃工程工种及时衔接，以免在玻璃安装后造成不必要的损失。

3. 各专业施工工作面的协调

在智能化工程、设备安装工程与装饰工程衔接协调好后，对相互交叉、衔接的工作面必须得到充分、合理的利用。这就是在衔接部位每一工程及时给另一工程腾出足够的工作面，使另一工程在这一工作面上在计划时间内完成要求的工作量，使工程能顺利展开，保证了工程进度。不至于因为各工程的相互衔接，穿插而影响总进度，造成窝工、返工等。

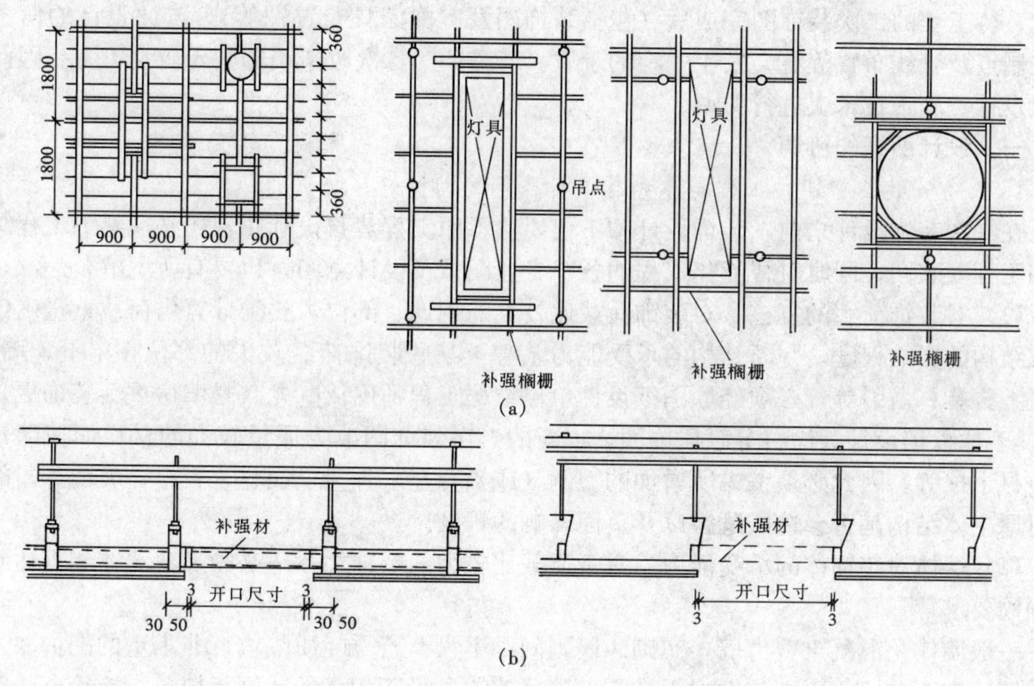

图 14-2　顶棚灯具开口龙骨加强示意
(a) 开口平面图；(b) 开口剖面图

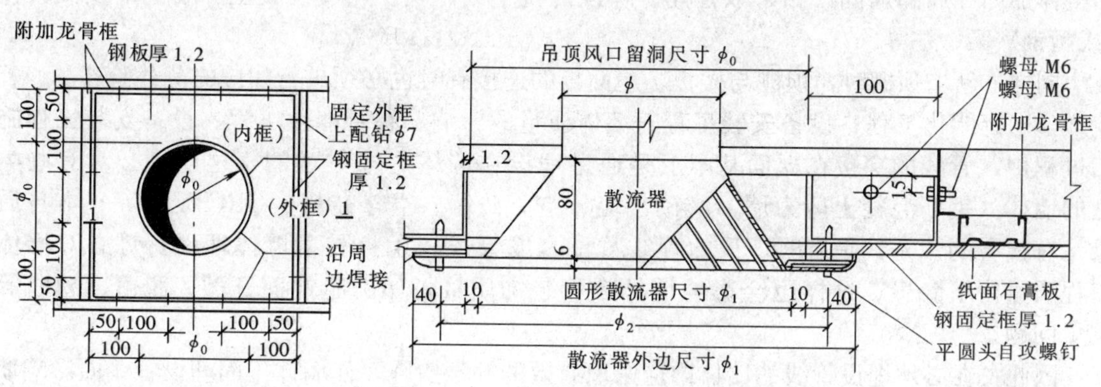

图 14-3　圆形直片式散流器送风口补强搁栅示意

为了不至于因为各工程穿插衔接而影响总工期，造成工人窝工，除了每一工程为下一工程留足足够的工作面外，每一工程都要为衔接好工作而合理安排劳动量，缩小两个工程之间的搭接步距。也就是每一工程的工作队要都为另一工程的工作队及时、合理地留足工作面；这一工程的工作队在其及时完成工作量，并为下一工程的工作队能在最短时间内进入工作面作业创造好条件。这样才能不至于因各工程穿插、衔接造成窝工而影响总工期。

第二节　装饰工程与楼宇智能化工程、设备安装工程的技术协调

新建建筑工程项目一般来说设备安装的图纸与建筑主体及初装饰的图纸是同时完成的。

因此，待工程的二次装饰图完成后（包括装饰图及室内家具布置图等），与原设计的信息点和控制点及管线布置等将会发生一定的矛盾。若是旧房二次改造装饰则矛盾会更多。因此必须从设计、施工技术上进行协调。

一、设计图纸的协调

1. 设备安装、智能化工程与原结构设计图间的协调

在二次装饰设计之前，装饰设计师不仅要熟悉原工程建筑设计图，还必须熟悉工程结构图和工程安装图，同时对智能化工程的各个专业图纸及设计意图，也要有所了解。

（1）对装饰荷载的复核。对装饰荷载比较大的构件、部位，必须计算出荷载重量确定对建筑结构的影响程度，判断结构的承受能力。甚至某些装饰荷载较大的部位在梁上、墙上、楼板上打孔、凿眼等，必须经原图纸设计单位结构工程师确认（尤其是旧房重新装饰更是如此）。若原外墙设计为涂料等轻质饰面，现新的二次装饰图改为质量较大的材料如玻璃幕墙或石材干挂等，因此必须考虑所增加的型钢（或铝合金）骨架、面材（石材、玻璃等）的重量对原主体结构是否会造成危害以及负面影响的程度。

（2）墙体对装饰体的承受能力。对于荷载比较大的装饰体，还必须考察墙体能否达到与其锚固要求。

一般墙体是混凝土剪力墙，实砌砖墙则问题不大。若是轻质隔墙、非承重的围护墙（孔心砖墙，空斗砖墙等）则与石材干挂、玻璃幕墙、质量面积大的装饰板墙节点连接有一定困难。一般无法直接埋设膨胀螺栓、埋设预埋铁件等。在这些墙体上必须要采取加固措施，包括整体加固和局部加固，如采取植筋、埋设混凝土预制块、充填混凝土、墙上增设混凝土（或型钢）梁、柱等。

同样，新增顶棚时，顶棚与楼板、屋面板的连接有时也必须进行相应的荷载验算。

（3）智能化工程、设备安装工程对墙体质量的影响。在智能化工程、设备安装工程施工过程中，管线的穿接在立面基本上是通过埋设在墙体内来贯通的，这样势必对有些类型的墙体（钢筋混凝土剪力墙、实砌砖墙、空心砖墙、空斗砖墙、GRC 板墙等）本身质量是有损害的。尤其是有时埋设的管线数量多或管线较粗且贯通墙体埋设，势必对墙体工程质量留下隐患。这样也会影响墙体表面装饰质量，如引起饰面开裂、脱落、翘曲等质量问题。

因此，在必须埋设管线的墙体内应采取有效的补强措施，使墙体不因埋设管线而影响墙体整体结构质量，进而影响墙面装饰质量。

为了避免由于墙体内管线埋设影响墙体结构质量，对于多根管线断面大的、通长横向或竖向开槽切断部分墙体较深的，必须对墙体进行验算。若不符合要求的，则采取相应的补强措施。如补槽的水泥砂浆（或豆石混凝土）的水泥采用微膨胀水泥、铺设钢筋网片、碳纤维布补强或加厚墙体等。

对于中空隔断，如双层纸面石膏板（或 FC 板，胶合板等）隔断内暗穿管线时，应使用伞形螺栓固定管卡进而将立管卡稳，同时应在龙骨架空腔内填塞岩棉等绝缘材料。图 14-4 所示为龙骨隔断与管线的连接，管线于墙面出，入口部位用密封膏嵌缝。

在埋有管线的墙上必须对管线的走向、范围、位置做出明显的标记或记录。以使在面层装饰施工钉钉、埋设膨胀螺栓、钻孔、打眼施工时避开或对管线采取有效保护措施。以免造成隐患或不必要的损失。

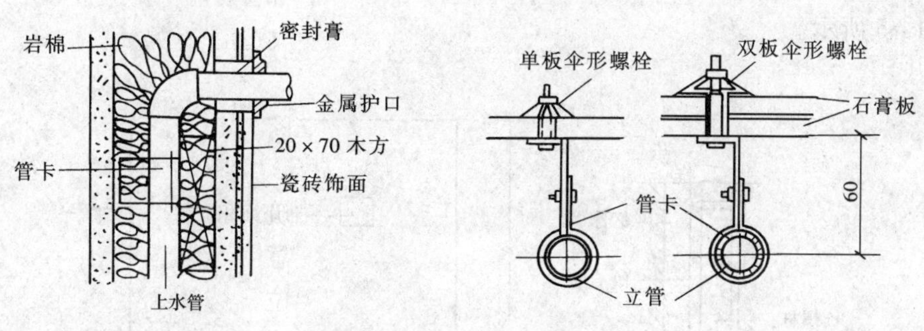

图 14-4　龙骨隔断与管线的连接

2. 楼宇智能化、设备安装工程与二次装饰图的协调

(1) 终端位置与二次装饰图的协调：设备方面的风口（冷暖风口、进回风口等）、烟感器、自动喷淋、应急出口指示牌、消防箱、开关、插座等以及弱电方面的信息点、控制点等的位置，必须与二次装饰图相协调；尤其是对室内家具的布置、室内使用要求、门的开启方向、墙体地面所采用的装饰面材种类等都要进行协调。

首先与室内家具位置的协调。安装，尤其是智能化终端和控制点位置，必须考虑室内家具的布置。比如：宽带网接口、内部网络接口、电话接口等均与室内以后电脑放置位置有关，也就是与办公桌位置有关；同时，也必须配以相应强电源接口；同样，电话、传真机等接口与办公桌摆放位置也要一致。对于卫星天线、有线电视等接口与室内电视放置位置要一致，同时也必须配以相应强电源接口；室内放置橱柜、沙发等家具的位置背后墙上、地面上就不宜设置任何终端、接口和控制点等；同样，控制点，信息点的位置不能置于门的背后墙上。

因此，在二次装饰图完成后，再以两次装饰图为依据，对出风口、回风口、冷暖风口位置及各信息点、控制点，对照原安装图和弱电图进行修改设计。这样才能达到与二次装饰图协调统一，同时尽量不损坏装饰的结构；即使造成损坏，也有相应的弥补措施。如风口位置不可避免要截断吊顶龙骨，但同时有相应加固措施等。

(2) 端口设备与饰面的协调：这里所指的端口设备与装饰饰面的协调是关于端口设备与饰面的衔接收口处理，端口设备的造型与装饰饰面的协调，端口设备选用的色调与装饰饰面颜色的协调。这些不仅要考虑端口设备安装牢固、合理，而且还要考虑美观。

二、装饰工程与楼宇智能化、设备安装施工的技术协调

1. 与特殊装饰材料墙面的协调

设备安装的端口位置、智能化工程端口位置设备与二次装饰的墙面所用材料的材质也要进行协调，并采取不同的处理方式。

对于装饰设计采用的软包、文化石、玻璃等类型墙面，在其上欲设置控制点，端接点时必须采取避、移、加固等措施进行协调。如玻璃墙面在装饰设计中往往有两种情况：一种是全玻璃固定在基层为其他材料的墙面上的；另一种是纯粹用全玻璃作为隔断的。前一种在玻璃上可以留设安装控制点或信息点的孔，但若采用的是钢化玻璃，则必须在玻璃钢化前按照图纸设计的孔的位置，同时对照墙上留设的接线盒的位置打好孔再进行钢化，对玻璃上预留

孔的位置精确度要求较高。安装玻璃时，墙上留孔必须同玻璃上留孔位置相对应，且准确无误，如图 14-5 所示。

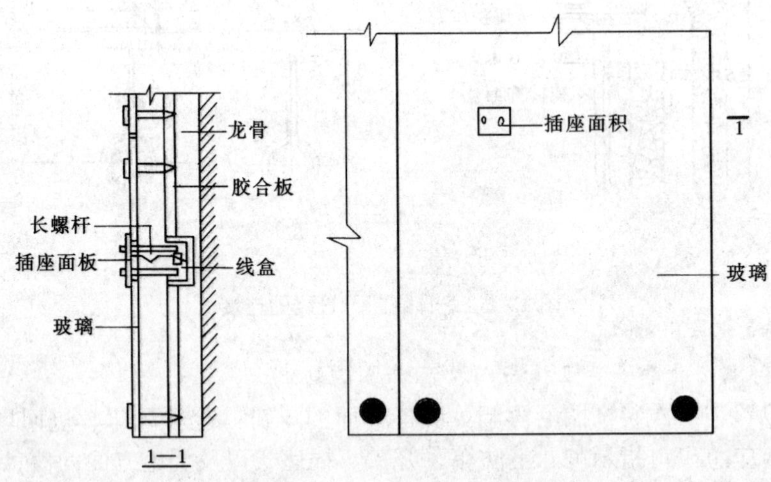

图 14-5 玻璃饰面与插座衔接，玻璃板内预留孔的留设

后一种，在玻璃上是无法设控制点或信息点的。因此，在根据二次装饰图设计设备安装和弱电的控制点与信息点位置时，是必须避开的，如移到其他非玻璃墙上，或在某一控制室内集中控制。

2. 对地面施工的协调

对于地面，通常室内与走廊有一定高差（一般为 2cm）。但由于各室内功能要求不一样，地面可能采用不同的材料。有可能采用木地面、石材、地毡、地砖等。往往地面基层标高是相同的，则由于面层材料厚薄及做法各异，会引起各个房间室内外高差异同。当地面需设置地插座作为接口时，则地面上平标高的控制不仅要考虑不同面层材料所需地面面层材料及与基层连接层的厚度，还要考虑地插座的厚度及地插座下交叉电线套管的直径之和。使二次装饰、设备安装和弱电安装完毕符合原建筑设计图的要求标高。要做到这一点一般采用的方法有地插座上平为地面上平，地插座下平及电线套管均布置在地面和基层之间。图 14-6 所示为一般面层有搁栅的长木地板做法。其次是地插座上平为地面上平、面基层的细石钢管混凝土较厚，在不伤及结构层的前提下，在楼地面的基层上凿槽铺设管线，在地插座位置凿去部分细石钢筋混凝土层埋设地插座如图 14-6（b）所示；第二种情况是，基层较薄，不宜铺设管线开槽，这样管线一般从楼板下铺设，在地插座位置的楼板上打孔，电线从孔中穿入与地插座相接，如图 14-6（c）所示。在管线穿过地面处做好防水工作，如打防水胶封闭等。

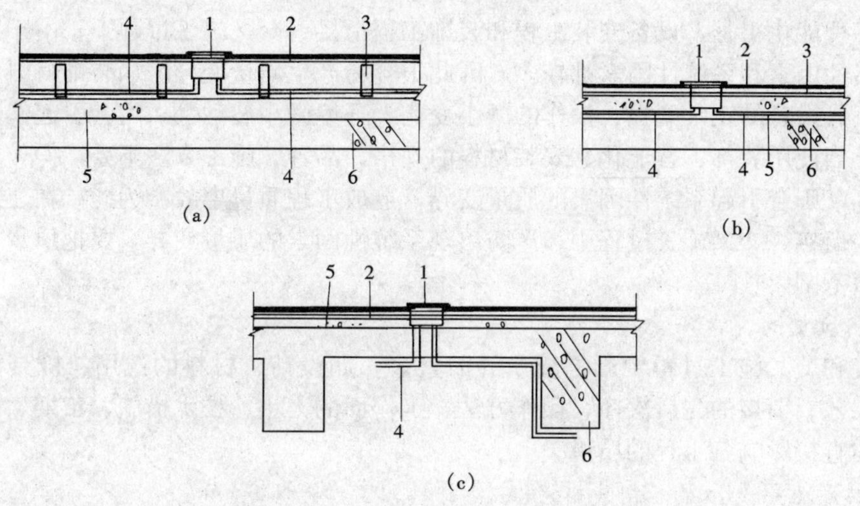

图 14-6　地面施工的协调

(a) 有榈栅的长木地板上安装地插做法；(b) 在地插位置凿击部分细石混凝土找平层埋设地插做法；(c) 基层较薄，地插管线从楼板下布线做法

1—地插盒；2—地面材料；3—木榈栅；4—电线套管；5—细石钢筋混凝土；6—结构层

第三节　装饰工程与楼宇智能化工程、设备安装工程配合施工的质量控制

一、各工程交叉施工质量控制的特点

在各工程各自制定质量控制方案后，在与其他工程衔接过程中由于各工程施工方法、质量要求各异，施工涉及面广，每一工程又是性质不一的多工种施工，因此，在各工程交叉衔接过程中使各道工序都要达到预定的质量要求，同时又受到工期和造价的制约，要使总体上达到预期的质量目标还是有一定难度。其特点如下：

1. 各工程相互间缺乏了解对方的工艺内容造成的后果

在三个工程衔接、交叉施工过程中工种多，且各工种对其他工种的施工工艺了解甚少，甚至不了解。因此，各工种在衔接中各自要做到什么程度、给对方应留设的作业面多大、所需作业延续时间长短、对方有些什么特殊要求、对方作业后对自己留下的负面影响等都是心中没底，易造成返工、浪费材料、损坏等。

如在制作门框及门扇时，木工仅知道，他制作的门是用“门禁一卡通”来控制开关的，但不知道“门禁一卡通”安装后将会对门产生质量隐患。待楼宇智能化的施工人员把门框的“上马头”部分镂空（截断）安装设备，又把门扇的上框部分镂空（截断）安装设备，这样才使木工得知“门禁一卡通”施工影响了门的质量。再研究对策，进行加固。

又如轻钢龙骨吊顶的吊杆间距一般为0.8～1.2m，因有风管通过，使部分吊杆间距拉长变为2.0m，影响了轻钢龙骨吊顶质量，等等，不一一列举。这方面的问题是我们在交叉施工中必须事先妥善协调的。

2. 易产生质量变异

在楼宇智能化工程、设备安装工程和装饰工程衔接、交叉施工过程中，由于影响施工的质量的偶然性因素和系统性因素都较多，因此很容易产生质量变异。如装饰材料性能的微小的差异、机具设备的正常磨损、操作的微小变化、环境微小波动等，均会引起偶然性因素的质量变异；当使用装饰、智能化、安装材料的规格、品种、施工方法不妥，操作不按规程和机具故障等，则会引起系统性因素的质量变异，造成工程质量事故。为此，在建筑装饰与智能化及安装衔接、交叉施工过程中，严防出现系统性因素的质量变异，要把质量变异控制在偶然性因素范围内。

3. 影响质量的因素多

在衔接和交叉施工过程中影响质量的因素多，如设计、材料的选用、机具、环境、温度、施工工艺、衔接的先后次序、操作方法、工作面的大小、技术措施、工期、投资、管理制度等，均直接影响各工程的质量。

4. 容易产生第一、第二判断错误

在装饰工程与楼宇智能化工程、设备安装工程施工过程中，由于它们之间工序衔接多、中间产品多、隐蔽工程多、相互之间了解少，若不及组织协同检查实际质量。事后再看表面，就易产生第二判断错误，也就是容易将不合格的产品，认为是合格产品。反之，若检查不认真、测量仪表不准、读数有误、对业务不熟悉，则会产生第一判断错误，也就是说容易将合格产品，认为是不合格产品。这些均应在质量检查时引起注意。

二、各工程交叉施工质量控制的方法

1. 施工准备阶段的质量控制

（1）做好装饰工程、楼宇智能化工程，设备安装工程的设计图纸审查。

（2）列出各工程相互衔接和交叉的部位。

（3）施工组织设计的编制（重点编制衔接和交叉部位各专业协同施工方案）。

（4）各工程材料和成品、半成品的检验。

（5）施工机具设备的验收。

（6）作业条件的准备。

2. 加强施工的技术交底

各工程项目必须提出对方与其在衔接施工过程中的要求以及注意事项。各工程项目统一制订在各工种衔接、交叉施工中按图纸和规范要求以保证质量的切实可行的施工方案，且必须贯彻、落实到班组。

3. 进行衔接和交叉施工质量检查和验收

为保证衔接施工质量，必须坚持质量检查验收制度，加强对施工过程各个环节的质量检查与验收制度，加强对衔接施工各个环节的质量检查，加强隐蔽工程验收，切实履行每一工程项目完成的交接验收的制度，上道工序不合格下道工序不能进行。对隐蔽工程不合格的绝不能隐蔽；该返工的必须返工、不留隐患。

4. 以预防为主

以预防为主就是从对工程项目衔接施工质量的事后检查把关，转向对质量的事前控制、事中控制；对工程衔接质量检查，主要转向每个人对工作质量的检查，对工序质量的检查，对中间产品的质量检查。这是确保工程之间衔接、交叉施工质量的有效措施。

5. 实施文明施工，做好成品和半成品的保护工作

按工程项目间的衔接和交叉施工的施工组织设计要求和施工顺序进行施工，做好施工准备、搞好现场的平面布置与管理、保持现场交叉施工秩序和整齐清洁。同时，做好各工程各工种之间的成品和半成品的保护，拟订措施、严格管理，后道工序对前道工序、各工序之间、各工序本身，都要认真做好成品、半成品保护工作。这些也是保证和提高建筑装饰工程、智能化、设备安装之间交叉、衔接施工质量的重要环节。

思考练习题

14-1　影响装饰工程施工进度的因素有哪些?

14-2　装饰、楼宇智能化、设备安装各专业施工衔接顺序是怎样进行协调的?

14-3　装饰工程与楼宇智能化、设备安装施工是怎样进行技术协调的?

14-4　装饰工程与楼宇智能化、设备安装工程交叉施工质量控制方法是怎样的?

第十五章　装饰工程消防安全要求

装饰工程施工阶段相对于土建施工阶段来说，施工时工种多、交叉施工多，各工种互相干扰多、所用各种不同性质的材料（其中有许多易燃、易爆、燃烧后产生毒气的材料）多、明火作业（电焊、风焊、亚弧焊、烘烤、加热电器等）多。因此，引起火灾的诱因多，增加了火灾发生的可能。

当前随着各种新型的装饰材料不断涌现，其中有很多易燃材料和易燃的原料溶剂。施工过程中一旦发生火灾，可燃的装饰材料必然成为火灾蔓延的重要因素。同时材料燃烧会产生大量烟雾和毒气，会对人造成极大的伤害。

本章主要涉及两个方面的内容：一方面是装饰施工过程中的消防安全；另一方面是装饰选材及材料使用的防火措施。虽然对装饰部位的设计、选材的防火均有严格的要求，但在施工中还是必须引起重视。

第一节　装饰工程的防火要求

一、采用专用的防火设备

室内装饰工程中常用的防火专用设备有以下一些：

（1）自动喷淋系统。

（2）自动烟感温感报警系统。

（3）防、排烟系统。

（4）消火栓、消防箱、防火门、防火卷闸门等。

消防专用设备的安装调试通常由消防专业施工单位进行。装饰施工单位的施工不能影响消防喷淋、报警、防排烟设施等在火灾发生时的正常使用。例如，有的下垂板影响了水喷淋头的保护面积，有的空调送风口太靠近了烟感探测器，有的将消火栓箱等消防设施都暗藏起来，一旦发生火灾根本找不到消火栓等，这一切均应引起我们的注意。设计人员和施工人员应正确处理好防火设备装置与装饰和美观效果这一对矛盾。

二、装饰工程中正确选用装修材料

装修材料按其燃烧性能应划为四级，并符合表 15-1 和表 15-2 的规定。

表 15-1　　装修材料的燃烧性能

等　级	装修材料的燃烧性能	等　级	装修材料的燃烧性能
A	不燃性	B2	可燃性
B1	难燃性	B3	易燃性

表 15-2　常用建筑内部装修材料燃烧性能等级划分举例

材料类别	级别	材　料　举　例
各部位材料	A	花岗石、大理石、水磨石、水泥制品、混凝土制品、石膏板、石灰制品、粘土制品、玻璃、瓷砖、马赛克、钢铁、铜合金等
顶棚材料	B1	纸面石膏板、纤维石膏板、水泥刨花板、矿棉装饰吸声板、玻璃棉装饰吸声板、珍珠岩装饰吸声板、难燃胶合板、难燃中密度纤维板、岩棉装饰板、难燃木材、铝箔复合材料、难燃酚醛胶合板、铝箔玻璃钢复合材料等
墙面材料	B1	纸面石膏板、纤维石膏板、水泥刨花板、玻璃棉板、珍珠岩板、难燃中密度纤维板、防火塑料装饰板、难燃双面刨花板、多彩涂料、难燃墙纸、难燃仿花岗岩装饰板、氯氧镁水泥装配式墙板、难燃玻璃钢平板、PVC 塑料护墙板、轻质高强复合墙板、阻燃模压木质复合板材、彩色阻燃人造板、难燃玻璃钢等
	B2	各类天然木材、木制人造板、竹材、纸制装饰板、装饰微薄木贴面板、印刷木纹人造板、塑料贴面装饰板、聚酯装饰板、覆塑装饰板、塑纤板、胶合板、塑料壁纸、无纺贴墙布、墙布、复合壁纸、天然材料壁纸、人造革等
地面材料	B1	硬 PVC 塑料地板，水泥刨花板、水泥木丝板、氯丁橡胶地板等
	B2	半硬质 PVC 塑料地板、PVC 卷材地板、木地板、氯纶地毯等
装饰织物	B1	经阻燃处理的各类难燃织物等
	B2	纯毛装饰布、纯麻装饰布、经阻燃处理的其他织物等
其他装饰材料	B1	聚氯乙烯塑料、酚醛塑料、聚碳酸酯塑料、聚四氟乙烯塑料、三聚氰胺、脲醛塑料、硅树脂塑料装饰型材、经阻燃处理的各类织物等，另见顶棚材料和墙面材料内中的有关材料
	B2	经阻燃处理的聚乙烯、聚丙燃、聚氨酯、聚苯乙烯、玻璃钢、化纤织物和木制品等

（1）结构中尽量采用轻钢龙骨或铝合金骨架等材料。

（2）结构的基面上采用纸面石膏板、珍珠岩板、矿棉板等非燃或难燃材料。

（3）易发生火灾的空间，如厨房等所采用的都应是耐火、阻燃材料，空间内的柜橱即使选用的是易燃材料（如木料等）也要经防火处理。

三、在装饰结构上进行防火处理

（1）木结构骨架上涂刷防火涂料或做木骨架的木料事先经防火液处理；其他木材如饰面板背面、饰面板基板均应涂刷防火涂料三遍，以提高其耐火极限。

（2）装饰结构或饰面内的供电照明系统、智能化系统中布线应采用防火套管（金属管或阻燃 PVC 管）。

（3）钢结构设施均应按消防要求涂刷防火漆。

第二节　装饰的防火部位和消防施工要求

一、装饰工程中防火的结构部位

在装饰工程中着重防火的结构部位有吊顶面、墙面、地面、厨房、玻璃幕墙。

（1）吊顶部位：吊顶的防火部位是木质龙骨架、木质吊杆件、木夹板面以及安装顶部设备所用的木支架。

（2）墙体部分：建筑墙体上的木骨架、木灰板、隔断所有的木骨架和木夹板、装饰造型的木骨架、固定的木家具等。

（3）柱体的木结构部位。

（4）地面部分主要是指架空后实铺的木地板、羊毛和化纤地毯。

（5）供电线路和大功率电器用具。

（6）厨房的灶具部分，燃料存放，油料存放。

（7）玻璃幕墙的节点，层间、立面转角的防火封堵。

二、消防施工的防火要求

（1）装饰工程施工前，装饰设计图必须经消防部门审查过后才能进行施工，否则不准开工，工程竣工验收时应邀请消防部门相关人员参加。

（2）装饰施工过程中，有明火操作的工序（电焊、氧气切割、亚弧焊等）必须采取必要的消防设施（附近置消防箱、灭火器等），旁边有专人负责防火监控，不能与有易爆、易燃的工序（喷漆、木作等）同时施工。

（3）装饰施工组织设计中，必须提出切实可行的施工消防措施，明确装饰施工过程中火灾预防措施和火灾发生后的应急措施等。

（4）装饰结构不得妨碍消防设施的使用功能，不能随便移动消防设施的安装位置，不能随意封闭消防设置，以免使消防设施不处在醒目位置而在需要时却难以寻找。

（5）装饰结构施工不能损坏消防设置和各种管道。

（6）所有木结构的内骨架都应涂刷防火涂料、防火漆或经防火处理。

（7）采暖管道通过可燃结构时，应与可燃结构保持大于5cm的距离或采用非燃烧材料将其隔离，如采用石棉材料、膨胀珍珠岩材料等。

（8）各种管道穿越建筑墙面时，不论是否在吊顶以下或上面，均需用非燃烧材料密封穿孔处空隙。

（9）防火墙处（防火分隔处）不应有通、排风管道通过。如不能避免，应在穿过处加设防火阀。

（10）疏散通道、封闭楼梯间、防烟楼梯间、消防前室、避难层等人员疏散要道的装修结构应采用非燃材料，饰面必须用非燃或难燃材料。严禁使用未经消防部门鉴定的塑料化学制品等作装饰材料。

（11）防火门一般为平开门，关闭后，能从任何一侧手动开启，用于疏散通道上的防火门宜采用单向弹簧门，并应向疏散方向开启。

（12）沉降缝、伸缩缝的表面装饰层不应采用可燃材料。

（13）靠近热源的固定配置或在其上进行热操作的固定配置，包面材料必须采用防火防烫的非燃材料。

（14）易爆、易燃品仓库的布置应远离明火施工及木工等易燃制作场所。且仓库内不能与其他杂物混放。

（15）装饰操作现场严禁吸烟，吸烟要到专门吸烟室。

三、灯具的消防要求

（1）在疏散走道、安全出口，应布置疏散指示灯。

（2）在疏散走道、封闭楼梯间、防烟楼梯间、消防前室等人员疏散部位，均应设置应急照明灯，灯的连续工作时间不少于 30min。

(3) 灯具安装不应用粘结方式，宜采用吊装或用螺丝固定的安装方式。

(4) 室内装饰尽量采用冷源或混合光源等低功率的灯泡，不宜用碘钨灯、高压汞灯，如必须使用，应加金属防护罩，并远离可燃材料。

(5) 白炽灯泡应安装在金属罩壳内，不可直接安装在可燃的装饰结构上，白炽灯不宜超过 60W，如果要提高光亮度，则应用节能型灯来代替。

(6) 木结构上安装日光灯，应采用安全型灯架，不允许将日光灯管直接安装在装饰木结构上。

参 考 文 献

[1] 杨博，孙荣芳. 建筑装饰工程施工. 合肥：安徽科学技术出版社，1992.

[2] 李永盛，丁洁民. 建筑装饰工程施工. 上海：同济大学出版社，1999.

[3] 王海平. 室内装饰工程手册. 北京：中国建筑工业出版社，1994.

[4] 中华人民共和国建设部. 建筑装饰装修工程质量验收规范(GB 50210—2001). 北京：中国建筑工业出版社，2002.

[5] 现行建筑材料规范大全. 北京：中国建筑工业出版社，1995.

[6] 顾建平. 建筑装饰施工技术. 天津：天津科学技术出版社，1997.

[7] 张长友. 建筑装饰施工与管理. 北京：中国建筑工业出版社，2000.

[8] 房志勇. 装修装饰工程常见质量问题及处理. 北京：金盾出版社，2000.

[9] 玻璃幕墙工程技术规范(JGJ102—1996). 北京：中国建筑工业出版社，1996.

[10] 蒋译汉. 厨房、卫生间设计布置及装修技术. 成都：四川科学技术出版社，1999.

[11] 朱治安. 建筑装饰施工组织与管理. 天津：天津科学技术出版社，2004.

[12] 中国建筑装饰协会培训中心. 全国建筑装饰装饰企业项目经理培训教材.

[13] 张守健. 建筑工程施工项目管理. 哈尔滨：黑龙江科学技术出版社，1997.

[14] 中国建设监理协会. 全国监理工程师培训教材. 北京：中国建筑工业出版社，2008.

[15] 全国造价工程师考试培训教材编写委员会. 全国造价工程师执业资格考试培训教材. 北京：中国计划出版社，2009.

[16] 朱志杰. 最新建筑高级装饰施工与报价. 北京：中国建筑工业出版社，2000.

[17] Stephen · P · Robbins. 管理学基础. 北京：北京大学出版社，2002.

[18] Doniv · A · Pccenz. 生产与运作管理. 张群，张杰译. 北京：机械工业出版社，2003.

[19] 中国建筑标准设计研究院. 国家建筑标准设计图集 06 J505—1，外装修(一).